"十三五"国家重点图书出版规划项目

中国兽医诊疗图鉴丛书

鸭病图鉴

丛书主编　李金祥　陈焕春　沈建忠

本书主编　张大丙

中国农业科学技术出版社

图书在版编目(CIP)数据

鸭病图鉴 / 张大丙主编 . -- 北京 : 中国农业科学技术出版社 , 2019.10
（中国兽医诊疗图鉴 / 李金祥 , 陈焕春 , 沈建忠主编）
ISBN 978-7-5116-3940-0

Ⅰ . ①鸭… Ⅱ . ①张… Ⅲ . ①鸭病—诊疗—图解
Ⅳ . ① S858.32-64

中国版本图书馆 CIP 数据核字 (2018) 第 287549 号

责任编辑　闫庆健　王思文　马维玲
文字加工　鲁卫泉
责任校对　李向荣

出 版 者　中国农业科学技术出版社
　　　　　北京市中关村南大街 12 号　邮编：100081
电　　话　（010）82106632（编辑室）　（010）82109702（发行部）
　　　　　（010）82109703（读者服务部）
传　　真　（010）82106625
网　　址　http://www.castp.cn
经 销 者　各地新华书店
印 刷 者　北京科信印刷有限公司
开　　本　880mm × 1 230mm　1/16
印　　张　27
字　　数　735 千字
版　　次　2019 年 10 月第 1 版　2019 年 10 月第 1 次印刷
定　　价　328.00 元

《中国兽医诊疗图鉴》丛书

编委会

《鸭病图鉴》编委会

主　编　　张大丙（中国农业大学）

副主编　　王笑言（中国农业大学）

编　委（按姓氏笔画排序）

王　丹（北京市农林科学院畜牧兽医研究所）

王名行（中国农业大学）

宁　康（中国农业大学）

曲胜华（中国农业大学）

吕俊峰（中国农业大学）

刘　宁（中国农业大学）

杨立新（中国农业大学）

杨　娜（沈阳农业大学）

孟润泽（中国农业大学）

钟雪峰（中国农业大学）

梁素芸（中国农业科学院北京畜牧兽医研究所）

梁　特（中国人民解放军军事科学院）

序一

目前，我国养殖业正由千家万户的分散粗放型经营向高科技、规模化、现代化、商品化生产转变，生产水平获得了空前的提高，出现了许多优质、高产的生产企业。畜禽集约化养殖规模大、密度高，这就为动物疫病的发生和流行创造了有利条件。因此，降低动物疫病的发病率和死亡率，使一些普遍发生、危害性大的疫病得到有效控制，是保证养殖业继续稳步发展，再上新台阶的重要保证。

“十二五”时期，我国兽医卫生事业取得了良好的成绩，但动物疫病防控形势并不乐观。重大动物疫病在部分地区呈点状散发态势，一些人畜共患病仍呈地方性流行特点。为贯彻落实农业农村部发布的《全国兽医卫生事业发展规划（2016-2020年）》，做好“十三五”时期兽医卫生工作，更好地保障养殖业生产安全、动物产品质量安全、公共卫生安全和生态安全，提高全国兽医工作者业务水平，编撰这套《中国兽医诊疗图鉴》丛书恰逢其时。

“权新全易”是该套丛书的主要特色。

“权”即权威性，该套丛书由我国兽医界教学、科研和技术推广领域最具代表性的作者团队编写。业界知名度高，专业知识精深，行业地位权威，工作经历丰富，工作业绩突出。同时，邀请了7位兽医界的院士作为专家委员会，从专业知识的准确角度保驾护航。

“新”即新颖性，该套丛书从内容和形式上做了大量创新，其中类症鉴别是兽医行业图书首见，填补市场空白，既能增加兽医疾病诊断准确率，又能降低疾病鉴别难度；书中采用富媒体形式，不仅图文并茂，同时制作了常见疾病、重要知识与技术的视频和动漫，与文字和图片形成良好的互补。让读者通过扫码看视频的方式，轻而易举地理解技术重点和难点，同时增强了可读性和趣味性。

“全”即全面性，该套丛书涵盖了猪、牛、羊、鸡、鸭、鹅、犬、猫、兔等我国主要畜种，及各畜种主要疾病内容，疾病诊疗专业知识介绍全面、系统。

“易”即通俗易懂，该套丛书图文并茂，并采用融合出版形式，制作了大量视频和动漫，能大大降低读者对内容理解与掌握的难度。

该套丛书汇集了一大批国内一流专家团队，经过5年时间，针对时弊，厚积薄发，采集相关彩色图片20 000多张，其中包括较为重要的市面未见的图片，且针对个别拍摄实在有困难的和未拍摄到的典型症状图片，制作了视频和动漫2 500分钟。其内容深度和富媒体出版模式已超越国内外现有兽医类出版物水准，代表了我国兽医行业高端水平，具有专著水准和实用读物效果。

《中国兽医诊疗图鉴》丛书的出版，有利于提高动物疫病防控水平，降低公共卫生安全风险，保障人民群众生命财产安全；也有利于兽医科学知识的积累与传播，留存高质量文献资料，推动兽医学科科技创新。相信该套丛书必将为推动畜牧产业健康发展，提高我国养殖业的国际竞争力，提供有力支撑。

至此丛书出版之际，郑重推荐给广大读者！

中国工程院院士

军事科学院军事医学研究院 研究员 夏咸柱

2018年12月

序　二

养鸭业是我国特色产业之一，也是我国畜牧业的重要组成部分，无论存栏量还是出栏量均居世界首位。进入21世纪以来，我国养鸭关键技术研究取得了长足进步，饲养方式也发生了巨大转变，为促进我国养鸭业健康稳定发展发挥了重要作用。但是，我国仍存在大量散养户，设施设备仍较简陋，饲养管理仍较粗放，鸭病防控形势依然十分严峻。

近年来，我国在鸭传染病病原学、诊断与检测技术以及疫苗研发领域取得了巨大进步，特别是国家水禽产业技术体系成立以来，我国系统开展了主要疫病的流行病学研究，掌握了我国主要鸭病的流行状况，在坦布苏病毒病以及鸭短喙与侏儒综合征等新发疫病的病原学和分子流行病学研究方面取得了显著进展。

由张大丙教授主编的《鸭病图鉴》一书，系统介绍了鸭场生物安全体系建设、鸭病综合防控技术以及鸭的病毒性疾病、细菌性疾病、真菌性疾病、寄生虫病以及营养代谢病等。该书立足于我国鸭病防治实践，总结了国内外鸭病诊断与防治理论和技术，反映了我国鸭病最新研究进展，可为该领域教学、科研和一线生产管理人员提供有益的参考。

该书图文并茂，内容全面系统，实用性强，是编者对多年临床实践和研究工作的总结和凝练。《鸭病图鉴》的出版，必将对我国鸭病诊断与防治工作发挥积极的促进作用。

国家水禽产业技术体系首席科学家

中国农业科学院北京畜牧兽医研究所研究员

2018年8月

前 言

自20世纪90年代中期以来，我国养鸭业得到了快速发展。但随着养鸭规模扩大，鸭病流行日趋复杂。20年来，在我国陆续出现了禽流感、番鸭白点病、番鸭新肝病、基因3型鸭甲肝病毒感染、鸭星状病毒1型感染、坦布苏病毒感染以及鸭短喙与侏儒综合征等新发传染病，对养鸭生产造成了巨大危害，给鸭病临床诊断和防制造成了困难。为适应当前形势，编写了《鸭病图鉴》，供农业院校师生、科研院所研究人员、养鸭企业技术人员和基层兽医工作者参考。

目前我国养鸭模式已发生了巨大变化，鸭养殖技术研究也取得了长足进步，鸭营养代谢病、鸭中毒性疾病和寄生虫病的发生几率大幅度下降，鸭传染病的流行显得更为突出。近年来，我国在许多新发传染病的病原学、流行病学以及诊断与防治技术领域均取得了显著进展。因此，在编写《鸭病图鉴》时，内容有所侧重，力求反映我国鸭病流行现状以及鸭病最新研究进展。

本书共分为7章，第一章和第二章由张大丙编写，第三章由张大丙、王笑言、王丹、刘宁、梁特、宁康、王名行编写，第四章由张大丙、王笑言、王名行、吕俊峰编写，第五章由张大丙、王笑言编写，第六章由杨娜编写，第七章由张大丙、王笑言、梁素芸、杨立新、曲胜华、吕俊峰、钟雪峰、孟润泽编写。本书从病原学、流行病学、临床症状、病理变化、诊断和防治等角度进行描述，内容简明扼要，重点突出，语言通俗易懂。全书收录彩色图片500多幅，多为编者在临床实践和研究中所积累，具有一定的参考价值，书稿中图片未标注提供者的均为张大丙供图。

我国老一辈鸭病学专家郭玉璞教授和国家水禽产业技术体系首席科学家侯水生研究员给予了大力支持和鼓励，并提供图片。侯水生研究员还欣然为本书写序。福建省农业科学院黄瑜研究员、浙江省农业科学院张存研究员、山东农业大学刁有祥教授、北京市农林科学院畜牧兽医研究所刘月焕研究员、江苏众客食品股份有限公司王兆山先生、山东新希望六和集团有限公司程好良先生和韩青海先生、河南华英农业发展股份有限公司龚加根先生、内蒙古塞飞亚农业科技发展股份有限公司李槟全先生和韩秀芬女士、安徽强英鸭业集团有限公司郝东敏先生和潍坊乐港食品股份有限公司岳澄滨先生提供了部分图片，湖南省畜牧兽医研究所戴求仲研究员、扬州大学王志跃教授和辽宁省农业科学院赵辉研究员提出了宝贵的修改意见，在此一并表示衷心感谢。

由于编者水平有限，不足之处在所难免，恳请读者批评指正。

编　者

2019年10月

目录

第一章

鸭场生物安全体系建设概述

第一节　养鸭业面临的疾病风险

养鸭业要面对疾病风险。对养鸭业构成危害的疾病包括病毒性疾病、细菌性疾病、真菌性疾病、寄生虫病、营养代谢病、中毒病以及其他杂症。在这些疾病中，传染性疾病是制约养鸭业健康稳定发展的关键因素。

一、鸭的饲养方式

20世纪90年代以来，我国肉鸭养殖业得到了快速发展，养殖规模不断扩大。为适应集约化和工业化程度不断提高的形势，养鸭企业对肉鸭饲养方式进行了大量探索，从利用河流（图1-1-1A）、鱼塘或池塘（图1-1-1B）养鸭，过渡到在运动场设置游泳池；从利用大的游泳池（图1-1-1C）过渡到仅设置小游泳池（图1-1-1D），直至采用全旱养模式。肉鸭离开水，是一个巨大的转变。

B

C

图 1-1-1　肉鸭饲养方式：利用水
A：鸭舍 + 河流；B：鸭棚 + 鱼塘；C：鸭舍 + 运动场 + 大游泳池；D：鸭舍 + 运动场 + 小游泳池

先后出现过几种不同的地面旱养模式，包括简易鸭棚+运动场（图 1-1-2A）、鸭舍+运动场（图 1-1-2B）、全舍内养殖（图 1-1-2C）、舍内全封闭式养殖（图 1-1-2D）。舍内以沙土（图 1-1-2A）、稻草（图 1-1-2E）、稻壳（图 1-1-2C 和图 1-1-2D）、发酵床（图 1-1-2F）为垫料，运动场垫土或铺沙土（图 1-1-2A）、砖（图 1-1-2B），或用水泥进行硬化。

B

C

图 1-1-2　肉鸭地面旱养

A：鸭棚 + 运动场，舍内外垫土；B：鸭舍 + 运动场，运动场铺砖；C：舍内养殖，用稻壳为垫料；D：全封闭式养殖，用稻壳为垫料；E：用稻草为垫料；F：发酵床养殖

在此期间，网上平养技术（图 1-1-3A 和图 1-1-3B）也在养鸭业得到了广泛应用，从工程设施上保障了鸭群健康生活所需的空间环境和卫生防疫条件，大大减少了肉鸭与粪便直接接触的机会，从而减少了肉鸭感染病原微生物的机会。将网上平养与地面发酵床相结合（图 1-1-3C 和图 1-1-3D），又产生一种新的养鸭模式，此模式有利于处理网下粪便。

A

B

图 1-1-3　肉鸭网上平养

A：网下地面用水泥硬化；B：网下配刮粪板；C：网下铺发酵床；D: 用翻耙机翻耙网下发酵床

目前，上述各种饲养方式均在肉鸭养殖业得到推广利用，但离水旱养已成为肉鸭主要饲养方式。为缓解养殖用地日趋紧张的压力、适应环保新常态，在部分规模化养鸭企业，已启动肉鸭立体养殖技术的试验示范（图1-1-4和图1-1-5），为实现工厂化高密度养鸭创造了硬件条件。

图1-1-4　肉鸭多层笼养（郝东敏供图）

图 1-1-5　肉鸭多层网养（程好良供图）

蛋鸭饲养方式经历了类似的改变，但在蛋鸭养殖业，规模化企业不多，因此，整体上，蛋鸭饲养方式的转变相对较慢。

饲养方式的转变意味着肉鸭和蛋鸭养殖环境的改变，加上养鸭业集约化和工业化程度以及饲养品种的变化，必然会对鸭病发生和流行状况造成巨大影响。

二、鸭病毒性疾病

作为经典鸭病，鸭瘟得到了很好的控制，仅在部分鸭群呈散发状态，但由鸭甲肝病毒基因1型所引起的鸭病毒性肝炎仍是危害我国养鸭业的主要病毒病之一。在番鸭养殖业，番鸭三周病和番鸭小鹅瘟时有发生。

鸭病流行的复杂性主要表现在，新发病毒性传染病不断出现。20年来，在我国养鸭业陆续出现了多种新的病毒病，其中，高致病性禽流感（H5亚型）（甘孟侯，2002；王永坤，2003）、番鸭白点病（胡奇林等，2000）、番鸭新肝病（陈少莺等，2009；黄瑜等，2008，2009）、基因3型鸭甲肝病毒感染（Fu et al.，2008）和鸭星状病毒1型感染（Fu et al.，2009）属于致死性疾病，可造成鸭只死亡。尽管2010年新出现的坦布苏病毒病和2014年新出现的鸭短喙与侏儒综合征所造成的死亡率可忽略不计，但坦布苏病毒病可造成种鸭和蛋鸭产蛋大幅度减少（Cao et al.，2011），鸭短喙与侏儒综合征则严重影响肉鸭生产（宁康等，2015），因此，这两种新发传染病的发生和流行仍可造成巨大的经济损失。在鹅副黏病毒病流行之际，浙江和福建等地的番鸭、半番鸭和野鸭曾发生过新城疫（张存等，2002；陈少莺等，2004；黄瑜等，2005）。在我国台湾地区，曾见鸭甲肝病毒2型引起的鸭病毒性肝炎（Tseng and Tsai，2007）。网状内皮组织增生病病毒可引起番鸭的肿瘤性疾病，但该病并不常见（姜甜甜，2012）。

鸭圆环病毒感染亦是近年来的新现鸭病，其主要危害是影响鸭的生长和发育，导致鸭羽毛杂乱，并造成免疫抑制（Hattermann et al.，2003；Soike et al.，2004）。在法国和我国的鸭群中，已检出鹅出血性多瘤病毒（Pingret et al，2008；姜甜甜，2012；万春和等，2017），感染鸭可能成为传染源，对鹅构成威胁（Corrand et al.，2011）。在鸭群中发现了几种不同的禽腺病毒，包括鸭腺病毒A型（产蛋下降综合征病毒）、鸭腺病毒B型（含鸭腺病毒血清2型和3型）以及禽腺病毒C型（禽腺病毒血清4型）（Calnek，1978；Bouquet et al.，1982；Zhang et al.，2016b；Marek et al.，2012），但不同研究者对腺病毒对鸭的致病性尚存在不同看法。

三、鸭细菌性疾病

鸭疫里默氏菌感染（鸭传染性浆膜炎）和鸭大肠杆菌病是危害小鸭（包括商品肉鸭和育雏期蛋鸭和种鸭）的主要细菌性疾病，鸭大肠杆菌病还可危害成年种鸭和蛋鸭。由沙门氏菌引起的雏鸭副伤寒并不常见，但由该菌引起的大体病变与鸭疫里默氏菌病和鸭大肠杆菌病颇为相似的鸭沙门氏菌病则并不鲜见。禽霍乱多发生于日龄较大的商品肉鸭和成年鸭，所造成的死亡率很高，属于严重危害养鸭业的疫病，但近年来，该病仅呈散发性流行状态。鸭葡萄球菌病和种鸭坏死性肠炎对种鸭有一定的危害。鸭传染性窦炎、鸭链球菌病、鸭结核病和鸭衣原体病则较为少见。

在舍饲条件下，如果养殖环境较差（如图1-1-2A），鸭易发生细菌性疾病。这类疾病既可导致鸭发病和死亡，还可影响鸭的生产性能，从而导致淘汰率上升、饲料报酬率和鸭胴体品质下降、药费增加，并可能导致药物残留问题。因此，细菌性疾病对养鸭业的危害不可小觑。

四、鸭真菌性疾病

鸭真菌性疾病包括念珠菌病和曲霉菌病。鸭念珠菌病很少发生，但鸭曲霉菌病时有发生。鸭曲霉菌病多因饲料或垫料发霉所致，一旦雏鸭发生曲霉菌病，常造成较高死亡率（郭玉璞和蒋金书，1988）。

五、鸭寄生虫病

寄生虫病属于一大类疾病，包括线虫病、壳膜绦虫病、原虫病等（郭玉璞和蒋金书，1988）。相对于鸭病毒性疾病和细菌性疾病，国内外对鸭寄生虫病的研究报道较少。

如图1-1-1至图1-1-4所示，在过去20年间，我国肉鸭和蛋鸭饲养方式发生了巨大变化，地面养殖和网上平养方式占主导地位。这种饲养方式的转变，可能是鸭寄生虫病较少发生的原因。因此，在养鸭生产中，人们对鸭寄生虫病较少关注。但在南方一些地区，利用河流、鱼塘或池塘养鸭的模式（图1-1-1）仍然存在，特别是蛋鸭水面饲养方式还较为普遍。因此，鸭寄生虫病的危害仍然值得关注。

六、其他疾病

对养鸭生产构成影响的疾病还包括鸭营养缺乏症、鸭光敏性疾病、鸭黄曲霉毒素中毒、鸭肉毒中毒、雏鸭一氧化碳中毒、鸭关节炎、鸭腹水、蛋鸭输卵管积液和产蛋下降综合征、鸭恶癖和鸭淀粉样变病等。

蛋鸭输卵管积液和产蛋下降综合征属于新发疾病，对蛋鸭产蛋存在一定的影响，其病因还有待进一步明确（钟雪峰，2018）。鸭肉毒中毒多发生于放牧和水面养殖模式（图1-1-1），可导致鸭只死亡（郭玉璞和蒋金书，1988），但多见于利用水面养殖的蛋鸭。其他疾病则与饲料配制、饲料原料的品质或存放、饲养管理和环境卫生管理有关，相对于传染性疾病，这些疾病对养鸭业的危害较小，但如果不重视，仍可造成较大的经济损失。例如，如果饲料原料污染了黄曲霉毒素，或育雏时管理不当出现一氧化碳中毒，可造成雏鸭大批死亡。如果鸭舍内外环境卫生差，则易发生鸭关节炎、鸭腹水和鸭淀粉样变病，导致种鸭死淘率上升、产蛋率下降。

第二节　鸭传染病的发生和流行

一、感染和感染性疾病

病原微生物侵入动物机体，并在一定的部位定居、增殖，从而引起机体产生一系列的病理反应，这一过程叫感染（郑世军和宋清明，2013）。病原微生物侵入动物机体后，感染是否发生，动物是否发病，则是病原与宿主相互作用的结果，取决于病原的毒力和数量以及宿主对该病原微生物的易感性。

对某种病原微生物缺乏特异性免疫力，易受感染，感染后出现临床症状的动物，叫易感动物。病原微生物只有侵入易感动物才能引起感染过程，并导致动物发病甚至死亡。此类感染属于显性感染，所引起的疾病为感染性疾病。如果病原微生物侵入动物机体后很快被清除，并不引起感染过程，则称该动物不易感。某些病原微生物能在动物机体完成感染，但动物并不表现出任何临床症状，则将该感染称为隐性感染，处于这种状况下的动物则为隐性带毒（菌）者或健康带毒（菌）者。

从不同角度，可将感染分为不同类型。按病程长短，可分为最急性型、急性型、亚急性型、慢性型。按感染部位，可分为全身性感染和局部感染。根据引起感染的病原，则分为单一感染、混合感染和继发感染。

二、传染和动物传染病

病原体从感染动物或患病动物排出体外，通过一定的方式到达新的易感动物体内，形成新的感染，这一过程叫传染。由各种病原体引起的，能在动物与动物之间相互传播的疾病，称为动物传染病。若某种传染病能在人与动物之间相互传播，则称之为人畜共患病。大多数感染性疾病属于传染病。

鸭的传染病主要指鸭病毒性疾病和鸭细菌性疾病。鸭的不同传染病尽管各有不同，但亦具有一些共同特性，包括：①鸭的每一种传染病都是由特定的微生物引起的，如鸭坦布苏病毒病是由坦布苏病毒引起的，而鸭传染性浆膜炎是由鸭疫里默氏菌引起的。②鸭的传染病具有传染性和流行性，即从一只病鸭传给另外一只或许多只健康鸭，或从一个发病鸭群传给另外的鸭群，或在一定的时期内，从一个养鸭地区传到另外的养鸭地区。③被病原微生物感染的鸭能发生特异性免疫应答，用免疫学技术进行检查，可对感染加以确证。④耐过病的鸭能获得特异性免疫力，使鸭在一定的时期内或终生不再发生该病。⑤鸭的传染病大多具有特征性的临床表现，有一定的潜伏期，从发病到痊愈（或死亡）有一定的病程和经过（郭玉璞和蒋金书，1988；郑世军和宋清明，2013）。

三、传染病在鸭群中的流行过程

传染病的流行需要经过三个阶段：①病原微生物从传染源排出；②病原微生物在外界环境中停留；③通过一定的传播途径，侵入易感鸭而形成新的传染。如此连续不断地发生、发展就形成了传染病在鸭群中的流行过程。因此，传染病在鸭群中的传播和流行，必须具备传染源、传播途径和易感鸭三个环节，倘若缺乏任何一个环节，新的传染就不可能发生，也不可能构成传染病在鸭群中的流行（郭玉璞和蒋金书，1988）。

（一）传染源

传染源即传染来源，指病原微生物在其中定居、生长和繁殖并能排出体外的动物。就鸭而言，传染源指受感染的鸭，包括病鸭和健康带毒（菌）者，携带病原的其他动物亦可构成鸭传染病的传染源。

1. 病鸭

病鸭是重要的传染源（图1-2-1），但在不同病期，其传染性有所不同。按病程先后，可分为潜伏期病鸭、临床症状明显的病鸭和处于恢复期的病鸭。对于大多数传染病而言，在疾病的潜伏期，感染鸭体内的病原微生物数量还很少，还没有排出的条件，尚不能起到传染源的作用。但在临床症状明显期，病鸭可排出大量病原微生物，传染源作用最大，在疫病的传播过程中最为重要。在恢复期，鸭的各种机能障碍逐渐恢复，但机体的某些部分仍能保有病原体，并可将病原体排出到周围环境中，对健康易感鸭构成威胁。死亡鸭及其流出液里含大量病原微生物，若不及时从鸭群里检出，甚至随意扔弃，则构成传染源。

图1-2-1　感染鸭疫里默氏菌的病鸭和死亡鸭对于同群健康易感鸭构成传染源

2. 健康带毒（菌）鸭

健康带毒（菌）鸭外表无临床症状，如果不进行检疫，很难发现，其作为传染源的作用往往被忽视。但病原微生物可在其体内繁殖并排出体外，易感鸭感染后即可发病。若产蛋鸭群成为某种病原（如沙门氏菌）的携带者，可成为后代雏鸭发病（如鸭沙门氏菌病）的传染源。若从外场或外地购进的鸭苗（或种蛋）带毒（菌），则是将传染病引入本场最快速、最直接的途径。因此，在养鸭生产中，病毒或细菌携带者也起着非常重要的传染源作用。患病康复后的鸭在一定时间内可成为健康带毒（菌）者，其体内的病原微生物并没有被清除，还可将病原微生物排出体外。

3. 其他传染源

鸭瘟病毒、鸭甲肝病毒、坦布苏病毒、鹅细小病毒和鸭疫里默氏菌等病原微生物可感染鸭和鹅，禽流感病毒、大肠杆菌、沙门氏菌和多杀性巴氏杆菌等病原微生物则可感染多种家禽和野鸟。感染或携带这些病原的其他家禽（如鸡和鹅）、农村庭院家禽、观赏鸟类和野鸟可构成鸭感染和发病的传染源。已有试验证明，在养殖场附近活动的麻雀（图1-2-2）以及蚊子可携带坦布苏病毒（Tang et al.，2013，2015），啮齿类动物可携带沙门氏菌（郭玉璞和蒋金书，1988）。

图 1-2-2　鸭舍内的死亡麻雀和鸭舍外的发病麻雀（岳澄滨供图）

（二）传播途径

传播途径是指病原体从传染源排出，侵入另一易感鸭机体所经过的途径，即病原体更换宿主所借助的途径或外界环境因素。传播途径分为水平传播和垂直传播，而水平传播包括直接接触传播和间接接触传播。鸭传染病的传播大多经间接接触，包括通过人、车辆、用具、设施设备、空气、饲料、水、野鸟、蚊虫、啮齿类动物等方式。

1. 直接接触传播

直接接触传播没有外界环境因素的参与，通常经过交配和舐咬，病原从被感染的动物（传染源）传播给健康易感动物。患狂犬病的动物咬伤健康动物，病毒随唾液进入伤口而感染，是直接接触传播最典型的例子，但这种传播途径对于养鸭业没有实际意义（郭玉璞和蒋金书，1988）。如果带毒（菌）公鸭与母鸭交配，可能将病原微生物传播到母鸭，但还需要实验证据证实这种可能性。

2. 通过人传播

人是重要的传播媒介。鸭场的饲养人员与鸭群有着非常密切的接触，因人沾上病原，饲养管理时粗心大意，可造成疾病的散播。鞋是最容易传播病原体的媒介物，手也会被污染，衣着则会受到灰尘、羽毛和粪便的污染。养殖场的工作人员若到邻近发病场参观，或与家中或其他地方的家禽、伴侣动物、观赏鸟类接触，可能将病原微生物带入本场。外来人员（如参观者、销售者）亦可能传播病原（图 1-2-3）。

3. 经污染的筐和车辆传播

饲料车、活禽运输车、死禽运输车、清洁设备往往会有垫料和粪便的积垢，是传播病原微生物

图 1-2-3　鸭场未安装大门，不能控制人员和车辆进出

的重要媒介。频繁来往于种鸭场、商品鸭养殖场、孵化厂、饲料厂、屠宰厂以及禽蛋禽肉市场之间的车辆，可导致病原微生物在不同功能区、不同鸭舍、不同鸭场之间传播。使用污染的筐和车辆进行长途运输，或长途运输病原体携带者，极易成为远距离传播病原体的渠道。

4. 经污染的地面、垫料和网床传播

病原微生物随病鸭的分泌物、排泄物一起落到舍内地面、垫料、舍外运动场，鸭伏卧时，腹部会粘上粪污（图 1-2-4），易引起局部感染，甚至全身性感染。若地面或垫料里有尖锐物，或地面和网床表面粗糙、有毛刺，易扎伤或挫伤鸭的脚蹼，感染后引发关节炎（图 1-2-5）。鸭子啄食地面或垫料里的污物（图 1-2-6），可经口感染病原微生物而发病。种鸭在污秽垫料产蛋，蛋壳表面可附着细菌或霉菌，在孵化过程中造成死胚或霉蛋。

5. 经污染的用具和设施设备传播

被病（死）鸭或隐性感染鸭的分泌物和排泄物以及死鸭或其流出液污染的各种用具，均可成为散播病原的传播物。如料盆、料斗、料槽（图 1-2-7）、储水罐、饮水槽、饮水器（图 1-2-8）长期不清洗、不消毒，往往粘满污垢，可造成病原传播。

孵化环节亦可散播病原。经卵垂直传播的病原可在孵化过程中造成死胚，将孵化箱污染。不经卵垂直传播的病原亦可随粪便污染蛋壳表面，进而污染孵化箱。

6. 空气传播

经空气而散播病原是传播呼吸道传染病的重要途径，包括经飞沫传播和尘埃传播。病鸭喘气、咳嗽、喷鼻时，含有病原体的飞沫经口鼻排出，小的飞沫在空气里短暂停留，附近的易感鸭吸入后

图 1-2-4　鸭腹部粘有粪污

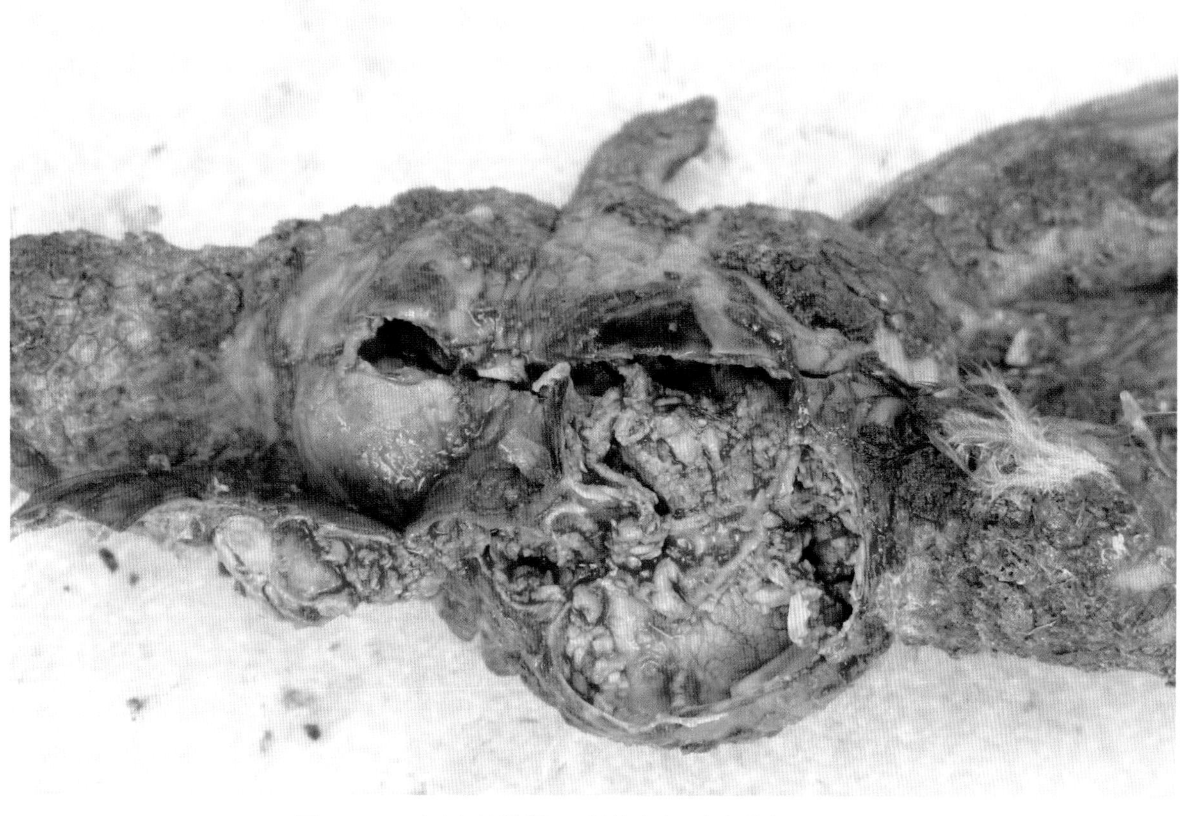

图 1-2-5　鸭脚部粘满粪污，关节肿胀，内有带血的干酪样物

图 1-2-6　垫料潮湿不洁，鸭啄食时喙粘上污物

图 1-2-7　料盆和料槽

图 1-2-8　饮水器和饮水槽

感染。含有病原体的较大的飞沫、分泌物和排泄物落于地面，干燥后形成尘埃，在一定时间内，可在空气中滞留，易感者吸入后即可感染。在舍饲条件较差、饲养密度过大时，有利于空气传播病原。在用稻草作为垫料的舍内饲养模式中（图 1-2-9），鸭只受惊后跑动，大量尘埃飞扬于空中，若尘埃带有病原，将促进病原传播。

在养殖密集地区，附着在羽毛、污物、尘埃的病原微生物可经过风吹传播到邻近养殖场。

图 1-2-9　用稻草作为垫料的舍内养鸭方式

7. 经水传播

在某些地区，鸭存栏量巨大，养鸭时间长，地下水源可被粪便污染，健康鸭饮用污染的水而感染，这是发生鸭大肠杆菌病等细菌病的原因之一。鸭发生传染病后，尽管采食量下降，但渴欲增加，或仍可正常饮水，病鸭和健康鸭共用饮水器（图1-2-10），病原微生物可经水、口途径传播。种鸭在污染的游泳池里活动（图1-2-11），甚至喝进游泳池里的脏水（图1-2-12），或者在面积有限

图1-2-10　病鸭（拱背者）与健康鸭共用饮水器

图1-2-11　许多鸭只在游泳池里活动

图 1-2-12　鸭在游泳池喝水

的池塘里饲养大量的鸭（图 1-2-13），均可能散播疾病。鸭场污水含大量病原微生物，若随意排放，亦是传播病原的重要途径。

图 1-2-13　池塘载鸭密度过大

8. 经饲料传播

饲料本身含有病原体，鸭只采食后，可感染发病。饲料被污染，往往与配制饲料时使用易污染沙门氏菌和霉菌的动物源性饲料原料（如肉骨粉和鱼粉等）有关。若饲料中黄曲霉毒素含量超标，鸭只采食后发生霉菌毒素中毒病。在高温潮湿季节，如果把饲料堆放在地面（图 1-2-14），饲料受潮后发霉，亦可导致鸭发病。在患病鸭群，病鸭与健康鸭在同一个料盆采食（图 1-2-15 和图 1-2-16），亦增加了疫病传播的机会。

图 1-2-14　饲料堆放于潮湿的地面

图 1-2-15　鸭疫里默氏菌感染鸭群：病鸭与健康鸭在同一个料盆采食

图 1-2-16　鸭短喙与侏儒综合征发病鸭群：病鸭（右侧）与健康鸭在同一个料盆采食

9. 经蚊虫、野鸟和啮齿类动物传播

坦布苏病毒属蚊传虫媒病毒。在坦布苏病毒病流行期间，在发病鸭场范围内捕获蚊子，可分离到坦布苏病毒，且蚊源毒株与鸭源毒株极为相似（Tang et al.，2015）。已有试验证实，感染了坦布苏病毒的蚊子可将病毒传播给鸡，亦可从预先感染了坦布苏病毒的鸡将病毒传播到健康鸡（O' Guinn et al.，2013）。

野鸟亦可传播疾病。在发生坦布苏病毒病的鸭场范围内，出现过死亡麻雀（图1-2-2），从其体内可分离到坦布苏病毒（Tang et al.，2013）。

在开放式鸭舍，啮齿类动物（如老鼠）出没于鸭舍、饲料间、堆放杂物的地方，可传播沙门氏菌等病原微生物。特别是，还有许多养鸭户的鸭棚建于田间地头（图1-2-17），鼠类、猫狗、野生动物的出没很难避免。

10. 医源性传播

在诊断与防治工作中，若未严格执行操作规程，可人为引起传染病传播。在接种疫苗、抗体或采血进行检测试验时，如果群体中既有病鸭或感染鸭，又有健康易感鸭，共用注射器可传播某些传染病。如果疫苗、抗体或药品受污染，也可以引起疾病传播，尤其是弱毒疫苗污染外源病原微生物、用强毒制备的灭活疫苗灭活不彻底时，更易传播疾病。

11. 经卵垂直传播

病原微生物通过种蛋传播给后代雏鸭，称为垂直传播，由此所引起的疾病称为蛋传性疾病或蛋媒疾病。垂直传播包括两种形式。一是有些病原（如沙门氏菌）在蛋壳和壳膜形成前进入蛋内而由种蛋内部携带，此种形式是因卵巢或卵泡被病原感染或在输卵管中接触病原所致。二是病原体（特

图 1-2-17　建于田间地头的鸭棚

别是大肠杆菌和沙门氏菌等肠道菌）在种蛋产出后进入蛋内而由种蛋携带，这是因体内外存在温差导致种蛋内部和大气之间产生压力差，被粪便污染蛋壳表面的细菌进入蛋内。这两种形式的垂直传播均可在孵化过程中造成死胚，或孵化后形成弱雏或带毒（菌）雏，由此将病原传给后代雏鸭。

传染病流行时，传播途径是十分复杂的，一种传染病可同时通过几种途径传播，因此，当某种传染病在鸭群中蔓延时，必须进行深入的流行病学研究才能了解其真正的传播途径，从而采取针对性防制措施。

（三）易感鸭

易感性指鸭对某种传染病病原体的感受性，这种感受性的大小与有无，直接影响到感染是否会发生、感染鸭是否会表现出临床症状、传染病是否能流行以及流行的强度。

易感性与宿主因素有关。宿主因素首先指机体的特异性免疫状态。3周龄内雏鸭对鸭甲肝病毒高度易感，如果在雏鸭出壳时接种鸭甲肝病毒弱毒疫苗，可使雏鸭获得对该病毒的特异性抵抗力。通过免疫种鸭将母源抗体传递给后代雏鸭，或直接用抗体制品接种雏鸭，亦可使易感雏鸭获得对鸭甲肝病毒的特异性抵抗力。成年鸭可感染鸭甲肝病毒但不发病，反映出易感性与日龄之间的相关性。雏番鸭对番鸭细小病毒高度易感，但北京鸭对番鸭细小病毒不易感，则反映出易感性与品种之间的相关性。

易感性亦与病原因素有关。从健康北京鸭可分离到新城疫病毒，亦可检测到新城疫病毒的抗体，表明北京鸭可感染新城疫病毒而不发病（Zhang et al.，2011b），即，相对于鸭甲肝病毒，不能认为北京鸭是新城疫病毒的易感动物。鸭对某种病原微生物的易感性可因病原微生物的变异而发生改变。水禽对坦布苏病毒的易感性以及北京鸭对鹅细小病毒的易感性的变化便是如此（Cao et al.，2011；宁康等，2015）。

第三节　鸭场生物安全体系建设的基本内容

鸭场生物安全指采取一切必要的措施，防止病毒、细菌、真菌、支原体、衣原体和寄生虫等病原体进入、感染或威胁正常鸭群，对昆虫、啮齿类动物和野生鸟类等有害生物以及投入品的控制亦属于生物安全措施范畴。鸭场生物安全体系建设以疾病防制为目的，旨在预防疾病的传入、最大限度降低场内病原微生物污染程度、避免这些病原体在鸭场的传播或持久存在。通常从鸭场建设和制定管理措施两个角度构建鸭场生物安全体系。

一、建筑性生物安全措施

建筑性生物安全措施是构建生物安全体系的物质基础。该措施针对的是传染源和传播途径，内容包括商品肉鸭饲养场和养殖小区、种鸭场、隔离场所和无害化处理场所的选址、规划、布局、建筑以及设施设备设计与安装（高天宇等，2005；李增光，2011；刘栓江等，2005；王思林和林庆添，2008；徐海军，2004）。应遵循《动物防疫条件审查办法》（中华人民共和国农业部，2010）。

（一）鸭场选址

传染病传播的天然屏障是距离。在养殖密集区，传染病很容易在鸭场之间传播。因此，建设鸭场时，要与外界保持一定的距离。如果条件许可，应远离其他鸭场（或禽场）、畜禽交易场所、屠宰场、交通要道等（图1-3-1），以避免疫病传播。

图1-3-1　鸭场选址：远离其他禽场、居民区和交通要道等，以农作物作为屏障（李槟全供图）

要考虑与外界的隔离。可利用自然或人造屏障进行隔离，如水域、小山（图1-3-2）、城市或城镇、森林或场与场之间的其他农业企业，如农作物、蔬菜或水果生产场（图1-3-1）。如果土地有限，新建鸭场难以远离其他禽场，可建造围墙（图1-3-3）、围栏或绿色隔离带等屏障（图1-3-4和图1-3-5）。

（二）鸭场规划和布局

根据养殖规模对鸭场建筑面积进行规划。养殖规模不宜太大，建立超大型的鸭场更不可取。在规模化养殖场，由于存在着大量的具有相同遗传背景的鸭，一旦暴发传染病，很快蔓延到全场，损失巨大。一个独立鸭场的适宜规模尚需要评估。

生产区要与生活办公区分开，以围墙或绿化带隔开，并保持一定的距离（图1-3-6和图1-3-7）。在生产区内，清洁道和污染道要分设（图1-3-6）。应有相对独立的引入动物隔离舍、患病动物隔离舍以及与生产规模相适应的无害化处理场所。

在规模化鸭场，可将生产区进一步划分为可以隔离和封锁的区域，各区域用围墙隔开（图1-3-8），便于分区进行清洁和消毒，或必要时清群，防止疾病扩散。若鸭场规模较大，还可把每个区域划分为更小的单元，单元之间设绿色隔离带（图1-3-9）。

孵化室可作为种鸭场的孵化车间（图1-3-10），亦可单独建孵化厂。孵化车间与种鸭场之间

图 1-3-2　鸭场选址：用小山作为天然屏障

图 1-3-3　鸭场选址：用围墙将鸭场与外界隔离

图 1-3-4　鸭场选址：用围栏将鸭场与外界隔离

图 1-3-5　鸭场选址：用绿色隔离带将鸭场与外界隔离

图 1-3-6　草原鸭养殖场的规划与布局（李槟全供图）
A：生活办公区；B：消毒通道；C：孵化室；D：生产区
红色箭头所指清洁道；按白色箭头所指方向，位于围墙内侧的道路为污染道

图 1-3-7　鸭场规划与布局：生活办公区与生产区之间用围墙和绿化带隔开

图 1-3-8　鸭场规划与布局：用围墙将生产区划分为不同区域

图 1-3-9　鸭场规划与布局：将生产区划分为更小的单元，单元之间用绿色隔离带隔开（李槟全供图）

图 1-3-10　鸭场规划和布局：孵化室（红色和蓝色屋顶部分）与种鸭场之间以围墙和隔离带为屏障，并保持一定距离

（图 1-3-10）、孵化厂与外界之间要有隔离屏障，并保持一定距离。按功能，将孵化室划分为种蛋储存室、选蛋间、种蛋消毒室、孵化间、雏盒消毒间、出雏室、付雏室等。应配备种蛋熏蒸消毒设施和洗蛋设施。

（三）鸭舍建筑

鸭舍建筑应遵循以下基本原则：①便于采光和通风；②建筑物之间的距离要合适，并适当考虑到与风向的关系；③建筑物的材料、内外设计以及设施设备的设计和位置要恰当，要便于清洗和消毒；④应重视长远计划和操作规程的制定工作，考虑各种运输工具和设备的流动方式、工作人员的工作路线、饲料的储运系统、从养鸭场运出蛋和鸭群以及粪便和污物的路线。

一般将鸭舍建造为矩形，取南向。亦可结合当地地形、主风向等条件的变化，对朝向进行适当调整。鸭舍群横向成排（东西向），纵向呈列（南北向）（图 1-3-6）。鸭舍群超过两栋以上时，要根据场地形状、鸭舍的数量和每栋鸭舍的长度，酌情将鸭舍排列为单列式、双列式（图 1-3-6）或多列式（图 1-3-9 和图 1-3-11）。应尽量将生产区按方形或近似方形布置，以免造成运输距离加大，给工作联系造成不便。

（四）设施设备

鸭场应配备隔离和消毒设施设备，包括在鸭场大门入口处设立警示标语（图 1-3-12）、人员消毒通道和设备（图 1-3-13）以及车辆消毒通道和设备（图 1-3-14），在生产区入口设消毒池（图 1-3-15）、人员淋浴消毒室（图 1-3-16），在鸭舍门口设消毒盆或消毒垫等。

鸭场应配备与生产规模相适应的无害化处理设施设备，包括病死动物收集和处理设施设备

图 1-3-11　鸭场建筑：草原鸭祖代场按 5 排 4 列方式排列（李槟全供图）

图 1-3-12　设施设备：在鸭场入口处设警示标语

图 1-3-13　设施设备：人员消毒通道和雾化消毒设备

图 1-3-14　设施设备：车辆熏蒸消毒间（左）和车辆消毒通道（右）
在车辆消毒通道，配备高压水枪、喷淋消毒设备和消毒池

图1-3-15 设施设备：在生产区入口设消毒池（龚加根供图）

图1-3-16　设施设备：人员消毒通道（韩青海供图）

（图1-3-17）、污水处理设施设备（图1-3-18）、废弃垫料处理设施设备（图1-3-19）、粪便收集和处理设施设备（图1-3-20至图1-3-26）。

图1-3-17　设施设备：病死禽发酵池（韩青海供图）

图 1-3-18　设施设备：污水处理（郝东敏供图）

图 1-3-19　设施设备：废弃垫料处理（韩青海供图）

图1-3-20　设施设备：在网上养殖模式下，地面硬化，配刮粪板

图 1-3-21 设施设备：在多层立体养殖模式下，配备粪污传送带

图 1-3-22 设施设备：横向蛟笼，输出封闭式鸭舍里的粪便，直接装车（郝东敏供图）

图 1-3-23 设施设备：处理粪水的软体沼气池

图 1-3-24 设施设备：粪污收集池（王兆山供图）

图1-3-25　设施设备：阳光房（上）与阳光房发酵床（下）（王兆山供图）

JCHN

图 1-3-26　设施设备：粪污处理和资源化利用设施

在多层立体养殖鸭舍，应配备笼具和自动上料装置（图1-3-27）、湿帘降温系统（图1-3-28）、自动加温系统（图1-3-29）或制冷制热空调系统（图1-3-30）、通风系统（图1-3-31至图1-3-33）、自动饮水系统（图1-3-34和图1-3-35），便于给鸭提供舒适的生长环境和清洁的饮水。种鸭场要有防鼠（图1-3-36）、防鸟、防虫设施或者措施。

图1-3-27　设施设备：笼具（左）和自动上料装置（右）（王兆山供图）

图1-3-28　设施设备：湿帘降温系统（王兆山供图）

图1-3-29　设施设备：自动加温系统（王兆山供图）上为空气能热泵，下为散热器

图1-3-30 设施设备：制热制冷空调系统（王兆山供图）

图1-3-31 设施设备：通风系统（舍内通风小窗和通风管）（王兆山供图）

图1-3-32 设施设备：通风系统（负压风机）（王兆山供图）

图1-3-33 设施设备：通风系统（舍外通风管）（王兆山供图）

图 1-3-34　设施设备：自动饮水系统（王兆山供图）
左为自动调压器，右为乳头式饮水器

图 1-3-35　设施设备：乳头式饮水器

图 1-3-36　设施设备：鼠类管理系统（程好良供图）
左为挡鼠板，右为鼠饵盒

鸭场应设兽医室，配备疫苗冷冻（冷藏）设备、消毒和诊疗等防疫设备，或者有兽医机构为其提供相应服务。规模化鸭场可建设诊断与检测实验室，配备相应的仪器设备（图 1-3-37），用于常见疫病疾病的诊断、垂直传播疫病的净化、环境微生物监测和免疫抗体监测。

二、管理性生物安全措施

管理性生物安全措施，是在建筑性生物安全基础上制定一系列规定和程序。所有管理性生物安全措施的制定，均是针对传染病流行的三个环节，即传染源、传播途径和易感鸭。

（一）针对传染源

规模化鸭场应培育健康种群，坚持自繁自养，防止从外场引入病原携带者。若确需引进雏鸭，应对种鸭群的健康状况和免疫状况进行了解。若从境外引种，要按有关规定进行检疫。引进的鸭需经过隔离饲养，确认没有感染，方可混群或放入正式鸭舍饲养。

清除带毒（菌）鸭是防止某些疾病再次发生的重要手段，对于鸭沙门氏菌病等可经卵传播的病原，可用血清学方法进行检测，清除种群中病毒或细菌携带者。但这种方法并不适用于所有疾病。防止携带者传播疾病的最好方法是采用“全进全出”制度。

发生重大疫病后，应按有关政策采取扑杀措施。对于常规疾病特别是细菌性疾病，应及时确诊并进行群体治疗。死鸭、不可救治或无治疗价值的病鸭（图 1-2-1），必须及时从鸭群中清除，并进行无害化处理。不能将出栏鸭特别是送屠宰场不合格的鸭再运回本场。

应重视鸟（图 1-2-2）、蚊蝇、鼠类或其他动物的传染源作用，并制定相应的管理措施，如防鸟、灭蚊、灭鼠、不与鸡和鹅混养等。

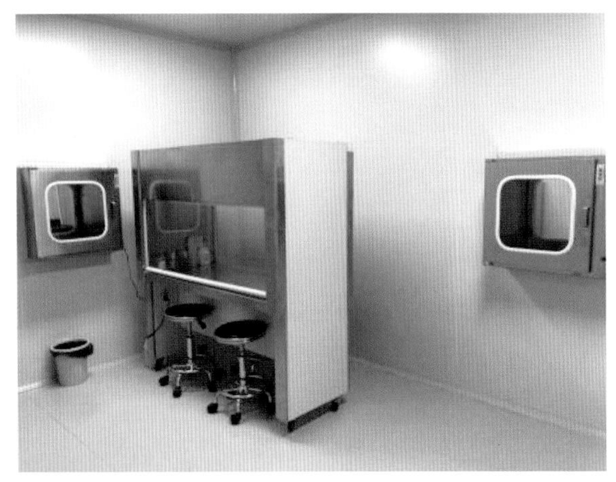

图1-3-37　设施设备：诊断和检测实验室（王兆山供图）

（二）针对传播途径

隔离是避免疫病传播的重要措施。鸭场应实行封闭管理，谢绝参观（图1-3-12），禁止外来车辆随意进入生产区。鸭场饲养员和工作人员不能随意到不同功能区或生产区活动，不能与家中或其他地方的家禽、伴侣动物、观赏鸟有任何接触；附近鸭场或其他禽场发病时，特别是发生一种新病（如2010年新出现的坦布苏病毒感染）时，不能去现场参观或在附近闲逛，应通过电话或视频等讨论。发生疾病时，应及时进行隔离、封锁，防止疾病在不同功能区或鸭群之间传播。

消毒是杀灭病原微生物、切断传播途径的根本措施，但保持鸭舍内外良好的环境卫生是保证消毒效果的先决条件。可将消毒分为进场消毒、场区和物资消毒以及生产区消毒，消毒对象包括进出场人员（图1-3-13），车辆以及车载包装、垫料、饲料和载鸭筐（图1-3-38和图1-3-39），场区环境（图1-3-40），库房以及存放的包装、垫料和饲料（图1-3-41），鸭体表和舍内和运动场环境（如空气、地面和墙壁）（图1-3-42和图1-3-43），设施设备（如储水罐、水线、饮水器、喂料装置、网床、笼具和载鸭筐等），生产区道路等。转群或出栏后，应清理垫料和地面，清洗网床和笼具，对舍内环境进行消毒。载鸭筐在使用后要清洗和消毒。可根据不同的消毒对象选用不同的消毒剂和消毒方法，还可利用实验室条件对环境中病原微生物的污染情况进行监测，对消毒效果进行评估。

应加强饲料管理和监测，防止沙门氏菌、霉菌等病原污染饲料。应在库房里堆放垫料，避免露天堆放时被雨淋湿、发霉。病死鸭、废弃垫料、污水和粪便应进行无害化处理（图1-3-17至

图1-3-38　车辆进场消毒：熏蒸消毒（上），高压水枪冲洗和喷雾消毒（下）

图1-3-39　车辆进场消毒：用高压水枪冲洗消毒（龚加根供图）

图1-3-40　场区环境消毒（韩青海供图）

图 1-3-41　对包装及垫料仓库进行烟熏消毒（韩青海供图）

图 1-3-42　运动场带鸭消毒

图 1-3-43　舍内带鸭消毒（韩青海供图）

图 1-3-26）。

为防止蛋媒疾病、避免通过孵化环节传播病原，应加强种鸭场和孵化厂的环境卫生管理和消毒。要采取各种措施减少种蛋和孵化箱污染，如保持蛋窝干燥、勤捡蛋，及时对种蛋进行清洗、消毒、入库，对雏盒进行清洗和消毒（图 1-3-44），定期对孵化箱进行清洗和消毒。

鸭场需制定具体的作业流程并严格执行，包括人员进出场流程、物品进场流程、车辆进出场流程、种蛋的运转流程、淘汰鸭出售流程、饲料消毒流程、垫料消毒流程、鸭舍带鸭消毒流程、环境消毒流程、空舍整理流程和孵化工作流程。

（三）针对易感鸭群

免疫接种是有效减少易感鸭和提高鸭群对疾病特异性抵抗力的唯一方法。特异性免疫力的高低与疾病的流行特点、所用疫苗和抗体制品的免疫效力以及免疫程序有关，应根据本地或本场疾病流行状况接种合适的疫苗和抗体制品。对病原变异性和疫苗免疫抗体水平进行监测分析是制定合理免疫程序的根本保障。

图 1-3-44　对雏盒进行清洗和消毒

第二章

鸭病综合防控技术

第一节　鸭场环境控制技术

养鸭环境优劣与疾病发生频率密切相关。随着养鸭业集约化和工厂化程度不断提高，环境因素对鸭群健康和生产性能的影响越来越大。对养鸭环境进行控制，是构建鸭场生物安全体系的主要内容，对于提高鸭群的生产性能、保障鸭群健康具有重要义。

一、养鸭环境及其控制技术概述

养鸭环境包括鸭场外部环境、场区环境和鸭舍内部环境。我国地域辽阔，南北气候差异较大，各地自然地理条件、经济发展水平和消费习惯均有所不同，因此，各地鸭场选址、规划布局、鸭舍建造以及设施化程度存在较大差异，由此形成了多种不同养殖模式共存的局面（图1-1-1至图1-1-5）（施振旦等，2012），并形成了不同的养殖环境。

针对鸭场外部环境采取控制措施是预防疫病传播的第一道防线。通过选址（图1-3-1）、建造围墙和隔离带（图1-3-2至图1-3-5）、规划布局（图1-3-6至图1-3-10），并对进入鸭场的人员、车辆和物品进行管控（图1-3-13至图1-3-16、图1-3-38和图1-3-39），可使鸭场处于一个与外界环境相对隔离的物理屏障环境内，减少病原体的传入机会，甚至阻断病原体的传入。场区环境控制则通过环境卫生管理和消毒达成（图1-3-40和图1-3-41），其目的是避免场区内的病原体对生产区内的鸭群构成威胁。鸭舍内部小环境与鸭的健康和生产性能直接相关，开发与应用鸭舍环境控制装备（图1-3-28至图1-3-35）、研发鸭舍内部环境调控技术和监控技术，是调控舍内小环境的重要手段。总体上，养鸭环境控制技术涉及鸭舍内部环境调控技术与监控技术、消毒技术以及鸭场废弃物无害化处理和资源化利用技术。

二、鸭舍内部环境调控技术

从生产角度考虑，舍内环境参数大体可分为光环境、空气环境（如温度、湿度、有害气体、粉尘等）和水环境（李保明，2010）。其中，有害气体、粉尘和水环境与疫病发生密切相关。

目前，农户仍然是饲养商品肉鸭和蛋鸭的主力军，生物安全意识较为淡薄，又因财力有限，所建鸭棚或鸭舍大多较为简陋，设施化程度很低，还未上升到环境控制的高度。在养鸭生产中，主要依靠清理粪便、清洗网床和用具、垫土、换水、更换垫料或铺设新垫料（稻壳或稻草）和消毒等方式对环境卫生进行管理。不同养殖户的环境卫生管理意识也有所不同，因此，不同商品肉鸭场和蛋鸭场的环境卫生差异很大。有研究表明，相对于常规厚垫料模式，发酵床平养能改善舍内空气质量（庞海涛，2015；杨久仙等，2017）。在网上养殖模式中用发酵床处理网下粪便，则能更好地改善空气质量（应诗家等，2016；邵坤等，2018）。

规模化养殖公司的种鸭、蛋鸭和商品肉鸭养殖已进入舍内设施化养殖时代，分为3种模式，地面厚垫料或发酵床（图1-1-2c、图1-1-2d和图1-1-2f）、网上养殖（图1-1-3）和多层立体养殖（图1-1-4和图1-1-5）。养殖企业与养殖设备企业研发了配套的环境调控设备，包括笼具和自动上料装置（图1-3-27）、湿帘降温系统（图1-3-28）、自动加温系统（图1-3-29）或制冷制热空调系统（图1-3-30）、通风系统（图1-3-31至图1-3-33）、自动饮水系统（图1-3-34和图1-3-35）、输粪带清粪系统（图1-3-21和图1-3-22），使离地饲养技术、温控技术、纵向通风技术、湿帘蒸发降温技术、乳头饮水技术和自动清粪技术等环境控制技术在养鸭业得到了运用。

三、养殖环境监控技术

环境监控技术可用于环境控制效果的评估。例如，用红外热成像仪对鸭群体况、精神状态和活动情况进行监控（图2-1-1），用测氨仪、测光仪、红外线温度检测仪、温度湿度检测仪、数字叶轮风速仪等仪器对舍内环境参数（如氨气浓度、二氧化碳浓度、光照强度、温度、湿度、风速、负压、鸭舍密闭性等）进行监测（图2-1-2），形成数据，便于管理人员掌握鸭群健康状况以及鸭舍环境控制效果。但迄今为止，只有个别养鸭企业运用了环境监控技术。

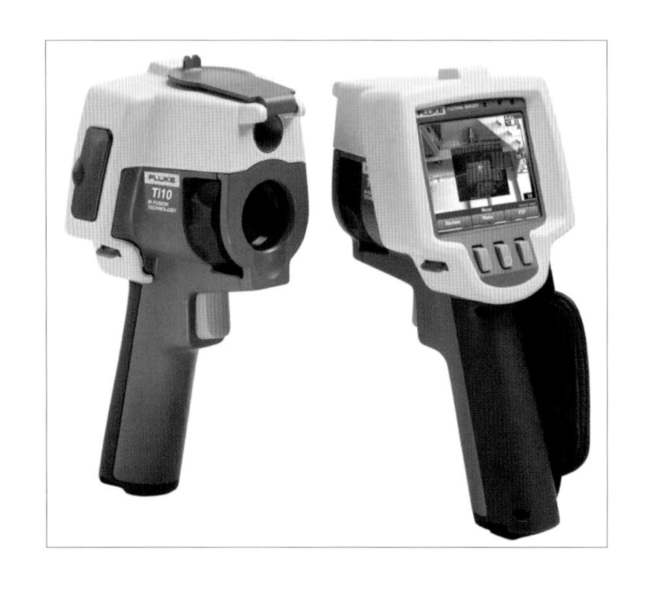

图2-1-1　用红外热成像仪监控种鸭健康状况
（韩青海供图）

图2-1-2　种鸭舍氨气和风速的实时检测
（韩青海供图）

已有养鸭企业正尝试将信息采集系统、环境调控装备和控制处理器（图2-1-3）整合为环境智能控制系统，以提高养鸭环境监控的自动化程度。通过各种传感器采集环境信息以及鸭只的生理信息，传送至控制处理器，控制程序按预先设定的目标参数运行，通过环境调控装备调控光照、取

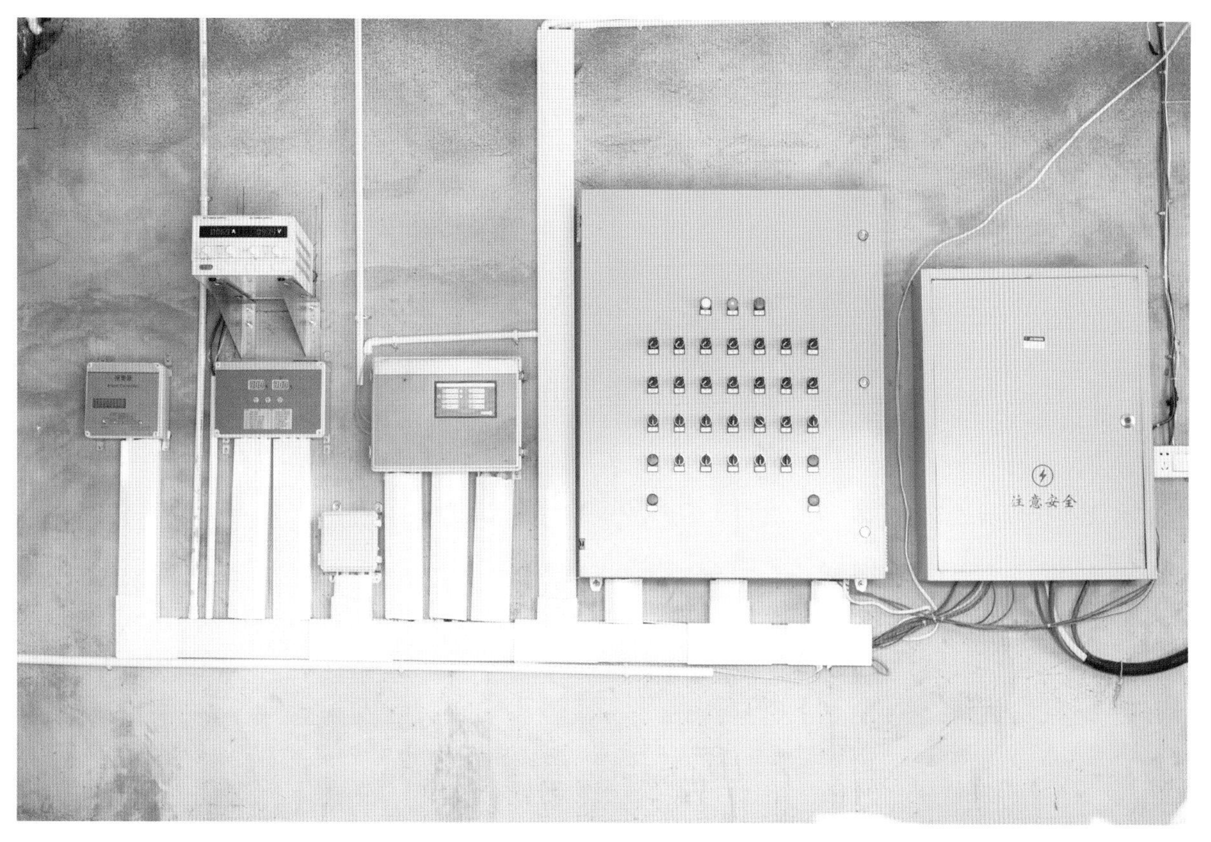

图 2-1-3 环控系统控制器（王兆山供图）

暖、降温、通风和消毒等，达到调控舍内小气候、满足鸭只的生理需求与消毒防疫的目的（薛新宇，2008）。

利用细菌学、病毒学和分子生物学技术对环境中病原体进行监测，可掌握环境中病原体的污染情况，亦可对消毒效果进行评估。监测对象包括笼具、网床、垫料、墙壁、地面、料箱等物体表面以及舍内空气、饮水等。

四、消毒技术

（一）消毒方法

消毒方法包括机械清理法、物理消毒法、化学消毒法和生物消毒法（刘子鑫，2004；马圆月和王鸿儒，2008；吴昆和沈浸，2002）。

机械清理法是指用机械的方法（如清扫、洗刷、冲洗等）对养殖设施设备和养殖环境进行清理或清扫，以去除病原体或减少病原体的含量。用该法不能彻底消除或杀灭病原体，但却是确保其他消毒措施达到效果的基础。

物理消毒法指用阳光照射、紫外线照射、高温等方法杀死病原体或减少病原体的含量。阳光照射适用于地面和可移动的设施或物品，紫外灯照射多用于人行通道，高温消毒包括用火焰进行烧灼或烘烤、经煮沸和用蒸汽进行消毒，多用于特定环节。

化学消毒法指运用化学消毒剂杀灭病原体，涉及熏蒸、浸泡、喷雾、撒布或在饮水中加入消毒剂等具体操作，常与机械清理和物理方法联合使用，用于养鸭生产的各个环节。

生物消毒法是利用生物发酵、微生态制剂等进行的消毒，多用于粪便等废弃物的消毒，一般要经过1~3个月时间，即可出粪清池，适合规模化鸭场。

（二）消毒剂的分类及常用消毒剂的优缺点

消毒剂是指能杀灭病原微生物的化学制剂。按化学组成，可将消毒剂分为卤素类（氯制剂、碘制剂）、醛类、酚类、醇类、氧化剂类、表面活性剂类、酸碱类等类型。若按作用水平，则可分为高效消毒剂、中效消毒剂和低效消毒剂。高效消毒剂可杀灭各种微生物包括细菌的繁殖体、细菌芽胞、真菌、病毒，氯制剂、醛类和氧化剂类消毒剂属于此类。中效消毒剂可杀灭各种细菌的繁殖体、多数病毒和真菌，但不能杀灭细菌芽胞，例如碘制剂、醇类和酚类消毒剂。低效消毒剂可杀灭部分细菌的繁殖体、有囊膜的病毒和真菌，但不能杀灭细菌芽胞和无囊膜的病毒，例如苯扎溴胺（新洁尔灭）等季铵盐类消毒剂和氯己定等胍类消毒剂（陈越英等，2012；蓝洪，2004；梁建生，2012；刘春燕，2004；王艳英等，2011；银涛，2005；周娅琴和杨广岚，2006；张波，2016）。

含氯消毒剂包括无机类含氯消毒剂（次氯酸钠、漂白粉等）以及有机氯消毒剂（氯胺T、二氯异氰尿酸钠、三氯异氰尿酸等）。氯制剂属高效消毒剂，在急性传染病流行时可用于紧急消毒，亦可用于日常环境消毒，其缺点是消毒效力易受有机物、温度、酸碱度等外界环境因素的影响，有报道称有机氯消毒剂对人和动物有一定的毒性和危害。国内常用的次氯酸钠等含氯消毒剂中一般加入十二烷基苯磺酸钠、十二烷基硫酸钠等阴离子表面活性剂，制成复合制剂，如二氯异氰尿酸钠复方制剂、三氯异氰尿酸复方制剂等，可显著提高消毒效果。

碘制剂包括碘、碘伏等，属中效消毒剂。碘的消毒效果良好，很早就被作为外科消毒的首选消毒剂，但碘难溶于水，故常与有机溶剂载体如乙醇结合发挥作用，以碘酊和碘酒的形式出现。可用聚乙烯吡咯烷酮等表面活性剂作为载体助溶，提高碘的溶解性能，这种结合物称为碘伏。市场上的产品主要有碘酸混合溶液、复合碘溶液、聚维酮碘溶液等。碘制剂的优点是消毒效力强、作用快，既可喷洒，又可内服；缺点是使用浓度较高，且高浓度时有腐蚀性、有残留，在碱性环境中效力降低，受有机物、温度和光线影响大。

醛类消毒剂包括甲醛和戊二醛制剂等，属高效消毒剂。甲醛是一种无色的气体，易溶于水，通常以水溶液形式出现，35%~40%的甲醛水溶液叫作福尔马林。福尔马林常与高锰酸钾按2：1（v/w）联合使用，对舍内空间、蛋库等进行熏蒸消毒，缺点是具有刺激性和毒性。戊二醛制剂与甲醛相似，但无甲醛的某些缺点，对微生物的杀灭作用比甲醛更好，但成本高，适宜于器械消毒，用于环境消毒受到限制。一般认为戊二醛和阳离子表面活性剂具有协同作用，故可以制成复合制剂，如全安、安灭杀等。

酚类消毒剂属中效消毒剂，早期产品有来苏尔等，目前市场上多用复合酚制剂（如农福、菌毒杀、杀特灵等），消毒力有所提高。酚类消毒剂有一定臭味和刺激性，带禽、带畜消毒受到了限制，主要用作环境消毒和消毒池。复合酚多是酚与有机酸、表面活性剂等组成复方，各种活性成分之间协同作用，能有效的杀灭各种细菌、病毒和霉菌等。

醇类消毒剂主要是乙醇，使用浓度为75%的乙醇溶液，为目前临床上使用最广泛的皮肤消毒药之一，亦用于器械和注射部位的消毒。

氧化剂类消毒剂包括高锰酸钾、过氧乙酸等。高锰酸钾一般同甲醛混合进行熏蒸消毒。过氧乙酸是用于环境消毒作用较好的消毒剂，特别是在低温环境下，有较好的杀菌力。缺点是有较强的刺激性、浓度高时会有一定的腐蚀性。过氧乙酸可以采用喷雾、熏蒸、浸泡和自然挥发等方式进行消毒。

苯扎溴胺（新洁尔灭）和癸甲溴胺是常见的季铵盐类消毒剂，分别属于单链季铵盐和双链季铵盐。季铵盐类消毒剂属于低效消毒剂，其适用范围受到一定的限制。但这类消毒药性质温和，使用方便，在消毒领域也得到了广泛的应用。可用于畜禽栏舍的喷雾消毒。单纯的季铵盐类不能杀灭细菌芽胞和无囊膜病毒，但与乙醇或异丙醇等组成复方制剂或将单、双链季铵盐组合，可明显提高杀菌效果，市场上常见的复合制剂有百毒杀、拜安等产品。

氢氧化钠、生石灰（氧化钙）等是畜禽生产中常用的碱类消毒剂。氢氧化钠主要用于场地、栏舍的消毒，生石灰具有强碱性，但水溶性小，解离出来的氢氧根离子不多，消毒作用不强，其最大的特点是价廉易得，常用于涂刷墙体、栏舍、地面等或洒在阴湿地面、粪池周围及污水沟等处。

（三）影响消毒效果的因素

消毒剂能否在生产中发挥应有的消毒效果，受病原体、消毒剂、外界环境等因素的影响（吴长德等，2004；张国强和蒋建林，2001；斯琴图雅，2012）。

1. 病原微生物

细菌和病毒是对养鸭生产构成危害的两类主要病原体，不同的细菌或病毒对消毒剂的敏感性有所不同。

细菌分为革兰氏阳性和革兰氏阴性两大类。革兰氏阳性菌的细胞壁主要由肽聚糖组成，许多物质可经由肽聚糖交联形成的网孔穿透细胞壁进入到细菌内部；而革兰氏阴性菌的细胞壁主要由丰富的类脂质构成，类脂质是阻挡外界药物进入的天然屏障。有文献报道称，革兰氏阴性菌（如大肠杆菌和沙门氏菌）的耐药质粒（R）还可介导产生对消毒剂的抗药性，或破坏部分消毒剂。因此，革兰氏阳性菌通常比革兰氏阴性菌对消毒剂更敏感。芽孢是某些细菌的一种特殊结构，其壁厚而致密，对化学药品抵抗力强，因此，大多数消毒剂（酚类、醇类、胍类、季铵盐类等）不能杀灭芽胞。目前公认的杀芽胞类消毒剂包括：戊二醛、甲醛、环氧乙烷、氯制剂、碘伏等。

病毒分有囊膜的病毒和无囊膜的病毒。囊膜位于最外层，由脂类、糖类和蛋白质组成。大多数消毒剂都能杀灭有囊膜的病毒，但中效消毒剂（如酚类）和低效消毒剂（如季铵盐类）对无囊膜的病毒的杀灭效果很差，因此，需选用高效消毒剂，如碱类、醛类、过氧化物类、氯制剂、碘伏等，才能确保有效杀灭无囊膜的病毒。

随着养殖时间的延长，养殖环境中病原体的污染程度会加重。特别是在疾病暴发期间，场区病原体的数量较正常情况要多。在这些情况下，消毒剂的用量要加大，消毒时间也要延长。即使在日常生产中，某些环节或区域属于重污染区或高危区域，应加强消毒，并适当增加消毒次数。

2. 消毒剂的种类

消毒剂的种类与病原体的类型对消毒效果的影响是相辅相成的。因此，选择消毒剂时，需针对所要杀灭的病原体的特点而定，这是影响消毒效果的关键。在养鸭生产中，大肠杆菌、鸭疫里默氏菌、沙门氏菌、多杀性巴氏杆菌是常见的病原菌，这些细菌均不产生芽胞，因此，一般情况下，不必考虑芽胞对消毒效果的影响，但这些细菌均为革兰氏阴性菌，若选择高效或中效消毒剂，消毒效果会更好。在引起病毒性疾病的病原中，禽流感病毒、坦布苏病毒和鸭瘟病毒等是有囊膜的病毒，绝大多数消毒剂对杀灭这些病毒都是有效的；但鸭细小病毒、鸭呼肠孤病毒和鸭甲肝病毒等属于无囊膜的病毒，如果要杀灭这些病毒，则必须选用高效消毒剂。

消毒剂的消毒效果通常与其浓度正比。每一消毒剂都有其最低有效浓度，若低于该浓度就会丧失杀菌能力；但浓度也不宜过高，过高的浓度往往对消毒对象不利，并造成不必要的浪费。在配制消毒剂时，要选择适宜的浓度。

大多数消毒剂接触病原体后，需要经过一定时间后才能起到杀死作用，因此，消毒后不能立即进行清扫。此外，大部分消毒剂在干燥后即失去消毒作用，溶液型消毒剂在溶液中才能有效地发挥作用。

3. 外界环境

通常情况下，环境温度与消毒效果呈正相关。温度升高，药物的渗透能力会增强，消毒速度会加快，消毒效果可得到显著提高。反之，许多消毒剂在低温条件下反应速度减缓，消毒效果受到很大影响，甚至不能发挥消毒作用。例如，如果室温保持在20℃以上，福尔马林能发挥很好的消毒效果，但室温降至15℃以下时，消毒效果明显下降。

有些消毒剂的消毒效果与环境湿度存在一定关系。在大于76%的湿度时，甲醛消毒效果最好；若用过氧乙酸消毒，环境湿度不应低于40%；对于紫外线而言，相对湿度越高，越会影响其穿透力，反而不利于消毒处理。

许多消毒剂对酸碱度很敏感，pH值的变化可改变消毒剂的溶解度、离解程度和分子结构。例如，戊二醛在碱性环境中杀菌作用强，而酚类在酸性环境中作用强。新型消毒剂常含有缓冲剂等成分，可在一定程度上减少pH值对消毒效果的影响。

在养鸭生产中，病原体常与各种有机物（如分泌物、血液、羽毛、灰尘、饲料残渣、粪便等）混合在一起，从而妨碍消毒剂与病原体的直接接触，延迟消毒反应，影响消毒效力。部分有机物还可与消毒剂发生反应，生成溶解度更低或杀菌能力更弱的物质，甚至产生不溶性物质反过来与其他组分一起对病原体起到机械保护作用。同时，消毒剂被有机物所消耗，降低了对病原体的作用浓度，如蛋白质能消耗大量的酸性或碱性消毒剂，阳离子表面活性剂易被脂肪、磷脂类有机物所溶解吸收。因此，在消毒前，要认真打扫、清洗、除去灰尘和有机物。

（四）选择消毒剂的原则

一种理想的消毒剂应具备如下性质：消毒谱广，对各种病原体都有效；高效，低浓度时仍具有很好的消毒效力；消毒速度快，作用持久；在低温下使用仍然有效；受有机物影响小，耐酸碱环境；易溶于水；使用方便；无刺激性、无腐蚀性，无毒性、对人和动物安全，消毒后易于除去残留药物，消毒剂的任一成分都不会在肉或蛋里产生有害积累；不易燃易爆，便于运输；性质稳定，不易分解、降解，耐贮存；使用成本低。

事实上，不同的消毒剂各有其优缺点。选择消毒剂时，需综合考虑消毒对象、使用方法、待杀灭的微生物种类以及消毒剂本身等因素的影响。要使任何一种消毒剂既有效，用量又经济，必须加强环境卫生管理，先对待消毒的环境进行彻底清扫或清理，去除粪便和污物；若是消毒物品或养殖设施设备，则需先用清洁剂对物体表面进行彻底擦洗除尘，去除污垢和有机物质。只要这些基本的清洁条件得到满足，许多消毒剂都是高度有效的。此外，需针对养鸭生产的各个环节制定严格的消毒程序，并将消毒措施落到实处。

五、鸭场废弃物的无害化处理技术

鸭场废弃物包括污水、粪便、废弃垫料、病死鸭等。对鸭场废弃物进行处理，是养鸭环境控制的重要内容，也与环境保护密切相关。

（一）鸭场粪污的无害化处理

2017年，农业农村部发布了《畜禽粪污资源化利用行动方案（2017—2020年）》（中华人民共和国农业农村部，2017），制定了畜禽养殖废弃物减量化产生、无害化处理、资源化利用的原则，提出了源头减量、过程控制、末端利用的治理路径。应按此原则和路径对鸭场污水、粪便、废弃垫料等废弃物进行处理。

一是源头减量。推广使用微生物制剂、酶制剂等饲料添加剂和低氮低磷低矿物质饲料配方，提高饲料转化效率，促进兽药和铜、锌饲料添加剂减量使用，降低排放。在养鸭业，采用全旱养模式，减少冲棚用水的使用，如需冲棚，冲棚水需单独收集处理，避免流入粪污暂存池，减少粪污总量，降低后端处理压力。同时要做好雨污分流，避免雨水流入粪污暂存池，使污量增加。同时，采用节水型饮水器等措施，从源头上控制养鸭污水产生量。

二是过程控制。规模养鸭场根据土地承载能力确定适宜养殖规模，建设必要的粪污处理设施，使用堆肥发酵菌剂、粪水处理菌剂和臭气控制菌剂等，加速粪污无害化处理过程，减少氮磷和臭气排放。

三是末端利用。在规模化养鸭场，进行固体粪便堆肥或建立集中处理中心生产商品有机肥，就近就地还田利用。

可根据我国养鸭现状和各地资源环境特点，因地制宜选择适宜的处理技术模式，包括：

（1）粪污肥料化利用模式。将养殖产生的粪污通过固液分离设备进行固液分离处理。分离后产生的固体粪便，可通过不同的堆肥技术进一步处理生产有机肥料，例如，可通过罐式或箱式密闭好氧发酵系统进行发酵处理，生产固体有机肥料；可通过槽式好氧堆肥系统处理，掺入好氧堆肥菌剂，深度发酵生产有机肥料；也可通过条垛式好氧堆肥方式，掺入发酵菌种，机械翻抛供氧，快速发酵生产有机肥料。分离后产生的液体粪水，通过加入生物菌剂，多级曝气处理后，达到净化、除臭的目的。处理后的肥水，通过配套建设肥水输送管网，在农田施肥和灌溉期间，实行肥水一体化施用，也可在作物收获后或播种前作为底肥施用。

（2）污水深度处理模式。对于无配套土地的规模养殖场，养殖污水固液分离后进行厌氧、好氧深度处理，做到达标排放或消毒后循环利用。

（3）粪污全量收集还田利用模式。对于养殖密集区或规模化养殖场，依托专业化粪污处理利用企业，集中收集并通过氧化塘贮存对粪污进行无害化处理，在作物收割后或播种前利用专业化施肥机械施用到农田，减少化肥施用量，合理利用土地，实现种养结合。

（4）粪污专业化能源利用模式。依托大规模养殖场或第三方粪污处理企业，对一定区域内的粪污进行集中收集，通过大型沼气工程或生物天然气工程企业，用沼气发电或提纯生物天然气，用沼渣生产有机肥，沼液可施用到农田或浓缩生产液态有机肥使用；也可与大型有机肥生产厂家合作，将适宜区域内的粪污集中收集，集中处理，生产有机肥料。

（5）异位生物发酵床模式。该技术为鸭粪污舍外处理模式，旨在利用好氧堆肥发酵原理，将养殖场产生的鸭粪污集中收集，通过密闭管道将鸭粪进行抽提，输送至阳光房异位生物发酵床前端的暂存池内，采用发酵床顶部自动加料装置将鸭粪均匀喷洒于发酵床上，通过自动喷淋系统均匀喷入好氧发酵菌种，用自动翻抛设备对床体进行翻抛供氧，进行好氧发酵。

（6）原位生物发酵床处理模式。该技术为鸭粪污舍内处理模式，鸭子养殖在网上，网下铺设松软的发酵床体，粪污滴漏至网下的发酵床上，定期在发酵床上喷洒菌种，并对发酵床体进行机械翻抛。该模式清洁环保，无粪污排放，床体使用周期3~4年，舍内空气质量好，使用后的垫料经深度腐熟后，可作为有机肥料得以资源化利用。

（7）好氧堆肥处理模式。该模式主要针对含水量较低的粪便及废弃垫料进行一步式好氧堆肥处理，可利用罐式或箱式密闭好氧发酵系统、槽式好氧堆肥系统或条垛式好氧堆肥等方式，掺入发酵菌种，及时补充氧气，达到快速发酵生产有机肥料的目的。

（二）病鸭和死鸭的无害化处理

应按《病死及病害动物无害化处理技术规范》（中华人民共和国农业部，2017）对病鸭、死鸭进行无害化处理。病鸭和死鸭的无害化处理包括焚烧法、化制法、高温法、深埋法和化学处理法。

焚烧法是指在焚烧容器内，使待处理物在富氧或无氧条件下进行氧化反应或热解反应的方法。分为直接焚烧法和炭化焚烧法。直接焚烧法是将病鸭和死鸭投至焚烧炉本体燃烧室，经充分氧化、热解，产生的高温烟气进入二次燃烧室继续燃烧，产生的炉渣经出渣机排出。炭化焚烧法是将病鸭和死鸭投至热解炭化室，在无氧情况下经充分热解，产生的热解烟气进入二次燃烧室继续燃烧，产生的固体炭化物残渣经热解炭化室排出。

化制法是在密闭的高压容器内，通过向容器夹层或容器内通入高温饱和蒸汽，在干热、压力或蒸汽、压力的作用下进行处理。分为干化法和湿化法。干化法指在高温高压灭菌容器（处理物中心温度≥140℃、绝对压力≥0.5MPa）处理4小时以上，加热烘干产生的热蒸汽经废气处理系统后排出，动物尸体残渣传输至压榨系统处理。湿化法是在高温高压容器（处理物中心温度≥135℃、绝对压力≥0.3MPa）处理30分钟以上，随后对处理产物进行初次固液分离；固体物经破碎处理后，送入烘干系统；液体部分送入油水分离系统处理。

高温法指常压状态下在封闭系统内利用高温进行处理。向容器内输入油脂，容器夹层经导热油或其他介质加热。将待处理物输送入容器内，与油脂混合。常压状态下，维持容器内部温度≥180℃，持续时间≥2.5小时，加热产生的热蒸汽经废气处理系统后排出，加热产生的动物尸体残渣传输至压榨系统处理。

深埋法适用于发生动物疫情或自然灾害等突发事件时的应急处理，以及边远和交通不便地区零星病死畜禽的处理。应选择地势高燥、处于下风向的地点，远离学校、公共场所、居民住宅区、村庄、动物饲养和屠宰场所、饮用水源地、河流。深埋坑底应高出地下水位1.5m以上，要防渗、防漏，坑底洒一层厚度为2~5cm的生石灰或漂白粉等消毒药。将动物尸体投入坑内，最上层距离地表1.5m以上，用生石灰或漂白粉等消毒药消毒。覆盖距地表20~30cm、厚度不少于1~1.2m的覆土。深埋后，立即用氯制剂、漂白粉或生石灰等消毒药对深埋场所进行1次彻底消毒。第一周内应每日消毒1次，第二周起应每周消毒1次，连续消毒三周以上。在深埋处设置警示标识。

化学处理法包括硫酸分解法和盐酸食盐溶液消毒法。其中，硫酸分解法可用于动物尸体的处理，指在密闭的容器内用硫酸将待处理物进行分解。投至耐酸的水解罐中，按每吨处理物加入水150~300kg，后加入98%的浓硫酸300~400kg。密闭水解罐，加热使水解罐内升至100~108℃，维持压力≥0.15MPa，反应时间≥4小时，至罐体内的待处理物完全分解为液态。

第二节 鸭饲养管理技术

“养、防、检、治”，是提高养殖业经济效益的四项基本措施。“养”，即饲养管理，其作用居首位。饲养管理不仅直接影响鸭的生产性能，还与疾病发生和控制有关。在我国养鸭生产中，仍存在大量散养户，饲养管理粗放，鸭病防控形势依然十分严峻，因此，应倡导鸭的精细化管理。

一、饲喂优质全价配合饲料

鸭需要蛋白质（氨基酸）、脂肪、碳水化合物、维生素、矿物元素和水六大类营养物质，以维持生命活动，满足生长或产蛋需要。鸭所需营养物质主要来源于饲料。配合饲料须严格按照不同品种（肉鸭、蛋鸭）、不同生理阶段（育雏期、生长期、肥育期、育成期、产蛋前期和产蛋期）、不同季节和不同饲养方式（放养、地面平养、网上养殖、立体笼养）的营养需要进行配方。饲喂营养均衡的配合饲料，不仅可预防营养代谢病，还可提高鸭对疫病的非特异性抵抗力（侯水生，2014）。

二、严格调控，保持良好的舍内环境

实施设施化养殖，对舍内温度、湿度、氨气、粉尘浓度等环境参数进行调控，给鸭提供舒适的生长环境，有助于提高鸭的生产性能，减少疫病发生机会。

例如在育雏期，雏鸭抗寒能力差，调节体温的能力弱。若育雏舍温度过低，雏鸭挤压成堆，易造成伤亡；若温度过高，雏鸭张口喘气，烦躁不安，饮水量增加，生长受到影响。因此，保持温度适宜对于雏鸭尤为重要（侯水生，2014）。可用温度计测量舍内温度，亦可根据雏鸭活动情况判断。育雏温度适宜时，雏鸭散开活动，躺卧姿势舒展，食后静卧无声。在其他生长期，亦需在夏季和冬季对舍内温度进行调控（表2-2-1），避免热应激和冷应激的影响（杨宁，2002；NY/T5261-2004；NY/T5264-2004）。

表 2-2-1 不同品种不同生长期建议舍内温度

<table>
<tr><th>品种</th><th>育雏期</th><th>生长期</th><th>肥育期</th><th>育成期</th><th>产蛋期</th></tr>
<tr><td>肉鸭</td><td rowspan="3">从 33℃逐渐降至 22～18℃</td><td rowspan="3">25～20℃</td><td>25～15℃</td><td>—</td><td>—</td></tr>
<tr><td>蛋鸭</td><td rowspan="2">—</td><td rowspan="2">25～15℃</td><td rowspan="2">20～13℃</td></tr>
<tr><td>种鸭</td></tr>
</table>

随着鸭只生长，舍内空气会变得污浊，特别是在简易鸭棚内育雏，若不兼顾保暖与通风，舍内刺鼻气味往往很浓，易诱发呼吸道疾病。进入肉鸭生长期和肥育期，或种鸭（蛋鸭）育成期和产蛋期，鸭只粪便排泄量大，若通风不良，舍内氨气等有害气体的浓度以及粉尘或尘埃的浓度会大幅度增加，在密闭或半开放式鸭舍更是如此。因此，要及时清理粪便，保持通风良好，减少空气中的病原微生物含量。

三、保持合理饲养密度

过高的饲养密度可造成鸭只生长缓慢，诱发啄羽、啄肛等啄癖，导致种鸭和蛋鸭死淘率增加，且促进传染病的传播（侯水生，2014）。因此，应保持合理饲养密度（表2-2-2）（何平等，2016；吕峰等，2002；熊霞，2017；NY/T5261-2004；NY/T5264-2004）。在笼养模式下或舍内多层网养模式下，肉鸭的适宜饲养密度还有待于研究。

表 2-2-2　不同品种不同生长期建议饲养密度（只/m²）

品种	育雏期	生长期	肥育期	育成期	产蛋期
肉鸭	15~30	5~10	3~5	—	—
蛋鸭	25~35	15~25	8~14	8~10	7~8
种鸭	10~20	5~10	—	3~10	3~8

四、实施分群饲养

鸭群大小要适宜，便于管理，也便于发生疫病时分小群处理（表2-2-3）。种鸭则分小栏饲养，且公母分开饲养，每群或每栏要安装足够的食槽和足够的饮水槽或饮水器，保证每个个体能充分采食、饮水。

表 2-2-3　不同品种不同生长期建议群体大小（只）

品种	育雏期	生长期	肥育期	育成期	产蛋期
肉鸭	300~500	500~1000	500~1000	—	—
蛋鸭	300~500	500~1000	—	300~500	300~500
种鸭	300~500	300~400	—	200~300	200~300

五、注重饲喂方式和饲喂技术

饲喂方式和饲喂技术与生产性能密切相关。饲养北京鸭商品肉鸭，采用自由采食方式饲喂。若生产填鸭，则从30日龄（冬春季和秋季）或35日龄（夏季）开始用填饲方式饲喂，每6小时填饲1次，连续填饲7~14天。饲养北京鸭种鸭时，在育雏期（1~28日龄）按标准饲喂，在育成期要实施限制性饲养方案。蛋鸭多采用自由采食或定时饲喂（1昼夜饲喂3~4次）；在育雏期（1~28日龄）按标准饲喂雏鸭专用饲料，6周龄以后通过饲料质量和数量进行限制饲养，宜多喂青、粗饲料，以控制体重。填饲和限饲时，应尽可能降低应激反应。应改变把饲料撒在地上饲喂的方式，避免浪费饲料，防止鸭只采食脏物。

六、采用“全进全出”制度

“全进全出”制度是鸭场预防疫病传播最有效的措施之一。有些疫病（如鸭病毒性肝炎和鸭传染性浆膜炎）多发生于雏鸭或小鸭，甚至有明显的日龄分布。在鸭场，如果同时饲养不同阶段、不同日龄的鸭，一旦上批鸭发生传染病，待下一批鸭转入，很容易再次发病。采用“全进全出”制度，即鸭群同时进场饲养，同时出栏，出栏后彻底清理、彻底消毒，便可避免疫病再次发生。若条件所限，不能做到全场“全进全出”，至少应做到同栋鸭舍内的鸭“全进全出”。

七、加强环境卫生管理和消毒

应保持舍内外环境卫生，定期对场区、生产区道路进行消毒。在进雏前、转群后、出栏后，应对鸭舍以及养殖设施设备（如水线、料槽等）进行彻底清理（或清洗）、消毒。

采用地面平养模式时，应保持地面、垫料和蛋窝干净、干燥。采用网上养殖模式时，可用刮粪板清理粪便，或用发酵床处理粪便。在多层立体笼养或网上养殖模式下，需配置清粪带自动清粪系统，对粪便进行清理。避免鸭只过多接触粪污，减少舍内粪便污染和空气中氨气等有害气体浓度，可减少发病机会。

八、存放饲料和垫料要得当

饲料应存放在库房内，不宜露天堆放，以免下雨淋湿或太阳暴晒。存放饲料的库房应保持环境干燥，并设置与地面隔离的垫板，以防地面潮湿导致饲料发霉变质，尤其在雨季更应注意防霉。垫料也应存放在库房内，防止下雨淋湿、发霉。

九、防止应激

应激是机体对外界不良刺激所产生的反应，可危害鸭群健康，导致生产性能下降，诱发各种疾病。除填饲、限饲、酷热、严寒和湿度过高外，引起应激反应的因素还包括高密度饲养、断喙、强制换羽、移舍、捕捉、注射、运输、陌生人来往、强风、雷鸣、气候突变、过度照明、突然黑暗等。要采取适宜的措施减少应激反应，如保持合理饲养密度、禁止外来人员进入、捕捉时避免过于粗暴、对舍内环境进行调控、投喂抗应激药物等。

十、勤观察，及时处置

在饲养过程中，要关注鸭群健康状况。可从鸭的精神状态、食欲表现、粪便形状色泽、行为动作等方面进行判断。健康鸭活泼好动，食欲旺盛，站立、行走有力，羽毛紧贴身体，翅膀挥舞自如，粪便较干、呈灰褐色、表面覆盖一层白色尿液。而病鸭精神沉郁，两眼常闭，羽毛松弛，尾羽下垂，食欲减退，蜷缩于角落，或伏卧于产蛋箱，或呼吸有声，张嘴伸脖，有的肛门粘有粪污。若出现病鸭，要结合以往病史，及时进行处置，防止疫病蔓延，减少经济损失（侯水生，2014）。

如鸭群中出现病死鸭，应尽快取走，或暂存于专门的容器，或立即进行无害化处理。如果出现较高的死亡率，应由驻场兽医进行诊断，或委托相关诊断机构作出诊断。对于无治疗价值的病鸭，也要尽快挑出，按上述方式处理，避免病原扩散。

十一、做好生产记录

要记录鸭群数量变化、饲料消耗量、种鸭（蛋鸭）产蛋量、肉鸭出栏时体重、疾病发生情况、存活率、用药（疫苗）情况、免疫程序、消毒剂消耗量等信息（侯水生，2014；NY/T5261-2004；NY/T5264-2004）。从疫病防疫角度，这些数据是重要的流行病学信息，对于掌握本场疾病发生和流行情况、对疾病作出准确诊断、制定针对性控制措施具有重要意义。

第三节　鸭病诊断与检测技术

诊断与检测是疾病综合防控措施的重要组成部分。鸭病诊断与检测技术包括鸭病诊断技术、病原体监测技术、抗体监测技术以及净化监测技术。在养鸭业运用这些技术，是为了准确掌握鸭病发生和流行状况，制定适宜的免疫程序，更好地调控养殖环境，从而使鸭病得到更好的控制。

一、鸭病诊断技术

对疾病进行准确诊断是制定针对性防治措施的前提。诊断方法包括临床诊断和实验室诊断（陈溥言，2006；吴清民，2001）。

（一）临床诊断

临床诊断方法包括开展流行病学调查、观察患病鸭群的临床症状、对病鸭和死亡鸭进行病理解剖。对不同疾病进行临床诊断时，流行病学、临床症状和大体病变的价值各有不同，可有所侧重，通常要将这三类信息综合起来进行分析，以便获得较为准确的诊断结果。

1. 流行病学调查

流行病学调查是通过询问饲养者或到现场进行观察，了解发病鸭群的品种和日龄、发病率和死亡率以及疾病的病程等信息，为疾病诊断提供线索。

疾病的品种分布具有诊断价值。我国鸭品种资源丰富，但在养鸭生产中饲养的主要品种可分为北京鸭系列（包括北京鸭、樱桃谷鸭、枫叶鸭、南特鸭等）、麻鸭系列（包括各地麻鸭品种）以及番鸭系列（包括白番鸭、黑番鸭和黑白花番鸭等）。北京鸭和麻鸭对疾病的易感性相似，可能会发生的疾病包括禽流感、鸭瘟、坦布苏病毒病、鸭病毒性肝炎、鸭短喙与侏儒综合征、鸭脾坏死病（基因2型水禽呼肠孤病毒感染）、鸭传染性浆膜炎、鸭大肠杆菌病和鸭沙门氏菌病等。番鸭不易发生鸭病毒性肝炎，但可发生小鹅瘟（鹅细小病毒感染）、番鸭三周病（番鸭细小病毒感染）、番鸭白点病（基因1型水禽呼肠孤病毒感染），这是番鸭疾病有别于北京鸭和麻鸭疾病的流行病学特点。

有些疾病具有明显的日龄分布，可用于临床诊断。鸭瘟、坦布苏病毒病和禽霍乱多发生于成年鸭，而鸭病毒性肝炎、番鸭小鹅瘟、番鸭三周病、鸭短喙与侏儒综合征、鸭脾坏死病、番鸭白点病、番鸭新肝病和鸭传染性浆膜炎等多发生于雏鸭或小鸭。

疾病病程或持续时间、传播或蔓延的速度和范围、发病率和死亡率是重要的流行病学信息。鸭病毒性肝炎发生急、病程短、传播快、所引起的死亡率高，若1周龄左右雏鸭突然发病，在3~5天内出现大批死亡，发生鸭病毒性肝炎的可能性较大。而鸭疫里默氏菌感染则与之不同，通常2~3周龄的雏鸭对鸭疫里默氏菌易感，感染后，疾病可呈急性或慢性经过，一直到商品肉鸭上市，鸭群中可陆续出现病例，但所引起的日死亡率往往不高。因此，鸭疫里默氏菌感染和鸭病毒性肝炎的发病规律存在明显不同。黄曲霉毒素中毒与鸭病毒性肝炎的发病规律较为相似，若分析发病范围，亦可为诊断提供线索。黄曲霉毒素中毒病的发生多与饲料含有过量黄曲霉毒素有关，因此，只有采食相同饲料的鸭只才会发病，死亡率高低则与饲料中黄曲霉毒素含量密切相关。在公司+农户模式下，饲料往往由公司统一提供，若发生黄曲霉毒素中毒病，在不同农户存栏的鸭群中，日龄相同或相似的雏鸭都会发病。而鸭病毒性肝炎以及药物中毒等疾病不具备这样的特点。

用疫苗或抗体制品免疫后，如果未能彻底控制住疫病，可能会导致发病规律发生改变，如死亡率不高、发病日龄推迟、病理变化不明显等。如果免疫产品的质量合格、免疫程序合理，但免疫后仍然发病，则可能与毒株或菌株的变异有关。因此，对免疫背景进行了解，有助于对疫病发生原因进行合理分析。

了解饲养模式、养殖环境对于诊断也有帮助。鸭发生肉毒中毒，与采食肉毒梭菌的毒素有关。肉毒梭菌毒素多存在于淤泥、腐败鱼类，因此，在依靠水域养鸭的模式中，应考虑肉毒中毒病。大肠杆菌属于条件致病菌，若养殖环境恶劣，易发生鸭大肠杆菌病。若种鸭发生关节炎或出现腹水症状，也有必要考虑与大肠杆菌感染的相关性。

2. 观察临床症状

无论鸭发生哪种疾病，都会表现出一系列临床症状，因此，观察临床症状是最基本的诊断方法。在鸭病诊断实践中，通常利用人的感官对病鸭进行检查。检查方法包括视诊、听诊、问诊和触诊。检查内容包括：①看鸭群的精神状态、体表和羽毛变化、分泌物和排泄物特性、鸭的行为表现和神经系统症状；②听鸭的叫声和呼吸道症状；③问鸭苗来源、最早发病日龄、疾病持续时间、发病率和死亡率、采食量或产蛋量的变化、免疫和用药情况以及以往病史等；④摸鸭的头部、判断是否发热（或用温度计量体温），触摸腹部、判断是否有波动感，触摸关节肿胀处、判断软硬度，捏鸭喙、判断软硬度等。

鸭发生许多疾病后，都会表现出相同或相似的临床症状，如精神沉郁、缩颈、不愿行走、采食量下降、产蛋量下降、下痢（白色或绿色）等，这些共性症状是干扰诊断的因素。因此，在根据临床症状进行诊断时，要关注特征性症状。例如，在鸭疫里默氏菌感染鸭群，能听到许多病例发出喷鼻的声音，部分病例歪脖、转圈或倒退、前仰后翻，这是有别于鸭大肠杆菌病的特征症状。高致病性禽流感病例亦有呼吸道症状和神经症状，但在感染高致病性禽流感的鸭群，可听到喘鸣音，且神经症状更为剧烈，与鸭疫里默氏菌病病例的呼吸道症状和神经症状仍有不同之处，需要仔细观察加以鉴别。

有些临床症状具有一定的特征性，但这些症状可出现于几种不同的疾病。例如，鸭病毒性肝炎、黄曲霉毒素中毒病、鸭沙门氏菌病和一氧化碳中毒病病例均有角弓反张的症状，鸭瘟和高致病性禽流感病例均有肿头的表现。根据这些症状可把可疑疾病的范围缩小，但不能据此作出确切的诊断。对于无特征临床症状的疾病（如番鸭三周病和番鸭白点病），临床症状在诊断中的价值就会受到限制。也有些疾病的某些症状极具特征性，据此即可作出诊断。例如，如果患病鸭群中有部分病例的喙变短、舌头伸出，即可诊断为鸭短喙与侏儒综合征。如果见有鸭只上喙和脚蹼出现水泡，水泡破裂后结痂、脱皮，上喙变形、短缩，则可诊断为鸭光过敏性疾病。

3. 病理解剖

病鸭和死亡鸭大多会表现出一定的病理变化，这些病理变化具有很大的诊断价值，是重要的诊断依据。因此，对病鸭或死鸭进行病理解剖是诊断鸭病的重要方法之一。一方面可结合流行病学和临床症状对疾病作出初步诊断；另一方面可为实验室诊断方法和内容的选择提供参考依据。

鸭发生某些疾病后，还会出现特征性的病理变化，据此便可作出较准确的诊断。例如，鸭病毒性肝炎病例的肝脏、鸭脾坏死病病例的脾脏、番鸭新肝病病例的肝脏、番鸭小鹅瘟病例的肠道以及鸭瘟病例的口腔、食道、肝脏、肠道与腺胃交界处、肠道和泄殖腔黏膜均表现出特征性病理变化。但也有些疾病所引起的病理变化不明显，或与其他疾病的病理变化相似，需采用实验室诊断技术进行鉴别诊断。例如，纤维素性心包炎、肝周炎和气囊炎的病理变化既可出现于鸭疫里默氏菌病病例，亦见于鸭大肠杆菌病和鸭沙门氏菌病的病例。

在患病鸭群，不同病例的病程可能不同，其病变严重程度亦可能不同。许多疾病有多种病理变化，但这些病理变化不一定在每一个病例身上都充分表现出来，因此，应尽可能多剖检几只病例。有些疾病（如鸭短喙与侏儒综合征、鸭圆环病毒感染）缺乏特征性病变。

（二）实验室诊断

实验室诊断是在临床诊断的基础上，利用病理组织学、微生物学、免疫学和分子生物学等领域的技术对疾病作出更确切的诊断（陈溥言，2006；吴清民，2001）。

1. 病理组织学检查

病理组织学检查是指观察病鸭或死亡鸭的组织学病变或显微病变，可用于传染病和非传染病的诊断。有些疾病（如鸭网状内皮组织增生病）引起的大体病变不明显或缺如或缺乏特征性，仅靠肉眼很难作出判断，还需通过病理组织学检查才能获得有价值的诊断线索。应选择适宜的组织器官进行检查。许多鸭病的特征性组织学病变还有待于归纳。

2. 微生物学检查

利用微生物学技术进行诊断属于病原学诊断的范畴，是诊断鸭传染病的重要方法之一。常用诊断步骤和方法如下。

（1）病料采集。适时采集适宜的病料是获得准确诊断结果的前提。通常在病鸭濒死时或死亡不久取材，并应根据不同疫病的具体情况，采集病原微生物的靶器官；采样时，应避免污染，及时运送和保存。如果缺乏临床资料，或根据临床诊断不能作出判断，或出现一种新的疫病时，可采集多种组织样品（如肝脏、脾脏、肺脏、肾脏、脑、法氏囊等），亦可采集血液和拭子样品。

（2）镜检。此法常用于观察有特征形态的病原菌（如多杀性巴氏杆菌等）或病毒（如星状病毒）。若观察细菌，可用病变组织制备涂片或抹片，染色后在光学显微镜下观察。若观察病毒，则用病变组织或粪便样品制片，染色后在电子显微镜下观察。

（3）病原分离和鉴定。用适宜的人工培养基分离细菌和真菌等病原微生物，用禽胚或细胞培养分离病毒。若分离细菌，可在剖检后立即进行，以避免运输造成污染。对于病毒样品，可在采样后或在保存后分离。分离到病原体后，再选择适宜的方法进行鉴定，例如形态学鉴定、生化鉴定、培养特性鉴定、免疫学和分子生物学检测。

从病料中分离出病原体，虽是确诊的重要依据，但也应注意混合感染现象，需结合临床诊断结果进行综合分析，并用细菌或病毒等病原体的纯培养物接种动物，复制出该病，方可作出确诊。有时未能分离到病原体（特别是病毒），也不能完全否定传染病的可能，其原因是该种病原体难以分离和培养。对于这类病原，可用分子生物学技术直接检测临床样品。

（4）动物试验。用分离到的病原体经适宜途径接种适宜日龄的鸭，若能复制出与自然病例相同或相似的临床症状、病理变化、发病率和死亡率，即可作出确切的诊断。应能从实验感染鸭再次分离或检测到所接种的病原体。对于难以分离的病原微生物（如鸭星状病毒），可用病变组织（肝脏）作为接种物，但需排除病变组织含有其他微生物的可能。

动物试验亦可用于营养代谢病和中毒病的确诊。将鸭分组，分别饲喂正常日粮和怀疑有问题的饲料，观察是否能复制出特定的临床症状，以此判断疾病的发生是否与营养缺乏、黄曲霉毒素中毒有关，但还需对饲料成分和饲料中黄曲霉毒素含量进行检测。若是诊断肉毒中毒病，则需按上述感染试验方式，以病死鸭的胃内容物或病鸭血清作为接种物。若是诊断药物中毒病，则需在测试组投喂相应剂量的药物。

诊断某些疾病时（如禽流感病毒、肉毒梭菌毒素中毒），亦可用小鼠或SPF鸡进行试验。在动物试验中，要设立对照组。

3. 免疫学试验

利用免疫学技术对病原体进行鉴定是对鸭的传染病进行准确诊断的重要方法之一。在诊断鸭传染病时，通常根据病原微生物的特性选择适宜的血清学方法，用已知抗体（免疫血清或单克隆抗体）对分离的病原体进行鉴定。例如，鉴定鸭甲肝病毒常用中和试验，鉴定禽流感病毒常用血凝抑制试验，鉴定鸭疫里默氏菌可用直接凝集试验、琼脂扩散沉淀试验和免疫荧光试验，鉴定鸭呼肠孤病毒可用中和试验、琼胶扩散沉淀试验和免疫荧光试验。

在某些情况下，亦可用已知抗原（全微生物或其组分）经血清学试验对鸭群的血清样品进行检测，用于判断感染存在与否。若采集发病前后的血清样品进行检测，则有助于诊断。

鸭发生结核病时，可用结核菌素试验进行确诊（Swayne et al.，2013）。但鸭结核病极少发生，因此，该法并不常用。

4. 分子生物学检测

用分子生物学技术对病原微生物的基因组或某一基因区进行检测，是对病原微生物进行快速鉴定的方法。已建立了多种分子生物学检测技术，但在鸭传染病诊断中最常用的技术为PCR和实时荧光定量PCR。对于基因组分节段的病毒（如禽流感病毒和鸭呼肠孤病毒），可用核酸电泳图谱分析法进行分析。对于细菌，可用DNA限制性内切酶图谱分析法分析其质粒，或将PCR与DNA限制性内切酶图谱分析法相结合构成PCR-RFLP，对细菌基因组的某个区域进行分析。

二、病原微生物监测技术

对病原微生物进行监测，是在一段时间内针对某种或某几种特定传染病的致病病原进行连续检测。监测过程包括监测计划设计、样品采集、样品运输和保存、样品处理、病原检测、数据处理等。可用微生物学、免疫学和分子生物学等领域的技术进行病原微生物监测。根据监测对象，可分为鸭群中病原微生物监测、环境中病原微生物监测和饲料中病原微生物监测。

对鸭群中病原微生物进行监测，旨在掌握一定区域内的疫病流行状况、确定某些疫病的病因和病原变异情况。目前，免疫接种仍是控制传染病的重要措施，对于纳入免疫程序的病原微生物，对其感染情况以及血清型、血清亚型或变异株的分布情况进行监测分析，有助于选择适宜的免疫产品。种鸭关节炎等疾病属于多因素疾病，可导致种鸭死淘率上升，对种鸭危害甚大。通常认为金黄色葡萄球菌与种鸭关节炎有关，但不能排除大肠杆菌和沙门氏菌等病原因素。从一个或多个种鸭场持续采样，进行病原分离、检测和鉴定，有助于明确主要致病因素。

对环境中病原微生物进行监测，属于养殖环境监控技术的组成部分，多用于确定养鸭环境中病原微生物的污染情况和变化趋势，评价环境控制（包括消毒）措施实施情况和效果。监测对象包括舍内环境（如舍内空气、地面、网床、笼具、用具和饮水等）和舍外环境（如运动场地面、污水沟、舍外用具等）。亦可开展研究性监测工作，确定不同养殖模式下环境中病原微生物污染的关键环节。

对饲料以及饲料原料中病原微生物进行监测，通常指监测细菌总数、霉菌总数、大肠杆菌数、沙门氏菌数和黄曲霉毒素含量，旨在从饲料环节入手，控制曲霉菌病、黄曲霉毒素中毒、大肠杆菌病和沙门氏菌病。

三、抗体监测技术

抗体监测是利用免疫血清学技术，用已知抗原（全微生物或其组分）对鸭血清抗体进行检测，其过程与病原微生物监测类似，但待检样品为血清。

在养鸭生产实践中，抗体监测多针对接种过疫苗的鸭群，其目的是了解免疫鸭群的抗体水平，评估疫苗免疫效果，掌握群体免疫状况。例如，我国采用强制免疫加扑杀的措施控制高致病性禽流感，要求群体免疫密度常年达到90%以上，抗体合格率全年应保持在70%以上（中华人民共和国农业农村部，2018），因此，需用血凝抑制试验对鸭血清中的禽流感疫苗免疫抗体进行监测。随着免疫时间的延长，免疫鸭群的抗体水平会逐渐下降。对于各种日龄均可发病的疫病，需定期对免疫鸭群的抗体水平进行监测，掌握抗体水平的消长情况，便于及时进行加强免疫，使鸭群在整个养殖期内均能获得符合要求的抗体。根据抗体监测结果绘制抗体消长曲线，则有助于今后对免疫程序进行适当调整。

如上所述，亦可用血清学技术对感染鸭群的抗体进行检测，作为疫病诊断的内容之一。若对鸭血清样品进行连续监测，可获得特定疫病的血清流行病学信息，便于对疫病发生风险进行评估。血清学技术还可用于卵黄抗体产品的质量评估。

四、垂直传播疫病的净化

用适宜的方法对种群垂直传播病原的感染情况进行检测，淘汰感染个体，是控制垂直传播疫病的根本措施。在养鸡业，已采用净化方法控制禽白血病和鸡白痢-禽伤寒沙门氏菌病（崔治中，2015；张丹俊等，2009）。但在养鸭业实施净化措施还存在具体困难。一是养鸭模式所限；二是危害鸭的疫病大多经水平途径传播，尽管有些病原（如呼肠孤病毒）可经卵垂直传播，但也可经水平传播；三是对鸭沙门氏菌等垂直传播病原缺乏系统鉴定，鸡用沙门氏菌诊断抗原可能并不适用于种鸭沙门氏菌抗体监测。

第四节　鸭传染病免疫技术

免疫接种是预防和控制鸭传染病的有效方法，也是构建鸭场生物安全体系的重要内容。如何使免疫接种措施在鸭病控制中发挥出应有的作用，是使用疫苗和抗体制品时需要考虑的关键问题。

一、免疫产品的类型

（一）疫苗

疫苗属于预防用生物制品，分为常规疫苗和新型疫苗（姜平，2002）。目前可供养鸭业使用的疫苗大多属于常规疫苗，包括常规活疫苗和常规灭活疫苗。

常规活疫苗是用生物学技术将病原体的毒力致弱制成的疫苗，血清1型鸭甲肝病毒活疫苗、鸭瘟病毒活疫苗、鹅细小病毒活疫苗、番鸭细小病毒活疫苗、番鸭呼肠孤病毒活疫苗属于此类。

常规灭活疫苗是利用化学灭活剂（如甲醛）将病原体灭活制成的疫苗，通常加入佐剂，制备成铝胶佐剂疫苗、蜂胶佐剂疫苗和油乳佐剂灭活疫苗，如鸭疫里默氏菌油乳佐剂灭活疫苗。这种疫苗的感染性或毒性虽然丧失，但仍保持免疫原性，接种动物后能产生主动免疫。

重组禽流感病毒二价灭活疫苗（H5 Re-8株+H7 Re1株）种毒的制备利用了基因工程技术，疫苗的生产过程则与常规灭活疫苗一致。

（二）抗体制品

抗体制品指高免卵黄抗体，是用抗原多次免疫蛋鸡后，收集蛋黄制成的匀浆，若进一步精制，则称为精制卵黄抗体（姜平，2002）。抗体制品属于治疗用生物制品，在养鸭生产中多用于鸭病毒性肝炎、番鸭细小病毒病、番鸭小鹅瘟和鸭短喙与侏儒综合征等疫病的紧急治疗。也可根据以往病史在发病前接种，作为预防手段。

二、免疫接种的基本原则

接种疫苗和抗体制品时，应遵循如下基本原则（宁宜宝，2008）。

（一）选择合适的免疫产品

疫苗和抗体的质量涉及安全性、有效性和可接受性。兽医生物制品企业在生产环节应高度重视免疫产品质量，养殖企业在购买环节则需关注免疫产品质量。规模化养殖企业可充分利用实验室和试验场，对免疫产品的质量进行评估。

所用疫苗应与本地或本场疫病流行的实际情况相一致，不能盲目使用一些不必要的疫苗，例如，目前尚没有足够的证据表明，白羽肉鸭需要免疫鸡新城疫疫苗、鸡产蛋下降综合征疫苗和H9亚型禽流感疫苗。某些疫病病原可分为不同的血清型或变异株，所选疫苗和抗体之菌（毒）种需与流行菌（毒）株的血清型（或抗原性）相匹配，否则，即使实施了免疫措施，也不能起到应有的作用。

（二）免疫接种人员应具备一定的专业素质

参与免疫接种的人员需具备相关的兽医知识和生物制品的有关知识，熟悉生物制品的性质、使用方法和注意事项，掌握免疫程序的内涵，若能结合疫病的流行特点与免疫产品的特性制定出适宜的免疫程序，效果会更佳。用抗体制品进行紧急治疗时，要对疫病进行准确诊断。

（三）掌握免疫接种禁忌期

经长途运输来的鸭苗或处于产蛋高峰期的种鸭接种疫苗需谨慎，避免引起副反应。特别是灭活疫苗，可因佐剂等因素的影响引起不同程度的不良反应，不适宜用于刚出壳的雏鸭或处于产蛋高峰期的种鸭。

（四）保证冷链要求

疫苗和抗体是生物活性物质，需在适宜的温度下运输和保存，否则，免疫效果会受到影响甚至被破坏。活疫苗通常需在低温条件下冷冻保存，灭活疫苗需放在10℃左右冷藏、不能冻结。应避免在高温下存放免疫产品。免疫产品采购量要适宜，避免保存时间过长。

（五）接种前应认真检查免疫产品外观

如果疫苗和抗体过期、其物理性状发生变化（如油乳佐剂灭活疫苗破乳）、污染或混有异物，不能再使用。活疫苗开启后应及时稀释，并尽快用完，未用完的应废弃。

三、制定免疫程序的依据

免疫程序的内容包括需免疫的产品种类、每种疫苗的首次免疫（首免）时间、每种疫苗的免疫次数、每两次免疫之间的间隔时间、每种免疫产品的免疫途径和剂量等。制定免疫程序时，需综合考虑疫病的流行病学特点和免疫产品的特性。

（一）根据主要流行的疫病种类和病原变异性确定所需接种的疫苗和抗体

高致病性禽流感、坦布苏病毒病、鸭疫里默氏菌病和鸭大肠杆菌病对各种鸭均有危害。除这些疫病外，鸭病毒性肝炎和鸭短喙与侏儒综合征等病毒病还可危害白羽肉鸭和麻鸭，番鸭三周病、小鹅瘟和番鸭呼肠孤病毒病则对番鸭危害甚大。因此，可采用免疫技术对这些疫病进行控制。鸭瘟在我国得到了较好的控制，仅在部分地区呈散发状态（中华人民共和国农业农村部，2018），对于受到威胁的鸭群，可免疫鸭瘟疫苗。

某些疫病病原分不同血清型、血清亚型或变异株，还需根据这一特点，从现有产品中进行选择。如，我国鸭病毒性肝炎主要由鸭甲肝病毒基因1型和3型所致，目前仅研发了鸭甲肝病毒基因1型的弱毒疫苗，对于鸭甲肝病毒基因3型所引起的鸭病毒性肝炎，可采用抗体制品进行控制。番鸭呼肠孤病毒病包括番鸭白点病和番鸭新肝病，由细小病毒引起的番鸭疾病包括番鸭三周病和小鹅瘟，鹅细小病毒可导致北京鸭、樱桃谷鸭和半番鸭发生鸭短喙与侏儒综合征，但上市产品只有番鸭白点病和番鸭三周病活疫苗，还需加快研发番鸭新肝病、番鸭小鹅瘟和鸭短喙与侏儒综合征的免疫产品。鸭疫里默氏菌和鸭大肠杆菌的血清型较多，制苗菌株需与野外流行菌株的抗原性相匹配，疫苗才能发挥效果。由于这两种细菌性疾病与环境卫生密切相关，应将环境卫生管理作为首选控制措施。随着时间的推移，危害鸭业的疫病种类可能会发生变化。因此，需具体情况具体分析，选择适宜的免疫产品进行免疫接种。

（二）结合最早发病日龄与疫苗免疫产生期确定首免时间

疫苗的首免时间首先与发病日龄密切相关。鸭病毒性肝炎多发生于1周龄左右鸭，可在出壳后免疫。2~3周龄的鸭对鸭疫里默氏菌高度易感，需在3~5日龄进行免疫。由H5亚型病毒引起的禽流感可发生于各种日龄的鸭，为保护雏鸭计，亦须尽早免疫。坦布苏病毒病和鸭瘟主要危害产蛋期蛋鸭和种鸭，可在开产前进行免疫。

制定首免时间时，还需兼顾疫苗因素的影响。对于含有较高水平母源抗体的雏鸭，如果使用活疫苗进行首次免疫，需适当推迟接种时间，以避免母源抗体的影响。灭活疫苗的免疫产生期较活疫苗慢，如果使用灭活疫苗进行首次免疫，应在1周龄内完成。目前可供鸭业使用的大多数灭活疫苗一般需在1周龄左右完成首次免疫，还需统筹安排不同灭活疫苗的免疫接种，例如不同灭活疫苗的首次免疫时间可间隔2~3天。

（三）结合疫病的日龄分布与疫苗免疫持续期确定免疫接种次数和免疫间隔期

商品肉鸭养殖周期较短，对于主要发生于育雏期的疫病（如鸭病毒性肝炎和鸭疫里默氏菌病），在1周龄内免疫1次即可。如，在1日龄免疫一次血清1型鸭甲肝病毒活疫苗，即可保护雏鸭安全度过易感期。

有些疫病的发病日龄范围较宽（如鸭瘟），或可发生于各种日龄（如禽流感），免疫接种次数和免疫间隔期取决于疫苗的免疫持续期。例如，如果在雏鸭期接种鸭瘟活疫苗，免疫期为1个月；如果免疫2月龄以上成年鸭，免疫期可达9个月，因此，可根据这一特点确定种鸭的免疫次数和间隔期。对于禽流感油乳佐剂灭活疫苗，如果在1周龄左右进行首免，间隔2~3周进行二次免疫，此后，每隔2个月左右加强免疫一次，可诱导产生更高水平的抗体。

（四）考虑其他因素

制定免疫程序还需考虑其他因素。第一，如果鸭苗的来源较杂（即其种鸭的免疫状况不同、感染状况不明），将影响到雏鸭活疫苗免疫程序的制定。第二，部分鸭场较为重视育雏期和产蛋前的疫苗免疫，但通常忽略育成期的免疫，由于种鸭的育成期长达17周，而此时鸭只仍可能发生某些疫病（如禽流感等），因此，需要考虑，在育雏期免疫1~2次疫苗能否保护鸭子安全度过育成期。第三，种鸭的产蛋期长约48周，即使在产蛋前进行多次免疫，种鸭在整个产蛋期（特别是产蛋中后期）能否获得足够的免疫保护，也需要考虑。

受多种因素的影响，不同鸭群对疫苗接种产生的免疫反应可能不同，因此，免疫程序不能生搬硬套，也不能一成不变。合理的做法是对免疫抗体进行监测，并依据监测结果制定出适宜的免疫程序，使之满足养鸭生产的需要。

第五节　鸭细菌病药物防治技术

药物防治是深受养鸭场（户）重视的疫病防治措施，通常在细菌性疾病的控制中发挥作用。该措施针对的是传染源，即患病鸭。在实施药物防治措施时，不仅要考虑药物的防治效果，还要考虑药物残留和食品安全问题。唯有兼顾两者，才能做到合理、安全用药。

一、兽药的分类

广义上，兽药包括抗生素、合成抗菌药、抗寄生虫药、抗体制品、疫苗、诊断试剂和消毒药等。在本节中，兽药主要指抗生素和合成抗菌药。

（一）抗生素

抗生素是细菌、真菌、放线菌等微生物在生长繁殖过程中产生的代谢产物，按照其化学结构，可将抗生素分为以下类型（李秀银等，2012）。

1. 青霉素类

青霉素类药物分为两大类：①天然青霉素类，青霉素钠和青霉素钾盐是临床上常见的类型，天然青霉素具有杀菌力强、毒性低、价格低等优点，其缺点是抗菌谱窄、不耐酸；②半合成青霉素类，包括氨苄西林、阿莫西林、海他西林和羧苄西林等，广谱半合成的青霉素不仅对革兰氏阳性菌有作用，对革兰氏阴性菌也有很好的杀灭作用，临床应用广泛，对细菌性输卵管炎和肠炎有较好的疗效。青霉素类药物属于杀菌性抗生素，其杀菌机理是抑制细菌细胞壁的合成、破坏细菌细胞壁的完整性。此类药物属于时间依赖型药物，稳定性比较差，使用时需现配现用或按照药品的说明书使用。

2. 头孢菌素类

根据发现的时间、抗菌活性等，可将头孢菌素类分为四代：①第1代头孢菌素，包括头孢氨苄、头孢唑啉、头孢拉定、头孢羟氨苄等，抗菌谱与广谱青霉素相似，主要用于革兰氏阳性菌的感染；②第2代头孢菌素，包括头孢西丁、头孢替坦等，抗菌谱较广，对革兰氏阴性菌的抗菌活性增强；③第3代头孢菌素，包括头孢噻呋、头孢噻肟、头孢曲松、头孢哌酮、头孢克肟等，抗菌谱更广，对革兰氏阴性菌的作用比第2代进一步加强。其中，头孢噻呋和头孢喹肟为动物专用；④第4代头孢菌素，包括头孢吡肟、头孢匹罗等，抗菌谱比第三代更广，对革兰氏阳性菌和阴性菌的作用均有所增强。头孢菌素类药物的抗菌机理与青霉素类药物相似，抗菌作用强，疗效高，且过敏反应较青霉素少。头孢菌素类药物的化学结构中含有β-内酰胺环，常与青霉素类药物合称为β-内酰胺类抗生素。临床上主要用于鸭疫里默氏菌感染、大肠杆菌病、禽霍乱等细菌性疾病的防治。

3. 氨基糖苷类

氨基糖苷类药物包括链霉素、卡那霉素、庆大霉素、丁胺卡那霉素、新霉素、安普霉素等，其作用机理是抑制细菌蛋白质的合成过程。本类药物为静止期杀菌药，水溶性好，在碱性环境中抗菌活性增强，口服极少吸收，可作为肠道细菌感染用药。氨基糖苷类药物属于浓度依赖型抗生素，在一定的范围内浓度越高，杀菌活性越强，但也有较强的毒副作用，如肾毒性、耳毒性和神经肌肉阻滞等。临床上可用于鸭大肠杆菌病和沙门氏菌感染等疾病的防治。

4. 四环素类

四环素类药物包括四环素、土霉素、多西环素、金霉素等，属快速抑菌药，作用机理主要是通过特异性结合病原微生物核糖体的30S小亚基，抑制RNA的复制，并干扰蛋白质的合成。多西环素的口服吸收率高于其他四环素类药物，受食物影响较小，组织和细胞穿透力强，在细胞内的蓄积浓度高，主要通过粪便排泄，而其他四环素类药物大部分在肾脏消除。本类药物主要用于呼吸道疾病以及鸭大肠杆菌病和鸭沙门氏菌病等疾病的防治，土霉素亦可用于鸭疫里默氏菌病的防治。

5. 酰胺醇类

氯霉素、甲砜霉素、氟苯尼考等药物属于此类。其中，氯霉素可干扰动物造血功能，导致再生障碍性贫血，已被禁止用于食品动物。在兽医临床上，常用甲砜霉素和氟苯尼考防治鸭疫里默氏菌病、鸭大肠杆菌病、鸭沙门氏菌病等细菌病。这类药物属于快速抑菌药，口服吸收迅速，血药浓度高，组织分布广泛。

6. 大环内酯类

大环内酯类药物包括红霉素、泰乐菌素、替米考星、泰拉菌素、吉他霉素等，这类药物属于快速抑菌药，主要通过结合病原体核糖体的50 S大亚基，从而抑制蛋白质的合成，发挥抗菌作用。可用于传染性窦炎等呼吸道疾病以及坏死性肠炎等疾病的防治，对鸭疫里默氏菌病亦有较好的防治效果。

7. 其他抗生素类

其他抗生素药物包括林可霉素、泰妙菌素、杆菌肽等。林可霉素能够从肠道很好的吸收，在动物体内分布广泛，对革兰氏阳性菌和支原体有较强的抗菌活性，对厌氧菌也有一定作用。林可霉素往往与大观霉素联合应用，用于控制鸭疫里默氏菌病、鸭沙门氏菌病、鸭大肠杆菌病等细菌性疾病及支原体病。泰妙菌素为双萜类半合成抗生素，主要对家禽支原体及革兰氏阳性菌有较好的抗菌活性，其缺点是刺激性气味较大，可能会影响到采食量，泰妙菌素可与磺胺类、四环素等药物联合应用，但不能与莫能菌素、盐霉素等聚醚类抗生素联用，否则会影响到聚醚类抗生素的代谢，导致中毒。

（二）化学合成抗生素类

1. 磺胺类

磺胺类药物包括磺胺嘧啶、复方磺胺甲基异恶唑、磺胺二甲嘧啶、磺胺间甲氧嘧啶、磺胺对甲氧嘧啶、磺胺氯达嗪钠、甲氧苄啶、二甲氧苄啶等。抗菌机理是通过抑制叶酸在机体内的代谢从而抑制细菌的生长繁殖。磺胺类药物属于慢性抑菌药，使用时，疗程要足够，第一天的剂量加倍，给药时要给予碳酸氢钠以碱化尿液，利于排出体外，减少对肾脏的毒性。临床上主要针对鸭大肠杆菌病、鸭沙门氏菌病、禽霍乱等细菌性疾病以及某些原虫病等，对鸭疫里默氏菌亦有抑菌作用。

2. 喹诺酮类

喹诺酮类药物包括吡哌酸、诺氟沙星、氧氟沙星、左氧氟沙星、环丙沙星、恩诺沙星、沙拉沙星、甲磺酸达氟沙星、诺氟沙星、二氟沙星等。喹诺酮类药物主要作用于细菌的DNA螺旋酶，通过抑制细菌DNA的复制和转录而起到杀菌作用。本类药物属于浓度依赖型药物，临床上主要用于鸭大肠杆菌病和鸭沙门氏菌病等细菌性疾病及支原体病的控制。

二、选择抗菌药物的基本原则

选择抗菌药物时，应遵循以下基本原则。

（一）从有资质的兽药经营企业选择通过 GMP 认证的产品

兽药生产企业必须通过《兽药生产质量管理规范》（GMP）认证，兽药经营企业必须通过《兽药经营质量管理规范》（GSP）认证，因此，要从通过GSP认证且信誉度好的兽药经营企业购买通过GMP认证的产品。

（二）查看包装、标签和说明书

兽药包装必须贴有标签，标注“兽用”字样，并附说明书。兽药标签或说明书内容包含商标、兽药商品名、兽药的成分及其含量、规格、生产企业、兽药批准文号（进口兽药注册证号）、产品批号、生产日期和有效期、适应症或功能主治、用法、用量、配伍禁忌、不良反应和注意事项等完整信息。掌握这些信息，有利于合理用药。

（三）观察药品的外观和性状

选购抗菌药物时，应查看外包装是否完整、整洁，观察其性状是否良好，以防止药物失效。粉针剂应无粘瓶、变色、结块等现象，水针剂药液要澄清，无浑浊、变色、结晶等现象；预混剂或粉剂药品应是干燥的、疏松的、颗粒均匀，无吸潮结块、发黏等现象。

（四）不使用国家禁用的兽药

兽药残留问题关系到食品安全。国家明文规定，有21类兽药（中华人民共和国农业部，2002）属于食品动物禁用药，因此，在养鸭生产中，不能使用这些禁用药。

三、临床用药的基本原则

抗菌药物的临床应用是否正确、合理，基于以下两个方面：（1）有无指征应用抗菌药物；（2）选用的药品及给药方案是否正确、合理（中国兽药典委员会，2010）。

（一）抗菌药物需应用于细菌性疾病

根据疾病的流行病学、临床症状、病理变化，初步诊断为细菌性疾病者，或经病原学检查确诊为细菌性疾病者，方有指征应用抗菌药物；由真菌、支原体、衣原体等病原微生物所致的感染亦有指征应用抗菌药物。缺乏细菌及上述病原微生物感染的证据、诊断不能成立者以及病毒性疾病，均无指征应用抗菌药物。危害养鸭业的常见细菌性疾病包括鸭疫里默氏菌病、鸭大肠杆菌病、鸭沙门氏菌和禽霍乱等，这些疾病通常会表现出有别于病毒性疾病的临床指征，据此可作出是否使用抗菌药物的决定。

（二）根据病原菌种类及药物敏感试验结果选用抗菌药物

鸭可以感染不同的病原菌而发生不同的细菌性疾病。不同病原菌对抗菌药物的敏感谱往往存在差异，即便是同一种细菌，随着药物的长期应用亦可产生耐药性，特别是鸭大肠杆菌和鸭沙门氏菌，耐药现象更为严重。因此，选用抗菌药物品种的原则是，尽早查明病原，根据病原菌的种类及药物敏感（简称药敏）试验结果而定。

有条件的养鸭企业，在用抗菌药物进行治疗前，应先采集病（死）鸭的心血、肝脏或脑组织等样本，进行细菌的分离和培养，待分离到病原菌后，立即进行药敏试验以获得药敏结果。在获得病原菌及药敏结果之前，可根据本场的发病史，或结合鸭细菌性疾病的发生规律，推断最可能的病原菌，并结合当地细菌耐药状况、相关文献报道，进行经验治疗，获知细菌培养及药敏结果后，再根据情况调整给药方案。

规模化养鸭企业应重视鸭病诊断实验室的建设和兽医专业人才的培养，并时常开展细菌分离、培养和药敏试验等工作，以便全面、准确地掌握本企业或本区域鸭细菌性疾病的发生和流行规律以及细菌的耐药状况。如果能做到这一点，一旦鸭发病，即可快速制定出相对合理的给药方案。如果缺乏兽医技术人员和相关实验条件，滥用药物的现象和经济损失将难以避免。

（三）制定合理的抗菌药物治疗方案

抗菌药物治疗方案包括抗菌药物的选用品种、剂量、给药次数、给药途径、疗程及联合用药等，在制订治疗方案时应遵循下列原则（艾地云等，2010；操继跃和刘雅红，2012；刘向明和闵祥平，2009；张文象，2010）。

（1）给药剂量和次数。需按各种抗菌药物的治疗剂量范围给药；为保证药物在体内能最大限度地发挥药效，还需根据药代动力学和药效学相结合的原则给药。按照杀菌活性，抗菌药物分为两大类。第一类为时间依赖型药物，如青霉素类、头孢菌素类、四环素类、大环内酯类等，药物浓度超过最低抑菌浓度（MIC）4~5倍以上时，杀菌活力不再增加，因此，需通过增加给药次数来提高疗效，通常的给药方式为持续给药。第二类为浓度依赖型药物，如氨基糖苷类、氟喹诺酮类等，这些药物的杀菌活力在很大范围内随药物浓度的增高而增加，因此，常用的给药方式为脉冲式给药，即把全天的用药量放到4~6小时应用，使血药浓度与MIC比值维持在至少8~10倍，以达到最大杀菌效率。

（2）给药途径。一般经饮水和拌料方式口服给药，但应选用口服吸收完全的抗菌药物。对于感染严重者，可经肌注方式给药，以确保药效。

（3）疗程。杀菌药一般以3~4日为一个疗程，最短为2~3日；抑菌药（尤其是磺胺类药物）则要求5~7日为一个疗程，最短为3~5日。

（4）抗菌药物的联合应用。一般情况下，用单一药物即可有效防治特定的细菌性疾病。但是，在一个鸭群中，不同个体亦可分别感染不同的细菌，此时可考虑联合用药；在病原菌尚未查明的情况下，为减少损失，亦可考虑联合用药。联合用药时，需充分考虑药物的协同作用、拮抗作用和配伍禁忌。抗菌药物按照作用方式和特性分为四类：第一类为繁殖期杀菌药，如青霉素类、头孢菌素类等；第二类为静止期杀菌药，如氨基糖苷类、多黏菌素类；第三类为快速抑菌药，如四环素类、大环内酯类、酰胺醇类等；第四类为慢性抑菌剂，如磺胺类等。一般认为第一类与第二类、第二类与第三类、第三类与第四类合用有协同作用，第一类与第四类合用有累加作用，第一类与第三类合用时有拮抗作用。因此，在联合用药时，应充分发挥不同药物间的协同作用，避免拮抗作用。养殖人员和兽医人员应养成查看药物配伍禁忌表的习惯，注意配伍禁忌。

（四）抓住最佳用药时机及时用药

有些细菌性疾病可呈急性发生，特别是发生于雏鸭时更是如此，因此，在养鸭生产中，需密切关注鸭群的健康状况，一旦出现异常，应及时治疗，以便迅速控制病情。在频繁发病的鸭场，可结合以往病史以及疾病的潜伏期，抓住最佳用药时机，尽早投药。

（五）严格执行休药期规定和兽药使用记录制度

某些抗菌药物代谢较慢，使用后可造成药物残留。因此，在使用这些抗菌药物时，需结合鸭的上市日龄，严格执行休药期的有关规定（冯忠武，2004），防止药物残留超标造成食品安全隐患。在兽药使用过程中，还需建立并严格执行兽药使用记录制度，杜绝不合理用药，从而保证产品的安全性。

第三章

鸭病毒性疾病

第一节 鸭流感

鸭流感（Avian influenza in ducks）是由A型流感病毒所引起的一种严重危害养鸭业的重大疫病，可发生于各品种鸭和各种日龄的鸭，发病率和死亡率高低不等，疾病严重程度与免疫状况和发病日龄等因素有关。H5亚型毒株感染时，主要临床症状是呼吸困难并出现神经症状，特征病变是心肌条纹状坏死以及胰腺坏死。小鸭感染会出现死亡，种鸭感染则表现为产蛋下降。

一、病原学

该病病原为禽流感病毒（Avian influenza virus，AIV），属于正黏病毒科 α 流感病毒属A型流感病毒（https://talk.ictvonline.org/taxonomy/）。

AIV呈大致球形，直径为80~120 nm，有囊膜，囊膜表面有两种纤突，即血凝素（Hemagglutinin，HA）和神经氨酸酶（Neuraminidase，NA）。囊膜包裹着由核衣壳蛋白（Nucleoprotein，NP）和病毒基因组紧密缠绕所构成的核衣壳。病毒基因组为单链负链RNA，分8个节段，节段1~6分别编码PB1、PA、PB2、HA、NP和NA蛋白，节段7编码基质蛋白M1和离子通道蛋白M2，节段8编码非结构蛋白NS1和NS2。近年来发现，病毒基因组还编码7种新蛋白（Chen et al.，2001；Jagger et al.，2012；Krumbholz et al.，2011；Lamb and Lai，1980；Muramoto et al.，2013；Selman et al.，2012；Wise et al.，2012）。

HA和NA决定了病毒的抗原性，迄今已鉴定出16种HA亚型（H1~H16）和10种NA亚型（N1~N10）（Fouchier et al.，2005；Zhu et al.，2012），病毒分离株的血清亚型以HA和NA组合形式表示（如H5N1亚型）。抗原易发生变异是AIV的特点，变异机制包括抗原漂移（Antigenic drift）和抗原性转变（Antigenic shift）。抗原漂移指亚型内HA基因的变异，不产生新的血清亚型，但产生新的变异株，如H5亚型的HA基因变异后，产生新的HA分支毒株。从1996年至今，共出现10个分支（Guan and Smith，2013；Jadhao et al.，2009），在某些分支（如2分支），病毒进一步变异，又产生新的小分支（如2.3.2分支和2.3.4分支），利用这些变异株，陆续制备出重组禽流感H5N1亚型灭活疫苗系列产品（Re-1株、Re-4株、Re-5株、Re-7株、Re-8株、Re-10株）（徐海峰等，2018）。抗原性转变指不同血清亚型（如H5N1和HxN8）毒株混合感染，发生基因重排，产生新的血清亚型（如H5N8）。

AIV易在鸡胚中繁殖（郭玉璞和蒋金书，1988）。AIV也能适应多种细胞，如鸡胚成纤维细胞、

MDCK细胞和Vero细胞等，在维持液中添加适量胰酶，可增强病毒的感染能力（戚凤春等，2006；魏泉德和谭爱军，2007；杨琴等，2009）。AIV的HA可凝集多种动物（如鸡、鸽、猪、牛和羊等）和人的红细胞，该特性可被特异性抗体所抑制（甘孟侯，2002）。

二、流行病学

以往认为水禽仅为流感病毒的携带者而不发病，然而，自1996年郭元吉等（1999）在广东发现鹅感染H5N1亚型毒株后发病和死亡以来，高致病性禽流感（Highly pathogenic avian influenza，HPAI）逐渐成为危害水禽养殖业的重大疫病。2002年，中国香港的两个公园发生HPAI疫情，造成鹅、天鹅和家鸭等多种水禽死亡，这是首次发现H5N1亚型病毒可导致家鸭发病和死亡（Ellis et al.，2004；Sturm-Ramirez et al.，2004）。迄今为止，越南、韩国、孟加拉国、泰国、印度尼西亚、美国和中国等国家均有鸭感染H5N1亚型病毒的相关报道（Ansari et al.，2016；Ellis et al.，2004；Gilbert et al.，2008；Harder et al.，2009；Kwon et al.，2005；Li et al.，2004；Nguyen et al.，2005；Tumpey et al.，2002；甘孟侯，2002，王永坤，2003）。

各品种鸭和各日龄的鸭均对该病易感（甘孟侯，2002），但死亡率与免疫状态、感染日龄和毒株有关。用H5N1亚型病毒分离株分别感染不同日龄的鸭，2周龄鸭的发病率和死亡率显著高于5周龄鸭（Pantin-Jackwood et al.，2007）。H5N1亚型的不同分离株对鸭的致病性也有所不同，发病率和死亡率高低不等（Hulse-Post et al.，2007；Song et al.，2011）。随着疫病的流行，从鸭体内分离的H5N1毒力有逐渐增强的趋势（Sims et al.，2005）。除了H5N1亚型，H5N2、H5N6、H5N8等亚型病毒对养鸭业亦构成危害。近年来，在H5亚型病毒中，对鸭构成威胁的分支包括2.3.2和2.3.4以及由此变异产生的2.3.2.1e和2.3.4.4（Sun et al.，2016；Zhao et al.，2012，2013；徐海峰等.2018）。

病鸭和带毒鸭是该病的主要传染源。鸭、鹅和野生水禽既是易感宿主，又是病毒的储存库，在该病传播过程中起重要作用。AIV主要经呼吸道分泌物和消化道排泄物传播（甘孟侯，2002）。该病一年四季均可发生，但以冬春季多发（甘孟侯，2002）。

三、临床症状

患病鸭精神沉郁，闭眼，卧地不起，头部水肿（图3-1-1）。眼水肿流泪，眼周围羽毛湿润、沾染污物，咳嗽，张口呼吸（图3-1-2和图3-1-3）。病鸭有神经症状，表现为头颈歪斜，转圈（图3-1-4）；或头颈震颤，摇头晃脑（图3-1-5），站立不稳，倒地后仰卧或侧卧，头部继续震颤或不断扭动（图3-1-6）；严重者头部大幅度扭动或甩动，死后角弓反张（图3-1-7和图3-1-8）。患病鸭消瘦、羽毛杂乱、拉绿色稀便（图3-1-9），亦可见部分病例拉黑色稀便（图3-1-10）。若种鸭和蛋鸭在产蛋期发病，可见产蛋率下降（王永坤，2003），降幅可达30%~40%。

四、病理变化

特征病变是心肌出现条纹状坏死（图3-1-11），胰腺有多少不等、大小不一的坏死灶和出血灶

图 3-1-1 鸭流感：病鸭肿头，精神沉郁，闭眼，卧地不起

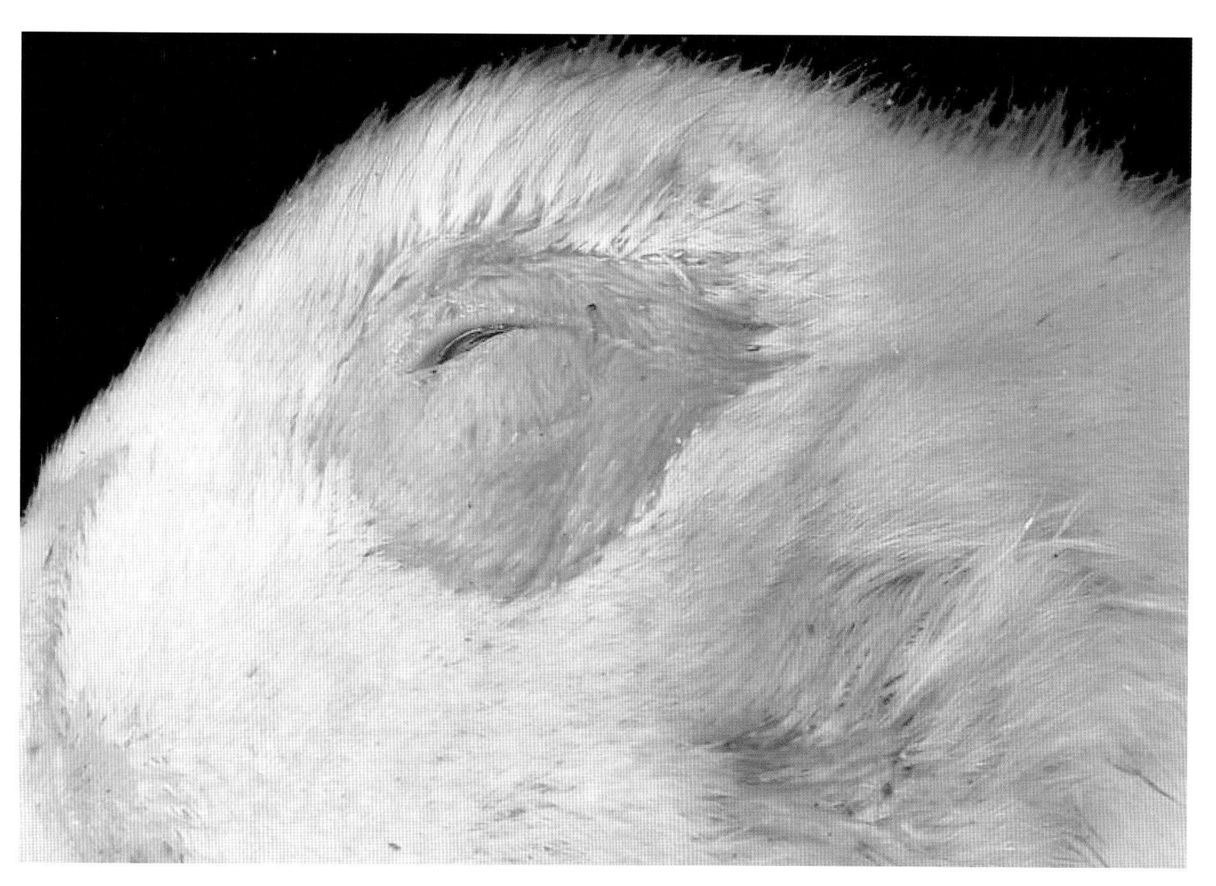

图 3-1-2 鸭流感：流泪，眼周围羽毛湿润

图 3-1-3　鸭流感：流泪，眼周围羽毛粘上污物，呼吸困难

图 3-1-4　鸭流感：头颈歪斜，转圈

图 3-1-5　鸭流感：头颈震颤，摇头晃脑

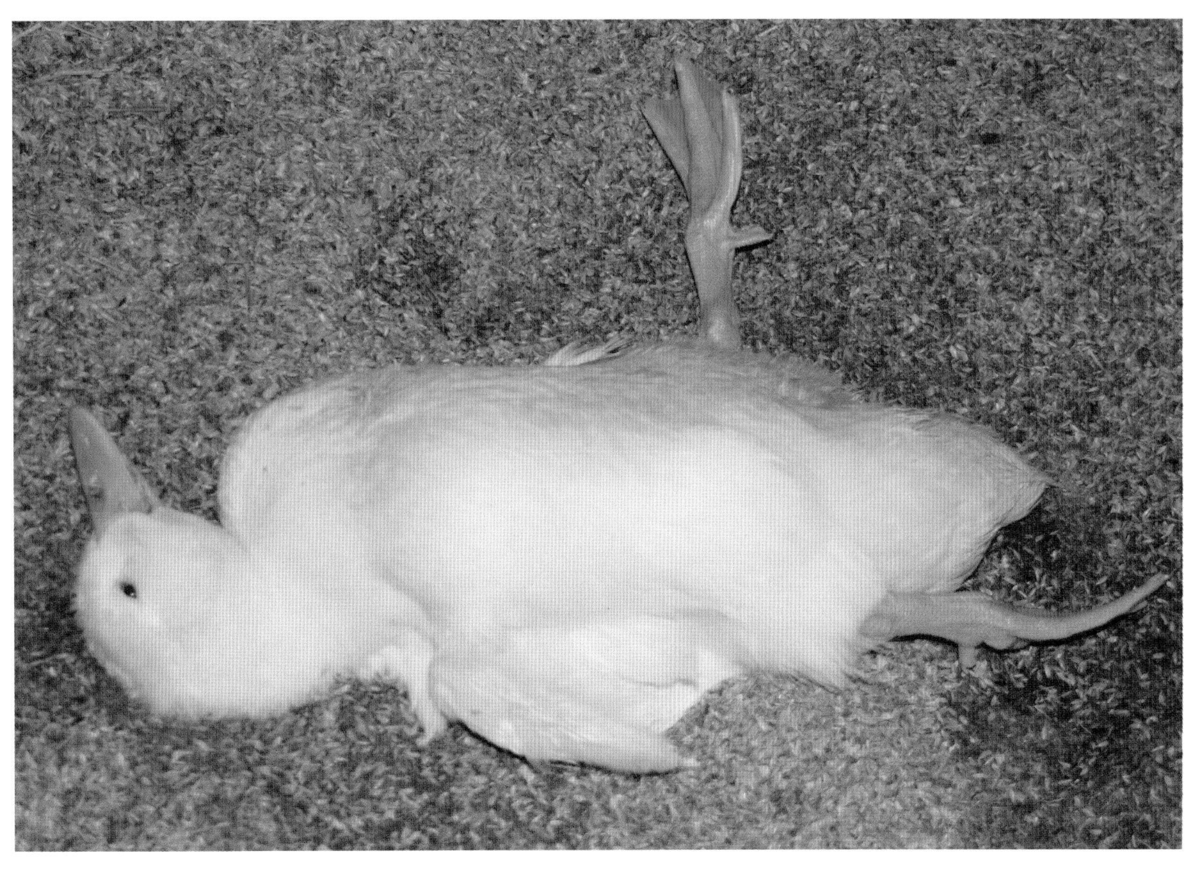

图 3-1-6　鸭流感：头颈震颤，摇头晃脑，站立不稳

图 3-1-7　鸭流感：头部剧烈摇晃，死后头往后背

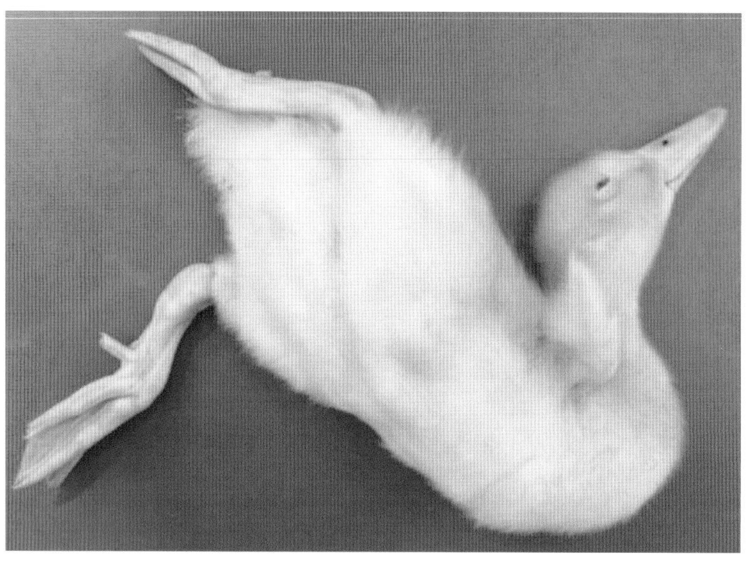

图 3-1-8　鸭流感：角弓反张

图 3-1-9　鸭流感：病鸭消瘦，羽毛杂乱，拉绿色稀便

图 3-1-10　鸭流感：拉深色稀便

图 3-1-11　鸭流感：心肌条纹状坏死

（图3-1-12至图3-1-15）。许多病例肠道黏膜出血（图3-1-16），部分病例肺充血、出血和水肿（甘孟侯，2002），肝脏色深（图3-1-17），气囊增厚（图3-1-18）。在产蛋期发病，常见卵泡膜充血、出血（图3-1-19），或卵泡变形、萎缩、液化、破裂，形成卵黄性腹膜炎（图3-1-20）（甘孟侯，2002；王永坤，2003），在部分病例的输卵管可见出血病变。也有些病例的病理变化不明显。

图 3-1-12　鸭流感：胰腺有大量坏死点

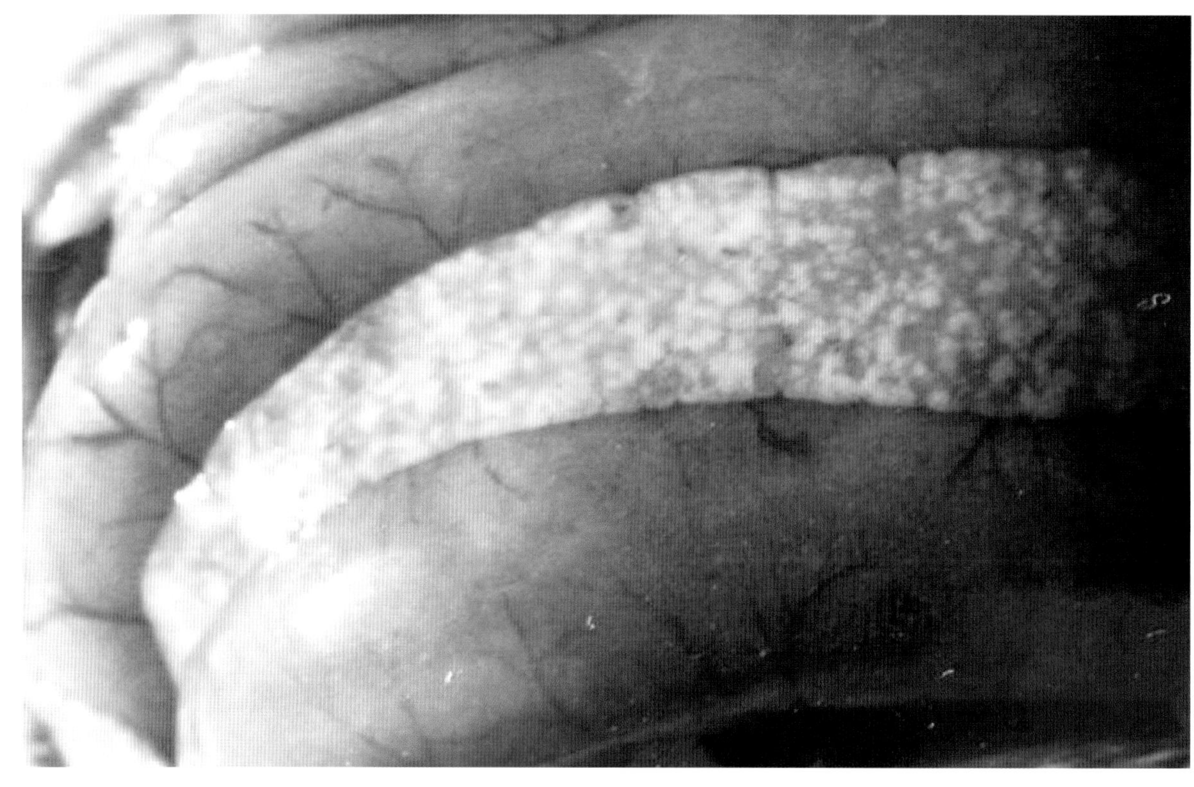

图 3-1-13　鸭流感：胰腺有大量坏死灶

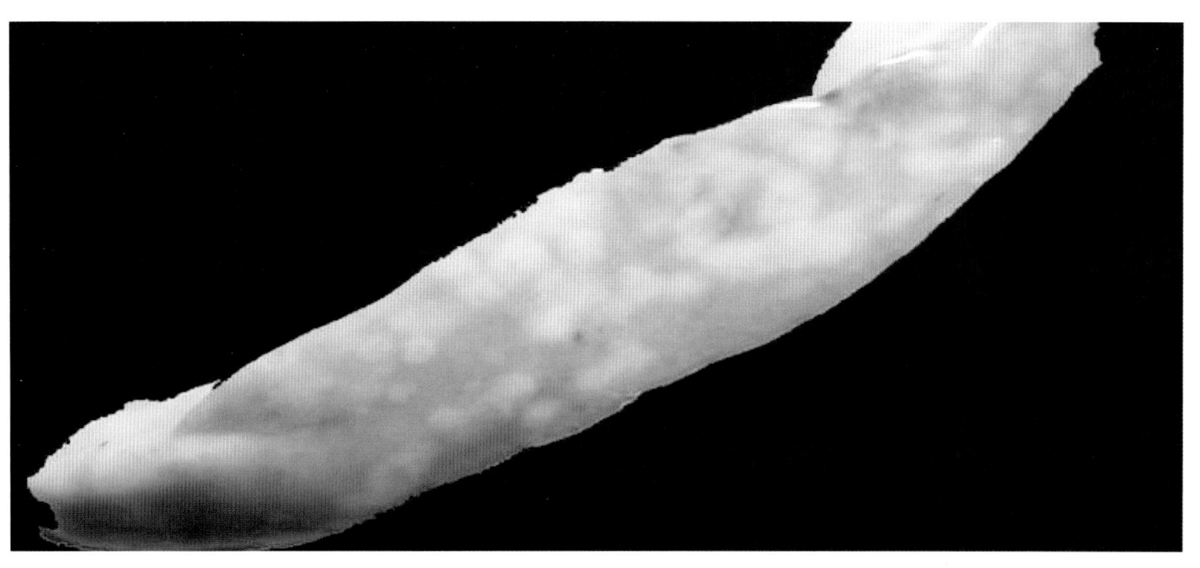

图 3-1-14　鸭流感：胰腺多量坏死斑

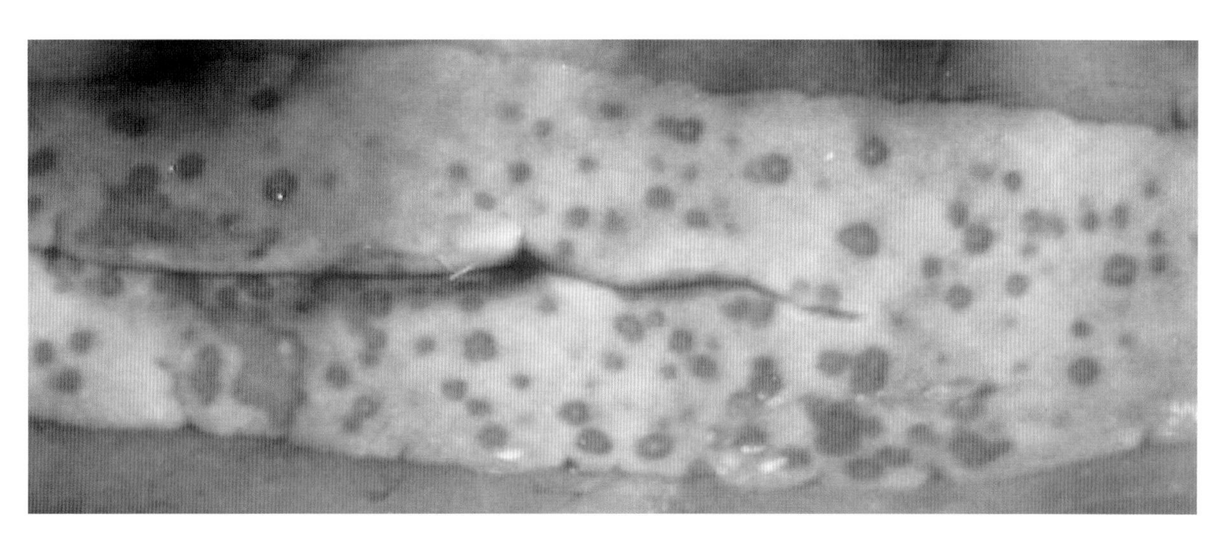

图 3-1-15　鸭流感：胰腺有多量出血灶，出血灶中心见有坏死点

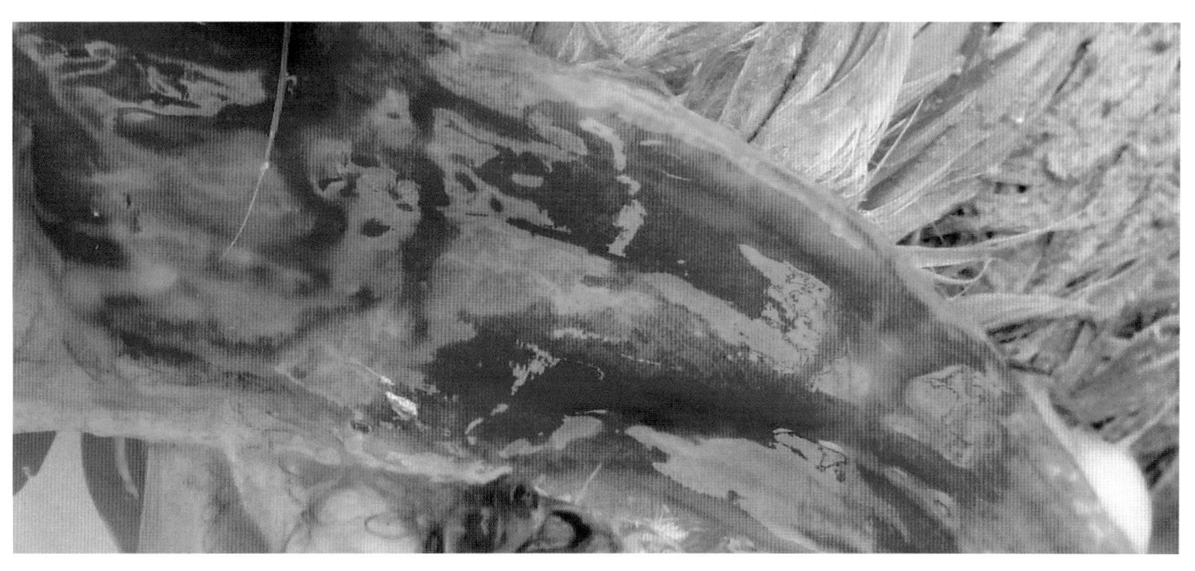

图 3-1-16　鸭流感：肠道黏膜出血

图 3-1-17　鸭流感：心肌条纹状坏死，肝脏色深

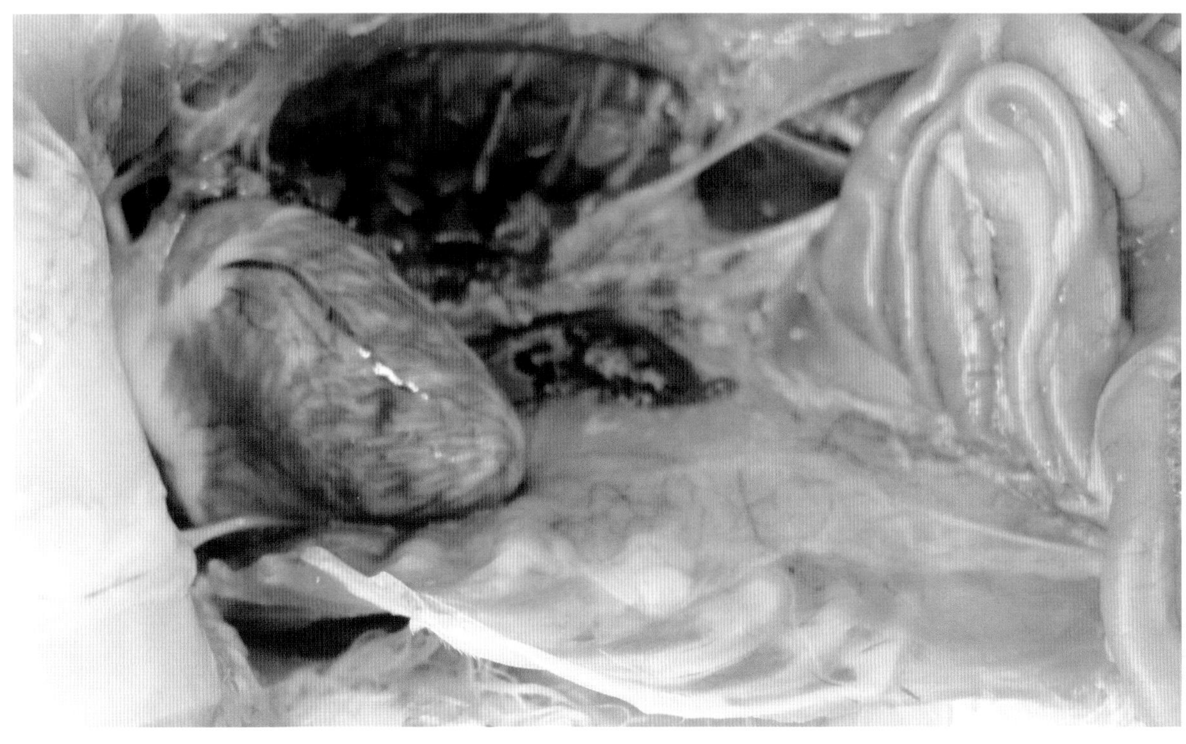

图 3-1-18　鸭流感：心肌条纹状坏死，气囊增厚

图 3-1-19　鸭流感：卵泡膜有出血斑点

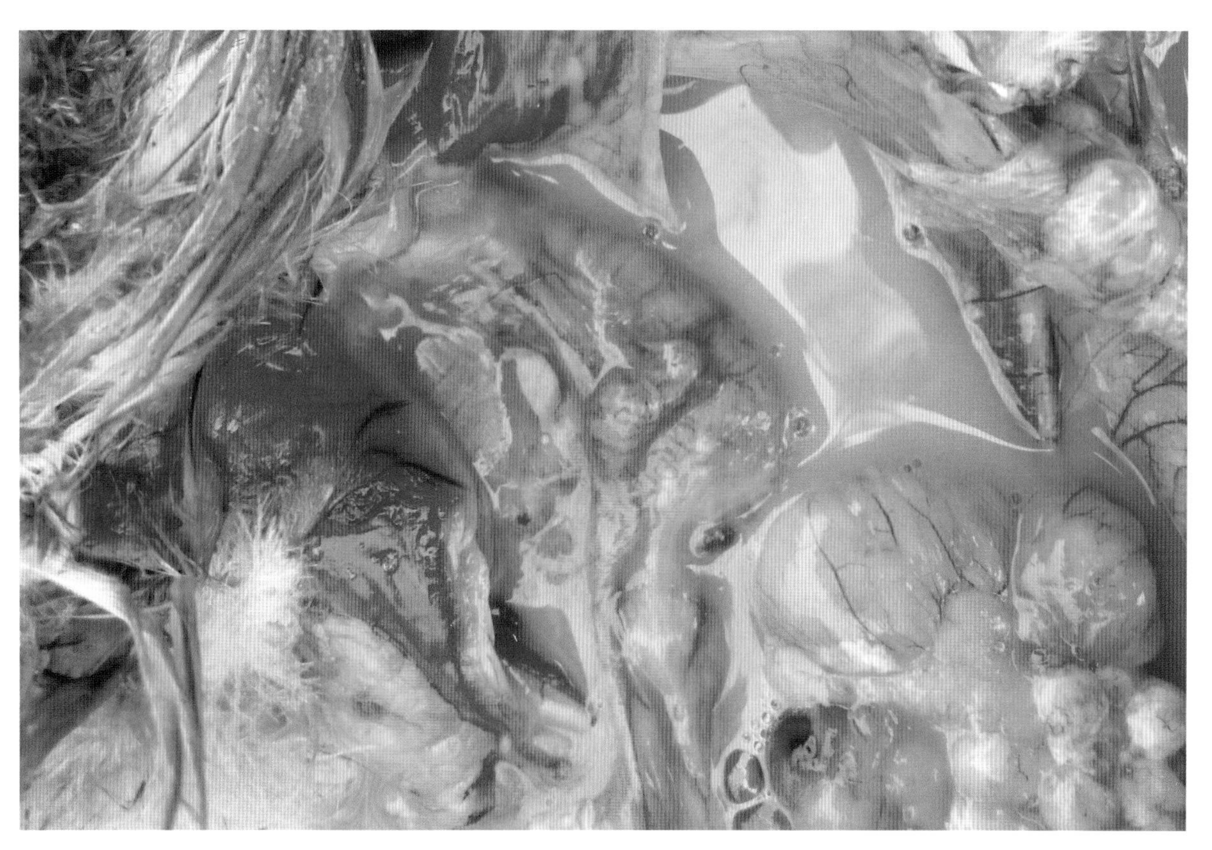

图 3-1-20　鸭流感：卵泡液化、破裂

五、诊断

结合流行病学、临床症状和大体病变，可对该病作出初步诊断。特别是发病鸭群中出现神经症状，剖检见心肌条纹状坏死和胰腺坏死病变，应怀疑该病的发生。对于高致病性禽流感疑似病例，应由有关部门或实验室进行病毒分离和鉴定，以此对该病进行确诊。

疑似病例的组织样品和分泌物可用于病毒分离。将临床样品进行处理后，接种9~11日龄SPF鸡胚，在接种后36~72小时收获死亡鸡胚的尿囊液，再进行血凝试验，可确定尿囊液是否含有有血凝活性的病毒。用H5亚型AIV阳性血清进行血凝抑制试验，可确定分离株是否为H5亚型。亦可用RT-PCR或荧光定量PCR对病毒分离株进行分子鉴定。可扩增HA基因，测定RT-PCR扩增产物序列，通过遗传演化分析，确定H5亚型分离株的进化分支。目前已有禽流感RT-PCR以及荧光定量RT-PCR诊断技术的国家标准（赖平安等，2004；唐秀英等，2003；王秀荣等，2013）。

六、防治

（一）管理措施

预防该病需依靠严格的生物安全措施，如坚持自繁自养、全进全出，重视舍内外环境消毒，禁止外来车辆、人员和用具进入鸭舍。该病无特异性治疗措施，如发生疑似高致病性禽流感疫情，应上报有关部门，按有关规定进行处置。

（二）疫苗接种

疫苗免疫接种对于控制该病是有效的，但疫苗种毒与流行毒株的抗原性应匹配。商品肉鸭可免疫1~2次，种鸭在开产前需免疫3~5次。最好对免疫鸭群进行抗体监测，根据抗体水平制定适宜的免疫程序。

第二节　鸭瘟

鸭瘟（Duck plague）又名鸭病毒性肠炎（Duck viral enteritis），是鸭的一种急性、接触性、高度致死性传染病。以血管损伤、组织出血、消化道黏膜糜烂、淋巴器官受损和实质性器官退行性病变为主要特征。该病对养鸭业危害甚大。

一、病原学

该病病原为鸭肠炎病毒（Duck enteritis virus，DEV），又名鸭瘟病毒（Duck plague virus，DPV）（Metwally，2013），分类上属疱疹病毒科 α-疱疹病毒亚科马立克氏病毒属，病毒种名为鸭疱疹病毒1型（Anatid herpesvirus 1，AnHV1）（Davison et al.，2009；King et al.，2011）。

DEV有囊膜，呈大致球形。鸭感染DEV后，其细胞核所含病毒核衣壳直径91~93 nm，核心约61 nm。病毒通过细胞核膜后，在细胞质和核周装配成直径为126~129 nm的病毒粒子。在内质网的管状系统中，可见大的病毒颗粒，直径156~384 nm（Swayne et al.，2013）。DEV的基因组为双链DNA，长约160 kb，由一个长独特区（Unique long，UL）、一个短独特区（Unique short，US）、一个独特的短内部重复序列区（Unique short internal repeat，IRS）以及一个独特的短末端重复序列区（Unique short terminal repeat, TRS），其构成为5′-UL-IRS-US-TRS-3′。DEV的基因组包含约78个基因，其中74个基因位于独特区，按位置命名为UL1、UL2…和US1、US2…等。DEV共编码11个囊膜糖蛋白，即gB、gC、gD、gE、gM、gH、gK、gN、gL、gI和gG，是宿主免疫系统识别的主要抗原（Li et al.，2009；Wang et al.，2011）。

DEV可用禽胚和多种细胞培养进行繁殖。将临床样品经绒毛尿囊膜途径接种9~14日龄鸭胚，易分离到病毒，病毒适应鸭胚后可在鸡胚和鹅胚中繁殖。病毒还可在鸭胚成纤维细胞和鸡胚成纤维细胞中增殖，细胞在接种病毒后2~6天出现细胞病变（郭玉璞和蒋金书，1988；黄引贤等，1980）。

DEV不同毒株毒力有所不同，但免疫学特性和抗原相关性似乎相同（Swayne et al.，2013；黄引贤等，1980）。

二、流行病学

该病呈世界范围分布，荷兰、法国、德国、比利时、匈牙利、英国、丹麦、美国、加拿大、澳大利亚、印度、泰国、越南等国均有该病发生的报道（Swayne et al.，2013）。该病于1957年在我国出现（黄引贤，1962），随着鸭瘟疫苗的推广使用，该病在我国得到了有效控制。但在我国养鸭业，仍存在鸭瘟的散发流行（Wang et al.，2013；陈哲通等，2014；姜甜甜，2012；刘洋等，2016；王希华，2013；杨峻等，2011；张慧，2011）。该病的发生无明显季节性（黄引贤，1962）。

各种品种和各种日龄的鸭均对该病易感。在自然条件中，成年鸭发病与死亡较为严重，1月龄以下的雏鸭发病较少，但人工感染时，雏鸭较成年鸭易感，死亡率亦较高（郭玉璞和蒋金书，1988）。死亡率从5%~100%不等（Swayne et al.，2013）。

病鸭和处于潜伏期的感染鸭是主要传染源（郭玉璞和蒋金书，1988）。康复鸭可长期带毒和排毒，亦是重要的传染源（Burgess et al.，1979）。在自然条件下，DEV主要经消化道感染，经呼吸道感染或经吸血昆虫传播亦有可能（郭玉璞和蒋金书，1988）。在实验条件下，经口服、滴鼻、皮下和肌内注射等多种途径接种病毒均能致病（黄引贤，1962）。

三、临床症状

潜伏期为3~7天，鸭通常在出现症状后1~5天死亡。在感染鸭群中，死亡常突然出现，死亡率居高不下。在死亡高峰期，产蛋母鸭产蛋率明显下降，死亡公鸭阴茎脱垂。

成年鸭感染后可表现出多种症状，包括体温升高，畏光，闭眼，眼睑粘连，精神沉郁，食欲不振，极度口渴，共济失调，羽毛杂乱，流鼻涕，水样腹泻，软弱无力，卧地不愿走动，嘴抵地面（图3-2-1）（Swayne et al.，2013）。部分病鸭头颈肿大（图3-2-2），故该病又有“大头瘟”之称（郭玉璞和蒋金书，1988）。2~7周龄鸭感染后，脱水、消瘦、喙发蓝、有结膜炎、流泪、鼻腔有分泌

图 3-2-1　鸭瘟：感染鸭群，箭头指病鸭闭眼，卧地不起，嘴抵地面

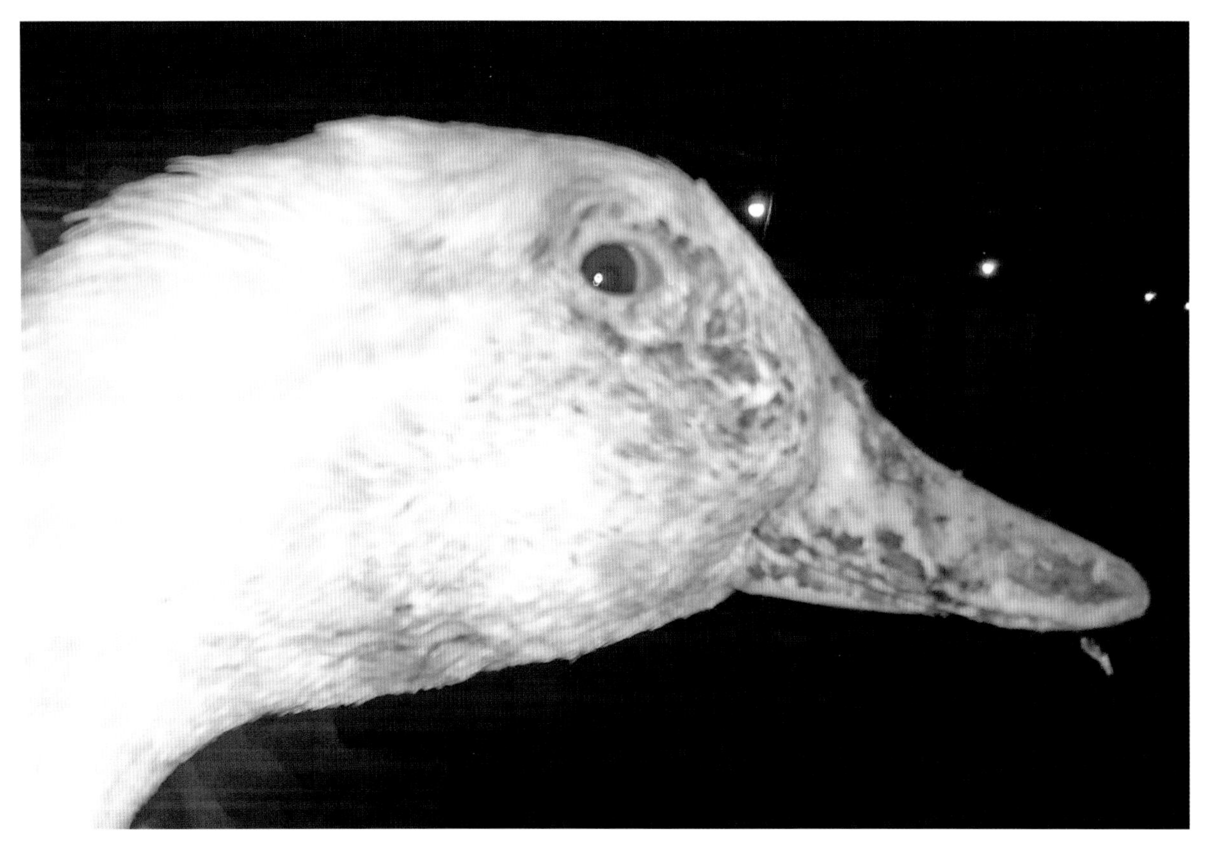

图 3-2-2　鸭瘟：肿头

物，肛门常沾染血污（图3-2-3）（Swayne et al.，2013）。

四、病理变化

病变特点是消化系统出血、食道形成假膜或溃疡、淋巴组织出血。口腔有出血点（图3-2-4），舌头表面有白色或灰白色假膜，假膜下见有出血（图3-2-5和图3-2-6），口腔、喉头和食道黏膜有灰黄色假膜覆盖，假膜易剥离，剥离后留有出血或溃疡斑痕（图3-2-7和图3-2-8）。在有些病例的口腔和食道黏膜见有出血点（图3-2-9），出血点沿食道黏膜褶皱出现（图3-2-10）；亦有些病例的食道黏膜褶皱出现溃疡结痂（图3-2-11），或同时出现出血点与溃疡结痂（图3-2-12和图3-2-13）。食道膨大部和腺胃交界处有出血带（图3-2-14和图3-2-15），部分病例的腺胃亦有出血点（图3-2-15）。常见肠黏膜出血；在有些病例，从肠浆膜面观察，可见环状出血带（图3-2-16），剖检可见出血带位于肠道黏膜面，属出血严重区域，除环状出血带外，在肠道黏膜亦可见弥漫性出血（图3-2-17）。不同病例的肠道可有1处或2处出现环状出血带（图3-2-18和图3-2-19）。在某些病例，可见肠黏膜有多量出血灶（图3-2-20），或在肠浆膜和肠系膜见有出血点（图3-2-21）。泄殖腔黏膜出血（图3-2-22至图3-2-24）。心外膜和心冠脂肪有出血点（图3-2-25）。肝脏有坏死灶（图3-2-26），或同时出现坏死灶与出血病变（图3-2-27）。脾脏（图3-2-18）和气囊见有出血（图3-2-28和图3-2-29）。胸腺出血、萎缩，法氏囊出血，胰腺、肺脏和肾脏表面也可能有出血点（Swayne et al.，2013）。产蛋鸭常见卵泡膜出血（图3-2-30），卵泡变形、萎缩、退色（图3-2-31），有时可见卵泡破裂，形成卵黄性腹膜炎（黄引贤等，1980）。

图3-2-3 鸭瘟：肛门沾染血污（张存供图）

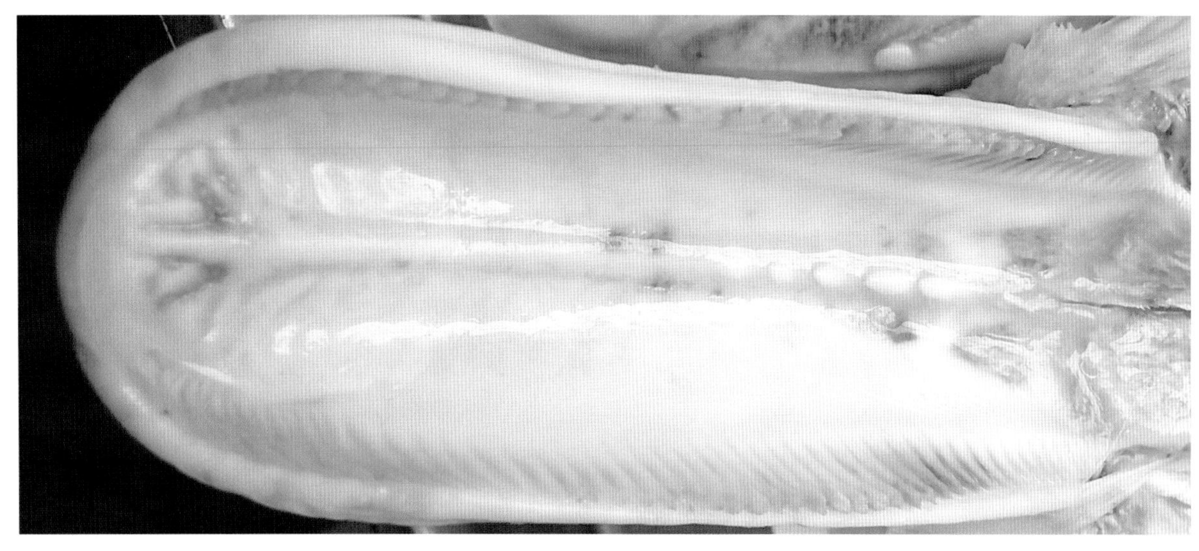

图 3-2-4　鸭瘟：口腔有出血点

图 3-2-5　鸭瘟：舌头表面覆盖假膜，假膜下有出血

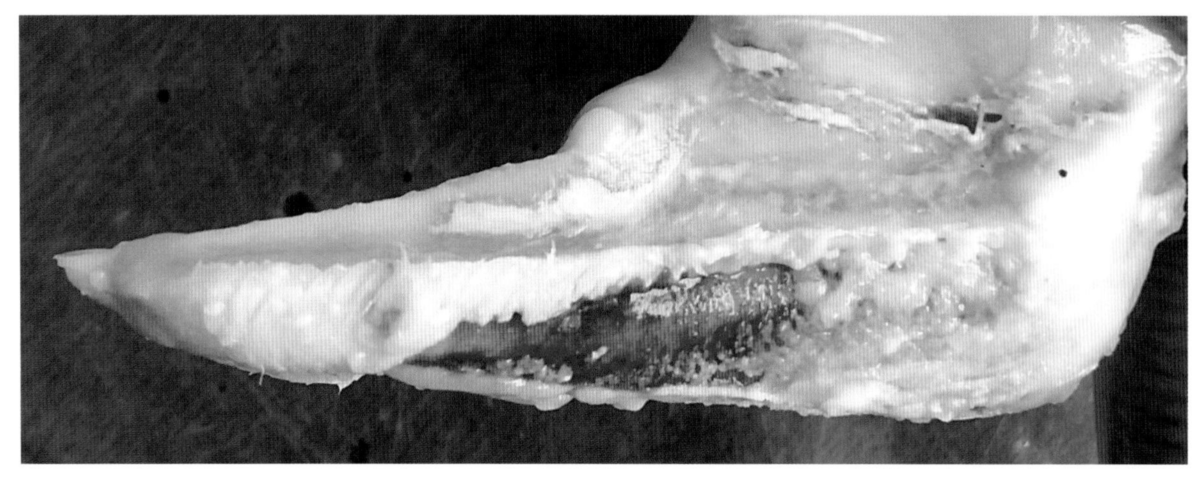

图 3-2-6　鸭瘟：舌头侧面覆盖灰白色假膜，假膜下有出血

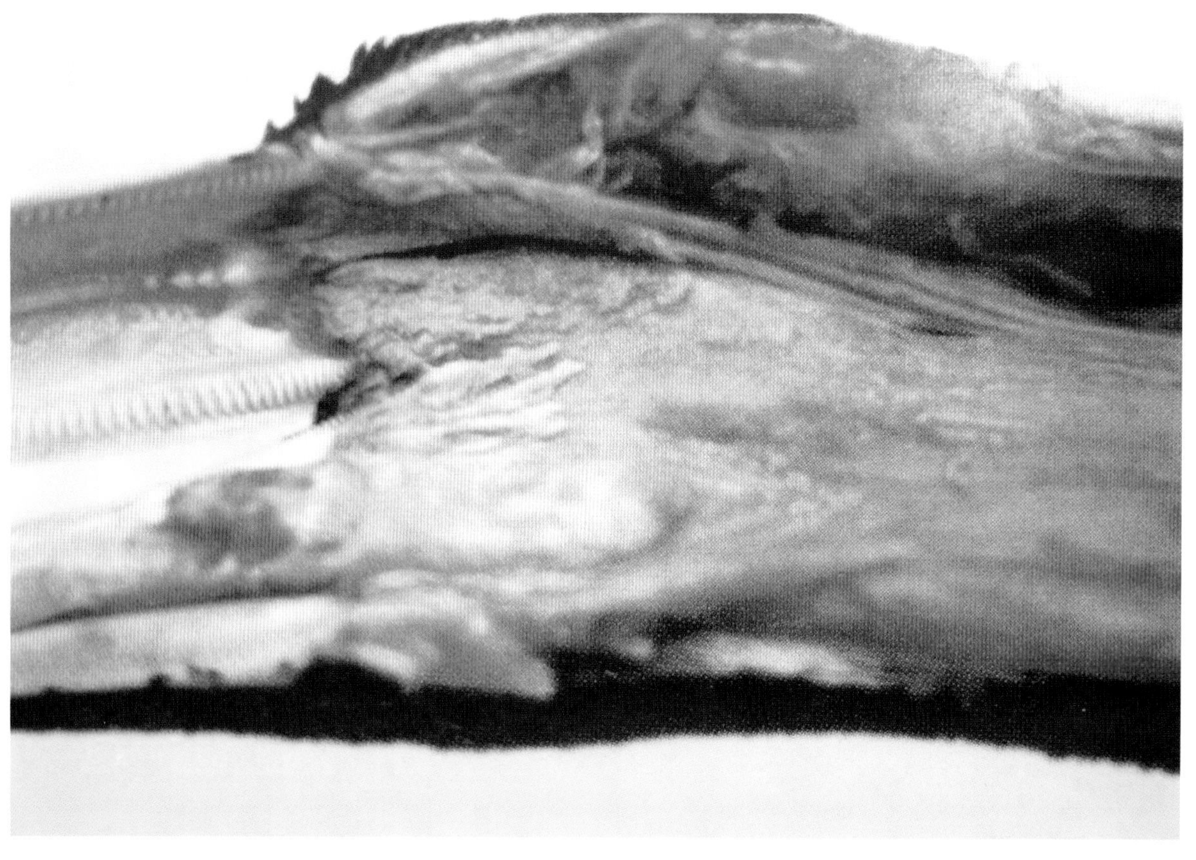

图 3-2-7　鸭瘟：口腔和喉头覆盖有灰黄色假膜

图 3-2-8　鸭瘟：食道黏膜表面沿褶皱有灰黄色假膜，假膜下有出血点（张存供图）

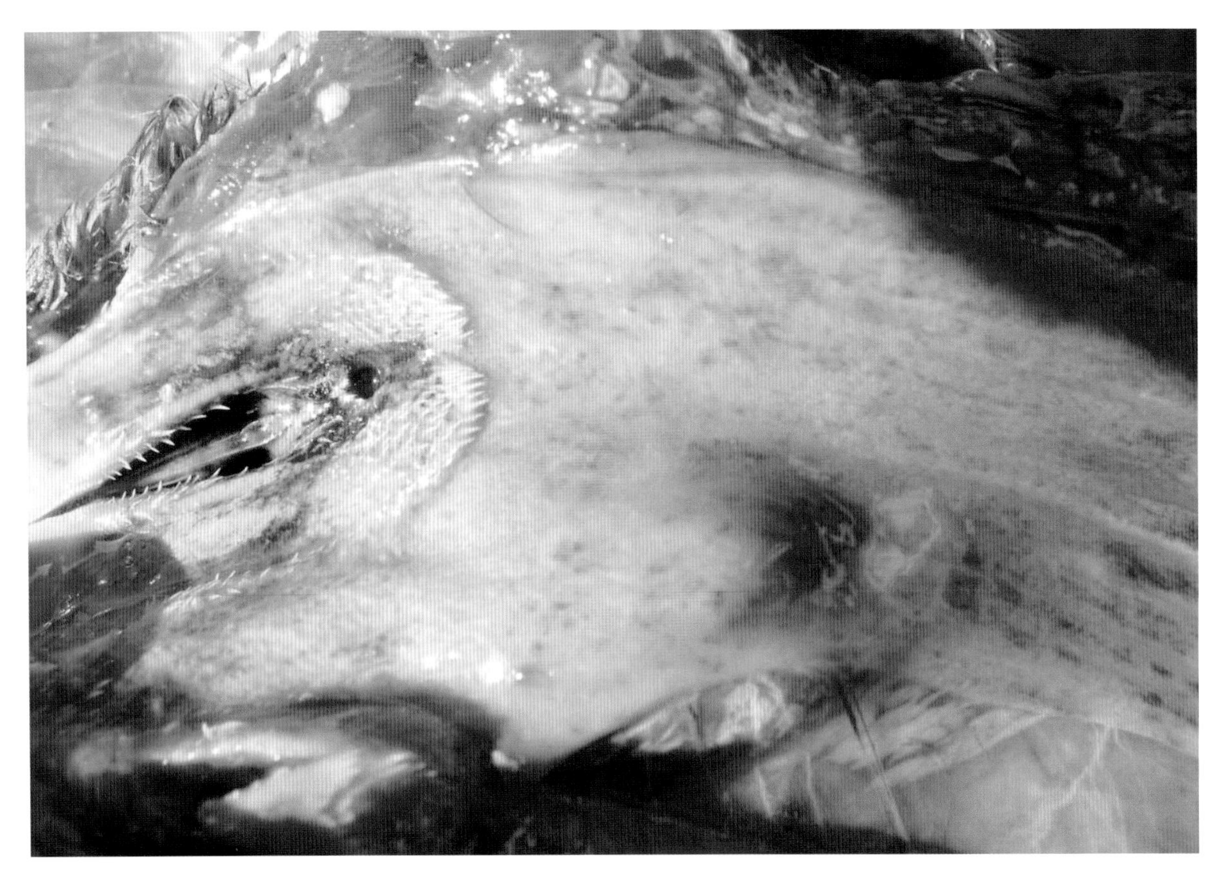

图 3-2-9　鸭瘟：口腔和食道黏膜有出血点

图 3-2-10　鸭瘟：食道黏膜沿褶皱有出血点

图 3-2-11　鸭瘟：食道黏膜表面有溃疡结痂

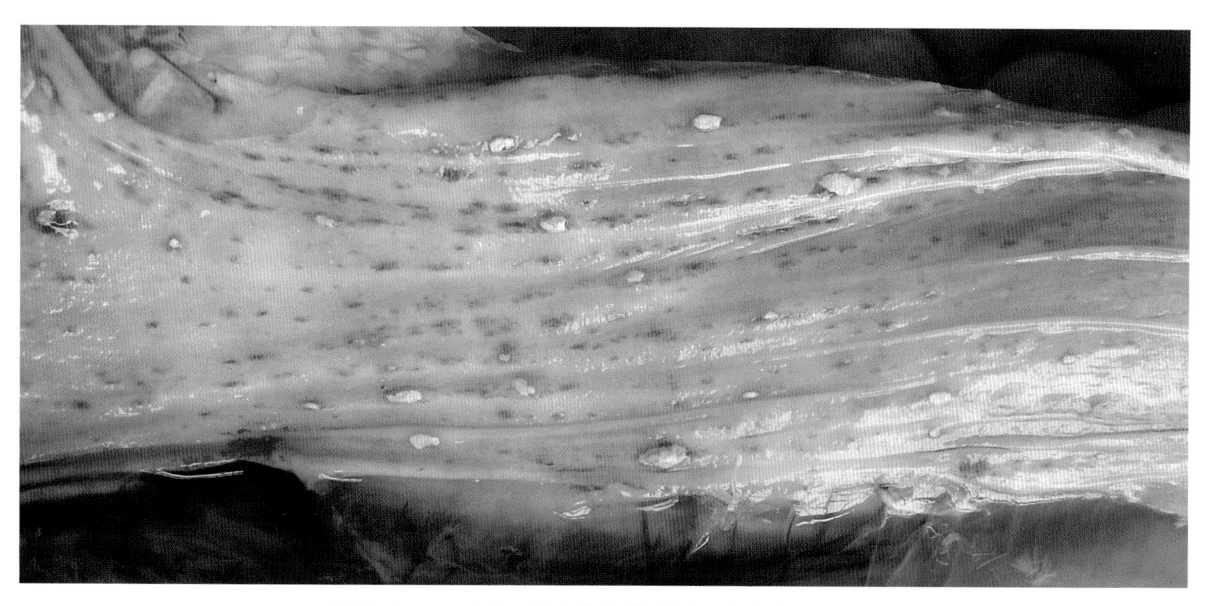

图 3-2-12　鸭瘟：沿食道黏膜褶皱出现出血点和溃疡灶

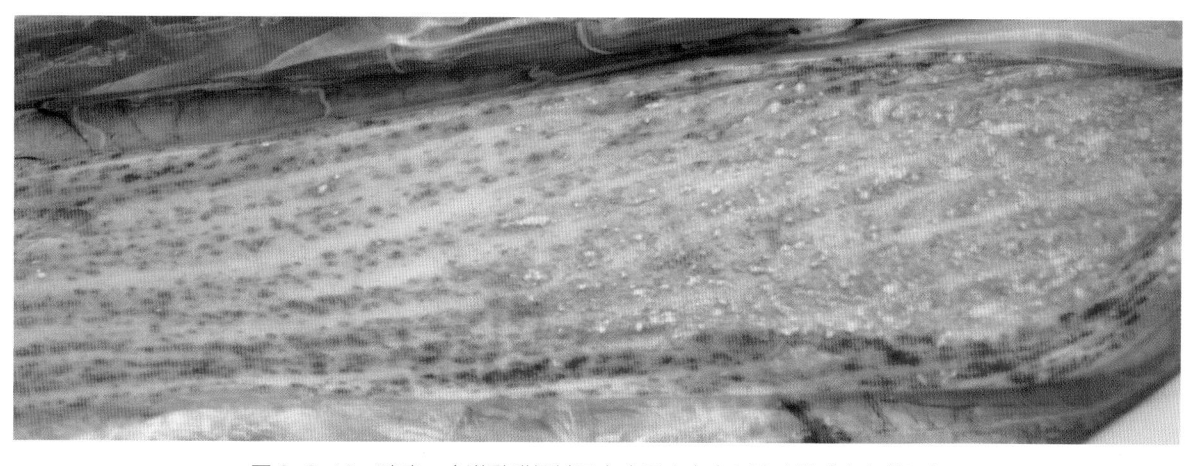

图 3-2-13　鸭瘟：食道黏膜褶皱见有大量出血点和溃疡灶（张存供图）

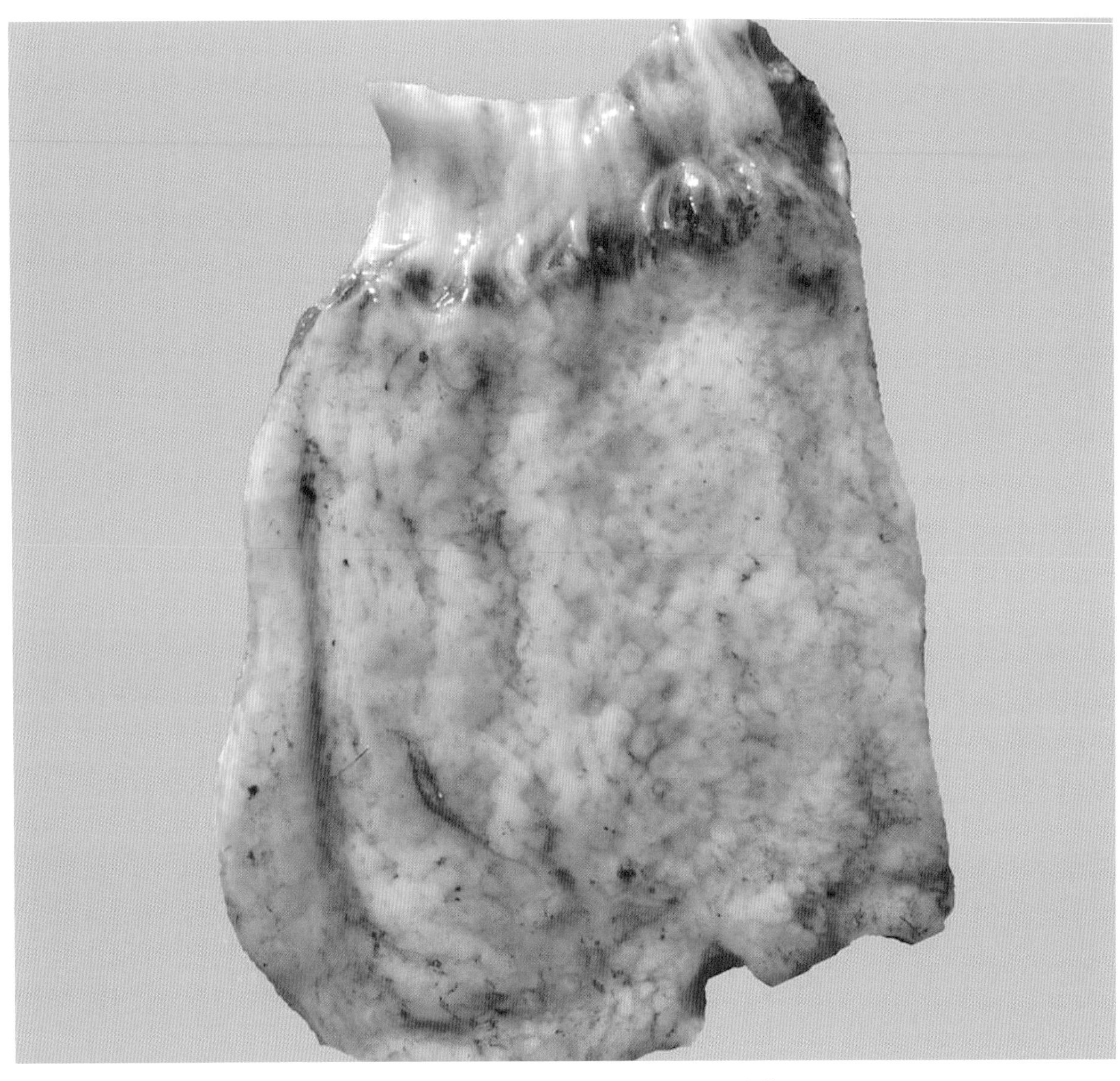

图 3-2-14 鸭瘟：食道与腺胃交界处有出血带

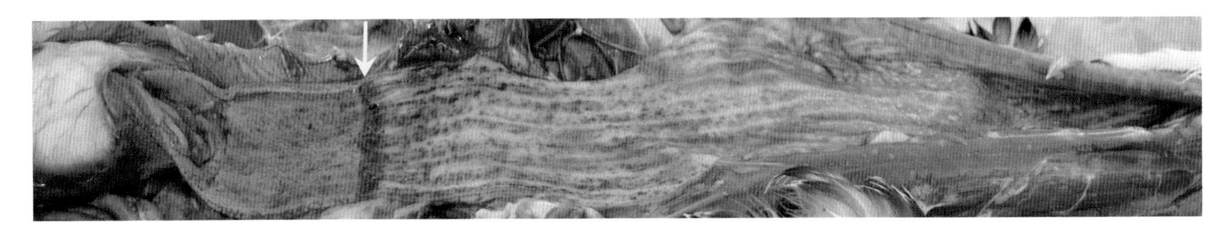

图 3-2-15 鸭瘟：食道与腺胃交界处有出血带（箭头），食道黏膜褶皱有大量出血点（张存供图）

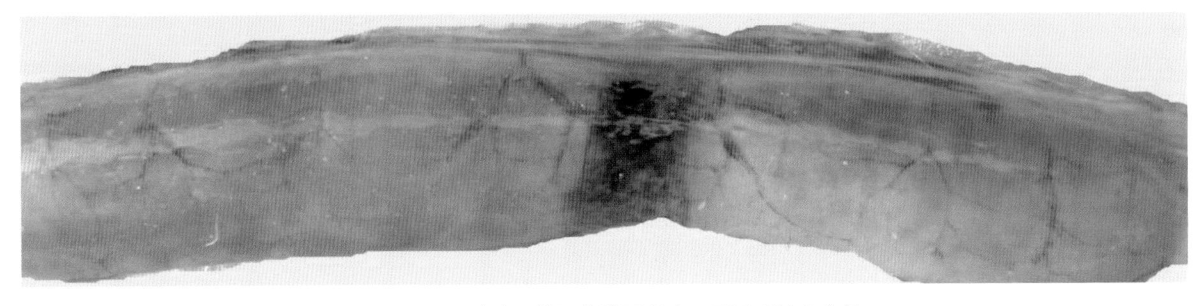

图 3-2-16 鸭瘟：从肠浆膜面观察，可见环状出血带

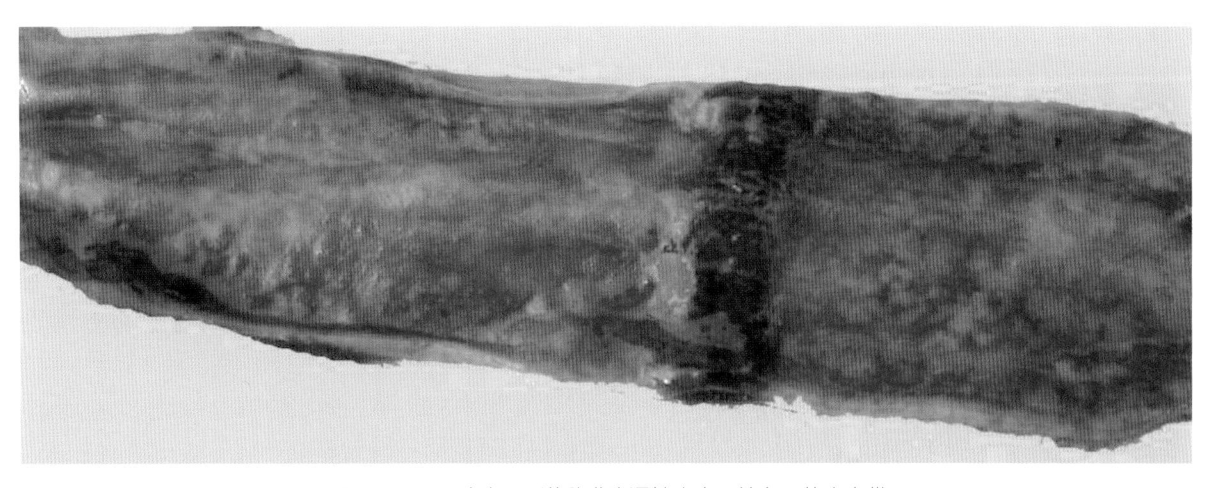

图 3-2-17　鸭瘟：肠道黏膜弥漫性出血，并有环状出血带

图 3-2-18　鸭瘟：从肠浆膜面可观察到 1 处有环状出血带（张存供图）

图 3-2-19　鸭瘟：从肠浆膜面可观察到 2 处有环状出血带（张存供图）

图 3-2-20　鸭瘟：从肠浆膜面可观察到肠黏膜有多量出血灶（张存供图）

图 3-2-21　鸭瘟：肠浆膜和肠系膜出血（张存供图）

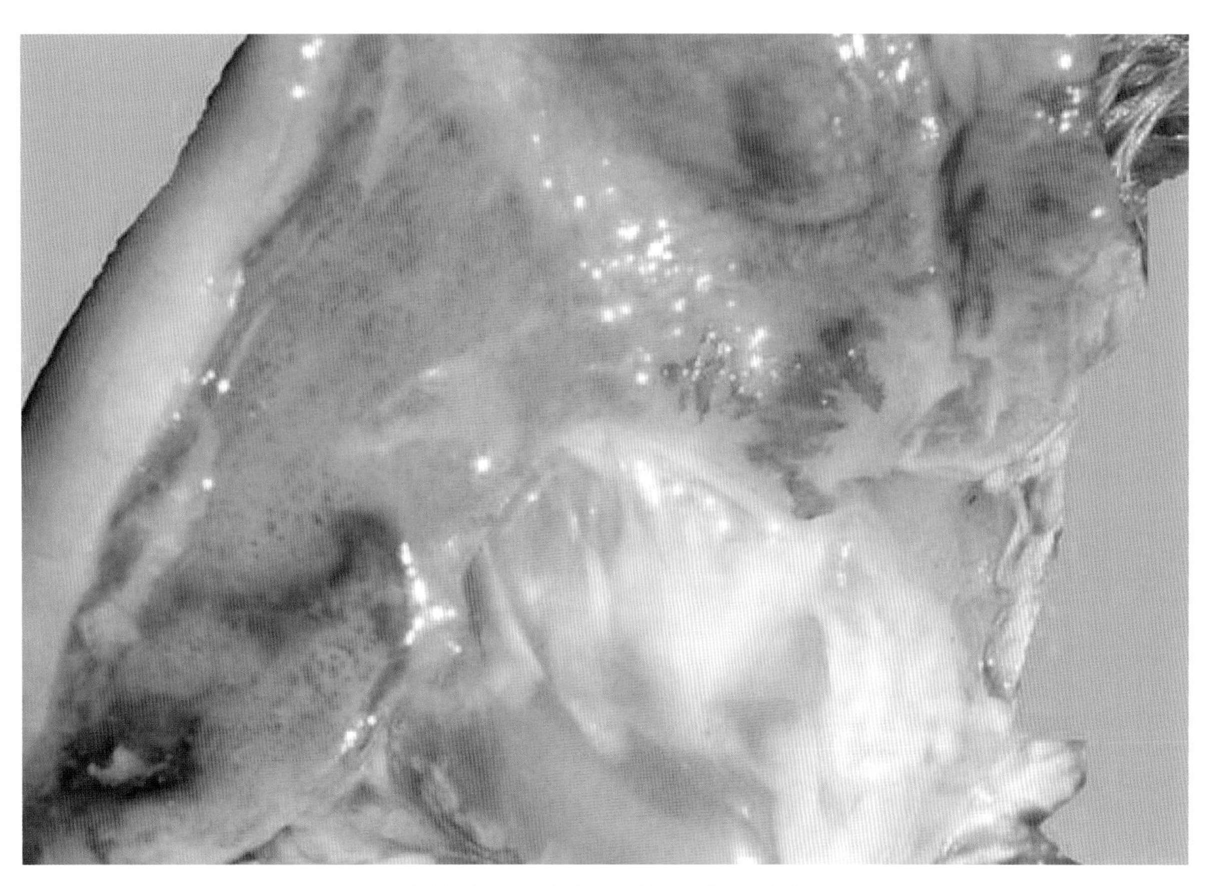

图 3-2-22　鸭瘟：泄殖腔黏膜有出血点

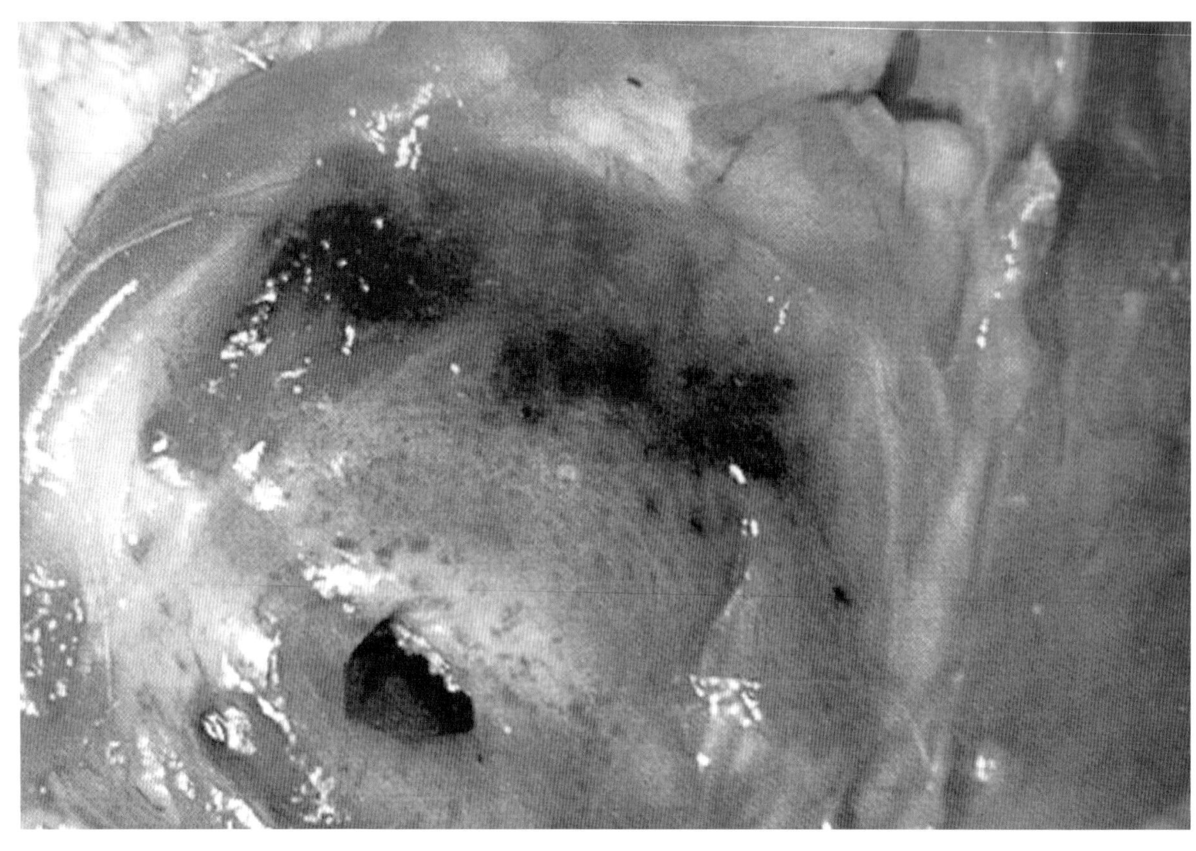

图 3-2-23　鸭瘟：泄殖腔黏膜有出血点

图 3-2-24　鸭瘟：泄殖腔黏膜有出血点

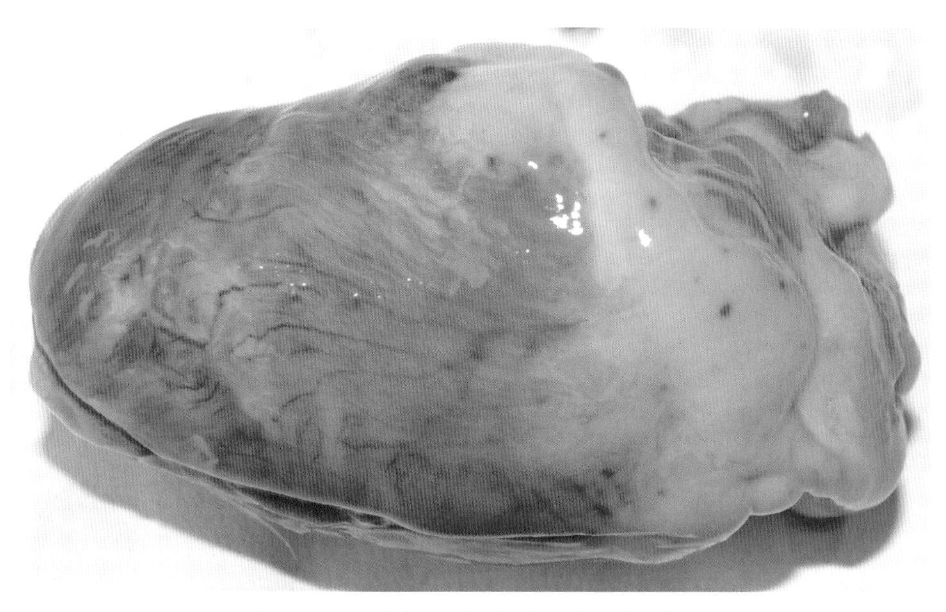

图 3-2-25　鸭瘟：心外膜和心冠脂肪有出血点

图 3-2-26　鸭瘟：肝脏有坏死灶

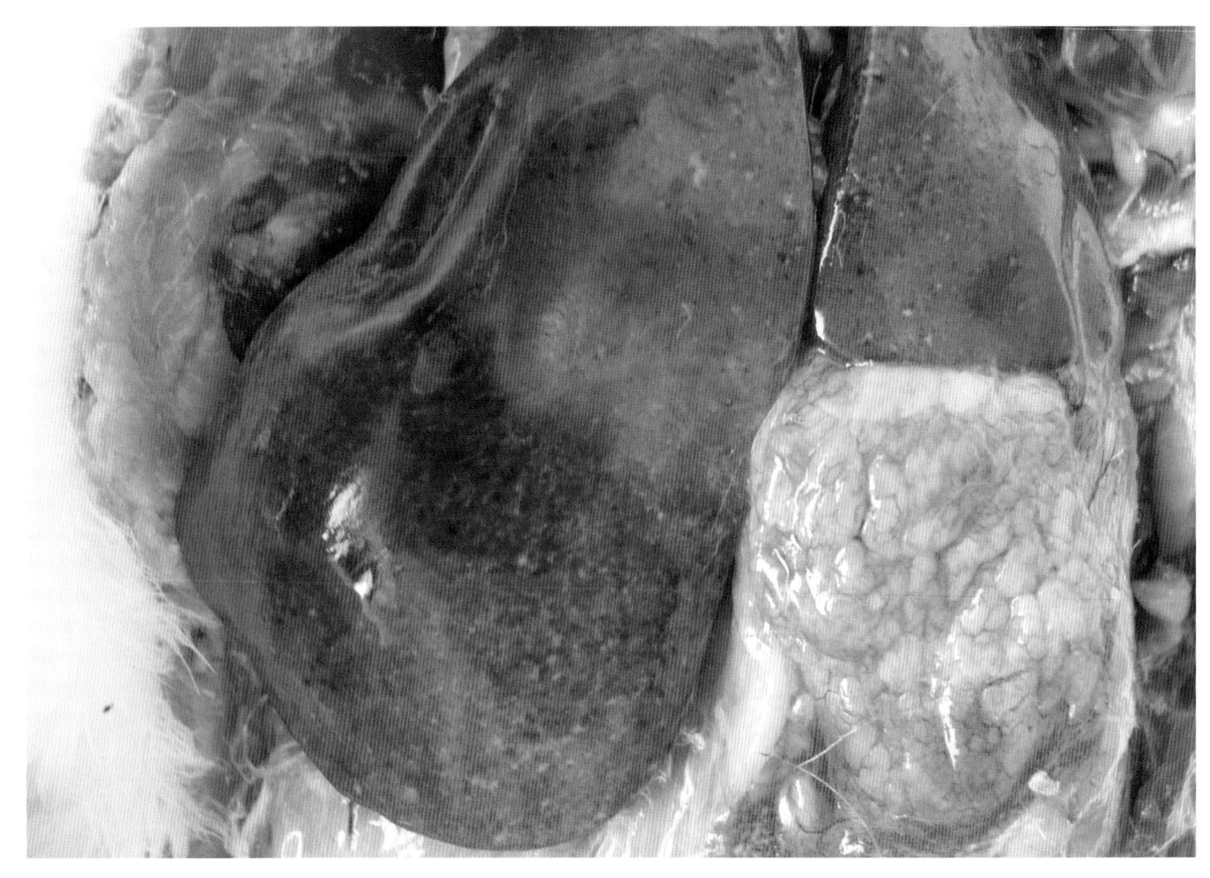

图 3-2-27　鸭瘟：肝脏有出血灶和坏死灶

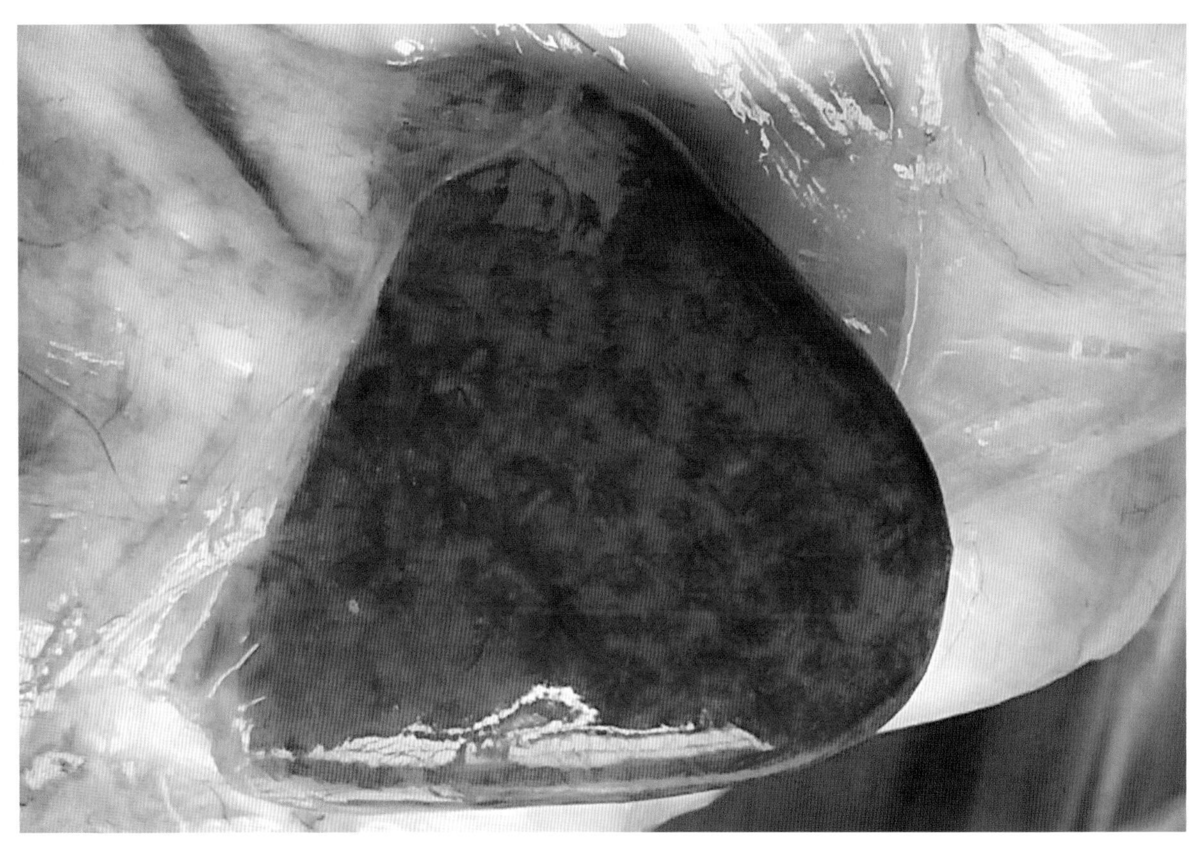

图 3-2-28　鸭瘟：脾脏有出血灶

图 3-2-29　鸭瘟：气囊出血（张存供图）

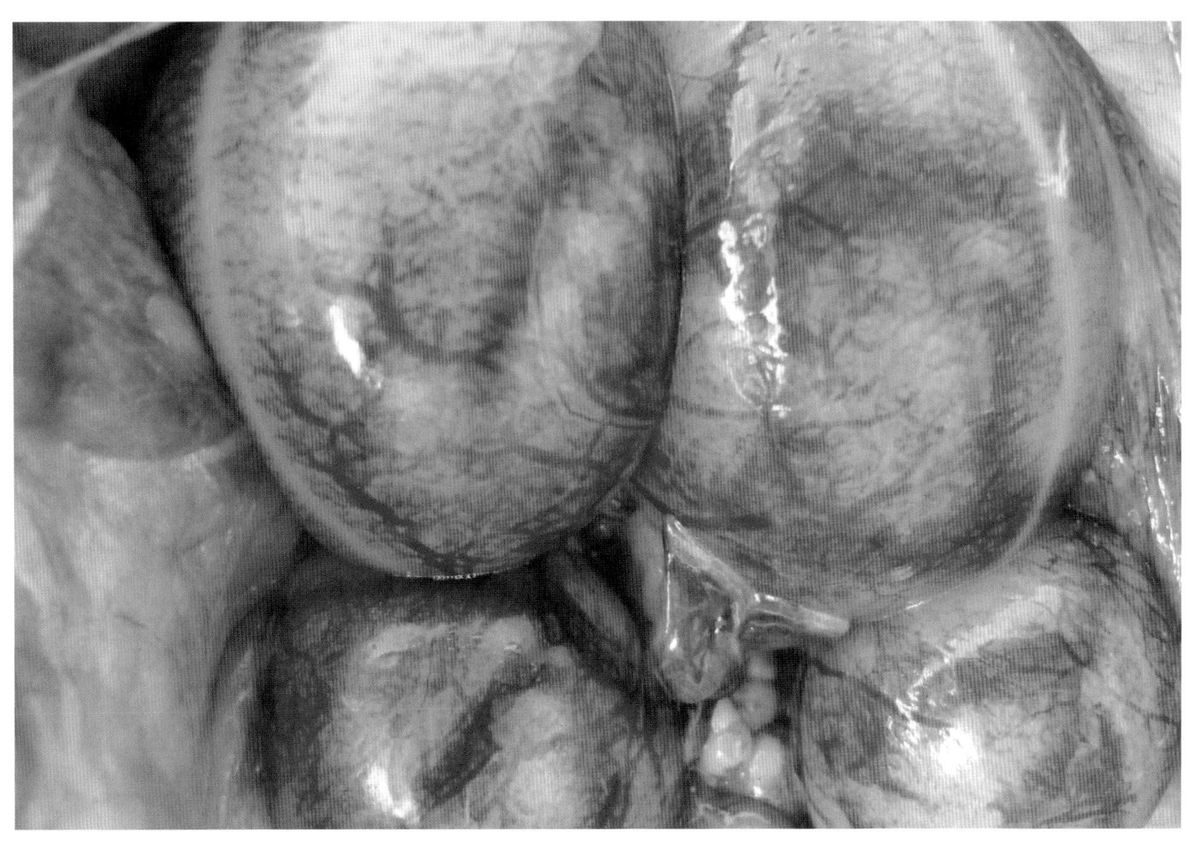

图 3-2-30　鸭瘟：卵泡膜出血

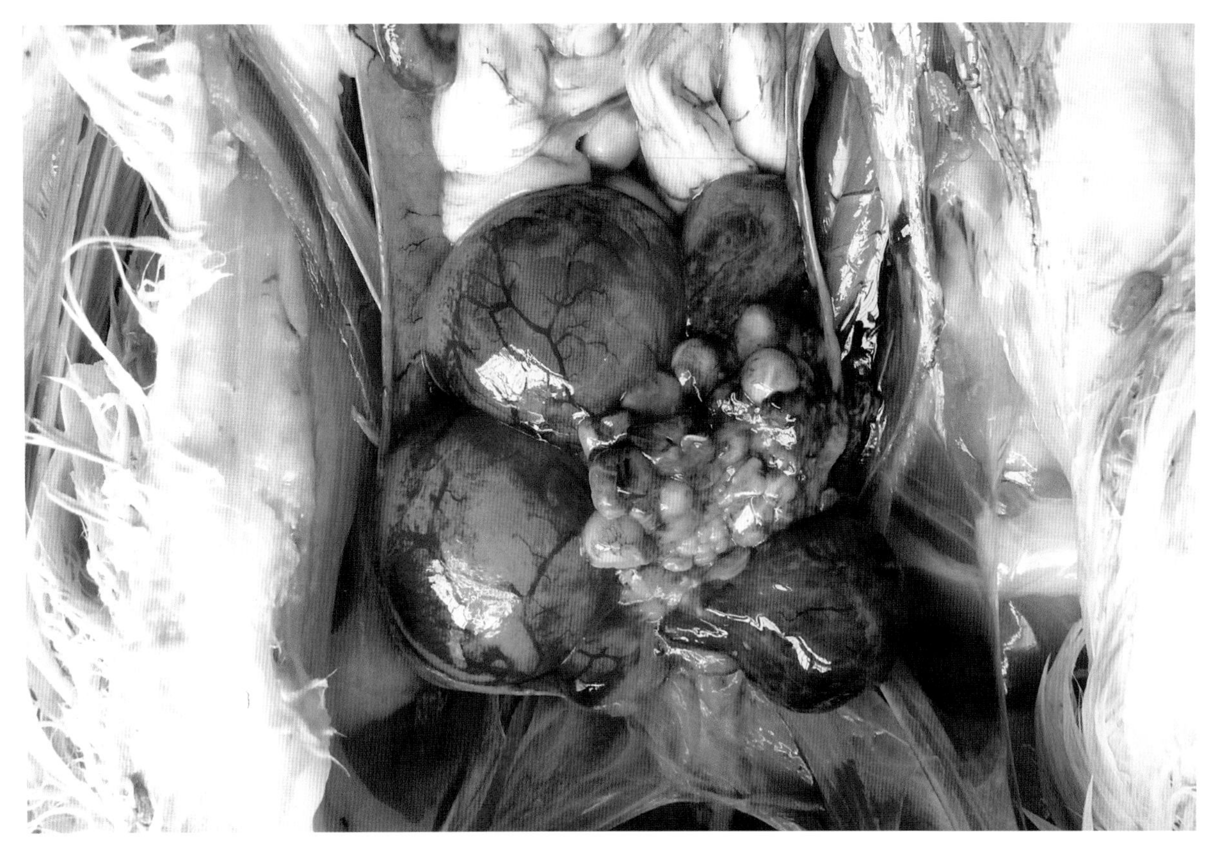

图 3-2-31　鸭瘟：卵泡膜出血、变形、萎缩、退色

组织学病理变化以组织细胞的变性、坏死和血管损伤为特征。食道和消化道黏膜上皮坏死脱落，黏膜下层严重充血和出血，有单核细胞浸润，上皮细胞中可见嗜酸性包涵体。根据发病的严重程度，可见肝脏有不同程度的充血、出血、肝细胞坏死和脂肪变性，肝脏可见核内包涵体（Swayne et al.，2013；郭玉璞和蒋金书，1988）。

五、诊断

食道、肠道、泄殖腔黏膜和肝脏病变具有特征性，据此可对该病作出临床诊断，进行病毒的分离和鉴定有助于确诊。

（一）病毒分离

病变组织（如肝脏、脾脏、肾脏和法氏囊等）、外周血淋巴细胞和泄殖腔拭子均可用于病毒分离。将样品接种1日龄易感番鸭或北京鸭，或经绒毛尿囊膜途径接种9~14日龄鸭胚，可分离到病毒。雏鸭感染后死亡，并表现出鸭瘟的特征性病变，是诊断鸭瘟的重要指标。鸭胚在接种后3~7天死亡，死胚皮下严重出血。若对病毒进行传代，鸭胚死亡率还会增加。北京鸭胚和番鸭胚成纤维细胞或其肝脏与肾脏原代细胞亦可用于病毒分离。

（二）血清学诊断

用DEV特异性抗血清在鸭胚或细胞培养中进行中和试验，可对病毒作出鉴定。乳胶凝集试验（Chandrika et al.，1999）和抗原捕获ELISA（Jia et al.，2009）亦可用于病毒抗原的检测。

（三）分子检测

PCR可用于病毒分离株的快速鉴定，亦可用于病鸭组织样品的快速检测。可扩增UL6基因（图3-2-32）（Plummer et al.，1998）或其他基因（马秀丽等，2005；孟日增等，2009）。若扩增UL2基因（图3-2-33），还可用于强毒株和弱毒疫苗株的区分（姜甜甜，2012）

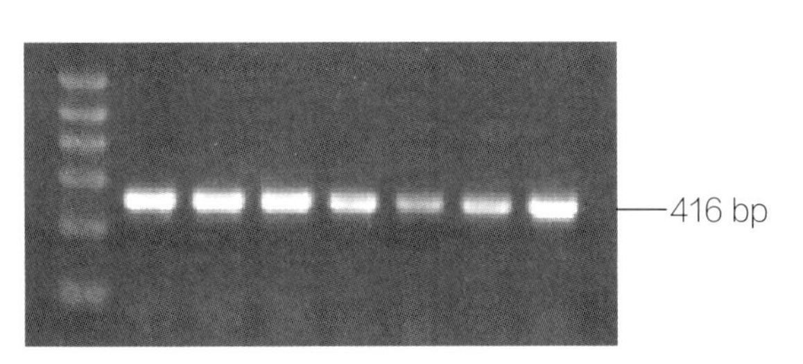

图3-2-32　鸭瘟病毒UL6基因的扩增

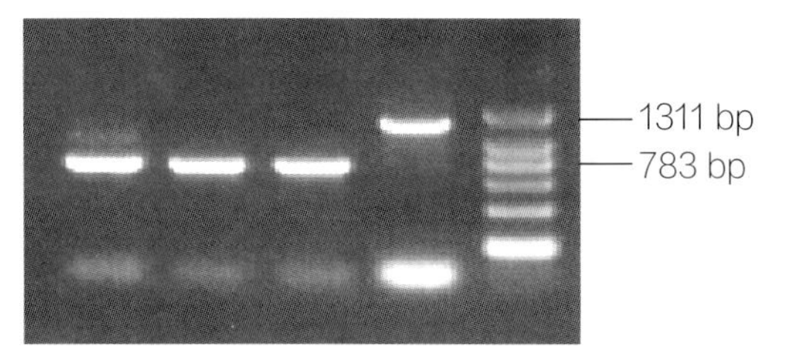

图3-2-33　鸭瘟病毒UL2基因的扩增
注：783 bp指活疫苗的扩增结果，1311 bp指强毒株的扩增结果

六、防治

（一）管理措施

应采取一切措施预防病毒传播，包括避免易感鸭直接或间接接触可能的污染物，要防止雁形目鸟类和污染的水环境传播疾病。一旦病毒传入或疾病发生，应对病鸭和死鸭进行无害化处理，并对养殖场进行彻底消毒。在受鸭瘟威胁的地区，应重视疫苗免疫接种。

（二）疫苗的免疫接种

鸭瘟活疫苗免疫效果良好。成年鸭接种疫苗后3天，即可产生对鸭瘟的抵抗力，免疫期可达9个月。雏鸭免疫后，免疫期只有1个月，以后应加强免疫一次。

（三）治疗

该病无特异性治疗措施。

第三节　鸭坦布苏病毒感染

鸭坦布苏病毒感染（Tembusu virus infection in ducks），又名鸭坦布苏病毒病，是鸭的一种急性病毒性传染病，以发病急、传播快、发病率高、死亡率低为特点。该病多发生于种鸭和蛋鸭的产蛋期，感染鸭群采食量和产蛋量大幅度下降，病鸭有卵巢出血变性病变。根据临床症状和病理变化，曾将该病称为鸭出血性卵巢炎、鸭产蛋下降-死亡综合征等。该病对养鸭业危害甚大。

一、病原学

该病病原为坦布苏病毒（Tembusu virus，TMUV），属于黄病毒科黄病毒属蚊传虫媒病毒中的恩塔亚病毒群（Cao et al.，2011）。TMUV是一种有囊膜的病毒，呈大致球形，直径40~50nm，基因组为单股正链RNA，长度为10 990 nt，由94 nt的5′ UTR、10 278 nt的ORF和618 nt的3′ UTR组成，ORF编码3种结构蛋白（衣壳蛋白、膜蛋白、囊膜蛋白）和7种非结构蛋白（NS1、NS2a、NS2b、NS3、NS4a、NS4b、NS5）（图3-3-1）（Yun et al.，2012；曹贞贞，2012）。

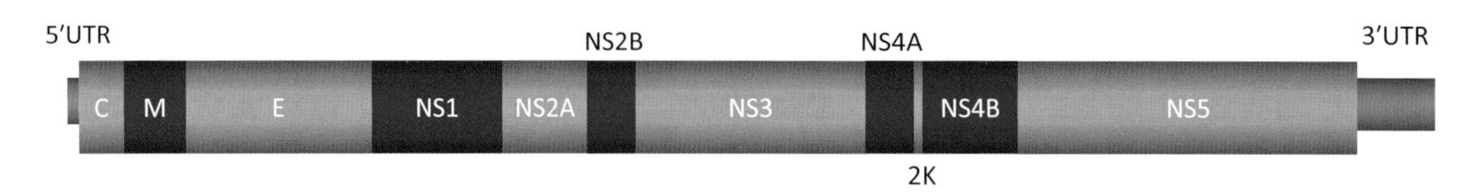

图3-3-1　坦布苏病毒的基因组结构

TMUV在鸡胚、鸭胚和鹅胚中易于繁殖，对鸭胚成纤维细胞、DF-1细胞、Vero细胞、BHK-21细胞和C6/36细胞等多种细胞具有良好的适应性（Cao et al.，2011；Huang et al.，2013；Su et al.，2011；Yan et al.，2011；Yun et al.，2012）。适应鸡胚的鸡源TMUV可在BK3细胞系（鸡白血病B淋巴细胞系）、CPK细胞系（克隆的猪肾细胞系）、MARC-145细胞系和鸡胚成纤维细胞中繁殖（Kono et al.，2000）。

从我国分离的鸭源TMUV与泰国病鸭源毒株（Chakritbudsabong et al.，2015；Thontiravong et al.，2015）具有相近的遗传演化关系，但与马来西亚肉鸭（Homonnay et al.，2014）、肉鸡（Kono et al.，2010）和蚊源毒株（Pandey et al.，1999）存在一定的变异性（Lei et al.，2017；梁特，2017）。

二、流行病学

该病于2010年春夏之交在我国浙江一带突然出现（Cao et al.，2011；Su et al.，2011；Yan et al.，2011），并迅速传播至我国其他地区，至2010年年底，先后在华东、华中、华北、华南等地的13个省（市、自治区）发生（曹贞贞，2012）。2013年，该病传入东北辽宁（刘晓晓，2015）。2014年，匈牙利研究者报道了几年前马来西亚的商品肉鸭发生TMUV感染的情况（Homonnay et al.，2014）。2015年，泰国研究者报道了2013年以来当地商品肉鸭和产蛋鸭发病的情况（Chakritbudsabong et al.，2015；Thontiravong et al.，2015）。一项回顾性研究表明，早在2007年，在泰国的鸭群中就已在流行TMUV所引起的神经症状和产蛋下降（Ninvilai et al.，2018）。

北京鸭（图3-3-2）、樱桃谷鸭（图3-3-3）、麻鸭（图3-3-4）和家养野鸭（图3-3-5）均对TMUV高度易感（Yun et al.，2012；曹贞贞，2012），番鸭易感性较差，但也有番鸭感染TMUV发病的报道（Shen et al.，2016；Yan et al.，2017）。该病主要发生于蛋鸭和种鸭的产蛋期（Cao et al.，2011；Su et al.，2011；Yan et al.，2011），但临床上已出现3~7周龄樱桃谷鸭商品肉鸭和2~6周龄金定麻鸭（图3-3-6）因感染TMUV而发病的病例（Homonnay et al.，2014；Ninvilai et al.，2018；Thontiravong et al.，2015；梁特，2017；刘晓晓，2015）。已用感染试验证实TMUV对7周龄内小鸭的致病性（Homonnay et al.，2014；Li et al.，2015；Lu et al.，2016；Sun et al.，2014；Yun et al.，2012）。在实验条件下，感染日龄越小，死亡率越高，2日龄北京鸭感染TMUV可出现70%以上的死亡率（梁特，2017；刘晓晓，2015）。

蚊子是最早报道的TMUV的自然宿主（VirusID=470；Leake et al.，1986；Pandey et al.，1999；Platt

图 3-3-2　感染坦布苏病毒的北京鸭父母代种鸭

图 3-3-3　感染坦布苏病毒的樱桃谷鸭父母代种鸭

图 3-3-4　感染坦布苏病毒的金定麻鸭

图 3-3-5　感染坦布苏病毒的野鸭

图 3-3-6　75 日龄金定麻鸭：在 40 日龄感染坦布苏病毒

et al.，1975；Wallace et al.，1977），已用雏鸡为实验动物证明蚊子可以传播病毒（O'Guinn et al.，2013）。TMUV还可经直接接触和空气传播（Li et al.，2015）。已从鸭场范围内的死亡麻雀中检测到了TMUV，提示野生鸟类也可能和该病的传播有关。病鸭含有大量病毒，从咽喉拭子、泄殖腔拭子、肠道内容物和粪便样品可检出TMUV，表明病鸭可通过消化道和呼吸道排泄物等途径排出病毒，因而病毒通过粪便污染的地面、垫料、饮水、饲料、器具和车辆等进行水平传播成为可能，而长途贩运可能导致疫病的广泛传播。以卵泡膜样品的检出率最高，表明卵巢可能是病毒存在和/或复制的主要场所（曹贞贞，2012）。从发病种鸭、种蛋、胚和刚出壳雏鸭中均可检测到TMUV，提示TMUV可经卵垂直传播（Zhang et al.，2015；李彦伯，2015）。在实验条件下，经口服、滴鼻、肌内注射和静脉注射等途径均可复制出疾病。

该病在一年四季均可发生，但以夏季和秋季为甚。发病率可高达90%以上，而死亡率通常较低，为1%~5%不等，若继发感染其他疾病，死亡率还可上升（Cao et al.，2011）。

三、临床症状

产蛋鸭突发采食量和产蛋量急剧下降为特征临床症状，即，鸭群突然出现采食量下降，在3~4天内，采食量降到低谷，降幅可达30%~50%，甚至更多，此后鸭群采食量逐渐增加，经过10~12天后，采食量可恢复到正常水平。在采食量减少的同时，产蛋量也随之减少，在大约1周时间内，产蛋率急剧下降至10%~30%，严重者几乎停产，产蛋率降幅视不同群体而异，为50%~75%（图3-3-7和图3-3-8）；若刚开产或开产后不久的鸭群发病，产蛋率在上升过程中转而迅速下降。在

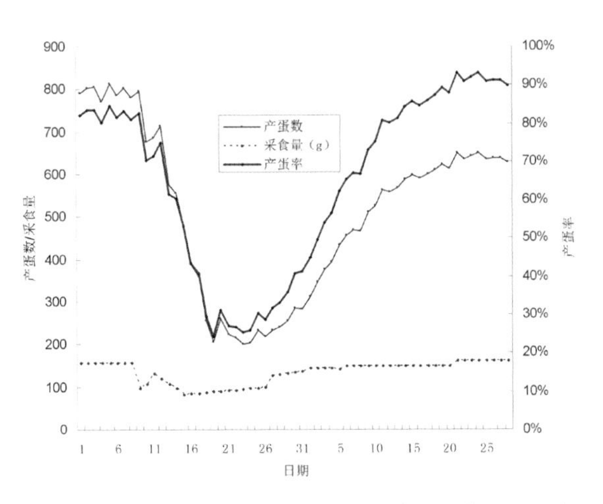

图 3-3-7　坦布苏病毒感染：蛋鸭采食量和产蛋量下降

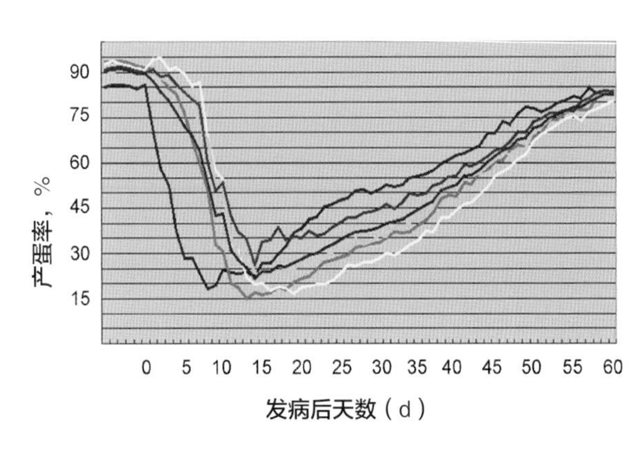

图 3-3-8　坦布苏病毒感染：樱桃谷鸭父母代种鸭产蛋量下降

注：不同颜色曲线表示不同栏舍

低谷维持约1周时间，产蛋率可逐渐回升。从产蛋开始减少到产蛋率恢复至高峰，需1~2个月。不同鸭群产蛋率下降幅度、产蛋恢复时间、产蛋恢复程度、死亡率有所不同。其他症状包括发热、精神沉郁、离群独居（图3-3-9、3-3-10和图3-3-11）、腹泻，有的病例双腿瘫痪、向后或侧面伸展（图3-3-12至图3-3-15）。

四、病理变化

主要病理变化见于卵巢，表现为卵泡膜充血、出血，卵泡变形、萎缩、液化（图3-3-16至图

图 3-3-9　坦布苏病毒感染：患病北京鸭精神沉郁，卧地不愿走动

图 3-3-10　坦布苏病毒感染：患病樱桃谷鸭精神沉郁，卧地不愿走动

图 3-3-11　坦布苏病毒感染：患病野鸭缩颈、离群独居

图 3-3-12　坦布苏病毒感染：北京鸭父母代种鸭双腿瘫痪

图 3-3-13　坦布苏病毒感染：北京鸭父母代种鸭双腿瘫痪

图 3-3-14　坦布苏病毒感染：北京鸭父母代种鸭双腿瘫痪

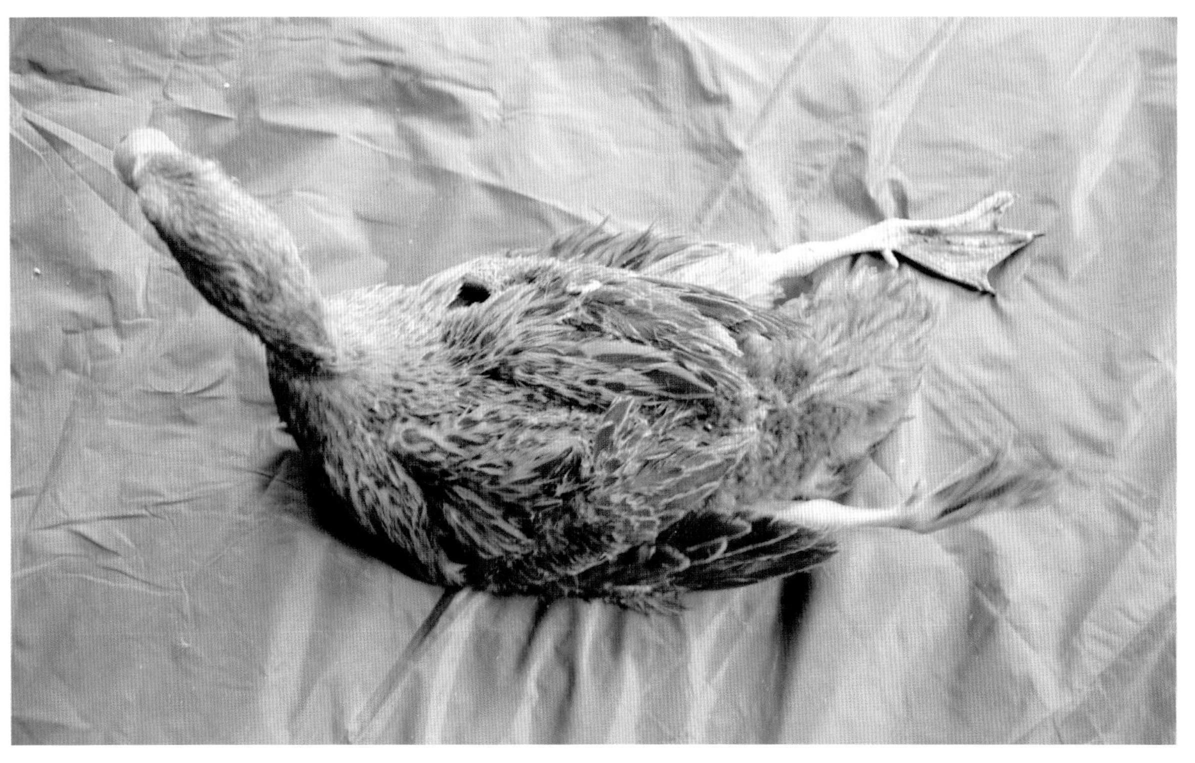

图 3-3-15　坦布苏病毒感染：75 日龄金定麻鸭双腿瘫痪

3-3-19)，有些病例的卵泡破裂，形成卵黄性腹膜炎（图3-3-20)。在感染北京鸭、麻鸭和樱桃谷鸭群，均可见部分病例的肝脏表面有灰白色结节，可剥离（图3-3-21至图3-3-23)，剖开肝脏，亦见有结节（图3-3-24)。心冠脂肪、心外膜和血管有出血点（图3-3-25和图3-3-26)，胰腺有出血灶和坏死灶（图3-3-27)。

图3-3-16　坦布苏病毒感染：卵泡膜充血、出血

图3-3-17　坦布苏病毒感染：卵泡膜充血、出血

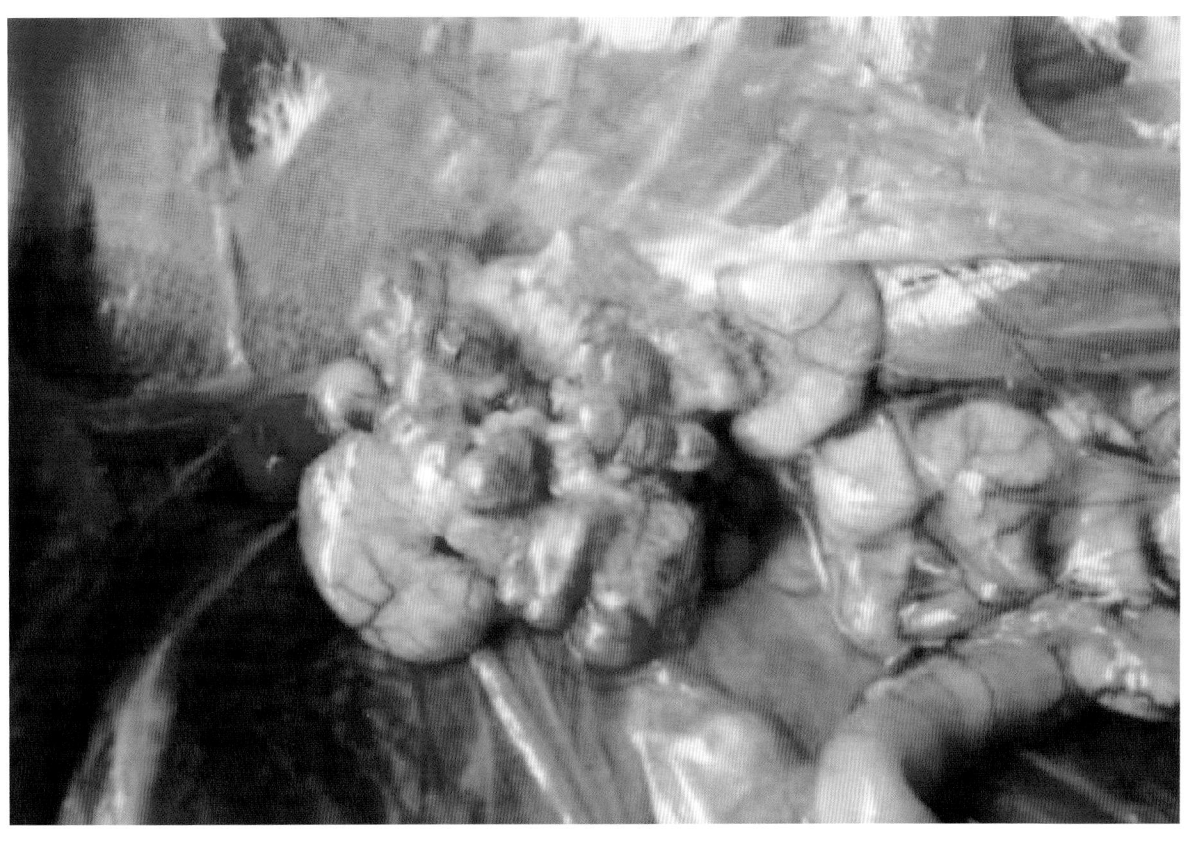

图 3-3-18 坦布苏病毒感染：卵泡膜出血，卵泡变形、萎缩

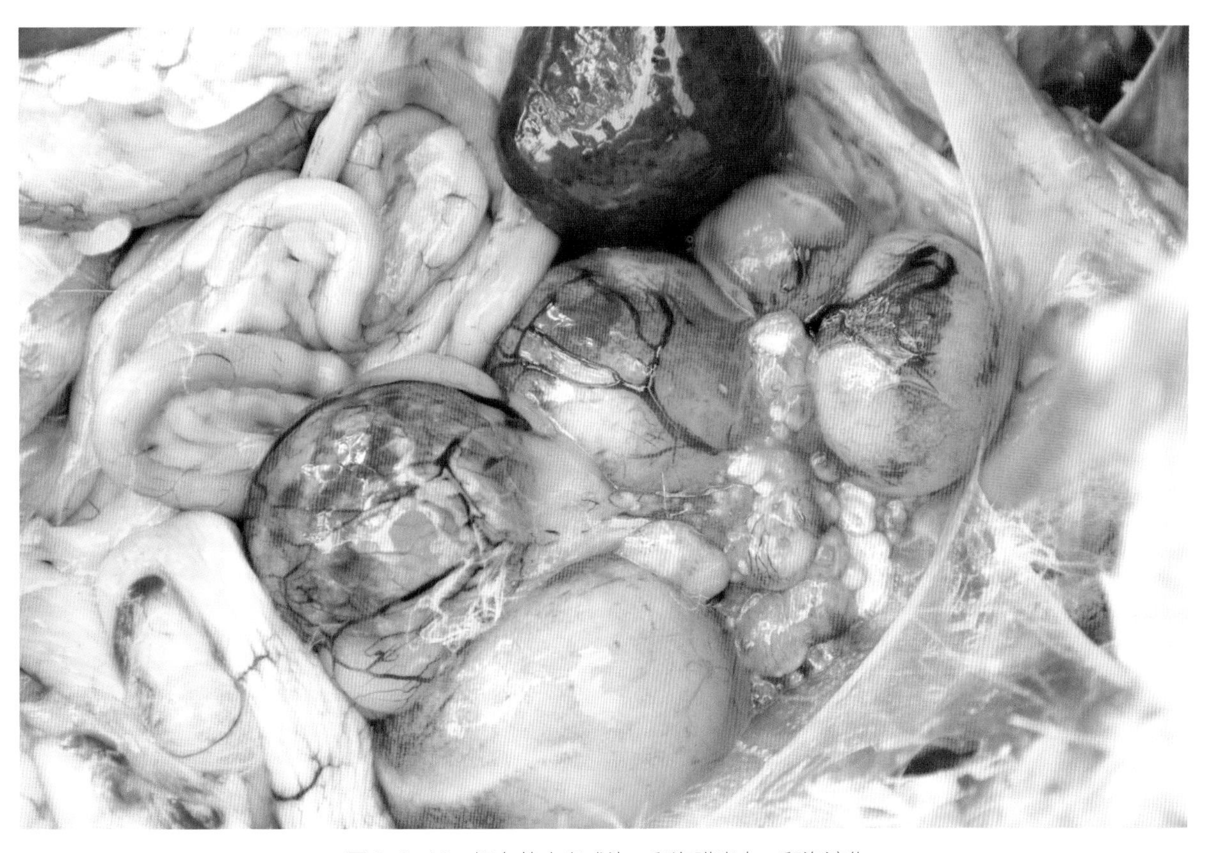

图 3-3-19 坦布苏病毒感染：卵泡膜出血，卵泡液化

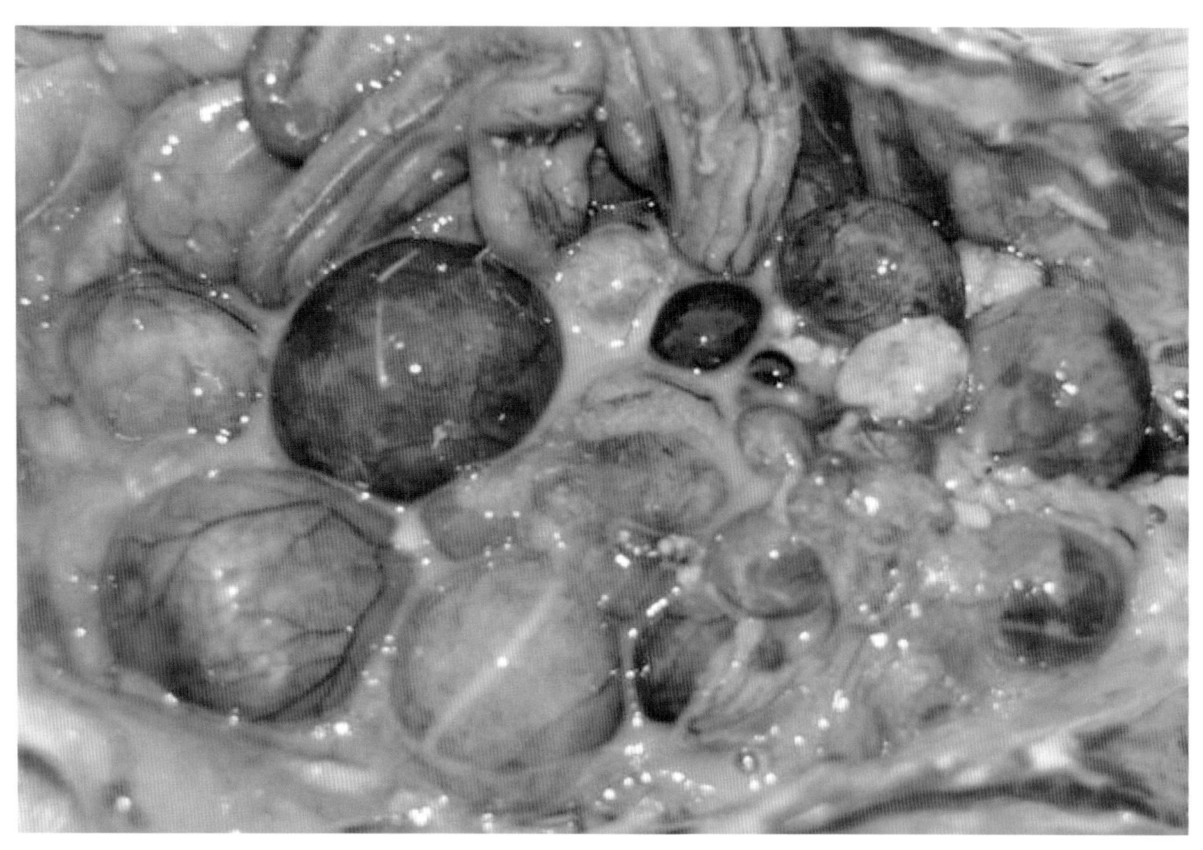

图 3-3-20　坦布苏病毒感染：卵泡膜出血，卵泡破裂，形成卵黄性腹膜炎

图 3-3-21　坦布苏病毒感染：北京鸭肝脏结节

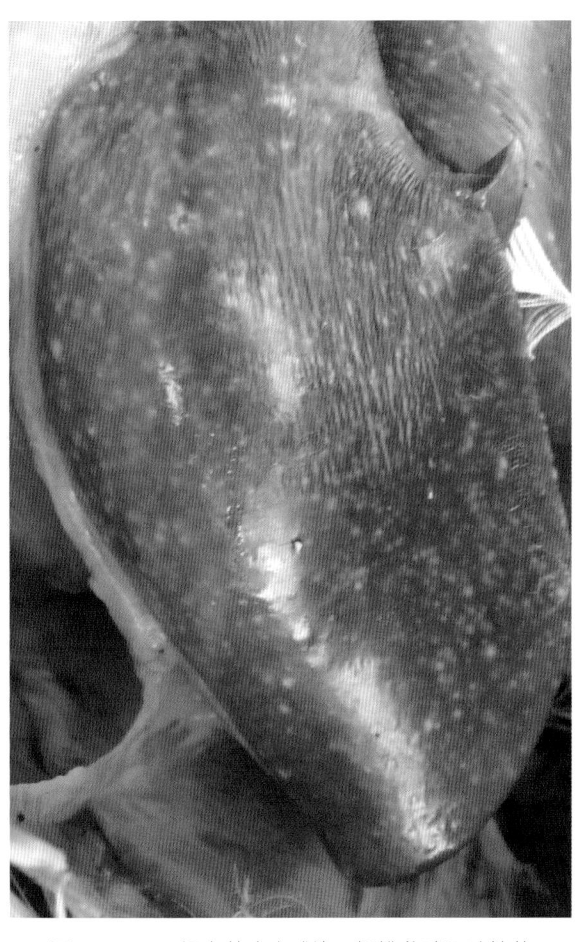

图 3-3-22　坦布苏病毒感染：樱桃谷鸭肝脏结节

图 3-3-23　坦布苏病毒感染：麻鸭肝脏结节

图 3-3-24　坦布苏病毒感染：肝脏切面见有结节

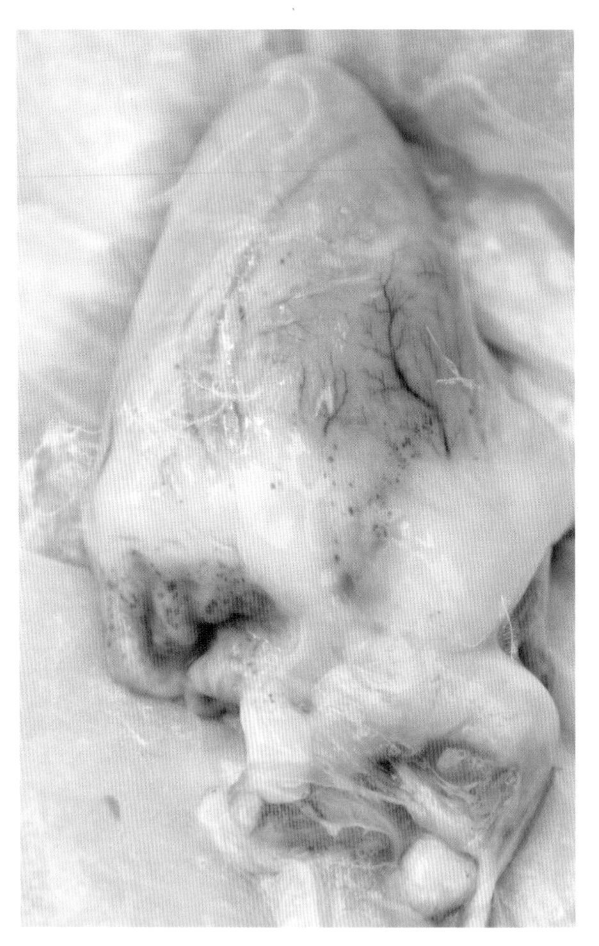

图 3-3-25 坦布苏病毒感染：
心冠脂肪、心外膜和血管表面有出血点

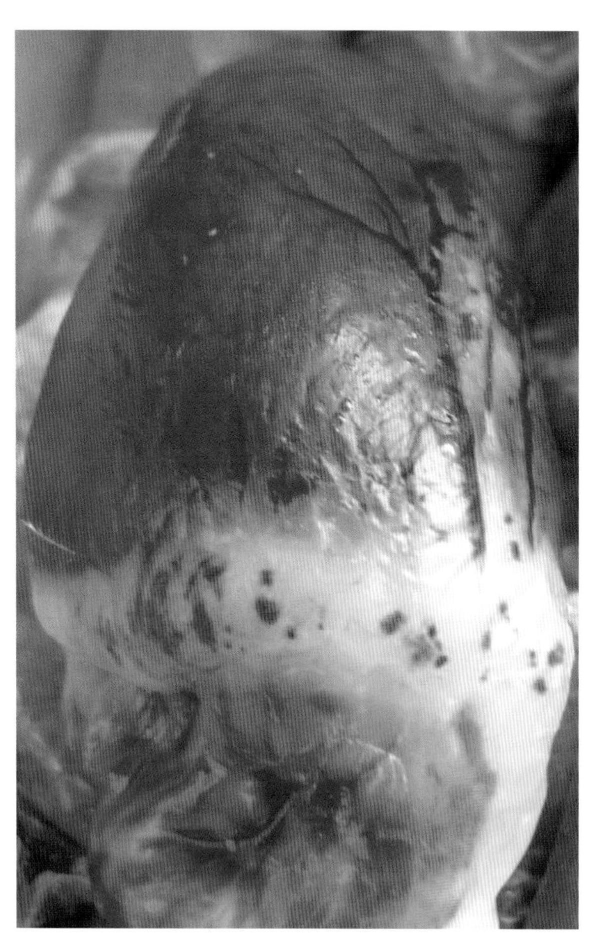

图 3-3-26 坦布苏病毒感染：
心冠脂肪和心外膜有出血点

图 3-3-27 坦布苏病毒感染：胰腺有出血灶和坏死灶

组织病理学检查显示，共性病变见于卵巢，包括出血、巨噬细胞和淋巴细胞浸润和增生（图3-3-28）；在肝脏汇管区，可见间质性炎症（图3-3-29）。

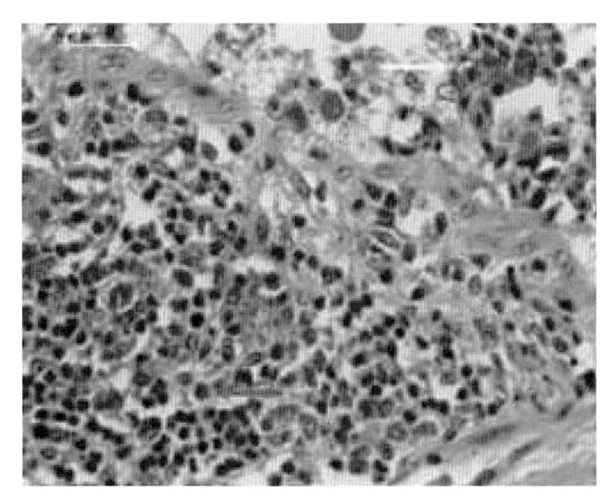

图 3-3-28　坦布苏病毒感染：卵巢出血（黄色箭头），巨噬细胞和淋巴细胞浸润和增生（红色箭头）（刘月焕供图）

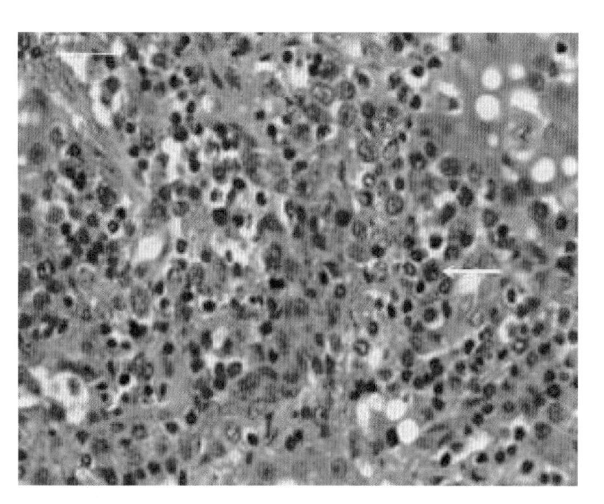

图 3-3-29　坦布苏病毒感染：肝脏汇管区间质性炎症（刘月焕供图）

五、诊断

结合临床特征和剖检结果可作出初步诊断，突然发病、快速传播、一周内产蛋率严重下降等症状以及卵巢的病理变化具有诊断价值，确诊需依靠病原的分离和鉴定。

（一）病毒分离

将病鸭卵泡膜制成匀浆液，接种9~10日龄鸡胚、10~11日龄鸭胚或者13~14日龄鹅胚的尿囊腔，可分离到病毒。接种后72~120小时，鸡胚或鸭胚应出现死亡，死亡胚胎皮下严重出血（图3-3-30），肝脏见有红黄相间的斑块（图3-3-31）有时初次培养不引起胚死亡，传2~3代有助于病毒的分离，胚的死亡率往往会随着传代而上升。泄殖腔拭子、肠内容物、脑以及肝脏等样品亦可作为接种物。将病毒分离株接种鸭胚成纤维细胞、DF-1细胞、BHK-21细胞、Vero细胞和C6/36细胞，可引起明显的细胞病变。

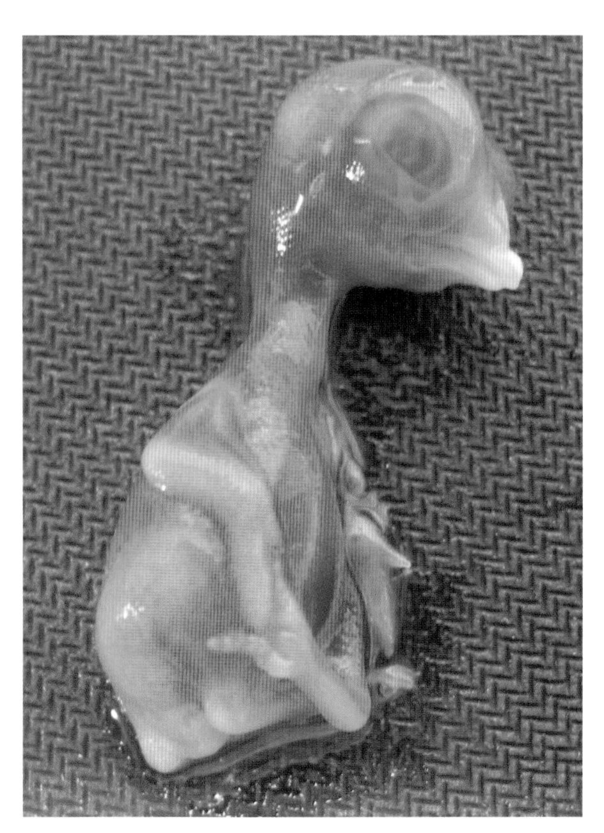

图 3-3-30　接种坦布苏病毒 7 天后的鸡胚

（二）血清学诊断

用TMUV特异性抗血清进行中和试验和空斑减数中和试验，可对病毒分离株进行血清学鉴定（戴晓懿，2014）。亦可用中和试验和空斑减数中和试验检测病毒的中和抗体。

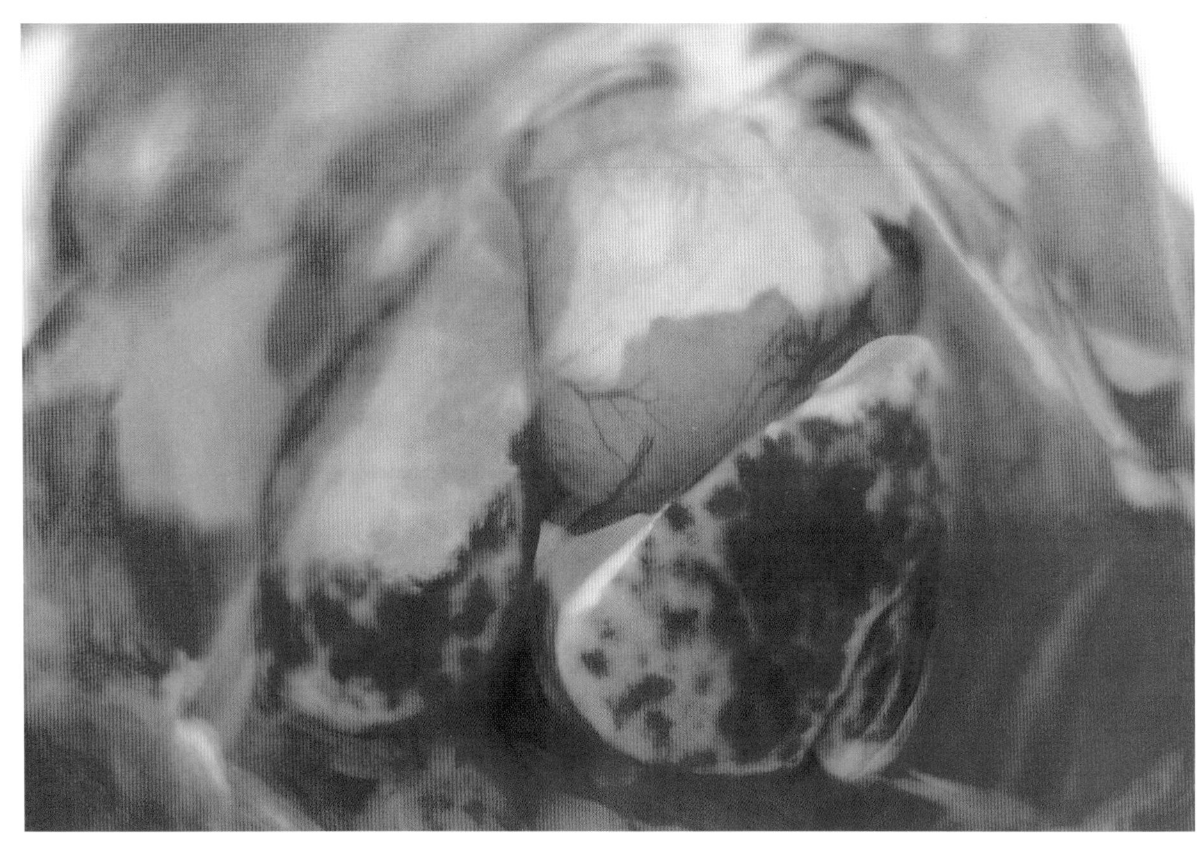

图 3-3-31　接种坦布苏病毒 7 天后的鸡胚肝脏

（三）分子检测

利用RT-PCR检测临床病料和分离物中的病毒RNA是一种快速诊断方法。可检测NS3（图3-3-32）和NS5基因（图3-3-33），亦可检测E基因（颜丕熙等，2011）或其他基因。对PCR产物进行测序和序列分析，则可获得更为准确的结果。

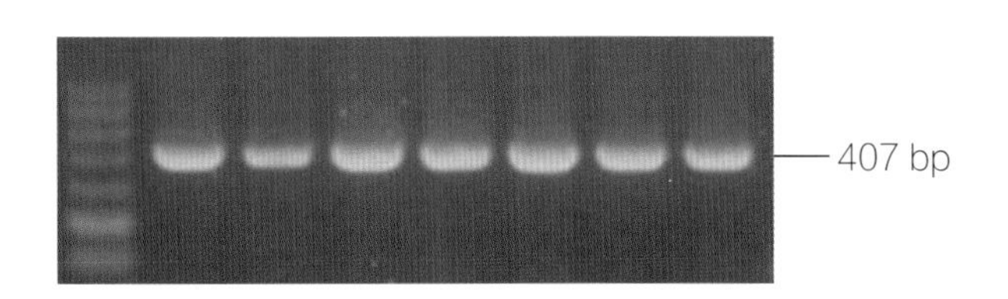

图 3-3-32　坦布苏病毒 NS3 基因的扩增

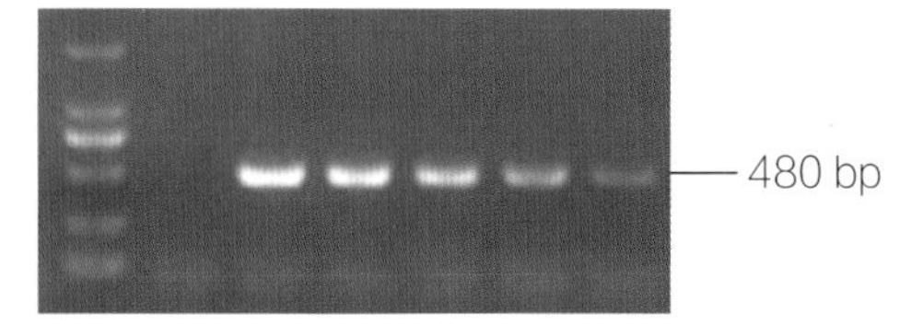

图 3-3-33　坦布苏病毒 NS5 基因的扩增

六、防治

（一）管理措施

TMUV可经几种不同途径传播，针对传播途径采取措施，对于控制该病是有效的。例如，从疫区引进鸭苗或种蛋，易将该病传入，因此，应坚持“自繁自养”。需要引进鸭苗或种蛋时，应对来源场的疫病流行情况有所了解，避免经此途径将该病引入本场。加强环境卫生管理、对用具和车辆进行消毒，特别是从控制传播媒介入手采取相应措施（如防鸟、灭蚊蝇），对控制该病是有益的。

（二）疫苗免疫接种

在种鸭和蛋鸭开产前，用TMUV弱毒疫苗进行免疫，对该病的控制是有效的。

第四节 鸭甲肝病毒感染

鸭甲肝病毒感染（Duck hepatitis A virus infection）即鸭病毒性肝炎（Duck viral hepatitis，DVH），是雏鸭的一种急性高度致死性传染病，其特点是发病急、病程短、传播快、死亡率高。该病多发生于3周龄以下雏鸭，特别是1周龄左右的雏鸭更易发生，病死鸭多呈现角弓反张样外观，其肝脏常有特征性的点状或刷状出血。

一、病原学

该病病原为鸭甲肝病毒（Duck hepatitis A virus，DHAV），属于微RNA病毒科禽肝病毒属，分为3个基因型，基因1型（DHAV-1）指历史上所称的鸭肝炎病毒血清1型（Duck hepatitis virus 1，DHV-1），于1949年从美国分离到（Levine and Fabricant，1950），基因2型（DHAV-2）和基因3型（DHAV-3）指2007年在台湾和韩国报道的鸭肝炎病毒新血清型（Kim et al.，2007；Tseng and Tsai，2007）。

DHAV-1呈大致球形，直径为20~40 nm（Woolcock，2003）。对DHAV-2和DHAV-3的形态学尚缺乏研究，但根据其基因组序列进行分析，它们应具有类似的形态大小。DHAV的基因组为单链正链RNA，仅含1个ORF，在ORF两侧，分别为5′和3′非编码区（Untranslated region，UTR）（图3-4-1）。预测ORF编码1个聚蛋白，并裂解为3种结构蛋白（VP0、VP3和VP1）以及8~9种非结构蛋白（2A1、2A2、2A3、2B、2C、3A、3B、3C、3D）。DHAV-1、DHAV-2和DHAV-3的5′UTR、3′UTR和VP1长度有所不同，导致基因组长度存在差异（图3-4-1）（Ding and Zhang，2007；Kim et al.，2006、2007；Tseng et al，2007；Tseng and Tsai，2007）。

DHAV的3个基因型之间存在高变异性，特别是衣壳蛋白编码区和5′UTR在型内高度保守，在型间具有较高的变异性（图3-4-2）。在VP1、VP0和VP3区，型内氨基酸序列同源性分别大于92%、96%和95%，型间氨基酸序列同源性分别小于79%、81%和83%。在5′UTR，型内核苷酸序列同源性大于93%，型间核苷酸序列同源性为69%~74%（Wang et al.，2008；付余，2009）。DHAV-2和DHAV-3均与DHAV-1无交叉中和反应和交叉保护作用（Kim et al.，2007；Tseng and Tsai，2007），但DHAV-2和DHAV-3之间的血清学关系尚未比较。根据衣壳蛋白编码区序列差异，可认为DHAV-2和DHAV-3属于两个不同的血清型。

DHAV-1和DHAV-3易在鸭胚中繁殖，也可在鸡胚中繁殖（Kim et al.，2007；Woocock，2003）。鸭胚肝细胞、鸭胚肾细胞和鸭肾细胞也可用于DHAV-1的繁殖（Kaleta，1988；Tseng et al.，

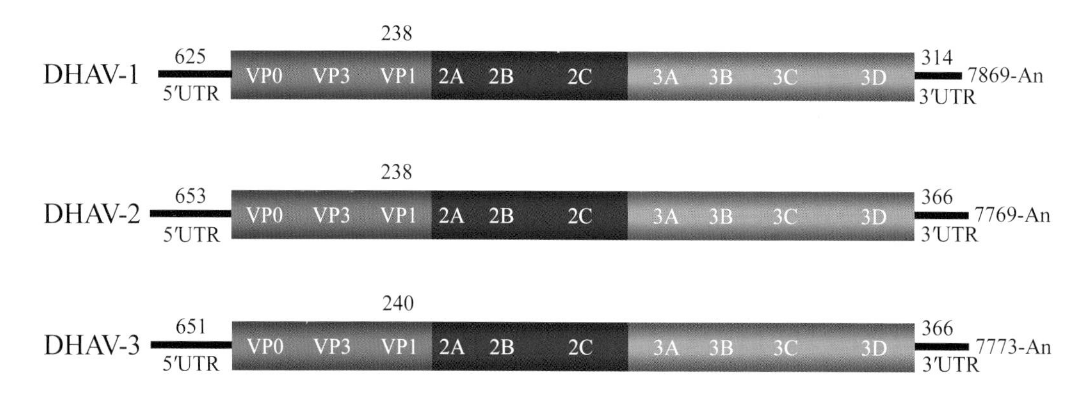

图 3-4-1 鸭甲肝病毒的基因组结构

注：（1）DHAV-1 C80 株、DHAV-2 90D 株和 DHAV-3 C-GY 株用于比较；
（2）从左至右数字分别指 5′ UTR 长度（nt）、VP1 长度（aa）、3′ UTR 长度（nt）和基因组长度（nt）。

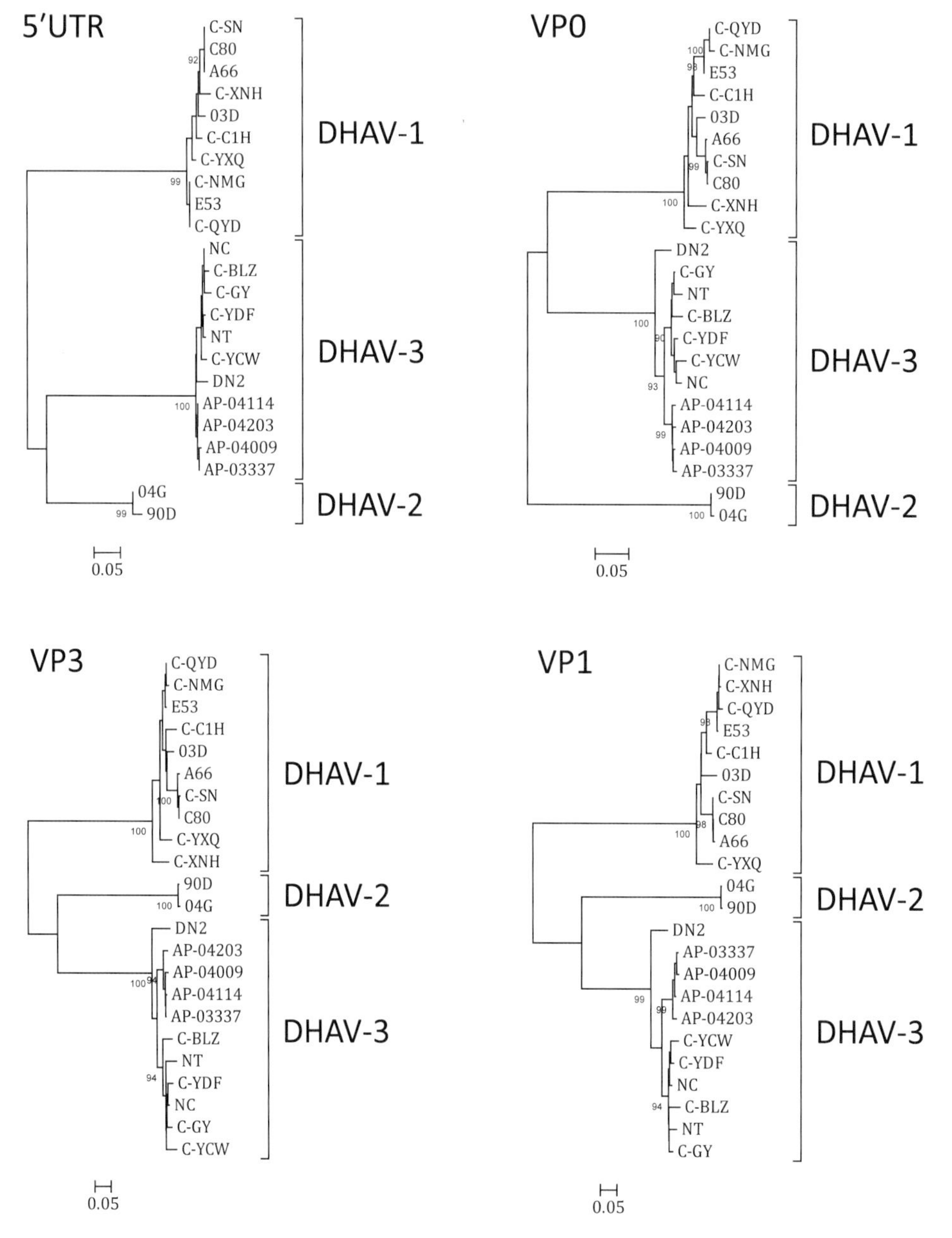

图 3-4-2 鸭甲肝病毒的遗传演化分析

2007；Woolcock，1986；Woolcock et al.，1982）。鸭肾细胞曾用于DHAV-2的分离和培养（Tseng and Tsai，2007）。

二、流行病学

DHAV-1呈世界范围分布（Swayne et al.，2013），DHAV-2仅见于我国台湾（Tseng and Tsai，2007），DHAV-3则流行于韩国（Kim et al.，2006）、我国大陆（Fu et al.，2008）和越南（Doan et al.，2016）。DVH于1958年出现于我国上海（黄均建等，1963），于1980年出现于北京（王平，1980）。在20世纪80—90年代，我国各地的DVH主要由DHAV-1感染所致（郭玉璞，1997；郭玉璞和蒋金书，1988；郭玉璞和潘文石，1984）。2000年以来，DHAV的基因1型和3型在我国大陆养鸭业处于共流行的状态（Fu et al.，2009；郑利莎，2014；张冬冬，2012）。

除番鸭外，其他家鸭均对该病易感（Sandhu，2004），但易感性与日龄有关。1周龄左右的雏鸭对DHAV高度易感，死亡率可达70%以上；2~3周龄雏鸭的死亡率为50%或更低，3~5周龄的鸭对该病的抵抗力逐渐增强，发病率和死亡率都很低，成年种鸭即使在污染的环境中也无临床症状，并且不影响其产蛋率，但可成为DHAV的携带者（Swayne et al.，2013）。家鹅也可感染DHAV而发病（Tseng and Tsai，2007）。

突然发病、传播快、病程短是该病的特点，死亡几乎发生在3~4天内。该病在鸭群中传播迅速，表明有很强的接触传染性，但又常能观察到例外情况，例如，在一个养殖小区，部分鸭群暴发疫情，而另一些鸭群却能幸免，即使在同一个育雏室，若用砖或围栏分割成几栏，亦可见一个栏里出现死亡，而另一个栏里却无死亡病例。

以往认为，DHAV-1可能不会经卵垂直传播，但从种蛋中可检测到DHAV-3，提示DHAV-3可能会经卵垂直传播。DHAV-1和DHAV-3均可经粪便排毒，粪便中的病毒可存活较长时间，如果连续饲养，很难彻底清除病原（Swayne et al.，2013；张冬冬，2012）。

三、临床症状

发病初期，感染鸭群精神萎靡，不愿走动，行动呆滞或跟不上群，此后短时间内停止运动、蹲伏、眼半闭。濒死前，病鸭身体侧卧，头向后背，两腿反复后踢，导致在地上旋转，发病十几分钟即死，死后双腿向后伸直，头颈弯至背部，呈角弓反张样外观（图3-4-3至图3-4-6）。有时看不到明显的临床症状，雏鸭一背脖、一蹬腿即死。某些病鸭死后，嘴和爪尖呈暗紫色（图3-4-7）。

四、病理变化

特征性病变出现在肝脏，肝脏肿大，有出血性病变（图3-4-8），肝脏表面布满点状、瘀斑状或刷状出血（图3-4-9至图3-4-14）。胆囊常肿胀、充盈胆汁，部分病例肾脏肿大出血，有时脾脏肿大呈斑驳状。

急性病例的主要组织学病变为肝细胞坏死、变性和淋巴细胞浸润（图3-4-15）；幸存鸭只则有许多慢性病变，表现为有不同程度的空泡变性和淋巴细胞聚集（图3-4-16）。

图 3-4-3　鸭甲肝病毒感染：北京鸭自然感染 DHAV-1，死亡后角弓反张

图 3-4-4　鸭甲肝病毒感染：樱桃谷鸭自然感染 DHAV-3，死亡后角弓反张

图 3-4-5　鸭甲肝病毒感染：北京鸭实验感染 DHAV-3，死亡后角弓反张

图 3-4-6　鸭甲肝病毒感染：麻鸭实验感染 DHAV-3，死亡后角弓反张

图 3-4-7　鸭甲肝病毒感染：北京鸭自然感染 DHAV-1，死亡鸭喙端发绀

图 3-4-8　鸭甲肝病毒感染：北京鸭自然感染 DHAV-1，肝脏有出血性病变

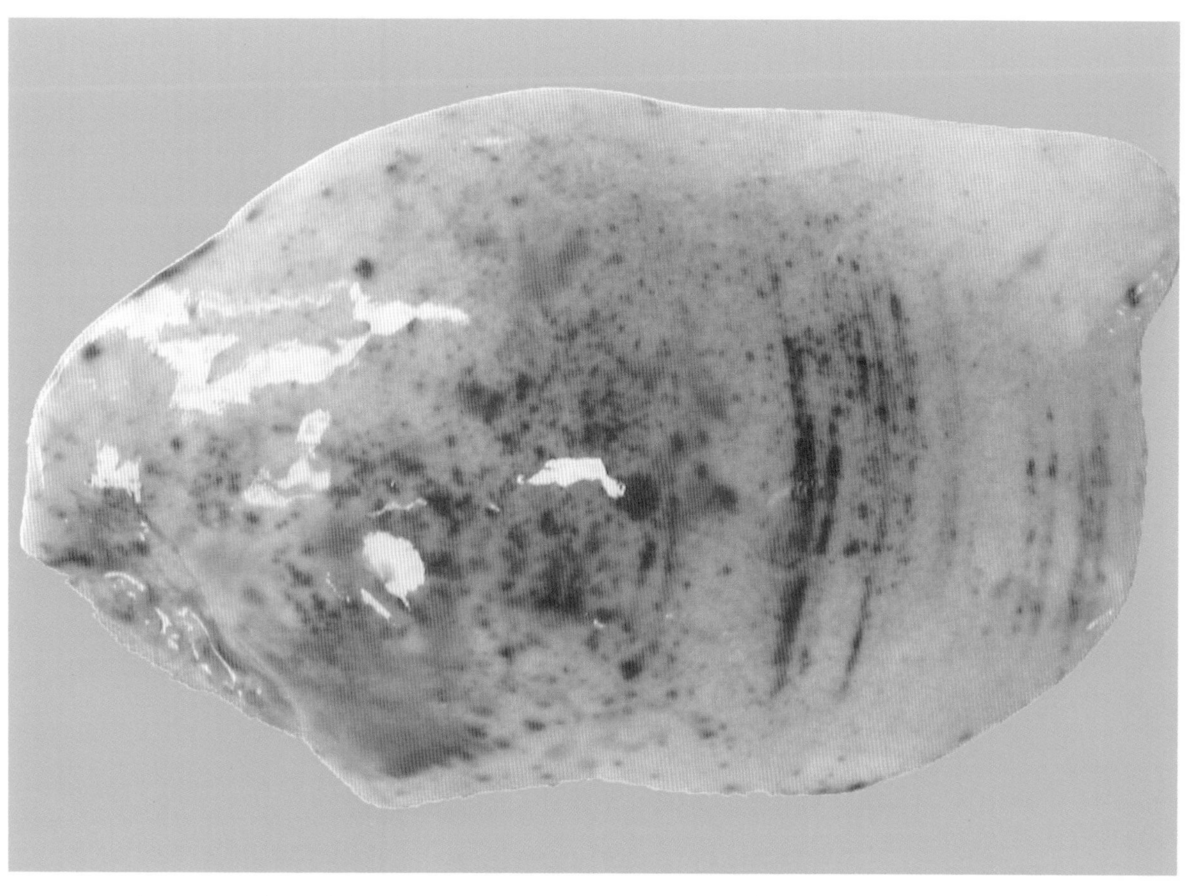

图 3-4-9　鸭甲肝病毒感染：北京鸭自然感染 DHAV-1，肝脏表面有点状、瘀斑状和刷状出血

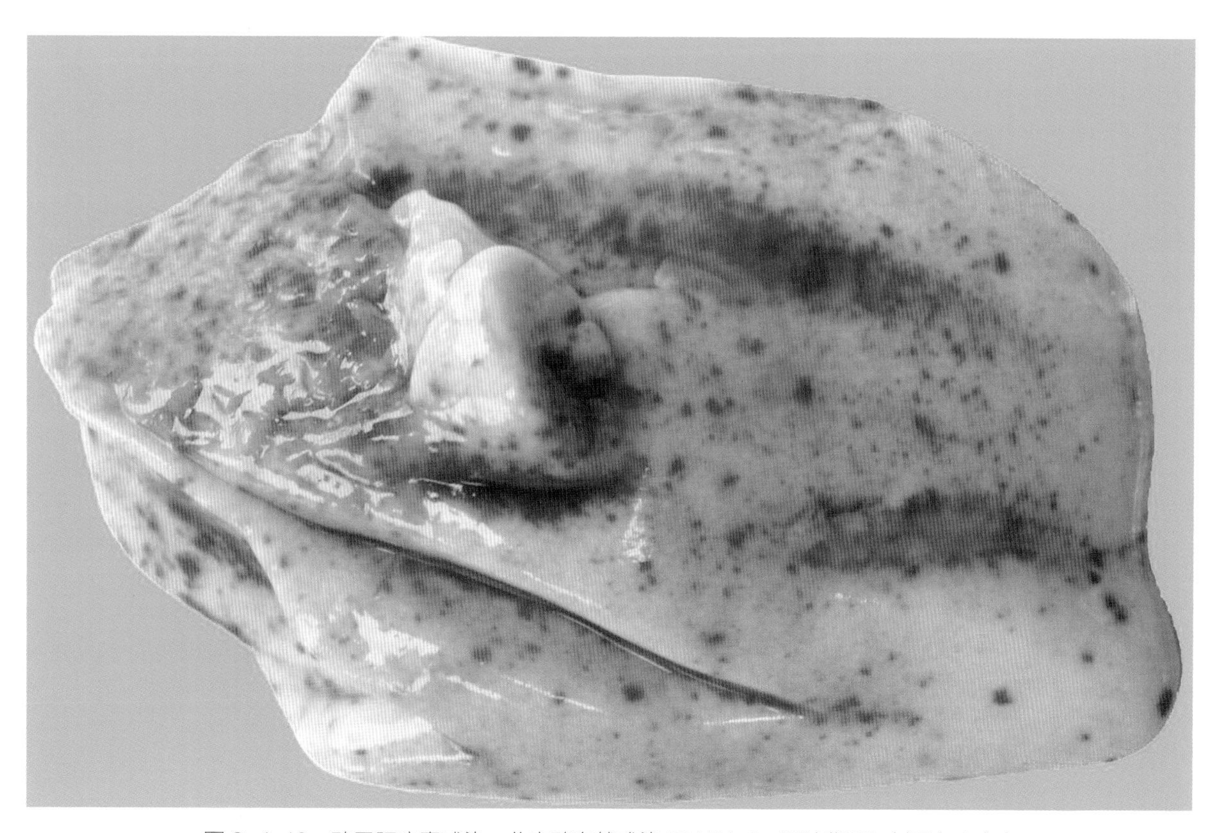

图 3-4-10　鸭甲肝病毒感染：北京鸭自然感染 DHAV-1，肝脏背面和剖面有出血点

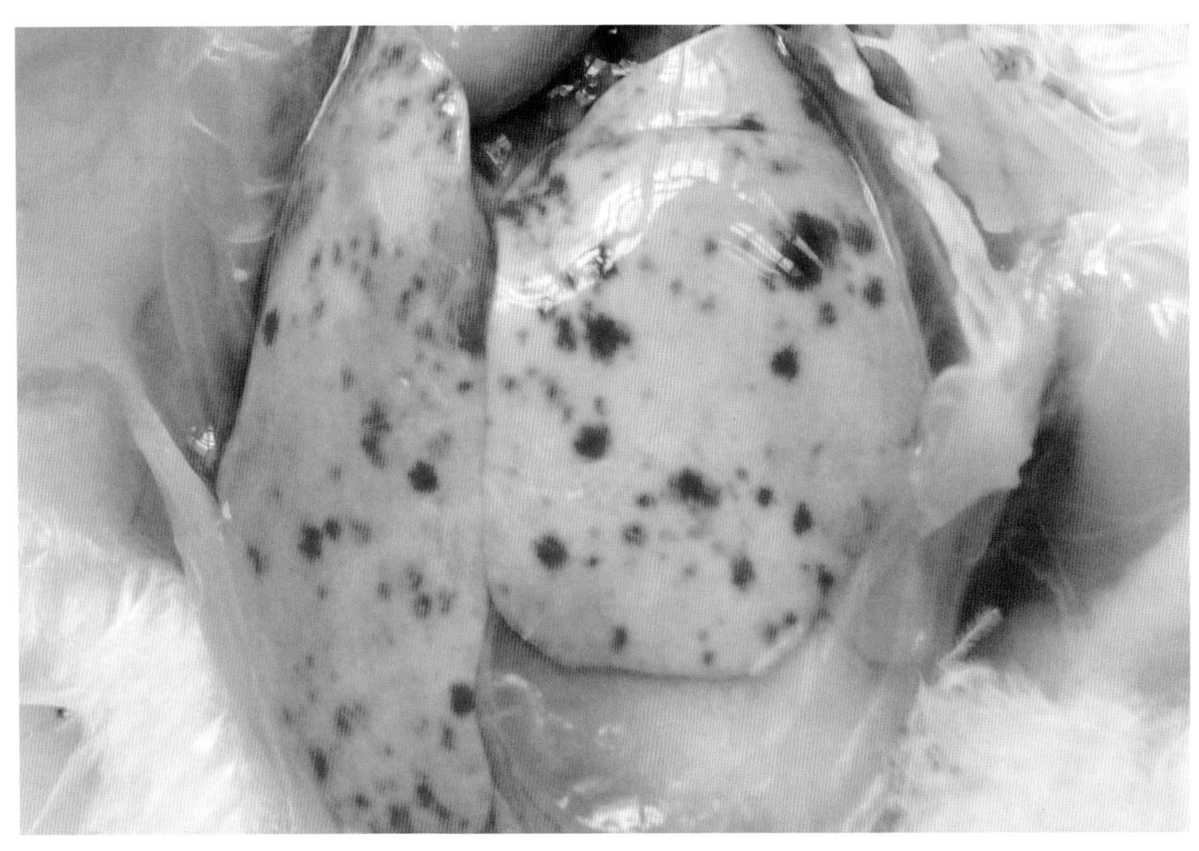

图 3-4-11　鸭甲肝病毒感染：樱桃谷鸭自然感染 DHAV-3，肝脏表面有出血斑

图 3-4-12　鸭甲肝病毒感染：北京鸭实验感染 DHAV-3，肝脏表面有出血斑

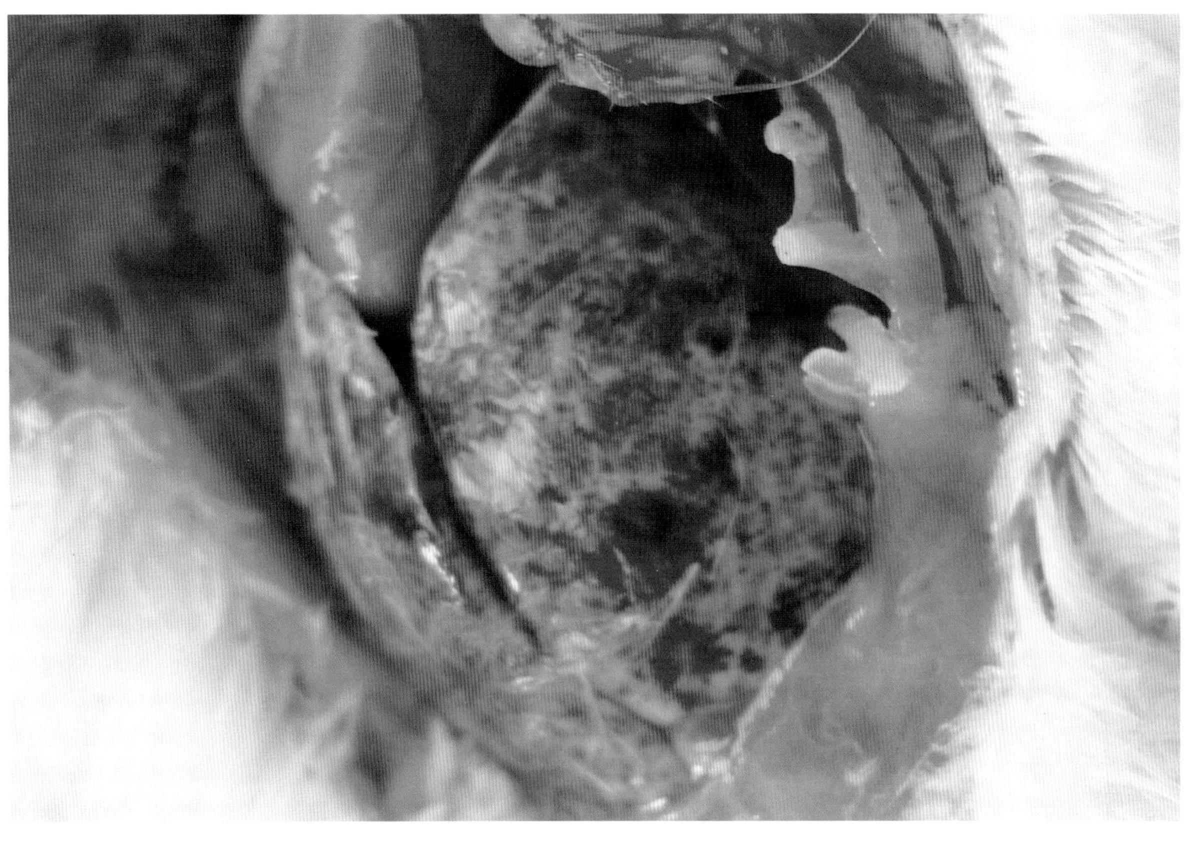

图 3-4-13　鸭甲肝病毒感染：北京鸭实验感染 DHAV-3，肝脏表面有大量出血斑

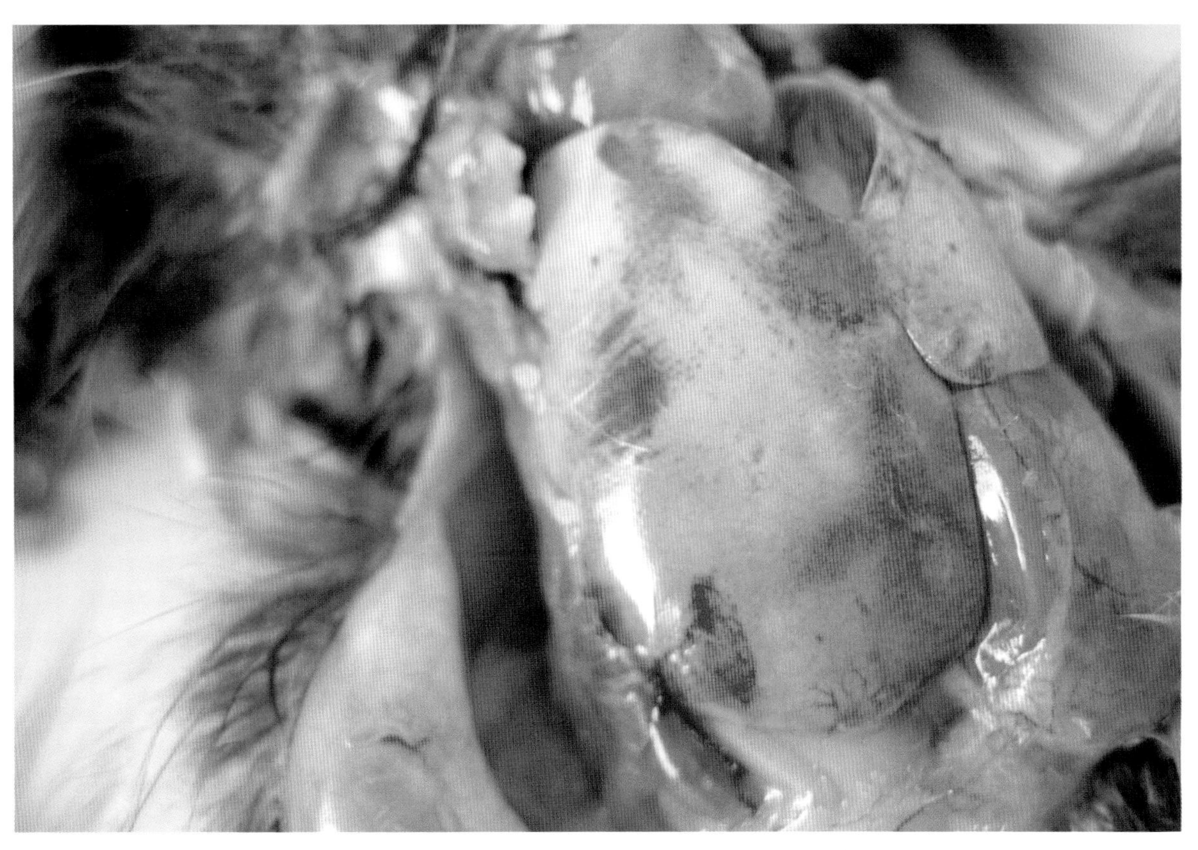

图 3-4-14　鸭甲肝病毒感染：麻鸭实验感染 DHAV-3，肝脏有点状和刷状出血

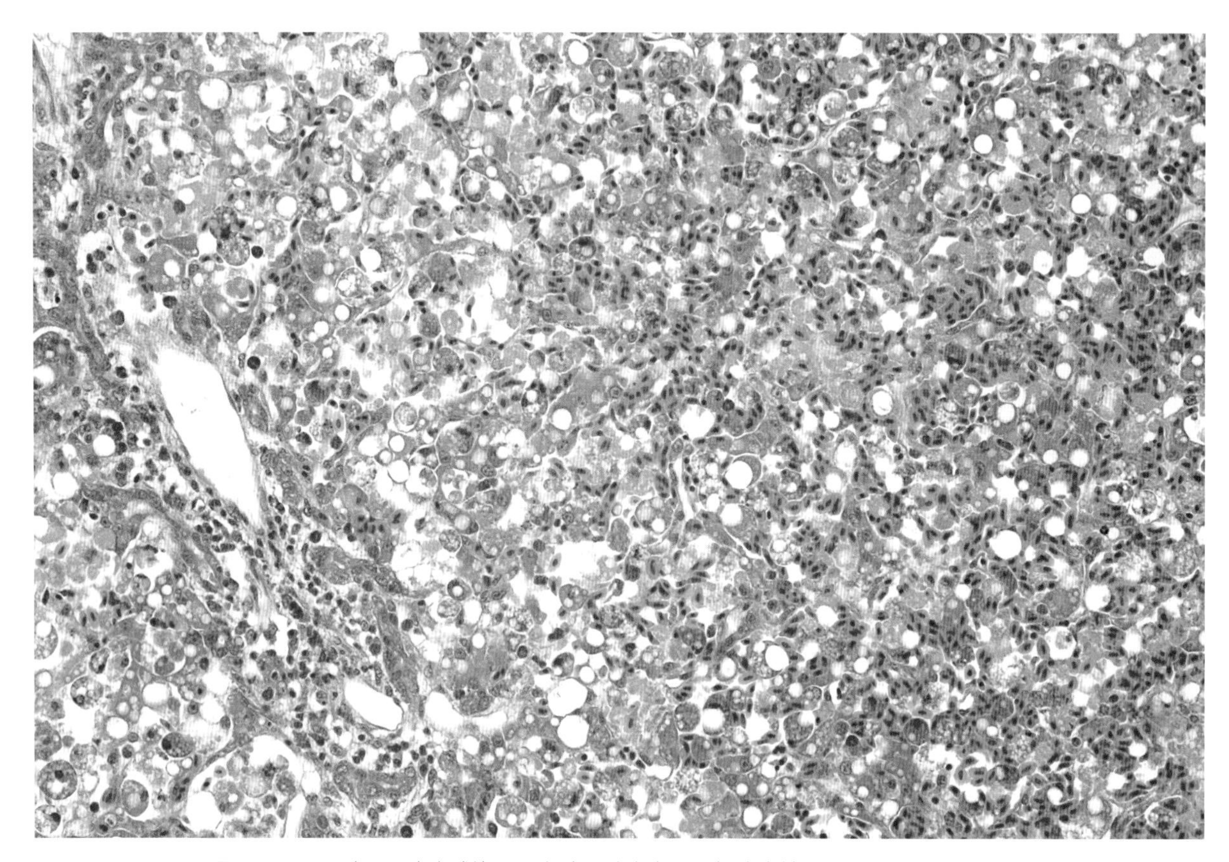

图 3-4-15　鸭甲肝病毒感染：死亡鸭肝脏出血、肝细胞变性、坏死、淋巴细胞浸润

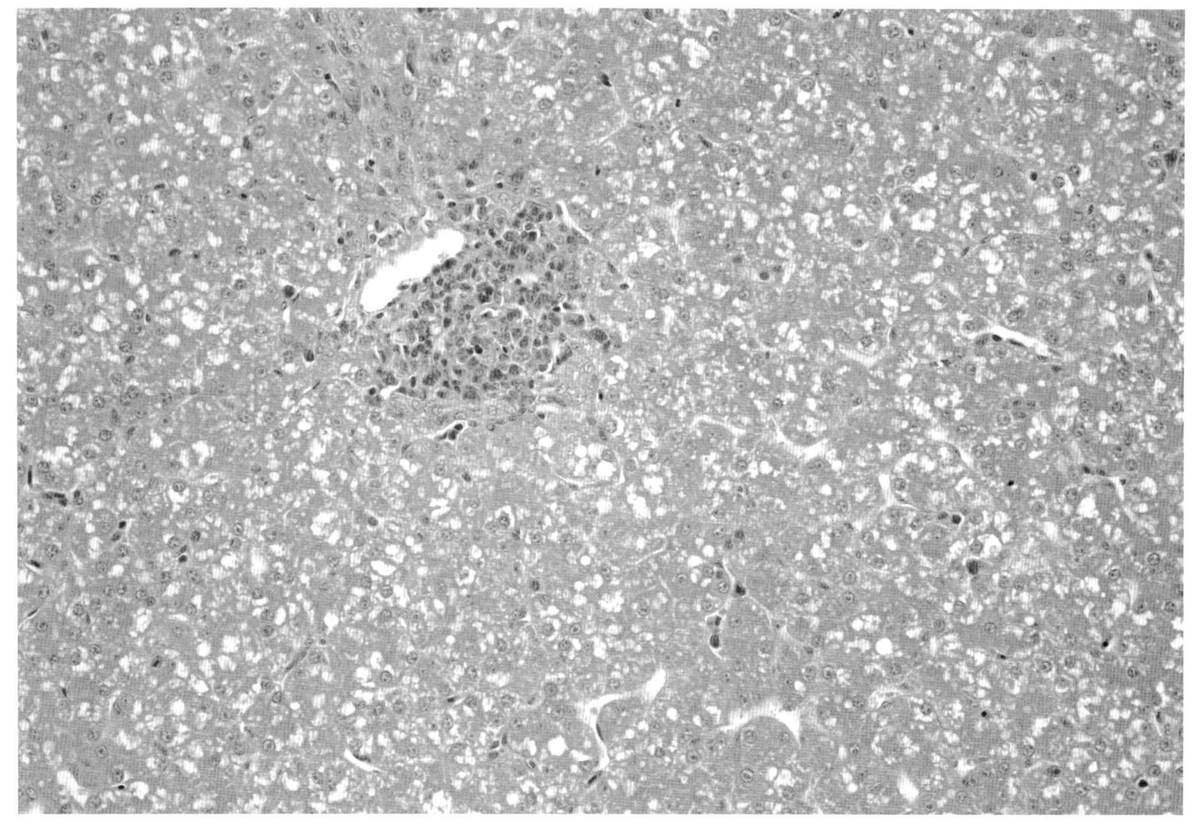

图 3-4-16　鸭甲肝病毒感染：耐过鸭肝脏少量淋巴细胞聚集、肝细胞空泡变性

五、诊断

结合该病突然发生、传播快、病程短、死亡率高的流行特点以及角弓反张样的外观和肝脏出血病变，易对该病作出临床诊断。确诊需进行病毒的分离和鉴定。

（一）病毒分离

将病变肝脏制成匀浆，接种于9日龄鸡胚或10日龄鸭胚尿囊腔，易分离到DHAV，感染鸡胚生长不良、水肿、皮肤出血，肝脏肿大、变绿或有坏死点。

（二）血清学鉴定

用特异性抗血清经中和试验可对分离株进行血清型鉴定，但分离株必须适应于鸡胚、鸭胚或细胞培养，方能完成中和试验。

（三）分子检测

用RT-PCR检测分离株或直接检测临床样品是鉴定DHAV的快速方法。可扩增保守的2C区或3D区，可通过扩增DHAV 250-bp 5′ UTR序列（图3-4-17），达到鉴定的目的，若回收扩增产物测序并进行序列分析，则可用于DHAV的分子分型。亦可用型特异性RT-PCR或多重RT-PCR对DHAV的不同基因型进行鉴别检测（Kim et al.，2008；谢小雨，2011）。

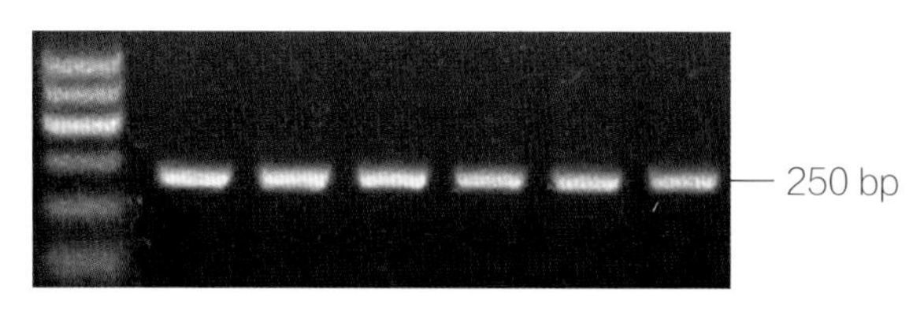

图3-4-17　鸭甲肝病毒250-bp 5′ UTR的RT-PCR扩增

六、防治

（一）管理措施

一般认为，该病的暴发多是从疫区或疫场引入雏鸭所致，因此，实施“自繁自养”的措施、建立严格的隔离消毒制度有助于该病的控制。

（二）疫苗的免疫接种

种鸭在1~3日龄时经颈部皮下注射弱毒疫苗以保护种雏鸭抵抗鸭病毒性肝炎的发生，开产前一个月免疫1次，间隔2周后，再加强免疫1次，可为后代雏鸭提供母源抗体，但母源抗体不足以完全保护后代，却可使发病日龄推迟到1周龄后。在此基础上，后代雏鸭在1日龄时免疫疫苗，可安全度过易感期。因DHAV的1型和3型在我国养鸭业共流行，需使用1型和3型二价疫苗。

（三）治疗

经肌肉或皮下注射DHAV抗体制品，可有效减少死亡。因该病呈急性发生、病程很短，因此，需及时注射抗体制品。抗体制品中是否含有足够效价的抗DHAV 1型和3型的抗体是影响效果的关键因素。

第五节 鸭星状病毒感染

鸭星状病毒感染（Duck astrovirus infection）是由星状病毒所引起的感染的总称。迄今为止，已发现四种不同类型的星状病毒可感染鸭，但不同星状病毒的致病性有所不同，有的毒株引起亚临床感染，有的毒株导致鸭病毒性肝炎的暴发。

一、病原学

鸭星状病毒（Duck astrovirus，DAstV）包括鸭肝炎病毒血清2型（Duck hepatitis virus type 2，DHV-2）（Asplin，1965；Gough et al.，1984，1985）、鸭肝炎病毒血清3型（Duck hepatitis virus type 3，DHV-3）（Haider and Calnek，1979；Todd et al.，2009；Toth，1969）、鸭星状病毒CPH（DAstV/CPH）（Liu et al.，2014b）、鸭星状病毒YP2（DAstV/YP2）（Liao et al.，2015）。根据病毒的发现顺序，将DHV-2及其相关病毒、DHV-3及相关病毒、DAstV/CPH和DAstV/YP2分别称为DAstV-1、DAstV-2、DAstV-3和DAstV-4。这四类星状病毒均属于星状病毒科禽星状病毒属，但国际病毒分类委员会仅确定了DAstV-1的分类地位，即，该病毒与火鸡星状病毒2型属于病毒种—禽星状病毒3型（King et al.，2011），其他三类鸭星状病毒的分类地位尚有待于今后明确。

DAstV-1和DAstV-2属于鸭病毒性肝炎的致病病原（Gough et al.，1984，1985；Fu et al.，2009；Toth，1969），DAstV-3与孵化后期鸭胚死亡有关（Liu et al.，2016），DAstV-4的致病性尚不清楚。

DAstV无囊膜，呈大致球形。DAstV-1呈星状，直径为28~30 nm（Gough et al.，1984，1985），DAstV-2的外观并无星状病毒的特点，在电镜下观察病毒感染的鸭肾细胞培养物，可在胞浆中见到直径约为30 nm并呈晶格状排列的颗粒（Haider and Calnek，1979）。四类DAstV的基因组均为单链正链RNA，均含3个ORF（1a、1b和2），ORF1a和ORF1b编码非结构蛋白，ORF2则编码病毒的衣壳蛋白。但基因组长度和读框位置有所不同（图3-5-1）（Fu et al.，2009；Liao et al.，2015；Liu et al.，2014a，2014b）。

最初将DAstV-1和DAstV-2作为鸭肝炎病毒的两个血清型，已证明它们之间无血清学交叉反应（Haider and Calnek，1979）。DAstV-3和DAstV-4之间及其与DAstV-1和DAstV-2之间的血清学关系尚未比较，但从衣壳蛋白序列差异来看（图3-5-2），已达到不同禽星状病毒种的水平，彼此之间存在血清学交叉反应的可能性较小。

DAstV-1可在鸡胚和鸭胚中繁殖，羊膜腔是最易感的接种途径（Gough et al.，1985）；经连续传代培养，DAstV-1可适应于鸡肝癌细胞（Baxendale and Mebatsion，2004）。DAstV-2和DAstV-3可在鸭胚中繁殖（Haider and Calnek，1979；Liu et al.，2016）。

二、流行病学

通常认为DAstV-1和DAstV-2感染仅分别见于英国和美国（Woolcock and Tsai，2013），但2009

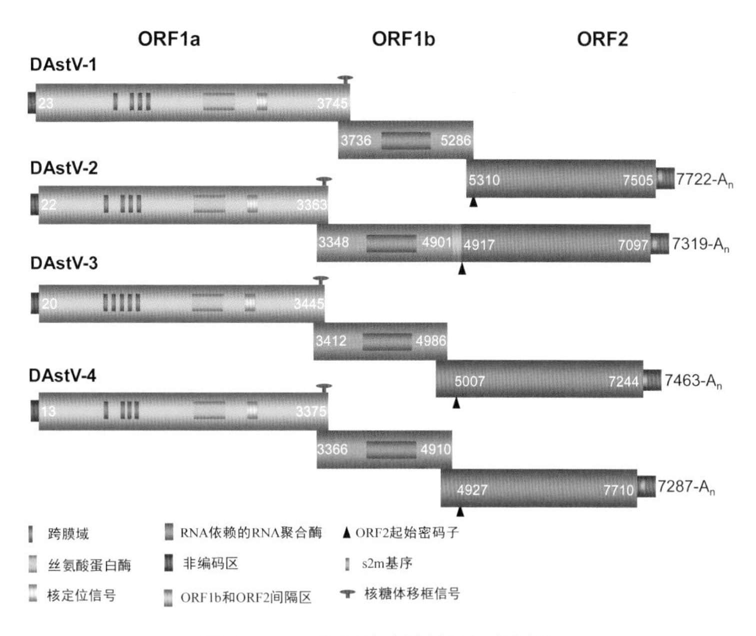

图 3-5-1　鸭星状病毒的基因组结构

注：数字指各 ORF 起始和终止碱基位以及基因组长度；A_n：poly（A）尾

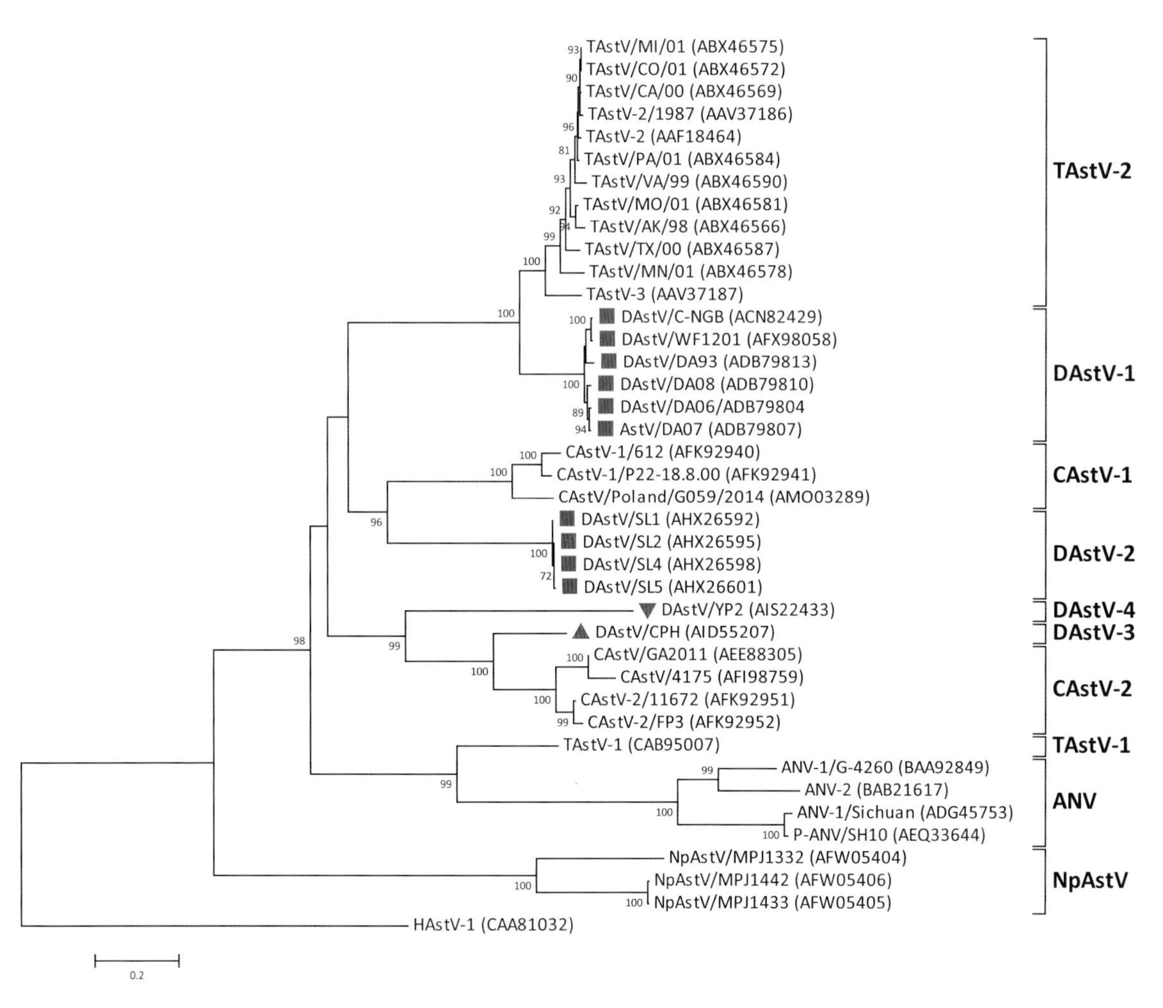

图 3-5-2　鸭星状病毒衣壳蛋白的遗传演化分析

TAstV-1：火鸡星状病毒 1 型；TAstV-2：火鸡星状病毒 2 型；ANV：禽肾炎病毒；

CAstV-1：鸡星状病毒 1 型；CAstV-2：鸡星状病毒 2 型；NpAstV：针尾鸭星状病毒；（ ）内指序列登录号

年以来，DAstV-1已在我国养鸭业出现（Fu et al.，2009；付余，2009），此后，国内研究者陆续从河北、山东、北京和四川检测到此类毒株（陈琳琳，2013；王笑言，2010；张冬冬，2012）。从广西检测到DAstV-2（Liu et al.，2014a）。

DAstV-1和DAstV-2所引起的鸭病毒性肝炎与鸭甲肝病毒感染类似，均表现为发病急、病程短、传播快，但DAstV-1和DAstV-2感染所造成的损失较鸭甲肝病毒感染低。DAstV-1所引起的死亡率与雏鸭日龄有关，若感染6~14日龄鸭，死亡率可达50%；若感染4~6周龄鸭，死亡率为10%~25%（Gough et al.，1984，1985；Fu et al.，2009；王笑言，2015）。在英国曾观察到，DAstV-1感染呈散发状态，有些批次的感染鸭发病，而另一些批次的鸭不发病（Woolcock and Tsai，2013）。在我国亦见到有些感染鸭群的死亡率很低（0.6%~5%）（Wang et al.，2011），因此，DAstV-1感染并不总引起高死亡率。DAstV-1感染亦可使12周龄以上成年麻鸭发生鸭病毒性肝炎，并引起产蛋下降（王笑言，2015）。DAstV-2所引起的死亡率一般不超过30%（Toth，1969）。在我国检测到的DAstV-2并非来自鸭病毒性肝炎病例（Liu et al.，2014a）。对这两类鸭星状病毒的致病机制尚有待研究。

DAstV-3于2013年在我国北京发现，随后在江西、广东、安徽、内蒙古和山东等地检测到该病毒（Liao et al.，2015；Liu et al.，2014b，2016）。DAstV-4感染见于我国江西、广东和山东（Liao et al.，2015）。DAstV-3可感染北京鸭与麻鸭，主要导致鸭胚在孵化后期死亡。从感染鸭的粪便中可检测到该病毒，提示该病毒可经粪便排毒，在种蛋、新生雏鸭、死胚中均可检测到该病毒，说明DAstV-3可经卵垂直传播（廖勤丰，2014；刘宁，2017）。DAstV-4可感染麻鸭和北京鸭，携带该病毒的鸭只无明显临床症状。从感染鸭的粪便和鸭胚中可检测到该病毒，提示该病毒可经粪便排出，亦可能经卵垂直传播（Liao et al.，2015）。

三、临床症状

雏鸭感染DAstV-1和DAstV-2发生鸭病毒性肝炎时，其临床症状与鸭甲肝病毒引起的鸭病毒性肝炎类似，包括，病鸭嗜睡，共济失调，死前失去平衡，侧卧于地双腿痉挛性蹬踢，死后头往后背，呈角弓反张样外观（图3-5-3和图3-5-4），喙端发绀（图3-5-5）（Asplin，1965；Gough et al.，1984，1985；Toth，1969）。成年鸭感染DAstV-1一般不表现临床症状，但某些品种的麻鸭感染后出现鸭病毒性肝炎的特征症状（图3-5-6和图3-5-7），采食量和产蛋率也受到影响，产蛋率降幅达20%~40%（图3-5-8）（王笑言，2015）。

四、病理变化

DAstV-1和DAstV-2感染的特征性病变为肝脏有出血点、出血斑和刷状出血（图3-5-9至图3-5-11）（Gough et al.，1985；Toth，1969）。成年鸭感染DAstV-1时，病变包括肝脏出血（图3-5-12和图3-5-13），卵泡出血、充血、变形、变性、萎缩、液化和破裂（图3-5-14至图3-5-20），在大多数死鸭的子宫，可见成型鸭蛋（图3-5-18至图3-5-20）。在部分病例，可见心外膜、心冠脂肪（图3-5-21和图3-5-22）、心内膜（图3-5-23）、肠黏膜（图3-5-24）有出血点，脾脏呈斑驳样或西米样外观（图3-5-25），胰腺有出血点（图3-5-26）或坏死灶（图3-5-27），偶见输卵管有出血病变（图3-5-28）（王笑言，2015）。

图 3-5-3　鸭星状病毒 1 型实验感染：6 日龄麻鸭，角弓反张

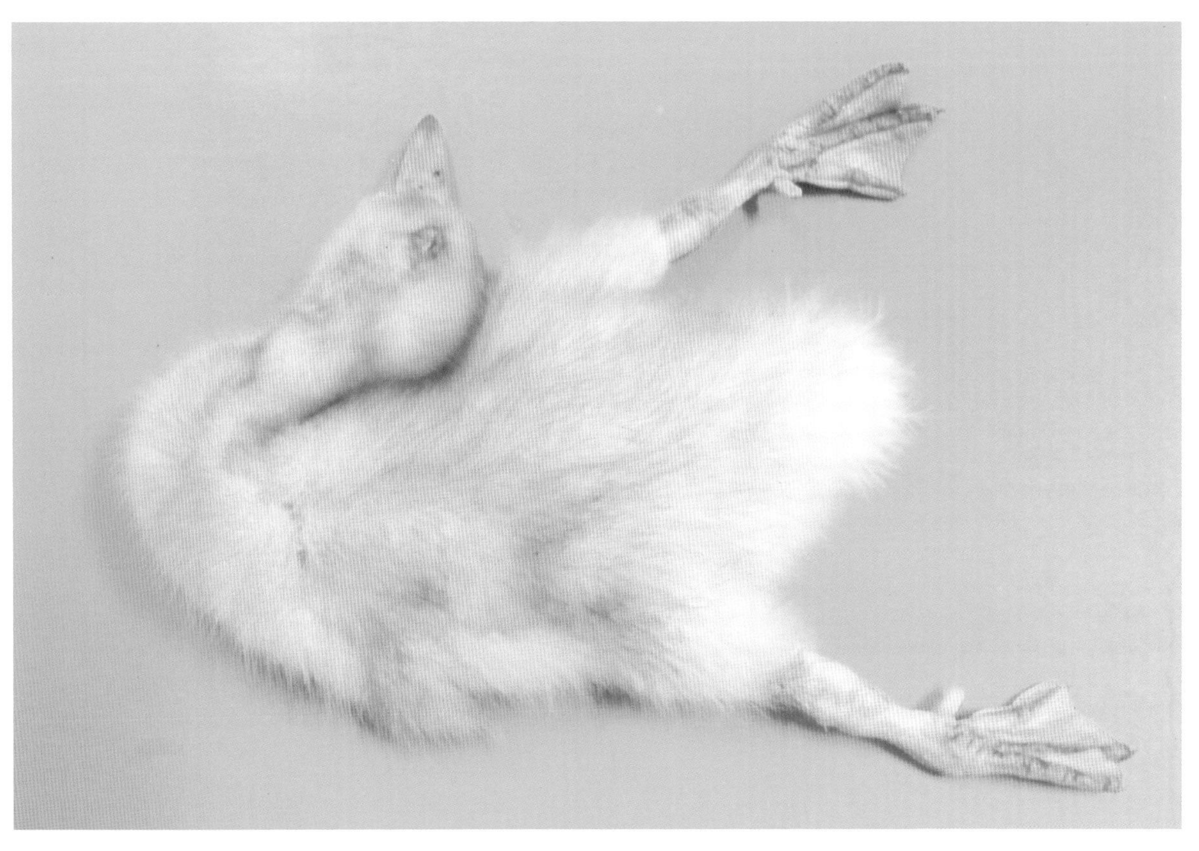

图 3-5-4　鸭星状病毒 1 型实验感染：9 日龄北京鸭，角弓反张

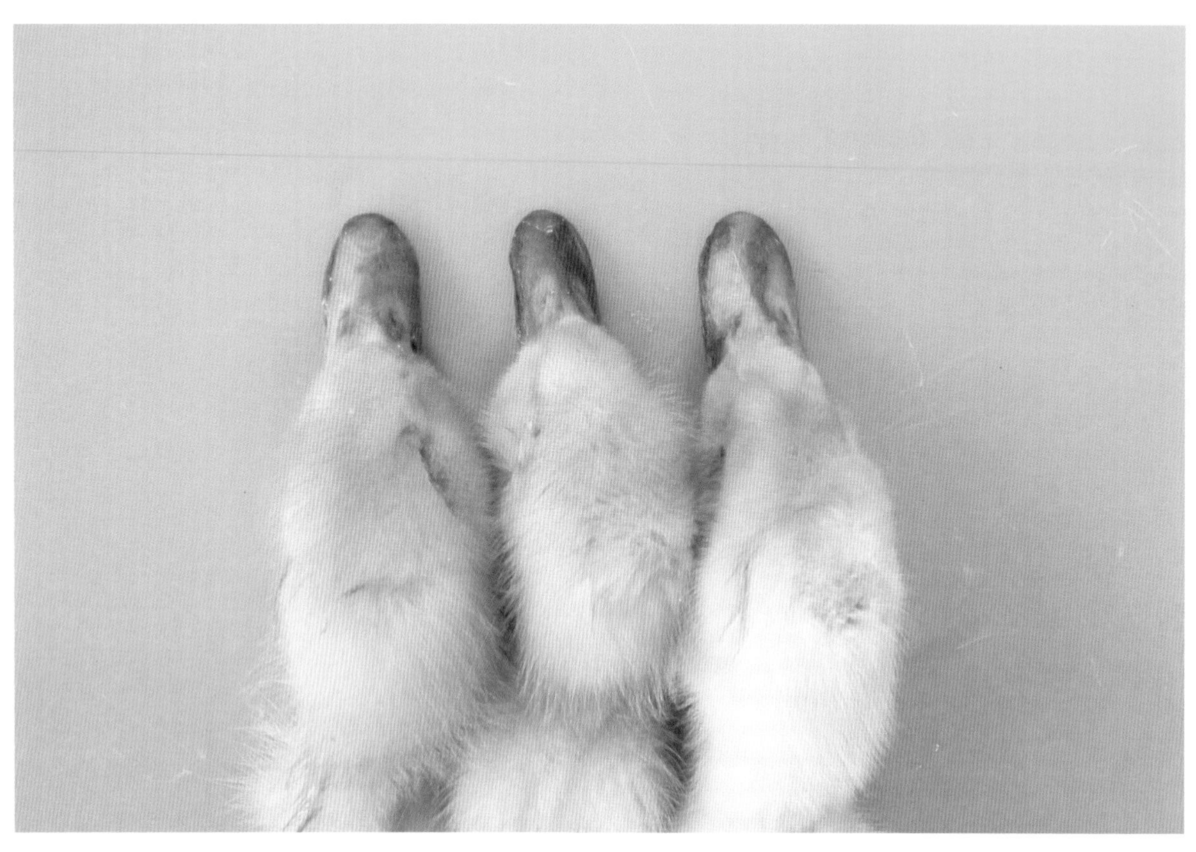

图 3-5-5　鸭星状病毒 1 型实验感染：9 日龄北京鸭，喙端发绀

图 3-5-6　鸭星状病毒 1 型自然感染：360 日龄麻鸭，零星死亡

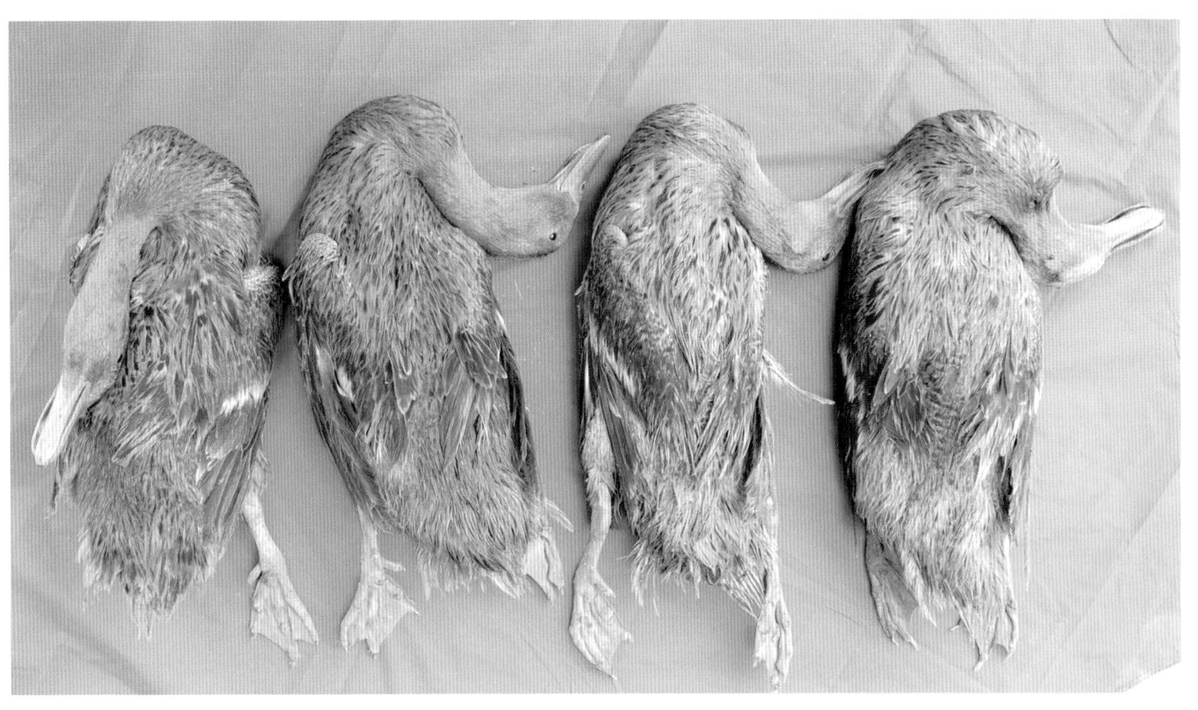

图 3-5-7　鸭星状病毒 1 型自然感染：130 日龄麻鸭，角弓反张

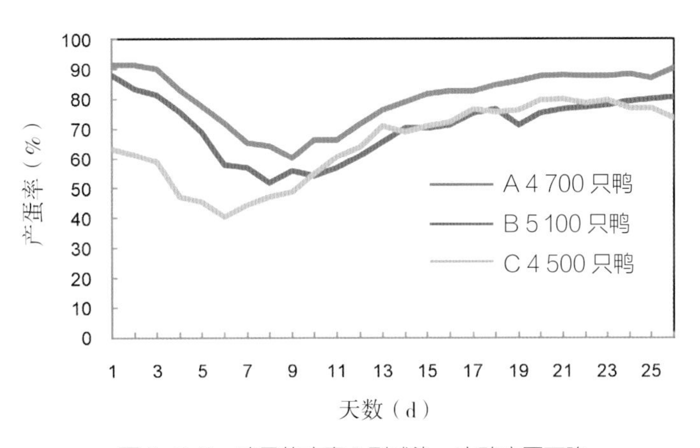

图 3-5-8　鸭星状病毒 1 型感染：麻鸭产蛋下降

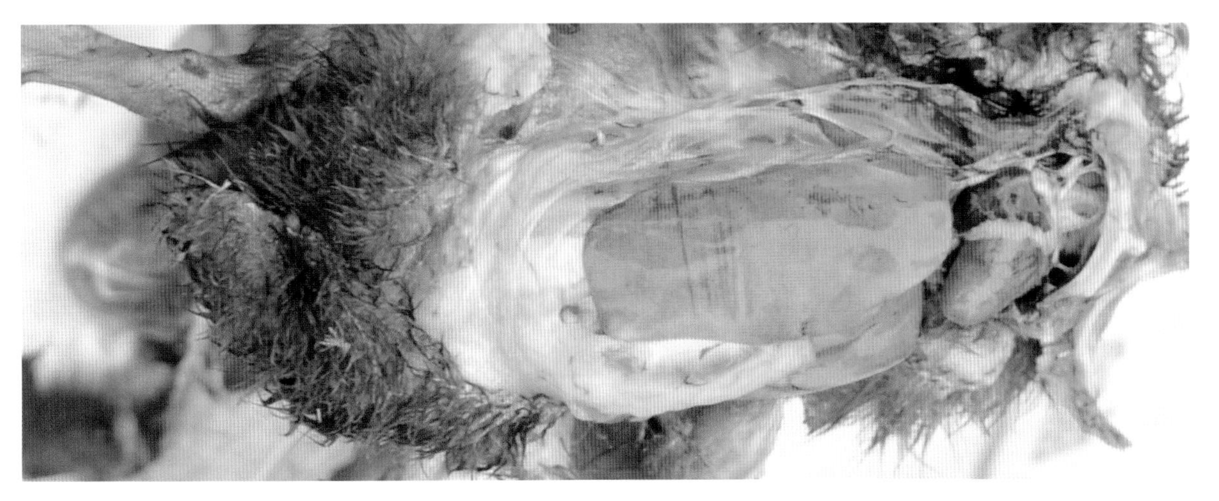

图 3-5-9　鸭星状病毒 1 型自然感染：12 日龄麻鸭，肝脏有点状和刷状出血

图 3-5-10　鸭星状病毒 1 型实验感染：9 日龄北京鸭，
肝脏有点状和刷状出血

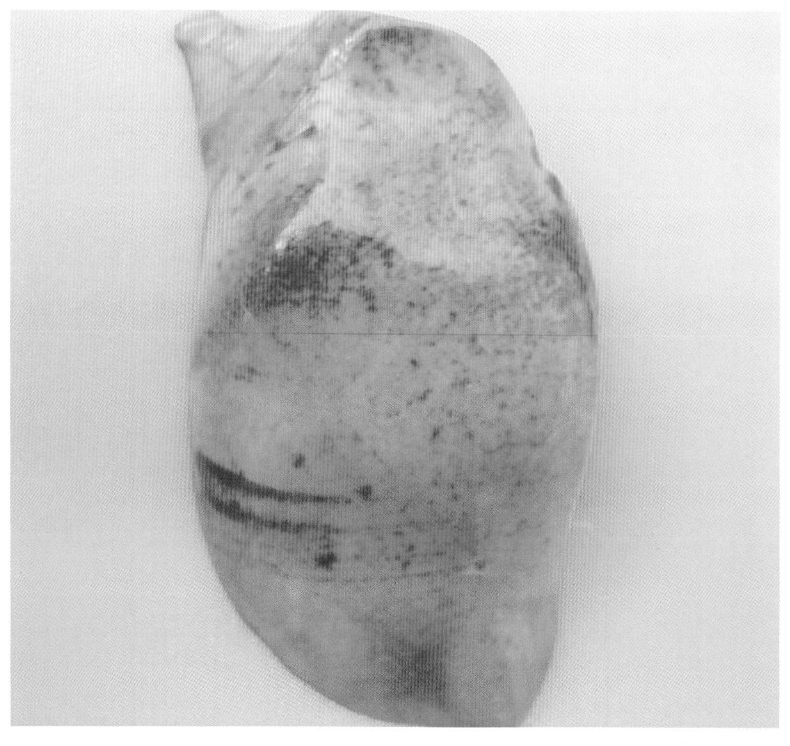

图 3-5-11　鸭星状病毒 1 型实验感染 9 日龄北京鸭，
肝脏有点状和刷状出血

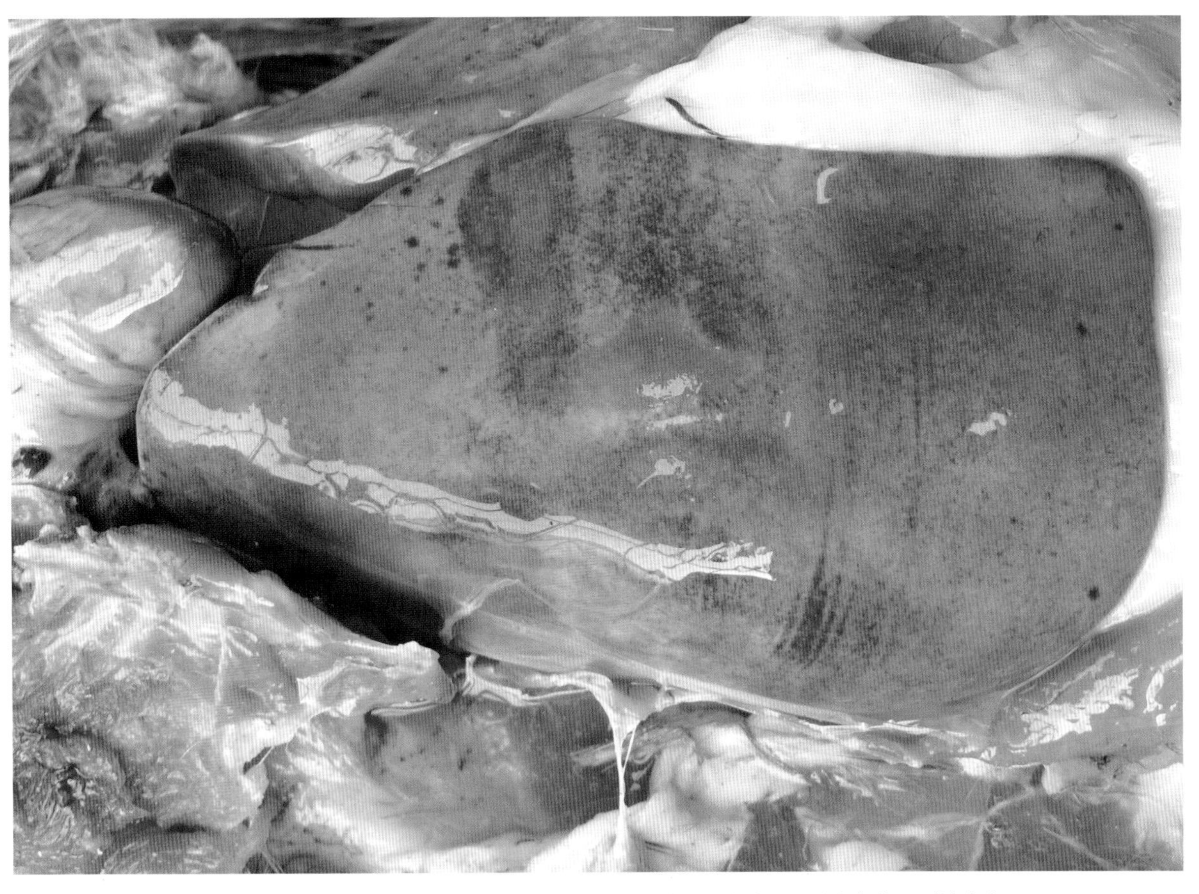

图 3-5-12　鸭星状病毒 1 型自然感染：130 日龄死亡麻鸭，肝脏有点状和刷状出血

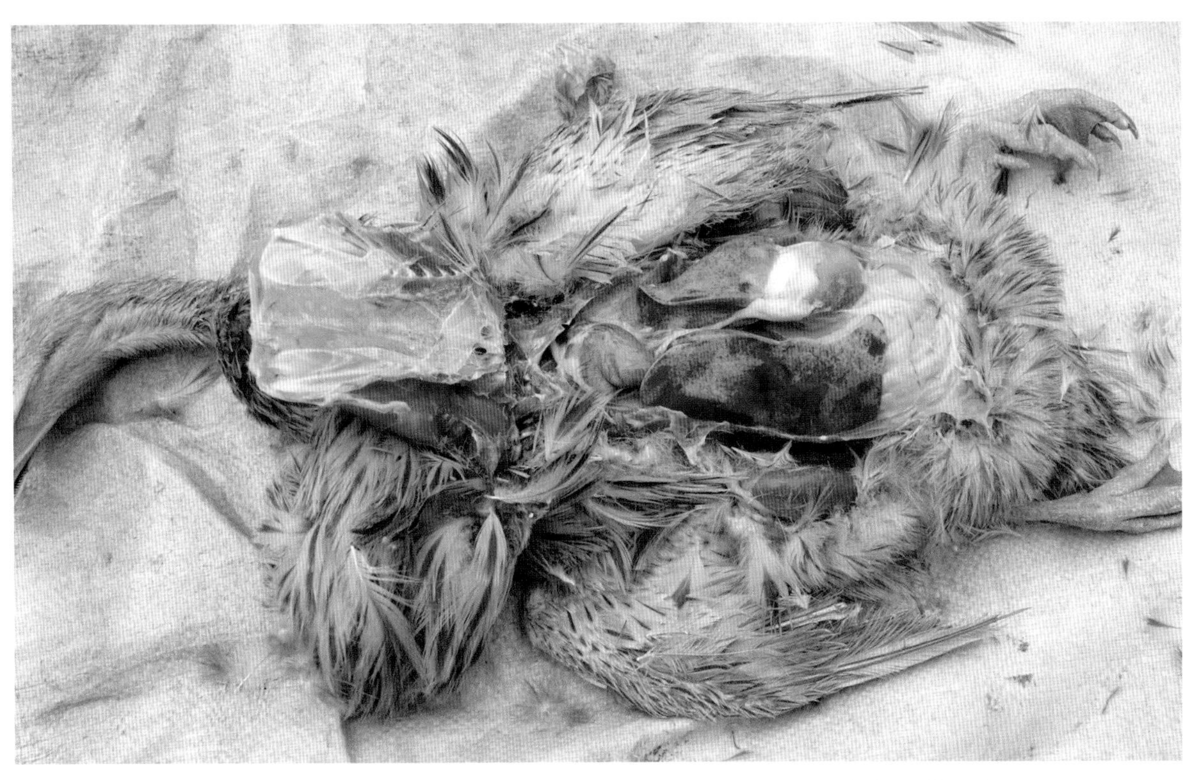

图 3-5-13　鸭星状病毒 1 型自然感染 361 日龄死亡麻鸭，肝脏有点状和刷状出血

图 3-5-14　鸭星状病毒 1 型自然感染：肝脏有点状和刷状出血，与图 3-5-13 所示为同一只鸭

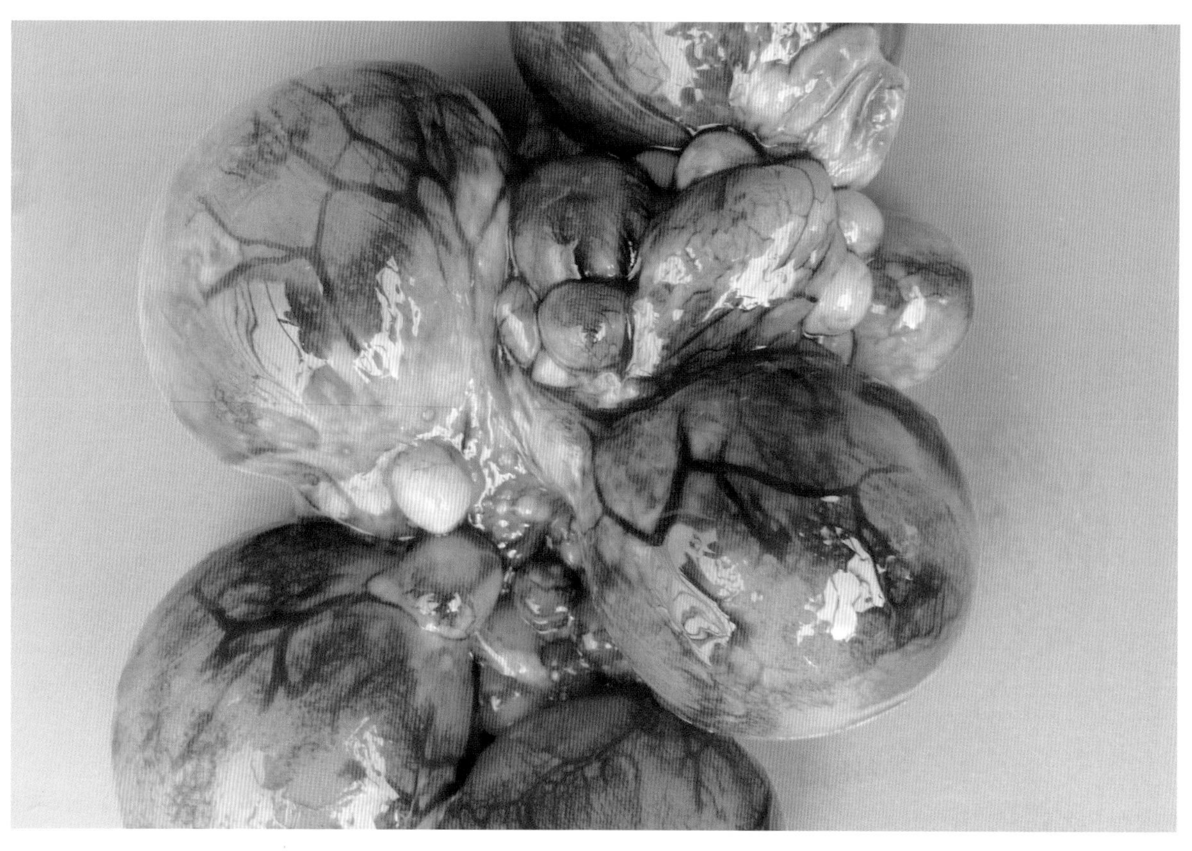

图 3-5-15　鸭星状病毒 1 型自然感染：卵泡膜出血

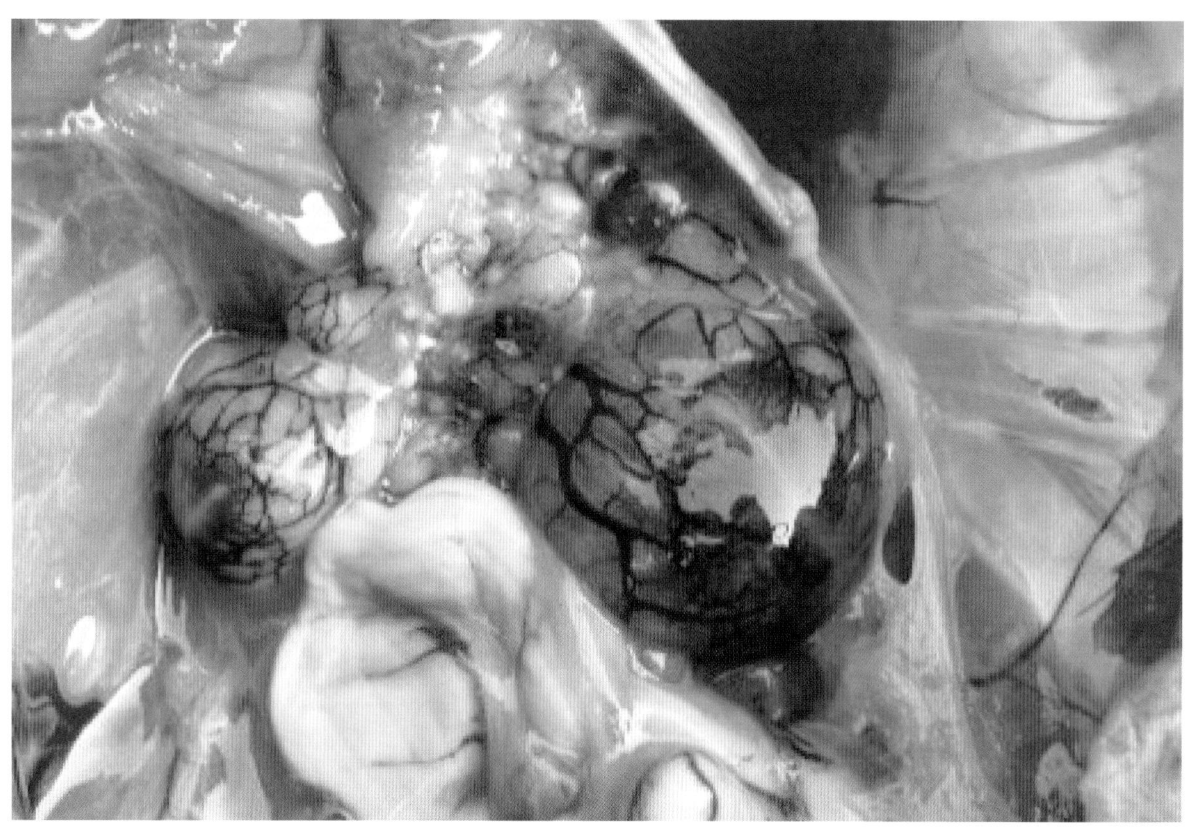

图 3-5-16　鸭星状病毒 1 型自然感染：卵泡膜出血，卵泡液化、破裂

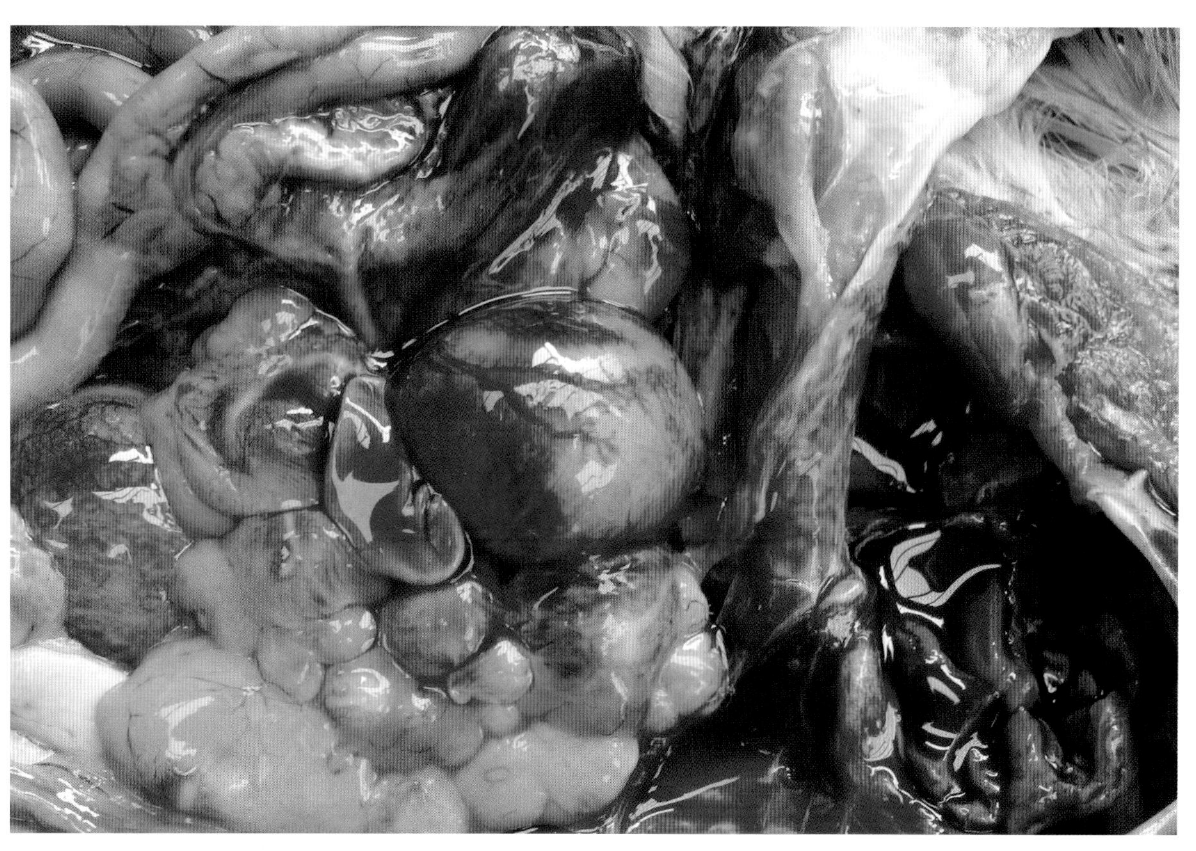

图 3-5-17　鸭星状病毒 1 型自然感染：卵泡膜出血，卵泡液化、破裂

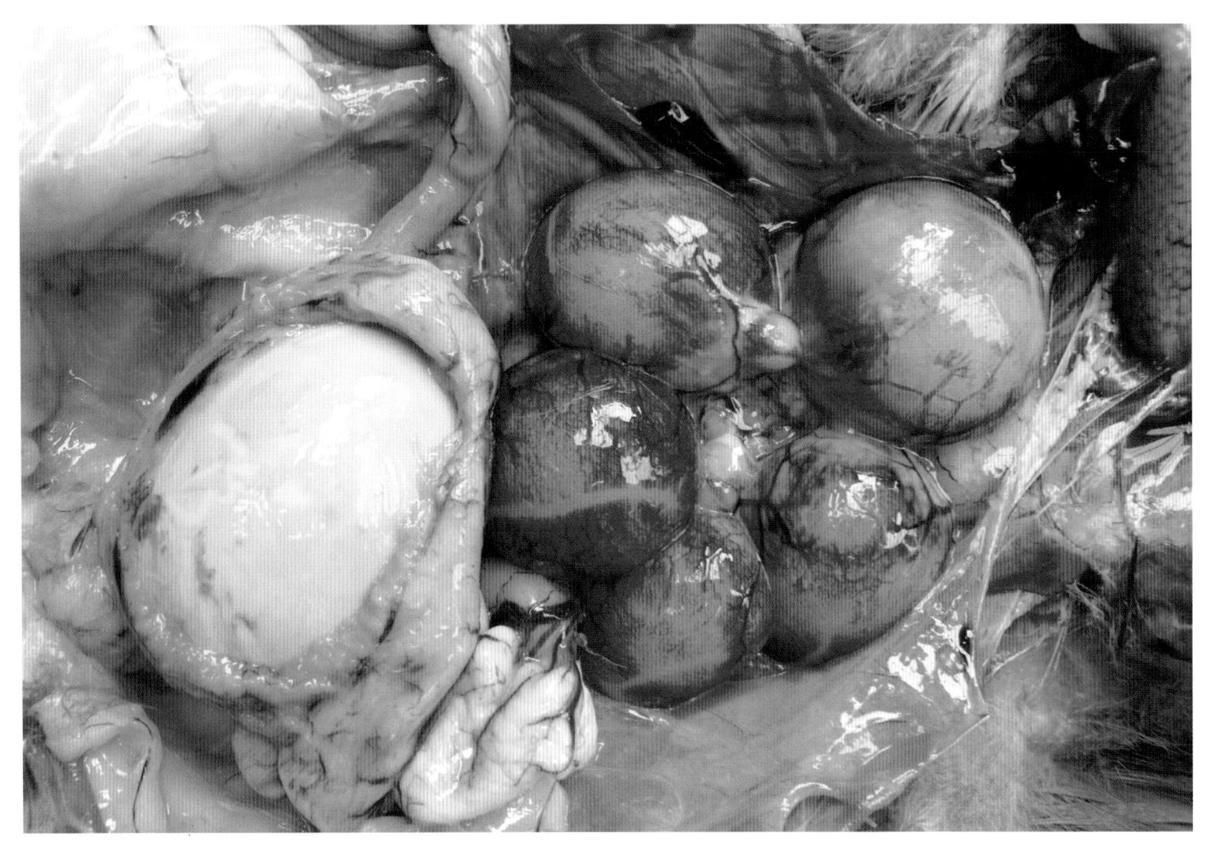

图 3-5-18　鸭星状病毒 1 型自然感染：130 日龄麻鸭，卵泡膜出血，子宫有成形鸭蛋

图 3-5-19　鸭星状病毒 1 型自然感染：360 日龄麻鸭，卵泡膜充血、出血，子宫有成形鸭蛋

图 3-5-20　鸭星状病毒 1 型自然感染：390 日龄麻鸭，卵泡膜充血、出血，子宫有成形鸭蛋

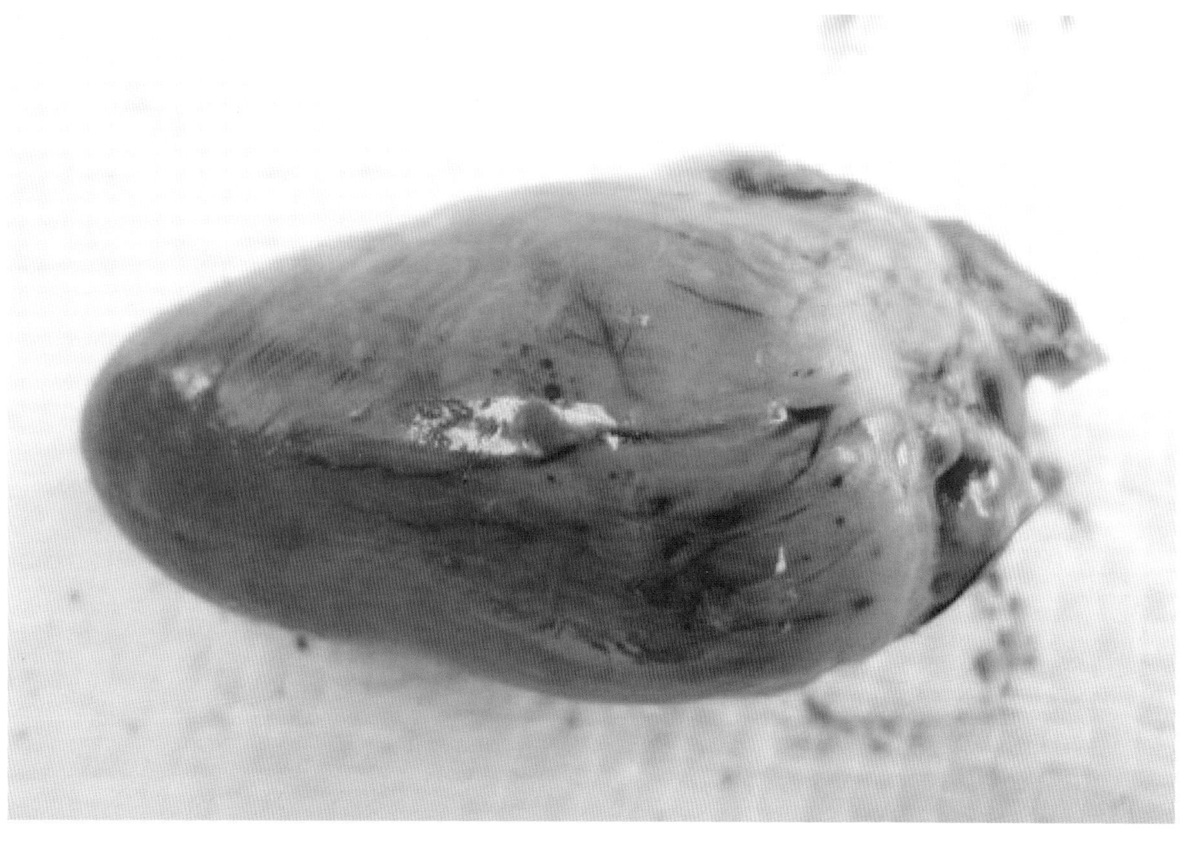

图 3-5-21　鸭星状病毒 1 型自然感染：心外膜和心冠脂肪出血

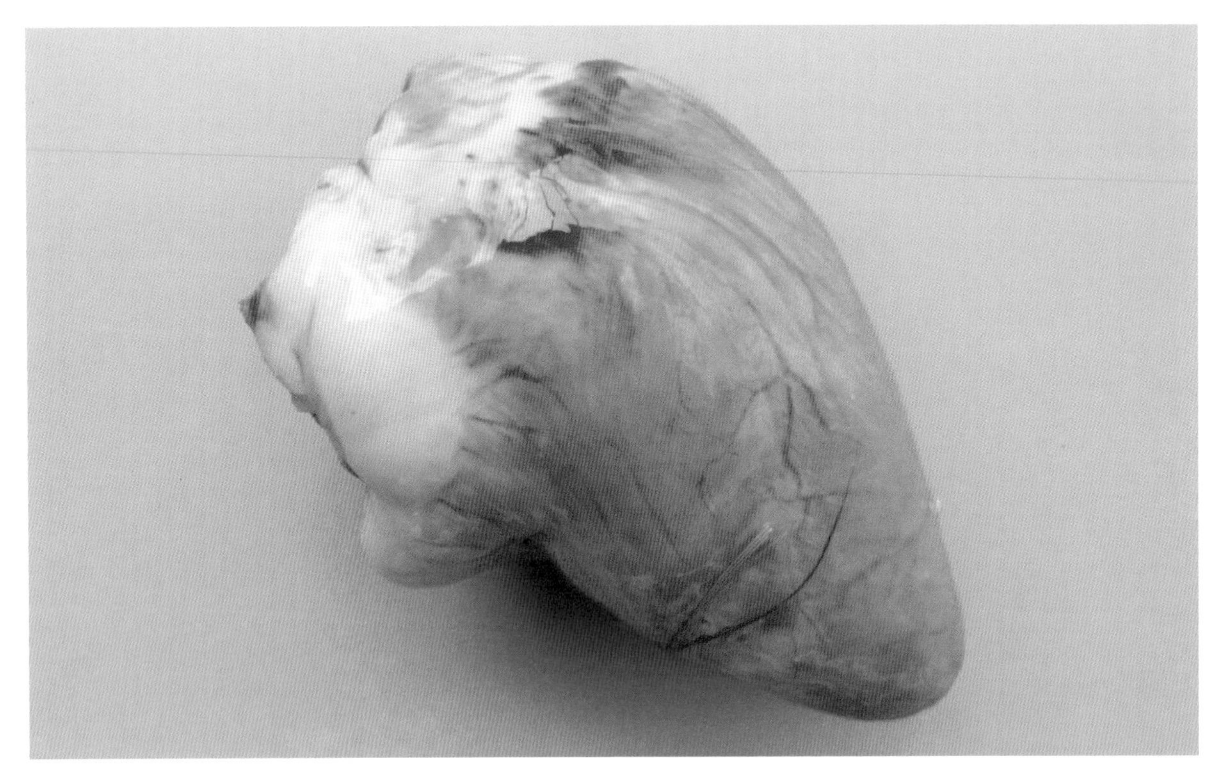

图 3-5-22 鸭星状病毒 1 型自然感染：心外膜出血

图 3-5-23 鸭星状病毒 1 型自然感染：心内膜出血

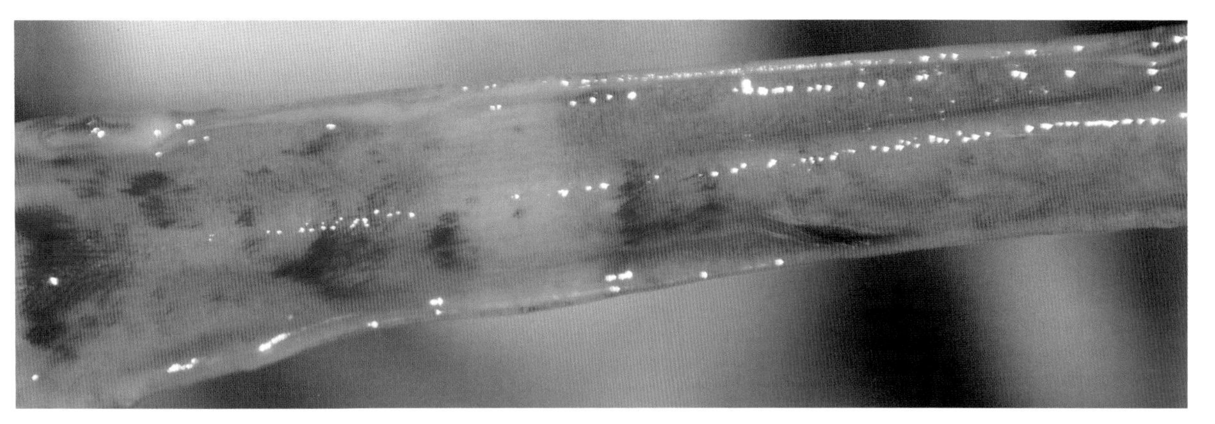

图 3-5-24　鸭星状病毒 1 型自然感染：肠黏膜出血

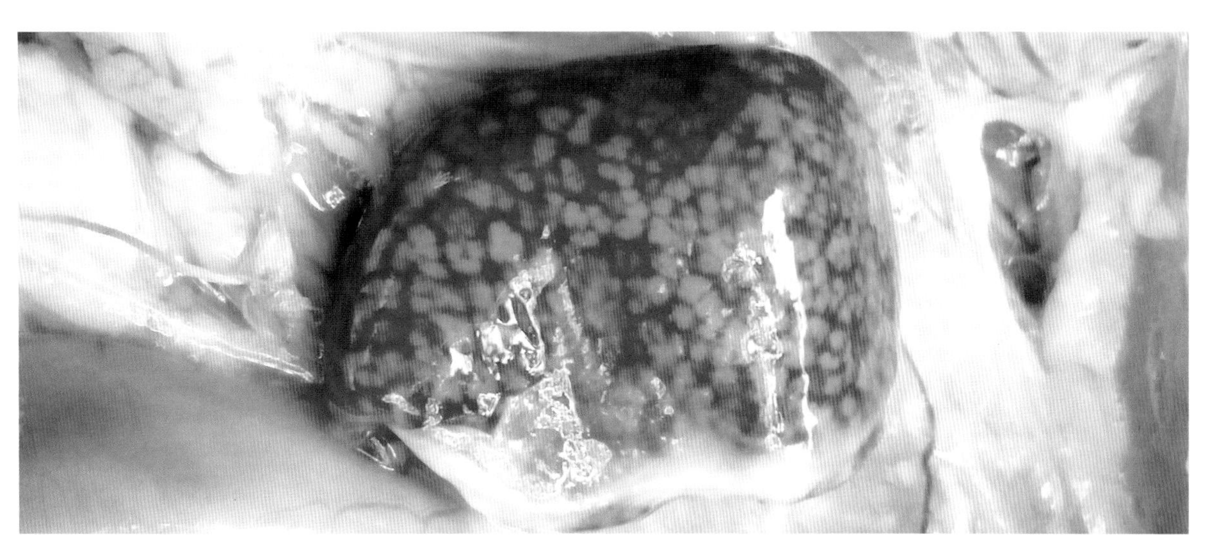

图 3-5-25　鸭星状病毒 1 型自然感染：脾脏呈西米样

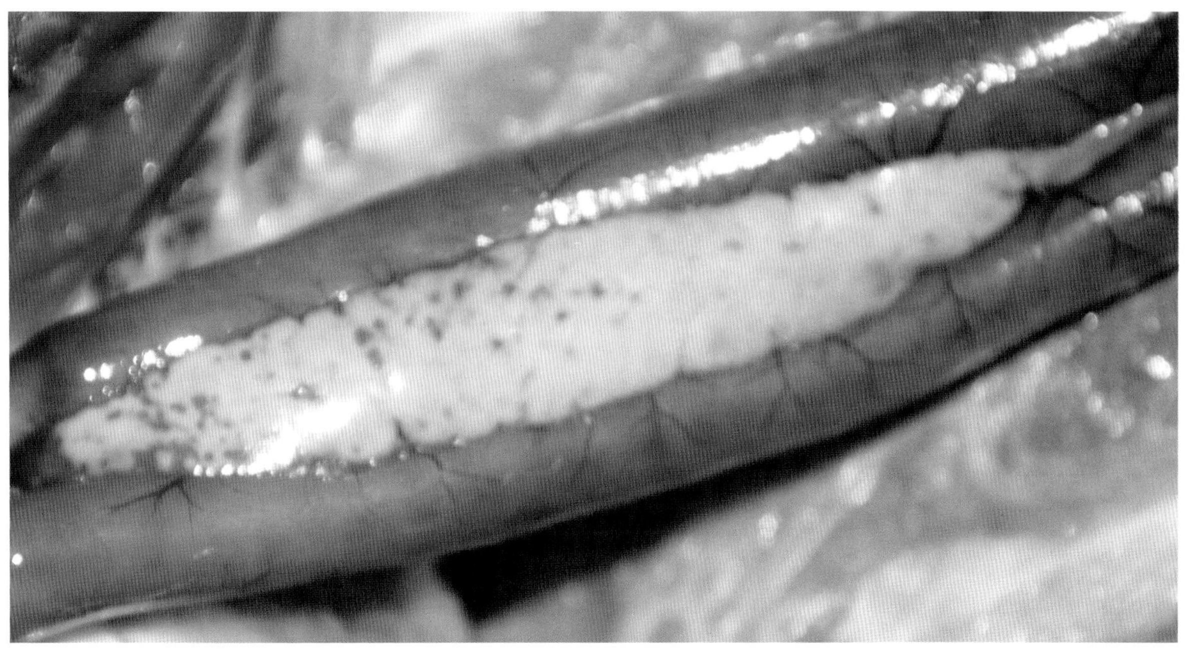

图 3-5-26　鸭星状病毒 1 型自然感染：胰腺出血

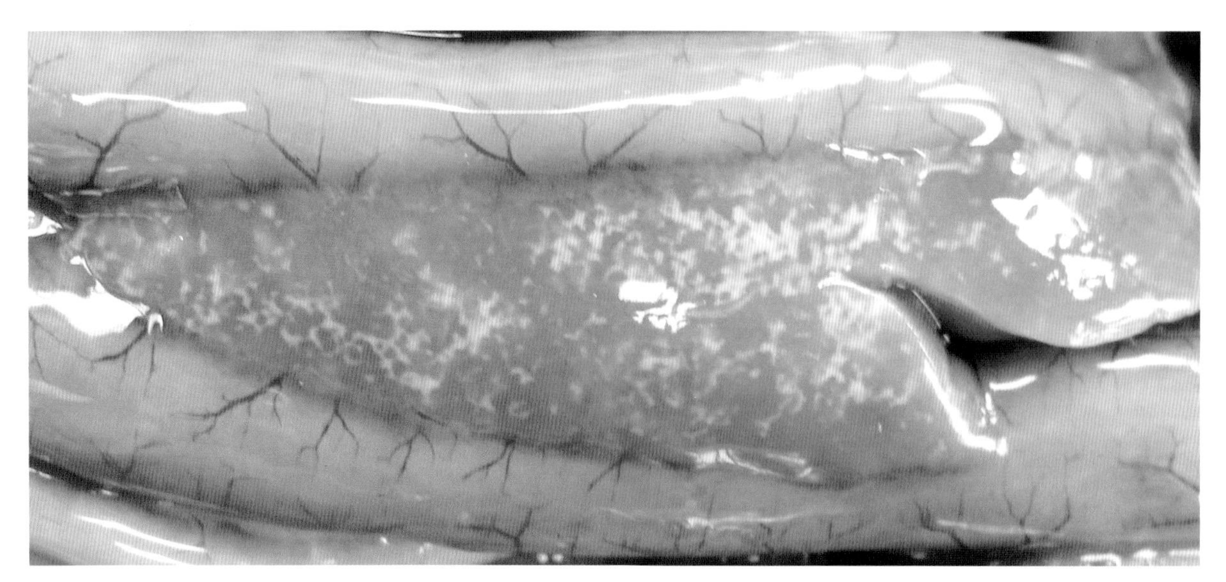

图 3-5-27　鸭星状病毒 1 型自然感染：胰腺有坏死灶

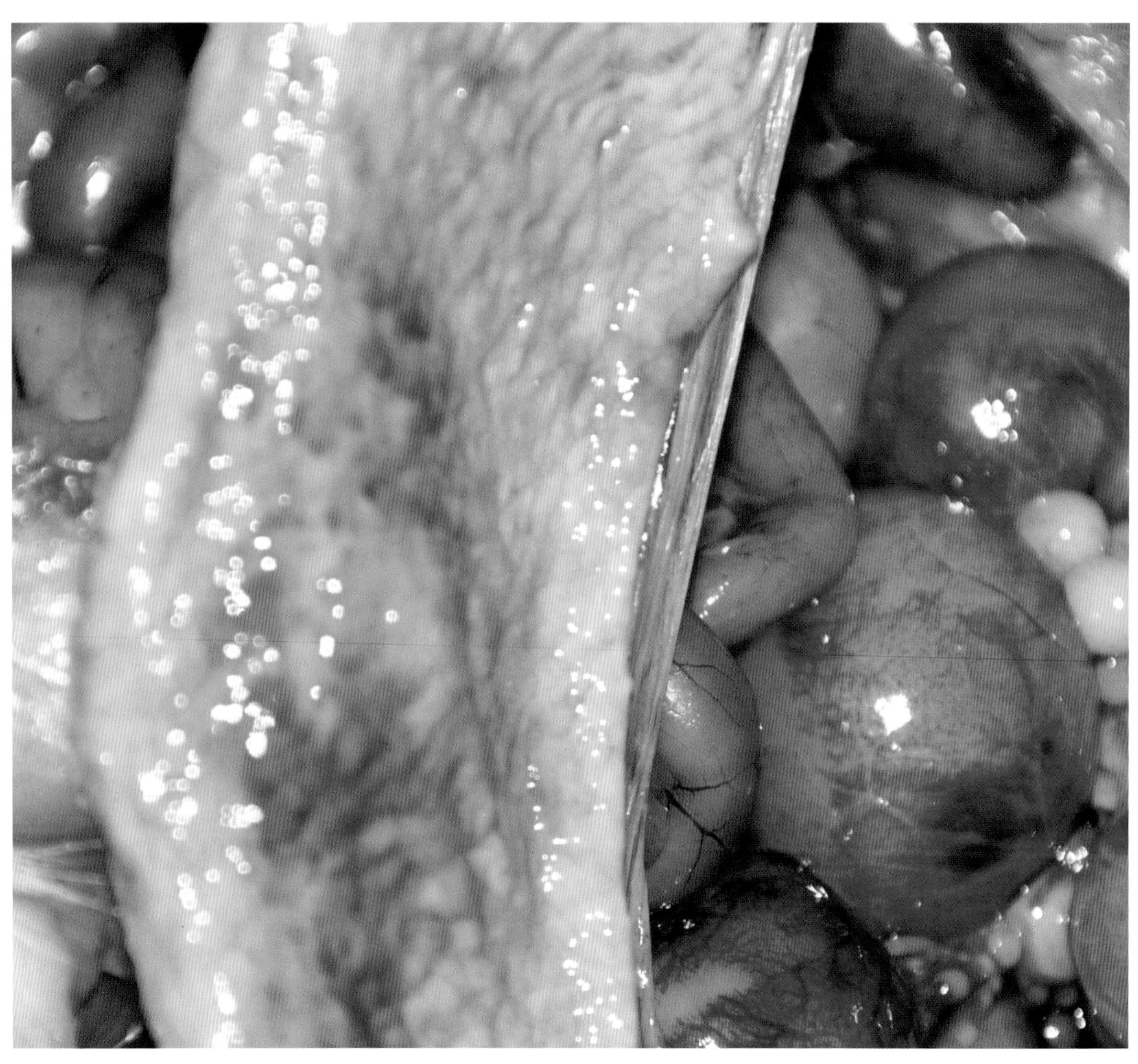

图 3-5-28　鸭星状病毒 1 型自然感染：输卵管黏膜出血

DAstV-1感染主要引起肝细胞质大面积坏死，并有大量空泡，形成或空泡样变性；常见胆管增生（Gough et al.，1985；王笑言，2015），在某些病例的肝脏可见核内包涵体（图3-5-29），心脏、脾脏、肾、肺、脑、器官、肠道、食道、胰腺有不同程度的淋巴细胞变性、坏死和脱落。成年鸭的卵泡膜出血、淤血，输卵管黏膜有大量上皮细胞变性坏死。

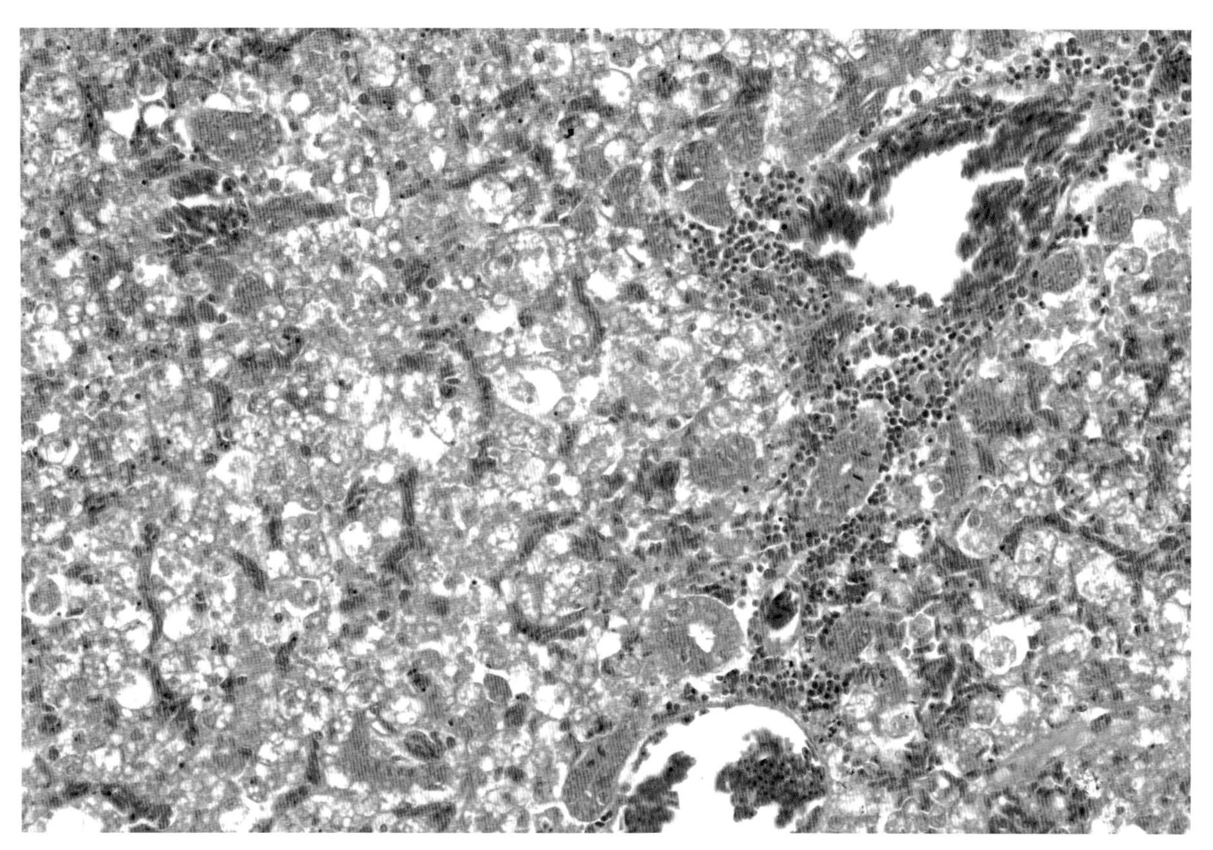

图3-5-29　鸭星状病毒1型感染：肝脏出血、淤血、淋巴细胞浸润、肝细胞变性、核内可见包涵体

DAstV-3感染主要引起鸭胚尿囊膜结痂水肿（图3-5-30），感染的鸭胚出现不同程度的发育受阻（图3-5-31），少数鸭胚头部水肿、出血。组织病变包括尿囊膜水肿，毛细血管扩张，黏膜层大量嗜酸性粒细胞浸润，且有大量的黏液和红细胞附着（图3-5-32）（Liu et al.，2016）。

五、诊断

（一）电镜观察

DAstV-1最可靠的诊断方法是用电镜观察肝脏匀浆，检查星状病毒颗粒（Gough et al.，1984、1985）。

（二）病毒分离

病变组织（如肝脏）可用于病毒分离。经羊膜腔和卵黄囊途径接种鸡胚或鸭胚可分离到DAstV-1，但需传4代后才可观察到病毒感染的迹象，感染胚发育不良，肝脏变绿且有坏死（图3-5-33）（Gough et al.，1985；王笑言，2015）。经鸭胚绒毛尿囊膜途径接种可分离DAstV-2和DAstV-3

图 3-5-30　鸭星状病毒 3 型实验感染：鸭胚尿囊膜结痂水肿（左：对照组；右：感染组）

图 3-5-31　鸭星状病毒 3 型实验感染：鸭胚胚体发育受阻左侧（左侧 2 只为对照组，右侧 4 只为感染组）

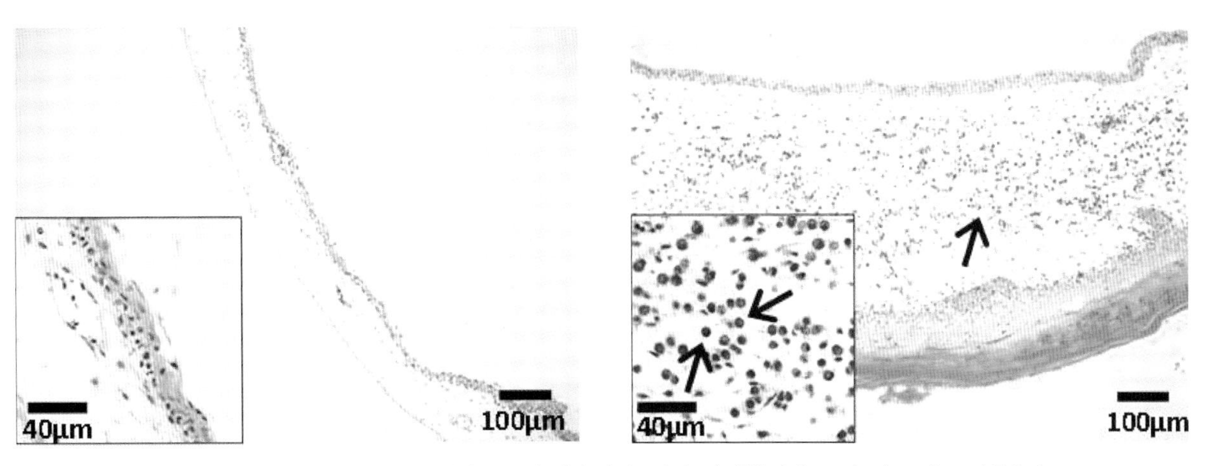

图 3-5-32　鸭星状病毒 3 型感染：尿囊膜有黏液和红细胞附着（左：对照组；右：感染组）

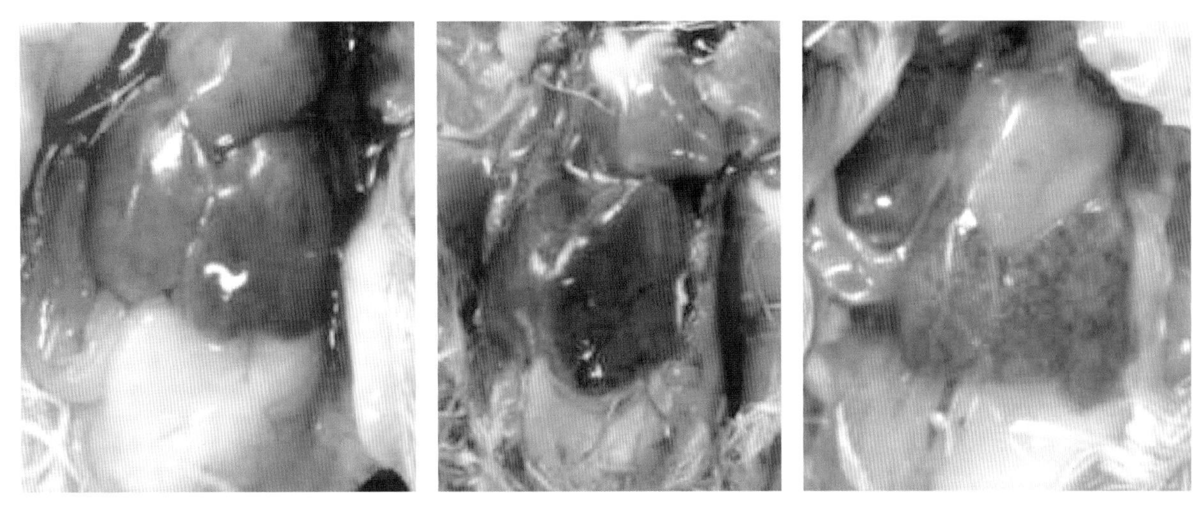

图 3-5-33　鸭星状病毒 1 型感染：鸡胚不同程度肝脏变绿

（Haider and Calnek，1979；Liu et al.，2016），感染DAstV-2的鸭胚一般在接种后7~10天死亡，鸭胚尿囊膜结痂水肿，胚体出现不同程度的发育迟缓、水肿、皮肤出血（Haider and Calnek，1979）。接种DAstV-3者，从第3代开始，可见与DAstV-2类似的病变（Liu et al.，2016）。

（三）分子检测

用星状病毒RT-PCR（Todd et al.，2009）对临床样品进行检测（图3-5-34），是诊断DAstV感染的快速方法，但需对PCR扩增产物进行测序和序列分析，才可对不同DAstV进行鉴别。用更特异的RT-PCR，可对不同鸭星状病毒（如DAstV-1、DAstV-2和DAstV-3）的感染进行鉴别诊断（图3-5-35）（刘宁，2017）。已建立了DAstV-1的实时荧光定量RT-PCR，可用于DAstV-1的鉴定和定量检测（董蕴涵，2017）。

（四）感染实验

用含毒肝脏匀浆接种易感雏鸭是国际兽医局（OIE）推荐的诊断方法之一（https://www.oie.int/fileadmin/Home/eng/Health_standards/tahm/3.03.08_DVH.pdf）。用含DAstV-1的肝脏匀浆经皮下接种2~3日龄雏鸭，在感染后2~4天，雏鸭可能会出现25%左右的死亡率，大体病变与自然病例类似（Gough et al.，1985）。用含DAstV-2的肝脏匀浆经肌内注射接种1~2日龄雏鸭，在接种后2~4天可

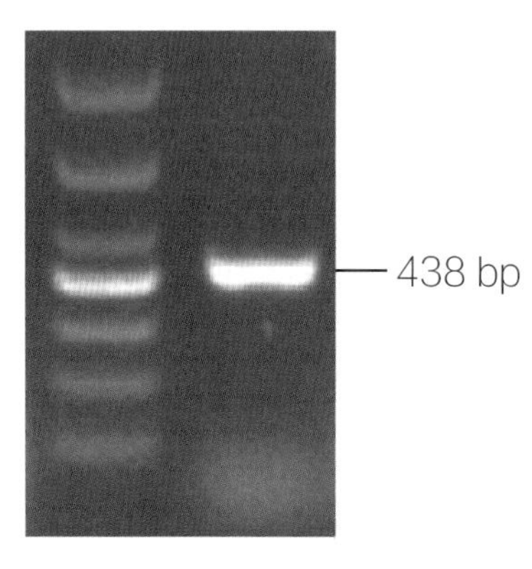

图 3-5-34　鸭星状病毒的检测

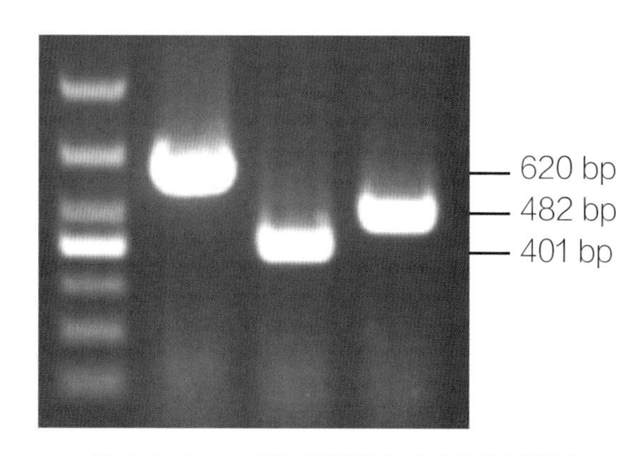

图 3-5-35　三种不同鸭星状病毒的鉴别检测

复制出约20%的死亡率，静脉接种更有效（Toth，1969）。

六、防治

尚无有效防治措施。英国曾报道过DAstV-1的鸡胚化弱毒疫苗，该疫苗在实验条件下可保护鸭只抵抗病毒感染（Asplin，1965；Gough et al.，1985）。用DAstV-1重组衣壳蛋白免疫雏鸭，可诱导鸭只产生较高水平的血清抗体，并可在一定程度上保护雏鸭抵抗强毒感染（刘宁，2017）。美国则报道过一种DAstV-2的鸭胚化弱毒疫苗，用该疫苗免疫种鸭可控制该病的发生（Haider and Calnek，1979）。

第六节　番鸭白点病

番鸭白点病（White spot disease in Muscovy duck）是危害番鸭养殖业的一类呼肠孤病毒病，以肝脏、脾脏和肾脏出现针尖大白色坏死点为特征。根据特征病变，国内还将该病称为番鸭花肝病、番鸭肝白点病、番鸭肝脾白点病，国际上称之为番鸭呼肠孤病毒感染（Muscovy duck reovirus infection）。

一、病原学

该病病原为番鸭呼肠孤病毒（Muscovy duck reovirus，MDRV），由法国研究者于1972年首次分离获得（Gaudry et al.，1972）。国际病毒分类委员将MDRV归属于呼肠孤病毒科正呼肠孤病毒属，并作为禽正呼肠孤病毒（Avian orthoreovirus，ARV）的番鸭源分离株（ARV-Md）（King et al.，2011）。

MDRV呈球形，无囊膜，有二十面体对称双层衣壳，直径为60~80 nm。在临床病例的组织切

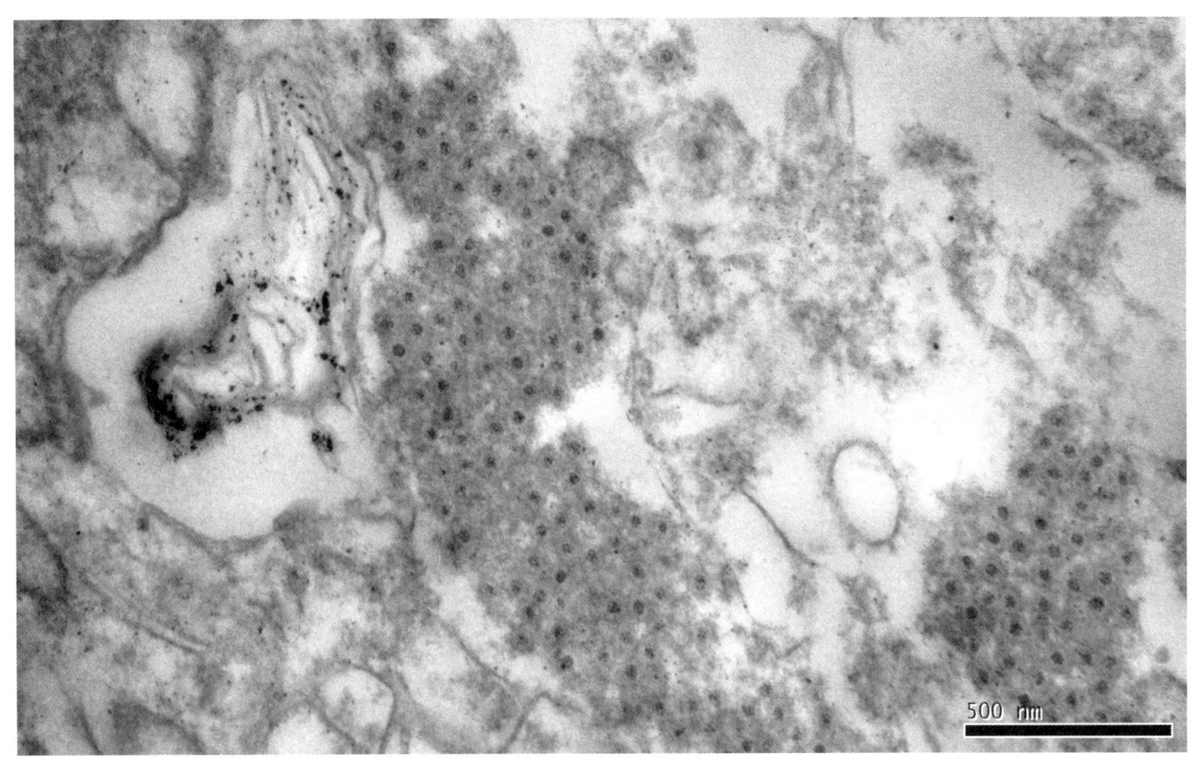

图 3-6-1 感染番鸭胚肝脏中的番鸭呼肠孤病毒

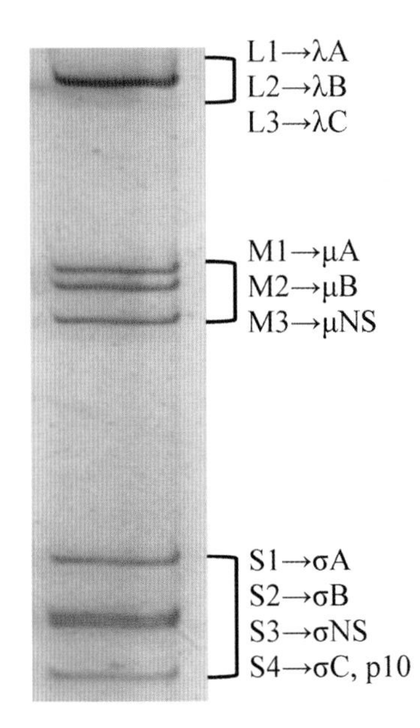

图 3-6-2 番鸭呼肠孤病毒的基因组 RNA 及其编码产物

片中，可见病毒粒子聚集成簇，有些呈晶格状排列，另一些则散在分布，通常位于靠近细胞核的细胞质基质中，也有些病毒粒子与微管相连（Malkinson et al.，1981）。在感染MDRV的番鸭胚肝脏切片中，亦可见病毒粒子在细胞质聚集（图3-6-1）。MDRV的基因组为双链RNA，长度为22969 bp，分为3组（L组、M组和S组）共10个基因节段（L1、L2、L3、M1、M2、M3、S1、S2、S3和S4）（图3-6-2），L组编码λA、λB、λC蛋白，M组编码μA、μB和μNS蛋白，S1~S3基因分别编码σA、σB和σNS蛋白，S4基因含2个ORF，编码p10和σC蛋白（Kuntz-Simon et al.，2002；Wang et al.，2013；Yun et al.，2013）。σC蛋白是病毒的吸附蛋白，也是主要的免疫原性蛋白。

MDRV易在番鸭胚中繁殖（Kuntz-Simon et al.，2002；Le Gall-Reculé et al.，1999；Malkinson et al.，1981；胡奇林等，2000；吴宝成等，2001）。若用番鸭胚成纤维细胞将病毒分离株进行传代后，病毒亦可引起鸡胚死亡和病变（陈少莺等，2007；胡奇林等，2004）。MDRV可适应多种细胞，如番鸭胚成纤维细胞、DF-1、AD293T、MDCK、MARC-145、Vero和ST细胞，并可引起明显的细胞

病变（Cytopathic effect, CPE）（Malkinson et al., 1981；Yun et al., 2013；陈仕龙等, 2011；胡奇林等, 2004；吴宝成等，2001）。

二、流行病学

该病呈世界范围分布，南非（Kaschula, 1950）、法国（Gaudry et al., 1972）、以色列（Malkinson et al.，1981）、意大利（Pascucci et al.，1984）、德国（Heffelo-Redmann et al.，1992）等国均有该病发生的报道。该病于1997年出现于我国，此后，福建（程由铨等, 2001；胡奇林等, 2000；黄瑜等, 2001a，2001b；吴宝成等，2001）、广东（刘思伽等，2000；张济培等，2000）、浙江（余旭平等，2005）等番鸭养殖地区均有该病发生的报道。该病无明显的季节性（黄瑜等，2001a）。

该病最早可见于10日龄番鸭，并可持续到6周龄，发病率约为30%，死亡率约为20%（Malkinson et al.，1981）。在我国亦曾见9日龄以内番鸭发病和死亡（图3-6-3），也曾见某些感染鸭群的发病率高达90%（黄瑜等，2001b）。在实验条件下，用MDRV分离株分别感染2、16和35日龄番鸭，死亡率分别为46.7%、28.6%和25%（Malkinson et al.，1981），可见番鸭日龄越小，对该病越易感。半番鸭亦可感染MDRV而发病（黄瑜等，2004），但易感性较低（胡奇林等，2004）。用MDRV分离株感染雏鹅，可复制出与番鸭白点病相似的症状和病变（胡奇林等，2004），北京鸭对MDRV不易感（Malkinson et al.，1981）。MDRV可经感染鸭粪便排出（王丹，2016）。

三、临床症状

病鸭并无特征临床症状，通常表现为精神萎靡，伴有腹泻（图3-6-3），腿软不愿行走，康复鸭明显

图3-6-3　番鸭白点病：9日龄死亡鸭，泄殖腔粘有粪污

发育不良，在群体中极易辨识（Malkinson et al.，1981）。

四、病理变化

特征病变见于肝脏和脾脏，肝脏和脾脏表面有针尖大的白色坏死点（图3-6-4和图3-6-5），略突出于表面（Malkinson et al.，1981；黄瑜等，2001b）。肾脏肿胀（图3-6-6和图3-6-7），表面有白

图3-6-4　番鸭白点病：肝脏表面有大量白色坏死点（黄瑜供图）

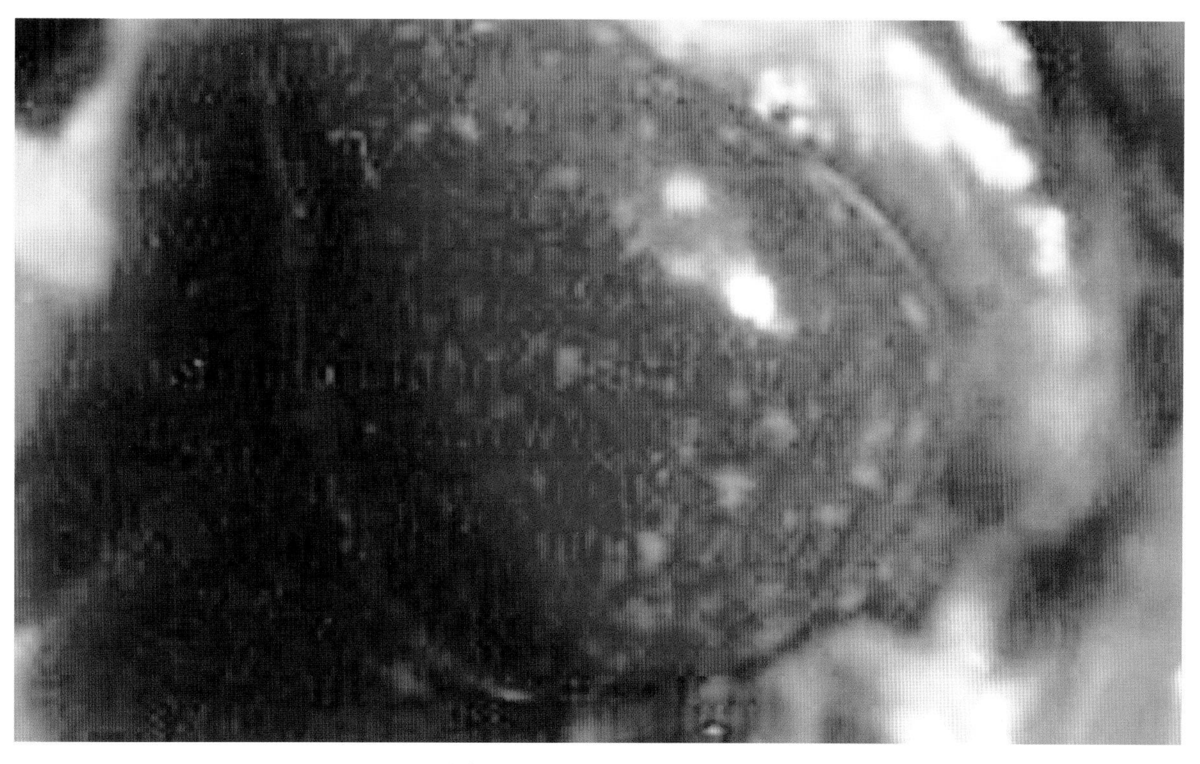

图3-6-5　番鸭白点病：脾脏表面有大量白色坏死点（黄瑜供图）

图 3-6-6　番鸭白点病：肾脏肿胀

图 3-6-7　番鸭白点病：肾脏肿胀，表面有白色坏死点（黄瑜供图）

色坏死点（图3-6-7），胰腺表面和肠浆膜亦见有大量针尖大的白色坏死点（图3-6-8和图3-6-9）。在有些病例，在心脏、肝脏和脾脏见有多少不等的纤维素性渗出物，剥开纤维素膜，肝脏和脾脏表面有白色坏死点（图3-6-10和图3-6-11）。

组织学病理变化见于多种内脏组织。肝脏有大量局灶性坏死，肝细胞空泡变性和脂肪变性（图3-6-12）；脾脏淋巴细胞坏死，呈坏死性脾炎病变（图3-6-13）；肾实质坏死，淋巴细胞浸润；肺脏淤血，呈现间质性肺炎；脑神经细胞肿胀，胶质细胞增生，血管淤血；法氏囊、胸腺和胰腺等组织坏死（陈少莺等，2002；祁保民等，2002；王丹，2016）。

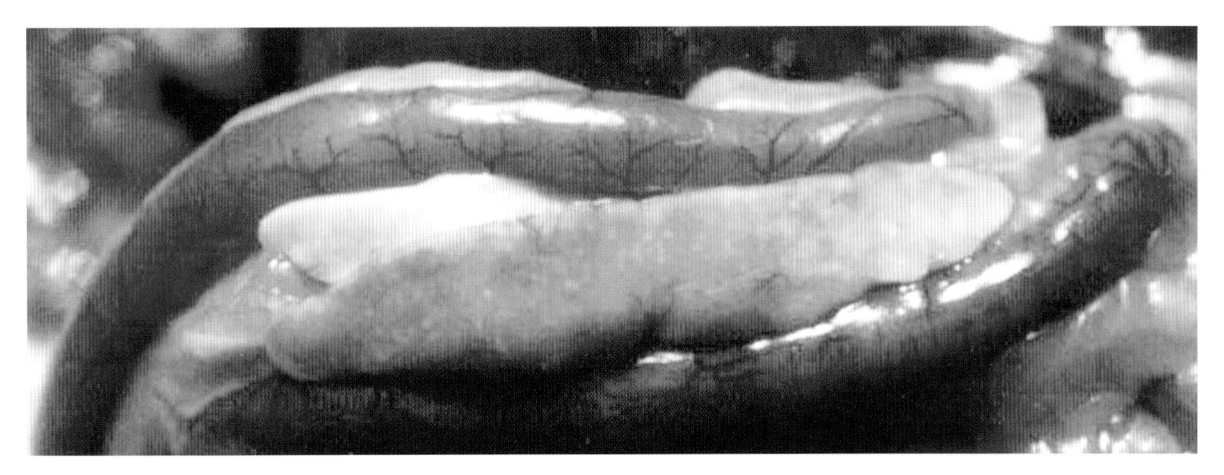

图3-6-8　番鸭白点病：胰腺表面有白色坏死点（黄瑜供图）

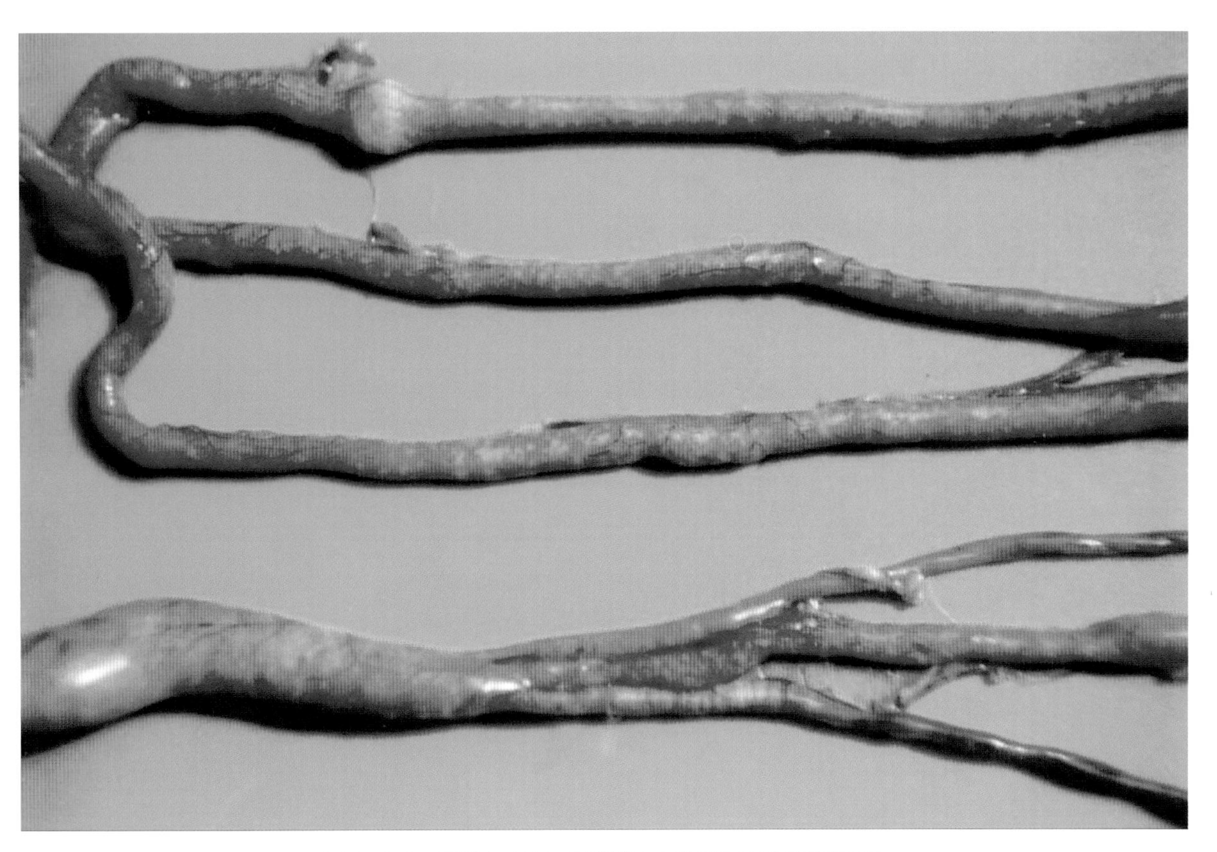

图3-6-9　番鸭白点病：肠浆膜有白色坏死点（黄瑜供图）

图 3-6-10 番鸭白点病：肝脏和脾脏有轻度纤维素性渗出物，纤维素膜下有白色坏死点

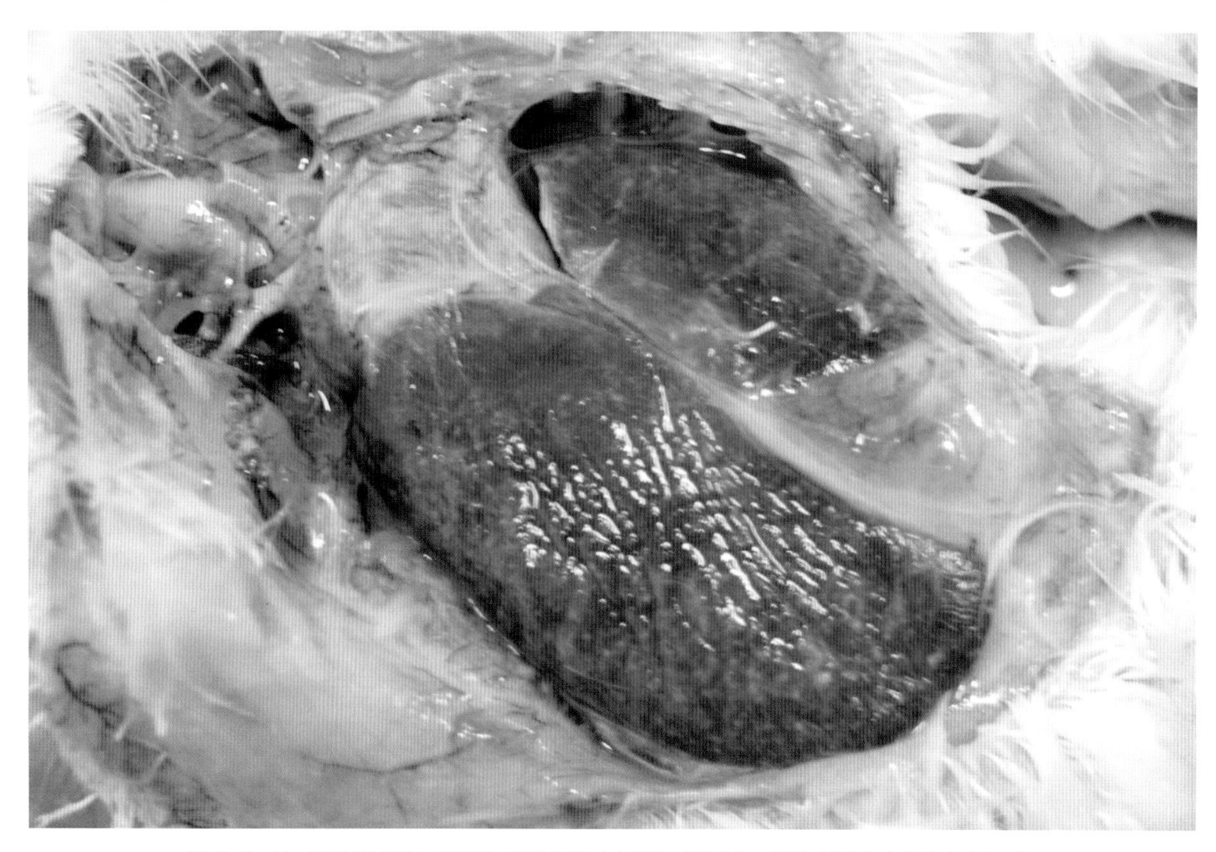

图 3-6-11 番鸭白点病：严重的纤维素性心包炎和肝周炎，肝脏表面有大量白色坏死点

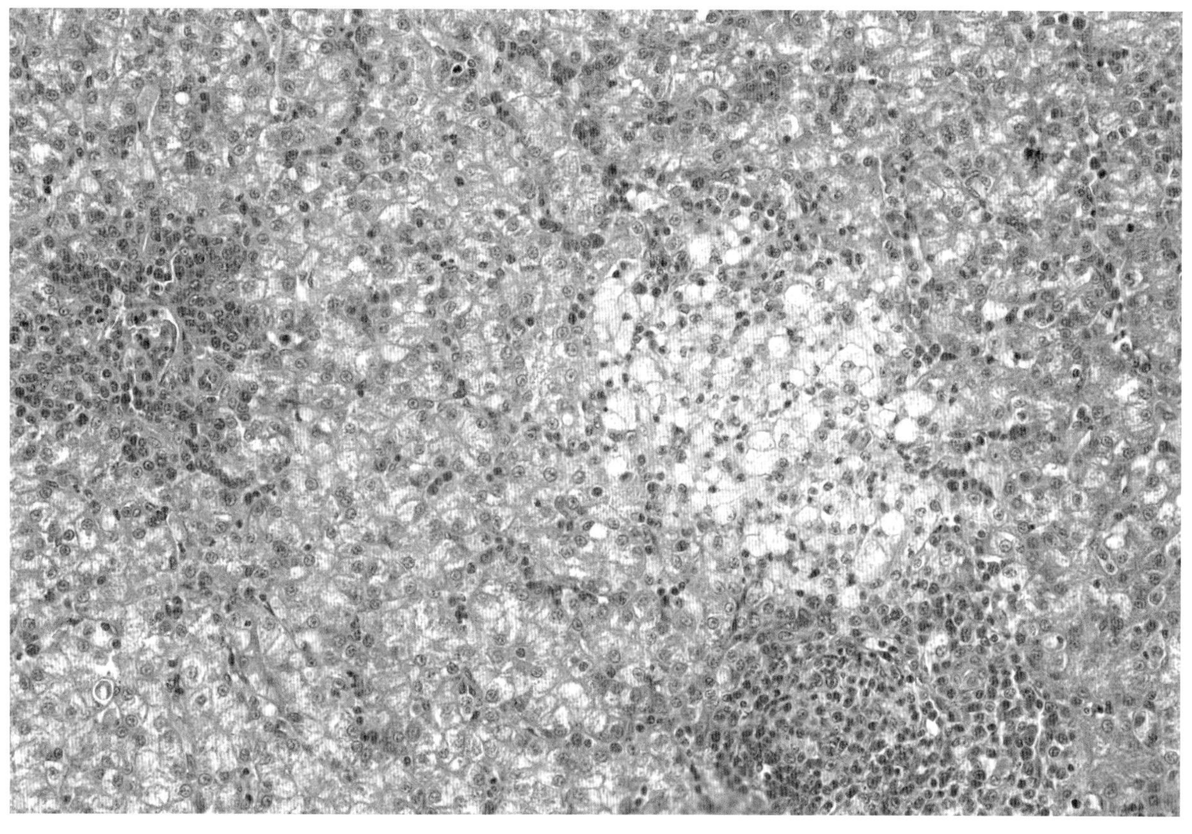

图 3-6-12　番鸭白点病：肝细胞坏死，肝小叶中淋巴细胞浸润

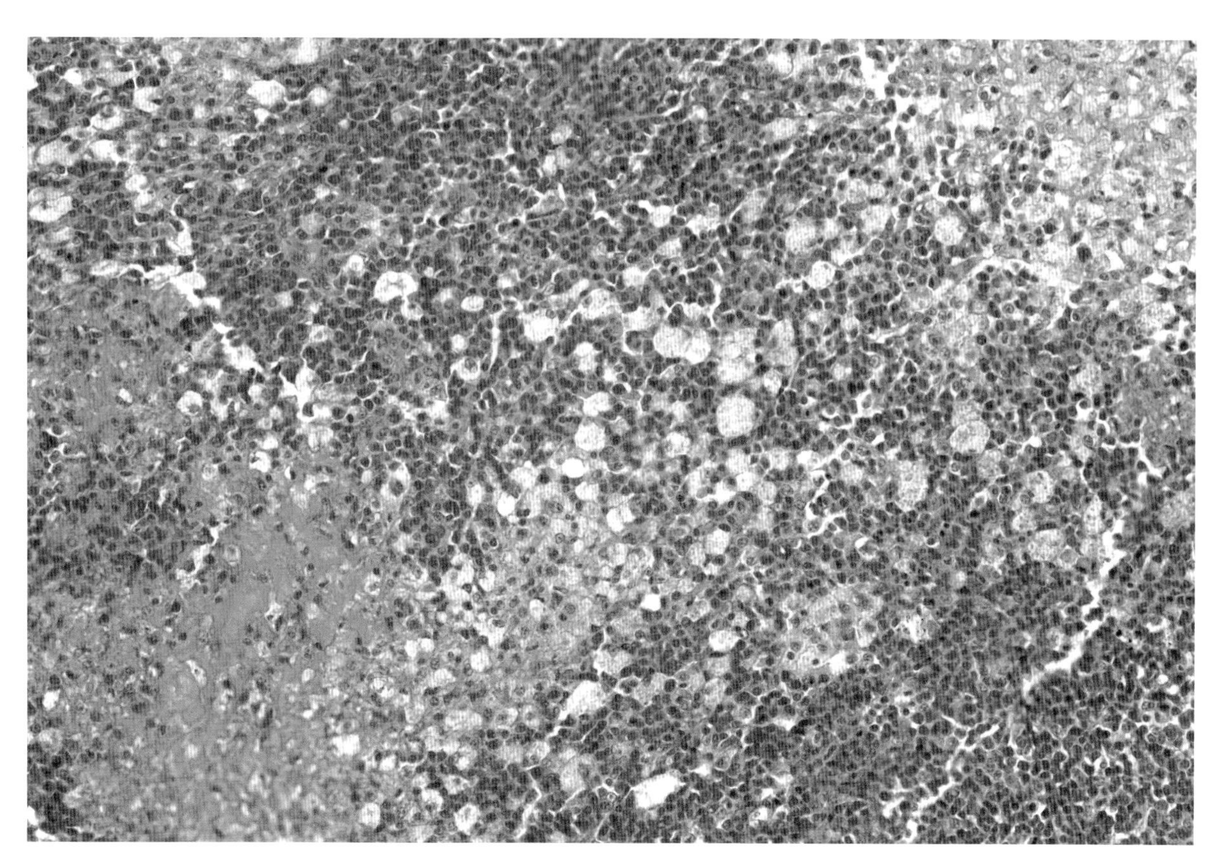

图 3-6-13　番鸭白点病：脾脏淋巴细胞大量坏死、排空

五、诊断

病死鸭肝脏、脾脏和肾脏出现大量白色坏死点，据此可作出初步诊断，确诊需进行病毒的分离和鉴定。

（一）病毒分离

病变组织（如肝脏和脾脏）可用于病毒分离。将组织样品制成匀浆，经尿囊腔或绒毛尿囊膜接种12~14日龄番鸭胚，可见部分鸭胚死亡，有些毒株可在接种后48~120小时引起所有鸭胚死亡（Wang et al.，2013），死胚皮下严重出血（图3-6-14）。经绒毛尿囊膜接种时，传2~3代，可见死亡鸭胚肝脏和脾脏出现针尖大的白色坏死点，绒毛尿囊膜则见有小的病斑（Malkinson et al.，1981）。

图3-6-14　接种临床样品的番鸭胚（左）与未接种对照（右）的比较

（二）分子生物学诊断

在μB、σA和σB蛋白编码区的保守区设计引物，利用RT-PCR可对MDRV分离株进行鉴定（图3-6-15和图3-6-16）（胡奇林等，2004；施佳健，2014），若回收扩增产物测序并进行序列分析，则可对病毒分离株进行进一步鉴定。亦可通过扩增其他基因片段，达到鉴定病毒的目的。利用σC蛋白编码区变异性高的特点，设计MDRV的特异性引物，经RT-PCR扩增，可与其他鸭源呼肠孤病毒进行鉴别（施佳健，2014；王丹，2016）。

（三）血清学诊断

可用琼脂扩散沉淀试验和中和试验对病毒分离株进行鉴定。若病毒分离株在琼脂扩散沉淀试验

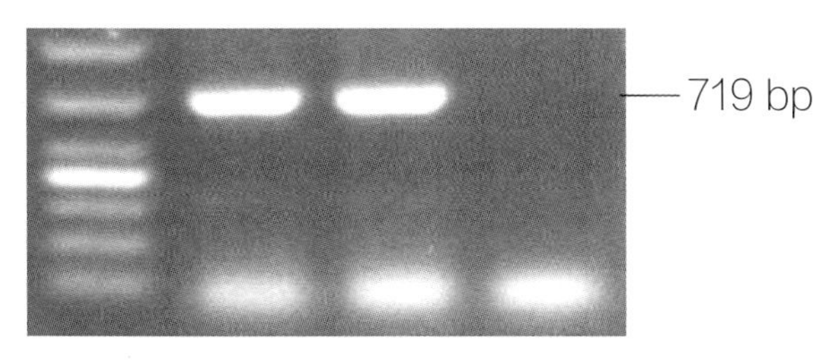

图 3-6-15　番鸭呼肠孤病毒 μB 基因的 RT-PCR 扩增

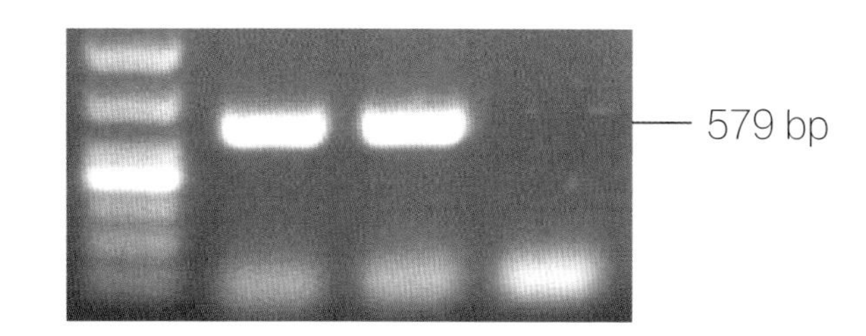

图 3-6-16　番鸭呼肠孤病毒 σB 基因的 RT-PCR 扩增

中与MDRV抗血清形成清晰的沉淀线，或者在中和试验中被MDRV抗血清所中和，即可将待检毒株鉴定为MDRV（胡奇林等，2004；王丹，2016；吴宝成等，2001）。若已将病毒分离株适应于细胞培养，则可用MDRV的抗血清或单克隆抗体经免疫荧光染色试验进行鉴定。

（四）感染试验

用MDRV分离株经腿肌或皮下注射途径接种易感雏番鸭，可复制出番鸭白点病的典型病变（图3-6-4和图3-6-5），据此可对病毒分离株进行进一步鉴定（Malkinson et al.，1981；胡奇林等，2004；王丹，2016；吴宝成等，2001）。

六、防治

（一）管理措施

从疫区引进雏鸭，易将该病引入本场。MDRV可经感染鸭粪便排毒，从而污染场地、饲料、饮水、器具。已证明禽正呼肠孤病毒可经卵垂直传播（Al-Muffarej et al.，1996）。因此，坚持自繁自养、加强饲养管理和消毒是预防该病的有效方法。

（二）疫苗的免疫接种

特异性预防措施是接种疫苗。国内已有商品化的番鸭呼肠孤病毒活疫苗，对于易感雏鸭，在1日龄进行免疫接种，7天后保护率可达90%以上（陈少莺等，2016）。在种鸭产蛋前15~30天进行免疫，可通过母源抗体保护后代雏鸭，但后代雏鸭体内的母源抗体会衰减，还需在5~7日龄时接种活疫苗。

（三）治疗

如未免疫或免疫失败，及时用抗体制品进行被动免疫，能有效减少疾病所造成的损失（袁生等，2001；张毓金等，2000）。在细菌病流行严重地区，该病的发生可引起多杀性巴氏杆菌、大肠杆菌、沙门氏菌和鸭疫里默氏菌等细菌的继发感染，可根据药敏试验结果，投喂敏感抗菌药物。

第七节　番鸭新肝病

番鸭新肝病（New liver disease in Muscovy ducks）是2005年在我国番鸭养殖业出现的一类呼肠孤病毒病，以肝脏出现不规则坏死灶和出血灶为特征。因病死鸭肝脏病变与番鸭白点病不同，故用番鸭新肝病加以区分。因该病曾见于半番鸭和麻鸭，且肝脏兼具出血和坏死病变，故又将该病称为鸭出血性坏死性肝炎。

一、病原学

该病病原为番鸭呼肠孤病毒的一个新血清型（New serotype of Muscovy duck reovirus，N-MDRV）（陈仕龙等，2011；刘鸿等，2010）。因该病毒亦可感染麻鸭和半番鸭，所引起的病变与番鸭白点病又有所不同，研究者亦将病原称为新型或新致病型鸭呼肠孤病毒（New type or pathotype of duck reovirus，N-DRV）（陈少莺等，2009；黄瑜等，2009）。

N-MDRV呈球形，无囊膜，有二十面对称双层衣壳，直径约为70 nm。在感染鸡胚的肝脏切片中，可见病毒在细胞质中呈晶格状排列（图3-7-1）。N-MDRV的基因组为双链RNA，分3组10个基因节段，即L组（L1、L2和L3）、M组（M1、M2和M3）和S组（S1、S2、S3和S4）（图3-7-2）（Wang et al.，2013；Yun et al.，2014；许丰，2012）。N-MDRV与番鸭呼肠孤病毒的基因组结构具有相似性，即，L组和M组基因节段均编码λA、λB、λC、μA、μB和μNS蛋白，且S组基因节段均编码σA、σB、σNS、σC和p10蛋白。但N-MDRV的σA、σB、σNS和σC蛋白编码基因分别是S2、S3、S4和S1，与番鸭呼肠孤病毒的S组排序不同。另外，N-MDRV的多顺反子节段位于S1，编码3种蛋白（p10、p18和σC蛋白）（图3-7-3）（Wang et al.，2013；Yun et al.，2014）。N-MDRV与番鸭呼肠孤病毒p10蛋白无序列相似性，外衣壳蛋白μB、σB和σC氨基酸序列同源性分别为76%、69%和41%，而其他蛋白的氨基酸序列则高度保守（同源性大于92%），据此可认为，N-MDRV与番鸭呼肠孤病毒属于同种病毒的不同基因型（王丹，2016）。

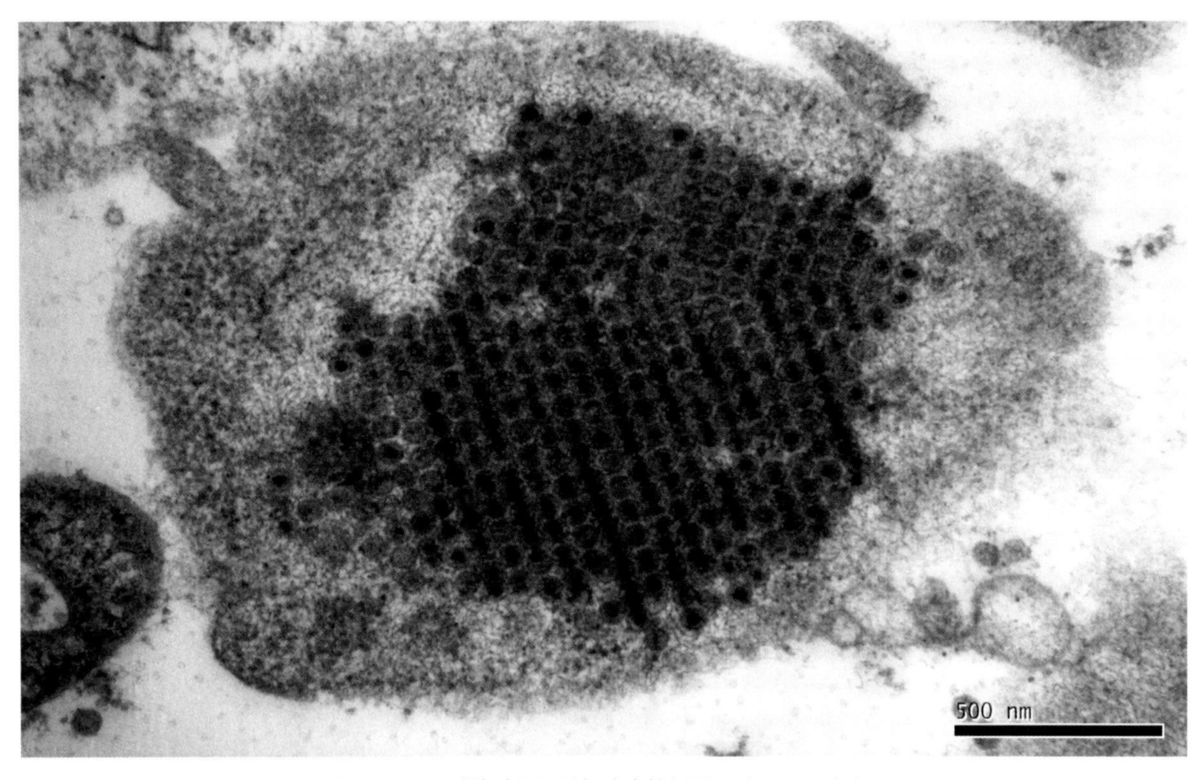

图3-7-1　感染鸡胚肝脏细胞中的新型番鸭呼肠孤病毒

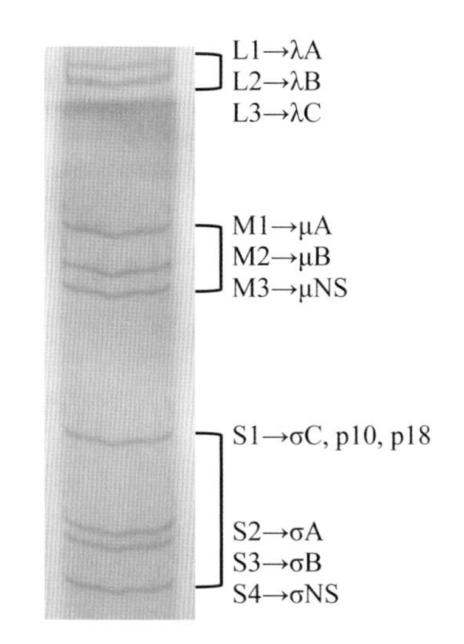

图 3-7-2　新型番鸭呼肠孤病毒的基因组 RNA 及其编码产物

N-MDRV易于在番鸭胚、北京鸭胚和鸡胚中繁殖，可致禽胚死亡（Yun et al.，2014；陈少莺等，2009；黄瑜等，2009；王丹，2016）。N-MDRV番鸭胚源分离株可在北京鸭胚中繁殖（许丰，2012）。N-MDRV可适应于多种细胞，包括番鸭胚成纤维细胞、鸡胚成纤维细胞、MDCK、AD293T、MARC-145、Vero和ST细胞，并可诱导细胞形成合胞体（陈少莺等，2012；陈仕龙等，2011；王丹，2016）。将N-MDRV接种DF-1细胞，盲传几代后，可使DF-1细胞产生CPE，但不诱导细胞融合（Yun et al.，2014）。

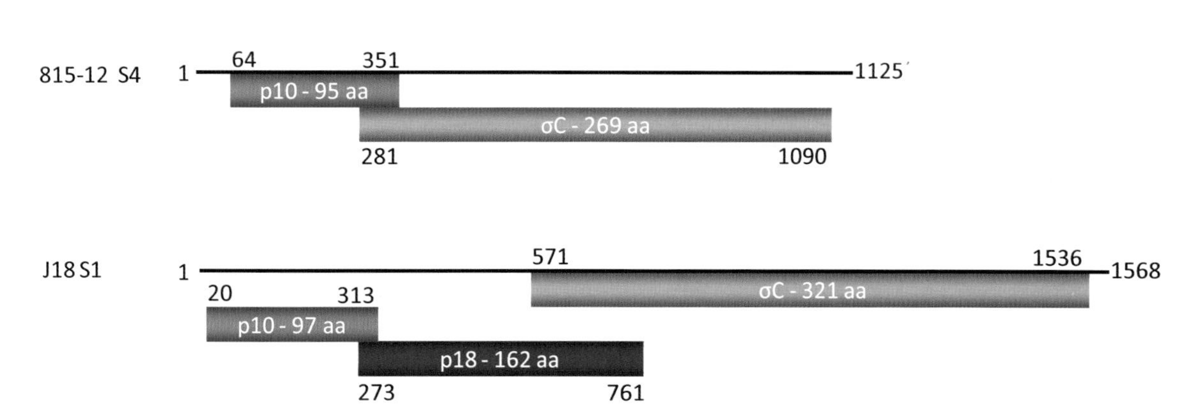

图 3-7-3　新型番鸭呼肠孤病毒 J18 株与番鸭呼肠孤病毒 815-12 株多顺反子节段的结构比较
注：横线表示多顺反子基因节段，其两侧数字表示起始点和终止点，矩形表示 ORF，矩形上方和下方数字指 ORF 的位置，各 ORF 所编码的蛋白质以及大小在矩形内显示。

二、流行病学

迄今为止，仅我国报道了番鸭新肝病的发生和流行。该病于2005年在我国出现，主要流行于番鸭主产区，如福建、广东和浙江等地（陈少莺等，2009；黄瑜等，2008，2009；刘鸿等，2010）。该病无明显季节性。

该病多发生于番鸭，其他鸭种（如半番鸭、麻鸭、北京鸭等）很少发病（刘鸿等，2010）。但也有研究者报道半番鸭和麻鸭感染N-MDRV而发病（陈少莺等，2009；黄瑜等，2008，2009）。3周龄内雏鸭对该病易感，1~2周龄雏鸭的敏感性更高，发病率为5%~40%，死亡率为10%~50%。如出现继发感染和并发感染，死亡率还会增加（陈少莺等，2009；黄瑜等，2008，2009；刘鸿等，2010）。

在实验条件下，用N-MDRV分离株接种易感番鸭，可复制出典型的番鸭新肝病病变（陈仕龙等；2010；王丹，2016）。用N-MDRV分离株感染雏半番鸭，亦可复制出疾病，而雏鸡和雏鹅则不易感（陈仕龙等，2010）。

N-MDRV可经呼吸道和消化道排毒，传播方式包括水平传播和垂直传播（刘鸿等，2010）。

三、临床症状

病鸭无特征临床症状，多表现为精神沉郁、缩颈、卧地不起（图3-7-4和图3-7-5）、食欲下降、腹泻（黄瑜等，2008）。在感染鸭群中，可见部分病例关节肿胀（图3-7-6）、跛行（图3-7-7），感染鸭发育受阻（黄瑜等，2009）。

图3-7-4　番鸭新肝病：病鸭精神沉郁，缩颈，卧地不起

图3-7-5　番鸭新肝病：病鸭精神沉郁，缩颈，卧地不起

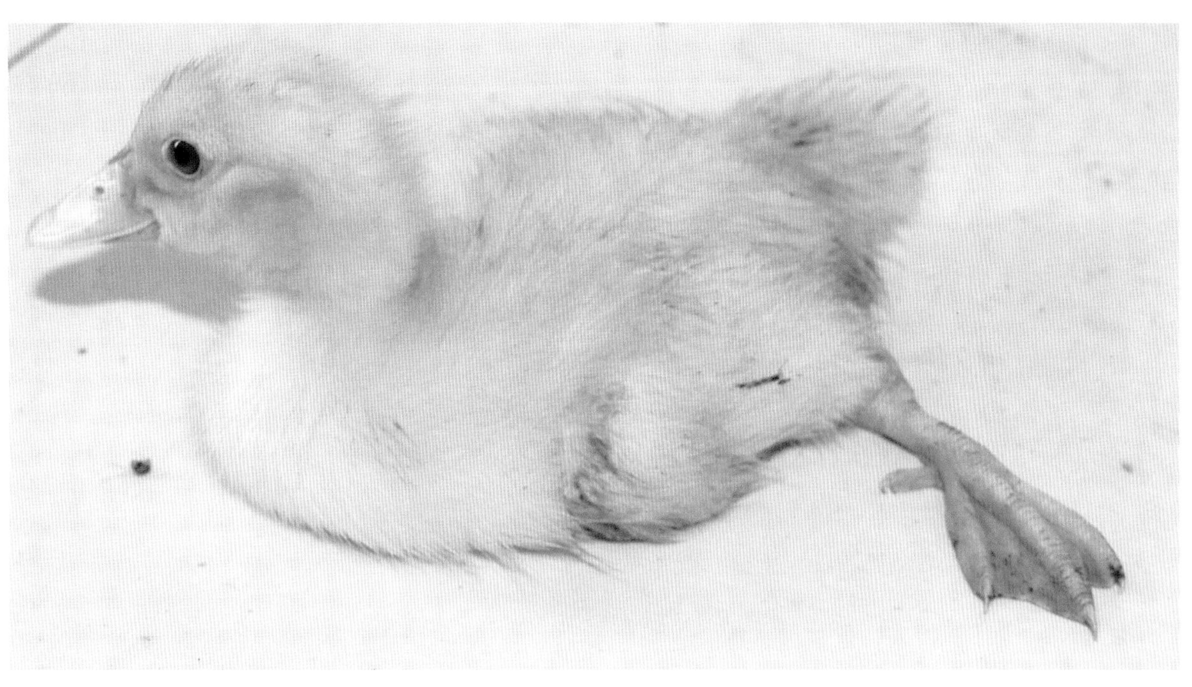

图 3-7-6 番鸭新肝病：关节肿胀

图 3-7-7 番鸭新肝病：病鸭行走困难

四、病理变化

特征病变为肝脏有坏死性和出血性病变（陈少莺等，2009；刘鸿等，2010；黄瑜等，2008，2009）。在有些病例，肝脏病变以坏死为主，为大小不等的坏死斑点（图3-7-8和图3-7-9）。在另一些病例，肝脏病变则以出血为主（刘鸿等，2010），多形成不规则出血灶（图3-7-10和图3-7-11）。在有些病例的肝脏同时见有坏死和出血性病变（王丹，2016），包括同时出现坏死斑点和弥漫性出血（图3-7-12）或坏死灶与出血病变相伴随（图3-7-13）。脾脏色深，有出血灶（图3-7-14）或坏死灶（图3-7-15）。有时可见心外膜出血（图3-7-8、图3-7-11和图3-7-12），法氏囊肿大、出血（图3-7-16），肺水肿、出血，肾脏肿胀、充血或出血（图3-7-16和图3-7-17）（陈少莺等，2009；刘鸿等，2010；黄瑜等，2008，2009）。

组织病理学变化主要见于肝脏和脾脏（陈少莺等，2009，2012；王丹，2016）。肝细胞坏死、出血、空泡化，炎性细胞和淋巴细胞浸润（图3-7-18）；脾脏充血出血、淋巴细胞大面积坏死（图3-7-19）；肾脏、心脏、法氏囊等亦存在不同程度病变（陈少莺等，2012）。

图3-7-8　番鸭新肝病：肝脏有许多坏死斑点和少量出血点，心外膜出血（张存供图）

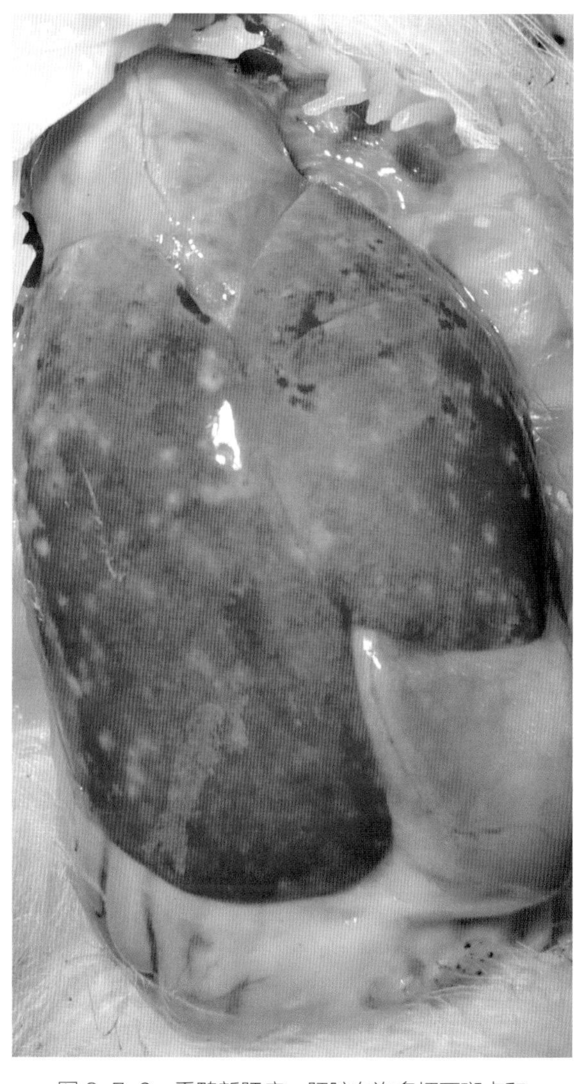

图3-7-9　番鸭新肝病：肝脏有许多坏死斑点和少量出血点（张存供图）

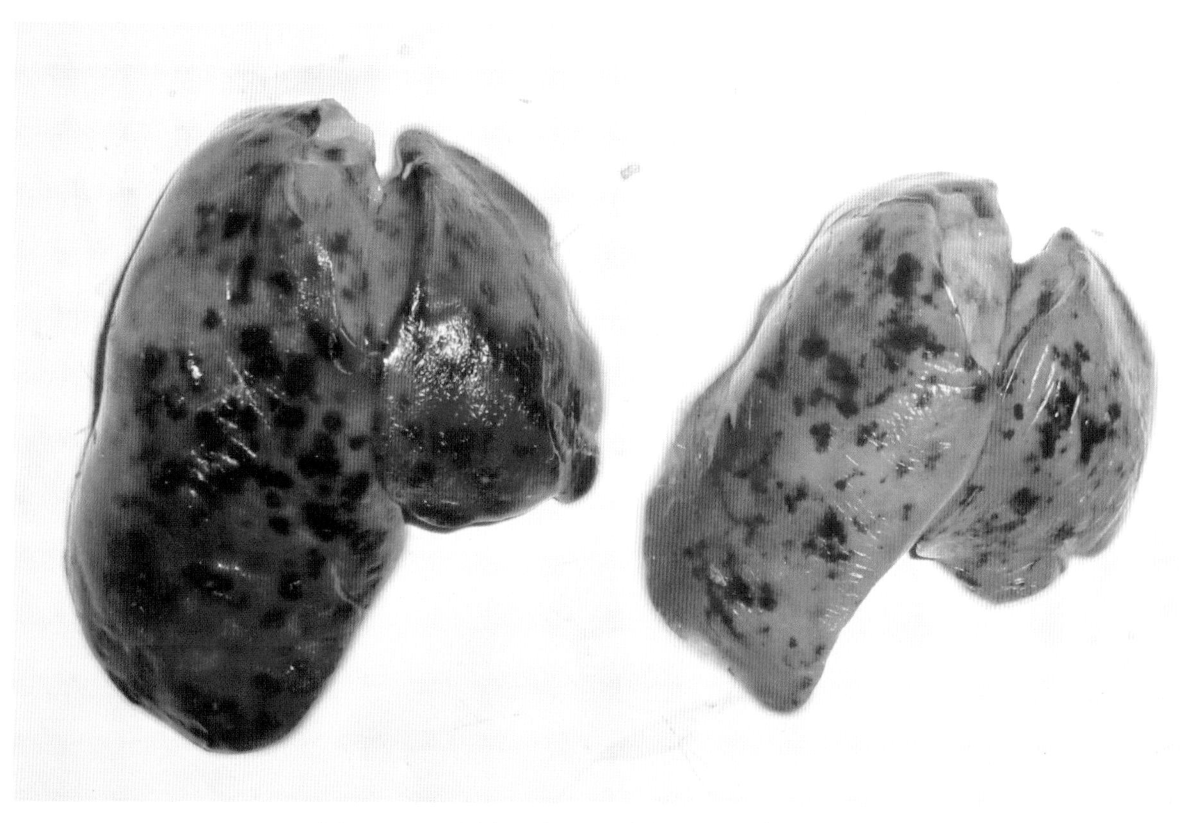

图 3-7-10　番鸭新肝病：肝脏有大量出血灶（张存供图）

图 3-7-11　番鸭新肝病：肝脏有许多出血灶和少量坏死点，心外膜出血（张存供图）

图 3-7-12　番鸭新肝病：肝脏有大量坏死斑和弥漫性出血，心外膜出血（黄瑜供图）

图 3-7-13　番鸭新肝病：肝脏有坏死灶，并伴有出血病变

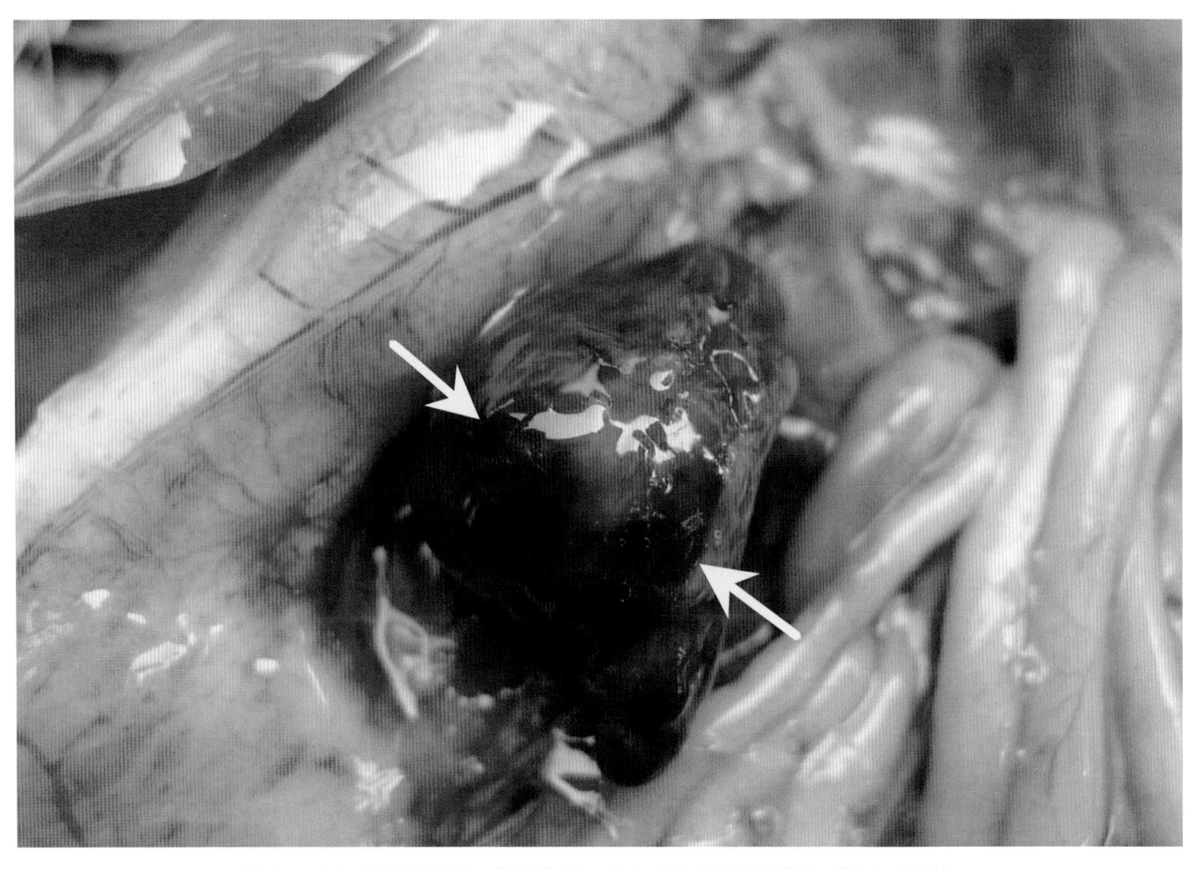

图 3-7-14　番鸭新肝病：脾脏色深，有出血灶（箭头所指）（张存供图）

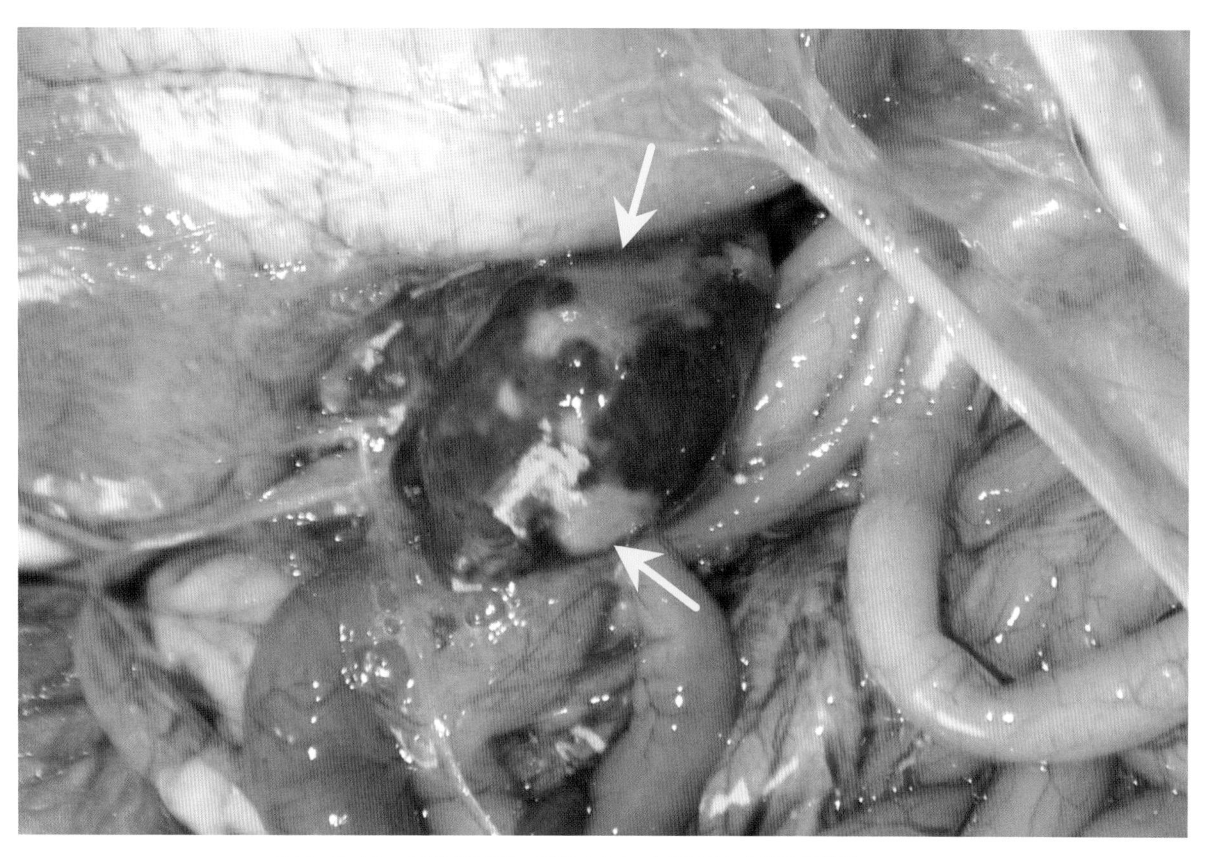

图 3-7-15　番鸭新肝病：脾脏色深，有坏死灶（箭头所指）

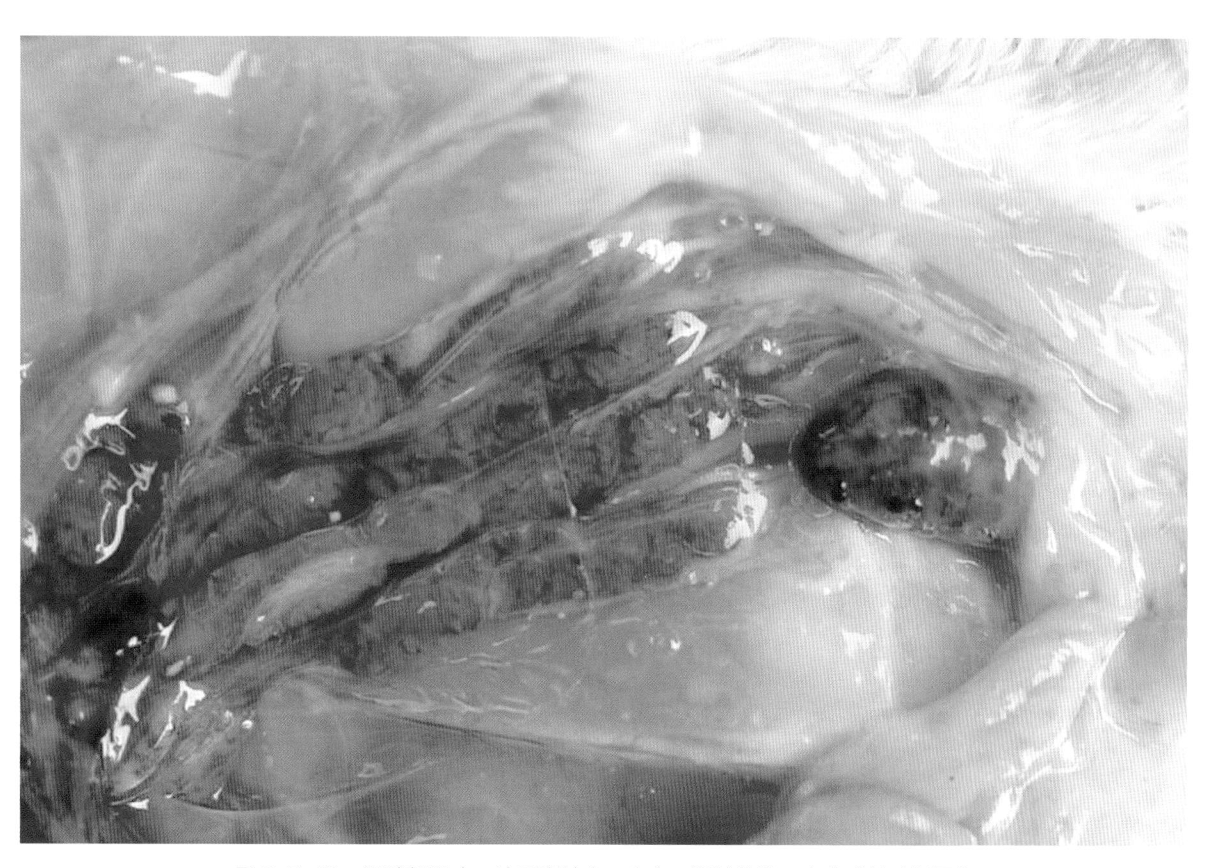

图 3-7-16　番鸭新肝病：法氏囊肿大、出血，肾脏肿胀、出血（黄瑜供图）

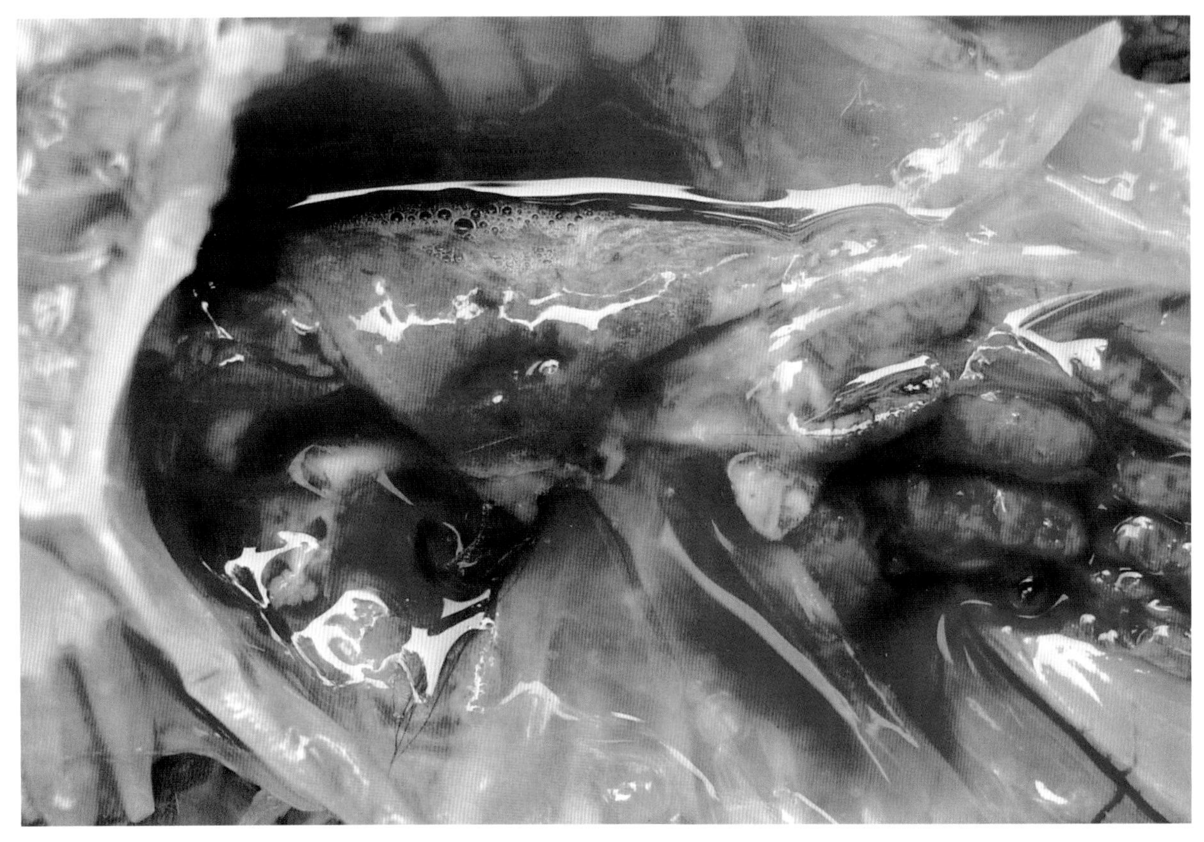

图 3-7-17　番鸭新肝病：肺脏水肿、充血或出血，肾脏肿胀、出血（张存供图）

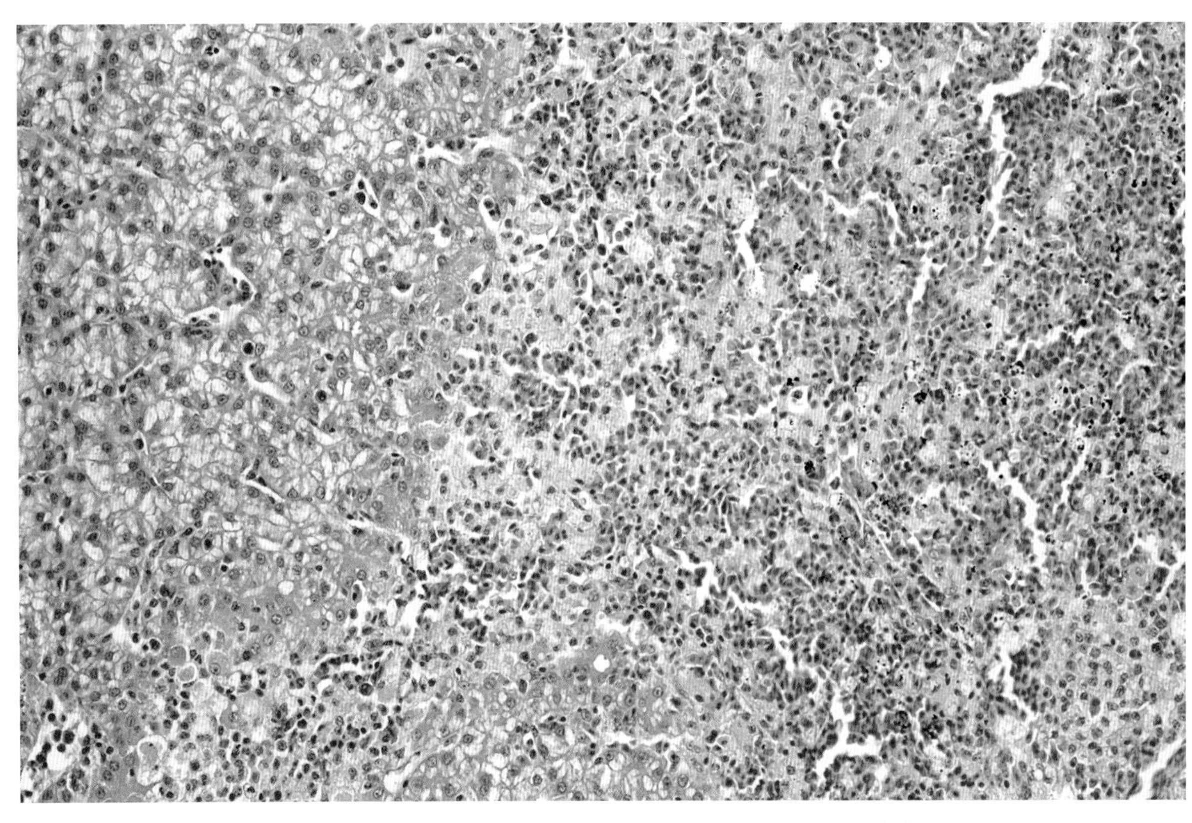

图 3-7-18　番鸭新肝病：用 N-MDRV J18 株感染番鸭，可见肝细胞空泡化，肝小叶坏死、出血，淋巴细胞和炎性细胞浸润

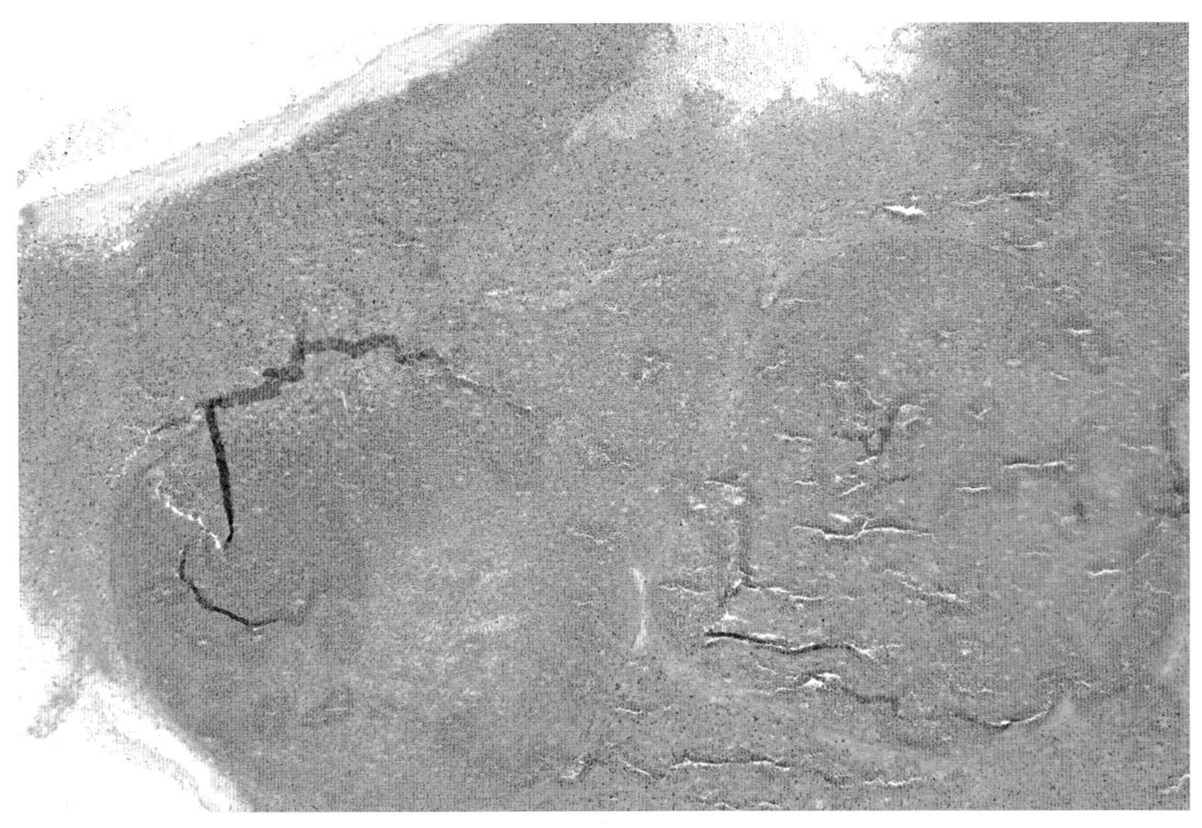

图 3-7-19 番鸭新肝病：用 N-MDRV J18 株感染番鸭，可见脾脏严重出血，淋巴细胞消失

五、诊断

根据肝脏的出血性坏死性病变，易对该病作出临床诊断，确诊需进行病毒的分离和鉴定。

（一）病毒分离

有典型病变的组织（如肝脏和脾脏）可用于病毒分离。将组织样品制成匀浆，经尿囊腔或绒毛尿囊膜途径接种9~10日龄SPF鸡胚或12~14日龄番鸭胚（或北京鸭胚），在接种后3~6天，可引起禽胚死亡，死胚皮下严重出血。若将病毒进行传代培养，禽胚死亡率会增加。在部分感染胚的肝脏和脾脏，见有出血点或坏死点（陈少莺等，2009）。

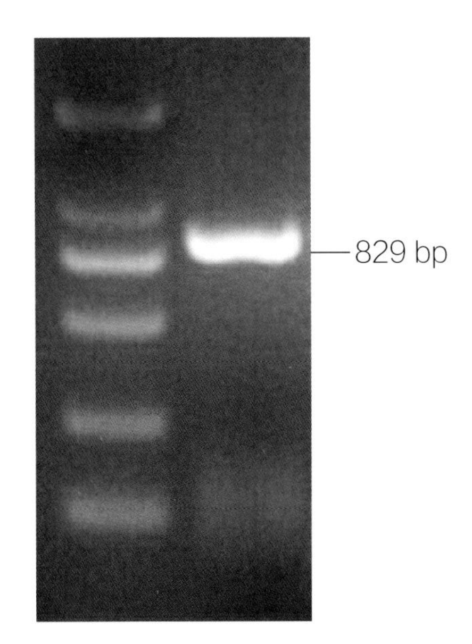

图 3-7-20 新型番鸭呼肠孤病毒 σC 基因的 RT-PCR 扩增

（二）分子检测

可在 μB、σA 和 σB 基因的保守区设计引物，用RT-PCR扩增后（胡奇林等，2004；施佳健，2014），通过对扩增产物的测序和序列分析，完成病毒鉴定。亦可利用外衣壳蛋白编码基因变异性高的特点，设计N-MDRV的特异性引物，通过扩增 σC 基因（图3-7-20）、μB或 σB基因，对N-MDRV进行快速鉴定（施佳健，

2014；王丹，2016；王劭等，2011）。

（三）血清学诊断

琼脂扩散沉淀试验和中和试验可用于N-MDRV分离株的血清学鉴定，亦可用于N-MDRV与番鸭呼肠孤病毒之间的抗原相关性分析（陈仕龙等，2011；王丹，2016）。若已将病毒分离株适应于细胞培养，则可用N-MDRV的抗血清或单克隆抗体经免疫荧光染色试验进行鉴定。

（四）感染试验

用N-MDRV病毒分离物经腿肌、口鼻、爪垫等途径接种易感雏番鸭，可复制出番鸭新肝病的典型病变（陈少莺等，2009；陈仕龙等，2010；黄瑜等，2009；王丹，2016），据此可对病毒进行进一步鉴定。

六、防治

目前尚无商品化的疫苗，加强鸭场的生物安全措施是预防该病的关键。可用N-MDRV分离株制备灭活疫苗免疫种鸭，通过母源抗体保护后代雏鸭。亦可制备高免卵黄抗体，用于发病鸭群的紧急接种。适量使用敏感抗菌药物，有助于控制细菌病的继发感染。

第八节　鸭脾坏死病

鸭脾坏死病（Spleen necrosis disease in ducklings）是2006年在我国北京鸭和樱桃谷鸭养殖业出现的一种呼肠孤病毒病，亦发生于麻鸭。该病主要发生于雏鸭期，以脾脏出现一个或数个较大的坏死斑为特征病变。该病已成为北京鸭、樱桃谷鸭和麻鸭的常见传染病。

一、病原学

该病病原为鸭呼肠孤病毒（Duck reovirus，DRV），属呼肠孤病毒科正呼肠孤病毒属（Liu et al.，2011；Ma et al.，2012）。DRV呈球形，无囊膜，有二十面体对称双层衣壳，直径72~85nm，在感染鸡胚的肝脏切片中，可见病毒在细胞质内呈晶格状排列（图3-8-1），亦可见空衣壳（图3-8-2）。DRV的基因组为双链RNA，分3组（L组、M组和S组）10个基因节段，其中，L1、L2和L3基因节段分别编码λA、λB和λC蛋白，M1、M2和M3基因节段分别编码μA、μB和μNS蛋白。DRV与新型番鸭呼肠孤病毒S组基因节段的排序和多顺反子节段的结构相同，S2、S3和S4基因节段分别编码σA、σB和σNS蛋白，S1为多顺反子节段，含3个ORF，分别编码p10、p18和σC蛋白（图3-8-3）（Ma et al.，2012；Zhu et al.，2015；王丹，2016）。

DRV和番鸭呼肠孤病毒的p10蛋白无序列相似性，外衣壳蛋白（μB、σB和σC）存在较高的变异（氨基酸序列同源性分别为76%、69%和41%），而其他蛋白的氨基酸序列则高度保守（同

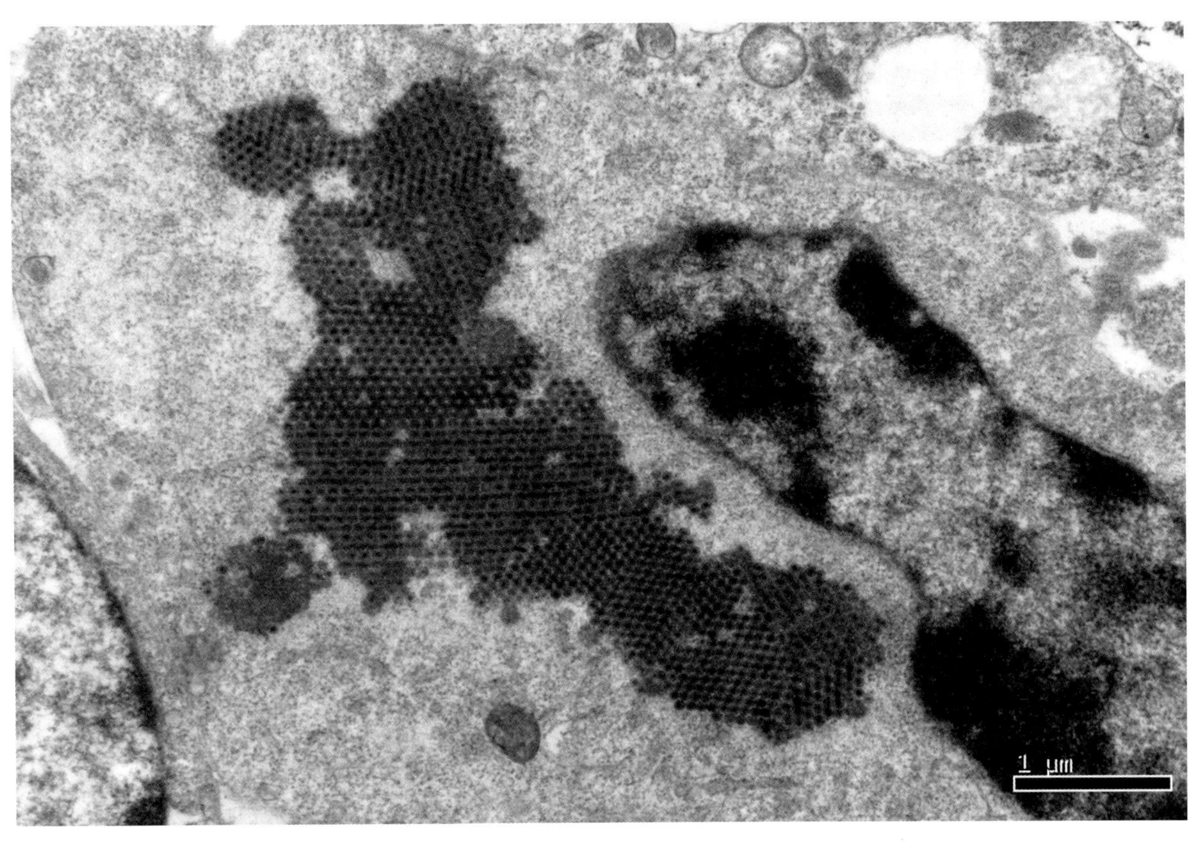

图 3-8-1　感染鸭呼肠孤病毒的鸡胚肝脏：病毒粒子呈晶格状排列

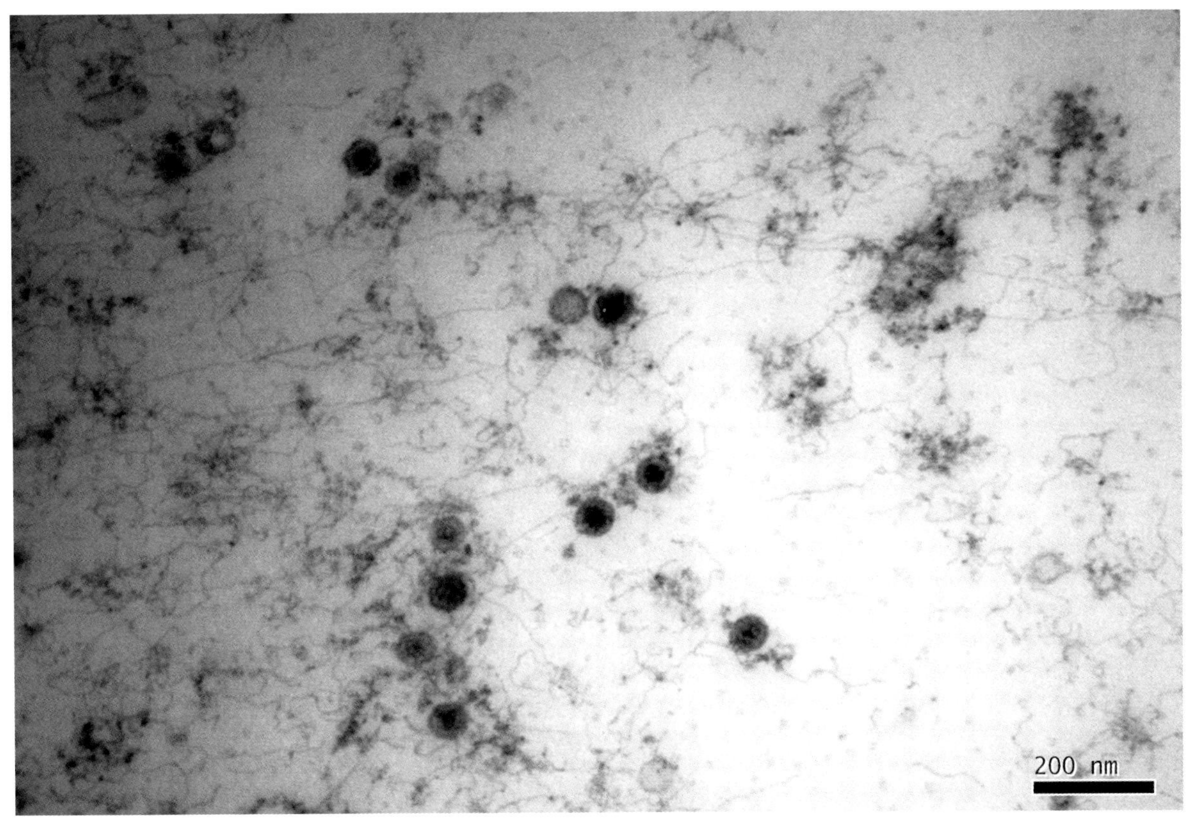

图 3-8-2　感染鸭呼肠孤病毒的鸡胚肝脏：实心和空心颗粒

源性大于92%）。比较DRV和新型番鸭呼肠孤病毒之间的关系，可见各蛋白质氨基酸序列均高度保守（同源性大于94%）（表3-8-1）。据此可认为，2005/2006年以来在我国北京鸭和樱桃谷鸭养殖业中出现的DRV与在番鸭养殖业出现的新型番鸭呼肠孤病毒属于同一个基因型的不同毒株，而较早出现的番鸭呼肠孤病毒属于不同的基因型（图3-8-4）。按目前的分类标准，水禽源呼肠孤病毒均与禽正呼肠孤病毒属于同种病毒。考虑到水禽源呼肠孤病毒与鸡源呼肠孤病毒的致病性、抗原性和基因序列存在明显差异，建议将水禽源呼肠孤病毒称为禽正呼肠孤病毒的水禽源分离株（ARV-Wa），番鸭呼肠孤病毒属于ARV-Wa基因1型，DRV与新型番鸭呼肠孤病毒属于ARV-Wa基因2型（Wang et al.，2013）。

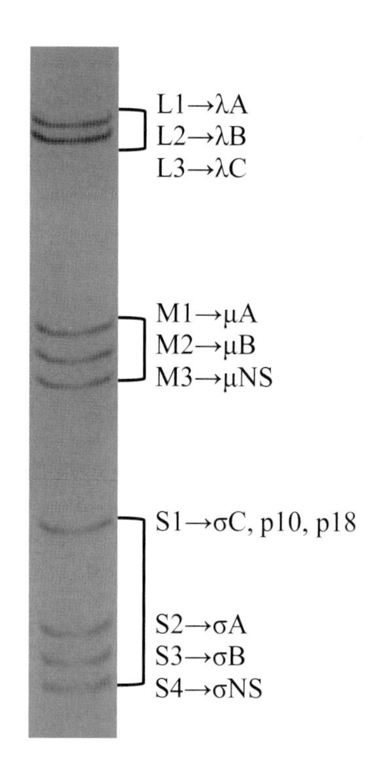

图 3-8-3　鸭呼肠孤病毒的基因组 RNA 及其编码产物

表 3-8-1　三类鸭源呼肠孤病毒的序列同源性 a（%）

基因节段 b	蛋白质	DRV 与 MDRV	DRV 与 N-MDRV	MDRV 与 N-MDRV
L1	λA	96	99	97
L2	λB	98	99	97
L3	λC	92	98	92
M1	μA	96	98	97
M2	μB	76	99	76
M3	μNS	94	99	94
S1（S2）	σA	98	98	98
S2（S3）	σB	69	97	69
S3（S4）	σNS	97	97	96
S4（S1）	-	-	-	-
	p10	3	100	3
	p18	-	96	-
	σC	41	97	41

a. 选鸭呼肠孤病毒（Duck reovirus，DRV）091 株、新型番鸭呼肠孤病毒（New type of Muscovy duck reovirus，N-MDRV）J18 株和番鸭呼肠孤病毒（Muscovy duck reovirus，MDRV）815-12 株进行比较。b.DRV 091 株和 N-MDRV J18 株 S 组基因节段排序列于括号内。-，MDRV 815-12 株无 p18 编码区 .

在琼脂扩散沉淀试验中，DRV与新型番鸭呼肠孤病毒具有相同的抗原性，但与番鸭呼肠孤病毒则存在部分抗原相关性（图3-8-5）。

DRV易于在北京鸭胚、番鸭胚和鸡胚中繁殖，经传代培养后，病毒可导致禽胚出现规律性死亡（Liu et al.，2011；马国明，2012；施佳健，2014；王丹，2016）。DRV亦可用鸭胚成纤维细胞培养，可导致鸭胚成纤维细胞出现明显的细胞病变（Chen et al.，2012；Liu et al.，2011；黄显明等，2012）。DRV对Vero和BHK-21等细胞亦具有较好的适应性（Chen et al.，2012；Liu et al.，2011；梁鲜便和韦平，2011）。

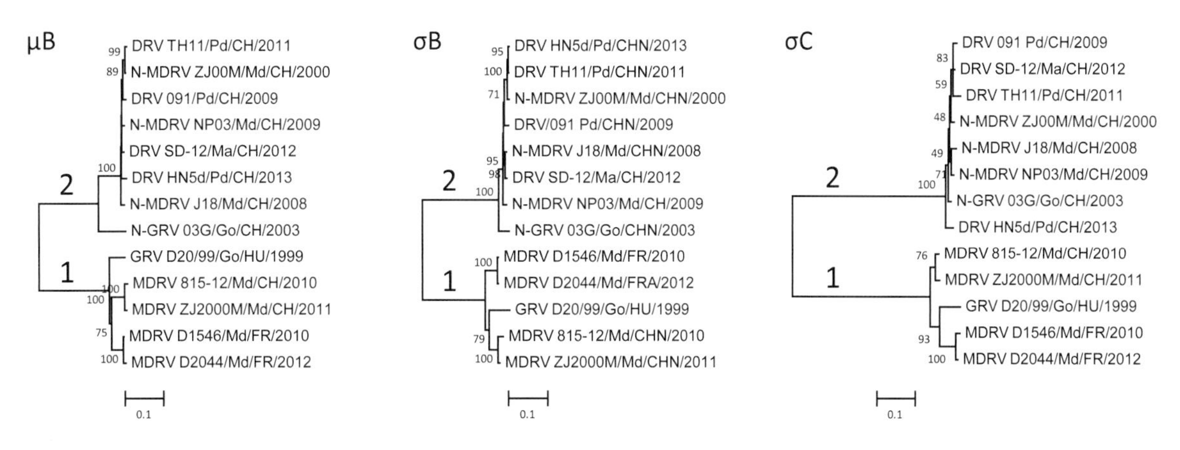

图 3-8-4　水禽呼肠孤病毒遗传演化分析

注：番鸭呼肠孤病毒（Muscovy duck reovirus，MDRV）、新型番鸭呼肠孤病毒（New type of Muscovy duck reovirus，N–MDRV）、鸭呼肠孤病毒（Duck reovirus，DRV）、鹅呼肠孤病毒（Goose reovirus，GRV）和新型鹅呼肠孤病毒（New type of goose reovirus，N–GRV）的部分毒株用于比较，用 μB、σB 和 σC 蛋白的编码区序列构建进化树，1 和 2 表示基因型。毒株表示方式为：毒株号、宿主（Pd，北京鸭；Md，番鸭；Ma，麻鸭；Go，鹅）、毒株来源（CH，中国；FR，法国；HU，匈牙利）和毒株分离时间。

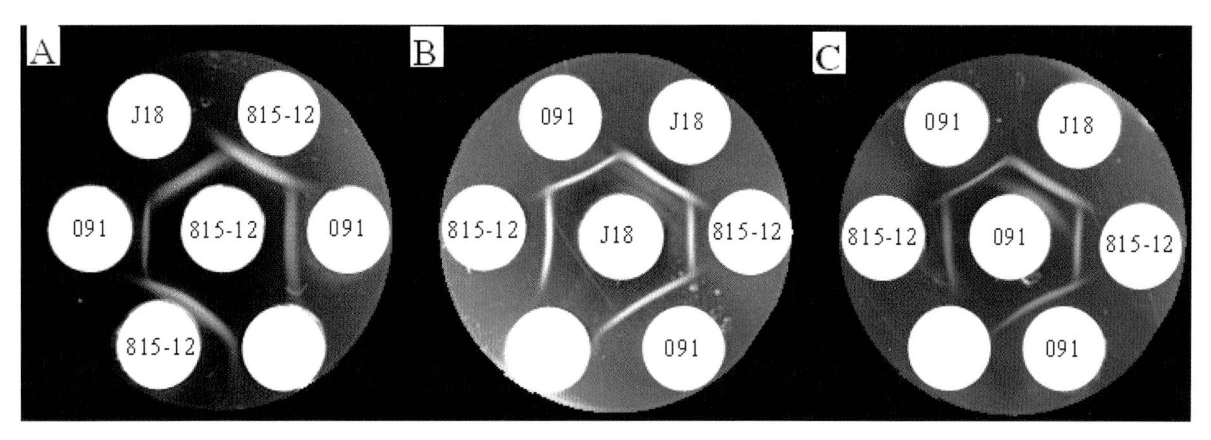

图 3-8-5　三株鸭源呼肠孤病毒的抗原相关性，
中心孔加抗血清，外围孔加抗原
815-12、J18 和 091 分别指番鸭呼肠孤病毒、新型番鸭呼肠孤病毒和鸭呼肠孤病毒的分离株

二、流行病学

迄今为止，仅我国报道了鸭脾坏死病。该病于2006出现于我国，北京、河北、内蒙古自治区（全书简称内蒙古）、山东、江苏、浙江、上海、安徽、福建、广西壮族自治区（全书简称广西）、河南和辽宁等地均有该病发生的报道（Chen et al.，2012；Liu et al.，2011；陈宗艳等，2012；黄显明等，2012；梁鲜便和韦平，2011；马国明，2012；马仁良等，2010；施佳健，2014；周世良，2014）。

该病多发生于2周龄内北京鸭和樱桃谷鸭，最早可见于3~5日龄。用DRV分离株感染1日龄北京鸭，可复制出脾脏坏死的病变，但通常不会引起雏鸭发病和死亡（Liu et al.，2011；黄显明等，2012；施佳健，2014），因此，在自然感染鸭群所观察到的死亡率可能还有其他致病因素的参与。曾有研究者观察到35%~40%的死亡率（Chen et al.，2012），用1株DRV基因缺失株感染北京鸭，可复制出20%~40%的死亡率（Zheng et al.，2016），可能说明不同DRV毒株的致病性存在差异。该病亦见于麻鸭，在番鸭和半番鸭，也能见到单一的脾脏坏死病变。

该病既可水平传播，也可经种蛋垂直传播（梁鲜便和韦平，2011）。

三、临床症状

感染鸭无明显临床症状。用某些毒株感染北京鸭，可观察到感染鸭精神沉郁、食欲减退（郑献进，2016）。

四、病理变化

该病特征病变为脾脏出现一个到数个坏死斑。在感染鸭群，不同病例的脾脏坏死程度有所不同（图3-8-6）。用DRV分离株感染1日龄北京鸭，在感染后第3~7天，可观察到脾脏坏死呈逐渐严重的变化趋势，在第7天后，脾脏坏死病变逐渐减轻直至消失（施佳健，2014）。在部分病例，亦可见肝脏有出血点（图3-8-7）、坏死点（图3-8-8）、或出血性坏死性肝炎（图3-8-9）。

图3-8-6　鸭脾坏死病：脾脏不同程度坏死

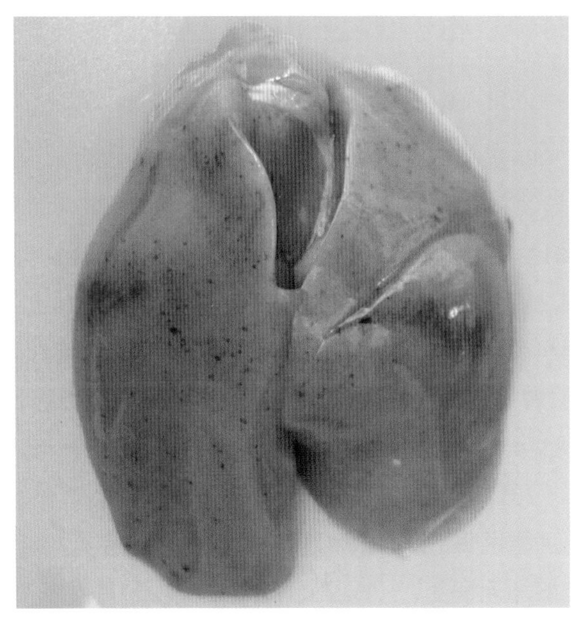

图3-8-7　鸭脾坏死病：肝脏有出血点

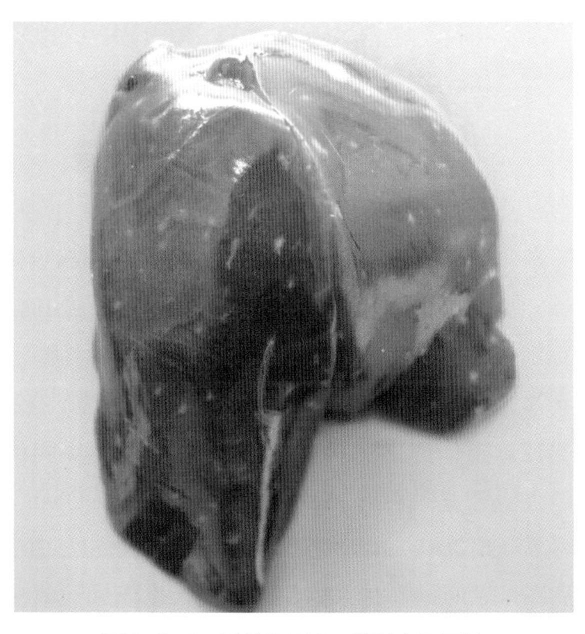

图3-8-8　鸭脾坏死病：肝脏有坏死灶

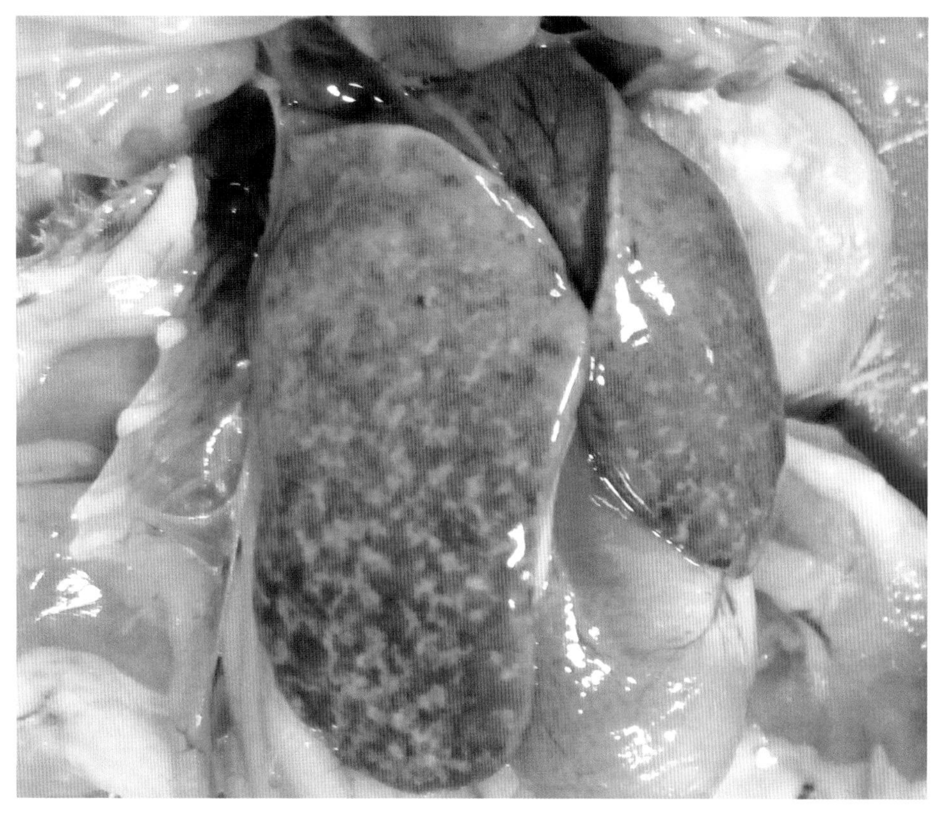

图 3-8-9 鸭脾坏死病：出血性坏死肝炎

在脾脏、肝脏、法氏囊和胸腺见有组织病理学变化（Liu et al.，2011；王丹，2016）。脾脏淋巴细胞大量坏死，坏死灶周围有炎性细胞浸润（图3-8-10）；肝脏呈局灶性肝坏死，胆管增生（图3-8-11）；法氏囊和胸腺的淋巴细胞坏死和排空（图3-8-12和图3-8-13）。

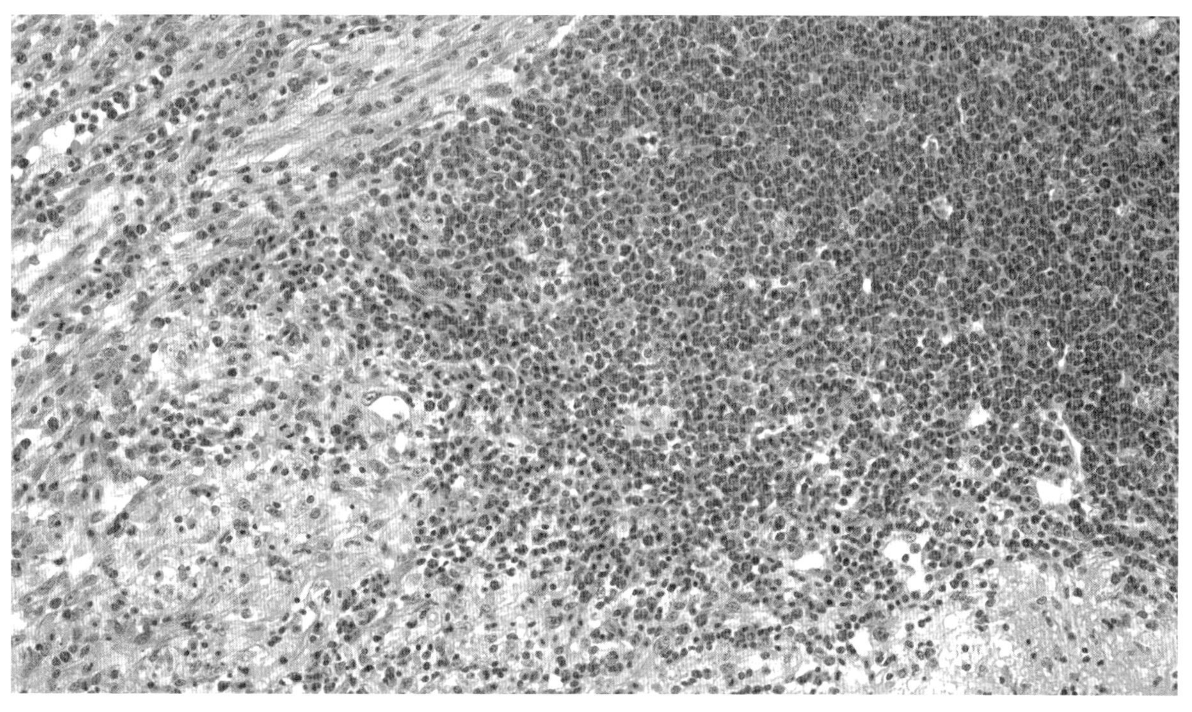

图 3-8-10 鸭脾坏死病：感染北京鸭的脾脏淋巴细胞大面积坏死，炎性细胞浸润

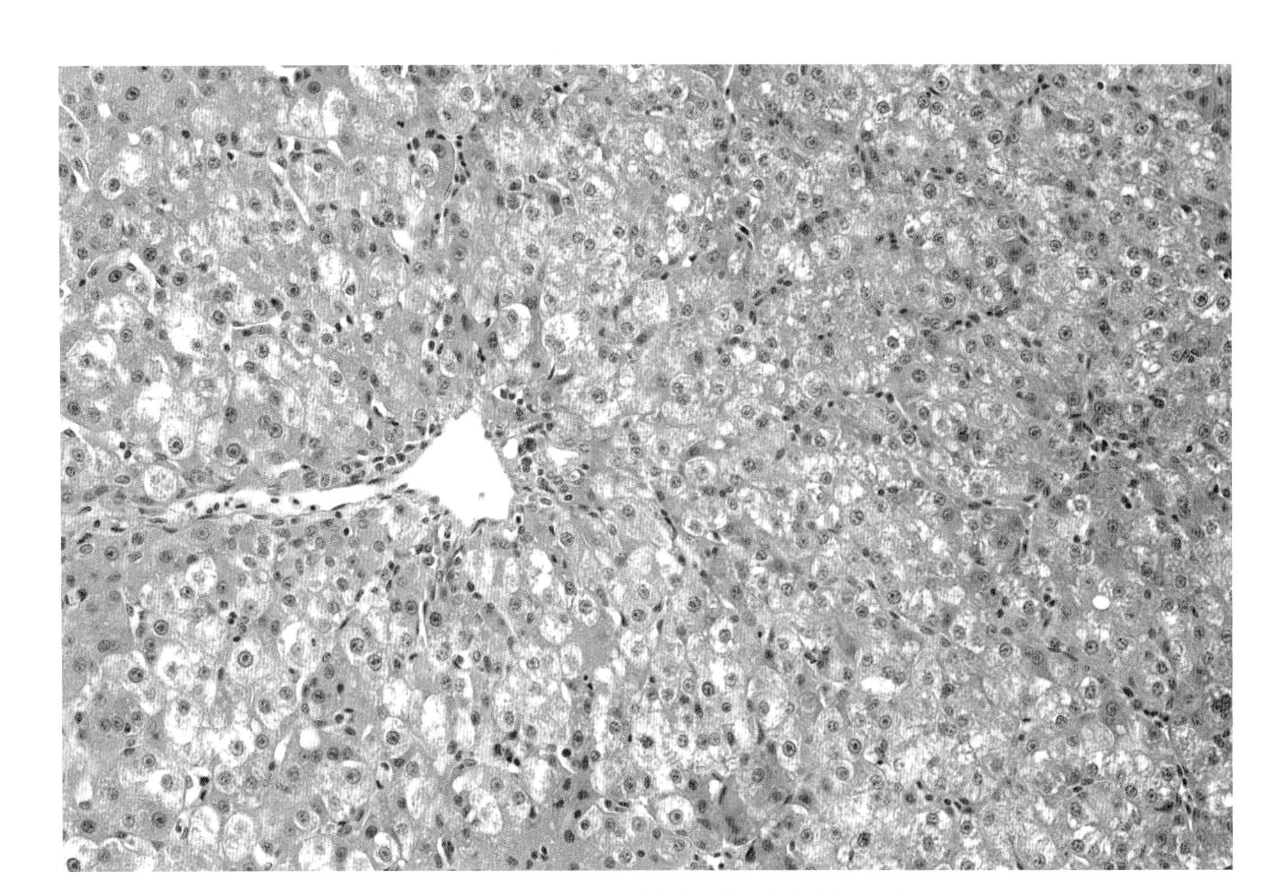

图 3-8-11　鸭脾坏死病：感染北京鸭的肝细胞空泡化和坏死

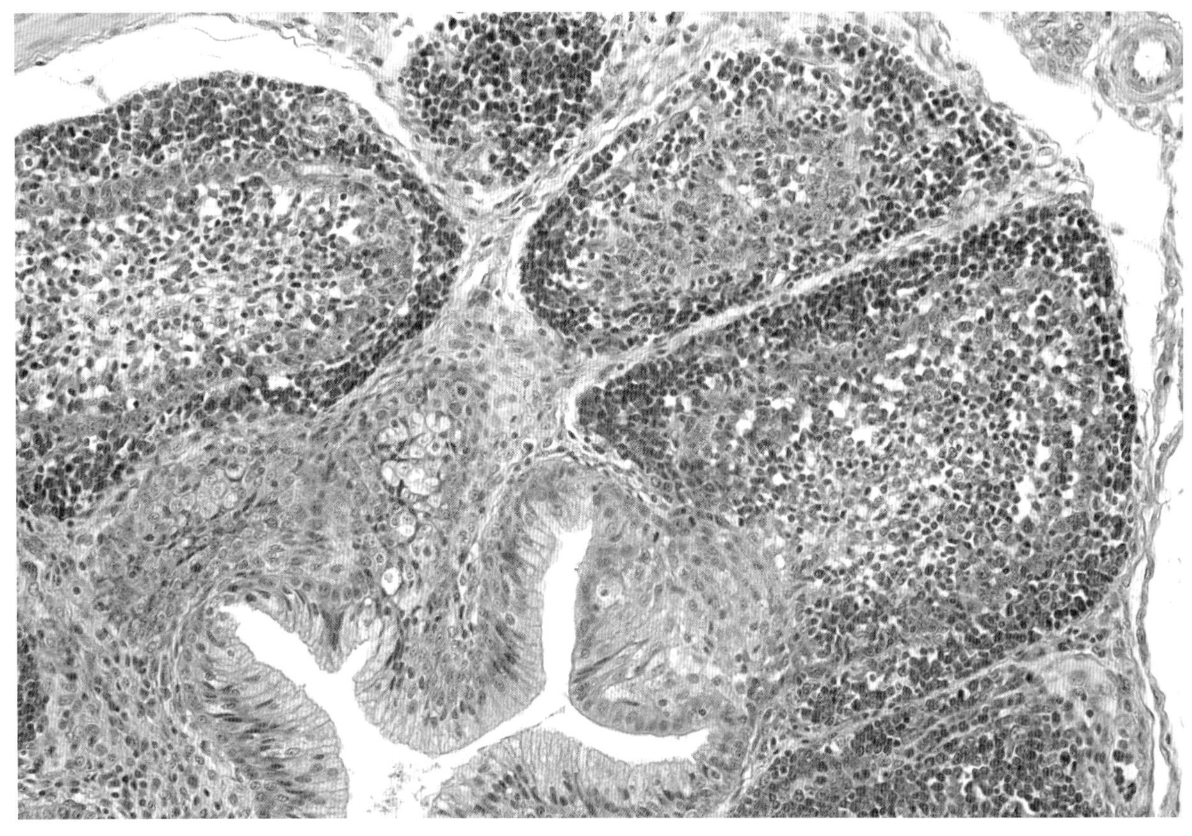

图 3-8-12　鸭脾坏死病：感染北京鸭的法氏囊淋巴细胞坏死

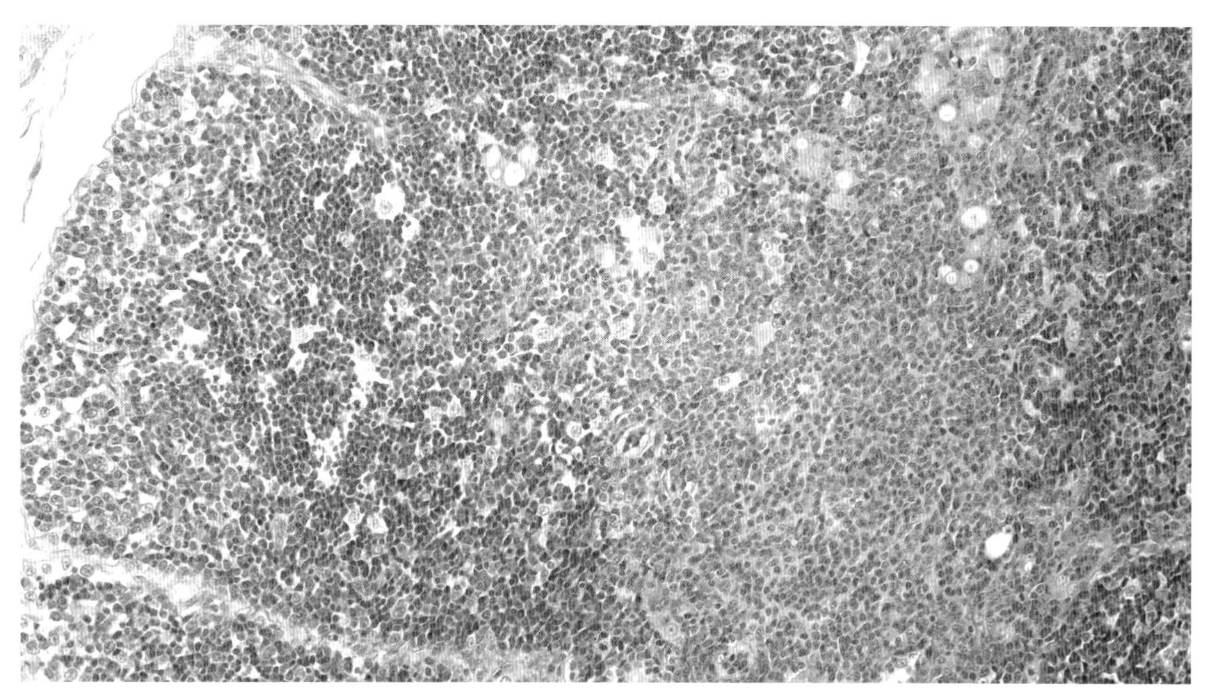

图 3-8-13　鸭脾坏死病：感染北京鸭的胸腺淋巴细胞坏死和排空

五、诊断

根据雏鸭脾脏坏死病变，易对该病作出初步诊断。对病毒进行分离和鉴定，可对该病作出确诊。

（一）病毒分离

肝脏和脾脏可用于病毒分离。将病变组织制成匀浆，经尿囊腔途径接种于9~10日龄鸡胚或10~12日龄鸭胚，在接种后4~7天，可见部分胚死亡，死胚皮下严重出血。

（二）分子检测

用RT-PCR可对DRV分离株进行快速鉴定（图3-8-14）。可扩增μB、σA、σB和σC基因（胡奇林，2004；施佳健，2014），也可扩增其他基因。对PCR产物进行测序和序列分析，可对DRV分离株作出更准确的鉴定，亦可用于了解毒株多样性。

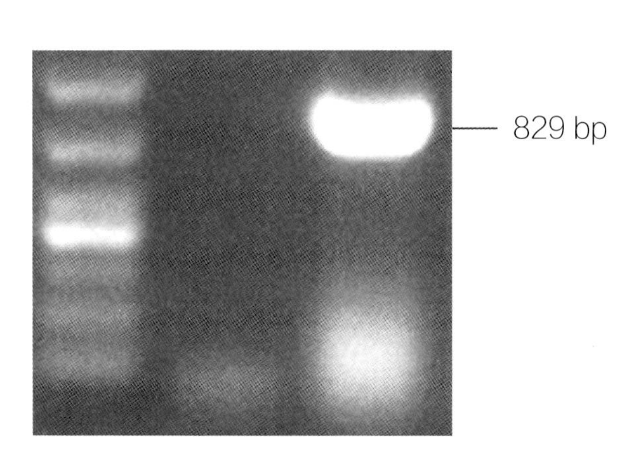

图 3-8-14　鸭呼肠孤病毒 σC 基因的 RT-PCR 扩增

（三）血清学诊断

琼脂扩散沉淀试验和中和试验可用于DRV分离株的血清学鉴定，亦可用于DRV与其他水禽源毒株之间的抗原相关性分析（王丹，2016）。若已将病毒分离株适应于细胞培养，则可用DRV的抗血清或单克隆抗体经免疫荧光染色试验进行鉴定。

（四）感染试验

用病毒分离株感染1日龄北京鸭，可复制出鸭脾坏死病的典型病变，据此可对疾病进行进一步确诊。

六、防治

目前尚无商品化疫苗，也无有效治疗药物。DRV感染一般不会引起雏鸭发病和死亡（施佳健，2014），损失大多来自细菌的继发感染，加强环境卫生管理，使用敏感抗菌药物，可减少发病率和死亡率。

第九节 番鸭小鹅瘟

番鸭小鹅瘟（Gosling plague in Muscovy ducks）又名番鸭的鹅细小病毒感染（Goose parvovirus infection in Muscovy ducks），是番鸭的一种高度接触性传染病，其特点是传播快、发病率和死亡率高。该病主要发生于3周龄以内雏鸭，特别是1周龄内雏鸭更易发生。病鸭常腹泻，特征病变是肠道发生纤维素性肠炎并形成腊肠样的栓子。

一、病原学

该病病原为鹅细小病毒（Goose parvovirus，GPV），又名小鹅瘟病毒（Gosling plague virus，GoPV），与引起鹅小鹅瘟的病原相同，分类上属细小病毒科细小病毒亚科依赖细小病毒属。以往GPV属于独立的病毒种（King et al.，2011），在第10次病毒分类报告中，国际病毒分类委员会提出了新的病毒种名——雁形目依赖细小病毒1型（*Anseriform dependoparvovirus 1*），并将GPV作为该病毒种的成员之一（https://talk.ictvonline.org/taxonomy）。

GPV呈大致球形，无囊膜，直径为20~22 nm（Swayne et al.，2013）。GPV基因组为单链DNA，长约5.1 kb，含2个ORF，靠近基因组5′端的ORF编码病毒非结构蛋白REP1和REP2，靠近基因组3′端的ORF编码病毒衣壳蛋白VP1、VP2和VP3（Zádori et al.，1995）。

GPV易于在鹅胚和番鸭胚以及这两种禽胚的成纤维细胞中繁殖。该病毒对北京鸭胚的适应性较差，用番鸭胚传代后，可在北京鸭胚中繁殖（Gough et al.，1981；Gough and Spackman，1982；Hoekstra et al.，1973）。

二、流行病学

小鹅瘟于1956年在江苏扬州的雏鹅中发现（方定一，1962），此后，小鹅瘟对番鸭生产亦构成严重威胁（Swayne et al.，2013）。1973年，荷兰研究者在实验条件下确定番鸭对该病高度易感（Hoekstra et al.，1973）。中国（盛佩良等，1990）、法国（Jestin et al.，1991）和日本（Takehara et al.，1995）等国家均有番鸭小鹅瘟的发生和流行。1988年12月25日，我国福建某鸭场从法国引进一批巴巴厘种番鸭，饲养至17日龄时发生小鹅瘟（盛佩良等，1990），这是首次在我国见到番鸭发生小鹅瘟。除福建外，江苏（潘春燕，2008；羊建平，2003）、山东（董雪松等，2014；王自然和朱文峰，2003；赵振玲，2012）、安徽（Liu et al.，2014）和黑龙江（许英民，2007）等地曾发生过番鸭小鹅瘟。

番鸭小鹅瘟与鹅的小鹅瘟颇为相似，多发生于3周龄以内的雏鸭（王永坤和田慧芳，2007）。潜伏期、发病率和死亡率与种鸭免疫状况以及雏鸭日龄有关。若1周龄内易感雏鸭感染，死亡率可高达90%以上。而1周龄以上的番鸭发病，死亡率较低。1988年我国福建某场从法国引进的番鸭在17日龄发生小鹅瘟时，死亡率为35%左右（盛佩良等，1990）。在实验条件下，用GPV感染1日龄番鸭，死亡率可达90%~100%；但在3周龄感染时，无雏鸭死亡（Glávits et al.，2005）。

三、临床症状

1周龄左右易感雏鸭感染后，迅速出现厌食、烦渴、虚弱、虚脱等症状，很快死亡（Swayne et al.，2013）。2周龄左右雏鸭感染后，表现为精神委顿，食欲不振或废绝，但渴欲增加。病鸭排黄白色或黄绿色水样稀便，粪便中含有气泡或未消化的饲料，肛门周围的羽毛常沾染稀便。继而软弱无力，蹲伏，不能走动。眼鼻有分泌物，呼吸困难，部分病鸭张口呼吸。喙端和爪尖发绀，死前常侧卧或躺卧，两脚蹬踢，有些病例临死前出现神经症状，头颈扭转，倒地抽搐而死（董雪松等，2014；潘春燕，2008；王自然和朱文峰，2003；许英民，2007）。耐过鸭生长发育受阻，体型消瘦，少数耐过鸭极度消瘦，成为僵鸭，只能淘汰。部分鸭羽毛脱落（盛佩良等，1990）。

四、病理变化

急性死亡病例主要表现为肠道急性卡他性炎症，小肠黏膜充血、出血、坏死和脱落（图3-9-1至图3-9-3），肠壁变薄（图3-9-4）。在部分病例，小肠中后段膨大，肠腔中充塞淡灰白色或淡灰黄

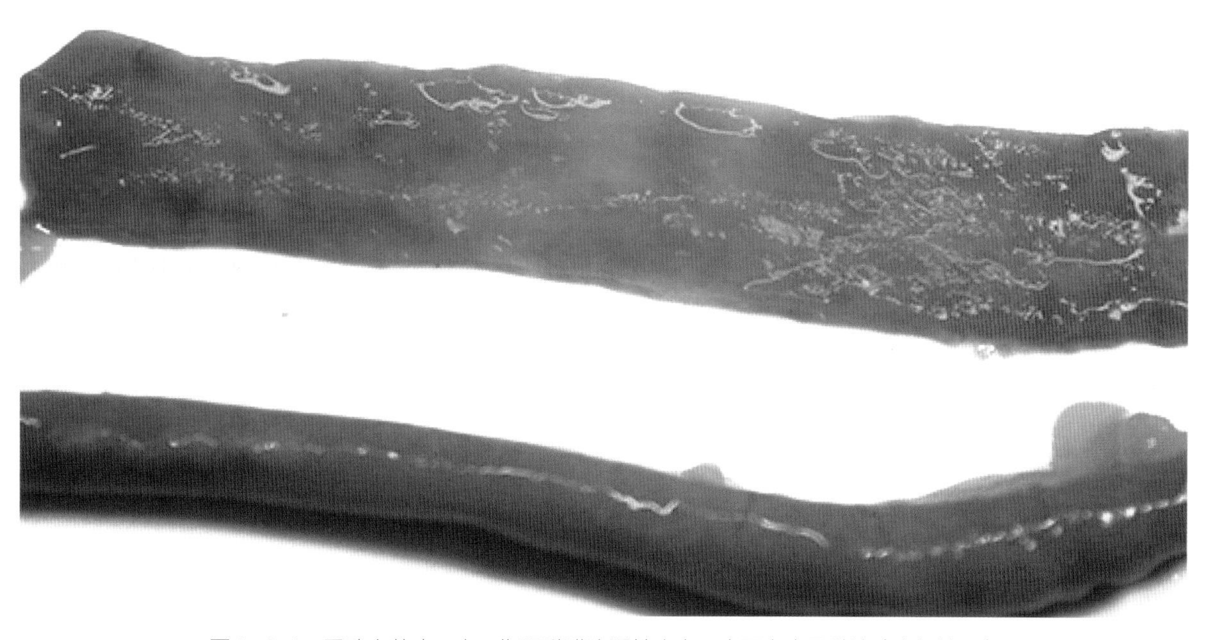

图3-9-1 番鸭小鹅瘟：十二指肠黏膜弥漫性充血，表面有大量黏液（出版社图）

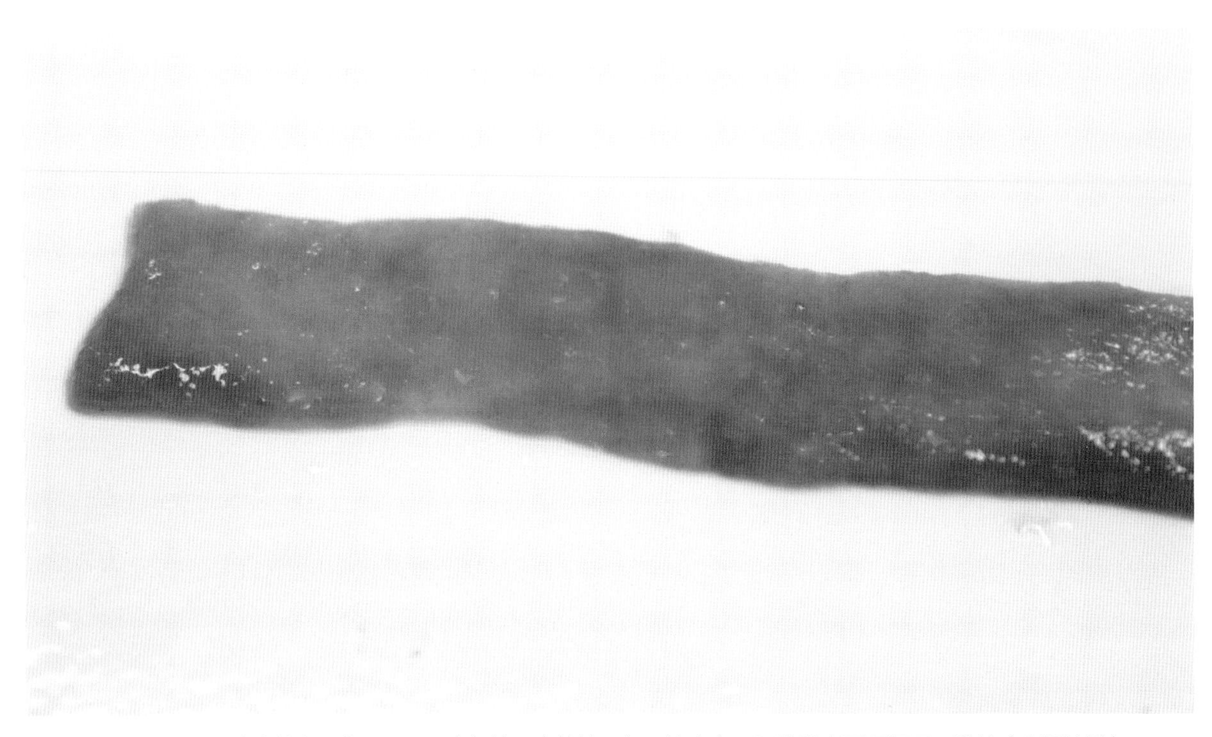

图 3-9-2　番鸭小鹅瘟：空肠和回肠有急性、卡他性及坏死性病变，肠黏膜大面积坏死、脱落（出版社图）

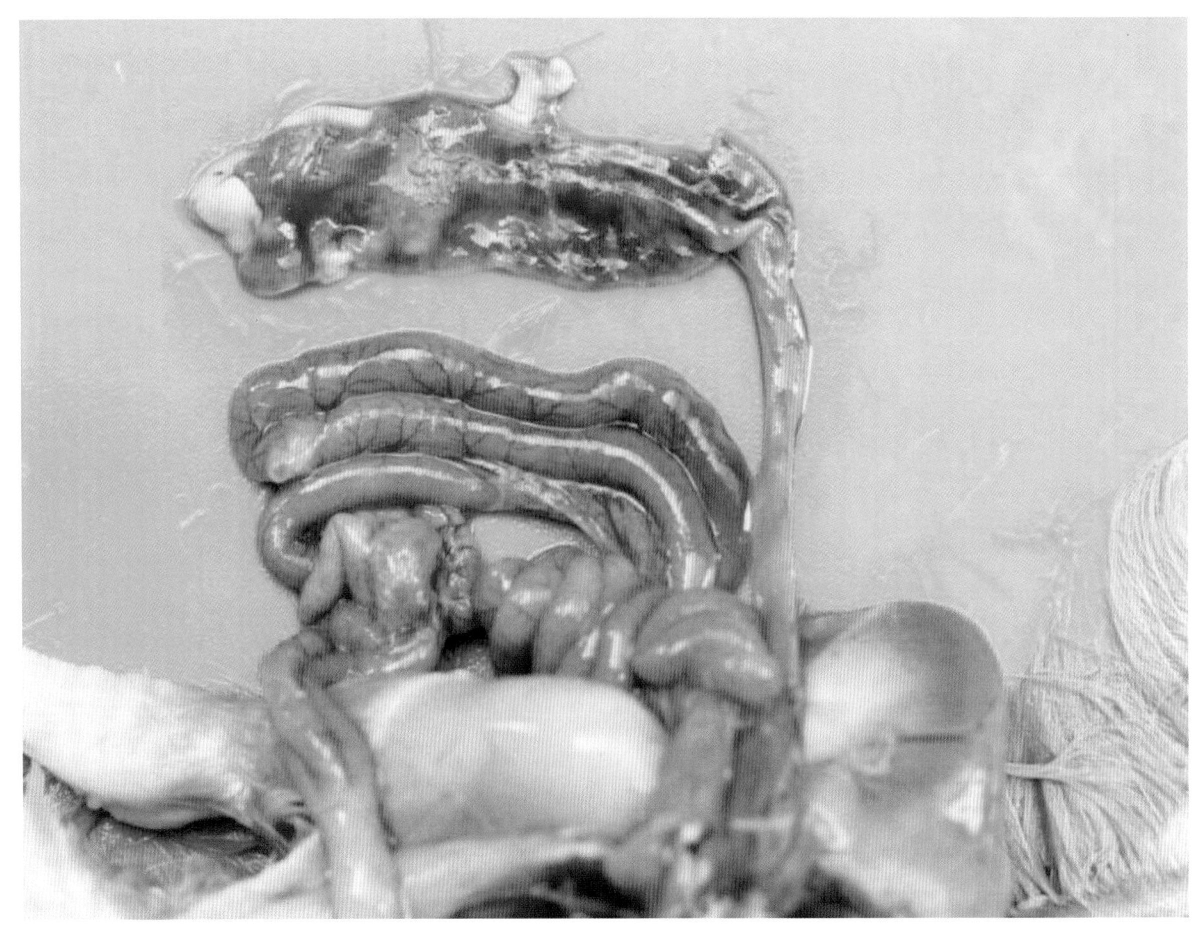

图 3-9-3　番鸭小鹅瘟：肠黏膜弥漫性出血（黄瑜图）

图3-9-4 番鸭小鹅瘟：肠壁变薄（黄瑜图）

色的香肠样栓子（图3-9-5至图3-9-7），其中心为干燥的肠内容物，外包以凝固的、坏死脱落的肠黏膜组织和纤维素性渗出物（图3-9-8）（盛佩良等，1990；王自然和朱文峰，2003；许英民，2007；羊建平，2003）。在有些病例，可见不同程度的纤维素性心包炎和肝周炎，脑膜及脑实质血管充血，胆囊胀大、充满稀薄胆汁，胰腺肿大、变性、偶见灰白色坏死点（图3-9-9）。脾脏颜色暗红，偶见其切面有少量灰白色点状坏死灶（图3-9-10）。亦有少数病例有腹水，肾脏肿大、充血，肌胃轻度糜烂，气囊浑浊、增厚，或气管和支气管内有黏液（盛佩良等，1990）。

匈牙利研究者详细比较过1日龄和3周龄试验感染鸭的大体病变和组织病变（Glávits et al., 2005）。在1日龄感染，番鸭小肠肿胀，肠黏膜增厚、表面有纤维素性渗出物、偶尔出现纤维蛋白栓子。在部分病例，可见浆液纤维素性气囊炎、心包炎和肝周炎。主要组织病变是出现严重的肠炎（伴有黏膜和李氏腺上皮细胞坏死），并形成核内包涵体。其他明显病变包括肝炎和淋巴器官（法氏囊、胸腺和脾）萎缩（淋巴细胞缺失）。在3周龄感染时，大体病变多见于心脏，表现为心肌呈苍白色、心尖变圆，也常见肝脏和脾脏充血以及浆液纤维素性气囊炎、心包炎和肝周炎，在心包和腹腔见有淡黄色渗出液，偶见大腿肌和胸肌呈苍白色、出血。组织病变包括心肌细胞变性、淋巴细胞浸润，肝炎，骨骼肌纤维变性，轻度坐骨神经炎和脑脊髓灰质炎。

五、诊断

根据发病日龄和肠道病变可作出初步诊断，确诊需进行病毒的分离和鉴定。

图 3-9-5　番鸭小鹅瘟：小肠中后段膨大（黄瑜图）

图 3-9-6　番鸭小鹅瘟：小肠中后段膨大（黄瑜图）

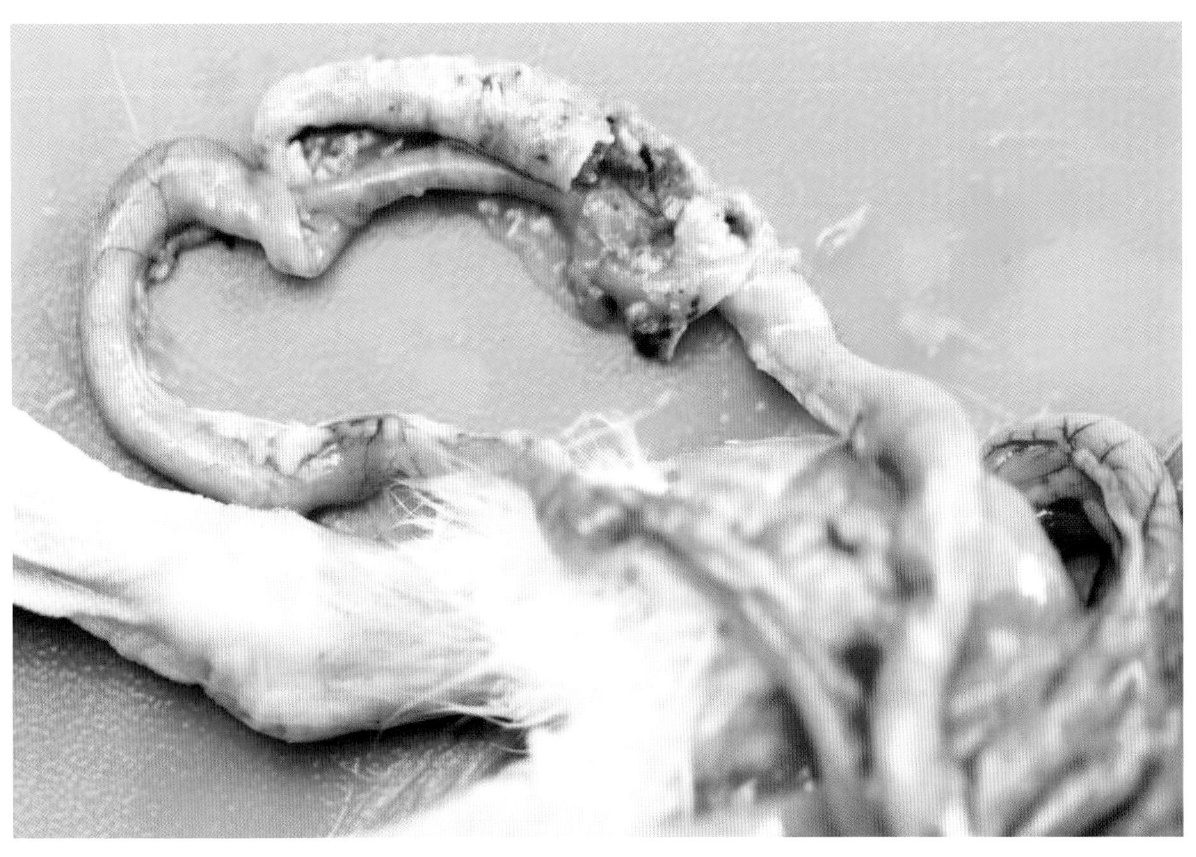

图 3-9-7　番鸭小鹅瘟：小肠栓子（黄瑜图）

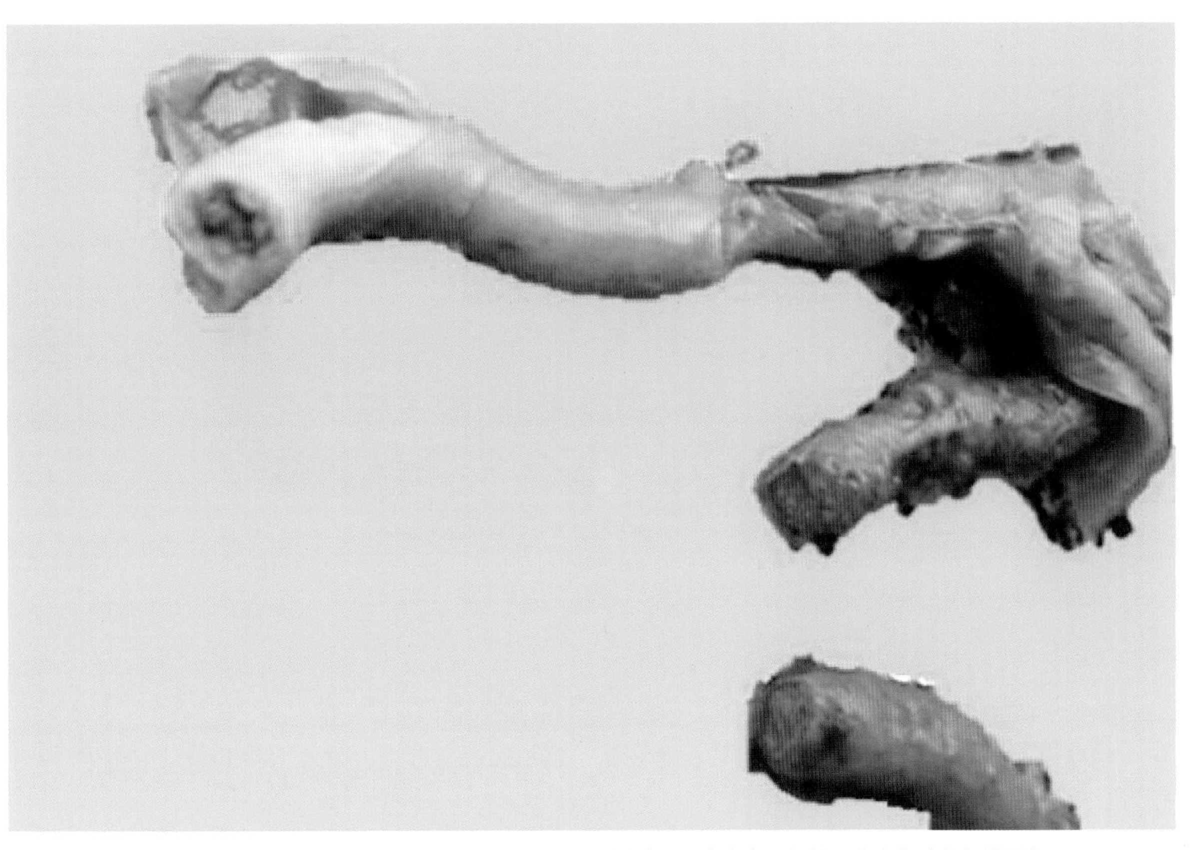

图 3-9-8　番鸭小鹅瘟：肠腔充塞淡灰黄色香肠样栓子，中心为干燥的肠内容物（张存供图）

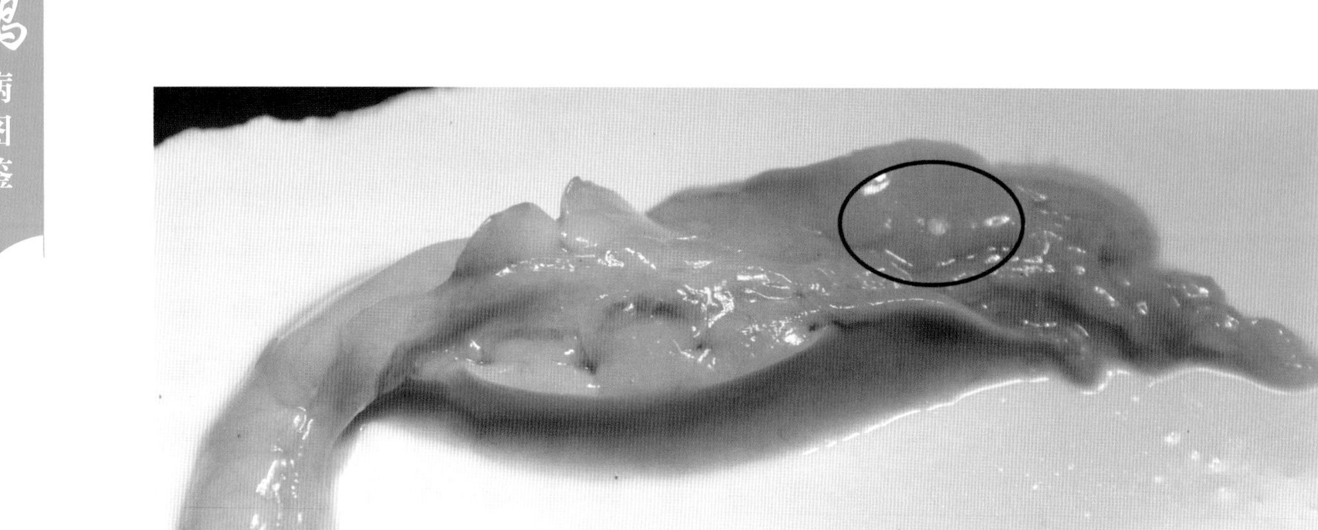

图 3-9-9　番鸭小鹅瘟：胰腺肿大、变性，偶见灰白色坏死点（出版社图）

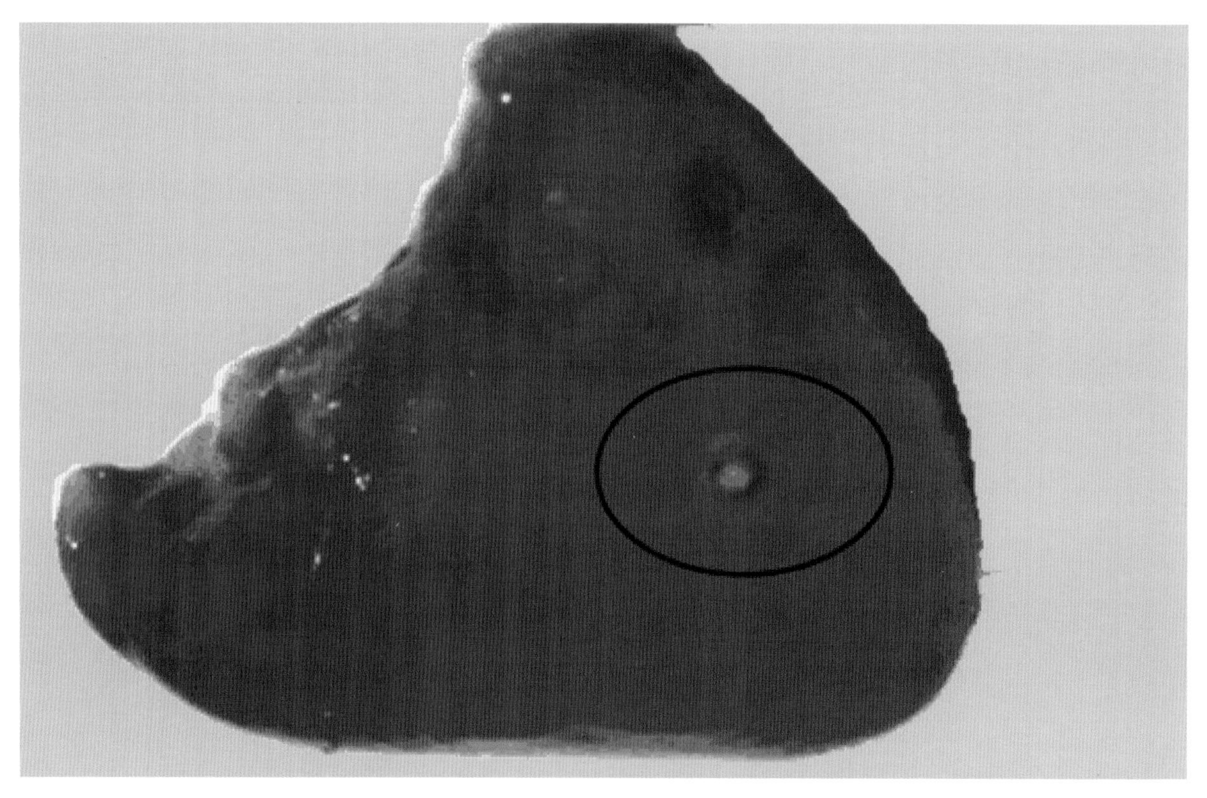

图 3-9-10　番鸭小鹅瘟：脾脏颜色暗红，偶见其切面有少量灰白色点状坏死灶（出版社图）

（一）病毒分离

病变组织（如肝脏和脾脏）可用于病毒分离。将组织样品制成匀浆，经尿囊腔途径接种 12 日龄番鸭胚，在接种后 3~7 天可致鸭胚死亡，感染鸭胚绒毛尿囊膜增厚，胚体皮下、翅、趾、胸、背和头部有出血点。将病毒分离株接种番鸭胚成纤维细胞，可引起细胞病变。将病料接种至 9~11 日龄易感鹅胚的尿囊腔，在接种后8~14天，所有鹅胚均死亡，鹅胚生长发育受阻、水肿，心脏发白，肝脏呈赭石色、红白相间，脚部出血、脚趾向后弯曲。亦可用鹅胚成纤维细胞分离病毒，但需同步接种，在接种病毒96~120小时后，可引起细胞病变（Gough et al.，1981）

（二）血清学诊断

用GPV特异性抗血清进行中和试验，可对病毒分离株进行特异性鉴定，但该法费时。琼脂扩散沉淀试验则较为简便，若病毒分离株与GPV抗血清形成清晰沉淀线，即可将病毒分离株鉴定为GPV（Gough，1984）。用GPV单克隆抗体致敏聚苯乙烯乳胶后，可用乳胶凝集试验对病毒分离株进行快速鉴定（朱小丽等，2012）。直接或间接荧光抗体染色试验则可用于感染组织和细胞培养中的病毒鉴定（程由铨等，1993；朱小丽等，2012）。

（三）分子检测

用水禽细小病毒的PCR扩增VP1和VP3基因，可对病毒分离株进行鉴定（Chang et al.，2000，Tatár-Kis et al.，2004），亦可直接对临床样品进行检测，但还需对PCR扩增产物进行测序和序列分析，以便于对GPV作出更准确的鉴定。

六、防治

（一）管理措施

GPV可经卵垂直传播，因此，加强种鸭场环境卫生管理、重视种鸭疫苗免疫工作，可减少种鸭感染病毒、并将病毒传播至后代雏鸭的风险。GPV易在孵化环节传播，要重视孵化场消毒，避免雏鸭在孵化环节感染病毒。在商品鸭场，要重视雏鸭的免疫工作，提高雏鸭对GPV的特异性抵抗力。加强商品鸭场环境卫生管理，有助于减少病毒污染程度。

（二）疫苗免疫接种

种鸭在开产前免疫1~2次小鹅瘟活疫苗，可获得抗病毒感染能力，种鸭体内的特异性抗体还可传递至后代雏鸭。为使种鸭在整个产蛋期都能获得高水平抗体，在产蛋高峰期后可进行一次加强免疫。母源抗体可保护后代雏鸭在出壳后一段时间内抵抗GPV感染，但这种保护能力取决于母源抗体水平。后代雏鸭体内的母源抗体会衰减，需根据母源抗体衰减情况，用小鹅瘟活疫苗对雏鸭进行免疫。

（三）治疗

若雏番鸭发生小鹅瘟，需及时注射小鹅瘟抗体制品。也可结合以往病史和种鸭免疫背景，在雏番鸭出壳后用小鹅瘟抗体制品进行预防。

第十节　番鸭细小病毒病

番鸭细小病毒病（Muscovy duck parvovirus infection）是危害番鸭的一种细小病毒病，多发生于三周龄以内的雏鸭，因此，在我国又将该病称为番鸭三周病。其主要临床症状是腹泻和呼吸困难，主要病理变化是胰腺坏死和出血。该病可引起较高的死亡率，是危害番鸭养殖业的主要疾病之一。

一、病原学

该病病原是番鸭细小病毒（Muscovy duck parvovirus，MDPV），亦称为鸭细小病毒（Duck parvovirus，DPV），分类上属细小病毒科细小病毒亚科依赖细小病毒属。以往将DPV与鹅细小病毒界定为两种不同的病毒（King et al.，2011），在第10次病毒分类报告中，国际病毒分类委员会将它们界定为雁形目依赖细小病毒1型的两个成员（https://talk.ictvonline.org/taxonomy）。

尽管将DPV与鹅细小病毒划归为同种病毒，但其基因组序列同源性仅为80%左右（Zádori et al.，1995）。用衣壳蛋白或非结构蛋白序列进行遗传演化分析，DPV与鹅细小病毒则形成两个明显不同的分支（Chang et al.，2000；Chu et al.，2001；Tatár-Kis et al.，2004）。在血清学试验中，DPV与鹅细小病毒存在部分抗原相关性（Swayne et al.，2013；程晓霞等．2013；王永坤，2004）。DPV不感染鹅，在致病性和感染宿主范围与鹅细小病毒明显不同（Jestin et al.，1991）。

DPV是一种无囊膜的二十面体对称病毒，呈大致球形，直径为20~22nm（Swayne et al.，2013），在感染禽胚或细胞培养切片中，可见DPV呈晶格状排列，并可观察到实心和空心颗粒（程由铨等，1993）。DPV的基因组为单链DNA，长约5.1 kb，含2个ORF，靠近基因组5′端的ORF编码非结构蛋白REP1和REP2，靠近基因组3′端的ORF编码衣壳蛋白VP1、VP2和VP3（Zádori et al.，1995）。

DPV易在易感番鸭胚和鹅胚以及这两种禽胚的原代细胞中繁殖（Swayne et al.，2013；程由铨等，1993）。DPV亦可在麻鸭胚繁殖，但对麻鸭胚的致死率较低。适应于番鸭胚成纤维细胞的分离株在番鸭胚肾细胞生长良好（程由铨等，1993）。

二、流行病学

国际上认为该病于1989年首次出现于法国（Fournier，1991；Swayne et al.，2013），但1985年就在我国福建发现了该病（程由铨等，1993），并在我国台湾分离到DPV（Chang et al.，2000）。有文献报道，早在1980年我国福建莆田就已存在该病（林世堂等，1991）。该病主要流行于福建、广东、浙江、广西、江西、江苏、山东、湖南等饲养番鸭的地区（蔡宝祥，2003；程由铨，1995；胡奇林等，1993；李康然等，1995；王永坤，2004；王政富，1996）。

在自然条件下，该病仅发生于番鸭。多发生于1~3周龄鸭，在出现症状后3~4天为死亡高峰，3周龄后死亡逐渐停止，死亡率通常为20%~50%（程由铨，1995；胡奇林等，1993；林世堂等，1991）。在实验条件下，用DPV感染1日龄番鸭，死亡率可达100%，但在3周龄时感染，番鸭不会死亡（Glávits et al.，2005），由此可见，疾病严重程度与感染日龄密切相关。

DPV可经分泌物和粪便排毒，从而污染场地、饲料、水、用具、运输工具，进而经消化道和呼吸道感染健康鸭（程由铨，1995；胡奇林等，1993），或经水平传播途径传播至其他鸭群或地区。种蛋带毒或种蛋被病毒污染，进而污染孵坊或孵化箱，是DPV的重要传播方式（程由铨，1995）。该病一年四季均可发生，但以冬春季发病率为高（胡奇林等，1993）。

三、临床症状

该病多呈急性经过。雏鸭感染后，主要表现为精神委顿，食欲不振或废绝。腹泻，排白色、黄色和绿色稀便，肛门周围常粘有稀便（图3-10-1）。部分病例眼鼻有分泌物，张口呼吸（图3-10-2）。患病后期，呼吸更加困难，双腿麻痹、瘫痪，衰竭而死，喙端和趾尖发绀（图3-10-3）（程由铨，1995；胡奇林等，1993；李康然等，1995；林世堂等，1991）。鸭生长发育受阻，颈部和尾部脱毛（Glávits et al.，2005；胡奇林等，1993）。

四、病理变化

主要大体病变见于胰腺和肠道。胰腺表面有出血点（图3-10-4）、局灶性出血（图3-10-5）、弥漫性出血（图3-10-6），或多少不等的针尖大灰白色坏死点（图3-10-5和图3-10-7）（林世堂等，

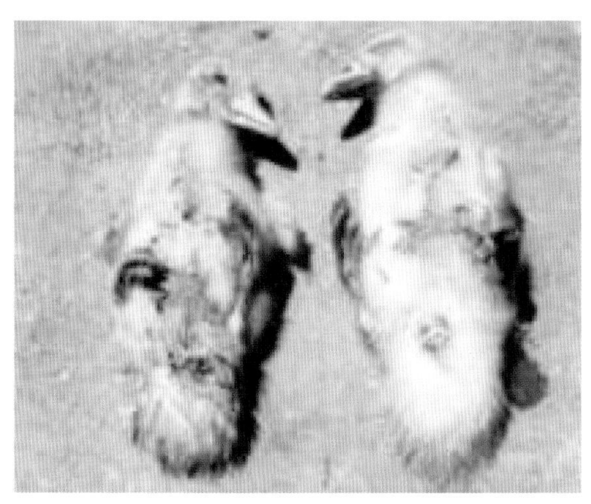

图3-10-1　番鸭细小病毒病：病鸭羽毛杂乱、肛门周围羽毛沾染绿色稀粪（黄瑜供图）

图3-10-2　番鸭细小病毒病：张口呼吸（黄瑜供图）

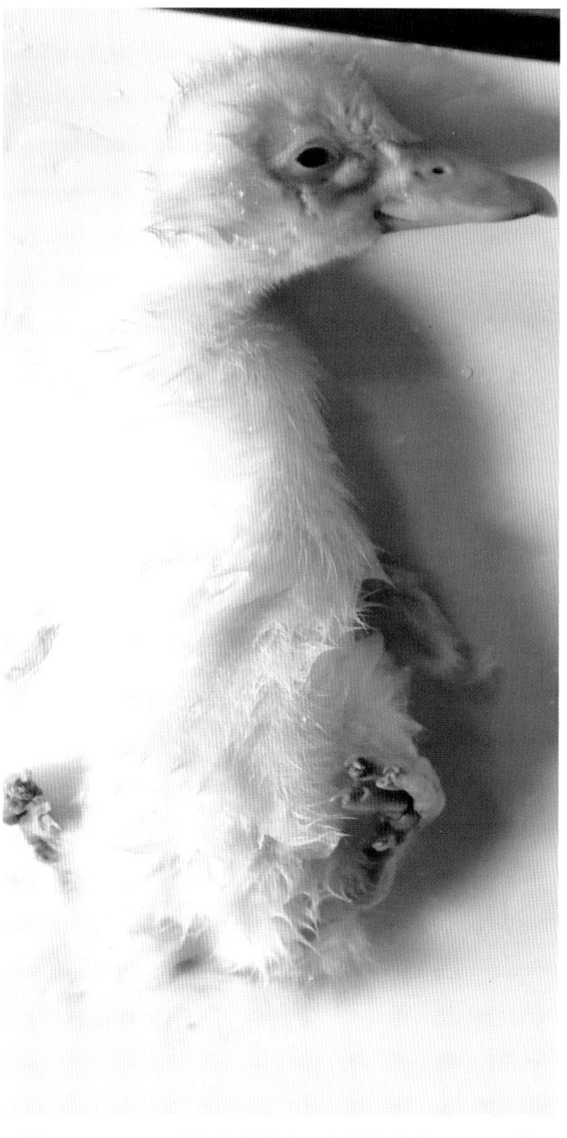

图3-10-3　番鸭细小病毒病：喙端发绀（出版社图）

1991)，部分病例胰脏肿大(图3-10-7)。小肠和大肠呈卡他性炎症，肠道充气、肿胀(图3-10-8)，肠内容物为淡白色或灰黄带有粒状的液状物，直肠末端积有稀便(1-10-9)；肠道(特别是十二指

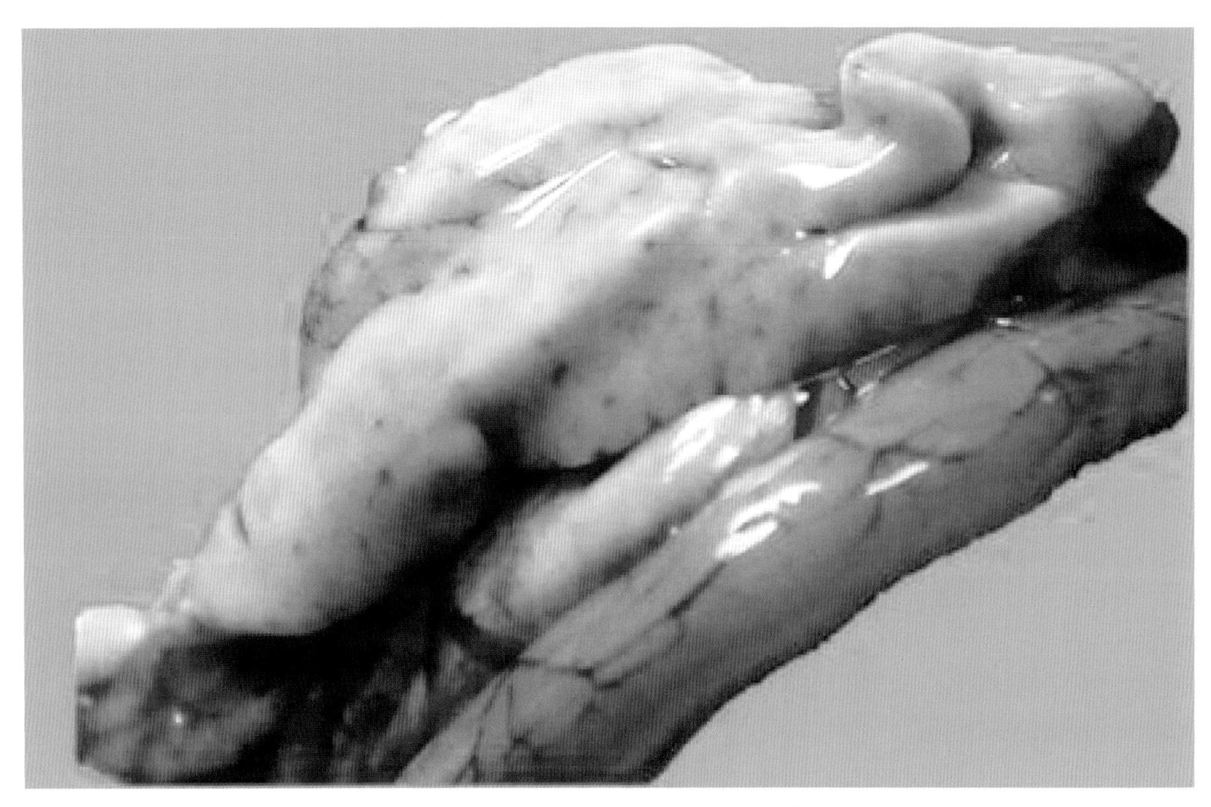

图3-10-4　番鸭细小病毒病：胰腺表面有出血点(出版社图)

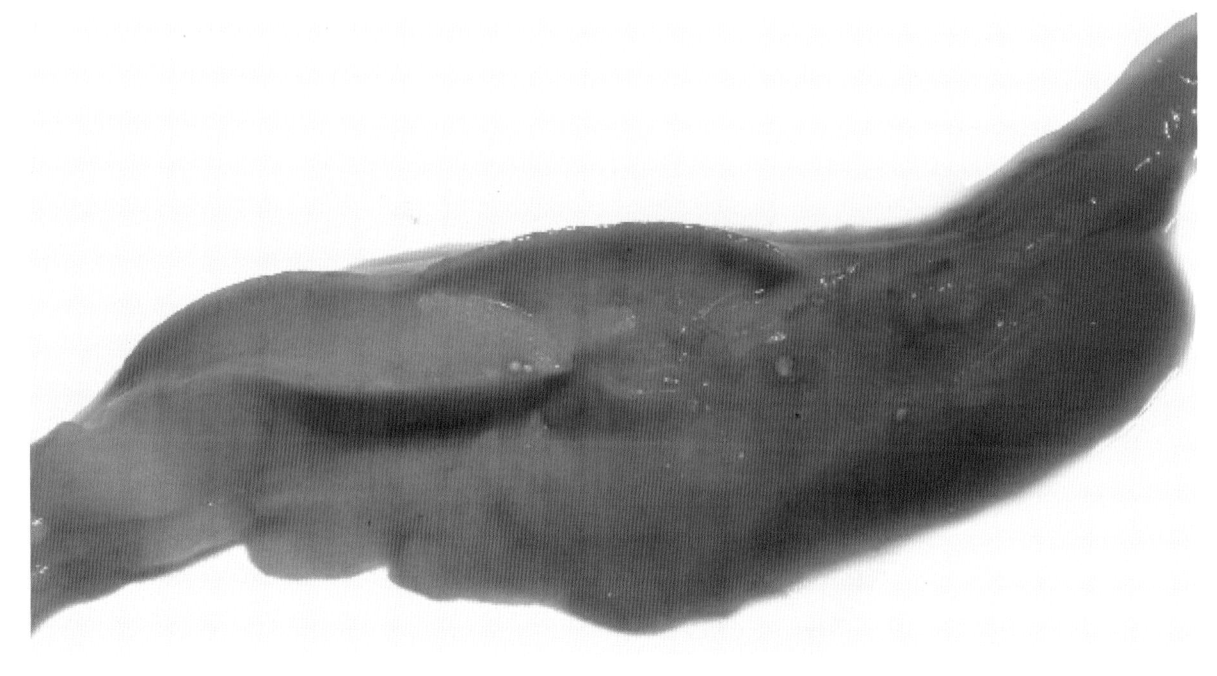

图3-10-5　番鸭细小病毒病：胰腺有局灶性出血，表面散布针尖大灰白色点(出版社图)

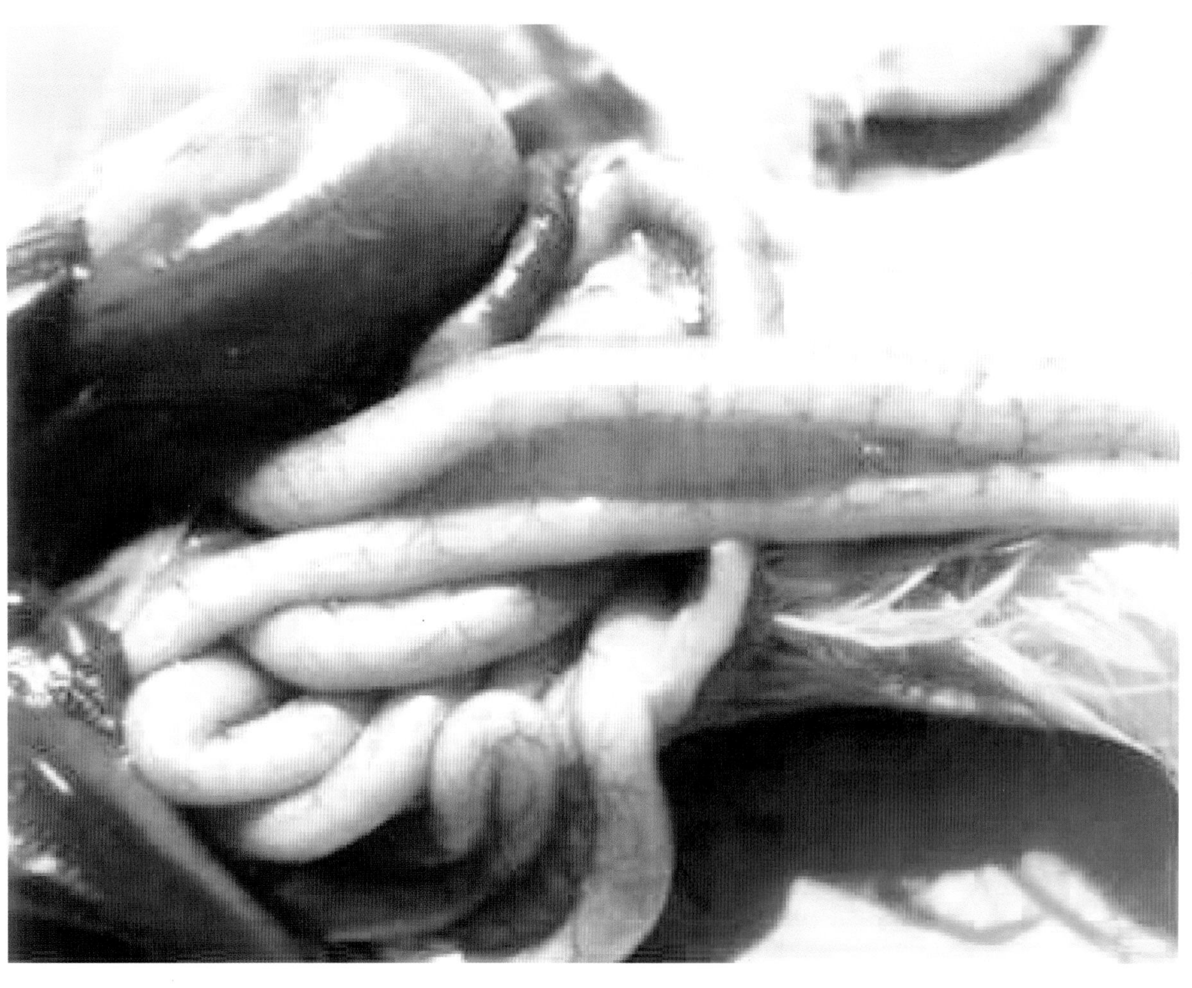

图 3-10-6　番鸭细小病毒病：胰腺出血（黄瑜供图）

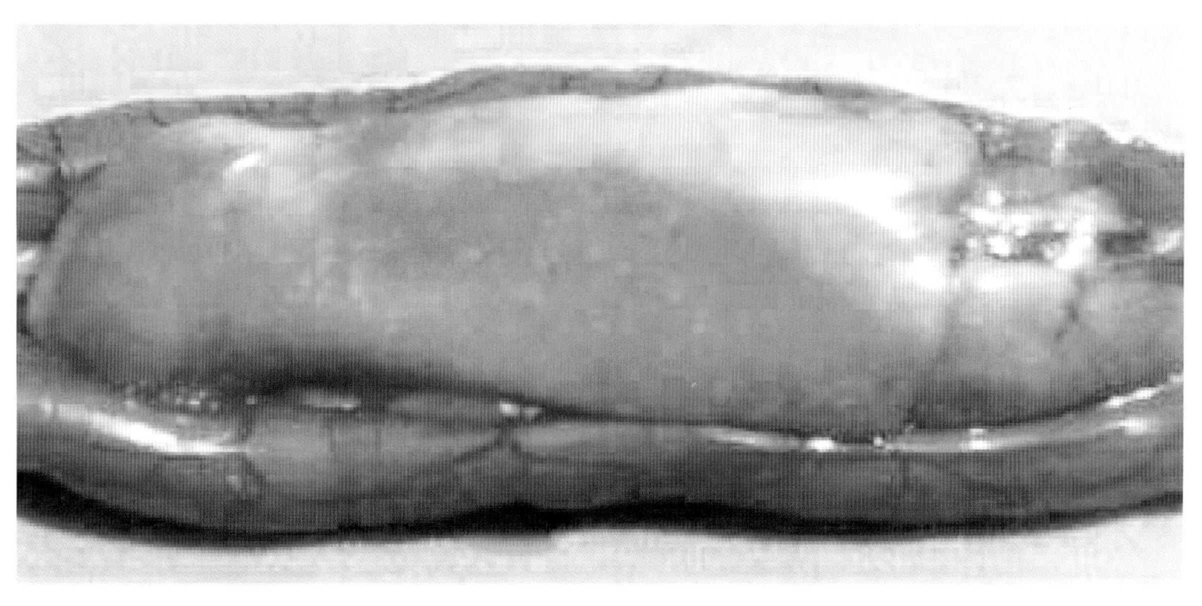

图 3-10-7　番鸭细小病毒病：胰腺肿大，表面散布针尖大白色坏死点（黄瑜供图）

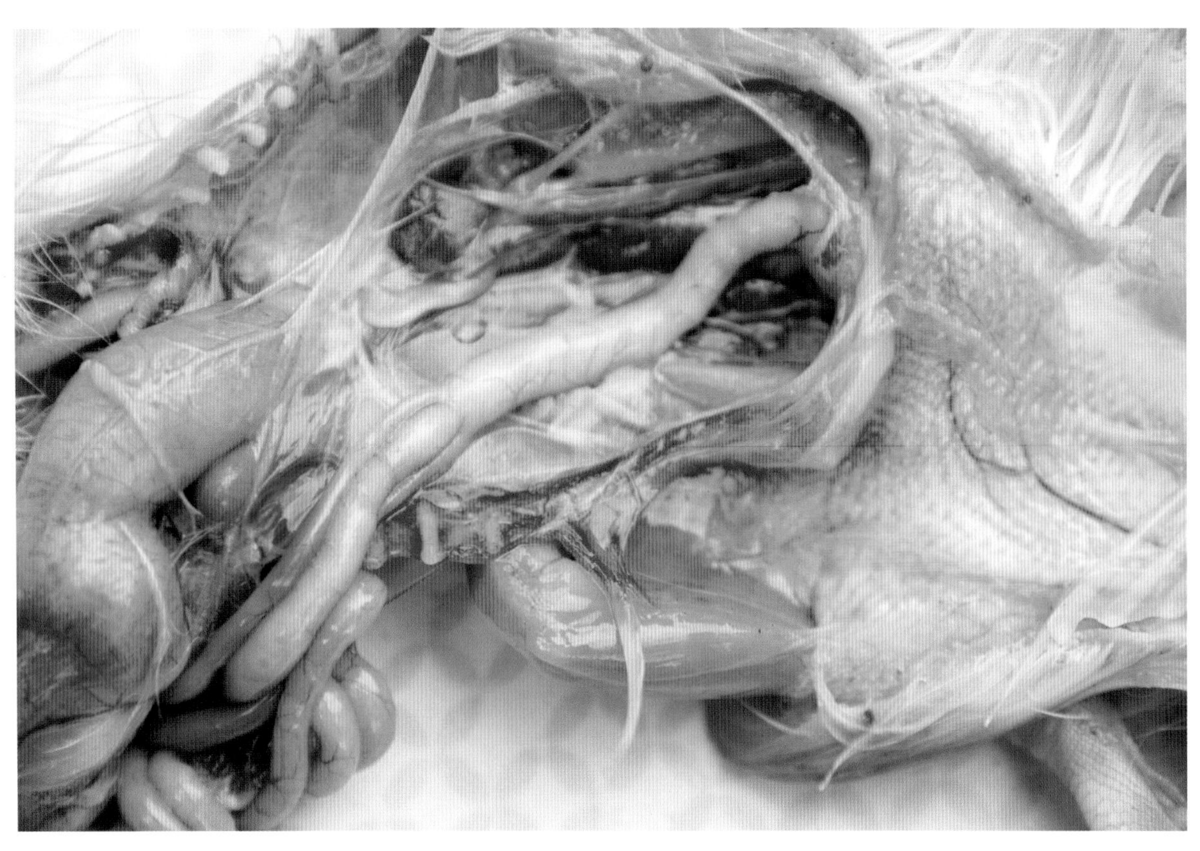

图 3-10-8　番鸭细小病毒病：肠道充气、肿胀

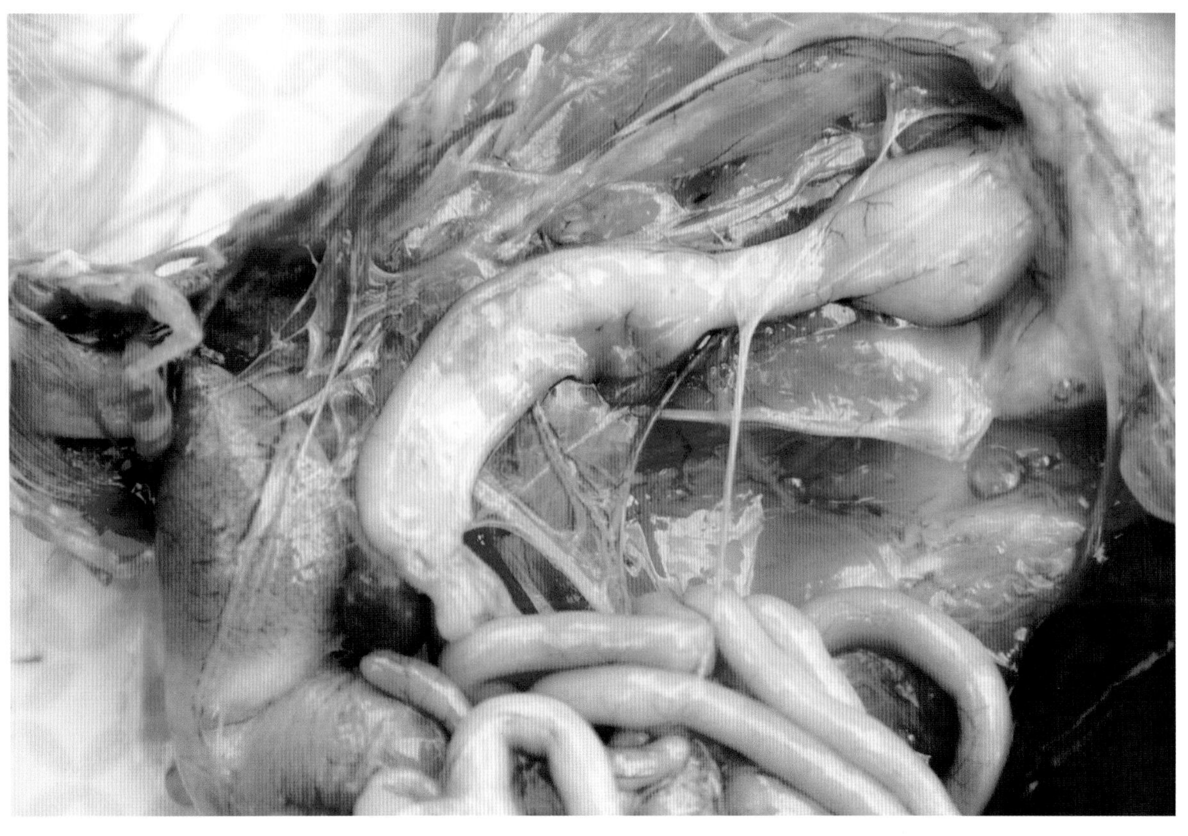

图 3-10-9　番鸭细小病毒病：肠道呈卡他性炎症，肠内容物为带有粒状的液状物，直肠末端积有稀便

肠和直肠后段）黏膜有不同程度的充血或出血（图3-10-10）、针尖大出血点（图3-10-11）、出血灶或脱落（图3-10-12）（程由铨，1995）。在有些病例，可见肠道栓塞（图3-10-13），心尖变圆（图3-10-14）、心壁松弛，肺充血、出血（图3-10-15），咽喉有黏液、充血或出血，脑膜出血（图3-10-16），肾脏充血或出血（图3-10-17）或有灰白条纹，偶见肝脏表面有坏死点（图3-10-18）。（Glávits et al.，2005；程由铨，1995；胡奇林等，1993；林世堂等，1991）。

图3-10-10　番鸭细小病毒病：肠黏膜出血（黄瑜供图）

图3-10-11　番鸭细小病毒病：十二指肠后段及空肠前段呈急性卡他性炎症，黏膜表面有大量针尖大的出血点（出版社图）

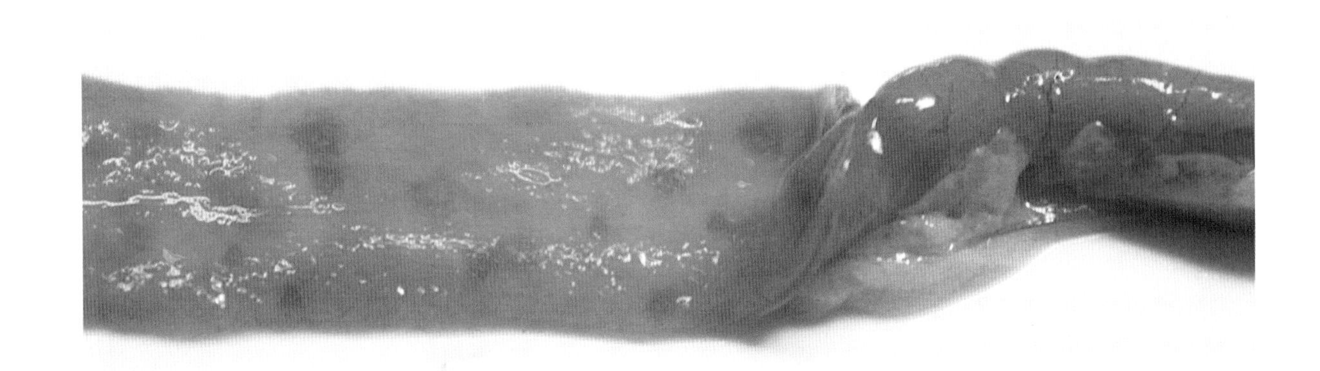

图 3-10-12　番鸭细小病毒病：空肠中后段和回肠前段的黏膜有不同程度脱落，黏膜表面有出血灶（出版社图）

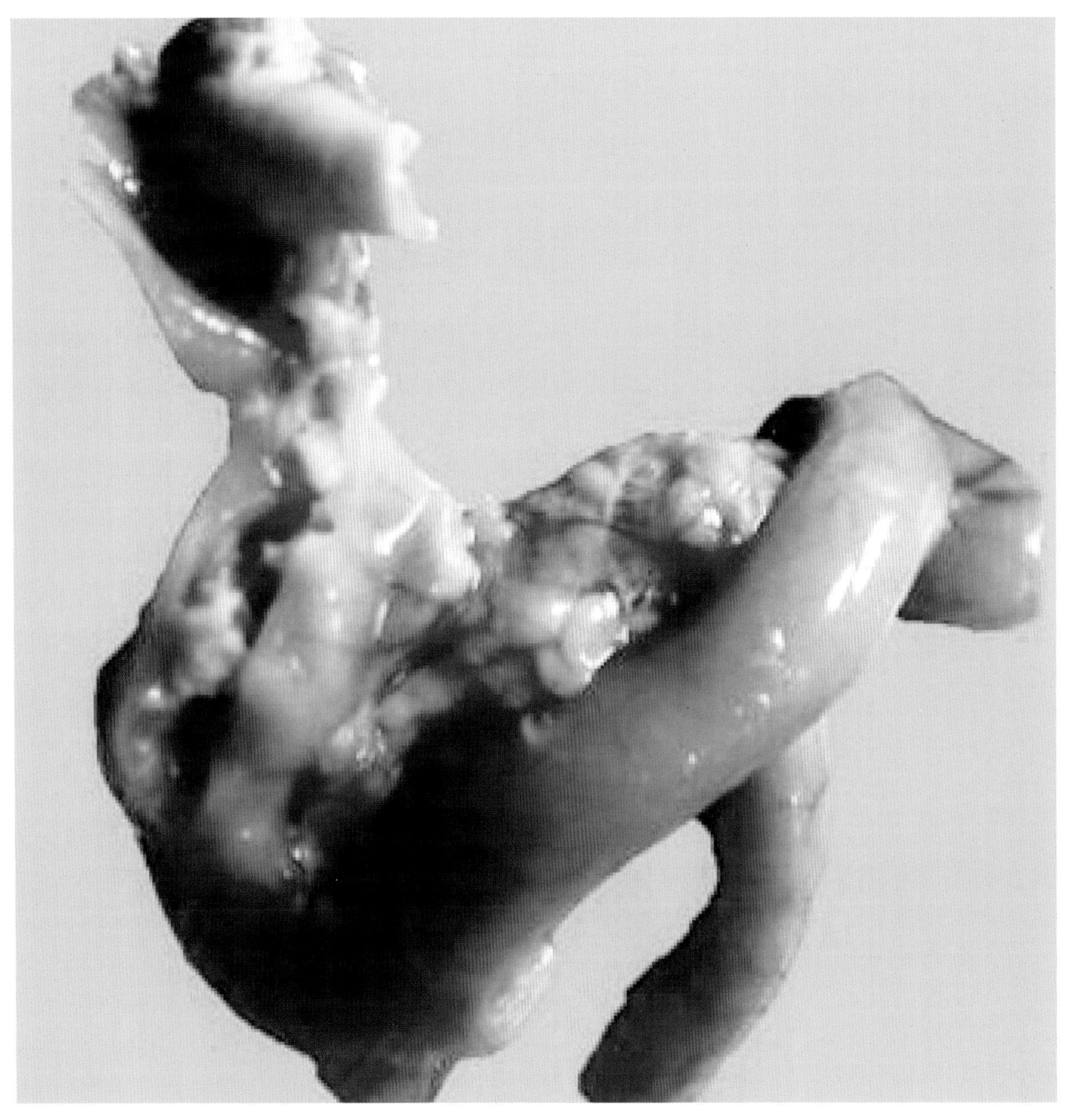

图 3-10-13　番鸭细小病毒病：肠道栓塞

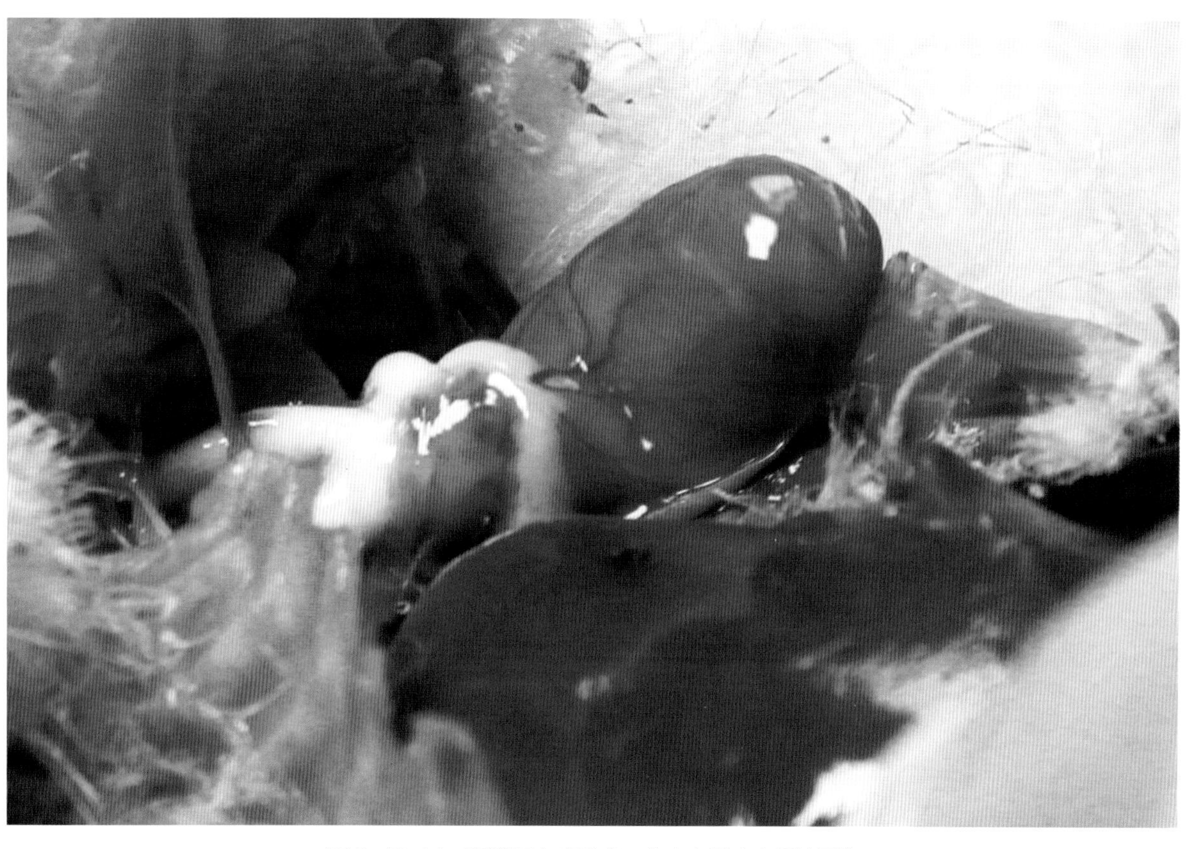

图 3-10-14　番鸭细小病毒病：心尖变圆（出版社图）

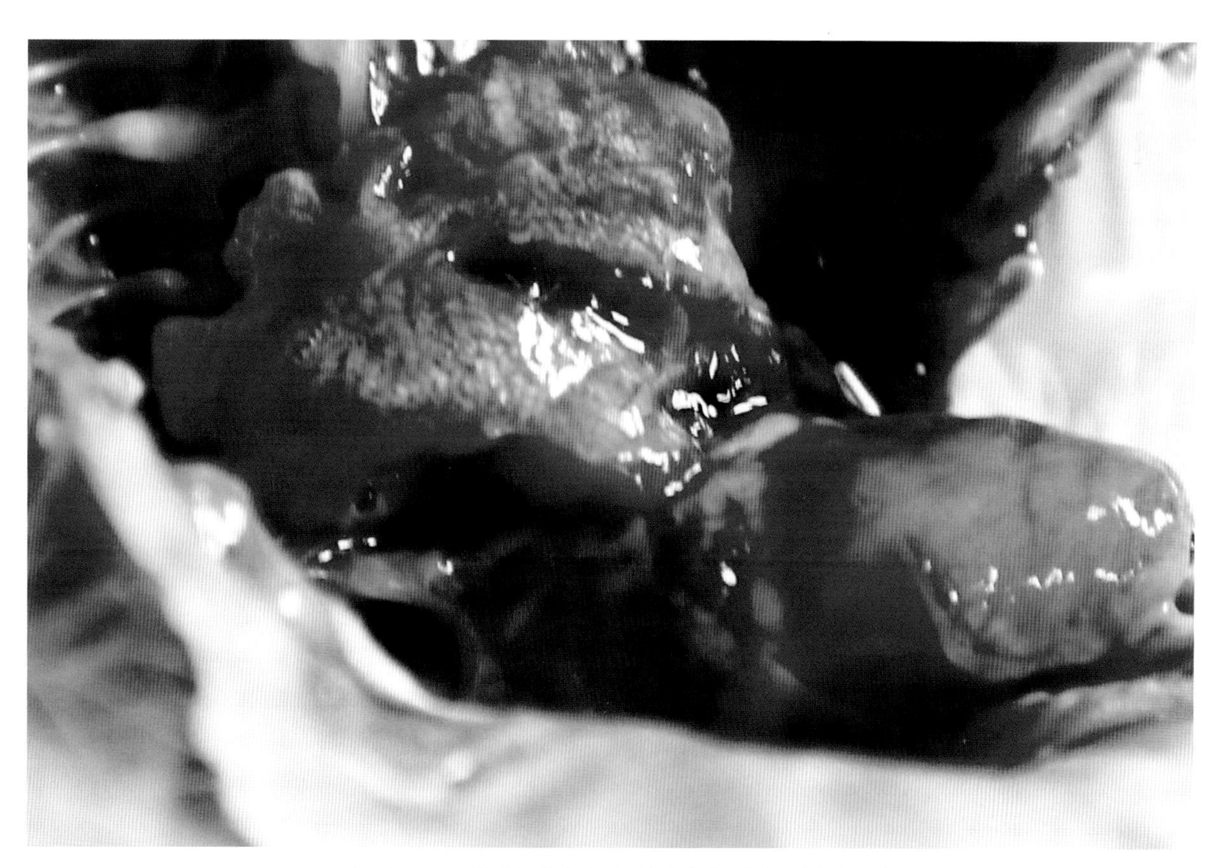

图 3-10-15　番鸭细小病毒病: 肺脏充血、出血(出版社图)

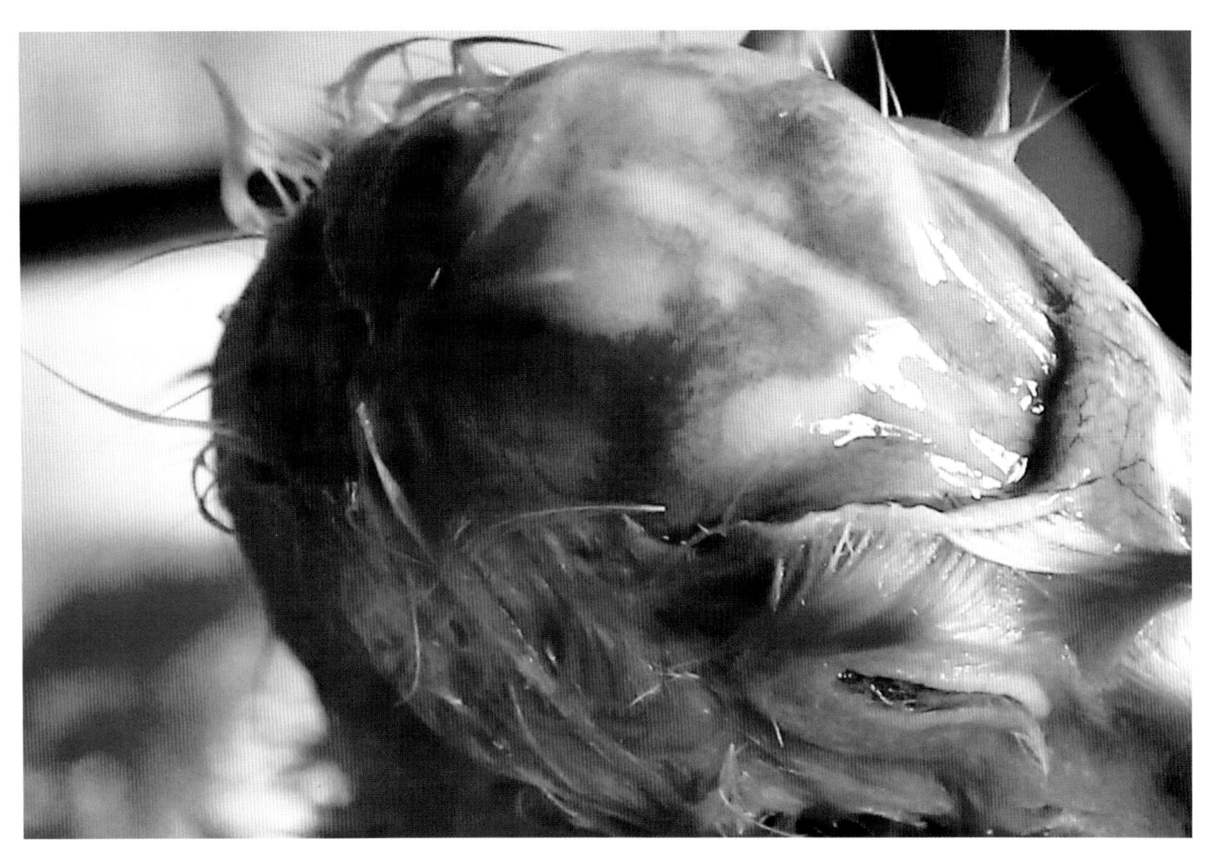

图 3-10-16　番鸭细小病毒病：脑膜出血（出版社图）

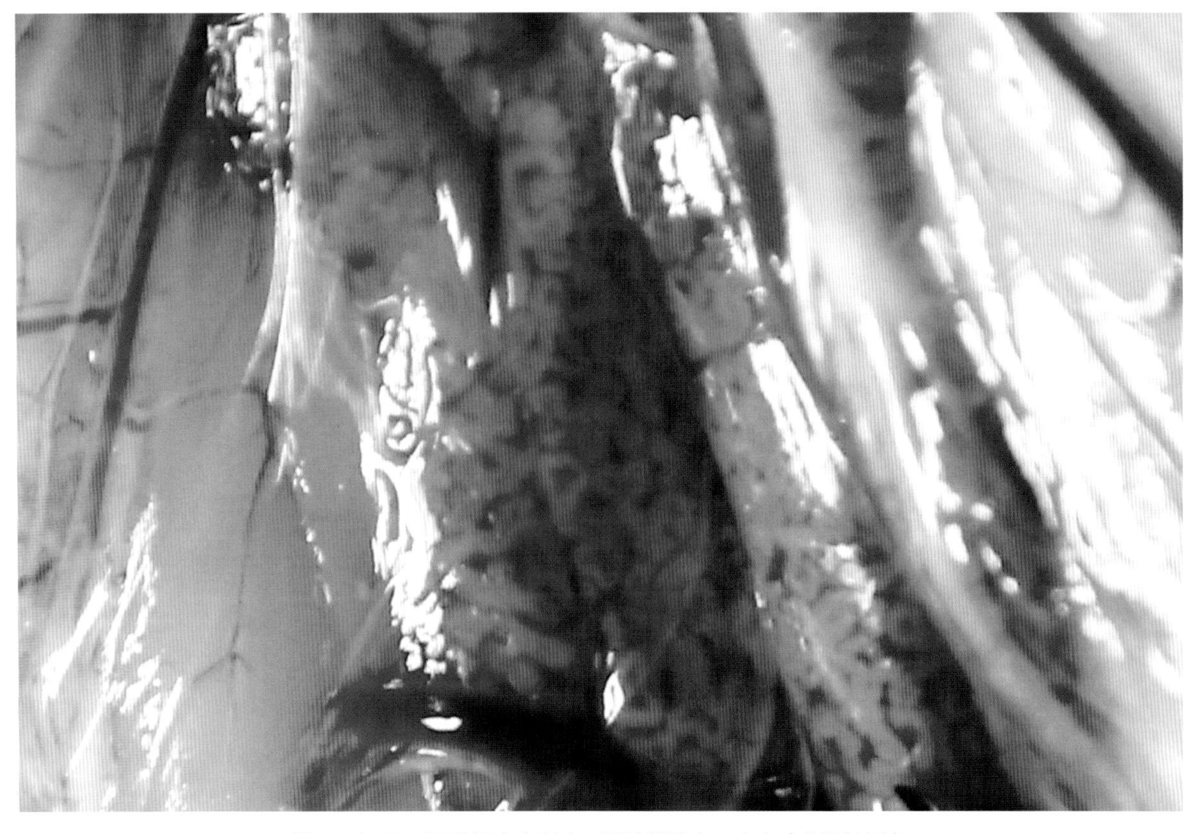

图 3-10-17　番鸭细小病毒病：肾脏稍肿大，出血（出版社图）

图 3-10-18　番鸭细小病毒病：肝脏稍肿大，少数病例的肝脏出现坏死灶（出版社图）

多个内脏组织见有组织病理学变化。心肌血管扩张、充血，心肌纤维结构疏松、心肌束间有少量红细胞渗出，伴有淋巴细胞浸润。肝小叶间血管扩张、充血，肝细胞呈现不同程度的颗粒变性和脂肪变性，在血管周围有淋巴细胞和单核细胞浸润。脾脏中，脾窦充血，淋巴细胞数量减少，局部淋巴细胞变性坏死。肺泡腔减少，肺间质血管显著扩张充血，部分肺泡腔见淡红色渗出液，肺泡壁因毛细血管扩张充血而增宽。肾脏间质血管扩张充血、血管周围见淋巴细胞、单核细胞浸润，肾小管上皮细胞变性、管腔内红染，局部肾小管结构破坏，脱落的上皮在管腔中形成团块。法氏囊滤泡中淋巴细胞减少，个别滤泡中淋巴细胞消失。胰腺间质血管轻度充血，腺泡上皮变性、坏死，呈散在的局灶性坏死、淋巴细胞及单核细胞浸润。脑实质中血管扩张充血，神经细胞轻度变性，胶质细胞呈弥散性增生（陈少莺等，2001；程由铨，1995；胡奇林等，1993）。

五、诊断

根据流行病学、临床症状和病理变化可作出初步诊断，但该病特征并不明显，特别是该病与番鸭小鹅瘟相似或发生混合感染影响诊断，因此，需在实验室进行鉴别诊断。

（一）病毒分离

病鸭肝脏、脾脏、胰腺、肾脏等组织均可用于病毒分离。将样品处理后，经尿囊腔或绒毛尿囊膜途径接种10~13日龄番鸭胚，大部分鸭胚在接种后2~8天死亡，鸭胚发育受阻，胚体出血，死亡胚的绒毛尿囊膜增厚。若进行传代培养，死亡时间提前，死亡率上升（程由铨，1995；程由铨等，1993；李康然等，1995；林世堂等，1991；王永坤等，2004）。亦可用12~13日龄鹅胚分离病毒，鹅胚病变与番鸭胚相似（程由铨等，1993）。

（二）血清学诊断

可用琼脂扩散沉淀试验、中和试验和乳胶凝集试验对DPV分离株进行鉴定。若病毒分离株在琼脂扩散沉淀试验中与DPV抗血清形成清晰的沉淀线，或者在中和试验中被DPV抗血清所中和，或在乳胶凝集试验中与DPV抗血清发生凝集反应，即可将待检毒株鉴定为DPV。亦可用荧光染色试验对细胞培养的病毒或组织切片中的病毒抗原进行检测（程晓霞等，2013；程由铨等，1993；何海蓉等，2000；王永坤，2004）。因DPV与鹅细小病毒可能会发生交叉反应（Swayne et al.，2013），可用DPV单克隆抗体进行上述血清学试验，便于与鹅细小病毒进行鉴别（程由铨等，1993，1997a）。

（三）分子生物学诊断

PCR是鉴定DPV的快速方法。用水禽细小病毒的PCR扩增VP1和VP3基因（Chang et al.，2000；Tatár-Kis et al.，2004），再对PCR扩增产物进行测序和序列分析，可对DPV分离株或临床样品所含DPV进行准确鉴定，并与鹅细小病毒相区分。若用DPV和鹅细小病毒的特异性PCR（胡奇林等，2001；季芳等，2003；刘家森等，2007；宋永峰等，2009），或双重PCR（鲜思美等，2010），或将PCR与限制性酶切片段长度多态性分析相结合（Sirivan et al.，1998），则可对两类水禽细小病毒进行快速鉴别。

六、防治

（一）饲养管理措施

应重视种鸭的疫苗免疫工作，防止种鸭感染后排毒、污染种蛋。应重视孵化厂的消毒工作，包括对各种用具和设备进行清洗和消毒。种蛋入孵前，应用福尔马林熏蒸，以消除蛋壳表面污染。由于病鸭可通过粪便排毒，加之DPV具有很强的抵抗力，因此，必须采取严格的防疫措施防止病毒水平传播（王永坤，2004）。

（二）疫苗免疫接种

在开产前15天左右用DPV活疫苗对种鸭进行免疫，在免疫12天后至4个月内，后代雏鸭能获得母源抗体。但在免疫4个月以后，需对种番鸭进行加强免疫，以便于整个产蛋期种鸭体内均有较高水平的抗体。若种鸭未免疫，或种鸭免疫时间超过4个月，后代雏鸭可在1日龄时免疫活疫苗，免疫后7天内，保护率达95%左右（程由铨等，1996，1997b）。用DPV和鹅细小病毒二联活疫苗进行预防接种，可预防番鸭细小病毒病和番鸭小鹅瘟（陈少莺等，2003；程晓霞等，2015；王永坤等，2004）。

（三）治疗

若雏鸭发病，立即注射DPV抗体制品，可有效减少死亡（王永坤，2004；赵瑞宏等，2015）。用DPV和鹅细小病毒二联抗体进行被动免疫，可防治番鸭细小病毒病和番鸭小鹅瘟（施建明等，

1999）。可根据以往病史适时进行被动免疫，被动免疫效果与抗体制品中的抗体水平高低有关。

第十一节　鸭短喙与侏儒综合征

鸭短喙与侏儒综合征（Short beak and dwarfism syndrome，SBDS）是危害养鸭业的一类细小病毒病，以喙短、舌头伸出、生长发育受阻为特征。该病严重影响肉鸭生长发育以及鸭产品品质，对商品肉鸭养殖场和屠宰加工厂具有重要经济意义。

一、病原学

该病病原属于细小病毒科细小病毒亚科依赖细小病毒属的雁形目依赖细小病毒1型，包括鹅细小病毒（Goose parvovirus，GPV）和鸭细小病毒（Duck parvovirus，DPV）的毒力变异株（https://talk.ictvonline.org/taxonomy）。

GPV变异株与经典毒株对鸭的致病性存在显著差异。GPV变异株可导致半番鸭、北京鸭和樱桃谷鸭发生SBDS（Chen 2016a，2016b；Li et al.，2016；Ning et al.，2017a，2017b；Palya et al.，2009；Yu et al.，2016），而GPV经典毒株仅在一定程度上影响北京鸭增重（Ning et al.，2017b）。GPV变异株和经典毒株具有相似的形态学（图3-11-1）、培养特性、相同的沉淀反应抗原（图3-11-2）和基因组结构（Chen et al.，2015，2016；Chen et al.，2016b；Li et al.，2016；Ning et al.，2017a，2018；Palya et al.，2009；Yu et al.，2016），但GPV变异株的基因组序列与经典毒株存在一定的差异，属GPV西欧分支（图3-11-3）（Ning et al.，2017a；Palya et al.，2009），GPV变异株较经典毒株对北京鸭胚和樱桃谷鸭胚有更好的适应性（Chen et al.，2016b；Li et al.，2016；Ning et al.，2018；Yu et al.，2016）。

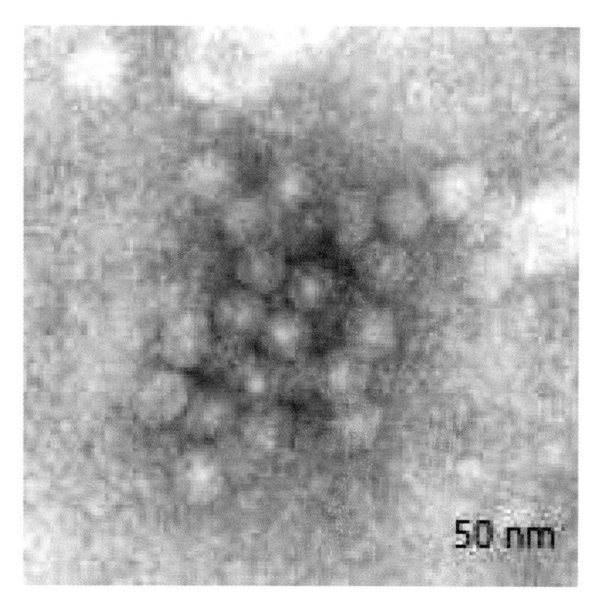

图3-11-1　鹅细小病毒变异株JS1株

DPV变异株与经典毒株对鸭的致病性存在显著差异。DPV变异株可导致北京鸭、番鸭、半番鸭、台湾菜鸭以及白改鸭发生SBDS（Lu et al.,1993），而DPV经典毒株仅导致番鸭发生三周病（程由铨等,1993；林世堂等,1991）。DPV变异株和经典毒株具有相同的基因组结构以及相似的形态学、抗原性和培养特性（Lu et al.，1993；黄瑜等，2015），但DPV变异株与经典毒株的基因组序列存在一定的差异。

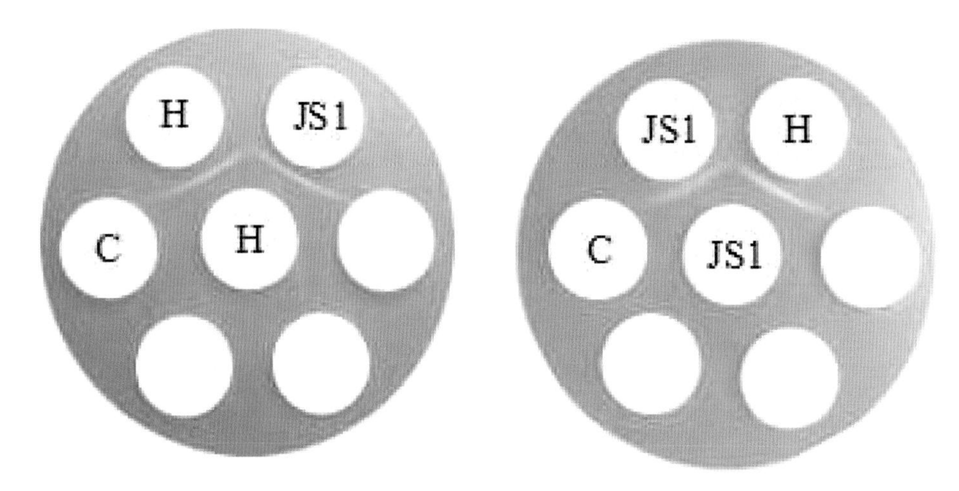

图 3-11-2　鹅细小病毒变异株与经典毒株的抗原相关性
抗血清加在中心孔，抗原加在外围孔．H 株和 JS1 株分别表示 GPV 经典毒株和变异株。

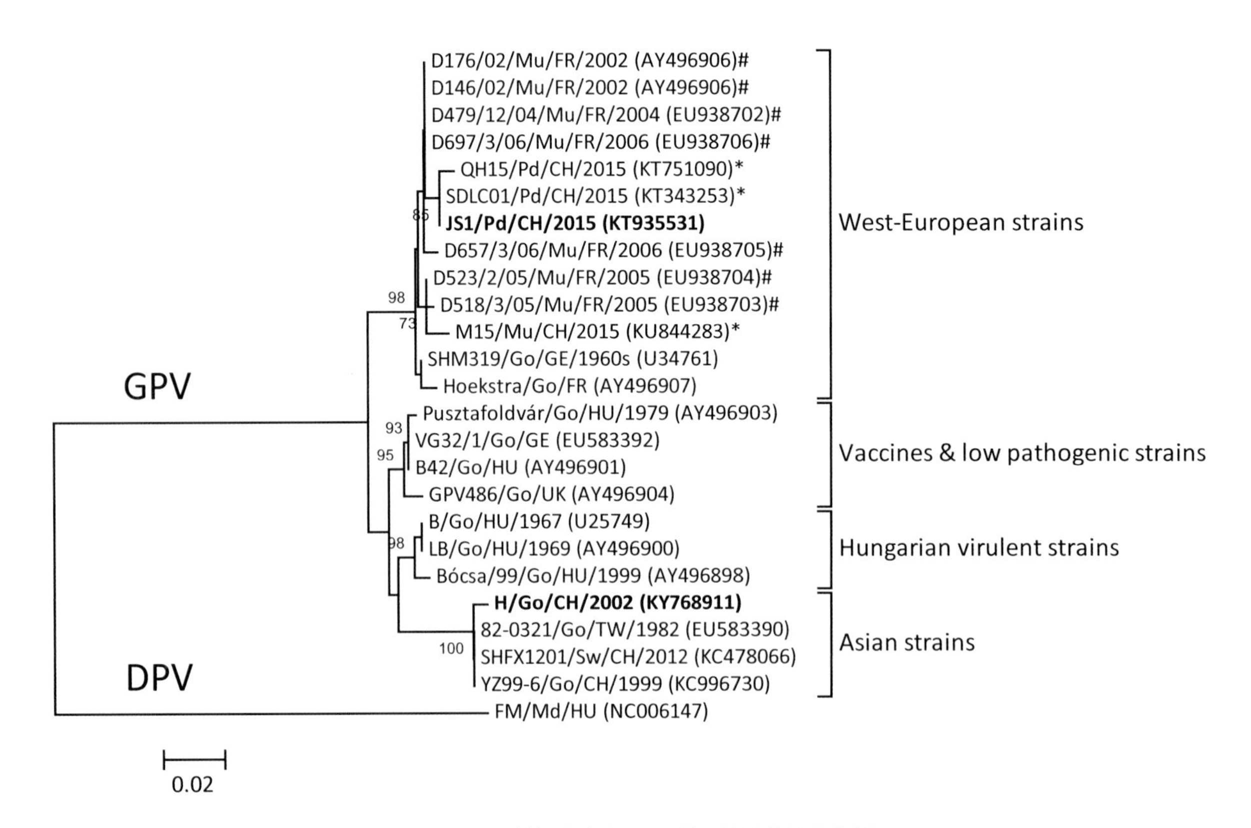

图 3-11-3　鹅细小病毒 VP1 基因的遗传演化分析
注：# 从法国半番鸭 SBDS 病例分离的毒株，* 从我国樱桃谷鸭和半番鸭 SBDS 病例分离的毒株，
JS1 株和 H 株分别来自我国樱桃谷鸭 SBDS 病例和小鹅瘟病例，用于图 3-11-2 中抗原性分析。

二、流行病学

由GPV变异株所引起的SBDS于1971–1972年出现于法国（Palya et al.，2009），1995年出现于波兰（Samorek-Salamonowicz et al.，1995）。该病在我国的流行始于2014年年初，2015–2017年，

该病在江苏、安徽、山东、河北、内蒙古和福建等多个地区发生，给我国养鸭业造成了巨大的经济损失（Chen et al.，2015；Chen et al.，2016b；Ning et al.，2017；Yu et al.，2016；宁康等，2015）。

在法国和波兰，该病主要导致半番鸭发病。在我国，该病主要危害北京鸭和樱桃谷鸭，部分地区的半番鸭亦受到影响（Chen et al.，2016b）。在感染鸭群，10%~30%的鸭表现典型的临床症状，在部分鸭群，典型病例比例可高达50%~60%或低于10%，死亡率可忽略不计。2周龄内雏鸭对该病易感，1日龄雏鸭对该病高度易感（Palya et al.，2009）。在疾病流行期间，从感染鸭肠道内容物和刚出壳雏鸭组织样品中均可检测到GPV变异株，提示该病的传播途径包括水平传播和垂直传播（Ning et al.，2017a）。

1989–1990年，在我国台湾发生过由DPV变异株引起的SBDS，北京鸭、番鸭、半番鸭、台湾菜鸭以及白改鸭等多个鸭种均对该病易感。因受染鸭群同时发生鸭病毒性肝炎，3~4日龄鸭死亡率达90%，1~3周龄鸭死亡率为50%~80%（Lu et al.，1993）。1988年在福建莆田曾观察到由DPV引起的短喙症状，当时归为番鸭三周病的症状之一（胡奇林等，1993）。2008年，在我国福建、浙江、江苏、安徽等地，番鸭、半番鸭和台湾白鸭等品种曾感染GPV变异株而发生SBDS（程龙飞等，2017；黄瑜等，2015）。

三、临床症状

雏鸭感染GPV变异株后，在5~6日龄即可出现临床症状，表现为部分鸭子不愿行走。至9~10日龄时，部分鸭只生长迟缓。在2周龄左右，感染鸭出现明显症状，包括精神沉郁、不愿走动（图3-11-4）、或行走困难（图3-11-5），喙短、舌头伸出（图3-11-6），生长发育受阻、群体均匀度差（图3-11-7），部分鸭腿骨断裂、不能行走（图3-11-8和图3-11-9）。在3周龄后，鸭群中短喙、舌头伸出和生长不良症状更加明显（图3-11-10至图3-11-12），少数鸭形成侏儒（图3-11-13和图3-11-14），腿骨断裂病例仍有出现（图3-11-15和图3-11-16）。屠宰时，鸭腿骨和翅膀均易折断，比例达30%~40%。鸭头和舌的发育也受到影响，表现为鸭头大小不一（图3-11-17），舌头长短不齐，典型病例舌头萎缩、变短（图3-11-18）。

图3-11-4　鸭短喙与侏儒综合征：17日龄樱桃谷鸭，精神沉郁、不愿走动

图 3-11-5　鸭短喙与侏儒综合征：17 日龄樱桃谷鸭，行走打晃

图 3-11-6　鸭短喙与侏儒综合征：17 日龄樱桃谷鸭，喙短、舌头伸出

图 3-11-7　鸭短喙与侏儒综合征：17 日龄樱桃谷鸭，生长发育受阻

图 3-11-8　鸭短喙与侏儒综合征：17 日龄樱桃谷鸭，腿骨断裂、不能行走

图 3-11-9　鸭短喙与侏儒综合征：17 日龄樱桃谷鸭，腿骨断裂、不能行走

图 3-11-10　鸭短喙与侏儒综合征：35 日龄樱桃谷鸭喙短、舌头伸出

图 3-11-11　鸭短喙与侏儒综合征：65 日龄樱桃谷鸭，喙短、舌头伸出

图 3-11-12　鸭短喙与侏儒综合征：70 日龄樱桃谷鸭，喙短、舌头伸出（外观正常者为 31 日龄）

图 3-11-13　鸭短喙与侏儒综合征：35 日龄樱桃谷鸭，生长发育受阻，群体整齐度差，群体中见有侏儒

图 3-11-14　鸭短喙与侏儒综合征：37 日龄樱桃谷鸭，生长发育严重受阻，形同侏儒

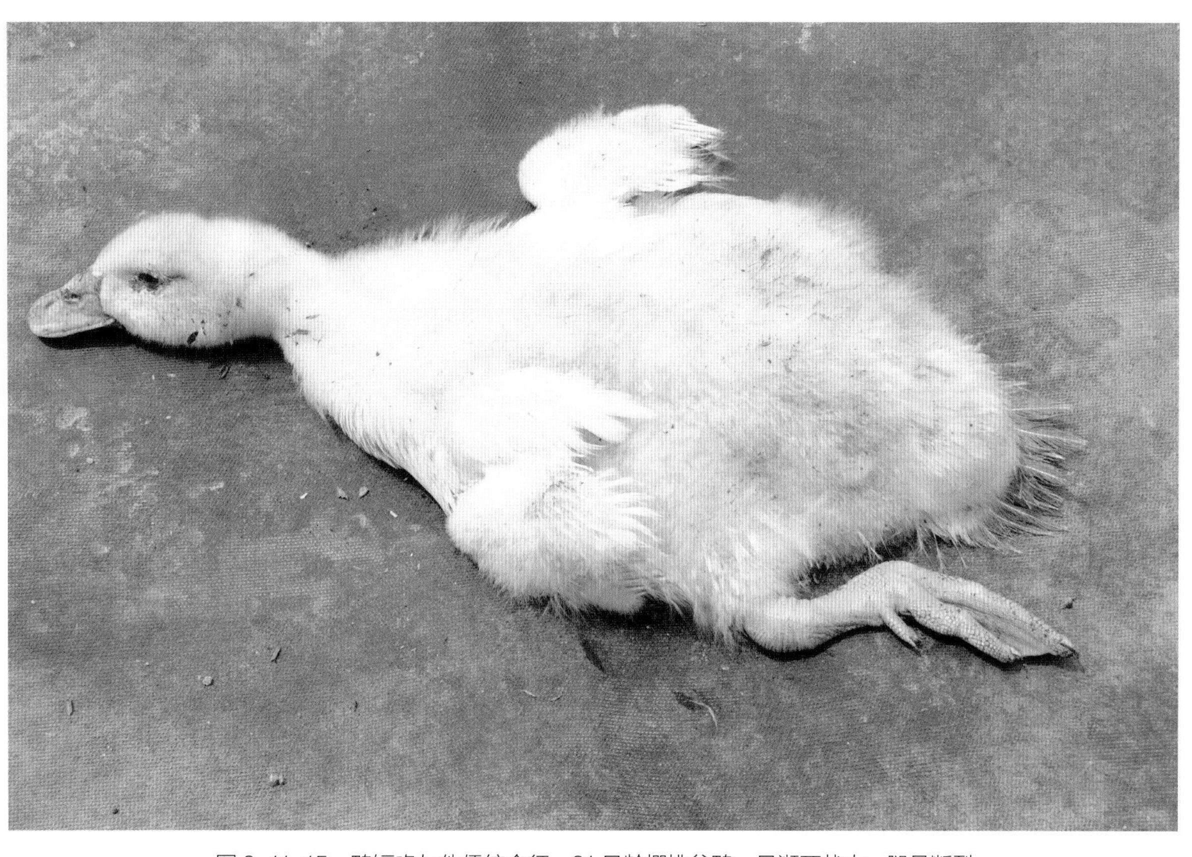

图 3-11-15　鸭短喙与侏儒综合征：31 日龄樱桃谷鸭，呈濒死状态，腿骨断裂

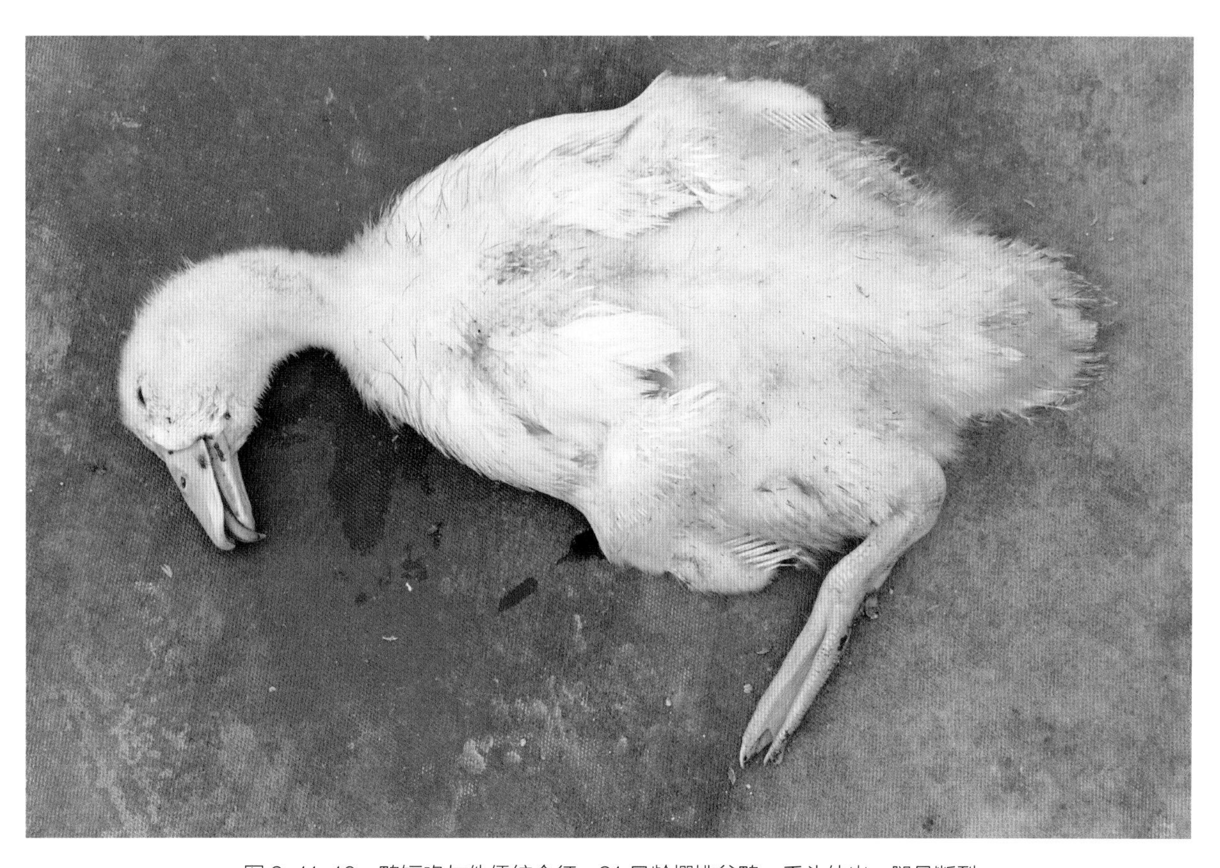

图 3-11-16　鸭短喙与侏儒综合征：31 日龄樱桃谷鸭，舌头伸出，腿骨断裂

图 3-11-17　鸭短喙与侏儒综合征：37 日龄樱桃谷鸭，鸭头大小不一

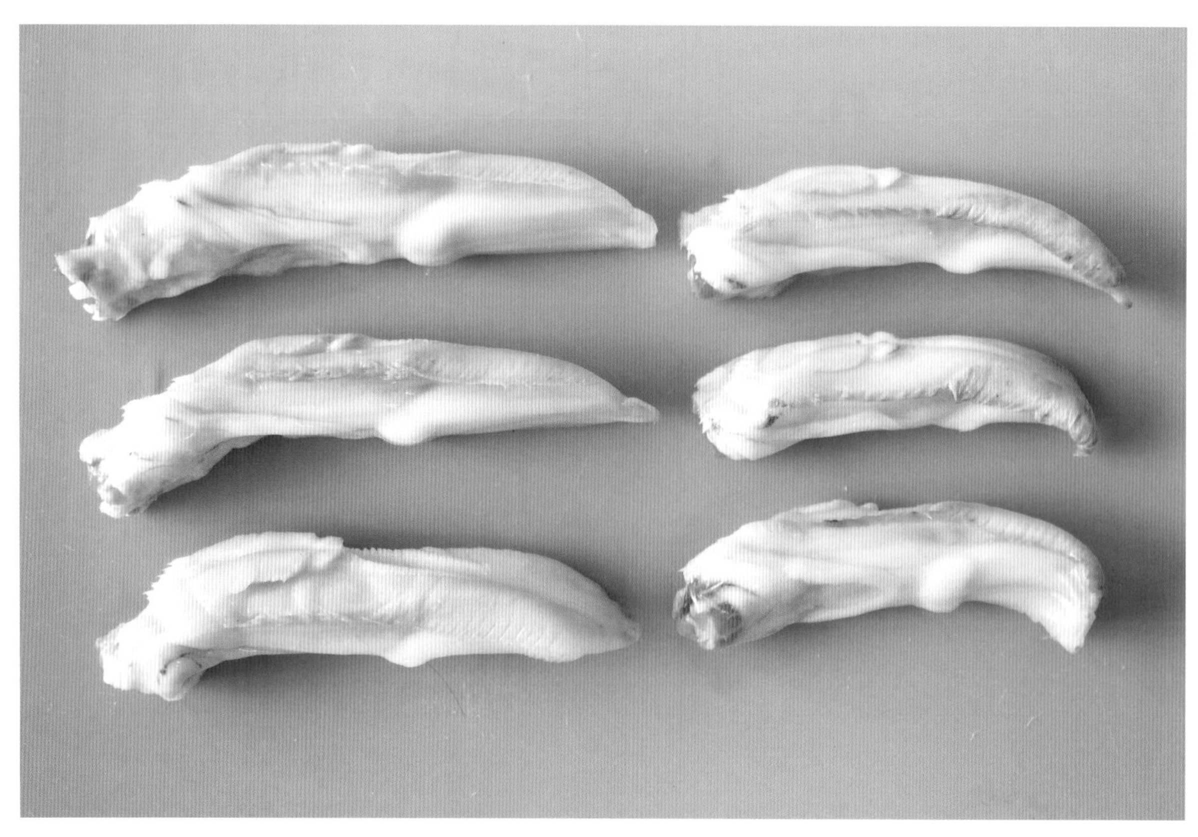

图 3-11-18　鸭短喙与侏儒综合征：37 日龄樱桃谷鸭，舌头长度不齐
左侧和右侧分别指同一个发病群外观正常者和典型病例的舌头

番鸭和半番鸭感染DPV变异株，典型症状与GPV变异株感染者相同（图3-11-19至图3-11-21）（Lu et al.，1993；黄瑜等，2015）。

图3-11-19 鸭短喙与侏儒综合征：感染DPV的黑羽番鸭，喙变短（黄瑜供图）
右为对照

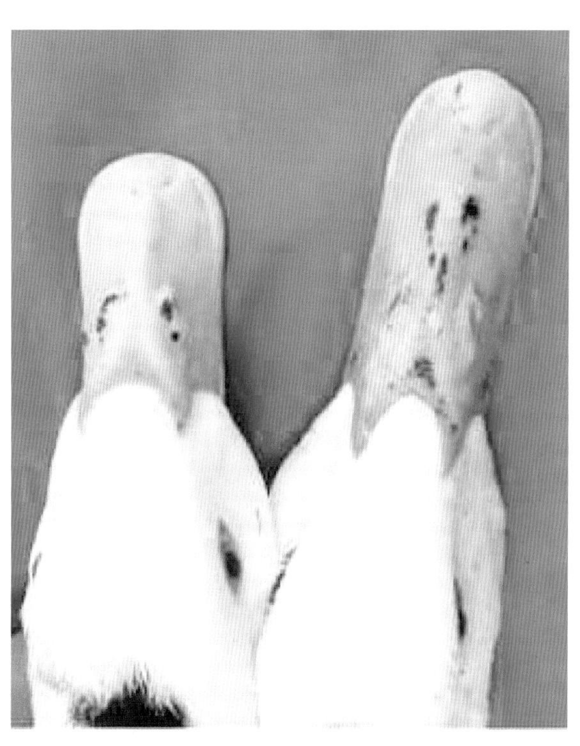

图3-11-20 鸭短喙与侏儒综合征：感染DPV的白羽番鸭，喙变短（黄瑜供图）
右为对照

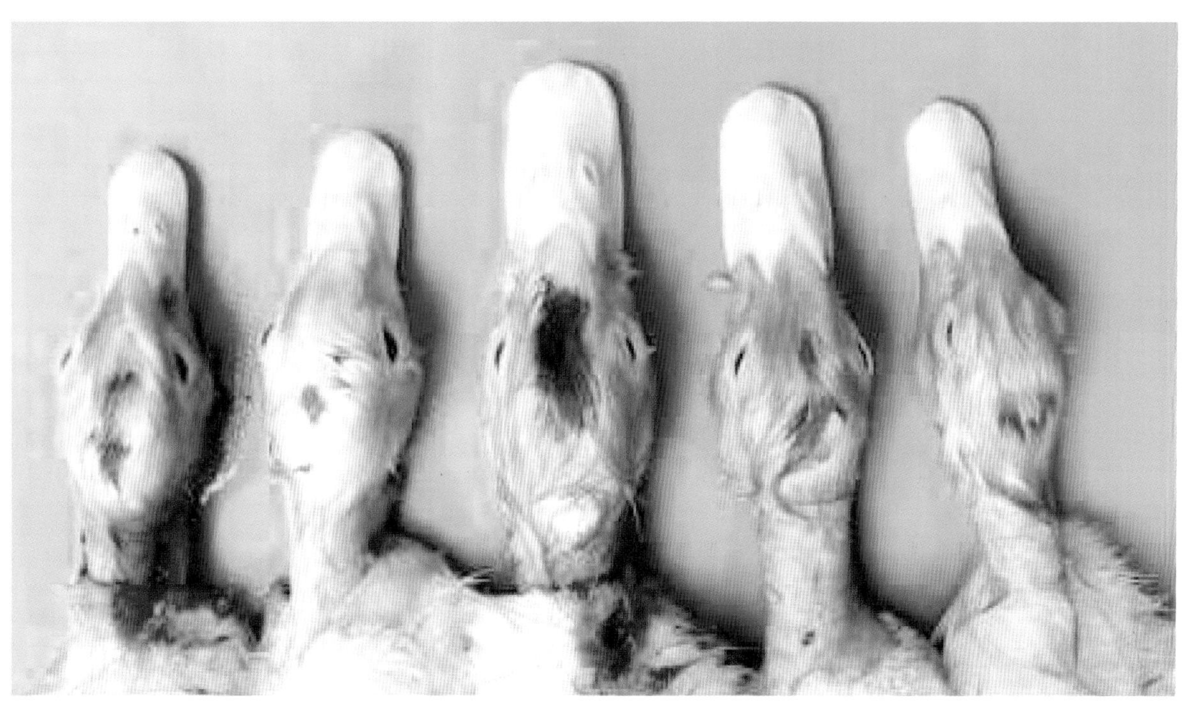

图3-11-21 鸭短喙与侏儒综合征：感染DPV的半番鸭，喙变短（黄瑜供图）
中间为对照

四、病理变化

GPV变异株严重影响骨骼发育，感染鸭骨密度降低、骨髓腔狭窄，尺骨、桡骨、股骨、胫骨、跖骨和趾骨的发育也受到严重影响（图3-11-22）。

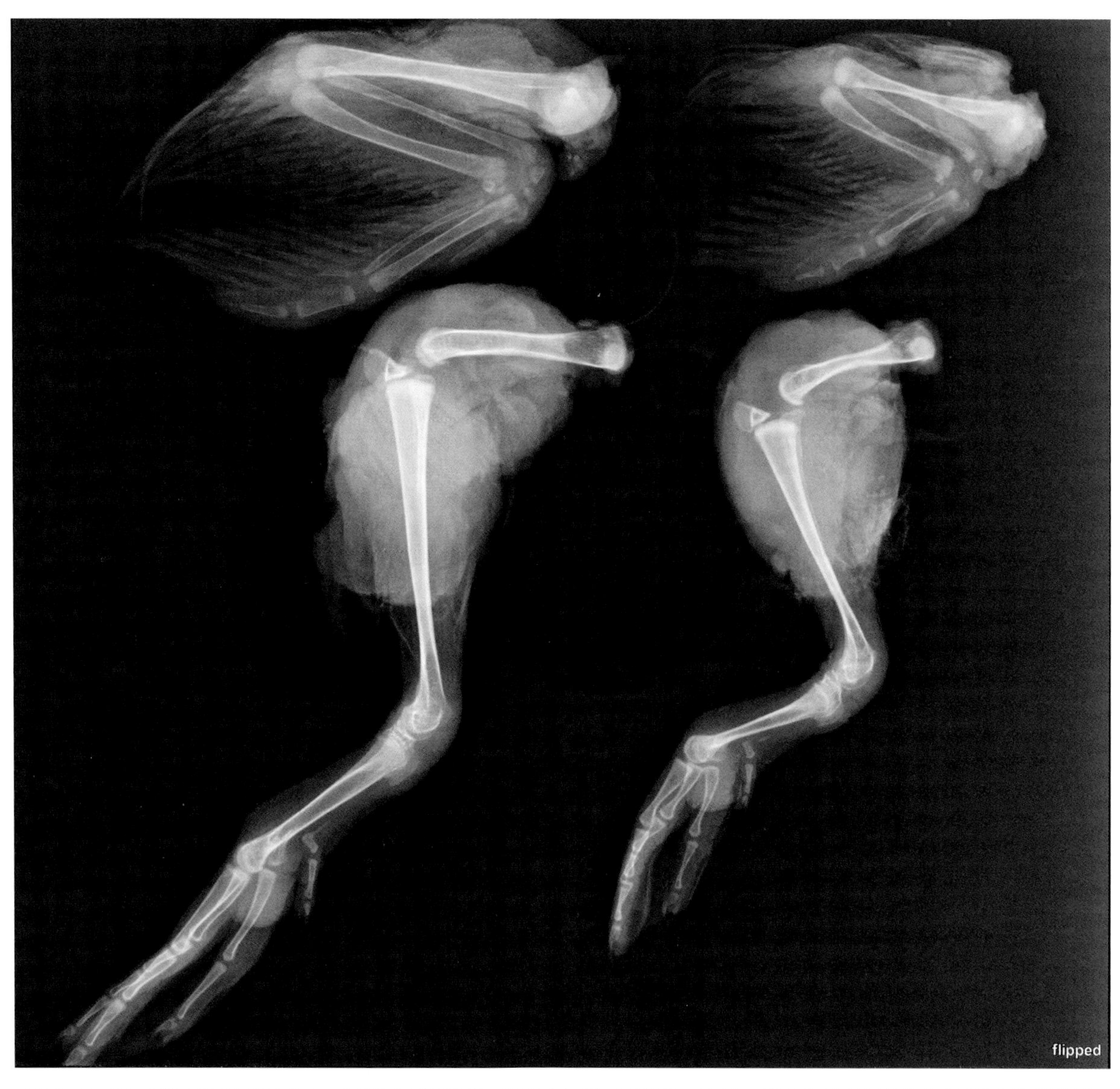

图3-11-22　鸭短喙与侏儒综合征：骨骼发育受到严重影响（左侧：对照组；右侧：接种病毒35天的北京鸭翅骨和腿骨）

感染GPV变异株的雏鸭无肉眼可见大体病变，但有组织学病变（Ning et al.，2017b）。肝脏肝窦淤血（图3-11-23），有些病例肝小叶有淋巴细胞聚集。脾脏淋巴细胞减少，炎性细胞增多（图3-11-24）。肾脏间质淤血，髓质肾小管上皮与基底膜分离（图3-11-25）。法氏囊淋巴滤泡中大量淋巴细胞坏死、排空，黏膜上皮脱落（图3-11-26）。肺脏淤血、出血（图3-11-27）。脑部淤血，小胶质细胞增多，有嗜神经现象（图3-11-28）。十二指肠黏膜上皮脱落（图3-11-29）。气管黏膜上皮脱落，大量黏液分布在气管黏膜表面（图3-11-30）。腿肌出血，肌纤维间隙增宽，有大量红细胞浸润（图3-11-31）。

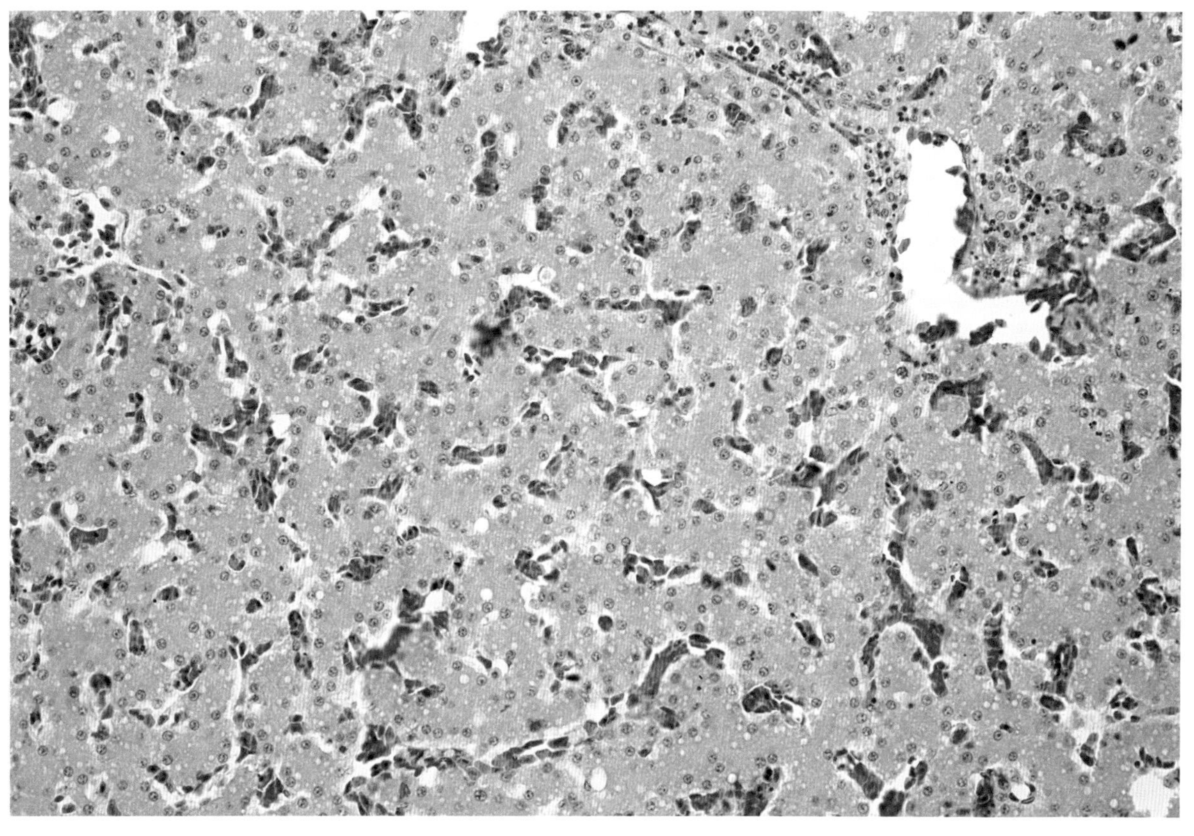

图 3-11-23　鸭短喙与侏儒综合征：肝脏肝窦淤血

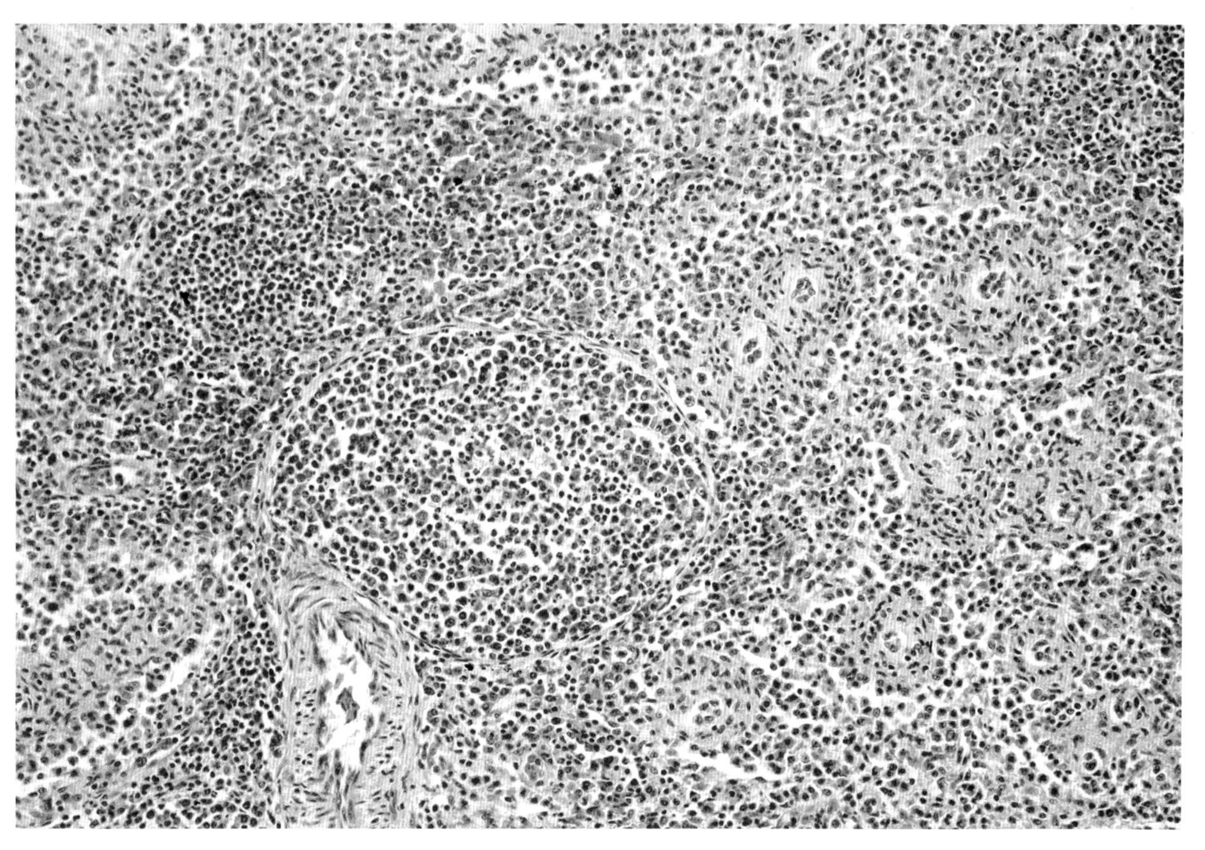

图 3-11-24　鸭短喙与侏儒综合征：脾脏淋巴细胞减少，炎性细胞增多

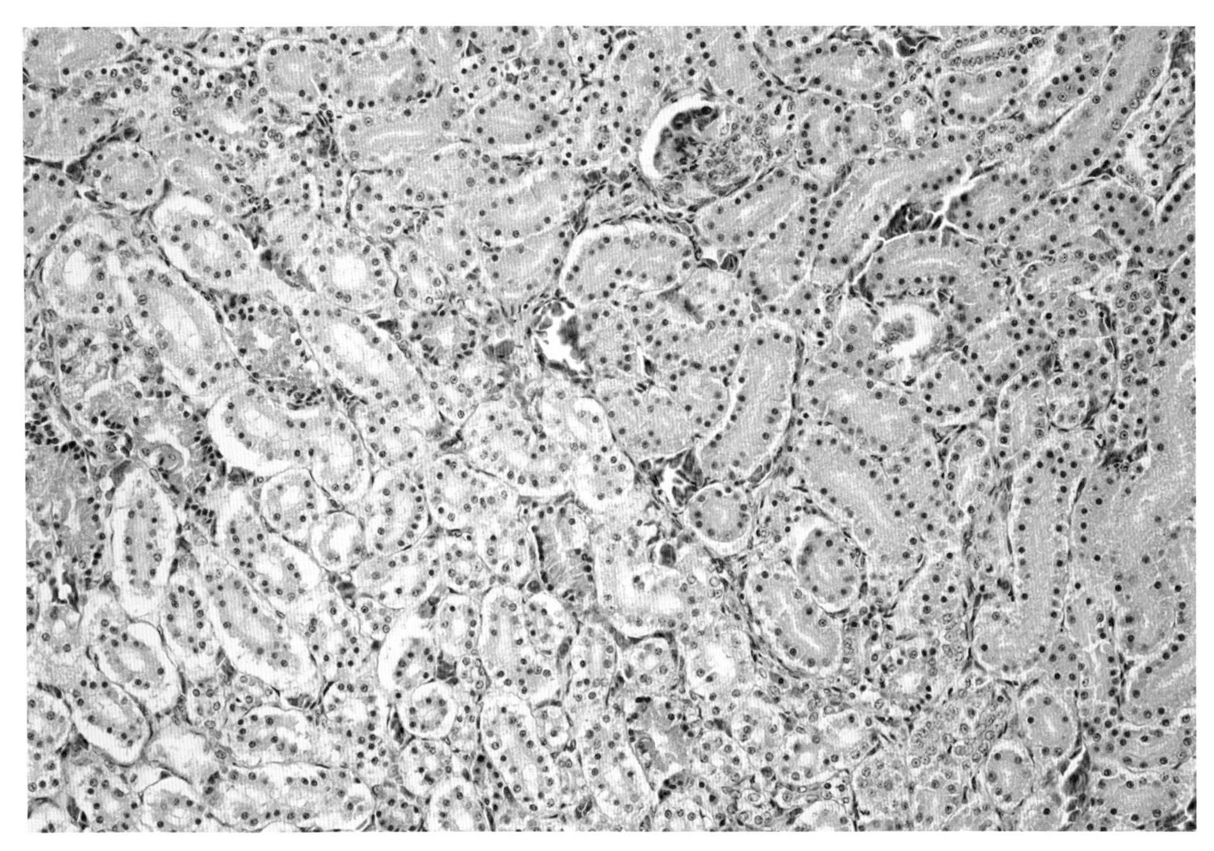

图 3-11-25 鸭短喙与侏儒综合征：肾脏间质淤血，髓质肾小管上皮与基底膜分离

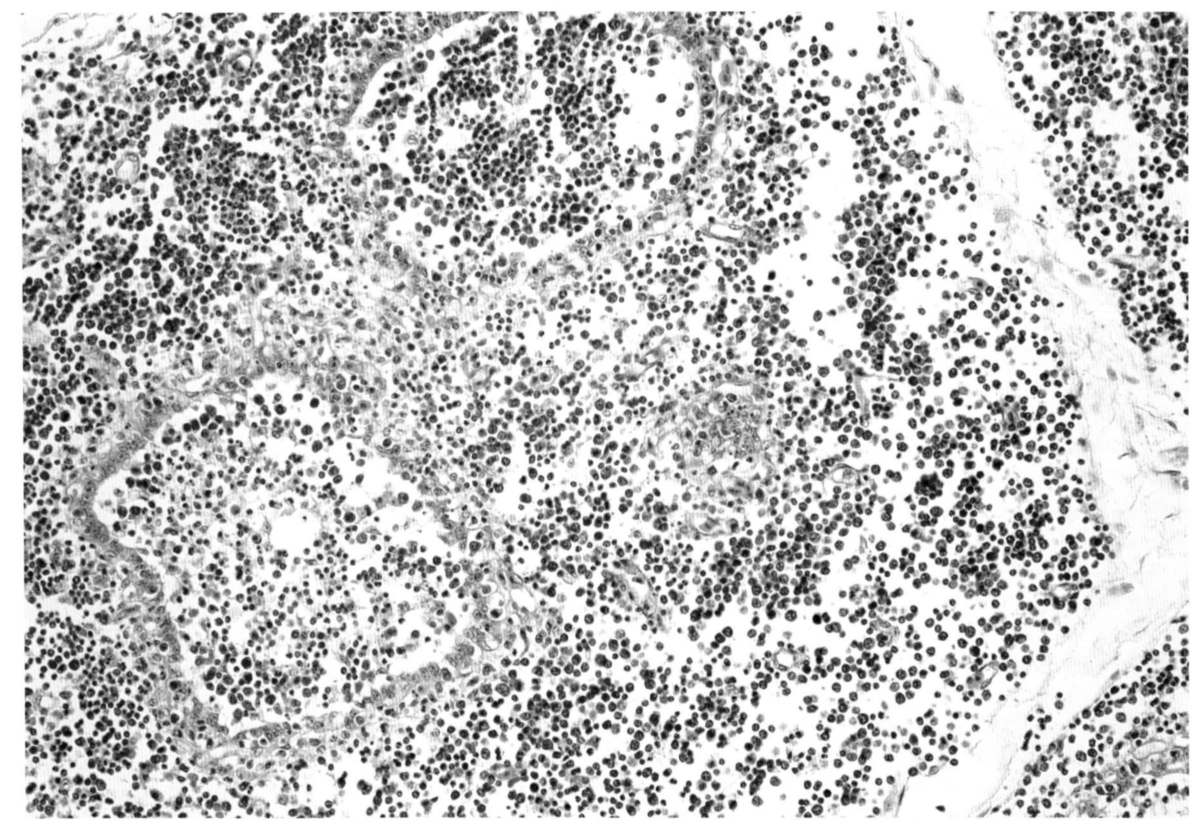

图 3-11-26 鸭短喙与侏儒综合征：法氏囊淋巴滤泡中大量淋巴细胞坏死、排空，黏膜上皮脱落

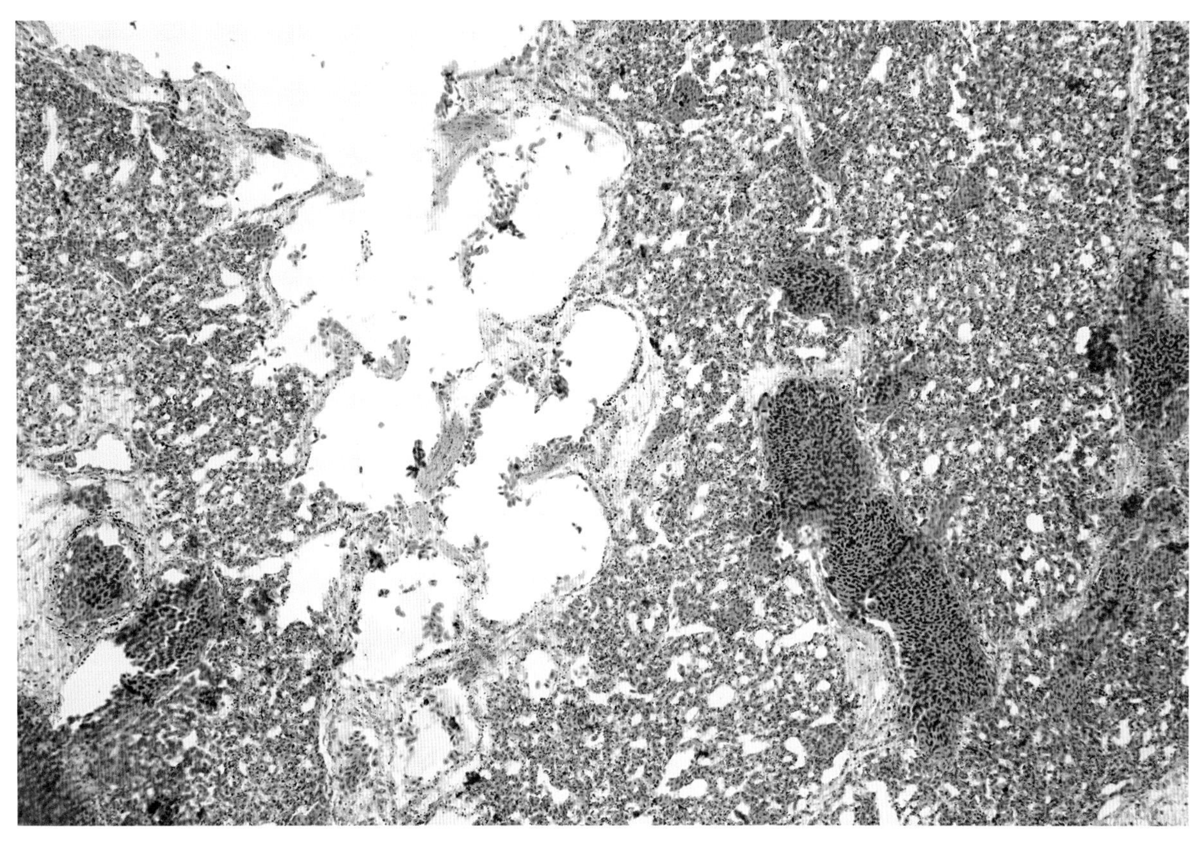

图 3-11-27　鸭短喙与侏儒综合征：肺脏淤血、出血

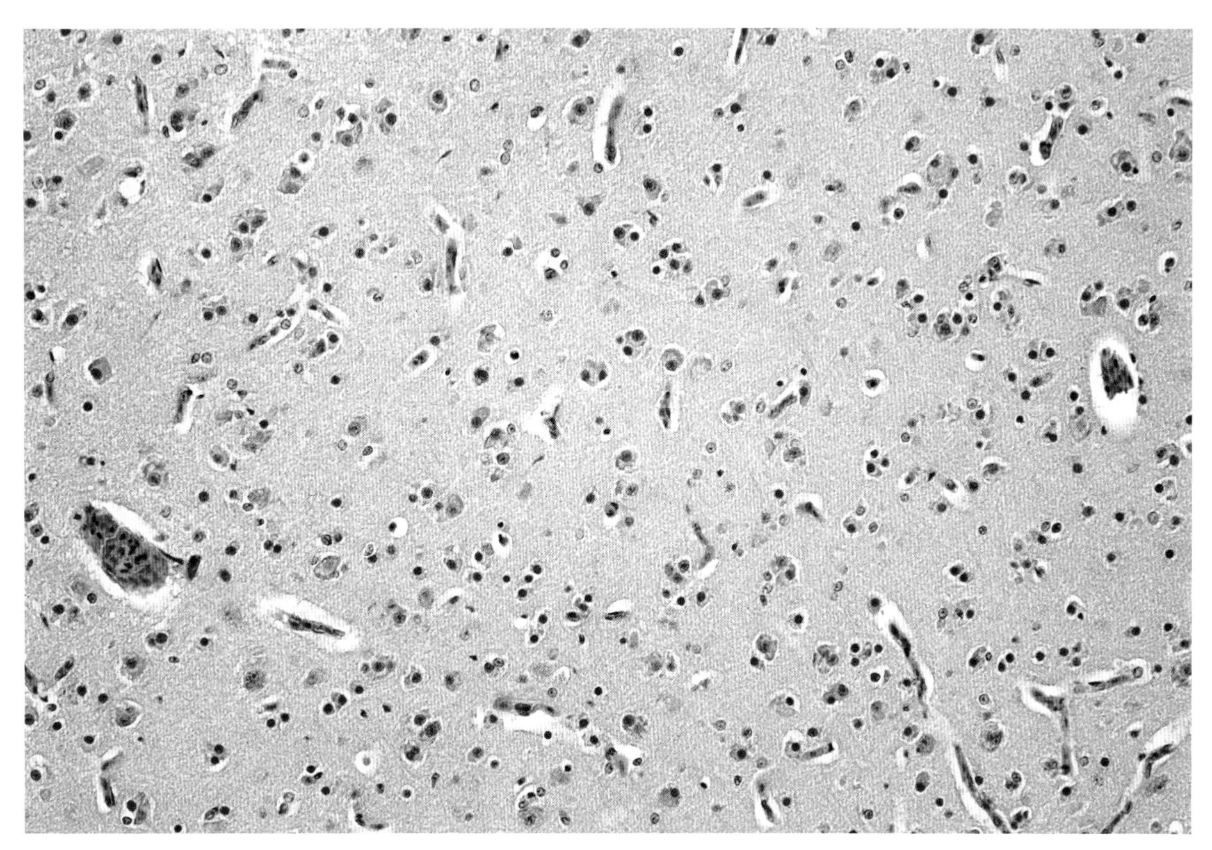

图 3-11-28　鸭短喙与侏儒综合征：脑部淤血，小胶质细胞增多，有嗜神经现象

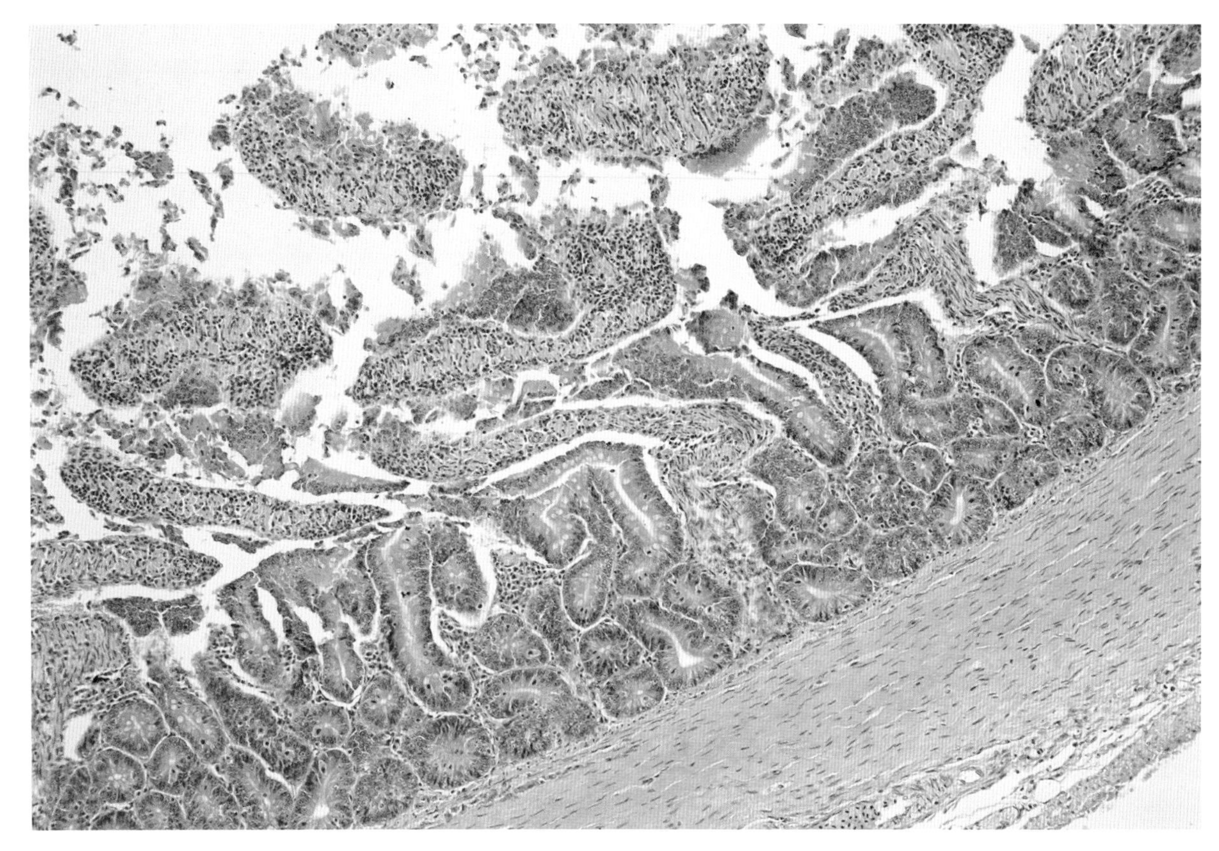

图 3-11-29　鸭短喙与侏儒综合征：十二指肠黏膜上皮脱落

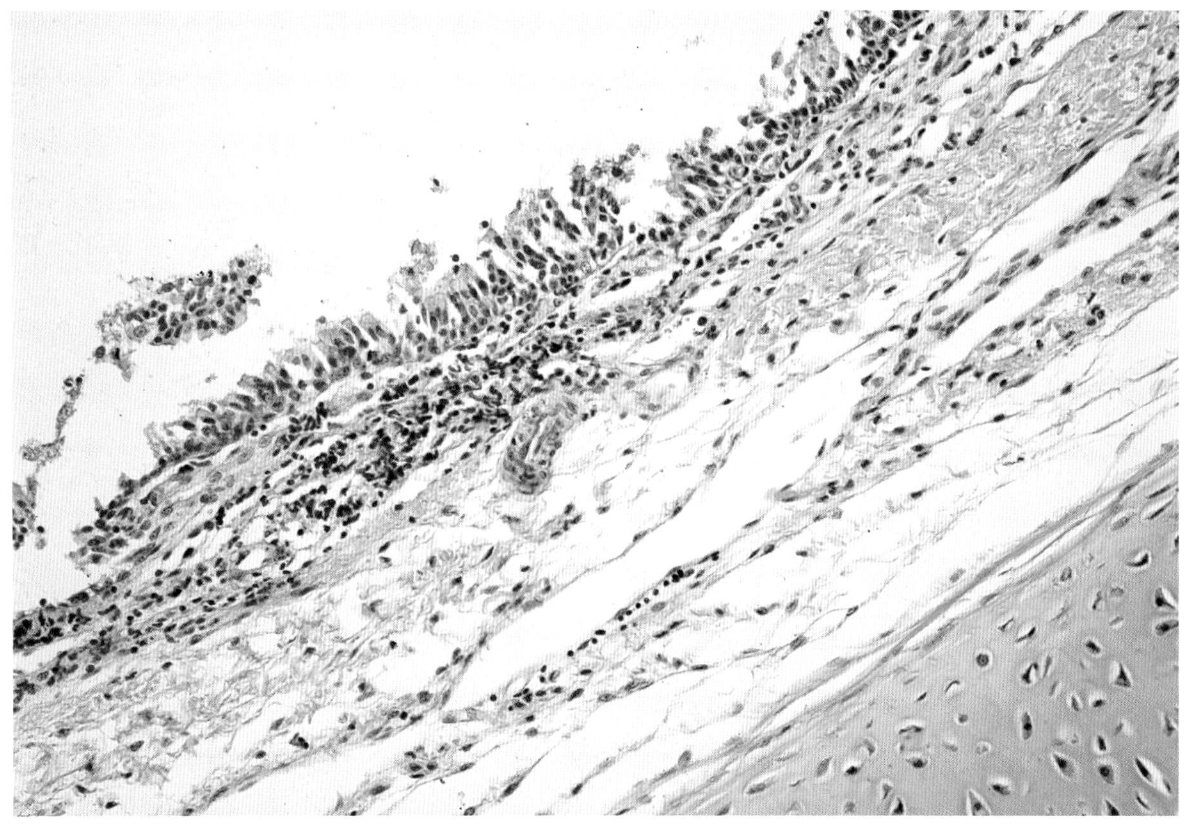

图 3-11-30　鸭短喙与侏儒综合征：气管黏膜上皮脱落，大量黏液分布在气管黏膜表面

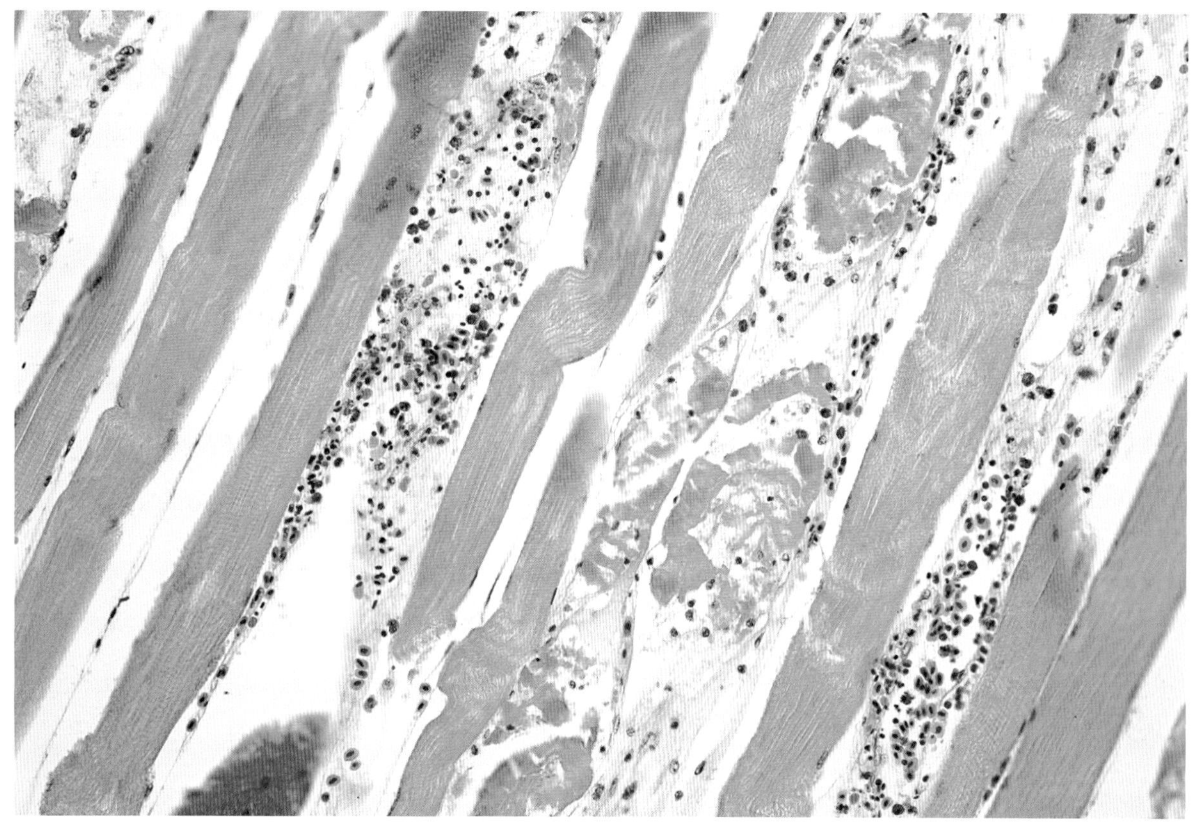

图 3-11-31　鸭短喙与侏儒综合征：腿肌出血，肌纤维间隙增宽，有大量红细胞浸润

五、诊断

喙短、舌头伸出、生长发育严重受阻是该病特征症状，据此可对该病作出初步诊断，但需进行病毒的分离和鉴定，以确定致病病原是GPV变异株还是DPV变异株。

（一）病毒分离

可按GPV经典毒株的分离方法分离GPV变异株，按DPV经典毒株的分离方法分离DPV变异株。

若用易感鹅胚分离GPV变异株，鹅胚在接种后10~14天出现死亡，死亡率约为50%。将病毒传1~2代，鹅胚死亡时间提前，死亡率增加。死胚胚体出血、脚趾向后弯曲（图3-11-32），部分鹅胚肝脏表面出现黄白色斑块（图3-11-33），心脏色泽苍白（图3-11-34）。用10日龄北京鸭胚亦可分离到病毒，但鸭胚死亡率较鹅胚低，死亡鸭胚表现出与鹅胚相似的病变（图3-11-35）（Ning et al.，2018）。

（二）血清学诊断

用GPV变异株和DPV变异株的特异性抗血清进行中和试验和琼脂扩散沉淀试验，可对病毒分离株进行血清学鉴定，也可用于比较分离株与经典毒株的抗原相关性（图3-11-2）。亦可用免疫荧光抗体染色试验对分离株进行鉴定。

（三）分子检测

用水禽细小病毒的PCR（Chang et al.，2000；Tatár-kis et al.，2004）进行检测，可对临床样品

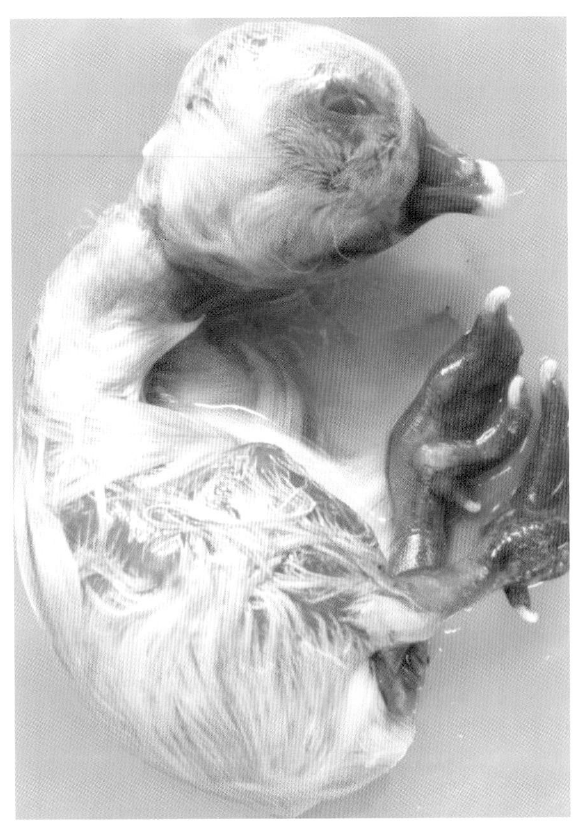

图 3-11-32 鸭短喙与侏儒综合征：GPV JS1 株感染致死的鹅胚（22 日龄），胚体出血，脚趾向后弯曲

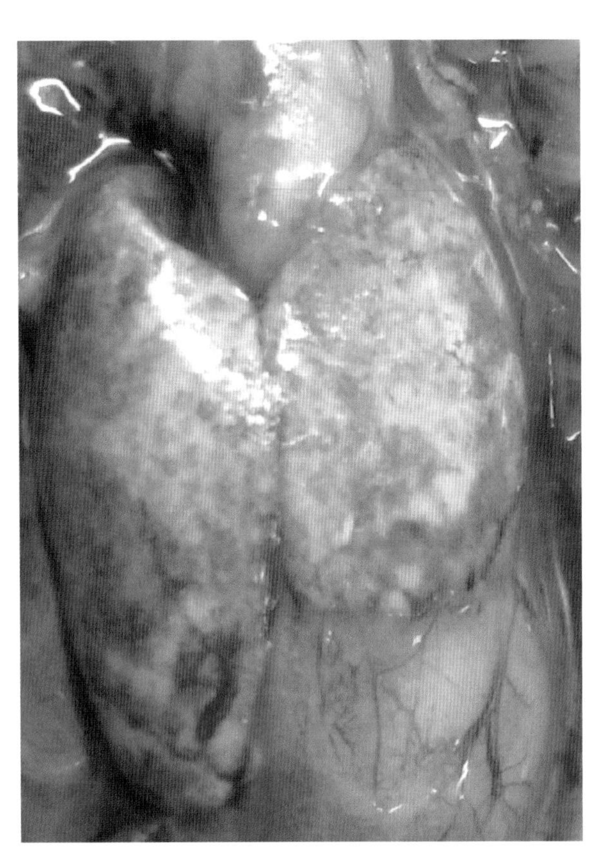

图 3-11-33 鸭短喙与侏儒综合征：GPV JS1 株感染致死的鹅胚（14 日龄），肝脏表面出现黄白色斑块

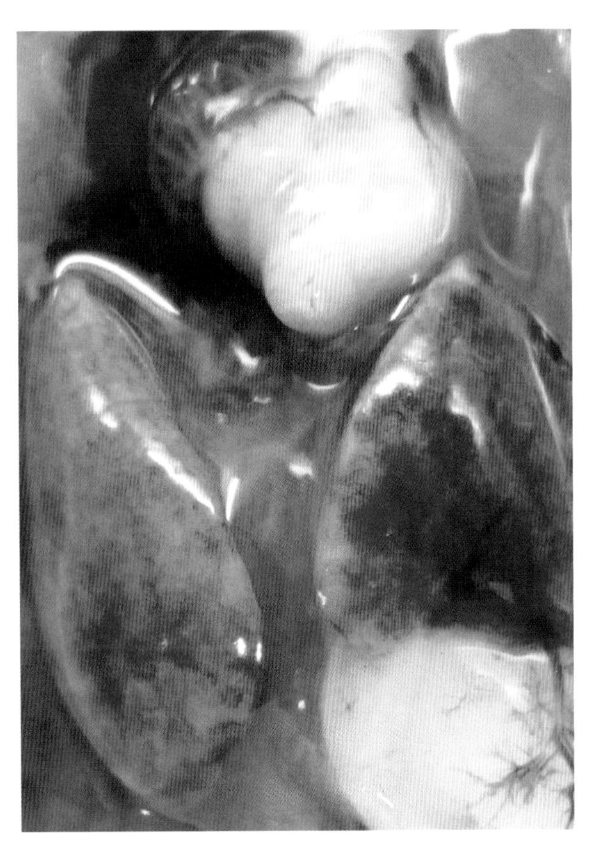

图 3-11-34 鸭短喙与侏儒综合征：GPV JS1 株感染致死的鹅胚（16 日龄），心脏色泽苍白

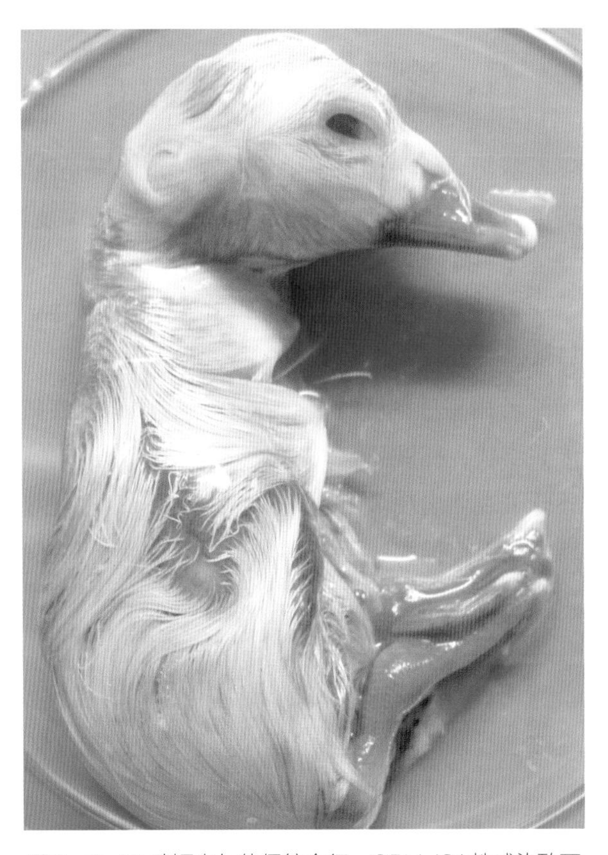

图 3-11-35 鸭短喙与侏儒综合征：GPV JS1 株感染致死的北京鸭胚（15 日龄），胚体出血，脚趾向后弯曲

和病毒分离株进行快速鉴定（图3-11-36），但需对扩增产物进行测序和序列分析，以便对GPV变异株和DPV变异株进行鉴别。

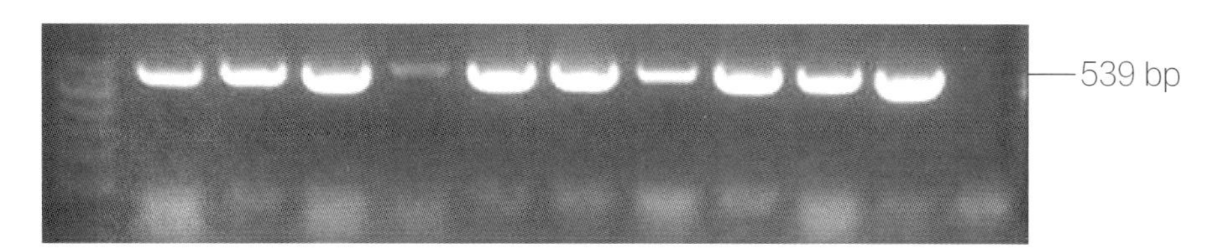

图3-11-36 感染鸭组织样品中GPV VP3基因的PCR扩增

（四）感染试验

用GPV分离株接种1日龄北京鸭或樱桃谷鸭，若复制出SBDS的典型症状（图3-11-37和图3-11-38），可进一步确诊。

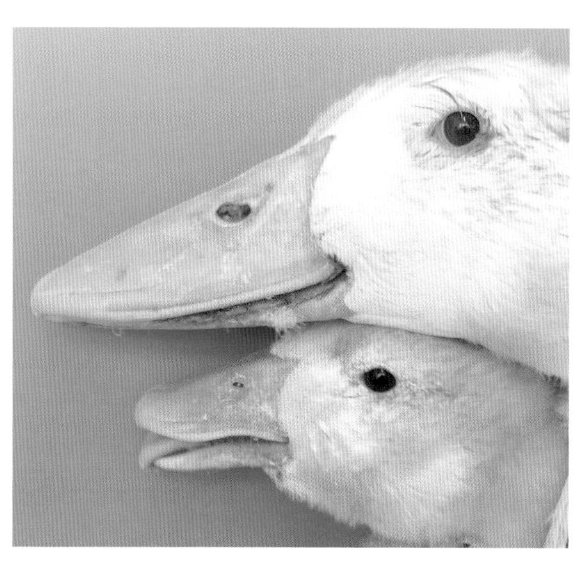

图3-11-37 鸭短喙与侏儒综合征：接种GPV JS1株的35日龄北京鸭，喙短，舌头伸出，发育受阻（上方为对照组）

六、防治

GPV和DPV变异株的感染和传播途径与各自经典毒株类似，因此，可参照控制小鹅瘟和番鸭三周病时所采取的管理措施控制变异株所引起的SBDS。

相对于经典毒株，GPV毒力变异株的抗原性并未发生改变，因此，可用小鹅瘟的疫苗和抗体制品控制GPV变异株所引起的SBDS。与之类似，可用番鸭三周病的疫苗和抗体制品控制DPV毒力变异株所引起的SBDS。

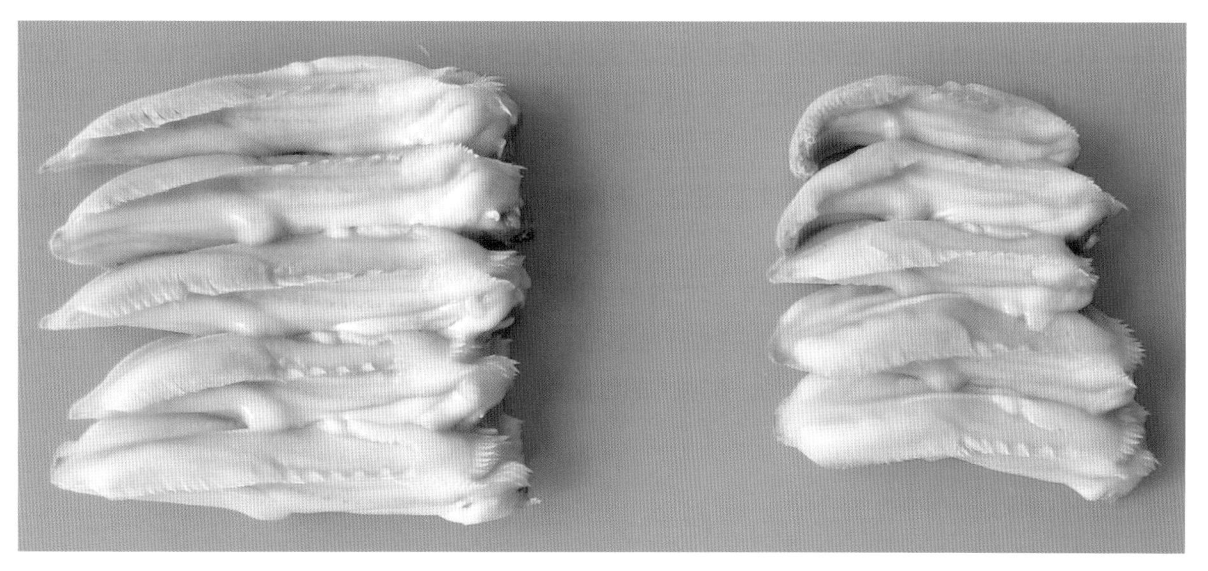

图3-11-38 鸭短喙与侏儒综合征：接种GPV JS1株的35日龄北京鸭，舌头有不同程度萎缩变短（左侧为对照）

第十二节　鸭新城疫病毒感染

鸭新城疫病毒感染（Newcastle disease virus infection in ducks）又可称为鸭副黏病毒感染（Paramyxovirus infection in ducks）或禽腮腺炎病毒1型感染（Avian avulavirus 1 infection in ducks）。新城疫病毒（Newcastle disease virus，NDV）是否会导致鸭发病和死亡，不同研究者尚有不同看法。北京鸭、樱桃谷鸭、枫叶鸭等北京鸭系列肉鸭品种以及麻鸭感染新城疫病毒后，通常表现为无症状感染；但番鸭和半番鸭感染后，曾发生过新城疫（Newcastle disease）。

一、病原学

在分类上，新城疫病毒（Newcastle disease virus, NDV）属单分子负链RNA病毒目副黏病毒科正禽腮腺炎病毒属，国际病毒分类委员会认可的病毒种名为*Avian orthoavulavirus 1*（https://talk.ictvonline.org/taxonomy）。

鸭源NDV分离株与鸡源和鹅源毒株具有相似的形态结构。病毒粒子呈大致球形，有时呈长杆状。成熟的病毒粒子直径为100~500nm，有囊膜，内含核衣壳。NDV的基因组是单一分子的单链负链RNA，长约15 kb，从3′到5′端，NDV的各基因依次编码6种结构蛋白：核衣壳蛋白（Nucleocapsid protein，NP）、磷蛋白（Phosphoprotein，P）、基质蛋白（Matrix protein，M）、融合蛋白（Fusion protein，F）、血凝素-神经氨酸酶（Heamagglutinin-Neuraminidase，HN）和聚合酶（Large polymerase protein，L）（King et al.，2011）。F和HN是病毒的两种囊膜突起，与病毒的免疫原性和毒力有关（Huang et al.，2004；Peeters et al.，1999）。

NDV分Class Ⅰ和Class Ⅱ。Class I的基因组长度为15198 nt，Class Ⅱ的基因组长度包括15186 nt和15192 nt（Czegledi et al.，2006）。目前所用弱毒疫苗株以及引起新城疫流行的强毒株均属Class Ⅱ。根据F基因序列差异，Class Ⅱ毒株分属18个基因型（Ⅰ~XVⅢ）（Diel et al.，2012；Snock et al.，2013），其中，基因Ⅶ型进一步分为10个亚型（VⅡa~VⅡj）（Esmaelizad et al.，2017；Xue et al.，2017）。近年来，在我国以及亚洲其他国家和地区，主要流行基因VⅡ型，尤以基因VⅡd型为主（刘华雷等，2009；刘秀梵和胡顺林，2010）。弱毒疫苗株B1株、LaSota株以及Clone30株均属于基因Ⅱ型。

NDV只有一个血清型，但有文献报道，不同基因型之间存在一定的抗原差异（Lin et al.，2003；王永坤等，1998）。

NDV易于在鸡胚中繁殖，鸡胚的死亡时间取决于病毒毒力和接种剂量（张兴晓等，2001）。NDV也可以在多种细胞中培养，如鸡胚成纤维细胞、鸭胚成纤维细胞、Vero和Hela细胞等。NDV可凝集鸡、鸭、绵羊、山羊、猪、兔、牛和人的红细胞。

二、流行病学

新城疫是危害养鸡业的重大疫病。1997年以来，新城疫亦成为危害养鹅业的重大疫病，在养鹅业，人们习惯将该病称为鹅副黏病毒病（王永坤等，1998；辛朝安，1997）。鸭是否会发生新城疫，尚有不同看法，可能与鸭的品种有关。在临床上未曾见北京鸭、樱桃谷鸭和麻鸭发生该病。鹅副黏病毒病在我国出现之时，曾在该病流行区域（如浙江）见过番鸭发生新城疫（张存等，2002）。此后，在福建曾见番鸭、半番鸭和野鸭发生新城疫（陈少莺等，2004；黄瑜等，2005）。随着鹅副黏病毒病得到控制，番鸭已很少发生新城疫。在实验条件下用新城疫分离株感染野鸭，可复制出新城疫的症状和病变（刘梅等，2010a）。但用NDV分离株感染樱桃谷鸭和麻鸭，不能复制出疾病（Nishizawa，et al.，2007；杨少华等，2012；伊惠等，2013；张训海等，2010）。从健康北京鸭和樱桃谷鸭可检测到NDV的核酸和抗体，说明北京鸭和樱桃谷鸭可以感染新城疫病毒而不发病（Zhang et al.，2011b）。在实验条件下，用新城疫强毒株感染北京鸭，有时会造成一定的致死率，但死亡率通常低于10%（Dai et al.，2014；Zhang et al.，2011a）。

三、临床症状

北京鸭、樱桃谷鸭和麻鸭感染NDV后，无临床症状和病理变化。以往在浙江和福建见番鸭、半番鸭和野鸭发病时，病鸭多表现为精神沉郁，采食减少或食欲废绝，腹泻，排白色或淡黄色粪便，站立不稳或卧地不愿走动，部分鸭头部肿大（图3-12-1），或有神经症状（图3-12-2）、呼吸道症状（Dai et al.，2014；陈少莺等，2004；张存等，2002）。产蛋鸭产蛋率急剧下降或不产蛋（刘梅等，2010b）。

图3-12-1　番鸭新城疫：头部肿大，下颌部出现水肿（出版社图）

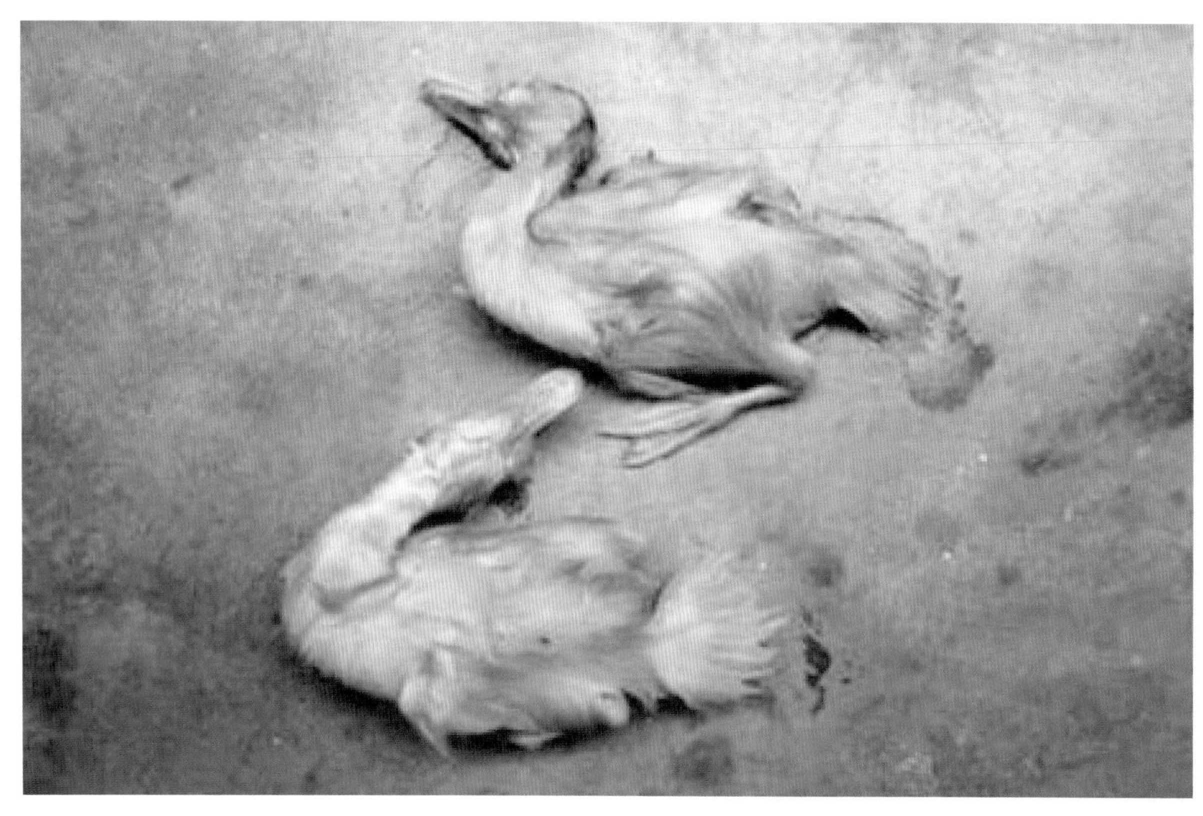

图 3-12-2　番鸭新城疫：扭颈，甩头（黄瑜供图）

四、病理变化

番鸭、半番鸭和野鸭与鸡的新城疫病例具有相似的病理变化，即消化道和呼吸道黏膜出血（陈少莺等，2004；黄瑜等，2005；张存等，2002）。腺胃黏膜脱落、溃疡、乳头轻度出血，肌胃角质层糜烂（图3-12-3和图3-12-4）；肠道（尤其是十二指肠、空肠和回肠）黏膜出血（图3-12-5和图3-12-6）、溃疡、有坏死灶（图3-12-7）。有时在直肠黏膜上可见纤维素性坏死，粪便呈白色。盲肠扁桃体肿胀、出血和坏死。喉头和气管附有大量黏液，气管环和肺脏出血（图3-12-8和图3-12-9）。肝脏肿大、出血，有白色坏死灶（图3-12-10）。肾脏肿大、淤血和出血。胰腺出血，有坏死斑点或坏死灶（图3-12-11至图3-12-13）（Dai et al.，2014；陈少莺等，2004；黄瑜等，2005）。组织学病变包括各器官不同程度水肿、充血和出血，胰腺和肠道等器官变性坏死等。

五、诊断

该病临床表现易与鸭流感相混淆，但病理变化存在区别，特别是肠道病变与禽流感存在明显不同，因此，根据大体病变可作出初步诊断。确诊需进行病毒的分离和鉴定。

（一）病毒分离

病鸭口鼻拭子、泄殖腔拭子或病变组织（肺、肾和肠等）可用于病毒分离，样品经过处理后，经尿囊腔途径接种9~11日龄SPF鸡胚，可在接种后48~72小时致死鸡胚，死亡胚体全身充血和出血，以头、翅和趾部出血最明显。收获死胚尿囊液，用血凝试验判断是否存在病毒。

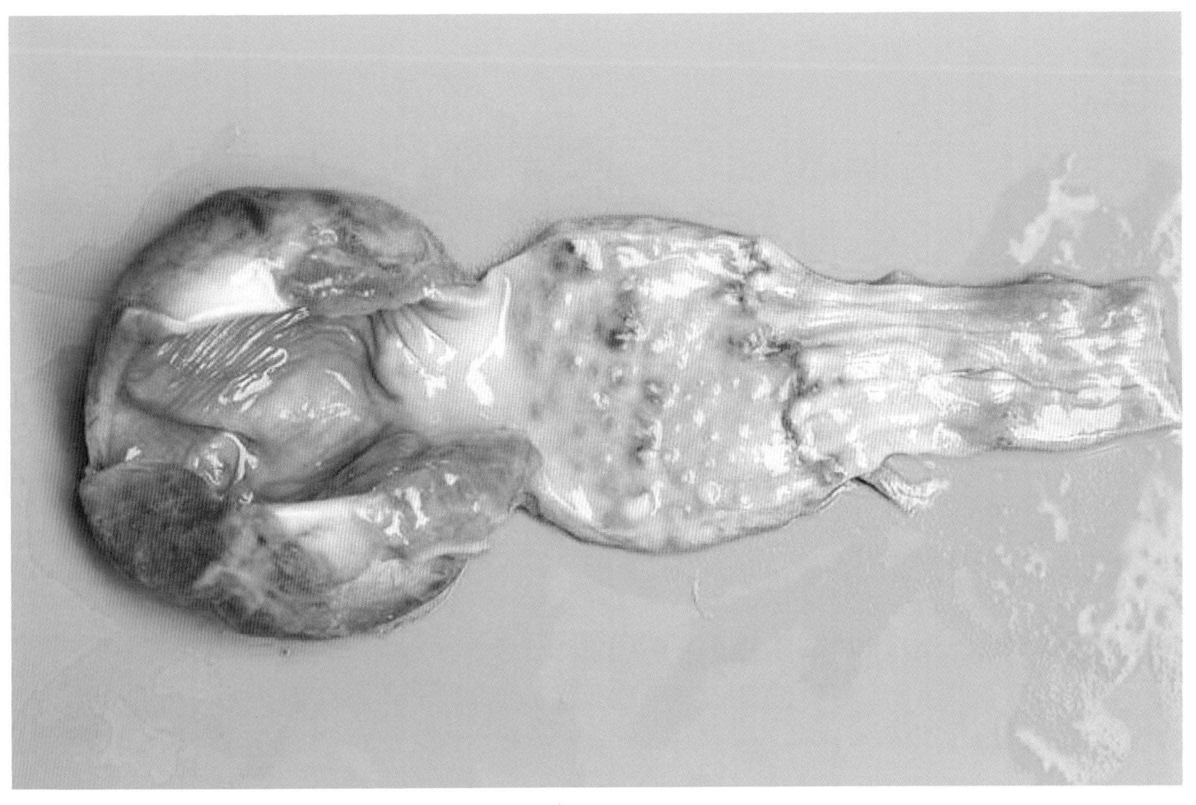

图 3-12-3　番鸭新城疫：腺胃乳头出血（黄瑜供图）

图 3-12-4　番鸭新城疫：腺胃黏膜溃疡，肌胃角质层糜烂（张存供图）

图 3-12-5　番鸭新城疫：十二指肠有出血灶（出版社图）

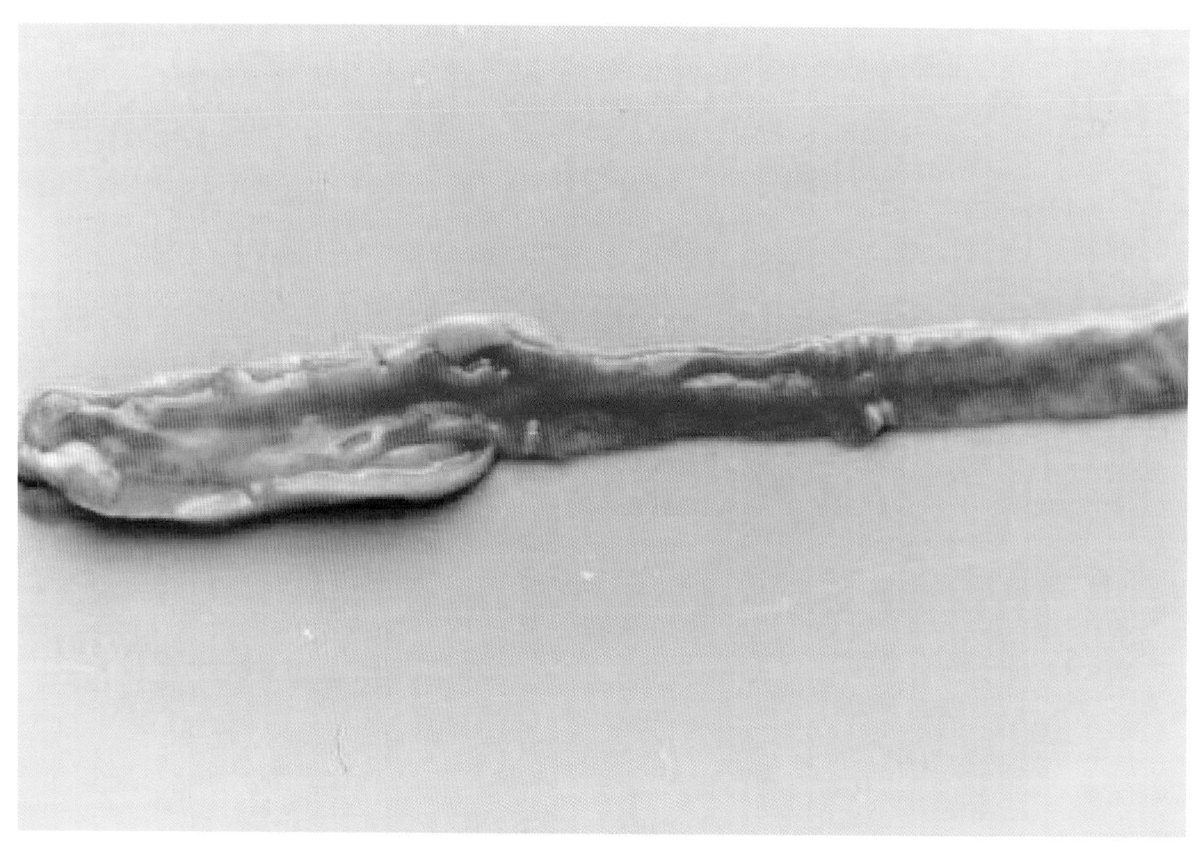

图 3-12-6　番鸭新城疫：十二指肠黏膜出血（黄瑜图）

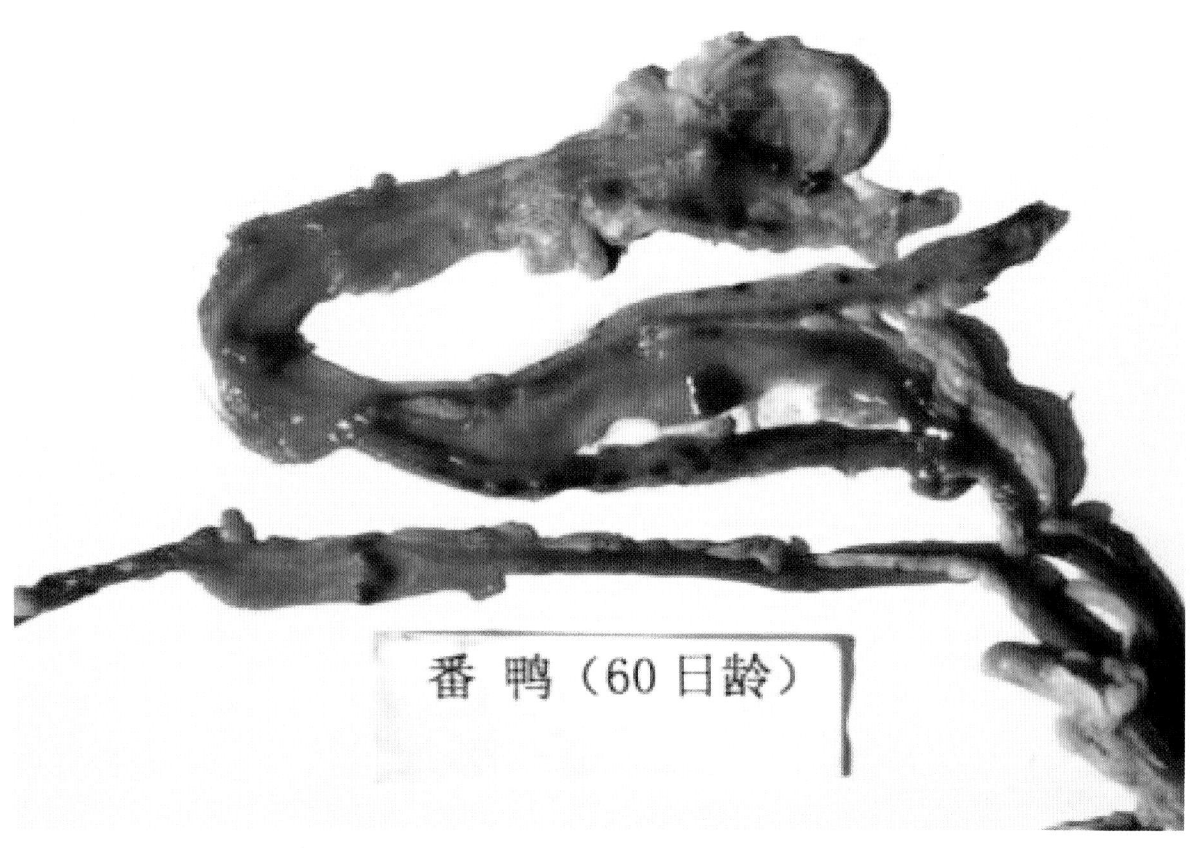

图 3-12-7　番鸭新城疫：肠黏膜出血、溃疡，有黑色坏死灶（张存供图）

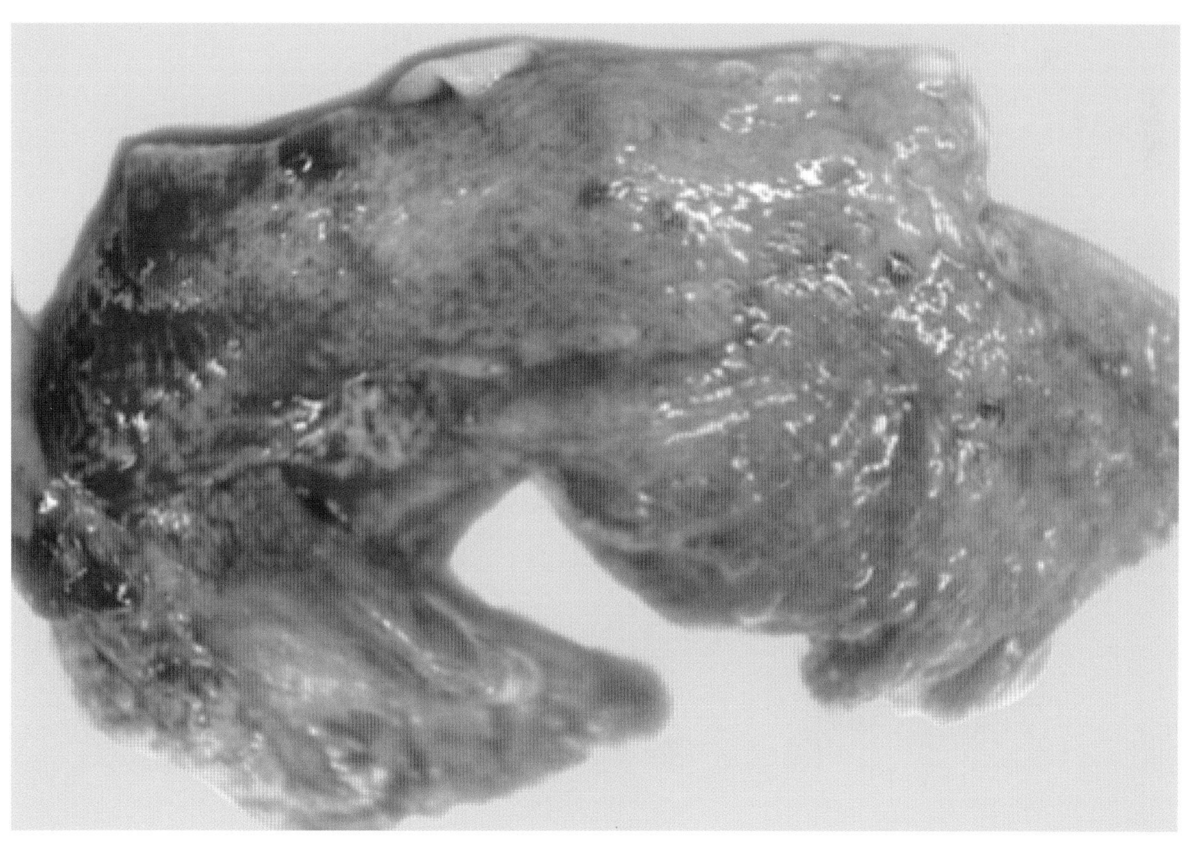

图 3-12-8　番鸭新城疫：肺脏出血（出版社图）

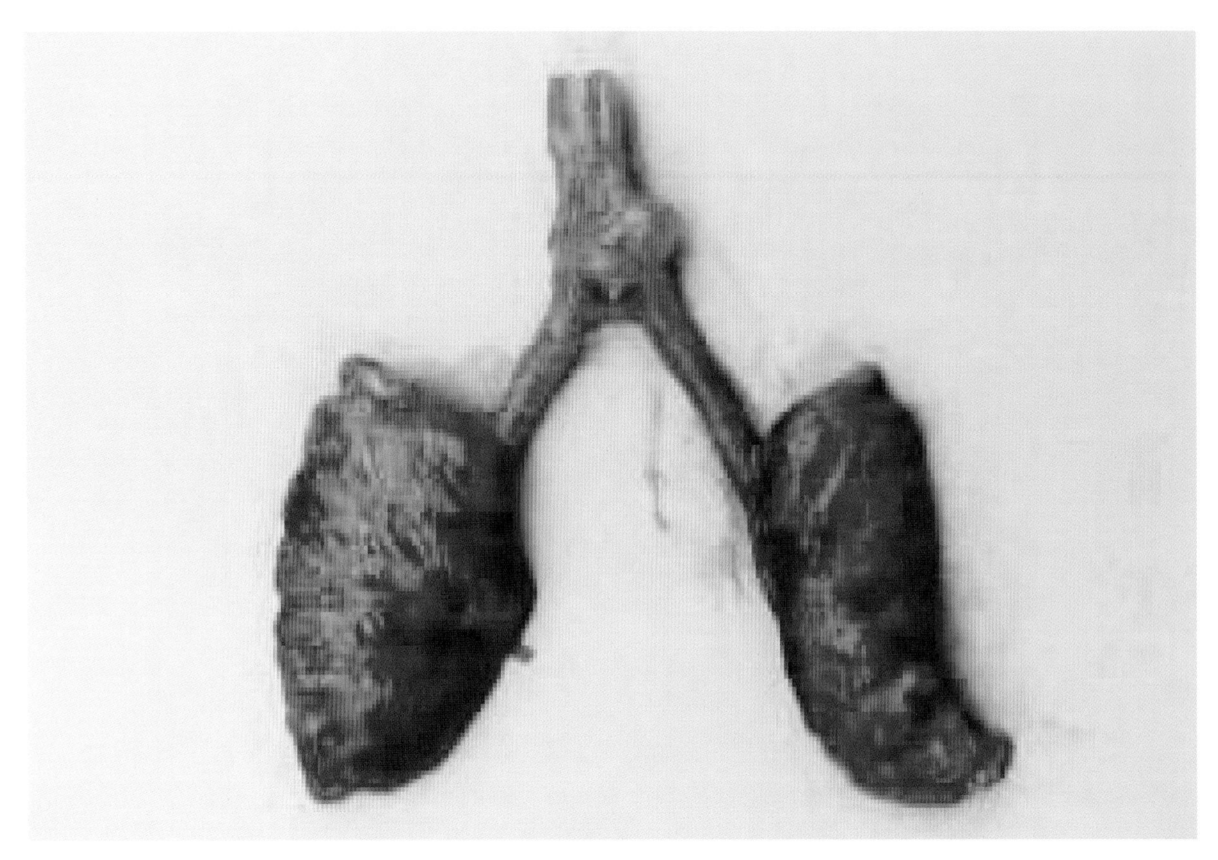

图 3-12-9　番鸭新城疫：肺脏出血（黄瑜图）

图 3-12-10　番鸭新城疫：肝脏肿大、出血，表面有大小不等的白色坏死灶（出版社图）

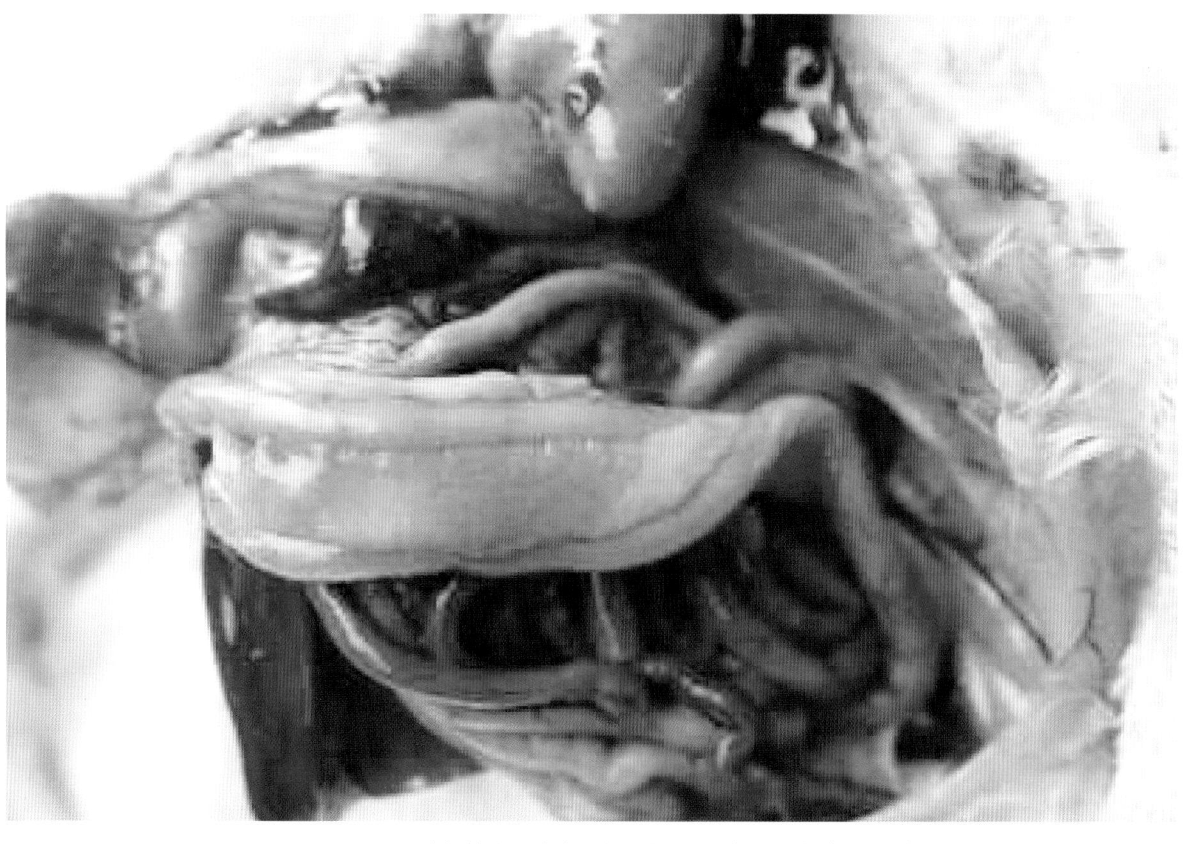

图 3-12-11　番鸭新城疫：胰腺出血，表面有白色坏死点（黄瑜图）

图 3-12-12　番鸭新城疫：胰腺表面有少量白色坏死灶（黄瑜图）

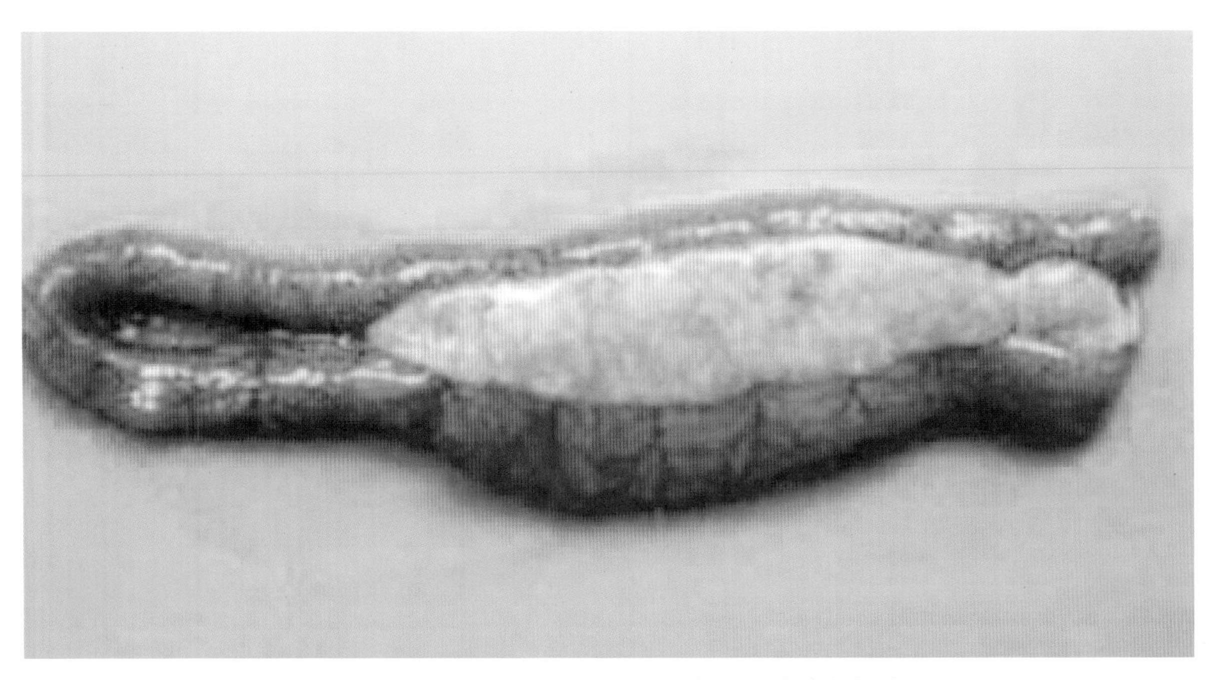

图 3-12-13 番鸭新城疫：胰腺表面有多量坏死点（黄瑜图）

（二）血清学诊断

用NDV抗血清进行血凝抑制试验，若病毒分离株的血凝活性能被NDV抗血清所抑制，即可将病毒分离株鉴定为NDV（刘华雷等，2008）。亦可从发病群体采集血清样品，用NDV抗原进行血凝抑制试验。当血凝抑制效价大于1∶20时，可认为鸭群感染过NDV。

（三）分子检测

利用RT-PCR检测分泌物、排泄物和病变组织中的病毒RNA是一种快速诊断方法。可检测F基因，经测序和序列分析后，可确定病毒基因型（刘华雷等，2008）。亦可对病毒分离株进行分子检测。

六、防治

应避免鸡、鸭和鹅混养，防止互相传播。对于北京鸭、樱桃谷鸭和麻鸭，暂无必要免疫新城疫疫苗。若番鸭受到威胁，可用新城疫油乳佐剂灭活疫苗进行免疫。

第十三节　鸭腺病毒感染

鸭腺病毒感染（Adenovirus infections in ducks）是由腺病毒科的几个成员所引起的感染的总称。可感染鸭的腺病毒主要包括鸭腺病毒A型（产蛋下降综合征病毒）、鸭腺病毒B型（含鸭腺病毒血清2型和3型）以及禽腺病毒血清4型。

一、产蛋下降综合征病毒感染

（一）病原学

产蛋下降综合征病毒（Egg drop syndrome virus，EDSV）是鸡产蛋下降综合征（Egg drop syndrome，EDS）的致病病原。在旧的病毒分类中，EDSV属于禽腺病毒III群的成员（Hess，2000），曾被称为鸭腺病毒1型（Duck adenovirus 1，DuAdV-1）（King et al.，2011；Swayne et al.，2013），现归属于富AT腺病毒属（*Atadenovirus*），其种名为鸭腺病毒A型（*Duck atadenovirus A*, DuAdV-A）（https://talk.ictvonline.org/taxonomy）。

EDSV是无囊膜的二十面体对称病毒，直径为80 nm（Kraft et al.，1979）。病毒粒子含240个六邻体壳粒，12个五邻体壳粒，从每个五邻体基底座伸出1根微丝（Fiber）（Valentine and Pereira，1965；Van den Hurk，1990）。基因组为双链DNA，长度为33213 bp（Hess et al.，1997）。EDSV能凝集鸡、鸭、鹅、火鸡、鸽子和孔雀的红细胞，但不能凝集鼠、兔、马、羊、牛、山羊和猪的红细胞（Swayne et al.，2013）。

EDSV易在鸭肾、鸭胚肝和鸭胚成纤维细胞、鹅的细胞以及鸭胚和鹅胚的尿囊腔中繁殖，并能产生高滴度病毒。在鸡胚肝细胞生长良好，在鸡胚肾细胞次之，在鸡胚成纤维细胞和火鸡细胞中繁殖较差。不能在鸡胚和哺乳动物的细胞中繁殖（Swayne et al.，2013）。

（二）流行病学

EDS发现于1976年，故又称EDS-76，该病可导致产蛋鸡产蛋率大幅度下降，并产软壳蛋和无壳蛋（McFerran et al.，1978a；van Eck et al.，1976）。2001年，在匈牙利发现EDSV可引起鹅的急性呼吸道病（Ivanics et al.，2001）。

EDSV可感染鸭，从世界各地的健康家鸭和野鸭均可发现EDSV或其抗体的存在，因此，多认为鸭是EDSV最主要的宿主，并由此认为EDSV可能是鸭的病毒（Calnek，1978；Cha et al.，2013b；Malkinson and Weisman，1980；Marek et al.，2014；McFerran et al.，1978b；Schloer，1980），通过污染的疫苗传播到鸡（Swayne et al.，2013）。EDSV既可经卵垂直传播，也可水平传播（Cook and Darbyshire，1980）。

（三）EDSV对鸭的致病性

在匈牙利、加拿大和韩国，研究者报道了与EDSV相关的鸭病，包括引起产蛋鸭腹泻、产蛋下降，番鸭和北京鸭的呼吸道疾病等（Bartha，1984；Brash et al.，2009；Cha et al.，2013a）。

1979年6月，匈牙利某鸭场从荷兰引进6 000只种鸭苗。1980年3月，引进的种鸭与本场原有的种鸭产蛋率到达90%，突然出现产蛋下降，并出现严重的腹泻，在1周时间内，引进鸭产蛋率下降50%，本场种鸭产蛋率下降10%，随后便恢复到正常水平。未见无壳蛋和软壳蛋，但见有畸形蛋，孵化率比以往低20%。从腹泻病例的肠道内容物分离到1株病毒，其血凝活性可被EDSV 127株的抗血清所抑制，研究者认为，此次疾病可能是EDSV感染所致（Bartha，1984）。但未用感染试验加以证实。

2007年9月，加拿大某鸭场两个番鸭群发生一种呼吸道疾病。这两群番鸭均在6日龄出现死亡，死亡分别持续了3天和5天，死亡率为2%和5%。临床症状仅限于呼吸道，鸭群中少数鸭咳嗽、呼吸困难和喘气。剖检可见气管内有白色不透明渗出物堵塞，部分鸭有多个栓塞，气管和支气管上皮增生，表层上皮细胞含有嗜酸性核内病毒包涵体。在气管上皮细胞和细胞培养上清可观察到腺病毒粒子，用LMH细胞从气管样品分离到病毒，并经PCR扩增和扩增产物测序，将病毒分离株鉴定为EDSV（Brash et al.，2009）。但也未用感染试验加以证实。

2011年，在韩国两个不同的省，两群北京鸭在9日龄出现严重的呼吸道症状，包括咳嗽、呼吸困难和喘气，死亡率为4%~5%。剖检可见气管黏膜充血，气管内有渗出物，肺脏见有由蓝色到紫色的变化和硬变。组织学变化包括气管和支气管上皮增生、中性粒细胞浸润。用PCR可从多种组织检测到EDSV，用10日龄鸭胚从气管和肺脏分离到2株病毒。用病毒分离株接种3日龄北京鸭，可复制出与自然病例相同的临床症状和病变，但2个分离株所引起的疾病严重程度有所不同。因此，研究者认为，存在不同致病性的EDSV（Cha et al.，2013a）。

二、鸭腺病毒B型感染

（一）病原学

1982年，从法国的番鸭病例分离到1株腺病毒（GR株），该毒株与DuAdV-1、禽腺病毒的12个血清型和火鸡腺病毒的2个血清型存在血清学差异，故研究者认为是DuAdV的一种新血清型（Bouquet et al.，1982）。在第9次病毒分类报告中，国际病毒分类委员会将该病毒命名为鸭腺病毒2型（Duck adenovirus 2，DuAdV-2），作为禽腺病毒属的未定种（King et al.，2011）。在第10次病毒分类报告中，国际病毒分类委员会将该病毒的种名定为鸭腺病毒B型（*Duck aviadenovirus B*，DuAdV-B）（https://talk.ictvonline.org/taxonomy）。2016年，我国研究者报道了一株新毒株，称之为鸭腺病毒3型（Duck adenovirus 3，DuAdV-3）（Zhang et al.，2016b）

DuAdV-2和DuAdV-3均具有典型的腺病毒的形态特点，其基因组均为双链DNA，但二者仍存在明显差异。DuAstV-2的基因组长度为43734 bp，仅含1个微丝编码基因（Marek et al.，2014），在番鸭胚、北京鸭胚和鸡胚成纤维细胞以及鸡胚肝细胞中生长良好，在4℃、20℃和37℃不能凝集鸡、鸭、火鸡、豚鼠、人、鼠、猪、牛和羊的红细胞（Bouquet et al.，1982）。DuAdV-3的基因组长度为43842 bp，含2个微丝编码基因，与DuAdV-2的基因组序列同源性为91.7%，六邻体蛋白的氨基酸序列同源性仅60%。DuAdV-3可在绍兴麻鸭胚成纤维细胞中繁殖，盲传4代后，可引起CPE，接种番鸭胚，可引起部分鸭胚死亡（Zhang et al.，2016b）。DuAdV-3是否具有血凝活性，未见报道。

（二）病例报道

与DuAdV-2相关的疾病只报道过一次。1977年年初，法国的1个后备种番鸭群发生一种疾病，病鸭消瘦，部分鸭跛行。通常在35日龄突然死亡，日死亡率为1%~1.5%，并持续10天（Bouquet et al.，1982）。

与DuAdV-3有关的疾病见于我国广东。2014年1月，广东某番鸭场出现一种疾病，病鸭表现为精神沉郁，剖检可见肝脏有多灶性出血和坏死。发病率和死亡率分别为45%和22%。用病毒分离株接种1日龄绍兴鸭和番鸭，所有鸭只均发病，实验感染未引起番鸭死亡，但绍兴鸭在感染后第7天突然死亡14.3%（7/25）。感染绍兴鸭和番鸭的主要病变为肝脏有出血点、色发黄，心脏松弛变形、有少量心包积液，肾脏有不同程度的充血（Zhang et al.，2016b）。

三、禽腺病毒血清 4 型感染

（一）病原

禽腺病毒血清4型（Fowl adenovirus 4, FAdV-4）是肝炎-心包积液综合征（Hepatitis-hydropericardium syndrome，HHS）的致病病原。FAdV-4与禽腺病毒血清10型（Fowl adenovirus 10，FAdV-10）是禽腺病毒C型（*Fowl aviadenovirus* C，FAdV-C）的成员，在分类上属禽腺病毒属（https://talk.ictvonline.org/taxonomy）。

FAdV-4具有典型的腺病毒的形态特点，其基因长度43~45kb，含2个微丝编码基因（Marek et al.，2012），相对于鸡源毒株，鸭源毒株的基因组存在缺失（Pan et al.，2017a）。原代鸡胚肾和鸡胚肝细胞常用于FAdV-4的分离，可用鸡胚对病毒进行传代培养（Asthana et al.，2013）。

（二）流行病学

HHS又称为传染性心包积液病（Infectious hydropericardium，IHP）、心包积液综合征（Hydropericardium syndrome，HPS）。因该病于1987年首次发生于巴基斯坦的安卡拉哥特（Angara Goth）（Anjum et al.，1989），因此，又可称为安卡拉病（Angara Disease）（Schachner et al.，2018）。

世界上许多国家或地区的肉鸡都发生过该病，如巴基斯坦、印度、中东、俄罗斯、斯洛伐克、中非、南非、日本和韩国（Schachner et al.，2018）。2015年以来，我国多个地区报道了该病的发生（Li et al.，2016a，b，c；Liu et al.，2016；Niu et al.，2016；Ye et al.，2016；Zhang et al.，2016a；Zhao et al.，2015），所引起的死亡率达30%~80%（Pan et al.，2017b）。

Schachner等（2018）认为，HHS主要危害3~6周龄肉鸡，在产蛋鸡和肉种鸡的发生属于个别情况，表明特定的宿主因素（如日龄和品种）决定了对病毒的易感性。该病在其他家禽中只有零星报道，包括鸽子、鹌鹑、鹅、鸭、鸵鸟。在野鸟也只是偶然发生。

（三）FAdV-4 对鸭的致病性

在我国肉鸡暴发HHS期间，有研究者观察到，在我国黑龙江某鸭场，发生了严重的HHS，发病率达45%，死亡率为15%。剖检45日龄病鸭，可见严重的心包积液、肝脏肿大退色和包涵体肝炎。在实验室条件下，用病毒分离株（HLJDAd15株）接种35日龄金定鸭，可复制出HHS的特征病变（Pan et al.，2017a）。

在我国山东地区，研究者亦观察到，25~40日龄商品肉鸭发生了HHS，大体病变与Pan等（2017a）所述类似。研究者用病毒分离株（SDJX株）接种20日龄鸭，在接种后5~7天，死亡率达20%（4/20），17只感染鸭出现HHS的病变。除复制出HHS的特征病变外，感染鸭还出现腹水、肠炎、腺胃出血、骨髓颜色变浅等病变（Chen et al.，2017）。

为更好地理解FAdV-4对鸡和鸭的致病性，Pan等（2017b）用鸭源分离株HLJDAd15株进行了感染试验。在感染后第5天，病毒在鸡体内出现复制高峰，且滴度很高；在感染后第7天和第21天，病毒在鸭体内分别出现复制高峰，但滴度较低。观察期内鸡的死亡率为10%，病死鸡出现严重的心包积液；但感染鸭未出现任何临床症状。因此，研究者提出，鸭可能是FAdV-4无临床症状的自然宿主（Pan et al.，2017b）。

Li等（2018）则用鸡源FAdV-4分离株SD0828株进行了感染试验。接种3周龄SPF鸡，所有感染鸡均死亡，且有典型的HHS病变。但接种3周龄SPF鸭，鸭只均健康存活，剖检未见HHS的病变（Li et al.，2018）。

因此，鉴于不同研究者对鸭腺病毒感染尚存在不同看法，还有必要持续开展研究，以进一步明确腺病毒对鸭的致病性。

第十四节 鸭网状内皮组织增生病

网状内皮组织增生病（Reticuloendotheliosis，RE）是由网状内皮组织增生病病毒（Reticuloendotheliosis virus，REV）引起的几种禽类的病理综合症，包括矮小综合征（Runting disease syndrome）、淋巴组织和其他组织的慢性肿瘤（Chronic neoplasia of lymphoid and other tissues）和急性网状细胞肿瘤（Acute reticulum cell neoplasia）。由REV感染所引起的鸭网状内皮组织增生病（Reticuloendotheliosis in ducks）很少发生，迄今为止，国内外只有有限的几次病例报道。

一、病原学

REV是反转录病毒科 γ 反转录病毒属的成员（https://talk.ictvonline.org/taxonomy），有囊膜，呈大致球形，直径约为100 nm。REV的原型毒株是T株，由Twiehaus及其同事1957年从患有内脏淋巴瘤的火鸡分离、并在火鸡和鸡体内连续传代300多代而来（Robinson and Twiehaus，1974），该毒株为复制缺陷型，引起急性网状细胞肿瘤。REV其他毒株为非缺陷型，引起矮小综合症或淋巴组织和其他组织的慢性肿瘤（Swayne et al.，2013）。

REV基因组为单链正链RNA二聚体。非缺陷型毒株的基因组长约8.3 kb，含3个编码区，分别编码结构蛋白（gag）、囊膜蛋白（env）和聚合酶（pol），基因组两侧分别为5′ 和3′ 非编码区（Untranslated region，UTR）。5′ UTR包括末端冗余序列（Terminal redundant，R）、5′ 端独特区（Unique to the 5′ end，U5）、引物结合序列（Primer binding site，PBS）和前导序列（Leader），3′ UTR包括正链引物区（Polypurine tract，ppt）、3′ 端独特区（Unique to the 3′ end，U3）和末端冗余序列R。REV可将其前病毒DNA整合到宿主基因组，前病毒DNA的5′ 末端和3′ 末端形成序列完全相同的长末端重复序列（Long terminal repeat，LTR）序列，由U3、R、U5组成（Barbosa et al.，2007；Bohls et al.，2006；Lin et al.，2009）。番鸭源REV（1105株）的基因组长度为8284 bp，与鸡源和鹅源毒株基因组长度相近，但LTR序列长度存在一定的差异（姜甜甜，2012）。T株基因组长约5.7 kb，其gag基因和pol基因存在大段缺失，env基因亦有少量缺失（Swayne et al.，2013），env区含有一个0.8~1.5 kb具有转化基因作用的替代片段，称为v-rel基因（Chen et al.，1981；Cohen et al.，1981，Wong and Lai，1981）。缺陷型毒株需要非缺陷型辅助病毒的存在才能完成复制（Hoelzer et al.，1979）。

禽类的成纤维细胞特别是鸡胚成纤维细胞对REV易感，QT35鹌鹑肉瘤细胞和D17犬骨肉瘤细胞等细胞系亦适于非缺陷型REV繁殖。在REV感染的细胞培养物中，可检测到病毒抗原、病毒颗粒、前病毒cDNA和反转录酶。鸭胚成纤维细胞很适合用于观察CPE。在感染试验中，REV的适应宿主还包括鸡胚以及雏鸡、日本鹌鹑、鸭、鹅、火鸡、雉鸡和珍珠鸡（Swayne et al.，2013）。

REV不同毒株的致病性以及在体内的复制能力有所不同，但抗原性相似，均属于同一血清型。若用多抗进行中和试验，或用单抗进行免疫荧光染色试验，可见不同毒株之间存在较小的抗原差异，据此可划分为3种不同亚型（Chen et al.，1987；Cui et al.，1986）。

二、流行病学

鸭可感染REV，但相关报道并不多。迄今为止，报道过鸭REV感染的国家包括澳大利亚（Grimes and Purchase，1973；Motha，1984）、美国（Li et al.，1983；Ludford et al.，1972；Paul et al.，1978；Purchase et al.，1973；Trager，1959；）和我国（Jiang et al.，2014；姜甜甜，2012；陆建华，2013；倪楠等，2008），涉及到的品种包括番鸭、北京鸭、樱桃谷鸭、龙胜翠鸭和野鸭。

倪楠等（2008）曾检测过山东不同地区的病死鸭样品220份，检出REV阳性样品121份（55%），可见该病毒在当地肉鸭中的感染较为普遍。陆建华（2013）在广西部分鸡场周围采集3种散养鸭（番鸭、龙胜翠鸭和樱桃谷鸭）的161份血清样品进行检测，检出REV抗体阳性样品82份（50.9%），提示鸡与鸭之间存在相互传播的可能性（倪楠等，2008）。

在自然条件下，REV引起的鸭肿瘤病例甚少见，迄今只有有限的几次报道（Grimes and Purchase，1973；Paul et al.，1978；姜甜甜，2012）。在实验室条件下，用鸭源和鸡源REV分离株接种北京鸭，20%~25%的感染鸭内脏组织出现肿瘤，64.3%~100%的感染鸭死亡（Li et al.，1983；Motha，1984）。与鸡相比，鸭肿瘤的形成时间较长，属慢性肿瘤。

REV可通过接触感染鸭而传播（Li et al.，1983）。感染鸭可经粪便排毒，从而污染鸭舍环境，病毒可通过污染物传播到其他鸭群。昆虫亦有可能传播REV。种鸭持续存在病毒血症时，可将感染性病毒粒子传播至后代（Motha，1984）。

三、临床症状和病理变化

由REV引起的鸭肿瘤病例罕见。根据澳大利亚和美国研究者对自然病例和实验感染病例的描述，感染鸭无明显临床症状，有部分感染鸭突然死亡，剖检可见肝脏和脾脏肿大，呈斑驳样，表面和切面见有多量黄白色肿瘤结节（图3-14-1）。肿瘤病变亦见于肾脏、胰腺（图3-14-2）、胸腺、胸肌、嗉囊、十二指肠（图3-14-3）和卵巢（图3-14-4）。

显微病变主要是在出现肿瘤的组织有弥散性或局灶性单核细胞（主要是单核淋巴网状细胞）浸润（Grimes and Purchase，1973；Li et al.，1983；Motha，1984；Paul et al.，1978）。姜甜甜（2012）曾用来自番鸭肿瘤病例的REV阳性组织样品的滤液接种1日龄北京鸭，在接种后30天观察，见心（图3-14-5）、肝（图3-14-6）、肺（图3-14-7）、胰腺（图3-14-8）、腺胃、小肠、盲肠等器官出现淋巴细胞和网状细胞浸润形成的团灶，脾脏（图3-14-9）、胸腺（图3-14-10）等免疫器官皮质淋巴细胞流失，髓质网状细胞弥漫性增生。

四、诊断

诊断REV的感染不仅需要见到典型的大体病变和显微病变，而且需确证REV的存在，无论是

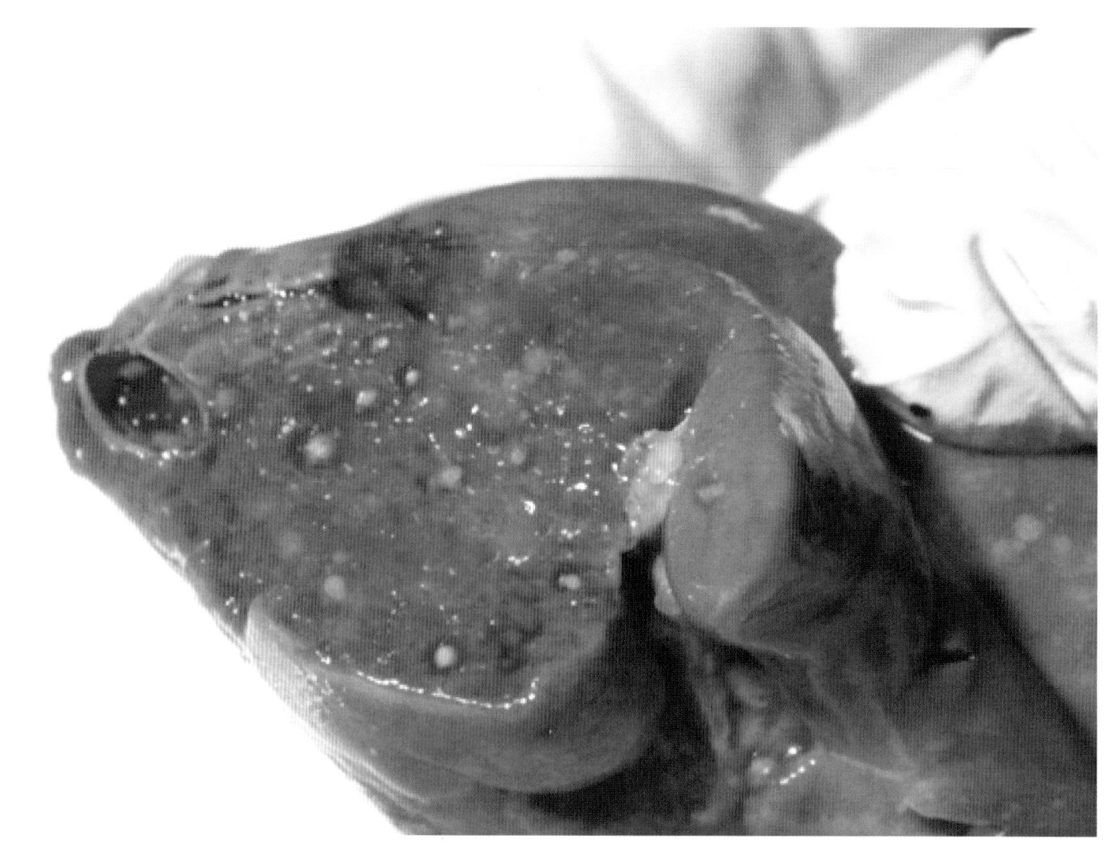

图 3-14-1　鸭网状内皮组织增生：肝脏肿大，有局灶性灰白色肿瘤结节（出版社图）

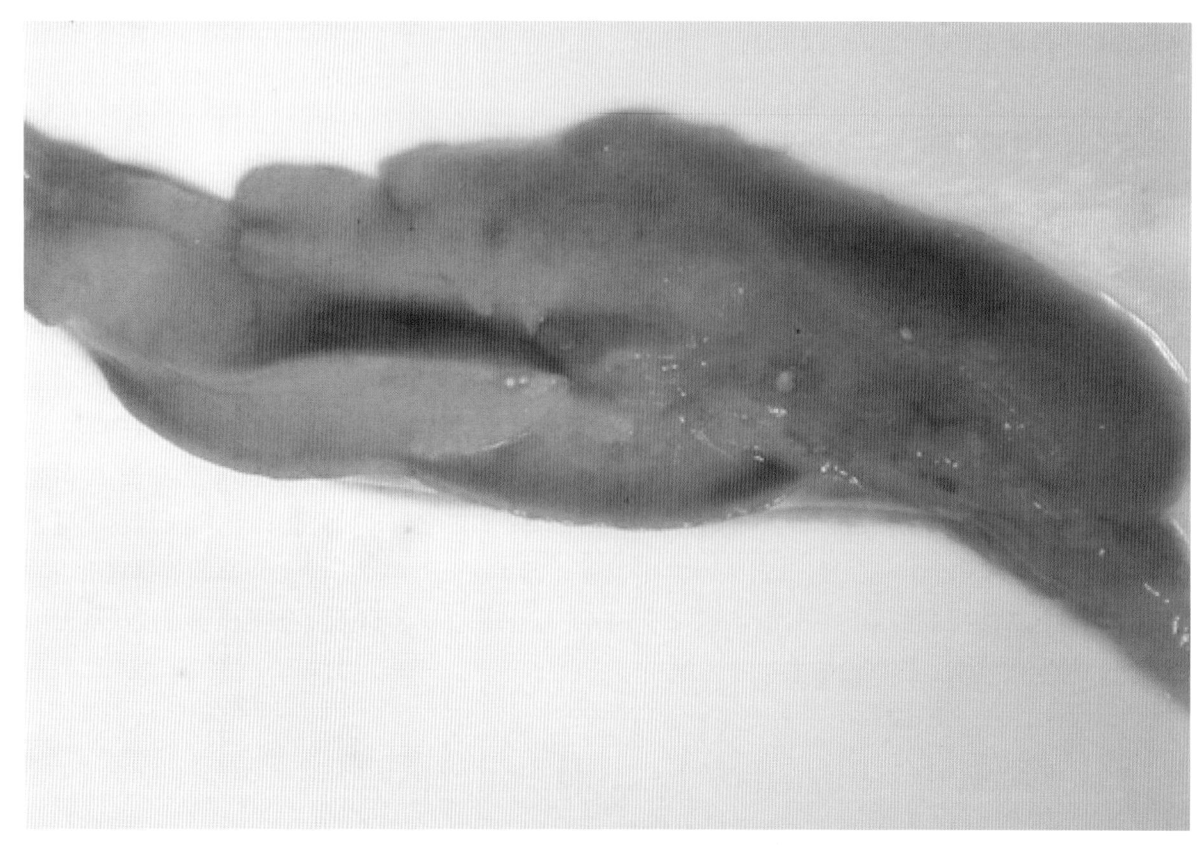

图 3-14-2　鸭网状内皮组织增生病：胰腺肿瘤（出版社图）

图 3-14-3　鸭网状内皮组织增生病：小肠肿瘤（出版社图）

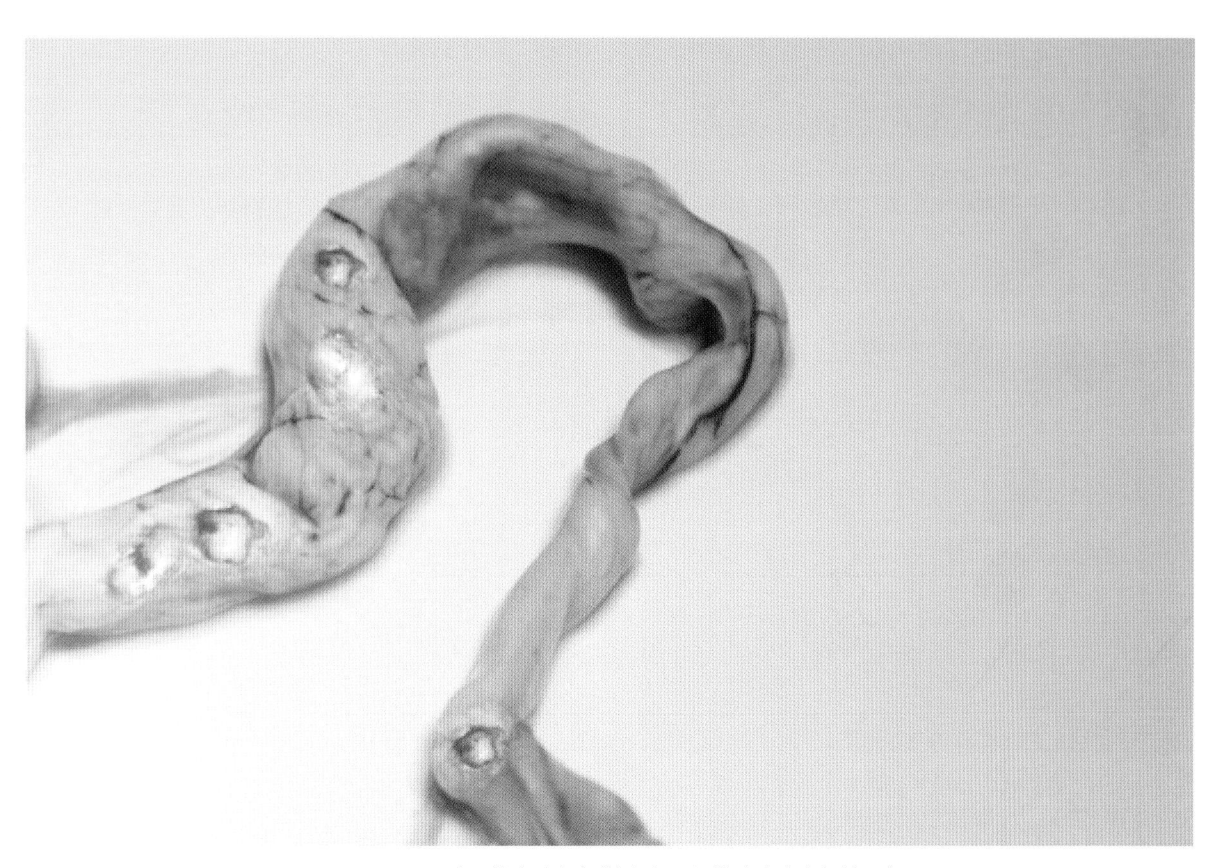

图 3-14-4　鸭网状内皮组织增生病：卵巢肿瘤（出版社图）

图 3-14-5　鸭网状内皮组织增生病：用 REV 阳性组织样品接种北京鸭，见心肌纤维间淋巴细胞和网状细胞增生形成团灶

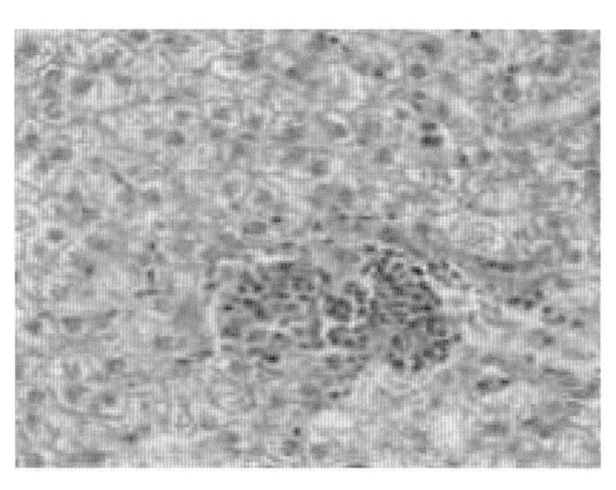

图 3-14-6　鸭网状内皮组织增生病：用 REV 阳性组织样品接种北京鸭，见肝细胞变性、坏死，肝小叶中形成淋巴细胞和网状细胞团灶

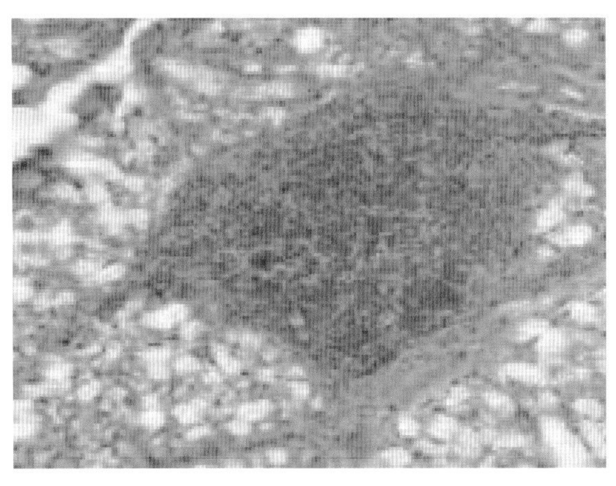

图 3-14-7　鸭网状内皮组织增生病：用 REV 阳性组织样品接种北京鸭，在肺脏中见淋巴细胞和网状细胞增生形成结节

图 3-14-8　鸭网状内皮组织增生病：用 REV 阳性组织样品接种北京鸭，见胰腺腺泡间大量淋巴细胞浸润，其中含有网状细胞

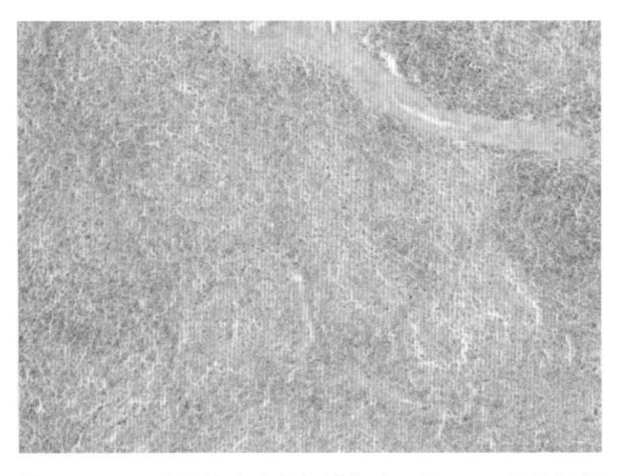

图 3-14-9　鸭网状内皮组织增生病：用 REV 阳性组织样品接种北京鸭，见脾脏红髓区显著缩小，白髓区扩张，网状细胞弥漫性增生

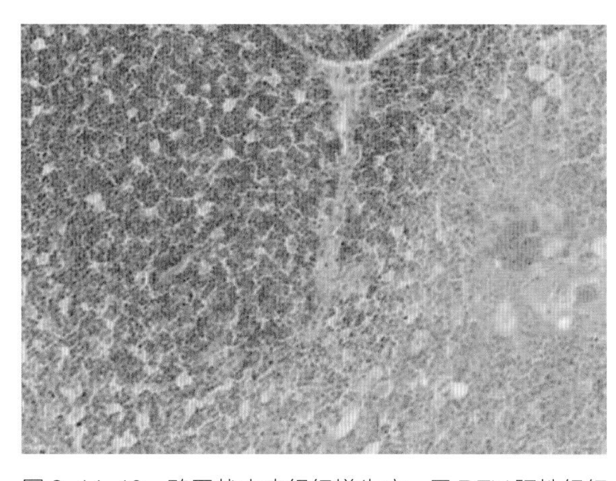

图 3-14-10　鸭网状内皮组织增生病：用 REV 阳性组织样品接种北京鸭，见胸腺皮质区显著变薄，淋巴细胞坏死，呈星空样变；皮质与髓质的比例明显减少，髓质区网状细胞弥漫性增生，皮质散在坏死，呈均质红染样

感染性病毒、病毒抗原还是其前病毒cDNA成分，都具有可靠的诊断价值。

（一）病毒分离

可用组织匀浆、全血、血浆等样品作为接种物，接种于敏感细胞。含细胞的接种物比无细胞接种物含毒量更高，用于病毒分离效果更佳。初代接种可能不引起CPE，应至少盲传2代，每代培养7天。

（二）血清型诊断

可用多抗或单抗对细胞培养的病毒抗原进行鉴定，试验方法包括免疫荧光染色、免疫过氧化物酶染色、补体结合试验、或酶免疫分析试验、中和反应等。用gp90重组蛋白为包被抗原，经间接ELISA检测感染鸭的血清抗体。

（三）分子生物学诊断

因REV可将其前病毒DNA整合至宿主细胞染色体，可用感染的鸡胚成纤维细胞、感染鸭的血液和肿瘤组织作为待检样品，提取组织DNA，用PCR扩增REV前病毒LTR序列或env基因（图3-14-11）。

（四）感染试验

用病毒分离株进行感染试验，复制出典型的病变，可对疾病进行进一步确定。

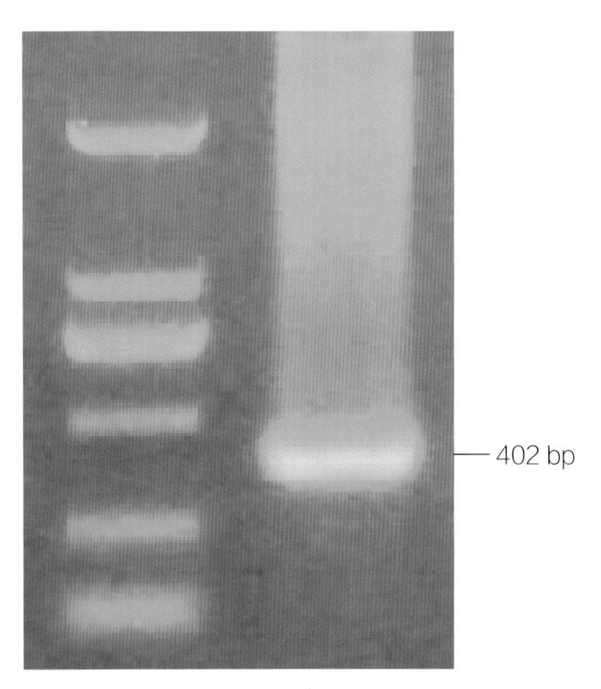

图3-14-11　鸭网状内皮组织增生病病毒402 bp env基因的扩增

五、防治

目前尚无有效防制措施。

第十五节　鸭多瘤病毒感染

鸭多瘤病毒感染（Polyomavirus infection in ducks）由鹅出血性多瘤病毒（Goose hemorrhagic polyomavirus，GHPyV）所引起。在实验室条件下，用GHPyV接种鸭，不能复制出疾病。在临床上，感染鸭若出现症状，多与其他病原的混合感染有关。感染鸭可携带病毒，可能成为传染源，对鹅构成威胁。

一、病原学

按国际病毒分类委员会第10次病毒分类报告，GHPyV属多瘤病毒科γ多瘤病毒属（*Gammapoly*

omavirus），病毒种名为欧洲鹅多瘤病毒1型（*Anser anser polyomavirus 1*）（https://talk.ictvonline.org/taxonomy）。

GHPyV是一种无囊膜的病毒，呈大致球形，直径为45 nm（Dobos-Kovács et al.，2005；Guerin et al.，2000）。病毒基因组为双链环状DNA，长约5.2 kb，含6个开放阅读框（open reading frame，ORF），分别编码大T抗原、小T抗原、VP1、VP2、VP3蛋白和功能未知的ORF-X（Fehér et al.，2014；Johne and Müller，2003）。鸭源和鹅源毒株的基因组序列同源性为99%，仅存在少量位点的变异（姜甜甜和张大丙，2012）。

GHPyV的培养较为困难（Zielonka et al.，2006）。曾用鹅胚成纤维细胞、鹅胚肝细胞、鹅胚肾细胞、鸭胚成纤维细胞和鸭胚分离病毒，但未获成功（Guerin et al.，2000；Johne and Müller，2003）。据法国研究者Guerin等（2000）报道，若用1日龄鹅制备原代肾细胞，可分离到病毒（Guerin et al.，2000）。

二、流行病学

GHPyV最初引起一种鹅病，即鹅出血性肾炎肠炎（Hemorrhagic nephritis enteritis of geese，HNEG）。HNEG于1969年在匈牙利出现，随后在德国和法国也见到该病的发生和流行（Bernáth and Szalai，1970；Dobos-Kovács et al.，2005；Guerin et al.，2000；Lacroux et al.，2004；Palya et al.，2004）。该病主要危害4~10周龄鹅，鹅发病后通常会死亡（Palya et al.，2004）。

2008年，在法国证实，GHPyV可感染番鸭和半番鸭（Pingret et al.，2008）。2012年以来，在我国北京、山东和福建等地，亦发现GHPyV可感染北京鸭和樱桃谷鸭（姜甜甜，2012；姜甜甜和张大丙，2012；万春和等，2017）。

三、临床症状和病理变化

番鸭和半番鸭感染GHPyV后，表现为羽毛凌乱，生长发育不良，死亡率上升，但这些病例常存在其他病毒（如鸭圆环病毒、鸭细小病毒和鹅细小病毒）的混合感染（Pingret et al.，2008）。感染GHPyV的北京鸭主要表现出关节炎的症状，从这类病例中亦分离或检出了其他病原，如鸭大肠杆菌和鸭呼肠孤病毒（姜甜甜，2012）。

在实验条件下，用感染鸭的组织样品接种1日龄和21日龄番鸭，感染鸭无任何临床症状和病理变化，但在法氏囊和血清中可检测到病毒核酸，在接种后12天检测到特异性抗体，表明病毒可诱导鸭体内的血清学反应，鸭可感染GHPyV并成为健康带毒者。用鸭源毒株接种1日龄雏鹅，在接种后5~16天内，感染鹅表现出HNEG的特征症状和病变，90%（18/20）的鹅死亡，表明健康带毒鸭有可能是鹅感染GHPyV的重要传染源（Corrand et al.，2011）。

四、诊断和防治

感染鸭无特征临床症状和大体病变，因此，在临床上很难进行诊断。如果需要判断GHpyV感染是否存在，可采集肝脏、肾脏和脾脏，用GHPyV特异性PCR进行检测（Palyaet al.，2004；姜甜甜，2012）。应避免鸭鹅混群，以防感染鸭将GHPyV传播到鹅群。

第十六节　鸭圆环病毒感染

鸭圆环病毒感染（Circovirus infection in ducks）是2002年在德国发现的一种疾病，主要症状是鸭只羽毛杂乱、体重轻、体况差，主要病变是法氏囊淋巴细胞缺失、坏死和组织细胞增生。该病与其他疾病（如鸭疫里默氏菌、沙门氏菌和大肠杆菌感染等）共感染，可导致损失加重。

一、病原学

该病病原为鸭圆环病毒（Duck circovirus，DuCV），属于圆环病毒科圆环病毒属。DuCV无囊膜，衣壳呈二十面体对称，直径为15~16 nm，其基因组为单股负链环状DNA，长约1.9 kb，有两个主要ORF，位于正链的ORF V1编码病毒复制酶Rep蛋白，位于负链的ORF C1编码衣壳蛋白Cap（图3-16-1）（Hattermann et al.，2003；King et al.，2011）。用基因组、ORF V1和ORF C1进行遗传演化关系分析，可将DuCV划分为2个基因型（图3-16-2）（Wang et al.，2011）。DuCV的分离和培养较为困难。

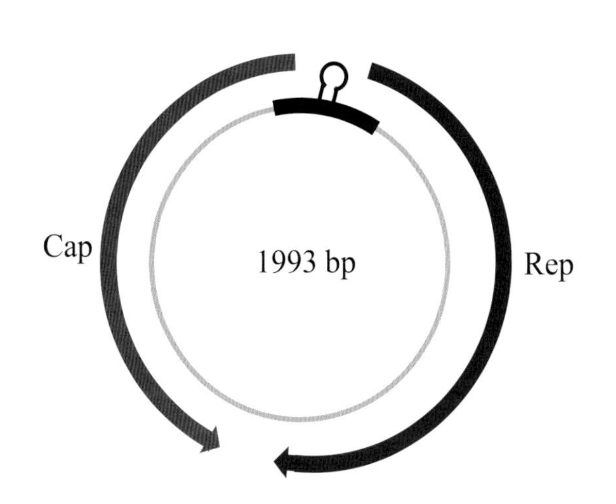

图3-16-1　鸭圆环病毒基因组结构

注：DU092株的基因组序列用于分析，Rep表示编码复制酶的ORF，Cap表示编码衣壳蛋白的ORF

二、流行病学

多个国家和地区存在DuCV感染，包括德国（Hattermann et al.，2003；Soike et al.，2004）、匈牙利（Fringuelli et al.，2005）、美国（Banda et al.，2007）、我国台湾（Chen et al.，2006）、我国大陆（Jiang et al.，2008；傅光华等，2008）、韩国（Cha et al.，2013，2014）。北京鸭、樱桃谷鸭、麻鸭、番鸭和半番鸭均可感染DuCV（Banda et al.，2007；Soike et al.，2004；Wan et al.，2011；Xie et al.，2012；Zhang et al.，2009）。

在不同国家和地区，临床样品中DuCV的阳性率高低不等。在匈牙利检出的阳性率最高（84%）（Fringuelli et al.，2005），在美国DuCV的阳性率最低（6.1%）（Banda et al.，2007）。在我国，不同研究者所报道的阳性率为10%~81.63%（Jiang et al.，2008；Wang et al.，2011；Zhang et al.，2009；刘少宁等，2009；施少华等，2010；杨晓伟等，2009）。

DuCV对鸭危害不大，该病毒多与鸭疫里默氏菌、鸭大肠杆菌和鸭沙门氏菌等病原体混合感染

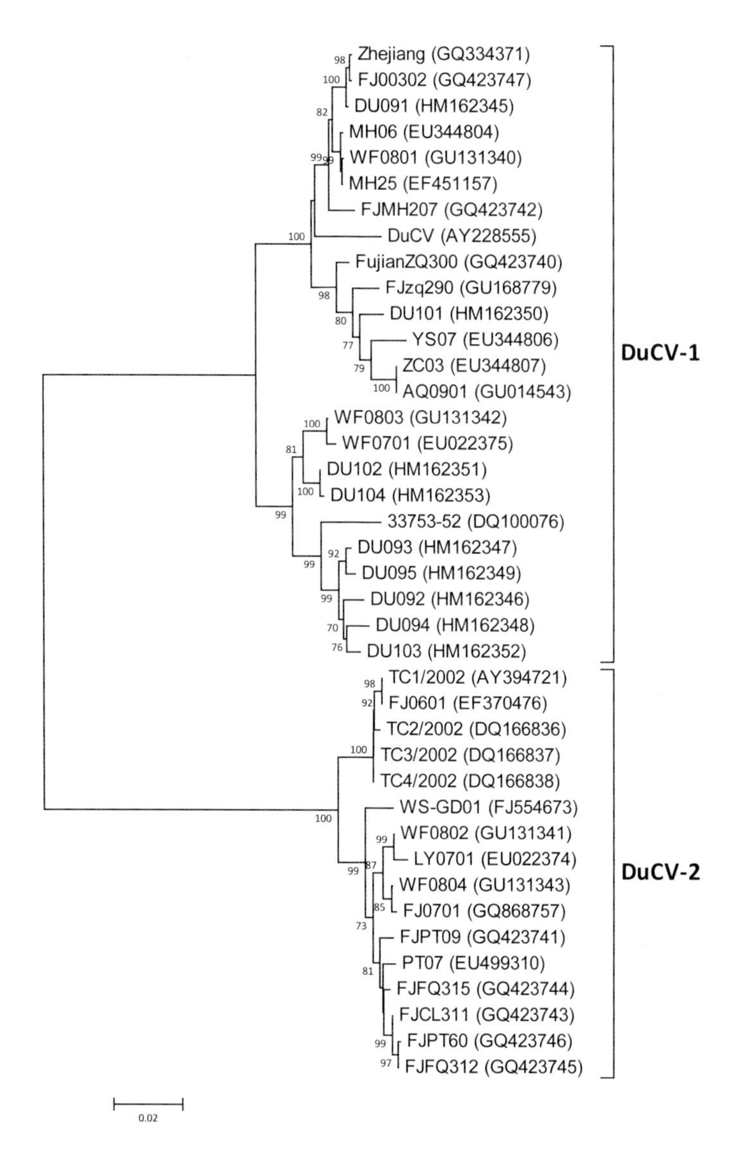

图 3-16-2　鸭圆环病毒遗传演化分析

注：基因组序列用于进化树构建，DuCV-1 和 DuCV-2 分别表示鸭圆环病毒基因 1 型和 2 型

（Zhang et al.，2009）。Cha 等（2014）观察到，在韩国，DuCV 与细菌（如鸭疫里默氏菌和沙门氏菌）混合感染的鸭群之发病率明显高于细菌单一感染群体，提示 DuCV 可能是一种免疫抑制性病原，能增加鸭只对其他疾病的易感性。

DuCV 可能会经卵垂直传播（Li et al.，2014）。

图 3-16-3　鸭圆环病毒感染：半番鸭（右）生长不良（黄瑜供图）

三、临床症状和病理变化

主要症状为生长发育迟缓（图3-16-3），羽毛杂乱，背部羽毛发育不良，体况不好。种鸭

图 3-16-4　鸭圆环病毒感染：种番鸭卵巢发育受阻（黄瑜供图）

感染后，卵巢发育受阻（图3-16-4）。内脏组织的大体病变大多是与其他病原混合感染的结果。组织病理学变化包括背部皮肤滤泡和毛囊周围组织的异嗜性炎症浸润，法氏囊淋巴细胞减少、坏死和组织细胞增多（Soike et al.，2004）。

四、诊断和防治

感染鸭无特征临床症状和大体病变，因此，在临床上很难进行诊断。如果需要判断DuCV感染存在与否，可采集脾脏和法氏囊等组织，用DuCV特异性PCR和实时荧光定量PCR（图3-16-5）（Chen et al.，2006；Fringuelli et al.，2005；傅光华等，2008；赵光远等，2013）进行检测。

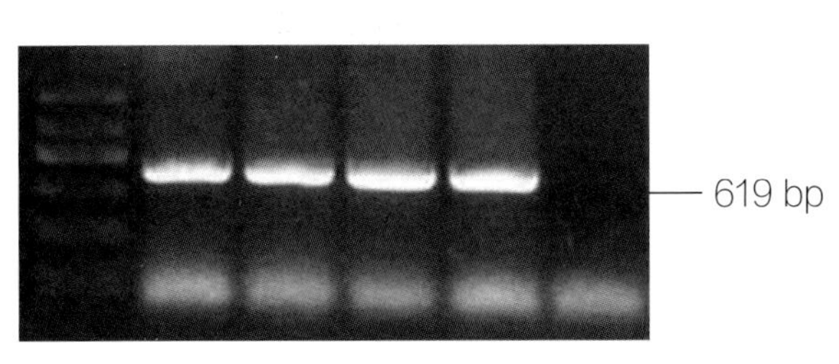

图 3-16-5　鸭圆环病毒 619 bp Rep 基因的 PCR 扩增

DuCV感染并非影响养鸭生产的主要问题，尚无须刻意采取措施，目前也无针对性防治措施。平时应加强环境卫生管理，防止细菌等病原微生物继发感染或混合感染。

第四章

鸭细菌性疾病

第一节　鸭疫里默氏菌感染

鸭疫里默氏菌感染（*Riemerella anatipestifer* infection）又名鸭传染性浆膜炎，是危害1~7周龄小鸭的一种接触性传染病，可导致鸭出现急性或慢性败血症、纤维素性心包炎、肝周炎、气囊炎、脑膜炎，还可引起结膜炎和关节炎。在商品鸭场，该病所造成的死亡率通常为5%~30%，少数情况下，死亡率亦可高达80%。该病的发生还可造成肉鸭生长发育迟缓，出现较高的淘汰率，因此，鸭场一旦发生该病，经济损失十分严重。

一、病原学

该病病原为鸭疫里默氏菌（*Riemerella anatipestifer*，RA），属黄杆菌科（Flavobacteriaceae）里默氏菌属（*Riemerella*）（Segers et al.，1993；Subramaniam et al.，1997），分为21个血清型（1~21型）（Bisgarrd，1982；Brogden et al.，1982；Harry，1969；Loh et al.，1992；Pathanasophon et al.，1995，2002；Sandhu and Harry，1981；Sandhu and Leister，1991）。

RA为革兰氏阴性、不运动、不形成芽胞的杆菌，菌体宽0.3~0.5 μm，长1~2.5 μm，单个、成双存在或呈短链，液体培养时，可见部分菌体呈丝状。本菌经瑞氏染色呈两极着染，用印度墨汁染色可显示荚膜。在巧克力琼脂、胰酶大豆琼脂、血液琼脂、马丁肉汤、胰酶大豆肉汤等培养基中生长良好，但在麦康凯琼脂和普通琼脂上不生长，血琼脂上无溶血现象。在胰酶大豆琼脂中添加1%~2%的小牛血清可促进其生长，增加CO_2浓度生长更旺盛，置37℃培养24小时，RA可形成稍隆起、边缘整齐、透明、直径为0.5~1.5 mm的菌落，用斜射光观察固体培养物呈淡蓝绿色（Swayne et al.，2013；郭玉璞和蒋金书，1988）。

RA不发酵糖，不产吲哚和硫化氢，硝酸盐还原和西檬氏枸橼酸盐利用阴性，明胶液化和产尿素为不定，氧化酶、过氧化氢酶以及磷酸酶阳性，七叶苷水解酶、透明质酸酶和硫酸软膏素酶阴性。该菌对青霉素、红霉素、氯霉素、新生霉素、林克霉素敏感，对卡那霉素和多粘菌素B不敏感（张大丙等，2005）。

二、流行病学

该病呈世界范围分布，已在所有集约化养鸭生产的国家发现（Swayne et al.，2013）。我国于1982年由郭玉璞等首次在北京地区的商品鸭群中观察到该病，并分离到病原菌（郭玉璞等，1982a）；此后，我国各养鸭地区都有该病的报道。我国流行多种血清型，包括1、2、6、7、10、11、13、14、15、17型等血清型，1、2、6、10型是许多地区主要流行的血清型（张大丙等，2005，2006）。

各种鸭如北京鸭、樱桃谷鸭、番鸭、半番鸭、麻鸭等都可以感染发病。一般情况下，1~7周龄鸭对自然感染都易感，尤以2~3周龄的雏鸭最易感，1周龄以内的雏鸭很少有发生该病者，7~8周龄以上发病者亦很少见（郭玉璞和蒋金书，1988）。因此，该病多流行于商品肉鸭场。

在感染鸭群，每日都会有少量鸭只表现出病症，并陆续出现死亡，日死亡率通常不高（图4-1-1）。由于发病可持续到上市日龄，故总死亡率可能较高。若鸭场存栏有不同日龄的商品鸭群，则各批鸭均可发病和死亡（图4-1-1）。有时亦可见较高的日死亡率（图4-1-2）。死亡率高低与疾病流行严重程度和鸭场采取的措施有关，为5%~80%。

RA可经呼吸道或皮肤的伤口（尤其是足蹼部皮肤）而感染。经静脉、皮下、脚蹼、眶下窦、腹腔、肌肉、气管途径感染均可复制出该病。该病一年四季均可发生，但以冬春季为甚（郭玉璞和蒋金书，1988）。

图4-1-1　鸭疫里默氏菌感染引起的死亡

图 4-1-2　鸭疫里默氏菌感染引起的死亡

三、临床症状

鸭群感染后，采食量明显下降。病鸭精神沉郁、困倦、伏卧、腿软、不愿走动（图4-1-3），站立不稳、勉强站立时打晃、呈犬坐姿势（图4-1-4），有些病例极度虚弱（图4-1-5和图4-1-6）。眼和鼻有分泌物，常使眼部周围羽毛潮湿或粘连脱落（图4-1-6和图4-1-7），鼻孔堵塞，导致呼吸困难，站立或伏卧着张嘴喘气（图4-1-7），站在感染鸭群旁，可听到许多鸭只打喷嚏（图4-1-8）。排白色和绿色稀粪（图4-1-9和图4-1-10）。在感染鸭群，可见部分病例共济失调、痉挛性点头运动、浑身哆嗦、摇头摆尾、前仰后翻、翻到后不易爬起（图4-1-11），或头颈歪斜、转圈或倒退（图4-1-12）。感染鸭生长受阻，群体整齐度差（图4-1-13）。慢性病例闭眼，缩颈，呆立一隅，呈企鹅状（图4-1-14）。有的病鸭跗关节肿胀，跛行。

四、病理变化

最明显的大体病变是浆膜表面的纤维素性渗出，主要在心包膜、肝表面和气囊，构成纤维素性心包炎、肝周炎和气囊炎（图4-1-15）。心包膜增厚，严重时与胸部粘连（图4-1-16），有时见有心包积液。肝脏表面有一层灰白色或灰黄色纤维素膜，易剥离（图4-1-17）。气囊增厚，表面有纤维素性膜（图4-1-18）。脾脏有不同程度的肿大，部分病例的脾脏有纤维素性渗出物或呈花斑样（图4-1-19）。在少数病例见有输卵管炎，见输卵管膨大（图4-1-20），内有干酪样物蓄积（图4-1-21）。局部慢性感染常发生在皮肤，表现在背后部或肛周出现坏死性皮炎，在皮肤和脂肪层之间有黄色渗出物（图4-1-22）。

图 4-1-3　鸭疫里默氏菌感染：缩颈、嗜睡、腿软弱

图 4-1-4　鸭疫里默氏菌感染：站立不稳，呈犬坐姿势

图 4-1-5　鸭疫里默氏菌感染：虚弱，流泪

图 4-1-6　鸭疫里默氏菌感染：极度虚弱，头歪向一侧，呈濒死状态

图 4-1-7　鸭疫里默氏菌感染：眼和鼻有分泌物，眼周围羽毛潮湿或粘连脱落，鼻孔堵塞，张嘴呼吸

图 4-1-8　鸭疫里默氏菌感染：感染鸭群中许多鸭只打喷嚏

图 4-1-9　鸭疫里默氏菌感染：排白色稀便

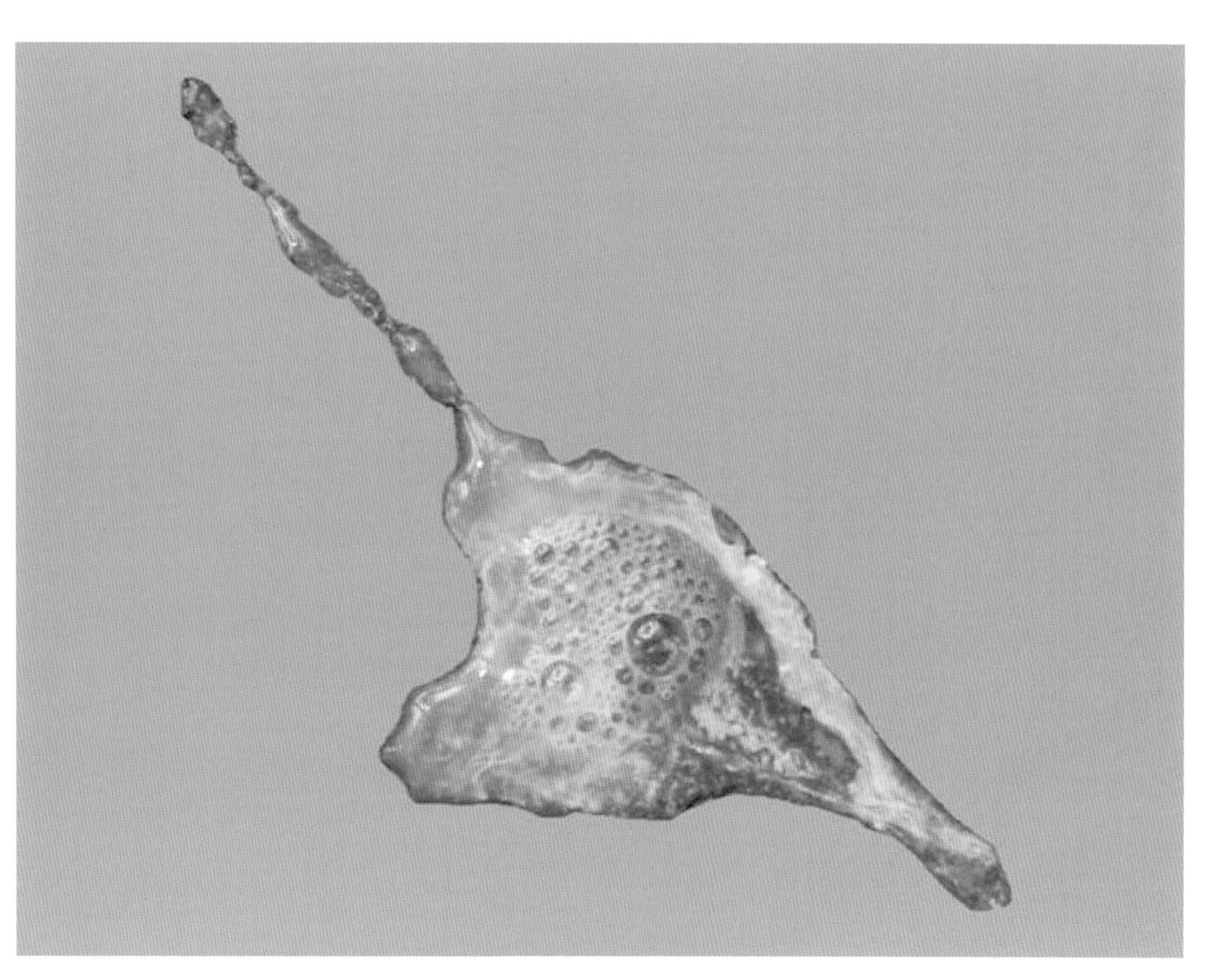

图 4-1-10　鸭疫里默氏菌感染：排绿色稀便

图 4-1-11　鸭疫里默氏菌感染：摇头晃脑，倒退

图 4-1-12　鸭疫里默氏菌感染：头颈歪斜、转圈

图 4-1-13　鸭疫里默氏菌感染：感染鸭生长受阻，群体整齐度差

图 4-1-14　鸭疫里默氏菌感染：慢性病例闭眼，缩颈，呆立一隅，呈企鹅状

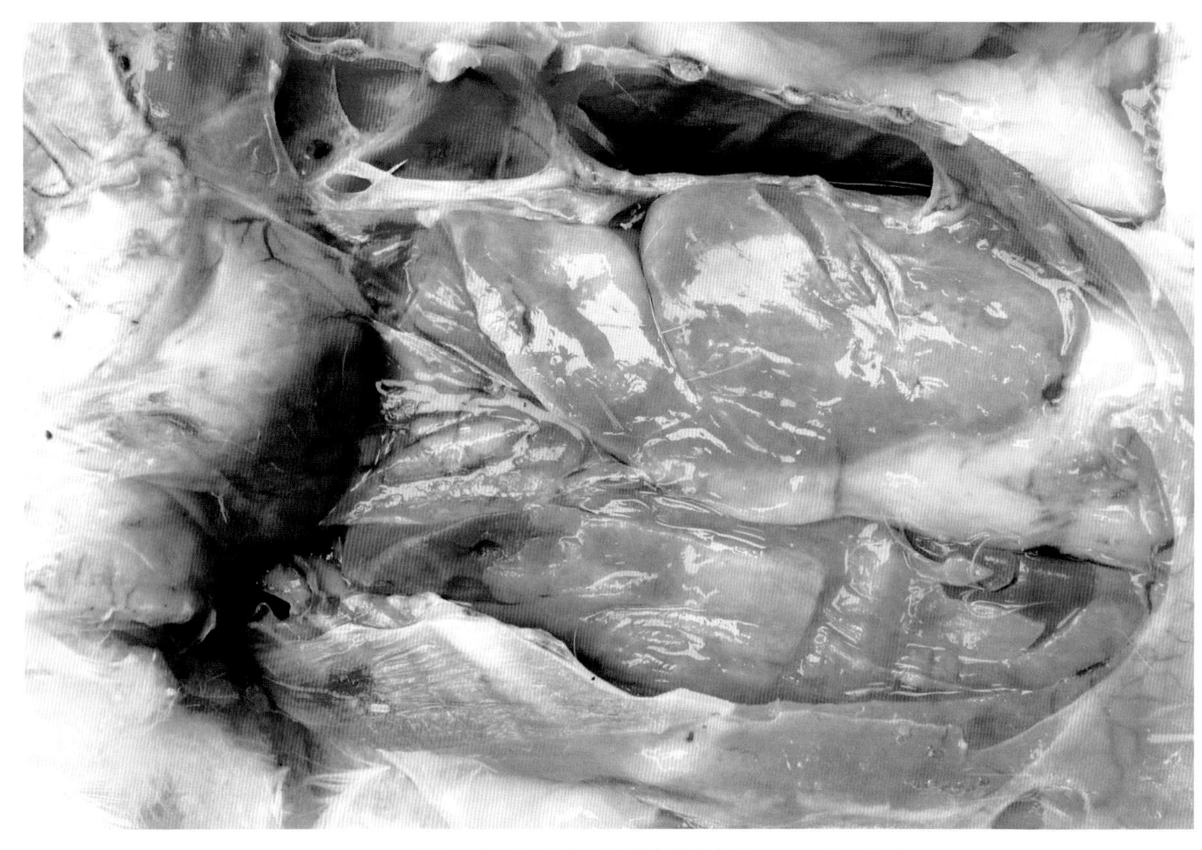

图 4-1-15　鸭疫里默氏菌感染：纤维素性心包炎、肝周炎和气囊炎

图 4-1-16　鸭疫里默氏菌感染：心包膜增厚，与胸部粘连

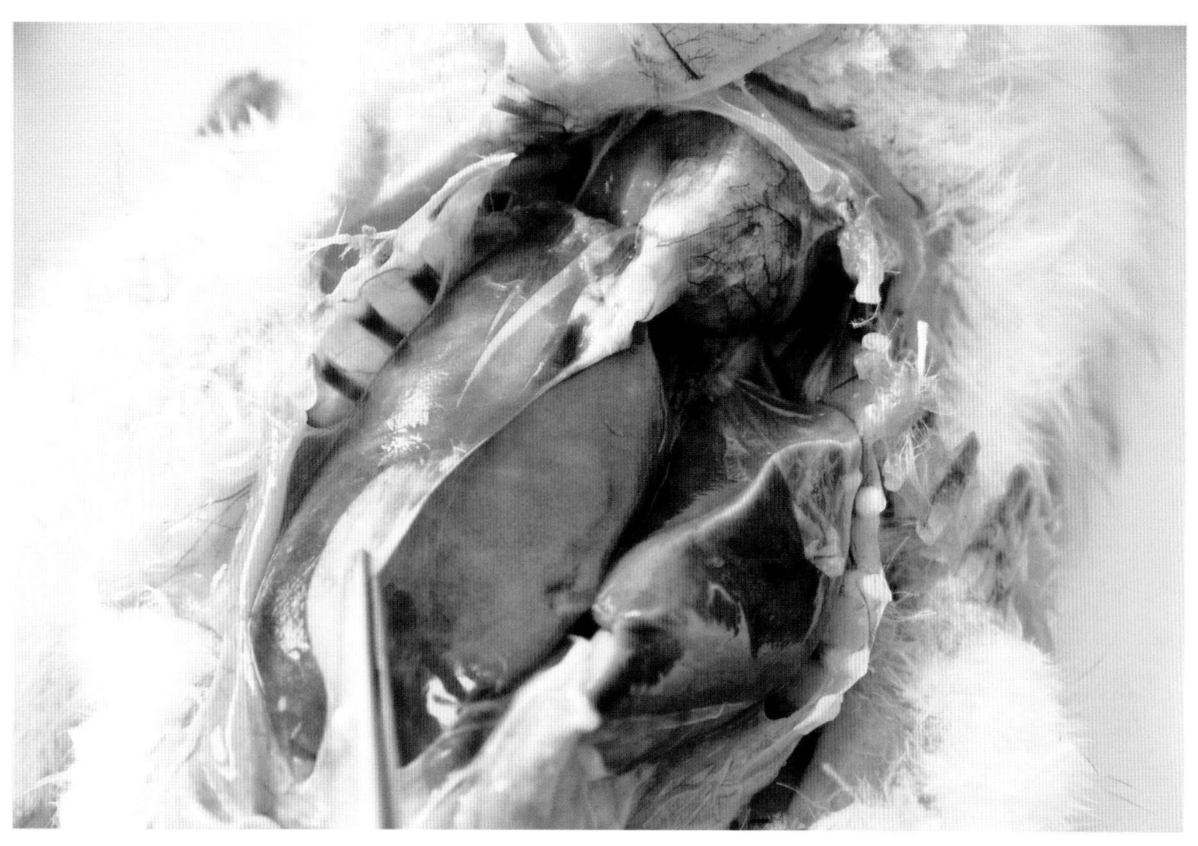

图 4-1-17　鸭疫里默氏菌感染：肝脏表面有一层灰白色或灰黄色纤维素膜，易剥离

图 4-1-18　鸭疫里默氏菌感染：气囊增厚

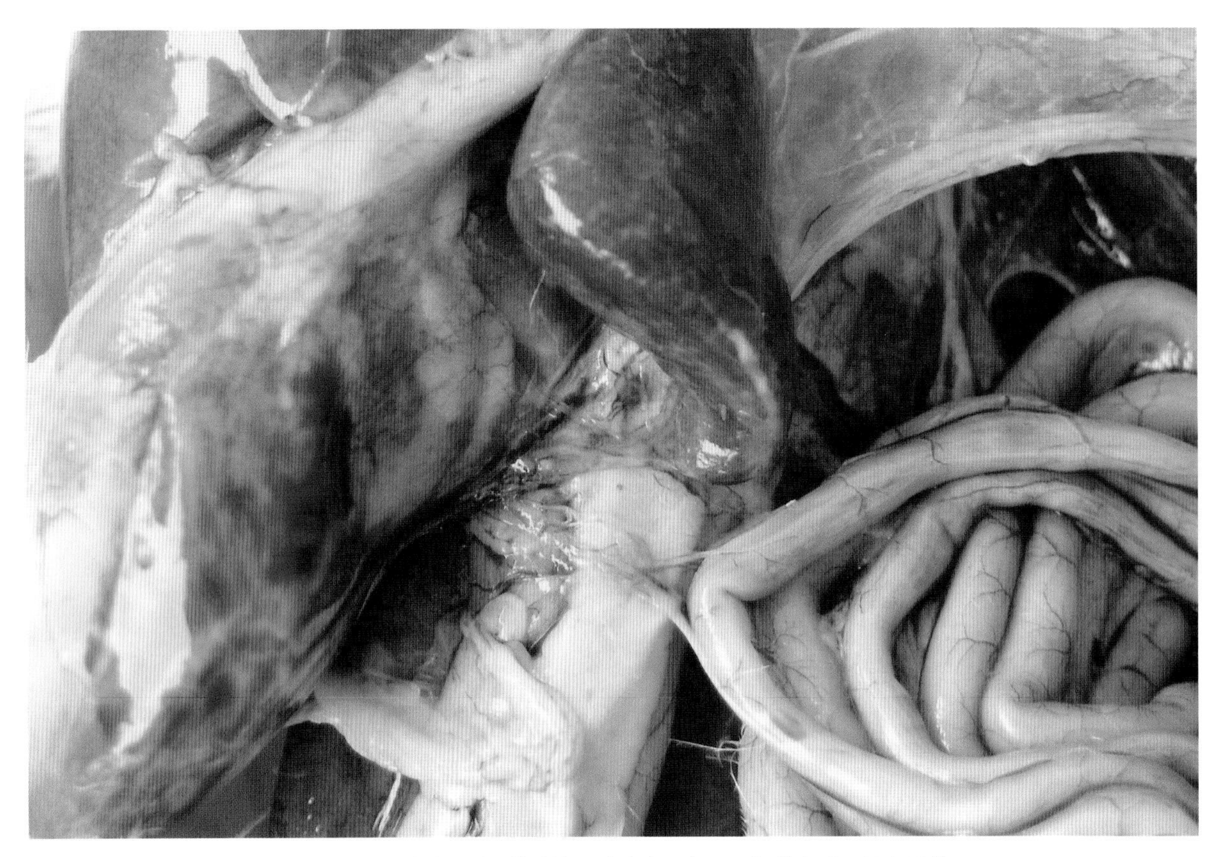

图 4-1-19　鸭疫里默氏菌感染：脾脏表面有一层纤维素膜，呈斑驳状

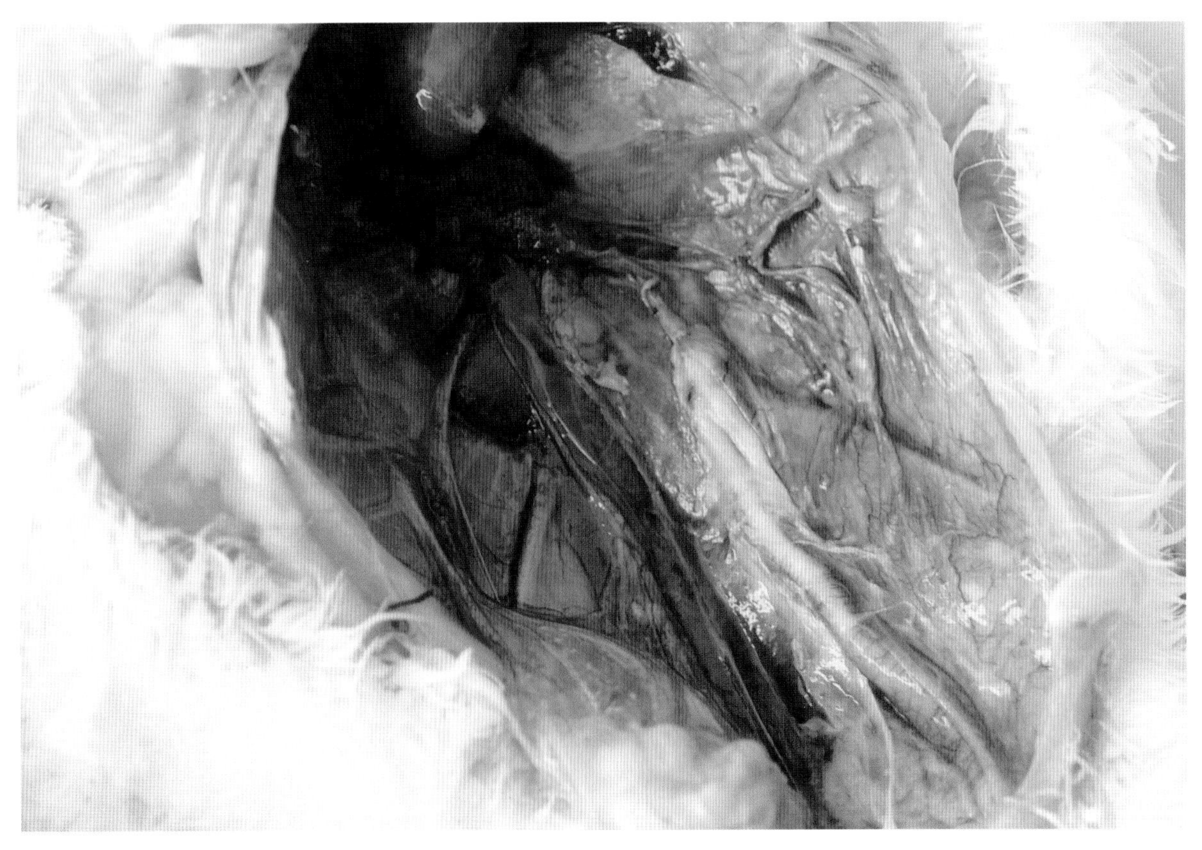

图 4-1-20　鸭疫里默氏菌感染：输卵管膨大

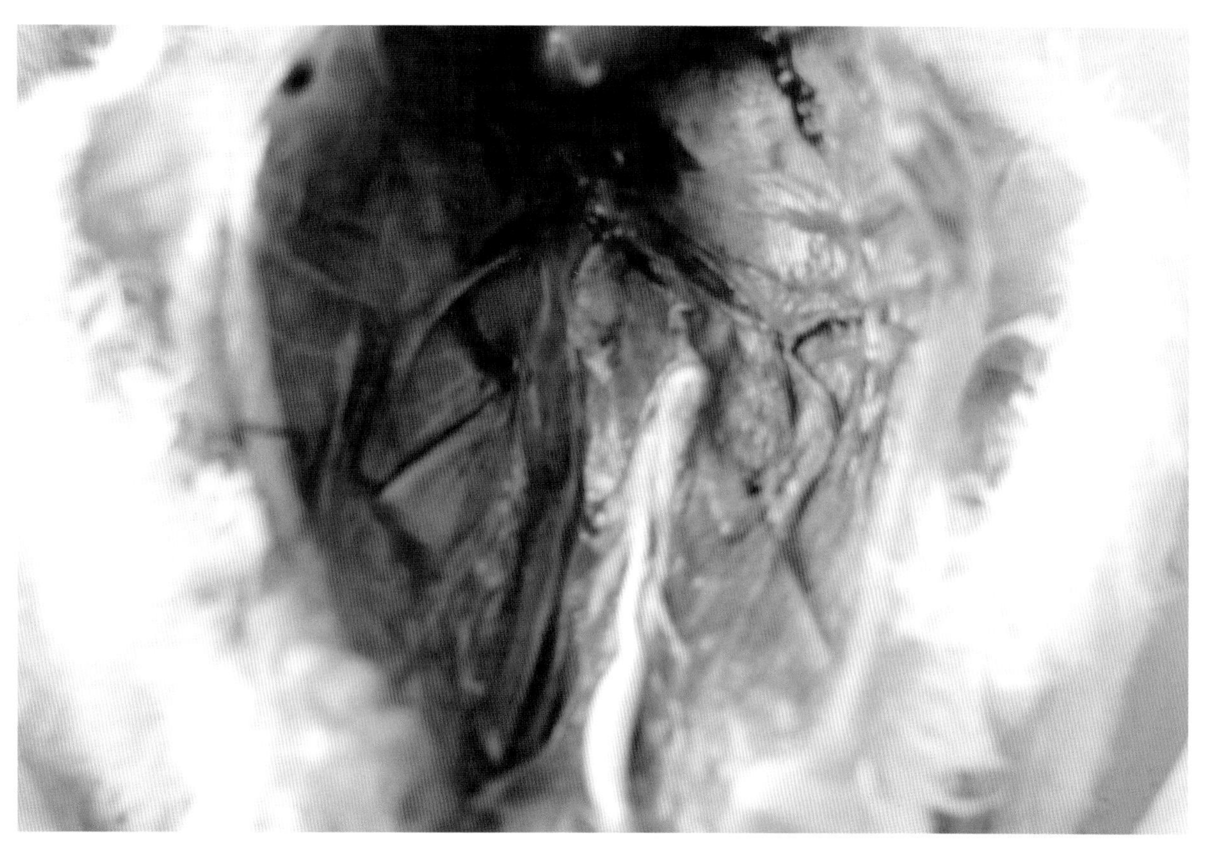

图 4-1-21　鸭疫里默氏菌感染：输卵管内有干酪样物蓄积

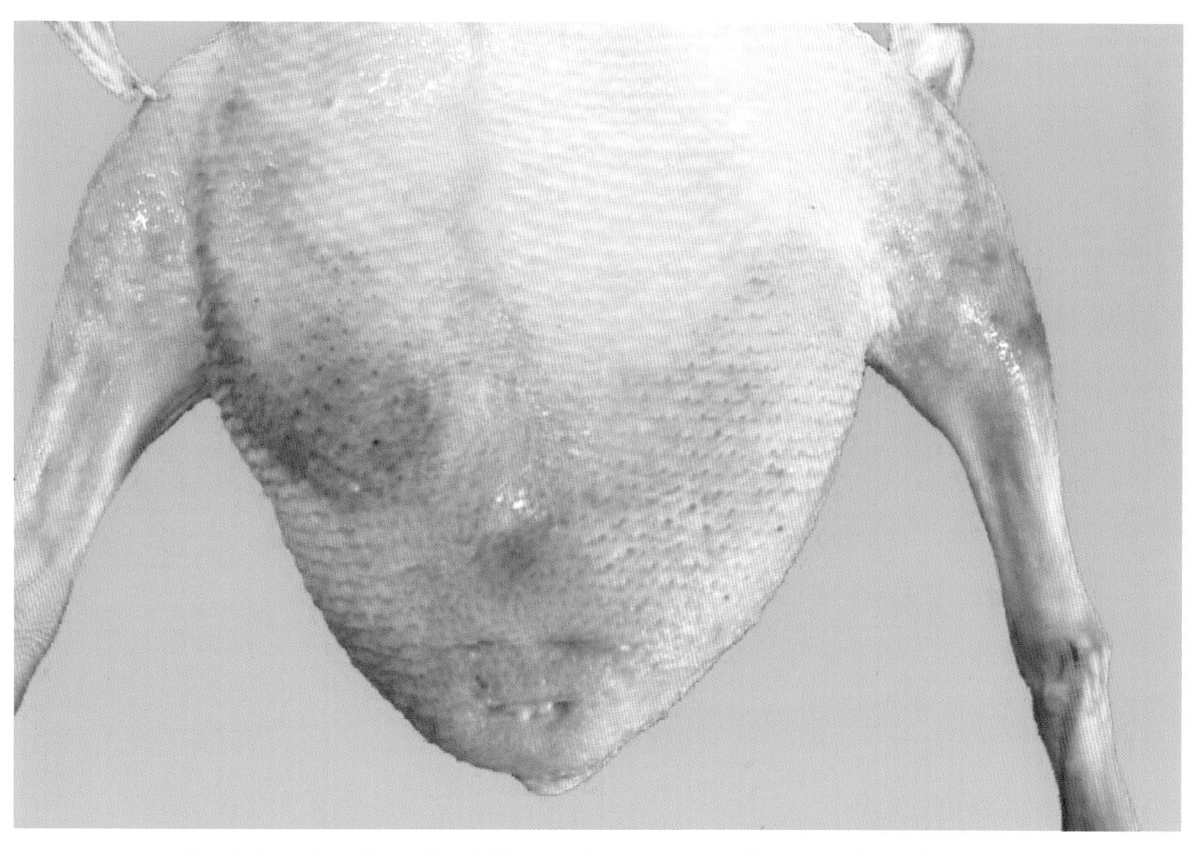

图 4-1-22　鸭疫里默氏菌局部感染：肛周坏死性皮炎，皮肤和脂肪层之间有黄色渗出物

心脏纤维素渗出物含有少量炎性细胞，主要是单核细胞和异嗜细胞。肝门周围见有单核细胞、异嗜性白细胞和浆细胞浸润，亚急性病例可观察到淋巴细胞浸润。气囊渗出物中以单核细胞为主，病程较久的鸭可见多核巨细胞和成纤维细胞。在有神经症状的慢性病例中，能观察到纤维素性脑膜炎（Swayne et al.，2013；郭玉璞和蒋金书，1988）。

五、诊断

结合流行病学特点、临床表现和剖检变化可作出初步诊断。头颈震颤、摇头晃脑、前仰后翻和歪脖转圈等症状可作为该病的特征性症状，再结合纤维素性心包炎、肝周炎和气囊炎的病理变化，可与多种疾病相区分，但鸭大肠杆菌病以及鸭沙门氏菌病的某些病例有相似的剖检变化。确诊需进行鸭疫里默氏菌的分离和鉴定。

（一）细菌分离和培养

无菌采集病死鸭的脑组织、心血、肝脏、脾脏、胆汁等作为样品，均易分离到RA，从局部感染的皮肤病变处采样亦可分离到RA。该菌在胰酶大豆琼脂培养基上极易生长（图4-1-23），且

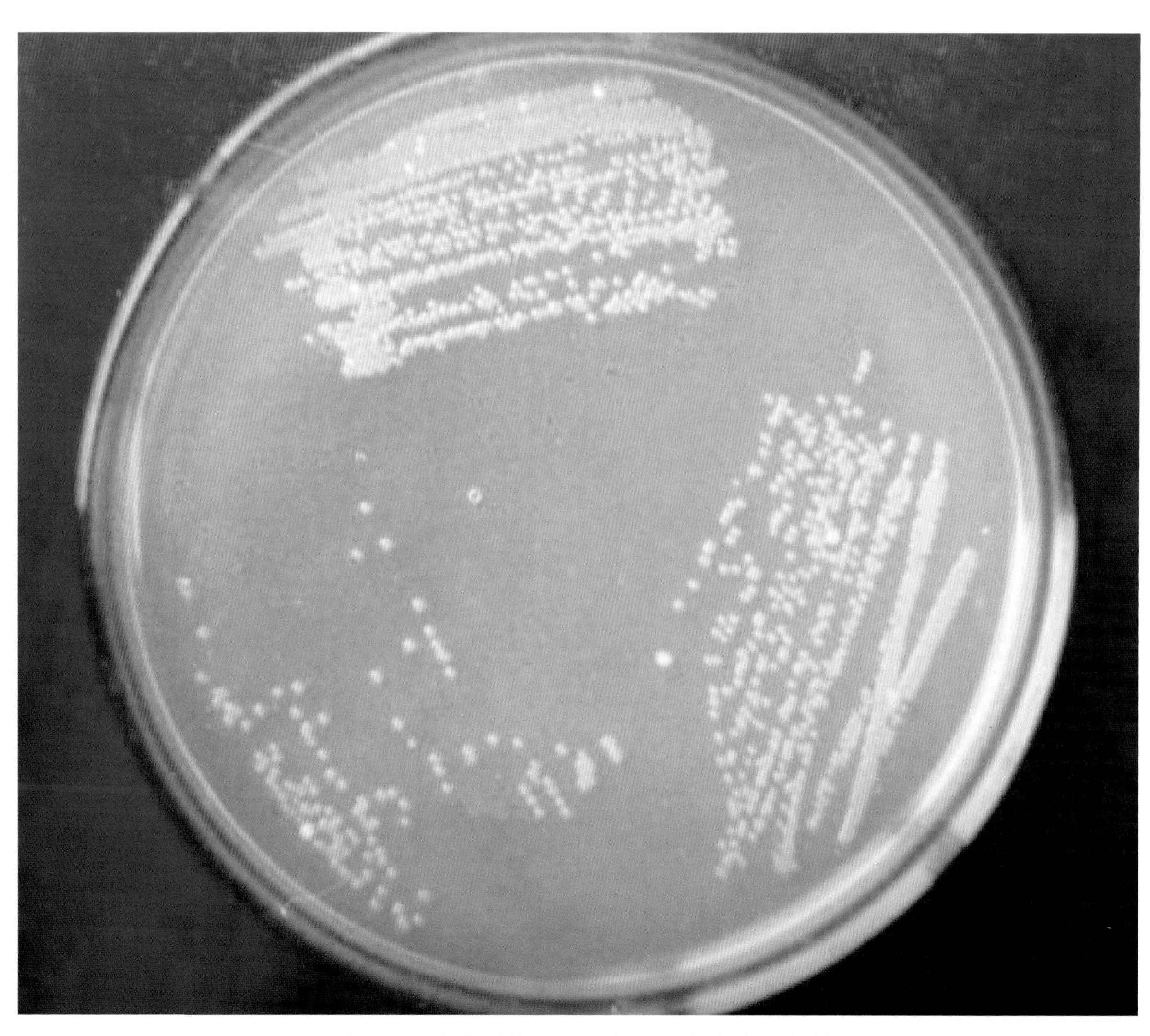

图4-1-23　鸭疫里默氏菌在胰酶大豆琼脂上形成的菌落

与鸭大肠杆菌和鸭沙门氏菌形成的菌落明显不同。将细菌分离株接种于麦康凯培养基，可进一步鉴别。

（二）细菌鉴定

挑取细菌菌落制涂片，经火焰固定后，用RA的特异性荧光抗体染色，在荧光显微镜下，可见RA呈黄绿色环状结构（图4-1-24），其他细菌不着染，以此可进一步与鸭大肠杆菌、鸭沙门氏菌和多杀性巴氏杆菌等细菌相区分（郭玉璞等，1982b；秦春雷和张大丙，2006）。

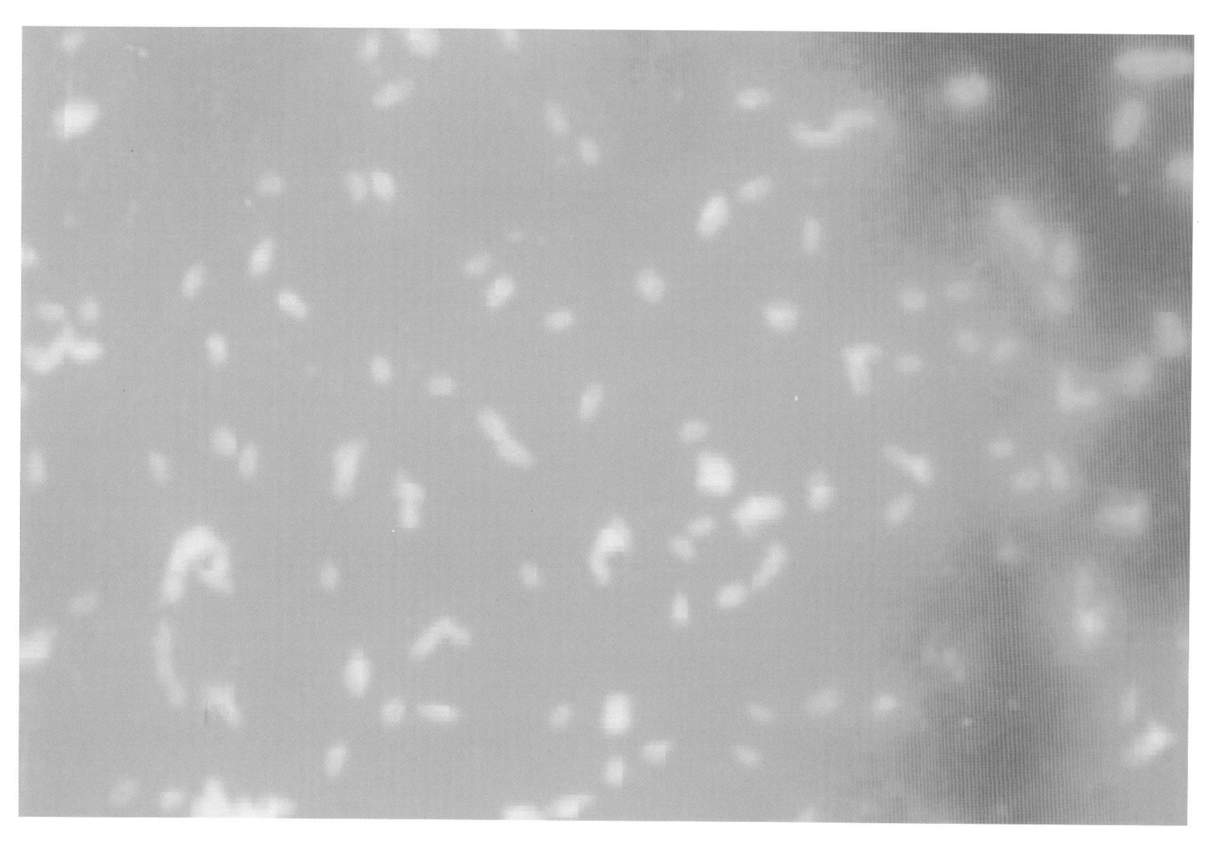

图4-1-24　鸭疫里默氏菌荧光抗体染色

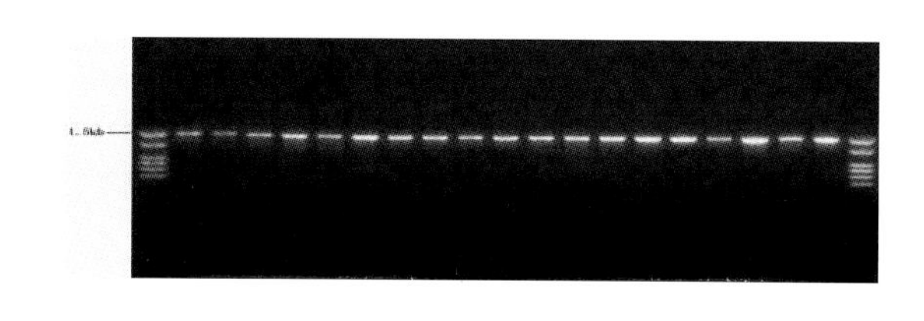

图4-1-25　鸭疫里默氏菌19个血清型参考菌株和7个分离株16S rRNA编码基因的PCR扩增

以分离株的核酸为模板，用扩增16S rRNA编码基因的通用引物进行PCR扩增，将长约1.5 kb的扩增产物（图4-1-25）测序后，与RA参考菌株的16S rRNA编码基因序列进行比较，若序列相似性在99%以上，则可对分离株进行准确鉴定。对16S rRNA基因的PCR扩增产物进行RFLP分析，亦可用于RA分离株的分类和鉴定（曲丰发，2006）。

（三）血清型鉴定

采用玻片和试管凝集试验、琼脂扩散沉淀试验（图4-1-26和图4-1-27）可进一步确定分离株的血清型（张大丙，2004，2005），其结果对于制备针对性的疫苗具有指导意义。

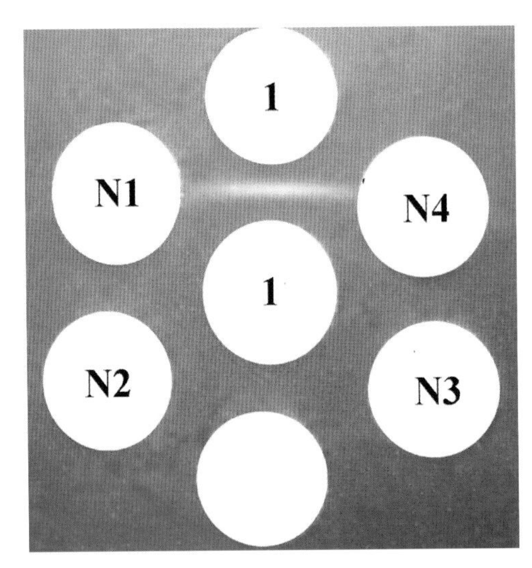

图 4-1-26 鸭疫里默氏菌的琼脂扩散沉淀试验
中心孔为 1 型抗血清，外围孔为 1 型的对照抗原（标为 1）和其他血清型抗原（标为 N1~N4）

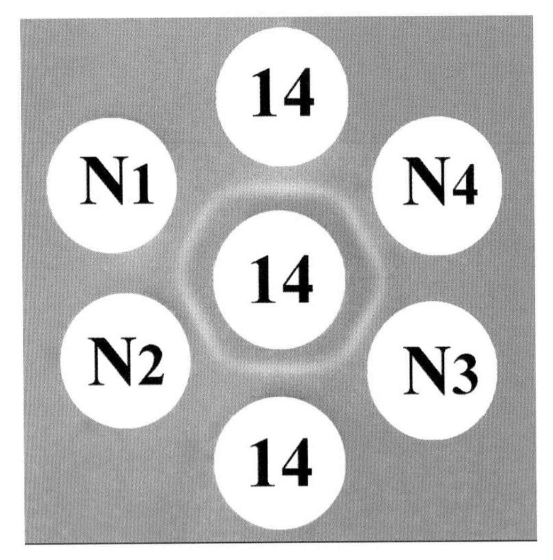

图 4-1-27 鸭疫里默氏菌的琼脂扩散沉淀试验
中心孔为 14 型抗血清，外围孔为 14 型的对照抗原（标为 14）和待检抗原（标为 N1~N4）

六、防治

（一）管理措施

最重要的是做好生物安全、管理和环境卫生工作。研究表明，从疫区引进雏鸭，可将RA带入本场，若从多个来源引进雏鸭，易使本场流行的血清型过多，增加控制难度，因此，实施“自繁自养”制度是控制该病传播的重要手段。若不具备“自繁自养”的条件，也需尽量保持鸭苗来源单一。同时，要加强装鸭苗框和运输工具的消毒。

环境条件差（图4-1-28和图4-1-29），是诱发该病的重要原因。每天清理鸭圈，保持地面干燥、舍内通风良好，避免过度拥挤，减少应激因素等管理措施均有利于该病的控制。最好实施“全进全出”制度，便于对养殖环境彻底消毒。保留没有饲养价值的病鸭（图4-1-30）将会加重本场污染程度，而随意扔弃病死鸭（图4-1-31）则会促进疾病的传播和流行。在养鸭生产中，应杜绝这些不规范的做法。

（二）免疫接种

给雏鸭接种疫苗可有效地预防该病的发生。国内外已研制出菌素苗、铝胶和蜂胶佐剂苗、油乳佐剂苗等多种形式的灭活疫苗。以油乳佐剂苗效果最好，一次免疫后其保护作用可持续至上市日龄，但在接种部位可出现不良病变。

RA疫苗具有血清型特异性，因此，只有选择主要流行的血清型菌株制备多价疫苗，才能提供有效的保护。此外，2~3周龄鸭最易感，应尽早免疫，并在免疫后1~2周，配合使用敏感药物防治等措施，弥补疫苗的不足。

（三）药物防治

药物防治是控制该病的有效手段。RA对多种药物敏感，如氟苯尼考、红霉素、罗红霉素、林可霉素、新生霉素、青霉素、氨苄西林、阿莫西林以及头孢类药物等。喹诺酮类、磺胺类和氨基糖苷类药物亦有疗效，但鸭疫里默氏菌对这些药物较易产生耐药性（张大丙等，2005）。可根据药物敏感试验（图4-1-32），筛选敏感药物。

图 4-1-28　环境条件差

图 4-1-29　环境条件差

图 4-1-30　置于“残鸭圈”的鸭疫里默氏菌感染病例

图 4-1-31　随意扔弃的鸭疫里默氏菌感染病例

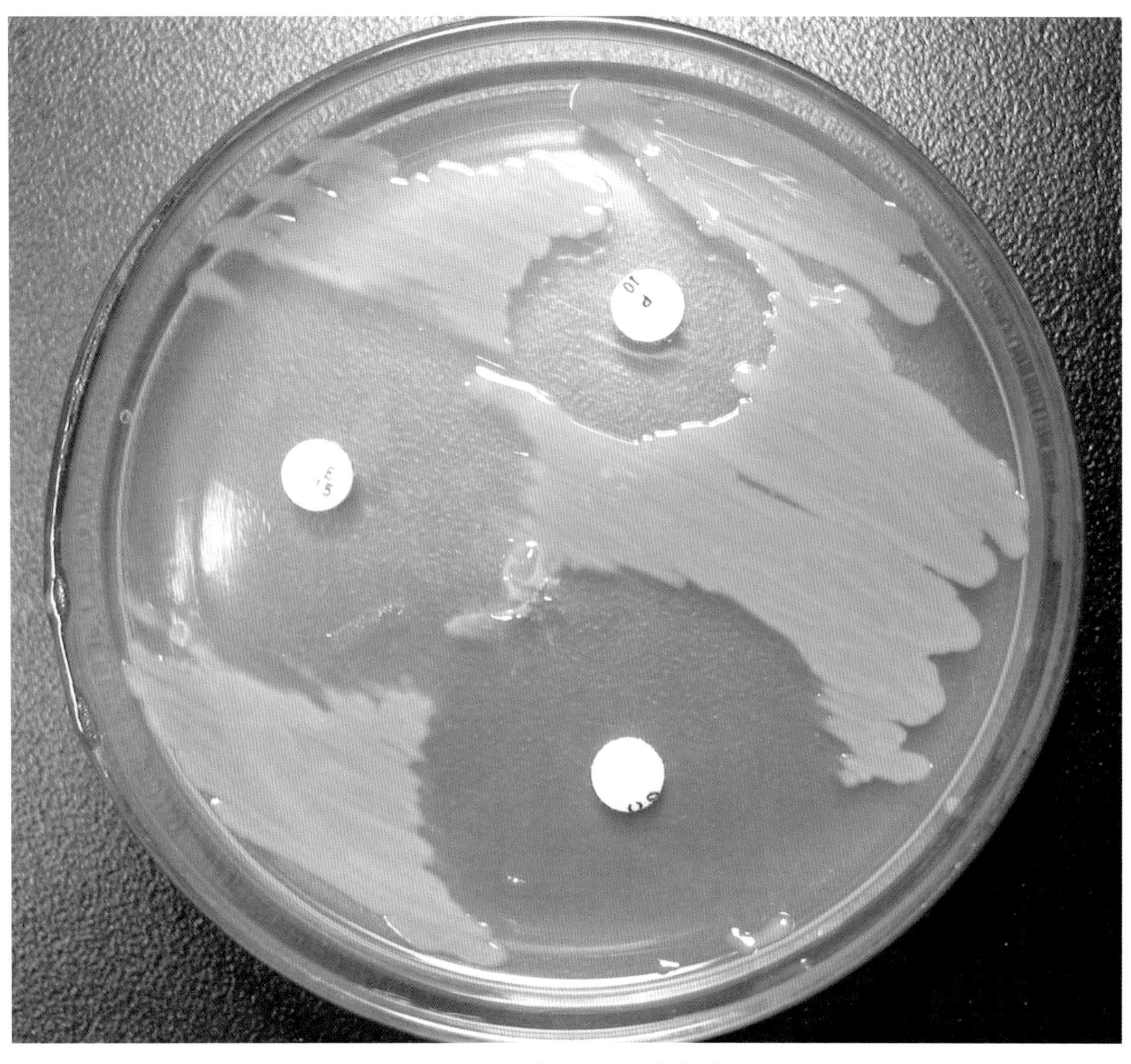

图 4-1-32　鸭疫里默氏菌分离株的药物敏感试验

第二节　鸭霍乱

鸭霍乱（Duck cholera）又称为鸭巴氏杆菌病（Duck pasteurellosis）或鸭出血性败血症（Hemorrhagic septicemia in ducks），是鸭的一种接触性传染病，各种品种和各种日龄的鸭均可发病，特征病变是浆膜和黏膜有出血点，肝脏有大量坏死点。该病可造成高发病率和死亡率，对养鸭业危害甚大。

一、病原学

该病病原是多杀性巴氏杆菌（*Pasteurella multocida*，PM），属革兰氏阴性杆菌，不形成芽孢，无鞭毛，不能运动。菌体呈卵圆形或短杆状，单个、成对排列，偶尔也排列成链状，长0.6~2.5 μ m，宽0.2~0.4 μm。经美蓝、瑞氏或姬母萨氏染色，呈明显的两极染色，但经人工培养基继代培养后，这种特性很快消失（郭玉璞和蒋金书，1988）。

该菌为兼性厌氧菌，在麦康凯和普通琼脂培养基不生长，在胰酶大豆琼脂和血液琼脂平板生长良好。在胰酶大豆琼脂平板形成的菌落与鸭疫里默氏菌类似，在血液琼脂平板上生长的菌落则为不透明的非溶血性菌落。PM可发酵葡萄糖、蔗糖、甘露糖、果糖，产酸不产气，不发酵麦芽糖、乳糖、菊糖、木糖、水杨苷等。靛基质试验呈阳性，MR试验和VP试验呈阴性。

根据荚膜抗原（K抗原）和菌体抗原（O抗原），可将PM分为不同血清型。用间接红细胞凝集试验可将PM分为5个荚膜型（A、B、D、E和F型）（Carter，1955；Rimler and Rhoades，1987）。用试管凝集试验和琼脂扩散沉淀试验可将PM分为不同菌体型（Heddleston et al.，1972；Namioka and Murata，1961），但这两种分型方法的结果不一致（Brogden and Packer，1979）。为简化分型过程，Brogden等（1978）采用琼脂扩散沉淀试验划分菌体型，共划分出16个菌体型（1~16型）。该法所用抗原是热稳定抗原，从加福尔马林的菌悬液中提取而成。菌体型的特异性是由脂多糖决定的（Rimler，1984），而热稳定抗原等同于培养上清中的脂多糖-蛋白复合物（Heddleston et al.，1972）。特别是，琼脂扩散沉淀试验与鸡和火鸡的免疫反应呈现良好的相关性（Heddleston et al.，1972），且脂多糖-载体蛋白混合物能保护鸡抵抗禽霍乱（Rimler and Phillips，1986），因此，用该法分型具有实际意义。

二、流行病学

鸭对该病高度易感，各种品种各种日龄的鸭均可感染发病（Swayne et al.，2013）。相对于成年鸭，11周龄以下鸭更易感，以4~11周龄的鸭最易感（Mbuthia et al.，2008），但疾病严重程度与感染途径和菌株毒力有关，以静脉接种途径所造成的死亡率最高（Hunter and Wobeser，1980；Pehlivanoglu et al.，1999）。该病的流行无明显季节性，不同地区气候不同，易发病的季节可有所不同（郭玉璞和蒋金书，1988）。

病禽、慢性感染的禽类和暴发疫病后的幸存者是主要的传染源（Swayne et al.，2013）。细菌从口、鼻和结膜排出，进而污染环境（特别是饲料和饮水）（Pabs-Garnon and Soltys，1971），是PM在鸭群内传播的主要方式。麻雀、鸽子和鼠类均可感染PM成为传染源（Serdyuk and Tsimokh，1970）。

三、临床症状

按病程长短可分为急性型和慢性型。在急性禽霍乱中，死亡很快，仅在死亡前几小时出现症状，若在此阶段观察，可见病鸭发热、厌食、羽毛杂乱、口腔有分泌物、腹泻、呼吸加快。初期排白色水样粪便，随后排绿色稀粪。咽部和嗉囊有黏稠的黏液，倒提病鸭时，有恶臭液体从口和鼻流出。常有摇头症状，故该病又有“摇头瘟”之称。急性败血性阶段的幸存者，可能康复，也可能因消瘦、脱水而死，或者转变为慢性病例（郭玉璞和蒋金书，1988）。

慢性型除可从急性型转变而来外，亦可由低毒力菌株感染所致。慢性病例消瘦，发热，疼痛，局部关节肿胀，行走困难，跛行。呼吸道感染可导致气管啰音和呼吸困难。慢性病例可能死亡，也可能长期带菌或康复（Swayne et al.，2013）。

四、病理变化

心外膜、心耳、心冠有弥漫性出血斑点（图4-2-1和图4-2-2），有些病例有橙黄色心包积液，或混有纤维素絮片。肝脏表面有多少不等的针尖大坏死点（图4-2-3和图4-2-4），肝脏切面亦见有坏死点（图4-2-4），有些病例的肝脏有坏死点和出血点（图4-2-5和图4-2-6）。肠道黏膜出血，有些病例的肠黏膜弥漫性出血，出血严重区域形成出血环（图4-2-7和图4-2-8），从肠浆膜面即可观察到（图4-2-9和图4-2-10），部分病例的肠浆膜面散布有大量出血点（图4-2-11）。胆囊多肿大。胰腺有坏死点（图4-2-12）。肺呈多发性肺炎，间有气肿和出血（图4-2-13）。鼻腔黏膜充血或出血。肠周脂肪表面有坏死点（图4-2-9），皮肤表面有少量散在的出血斑点。在产蛋期发病，卵巢常有病变，成熟卵泡常变得松弛，卵泡膜出血、充血，血管不如正常卵泡明显（图4-2-14）。雏鸭则表现为多发性关节炎，关节囊增厚，内有黏稠的暗红色、浑浊液体（郭玉璞和蒋金书，1988）。

五、诊断

该病的肝脏病变与鸭副伤寒和番鸭白点病相似，心外膜出血和肠道黏膜出血病变则与鸭瘟相

图4-2-1　鸭霍乱：心外膜、心冠、心耳有弥漫性出血

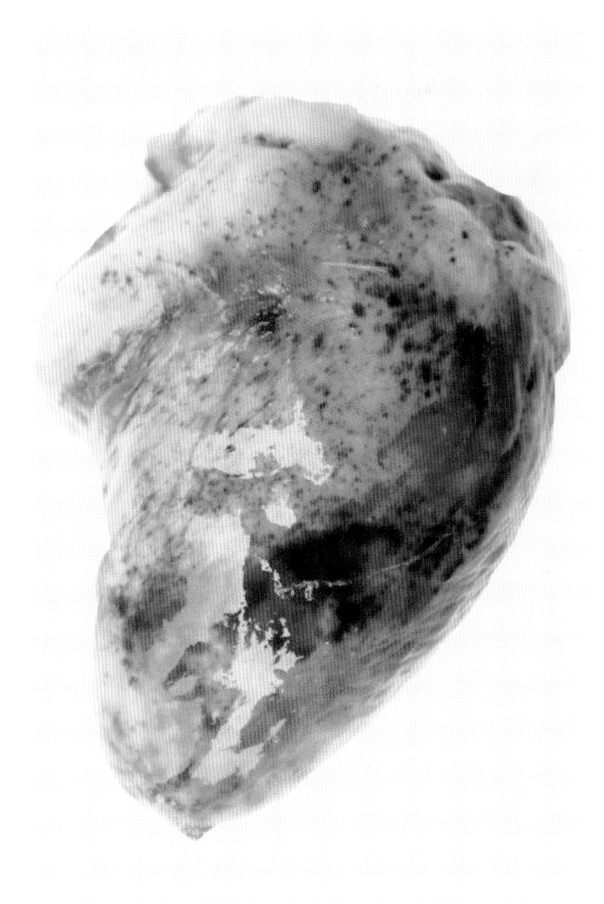

图4-2-2　鸭霍乱：心外膜、心冠有弥漫性出血

图 4-2-3　鸭霍乱：肝脏表面有针尖大坏死点

图 4-2-4　鸭霍乱：肝脏表面有大量针尖大坏死点，切面也有坏死点

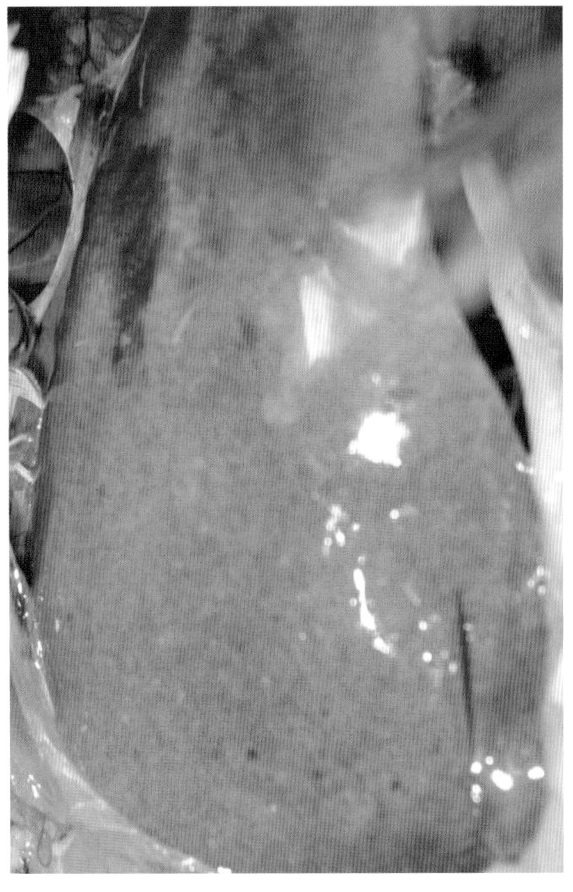

图 4-2-5　鸭霍乱：肝脏表面有出血和坏死点

图 4-2-6　鸭霍乱：肝脏表面有出血和坏死点

图 4-2-7　鸭霍乱：肠黏膜弥漫性出血，有出血环（箭头）

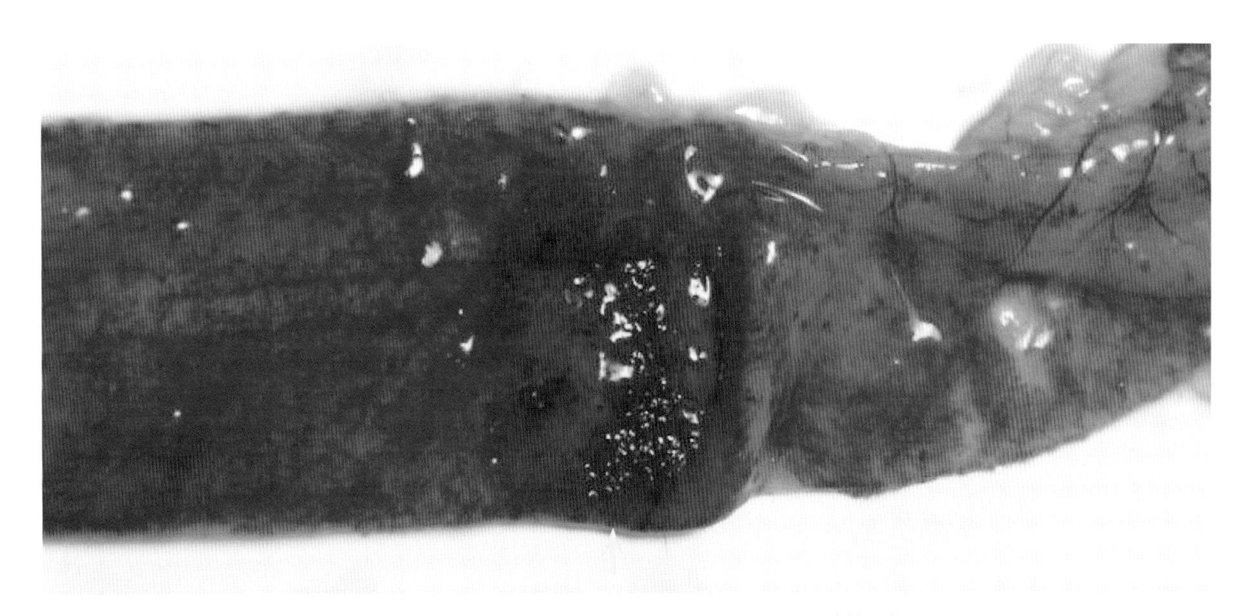

图 4-2-8　鸭霍乱：肠黏膜弥漫性出血，有出血环（箭头）

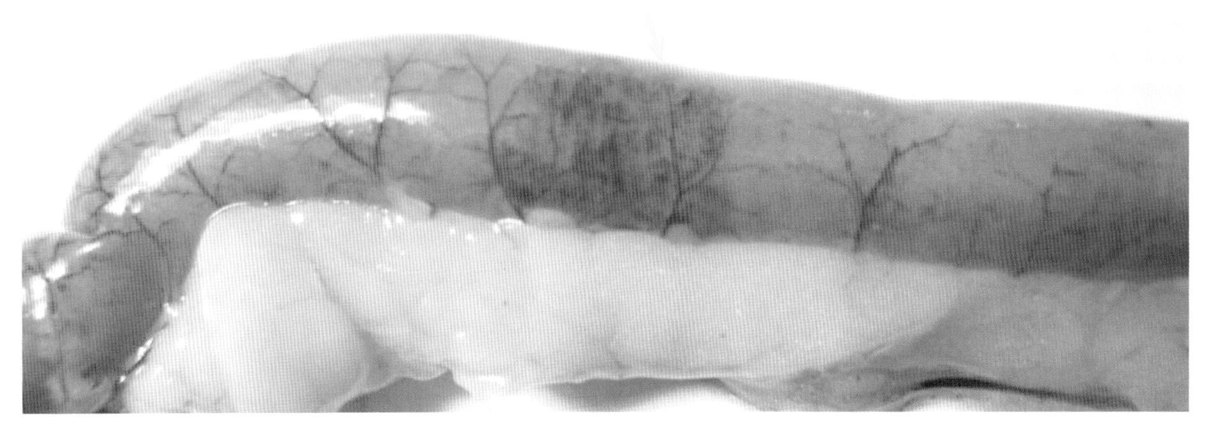

图 4-2-9　鸭霍乱：肠道出血环（箭头），脂肪表面坏死点

图 4-2-10　鸭霍乱：肠道有环状出血（箭头）

图 4-2-11　鸭霍乱：肠道浆膜广泛分布有血斑点

图 4-2-12　鸭霍乱：胰腺有坏死点

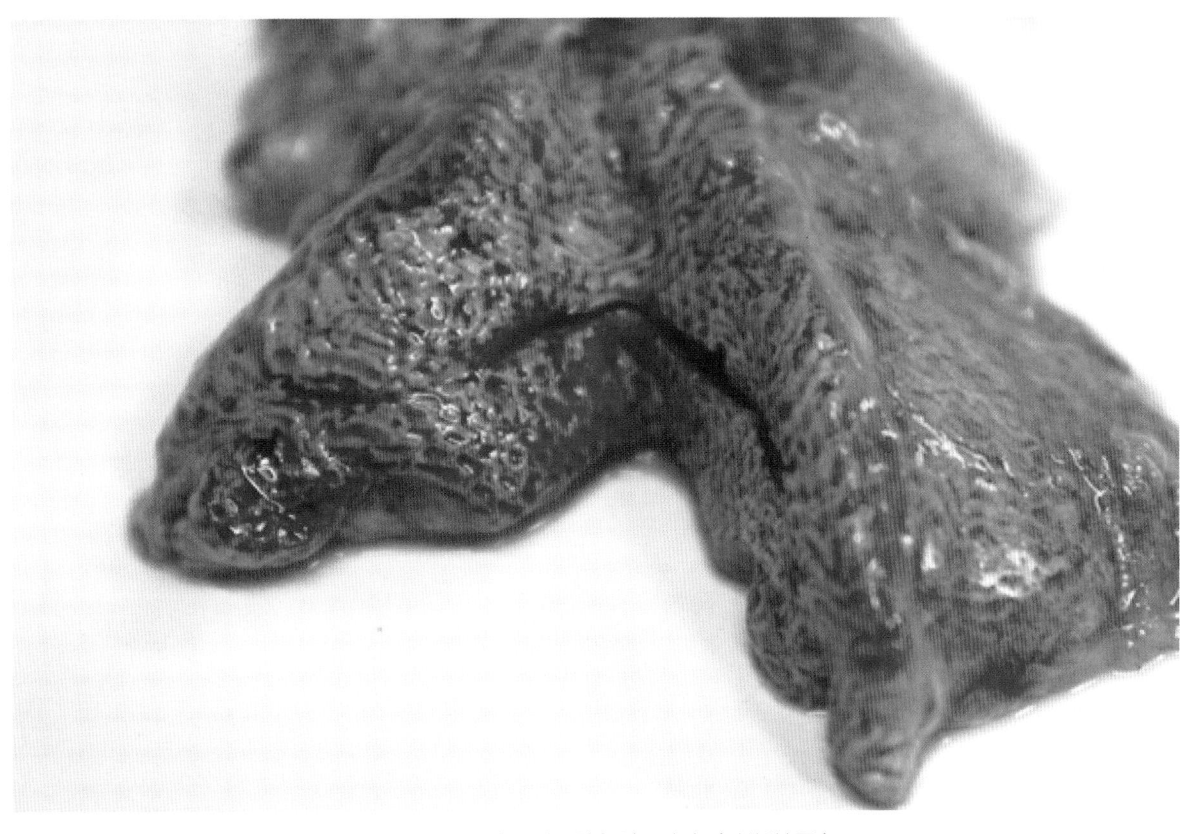

图 4-2-13　鸭霍乱：肺气肿、出血（出版社图）

图 4-2-14　鸭霍乱：卵泡膜出血、充血，卵泡膜血管不如正常卵泡明显（箭头）

似，若综合考虑流行病学、临床症状和病理变化，特别是关注不同疾病所致内脏病变的不同之处，仍可进行鉴别诊断。进行细菌分离和鉴定易对该病作出确诊。

（一）涂片镜检

取心血或肝脏涂片，进行瑞氏染色，可见两极着色的杆菌。结合病变特征，在生产实践中，一般可作出诊断。

（二）细菌分离和鉴定

无菌取病死鸭的肝、脾、心血等，接种于胰酶大豆琼脂或鲜血琼脂平板，置37℃培养24小时，易分离到PM。取菌落进行瑞氏染色，可见两极着色的小杆菌。若将细菌接种于麦康凯琼脂平板，则不生长，据此可与鸭大肠杆菌和鸭沙门氏菌进行区分，亦可在分离细菌时直接接种麦康凯琼脂平板。

进行生化试验，或用PCR扩增16S rRNA编码基因并测序，则可对PM分离株进行进一步鉴定。对分离株进行血清学鉴定，有助于选择合适的疫苗。

（三）动物试验

取病死鸭肝脏，按1∶5比例（w/v）用灭菌生理盐水制成匀浆，经肌肉注射2~3周龄健康雏鸭或雏鸡（0.5mL/只），在接种后12~24小时可致雏鸭或雏鸡死亡，并复制出大体病变。亦可经皮下接种小鼠（0.1mL/只），小鼠在接种后24~48小时死亡。从死亡动物的心血或肝脏可分离到PM。

六、防治

（一）疫苗免疫接种

禽霍乱疫苗对于该病的控制是有效的。因不同血清型之间缺乏交叉保护，应充分考虑流行菌株的血清型与制苗菌株的血清型是否匹配。还需考虑制定适应的免疫程序。

（二）治疗

投喂磺胺类药物，可降低发病率和死亡率。注射青霉素亦有疗效。用PM分离株进行药物敏感试验，有助于筛选敏感药物。

第三节 鸭大肠杆菌病

鸭大肠杆菌病（Colibacillosis in ducks）又名鸭大肠杆菌性败血症（Coliform septicaemia of ducks），是由大肠杆菌引起的鸭的常见病。病理特征是纤维素性心包炎、气囊炎、肝周炎和腹膜炎。该病可发生于各种日龄的鸭，易造成经济损失。

一、病原学

该病病原是大肠埃希氏菌（*Escherichia coli*），常简称为大肠杆菌，分类上属肠杆菌科埃希氏菌属。大肠杆菌是革兰氏阴性杆菌，染色均一，不形成芽胞，大小通常为（2~3）μm × 0.6 μm，多数菌株有周身鞭毛，能运动（Swayne et al.，2013）。

大肠杆菌易于繁殖。在有氧或无氧条件下，均可在普通培养基上生长，在37℃培养24小时，形成隆起、光滑、无色的菌落。在胰酶大豆琼脂或巧克力平板上生长良好，且有一种特殊气味。在麦康凯平板上生长为亮粉红色菌落，在伊红-美蓝琼脂形成深绿色至黑色带金属光泽的菌落，在tergitol-7琼脂上形成黄色菌落。菌落直径通常为1~3mm，边缘整齐，呈颗粒状结构。在液体培养基中能快速生长为浑浊状。

该菌能分解葡萄糖、麦芽糖、甘露醇、木糖、甘油、鼠李糖、山梨醇和阿拉伯糖，产酸产气。不分解糊精、淀粉和肌醇。多数菌株能发酵乳糖，但偶尔也能分离到阴性菌株。侧金盏花醇、蔗糖、水杨苷、棉子糖和卫矛醇的发酵试验和吲哚试验不定。甲基红试验和硝酸盐还原试验阳性，V-P试验、枸盐酸盐利用试验、尿素酶试验和硫化氢产生试验为阴性，不液化明胶。

根据菌体抗原（O抗原）、鞭毛抗原（H抗原）和荚膜抗原（K抗原）等抗原的差异，可将大肠杆菌区分为不同的血清型。迄今为止，已鉴定出180个O型、60个H型和80个K型（547）。通常用O型和H型表示大肠杆菌的血清型（如O157:H7），其中O抗原决定血清群（Serogroup），H抗原决定血清型（Serotype）（Stenutz et al.，2006；Swayne et al.，2013）。

不同地区的大肠杆菌菌株对抗菌药物的敏感谱有所不同，且对多种常用药物表现出耐药性（陈志华等，2004；程龙飞等，2011；骆延波等，2018；吴华等，2008；吴信明等，2010；伍莉和陈鹏飞，2015）。

二、流行病学

该病是危害养鸭业的常见细菌病，各种品种和各种日龄鸭均对该病易感。在不同感染群体，发病率和死亡率高低不等，疾病严重程度与环境条件、菌株毒力和鸭的抵抗力有关。相对于菌株毒力，鸭自身的抵抗力更为重要。易导致鸭感染大肠杆菌的因素包括：①皮肤或黏膜屏障受损，如脐部未愈合，皮肤有伤口，病毒、细菌或寄生虫感染引起黏膜损伤，正常菌群失调；②病毒感染、毒素中毒或营养缺乏导致单核-吞噬系统受损；③病毒感染和毒素中毒导致免疫抑制；④处于不利环境条件，如闷热、潮湿、通风不良、饲养密度过大、环境污染严重。大肠杆菌病通常与其他疾病并发，但很难评估疾病发生中各致病因素的影响（Swayne et al.，2013）。

若饲料和饲料原料被大肠杆菌污染，可将以往未曾出现的大肠杆菌菌株传入禽群。大多数动物的肠道会含有大肠杆菌，并经粪便大量排出，直接或间接接触其他动物的粪便可导致新的菌株传入鸭群。大肠杆菌也可通过污染的井水或地下水传入鸭群。在粪便、垫料、灰尘和空气中均可发现大肠杆菌。经种蛋传播是大肠杆菌从种鸭传播至后代雏鸭的重要途径，这主要源自种蛋表面沾有粪便，大肠杆菌经蛋壳进入到蛋内，常导致孵化中鸭胚死亡，或出壳后带菌，形成弱雏，甚至在1周龄内发病（Swayne et al.，2013）。

在我国养鸭业流行的鸭大肠杆菌血清型众多，但不同地区主要流行的血清型有所不同，以O78、O93、O76、O2、O8、O92和O32等血清型菌株的分离率较高（Wang et al.，2010；程龙飞等，2011；苏敬良等，1999；于学辉等，2008；袁小远等，2017；周述君等，1990）。

在发生鸭大肠杆菌的鸭群，也可发生鸭传染性浆膜炎，但很少见有同一只鸭患有该两种疫病。

三、临床症状

若刚出壳的鸭雏患病，表现为衰弱、缩颈、闭眼、下痢、腹部膨大、脱水。

小鸭发生鸭大肠杆菌病后，临床表现与鸭传染性浆膜炎颇为相似。病鸭精神沉郁、不喜动、少食或不食，嗜睡，眼、鼻常有分泌物，下痢，但无神经症状。

成年鸭发病后，常喜卧，不愿行动，羽毛松乱，食欲减退，站立或行走时见部分病例腹部膨大和下垂，触诊腹腔内有液体。产蛋会受到不同程度影响（郭玉璞和蒋金书，1988；谢镜怀等，1988）。

四、病理变化

初生鸭雏的病变主要是卵黄吸收不全，脐炎，部分病例的喙和腿发干。

大肠杆菌败血症的主要病变是纤维素性心包炎、肝周炎和气囊炎。心包膜（图4-3-1和图4-3-2）和心外膜（图4-3-3至图2-3-5）有不同程度增厚，渗出物呈灰白色或黄绿色。心包内有多少不等的积液，呈浅黄绿色或黄绿色，积液透明或浑浊（图4-3-3至图4-3-5）。肝脏常肿大，表面覆盖有厚度不同的纤维素性渗出物（图4-3-6和图4-3-7）或黄绿色胶冻样渗出物（图4-3-8和图4-3-9）。气囊浑浊，气囊壁有不同程度增厚（图4-3-10和图4-3-11）。剖开腹腔时常有腐败气味。成年母鸭发生大肠杆菌病时，卵泡膜出血、卵黄破裂，形成卵黄性腹膜炎。部分病例有腹水（图4-3-6和图4-3-7）。在夏季，商品肉鸭易出现紫腿现象（图4-3-12），剖检可见腿肌出血、血液凝固，从病变处可分离到大肠杆菌，提示紫腿与大肠杆菌感染或其毒素之间可能存在相关性。

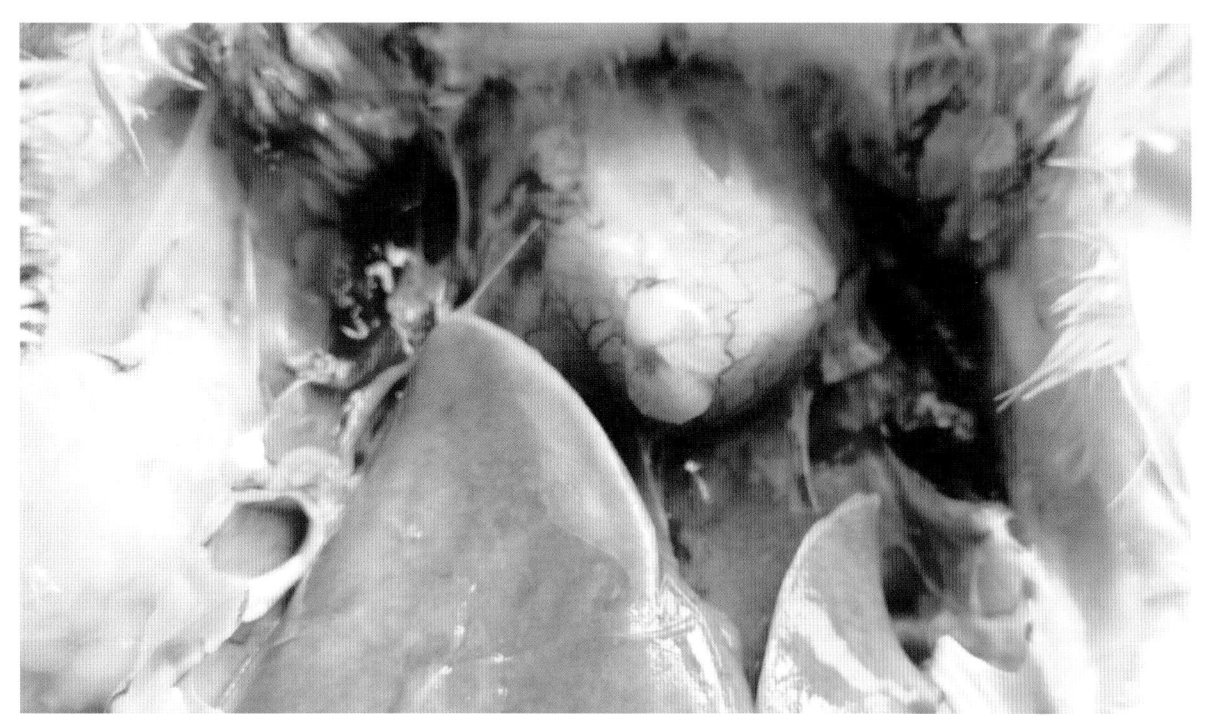

图4-3-1　鸭大肠杆菌病：心包膜增厚

图4-3-2　鸭大肠杆菌病：心包膜极度增厚

图 4-3-3　鸭大肠杆菌病：心外膜有灰白色渗出物，心包内有少量积液

图 4-3-4　鸭大肠杆菌病：心包内有较多透明、浅黄绿色积液

图 4-3-5　鸭大肠杆菌病：心外膜有黄绿色渗出物，心包内有多量浑浊的黄绿色积液

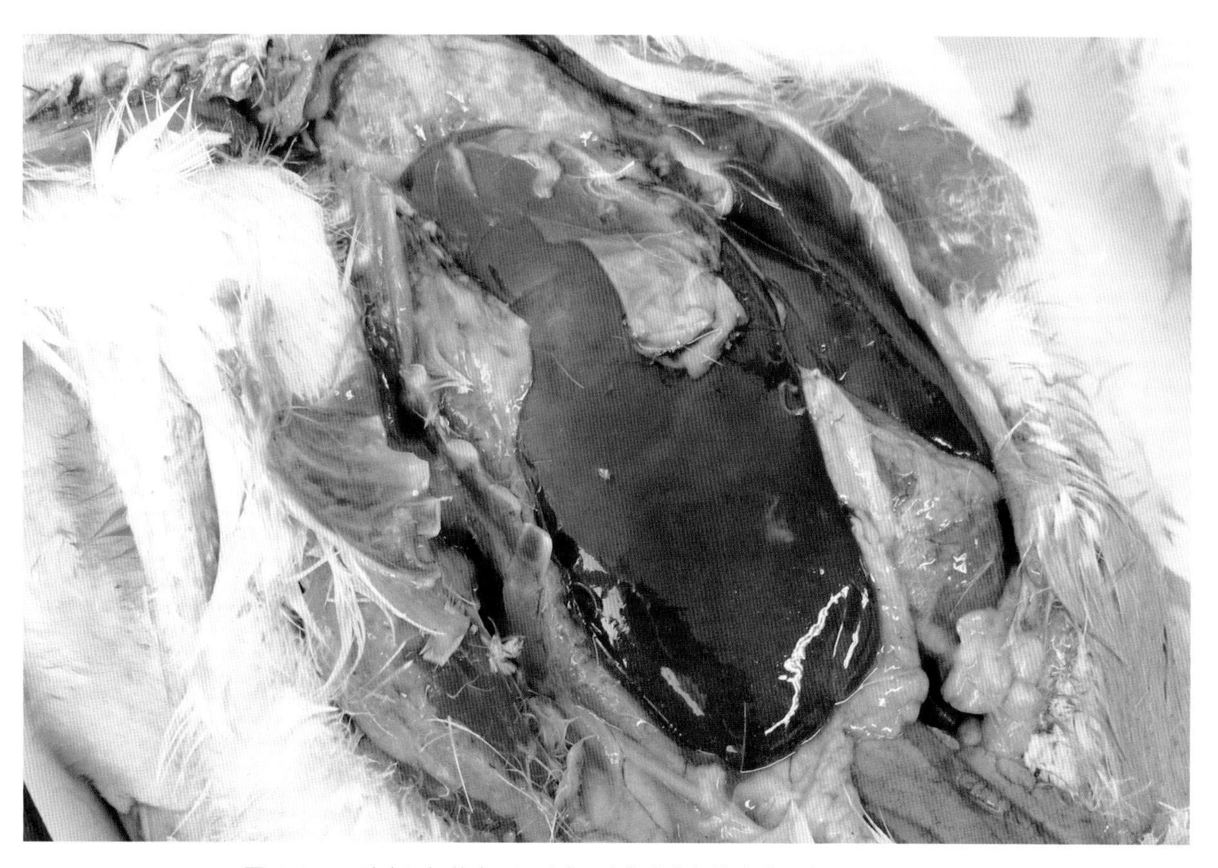

图 4-3-6　鸭大肠杆菌病：肝脏表面有灰白色纤维素膜，腹腔内有少量腹水

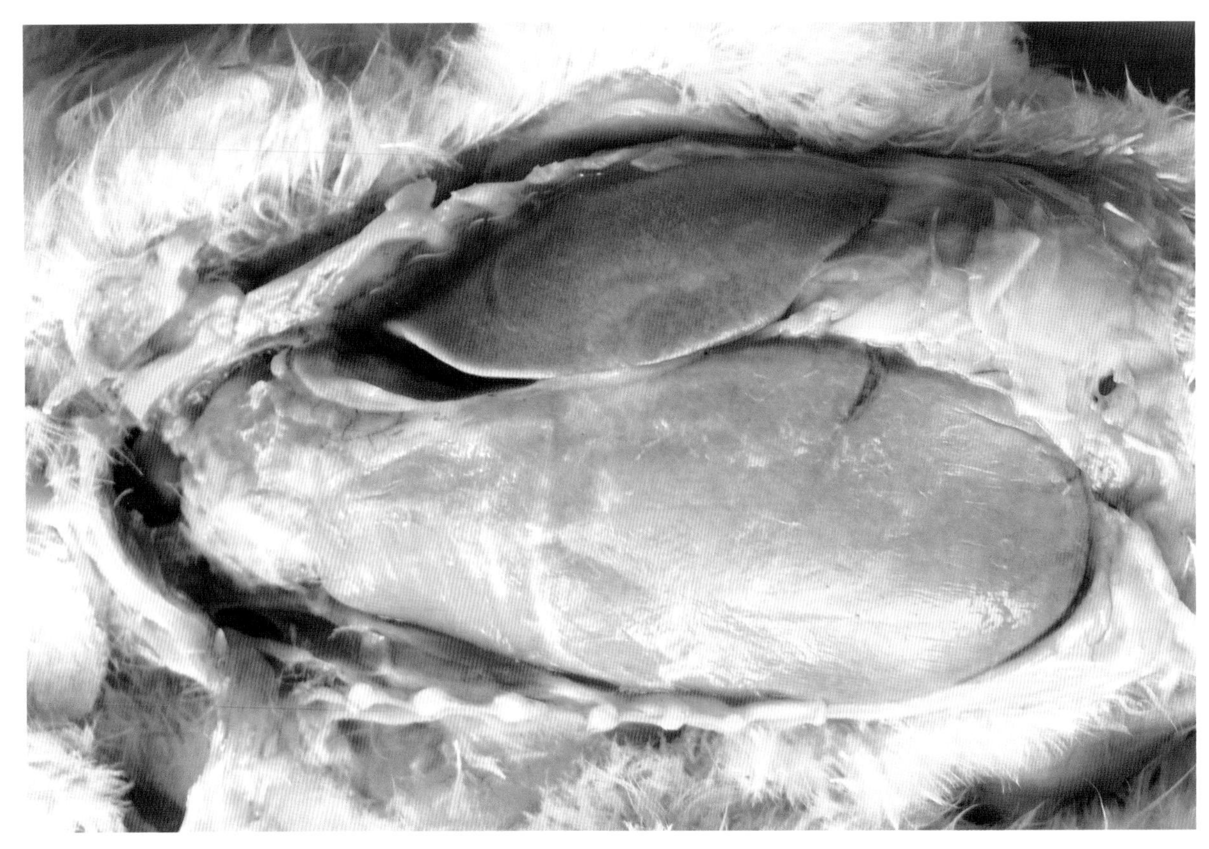

图 4-3-7　鸭大肠杆菌病：肝脏表面覆盖一层灰白色纤维素性渗出物，腹腔内有少量腹水

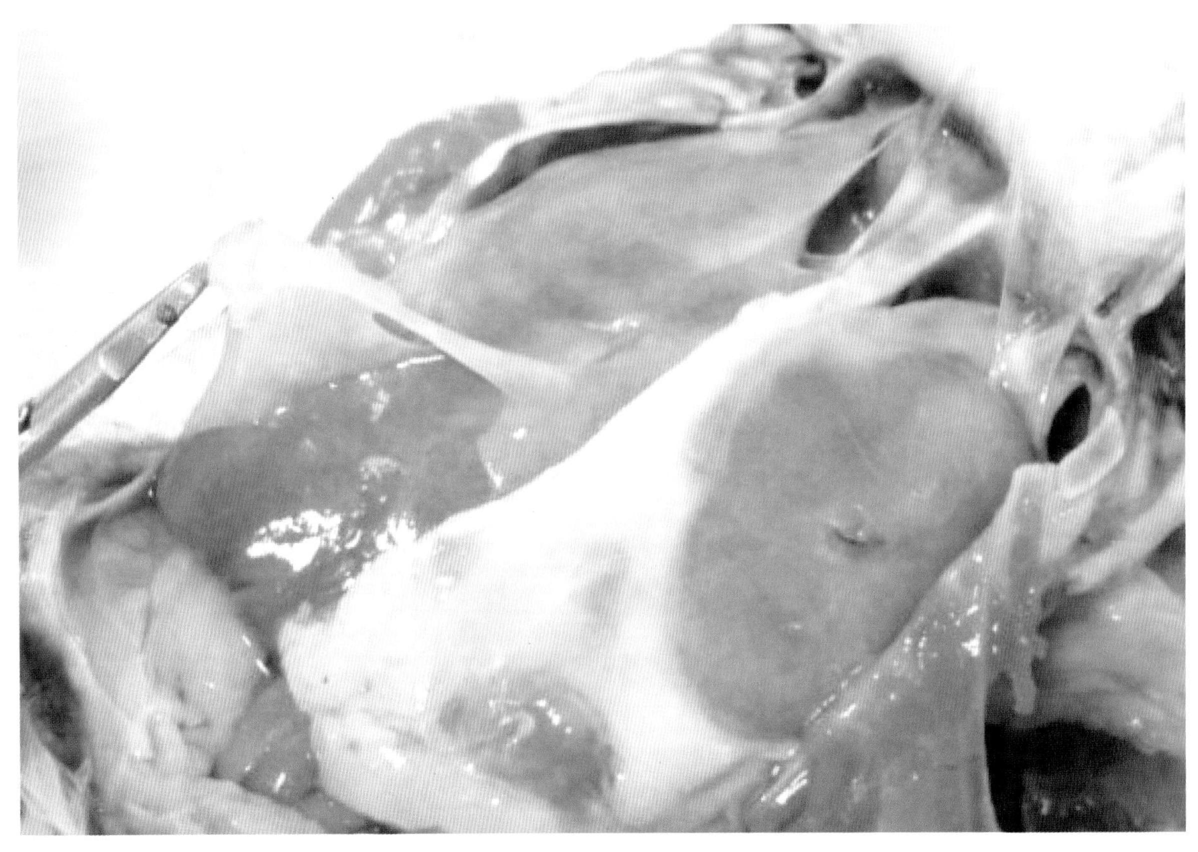

图 4-3-8　鸭大肠杆菌病：肝脏表面覆盖一层浅黄绿色胶冻样渗出物

图 4-3-9　鸭大肠杆菌病：肝脏表面有浅黄绿色胶冻样渗出物

图 4-3-10　鸭大肠杆菌病：气囊增厚

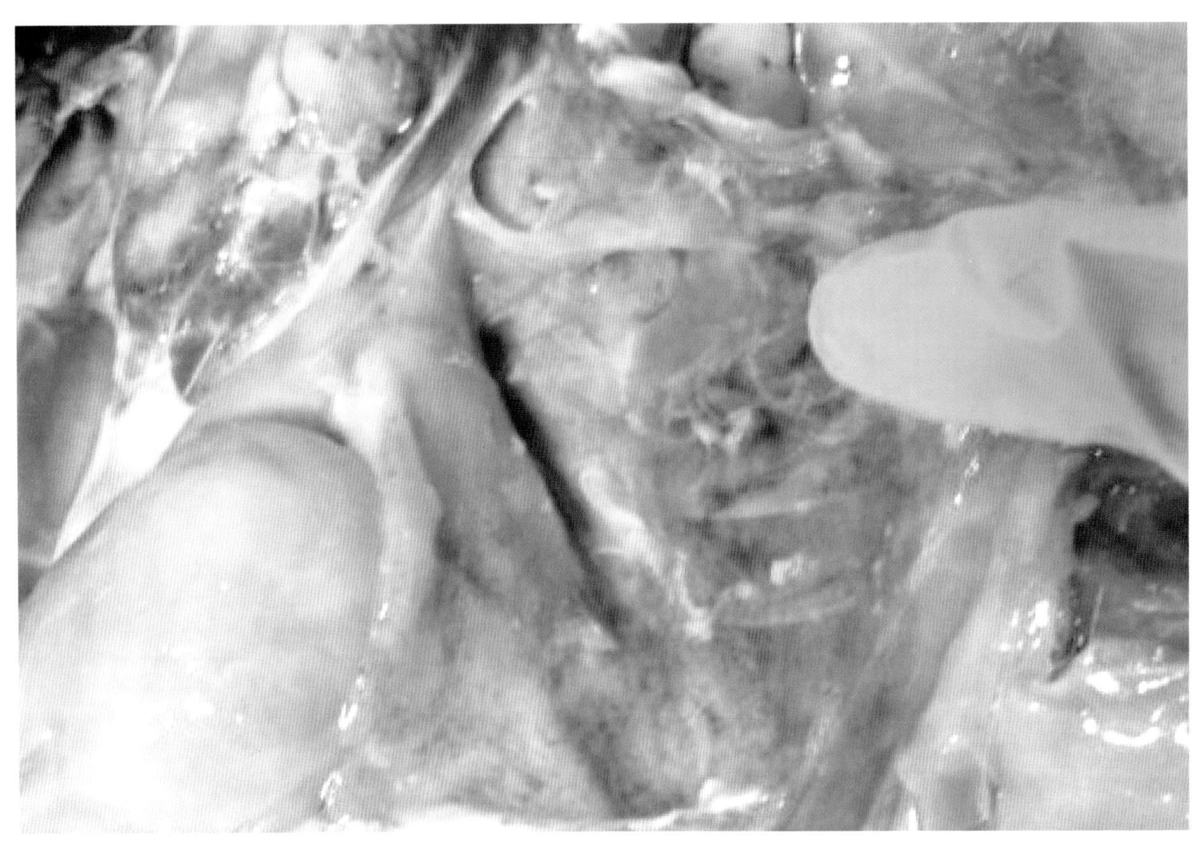

图 4-3-11　鸭大肠杆菌病：气囊增厚

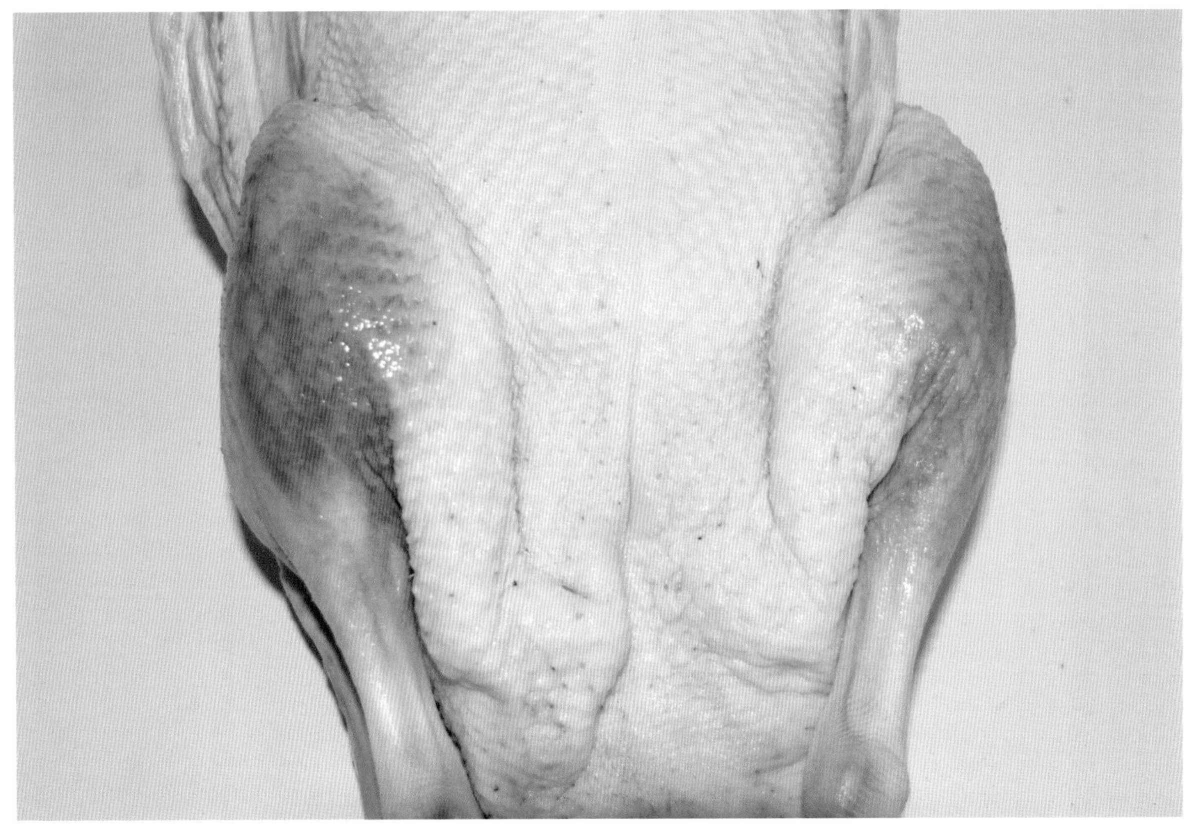

图 4-3-12　商品肉鸭紫腿病例

五、诊断

1周龄内和2月龄以上鸭一般不发生鸭疫里默氏菌感染，可作为该病和沙门氏菌病与鸭疫里默氏菌感染的鉴别指标之一。在其他日龄段，该病的临床特征与鸭疫里默氏菌感染和鸭沙门氏菌病的某些病例颇为相似，仅依靠临床诊断，很难进行鉴别。对病原菌进行分离和鉴定是对鸭大肠杆菌病、鸭沙门氏菌病和鸭疫里默氏菌感染作出鉴别诊断的必要手段。

（一）细菌分离和培养

1周龄内雏鸭发病，可从卵黄囊分离大肠杆菌。若日龄较大的鸭或成年鸭发病，可从心血、肝脏和脑组织分离大肠杆菌。可将病料接种于胰酶大豆琼脂，待细菌生长后，再取菌落接种于麦康凯琼脂平板。在胰酶大豆琼脂上，大肠杆菌形成的菌落大小不一（图4-3-13），与鸭疫里默氏菌的菌落明显不同，但与沙门氏菌的菌落难以区分。在麦康凯琼脂平板上，大肠杆菌形成粉红色菌落（图4-3-14），沙门氏菌形成白色菌落，而鸭疫里默氏菌不生长，据此可进行区分。亦可同时用胰酶大豆琼脂和麦康凯琼脂平板进行初代分离。大肠杆菌在伊红-美蓝琼脂平板或tergitol-7琼脂平板分别形

图4-3-13　鸭大肠杆菌：在胰酶大豆琼脂上形成灰白色菌落

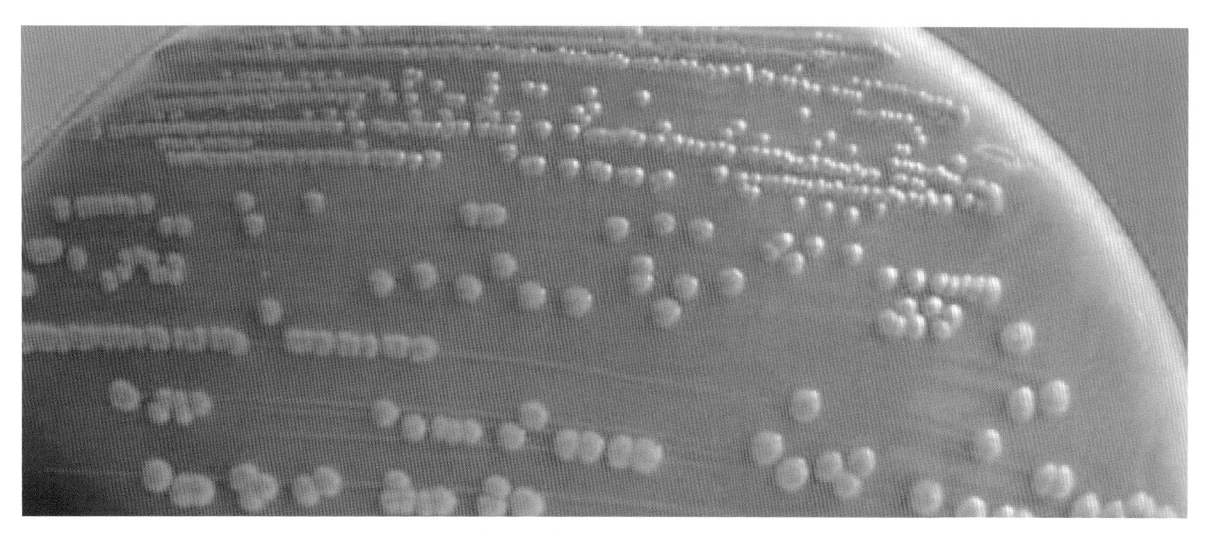

图4-3-14　鸭大肠杆菌：在麦康凯琼脂上形成粉红色菌落

成深绿色至黑色带金属光泽的菌落和黄色菌落，也可据此进行鉴别。

（二）细菌鉴定

用生化试验可对大肠杆菌分离株进行进一步鉴定，也可用全自动微生物分析系统进行细菌鉴定。大肠杆菌分离株的鉴定一般不依靠血清学试验，但若开展流行病学研究，或需用疫苗预防该病，则需用凝集试验对大肠杆菌分离株的血清型进行鉴定（程龙飞等，2011；吴信明等，2010；伍莉和陈鹏飞，2015）。大肠杆菌的许多血清型之间存在交叉反应，用单因子血清可避免交叉反应对血清分型结果的影响。

六、防治

（一）管理措施

大肠杆菌病多发生于卫生条件差、通风不良、饲养密度过大的鸭场。因此，保持良好的舍内外环境卫生和舍内空气质量，防止水和饲料被粪便污染，是预防该病的重要措施。南方气候闷热、潮湿，较北方地区更易发生该病，用湿帘通风降温系统为鸭只提供凉爽舒适的养殖环境，有助于该病的控制。感染某些病毒（如禽流感病毒、呼肠孤病毒）后，鸭的抵抗力下降，易继发大肠杆菌病，因此，控制好病毒病，可显著降低该病发生概率。种蛋被粪便污染，是该病传播的重要途径，保持蛋窝干净和干燥、勤捡蛋、不用破损蛋和粪便污染严重的蛋、在产蛋后2小时内及时进行熏蒸消毒，能有效减少该病传播。

（二）药物防治

用药物防治该病是有效的。可用庆大霉素和卡那霉素等氨基糖苷以及恩诺沙星等氟喹诺酮类药物控制该病，但大肠杆菌极易产生耐药性，应根据药敏试验选择较敏感的药物。

（三）疫苗免疫接种

用疫苗预防该病也是可行的。通常根据病原血清型鉴定结果，选择优势血清型菌株制备成灭活疫苗（Sandhu and Layton，1985；苏敬良等，1999；袁小远等，2017）。

第四节　鸭沙门氏菌病

鸭沙门氏菌病（Salmonellosis in ducks）又名副伤寒（Paratyphoid infection），是由沙门氏菌属的细菌引起的鸭的急性或慢性传染病。各种品种各种日龄的鸭均可感染，但以3周龄内小鸭更易感，成年鸭感染后多成为带菌者。该病具有公共卫生意义。

一、病原学

与禽类沙门氏菌病有关的沙门氏菌属于肠杆菌科沙门氏菌属肠道沙门氏菌（*Salmonella*

enterica）肠道亚种（*S. enterica*）（Swayne et al.，2013）。亚种的划分依据生化试验结果，在亚种下根据凝集试验划分血清型则是对沙门氏菌进行分类的传统方法。迄今为止，已在沙门氏菌属鉴定出2600多个血清型，其中1500多个血清型属于肠道亚种，如肠道沙门氏菌肠道亚种鼠伤寒血清型（*S. enterica subspecies enterica* serovar Typhimurium）和肠道沙门氏菌肠道亚种肠炎血清型（*S. enterica subspecies enterica* serovar Enteritidis），其传统名称分别为鼠伤寒沙门氏菌（*S. typhimurium*）和肠炎沙门氏菌（*S. enteritidis*）（Ranieri et al.，2013）。

1950–1960年间，美国研究者曾从病鸭分离到530株沙门氏菌，其中495株（93.4%）为鼠伤寒沙门氏菌（Dougherty，1953；Price and Bruner，1962），这可能说明引起雏鸭副伤寒的病原是鼠伤寒沙门氏菌。近年来，在丹麦、波兰、德国和英国，对鸭和鹅的沙门氏菌进行了监测，检出鼠伤寒沙门氏菌、肠炎沙门氏菌和印第安纳沙门氏菌（*S. Indiana*），但不同年份各沙门氏菌所占比例有所不同（Gosling et al.，2016）。我国亦存在鸭的沙门氏菌病，但迄今为止，对我国沙门氏菌病的病原尚缺乏系统鉴定。对养鸡业具有意义的鸡白痢沙门氏菌（*S. pullorum*）和鸡沙门氏菌（*S. gallinarum*）有时亦可在鸭中分离到，但对鸭的意义不大（郭玉璞和蒋金书，1988）。

沙门氏菌为革兰氏阴性杆菌，不形成芽孢，大小为（0.7~1.5）μm×（2.0~5.0）μm，多数菌株有鞭毛，能运动。本菌为兼性厌氧菌，能在有氧和无氧条件下生长。营养需要不高，能在多种培养基上生长，典型菌落为圆形、微隆起、闪光、边缘光滑，在37℃培养24小时，菌落直径一般为1~2 mm。在麦康凯平板上可形成白色菌落。能发酵葡萄糖（产酸产气）、卫矛醇、甘露醇和麦芽糖，不发酵蔗糖、乳糖和杨苷。吲哚、V-P试验、尿素阴性，甲基红、三糖铁以及柠檬酸盐利用皆为阳性。沙门氏菌极易产生耐药性。

二、流行病学

沙门氏菌病是危害养鸭业的主要细菌性疾病之一。自1982年以来，我国各地陆续有该病发生的报道，各种品种各种日龄的鸭均可感染，但以三周龄以下雏鸭更易感，死亡率为1%~60%（蔡双双等，2014；常志顺等，2014；陈红梅等，2014；邓平等，2003；郭玉璞等，1988；黄炳坤等，1994；凌育燊，1983；刘慧等，2017；齐静等，2014；石远志，1982；谭伟成和卢景，2011；夏瑜等，曾群辉等，1999；2005；张则斌等，2007；赵立新，1992）。若鸭感染了免疫抑制病病原，或因饲养管理不善、卫生条件不良、气候突变、长途运输等因素的影响，导致鸭抵抗力下降，可使鸭对沙门氏菌的易感性增加（Swayne et al.，2013；凌育燊，1983）。

该病既可经卵垂直传播，也可水平传播。病鸭和带菌鸭是主要传染来源。沙门氏菌传播的最普通的方式是经卵传递。可以是经带菌种鸭的卵巢进入蛋内，也可经粪便或周围环境污染蛋壳后进入蛋内。进入蛋内的细菌在卵黄内迅速繁殖，并侵入发育中的胚体，使之在孵化中死亡或孵出带菌雏。污染的种蛋入孵后，导致沙门氏菌污染孵化器，如消毒不彻底，沙门氏菌甚至可在通风系统中长期存在，难以清除。种鸭带菌和孵化箱污染是造成沙门氏菌散播的重要环节。用鱼粉、肉粉和骨粉等原料配制饲料，或带菌的禽、鼠或其他动物经粪便排出细菌污染饲料、饮水、垫料及工作人员，可造成传播。由于防疫制度不严，人员乱串，则可通过机械方式传播。沙门氏菌主要经消化道进入体内，也可经呼吸道和眼结膜感染（Martelli et al.，2016；郭玉璞和蒋金书，1988；凌育燊，1983）。

三、临床症状

雏鸭精神沉郁，腿软，不愿走动，眼半闭，双翅张开或下垂，羽毛松乱，少食或不食，但渴欲增加。下痢，肛门周围羽毛被稀粪黏着。常有眼结膜炎，眼睑肿胀及水肿。病鸭颤抖，共济失调，抽搐而死，死亡呈角弓反张样。有些病例见有关节炎。出壳数日内的雏鸭腹部膨大，脐部发炎，俗称“大肚脐”。随着日龄增长，鸭对该病的抵抗力逐渐增强。日龄较大的鸭感染后，多呈亚急性经过，主要表现为消瘦，生长发育迟缓，或有腹泻，但较少死亡。少数慢性病例可能出现呼吸道症状，表现为张口呼吸。成年鸭感染后，多无可见的临床表现，成为带菌者（郭玉璞和蒋金书，1988；凌育燊，1983）。

四、病理变化

雏鸭副伤寒特征病变见于肝脏和盲肠。肝脏肿胀，表面密布小的灰白色坏死灶（图4-4-1）。盲肠肿胀，呈斑驳状，内有干酪样物。直肠和小肠后段亦有肿胀，呈斑驳状（郭玉璞和蒋金书，1988），亦有病例的盲肠、直肠和小肠后端黏膜表面呈糠麸样（图4-4-2）。在许多病例，可见与鸭疫里默氏菌感染和鸭大肠杆菌病相似的病理变化，即纤维素性心包炎、肝周炎和气囊炎（图4-4-3），在实验条件下可复制出这些病变（蔡双双等，2014）。

幼雏主要病变是卵黄吸收不全和脐炎，卵黄黏稠，色深，肝脏有淤血（郭玉璞和蒋金书，1988）。

图4-4-1　鸭沙门氏菌病：肝脏表面密布白色坏死点（黄瑜供图）

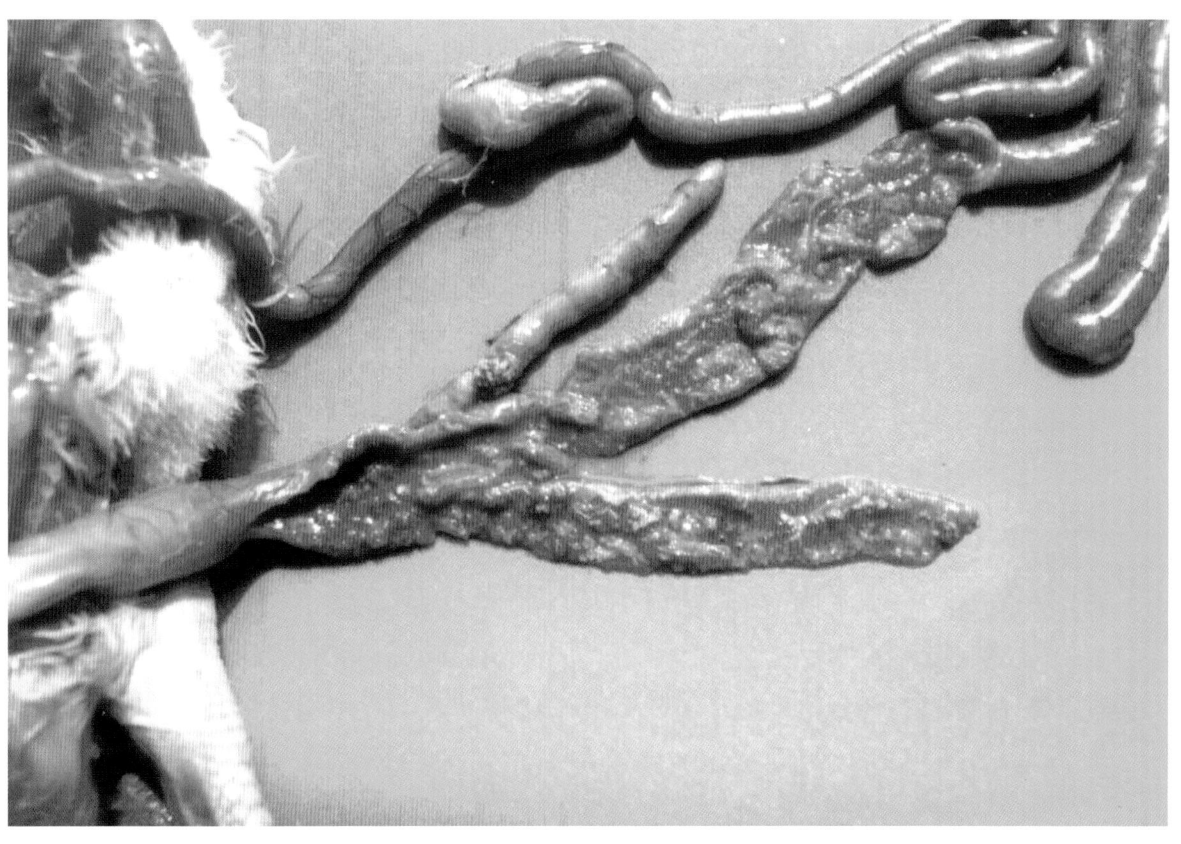

图 4-4-2　鸭沙门氏菌病：盲肠、直肠和小肠后段肿胀，黏膜表面呈糠麸样（黄瑜供图）

图 4-4-3　麻鸭沙门氏菌病：纤维素性心包炎和肝周炎

带菌成年鸭的病理变化包括肝硬变、胆囊炎、泄殖腔炎。母鸭可有卵巢炎，公鸭则有睾丸炎。有时可见腹膜炎（凌育燊，1983）。

五、诊断

雏鸭副伤寒的肝脏坏死病变与鸭霍乱、番鸭白点病等疾病相似，但其盲肠病变具有特征性，据此可进行鉴别。某些沙门氏菌病病例与鸭传染性浆膜炎和鸭大肠杆菌病的病变相似，幼雏卵黄吸收不全和脐炎与其他细菌性疾病（如大肠杆菌病、葡萄球菌病和链球菌病）所致也难以区分，因此，疾病的诊断必须依靠病原菌的分离和鉴定。

（一）细菌的分离和培养

从未吸收的卵黄、病死鸭的肝脏和心血易分离到沙门氏菌。将病料接种于胰酶大豆蛋白琼脂，在37℃培养24小时，沙门氏菌形成的菌落与鸭疫里默氏菌的菌落不同，但与大肠杆菌的菌落相似。若接种于麦康凯琼脂平板，沙门氏菌形成白色菌落（图4-4-4），据此可作出诊断。

（二）细菌鉴定

可用生化试验对沙门氏菌分离株进行进一步鉴定。若需进行更系统的鉴定，则需用沙门氏菌

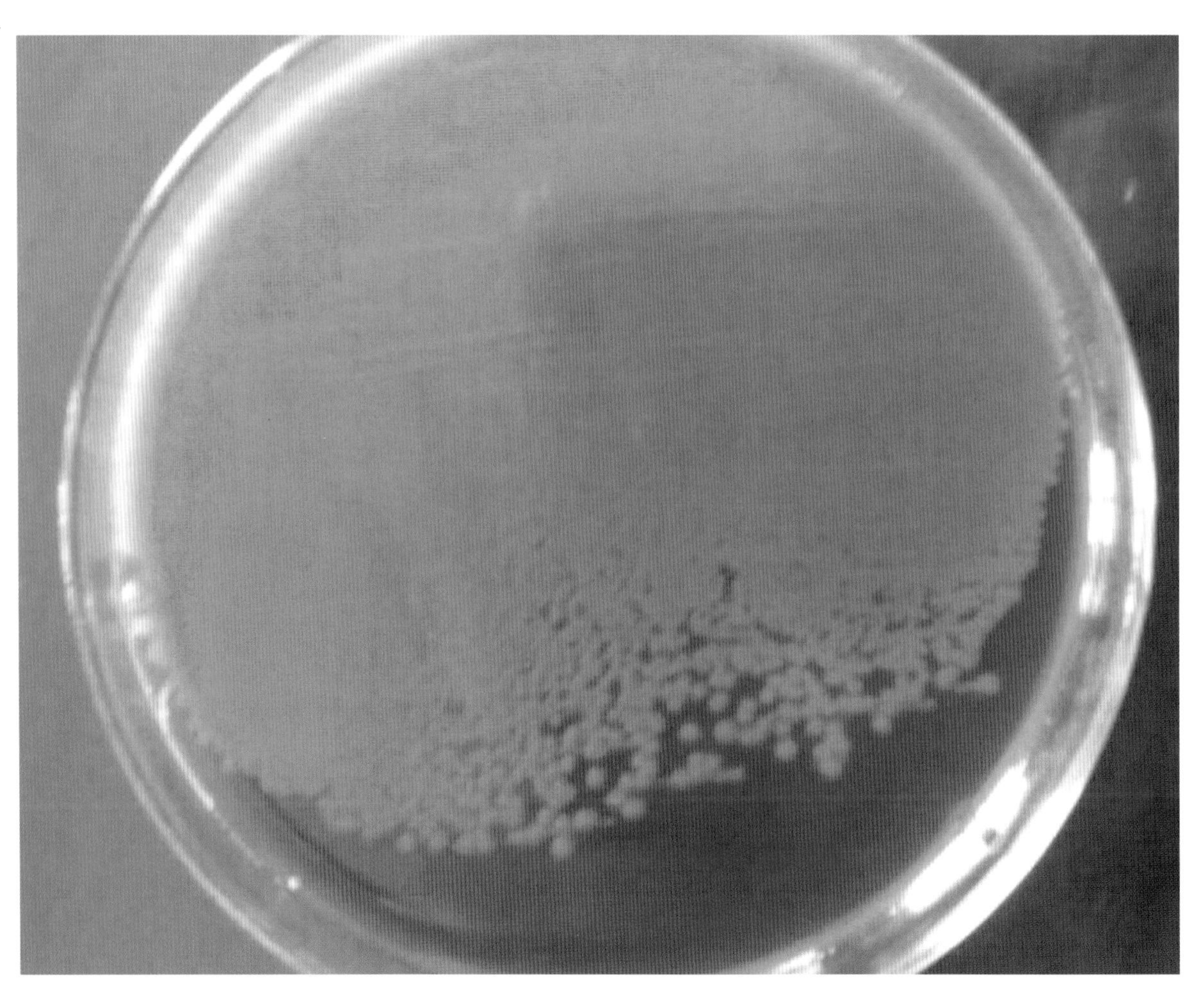

图4-4-4　鸭沙门氏菌：在麦康凯琼脂上形成白色菌落

多价抗血清进行凝集反应，确定其血清型。亦可用分子检测技术进行快速鉴定，可扩增细菌16S rRNA基因或其他基因（Swayne et al.，2013；陈红梅等，2014；齐静等，2014）。

六、防治

沙门氏菌血清型众多，且极易产生耐药性，因此，用疫苗和药物防治该病并不是最佳选择。该病经多种途径传播，应考虑针对传染源和传播途径采取综合性防控措施进行预防，如，不用鱼粉、肉粉和骨粉配制饲料；保持蛋窝干净，防止粪便污染种蛋；增加拣蛋次数，收集的种蛋及时清洗入库；蛋库应定期消毒。孵化器污染是造成沙门氏菌传播的重要环节，应重视孵化器的熏蒸消毒（Martelli et al.，2016）。鼠是该病的带菌者和传播者，可考虑增加灭鼠措施。加强环境卫生和消毒工作，可显著降低鸭场沙门氏菌的污染程度（Gosling et al.，2016；Martelli et al.，2017）。

对沙门氏菌进行净化，是控制该病的根本措施，亦有助于防止沙门氏菌通过禽蛋和禽肉传播给人，该措施已在我国养鸡业使用。但在养鸭业实施还存在具体困难，一是养鸭模式所限，二是对鸭源沙门氏菌缺乏系统鉴定，鸡用沙门氏菌诊断抗原可能并不适用于种鸭沙门氏菌抗体监测。

第五节 鸭葡萄球菌病

鸭葡萄球菌病（Staphylococcosis in ducks），亦可称为鸭葡萄球菌感染（Staphylococcus infection in ducks），是鸭的一种常见病，可引起多种临床表现，包括关节炎、脐炎、腹膜炎以及皮肤疾患，亦可造成鸭只死亡。

一、病原学

该病病原为金黄色葡萄球菌（*Staphylococcus aureus*），属葡萄球菌科葡萄球菌属成员。葡萄球菌属约含52个种和28个亚种，金黄色葡萄球菌是从病禽分离最多的菌种（Swayne et al.，2013）。

金黄色葡萄球菌为革兰氏阳性球菌，不能运动，不形成芽孢，在固体培养基生长的细菌成簇排列，在液体培养基中繁殖的细菌呈短链。若培养超过24小时，菌体可呈革兰氏阴性（Swayne et al.，2013）。

本菌在普通培养基即可生长（郭玉璞和蒋金书，1988）。用5%血琼脂培养18~24小时，易分离到本菌。在有氧环境中培养，金黄色葡萄球菌在24小时内形成圆形、光滑、白色至橙色、直径约为1~3 mm的菌落，并产生β-溶血（Willett，1992）。金黄色葡萄球菌为需氧或兼性厌氧菌，能发酵葡萄糖和甘露醇，凝固酶、过氧化氢酶和明胶酶均呈阳性（Swayne et al.，2013）。

二、流行病学

葡萄球菌是禽类体表皮肤和黏膜的常在菌，也是禽类孵化、养殖和加工场所的常见环境微生物。虽然多数葡萄球菌是正常菌群的成员，但金黄色葡萄球菌对禽类有致病性。

各种禽类包括鸭均对金黄色葡萄球菌易感。尽管细菌感染后发病率和死亡率通常较低，但仍可造成一定的经济损失。肉鸭体表损伤时，金黄色葡萄球菌可造成局部感染，影响肉品质。金黄色葡萄球菌亦可侵入鸭体内造成内脏型疾病。种鸭舍潮湿不洁，种蛋被粪便污染，金黄色葡萄球菌可侵入蛋内造成雏鸭在孵化中死亡，影响出雏率，或因雏鸭带菌，出壳后造成弱雏数量增多，早期死亡率上升。若种鸭脚掌磨伤或被尖锐物刺伤而感染葡萄球菌，可引发关节炎，导致种鸭淘汰率上升。金黄色葡萄球菌是从感染的腿部和关节所分离到的最常见的细菌（Kibenge et al.，1982），也是导致种鸭腿病的重要因素。

三、临床症状和病理变化

根据发病日龄、临床症状和病理变化，可将葡萄球菌感染分为几种不同类型（郭玉璞和蒋金书，1988）。

1周龄内（特别是1~3日龄）雏鸭感染后，形成脐炎型，临床表现为弱小、怕冷、眼半闭、翅张开、腹部膨大、脐部肿胀，常因败血症死亡，或由于衰弱被挤压致死。脐部常有坏死性病变，卵黄稀薄、吸收不良。

皮肤损伤后发生局部感染，形成皮肤型。3~10周龄的鸭多发，在胸部皮下可见化脓病灶或局部坏死。在种鸭交配时，亦可因公鸭趾尖划破母鸭背部皮肤而感染。

脚掌因损伤或扎伤而感染，形成关节炎型，多发生于中鸭或成年鸭，表现为跗关节、跖趾关节和趾节间关节及其临近腱鞘肿胀，病鸭疼痛，跛行。病初，触之有热感，发软（图4-5-1），切开可见浆液性或脓性分泌物。病程稍长者，肿胀处发硬（图4-5-2），剖检可见干酪样物蓄积。有些病例双脚关节均因感染而肿胀，但病程不同，肿胀处硬度不同（图4-5-3），有些病例则因感染导致关节肿胀、跗跖区和趾节变粗（图4-5-4）。

成年种鸭感染后，还可出现内脏型。在感染鸭群，可见部分病例腹部下垂，俗称“水裆”，剖检可见腹腔内有腹水和纤维素性渗出物。肝脏肿大，质地较硬（图4-5-5至图4-5-8），有些病例的肝脏呈浅绿色（图4-5-6和图4-5-7）或淡黄绿色（图4-5-8），偶见肝脏有小的坏死灶（图4-5-7和图4-5-8）。脾脏肿大呈暗红色（图4-5-7）。心外膜有小出血点，有时在泄殖腔黏膜见有坏死和溃疡。病鸭因败血症而死亡。

四、诊断

根据临床症状和剖检变化可作出初步诊断，确诊需进行病原菌分离鉴定。蘸取关节液、蛋黄或内脏，接种于血琼脂平板，经37℃培养18~24小时，可分离到金黄色葡萄球菌。根据菌落形态、β溶血特性、染色特性和生化试验结果，可对分离株作出鉴定。

图 4-5-1　鸭葡萄球菌病：跖趾关节肿胀，触之有热感，发软

图 4-5-2　鸭葡萄球菌病：跖趾关节和趾节间关节肿胀，肿胀处发硬

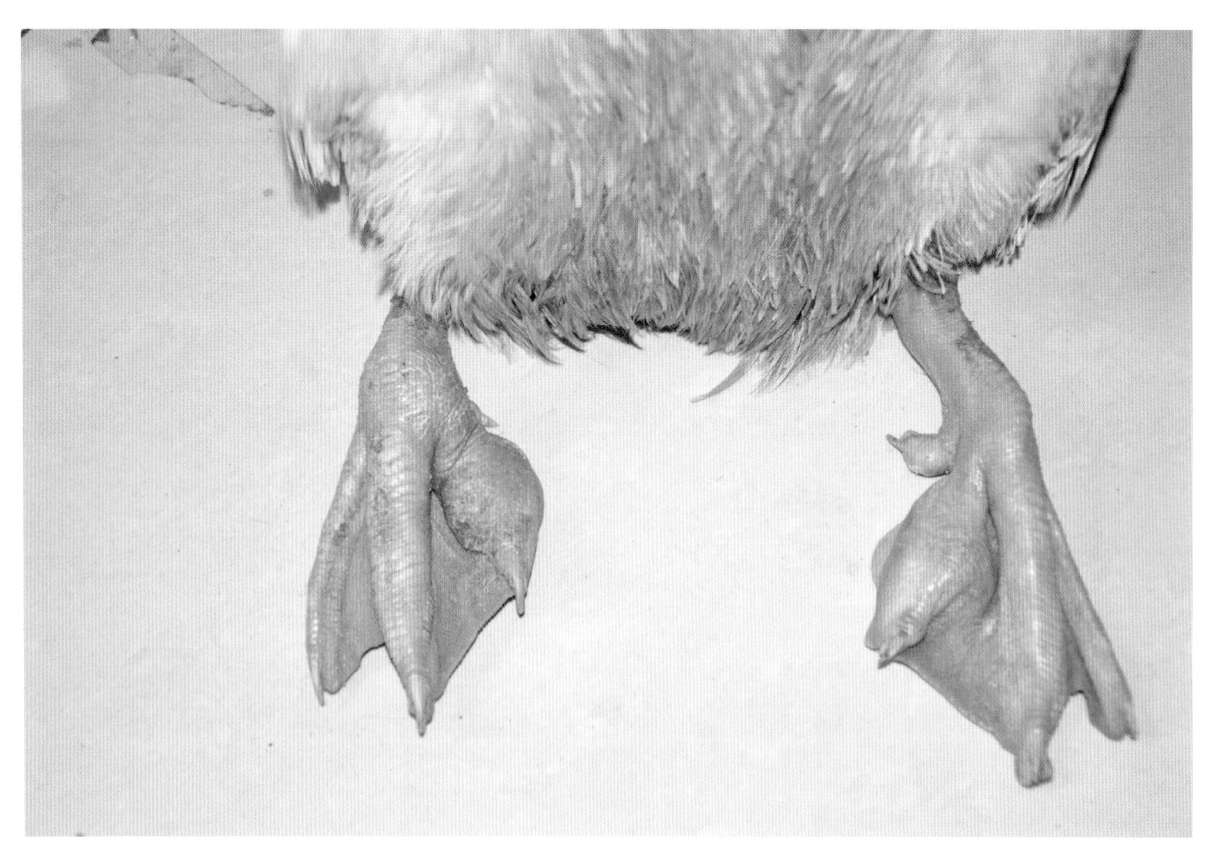

图 4-5-3　鸭葡萄球菌病：右脚跖趾关节和趾节间关节肿胀，发硬，左脚趾节间关节肿胀，发软

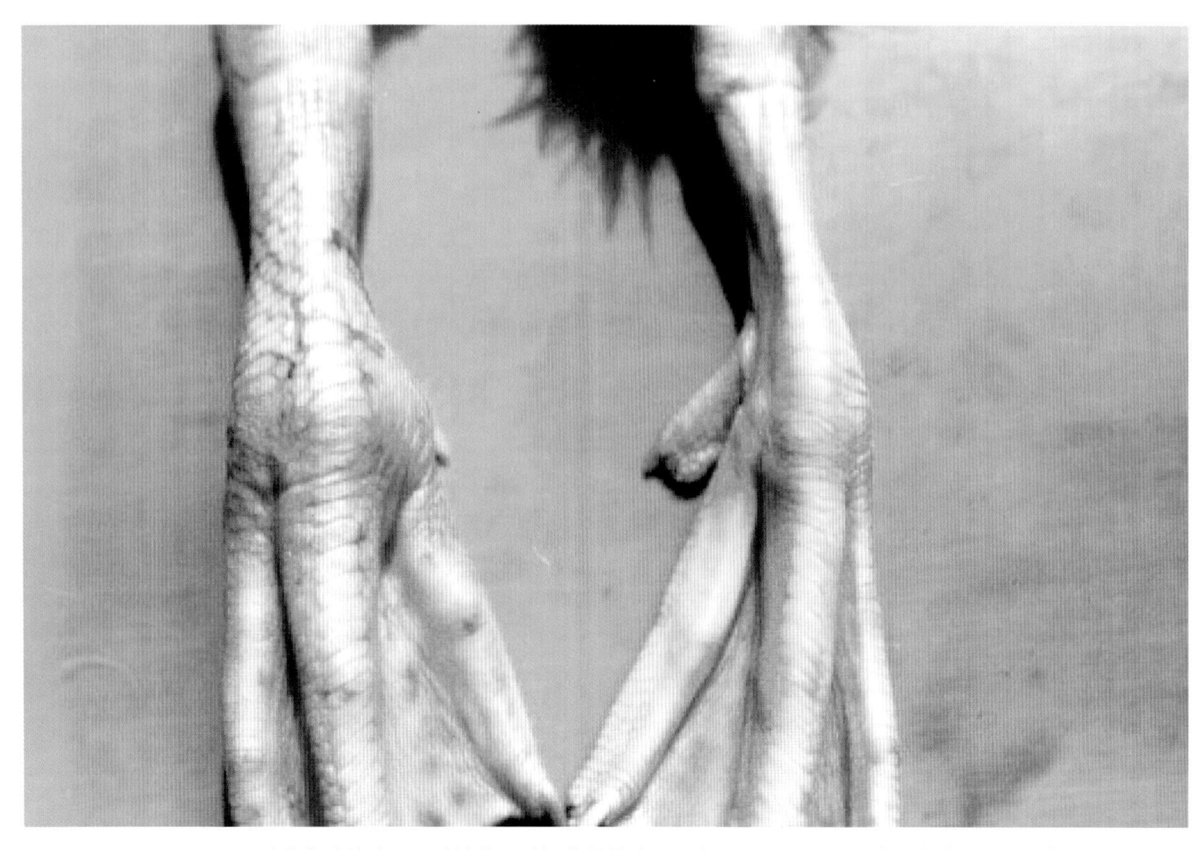

图 4-5-4　鸭葡萄球菌病：跖趾关节和趾间节关节肿胀，跗跖区和趾节变粗（左）（黄瑜供图）

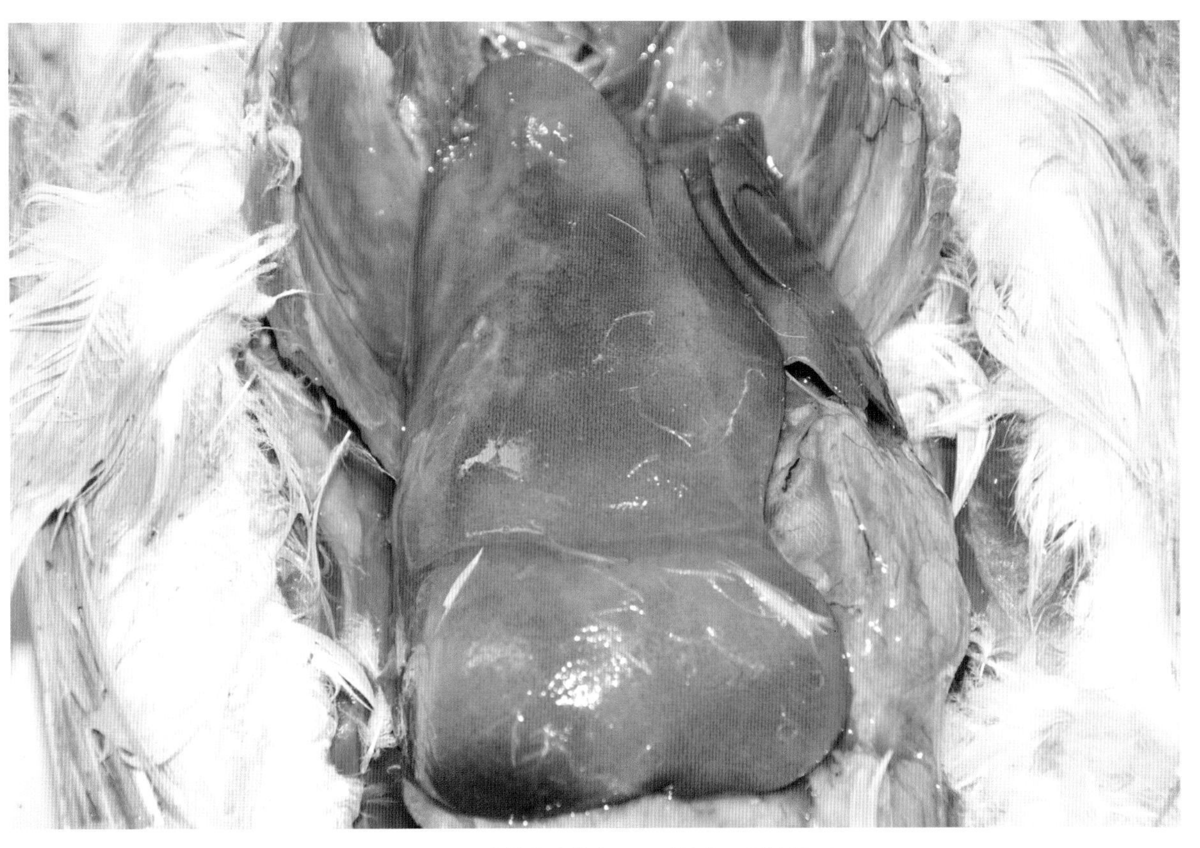

图 4-5-5　鸭葡萄球菌病：肝脏肿大，质地较硬

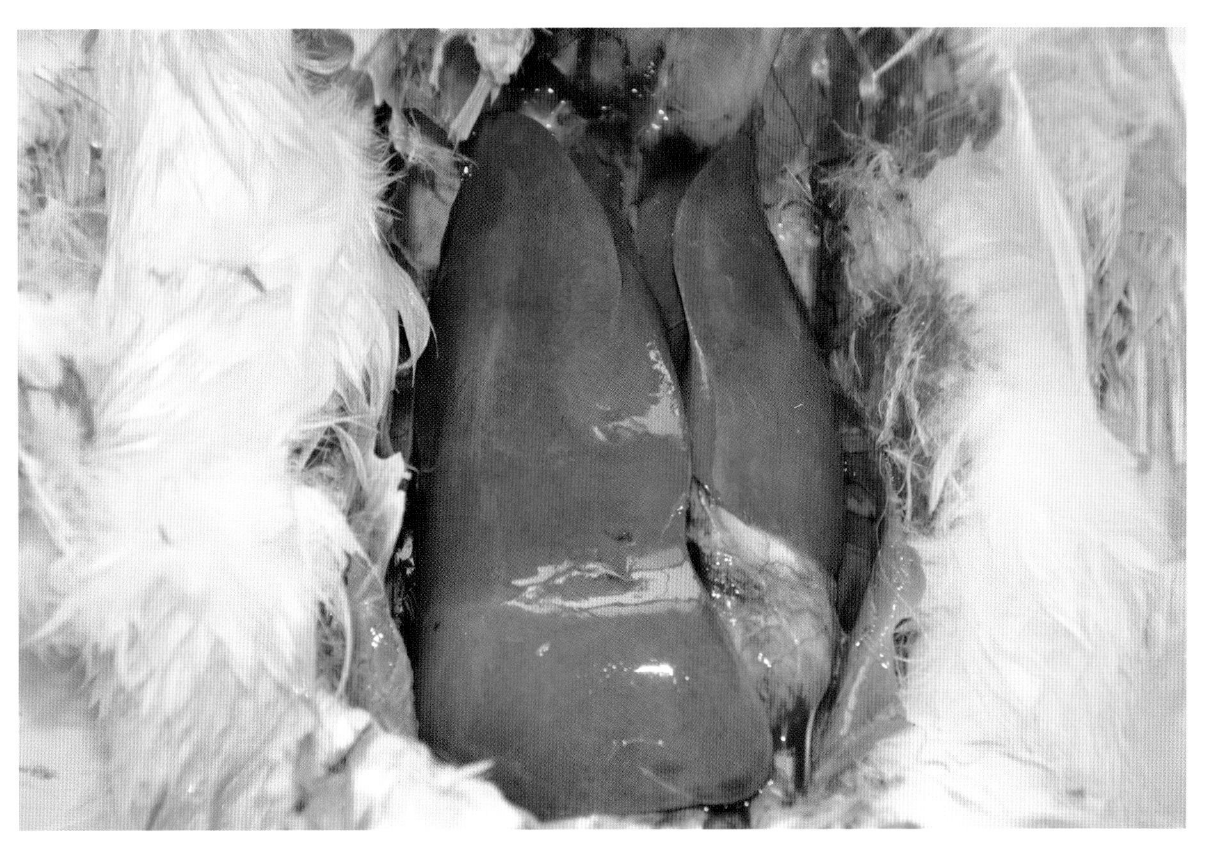

图 4-5-6　鸭葡萄球菌病：肝脏肿大呈浅绿色，质地较硬

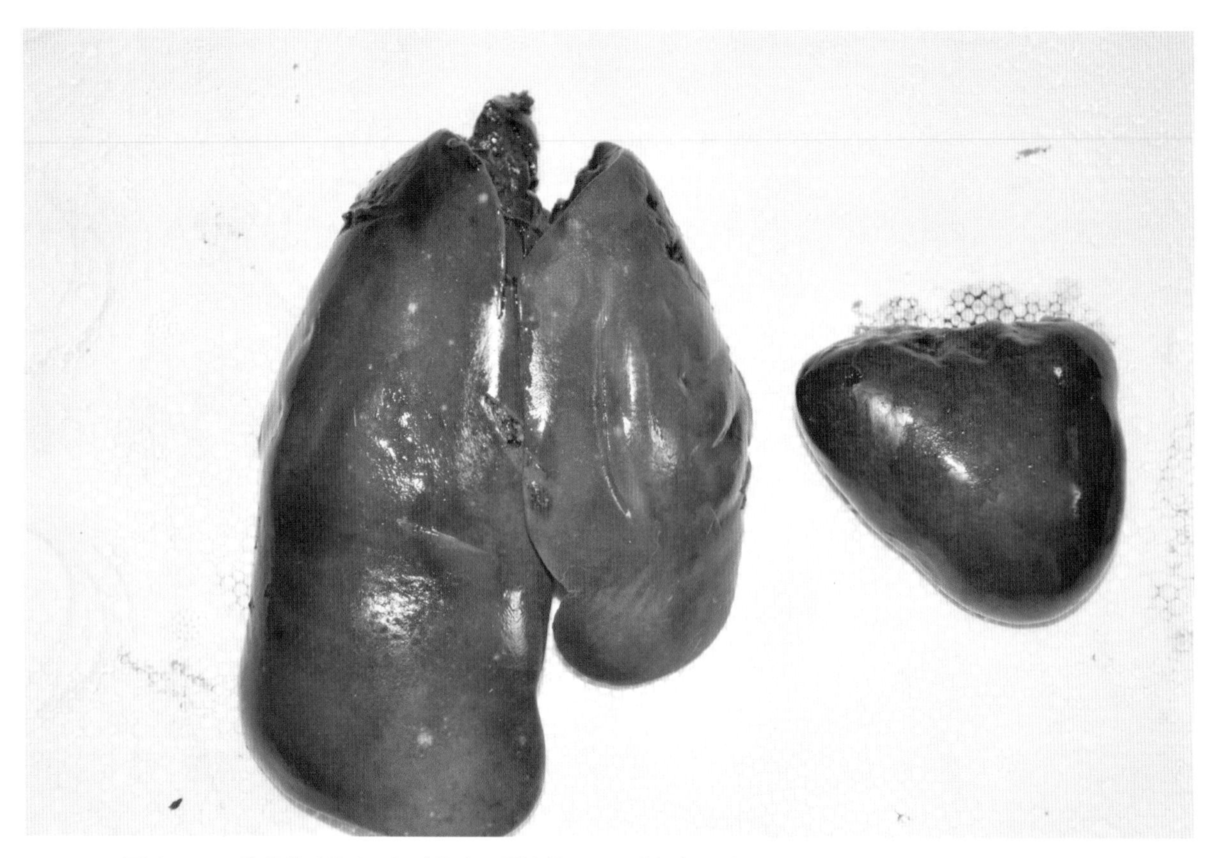

图 4-5-7　鸭葡萄球菌病：肝脏肿大，质地较硬，呈浅绿色，脾脏肿大呈暗红色，肝脏有少量坏死灶

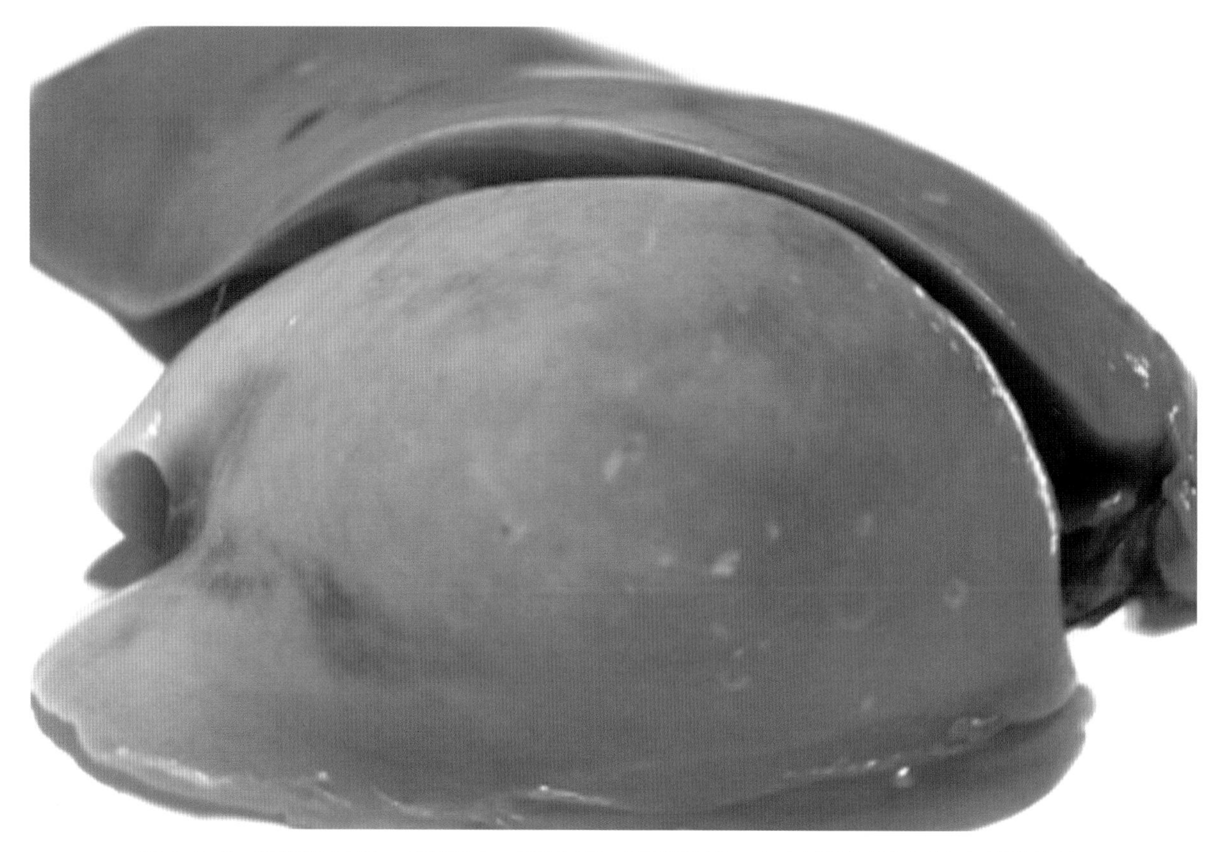

图 4-5-8　鸭葡萄球菌病：肝脏肿大，质地较硬，呈淡黄绿色，有少量黄白色坏死灶（出版社图）

五、防治

用葡萄球菌苗预防该病，效果不佳（Castanon，2007；Fessler et al.，2011）。青霉素、链霉素、四环素、红霉素、新生霉素、磺胺类药物、林可霉素和大观霉素等药物对于该病的防治有一定效果，但葡萄球菌易产生耐药性，应根据药物敏感试验结果筛选敏感药物（Devriese，1980；Devriese et al.，1972；Takahashi et al.，1986；Witte and Kühn，1978）。

加强饲养管理是控制该病的主要措施。舍内垫料和舍外运动场不能有尖锐物，防止鸭掌扎伤而感染。种鸭在粗糙的网床、用砖铺就的运动场或水泥地面活动，可能会磨伤脚掌而感染。若设游泳池，应勤换水，保持水源清洁。种鸭养殖环境特别是蛋窝应干燥、卫生，防止种蛋污染。应注重孵化器的洗涤和消毒，防止在孵化环节感染细菌。种公鸭应断爪，防止在交配时造成母鸭局部感染（郭玉璞和蒋金书，1988）。

第六节　鸭链球菌病

鸭链球菌病（Streptococcosis in ducks）是由链球菌感染所引起的一种疾病，可呈急性败血性或慢性感染形式，各种日龄鸭均可发生，临床表现为腿软、步态蹒跚，特征病变是肝脏有密集的局限性小出血点或坏死点，心外膜和心内膜有出血点。在养鸭生产中，该病并不常见。

一、病原学

该病病原是链球菌（*Streptococcus*），属链球菌科（Streptococcaceae）链球菌属（*Streptococcus*），为革兰氏阳性球菌，以单个、成对和短链形式存在，不形成芽胞，无运动力，兼性厌氧（Swayne et al. 2013）。在血液琼脂培养基上生长良好，形成灰白色、半透明、表面光滑、圆形隆起的露滴样菌落，能产生溶血现象；在营养琼脂平板上生长不良，在麦康凯培养基上不生长（郭玉璞和蒋金书，1988；刘文华等，2008；卢受昇等，2013）。能发酵多种糖类，过氧化氢酶阴性。

从病鸭分离的链球菌包括鸟链球菌（*S. avium*）（郭玉璞等，1987）、粪链球菌（*S. faecalis*）（Sandhu，1988；陈一资等，2003）、兽疫链球菌（*S. zooepidemicus*）（李渤南和王吉舫，2002）、巴氏链球菌（*S. pasteurianus*）（卢受昇等，2013）、解没食子酸链球菌（*S. gallolyticus*）（Hogg and Pearson，2009；Li et al.，2013）、猪链球菌（*S. suis*）（Devriese et al.，1994）。

二、流行病学

链球菌在自然界广泛分布，但鸭链球菌病却不常见。尽管如此，我国许多地区的鸭场曾发生过该病，包括浙江（宋淼泉等，1985）、吉林（徐卫东，1986）、北京（郭玉璞等，1987）、四川（张东等，1989）、广西（邓绍基，1996）、江苏（李正峰等，2002）、山东（李渤南和王吉舫，2002）、河南（刘涛等，2010）、安徽（赵瑞宏等，2010）、湖南（李剑波和蔡文杰，2005）。

该病见于各种日龄的鸭。北京鸭（郭玉璞等，1987）、樱桃谷鸭（秦绪伟和刁有祥，2016）、绍兴麻鸭（宋森泉等，1985）、建昌鸭（张东等，1989）、康贝尔鸭（徐卫东，1986）、合浦麻鸭（周科和赵恩娣，1999）等品种均可感染发病。

链球菌主要通过口腔和空气传播，也可经皮肤创伤感染。该菌污染蛋壳后，可导致鸭胚感染，使新生雏鸭带菌；新生雏鸭亦可经脐带感染链球菌而成为带菌雏。（Swayne et al. 2013；郭玉璞和蒋金书，1988）。

三、临床症状和病理变化

不同研究者所报道的病变有所不同，或与菌株和发病日龄有关（Devriese et al.，1994；Hogg and Pearson，2009；Li et al.，2013；Sandhu，1988；陈一资等，2003；邓绍基，1996；郭玉璞和蒋金书，1988；李渤南和王吉舫，2002；宋森泉等，1985；张东等，1989）。

雏鸭发病，多表现为软弱、眼半闭、嗜睡、缩颈、不愿走动、腹部膨大、脐部肿胀，因败血症而死，或因脱水、挤压致死。病理变化以脐炎、蛋黄吸收不全为主。

日龄较大的鸭发病，精神萎靡，不愿走动，步态蹒跚，或双腿交叉运步，强行驱赶时，勉强走几步即倒下，翻倒后不易翻转。濒死鸭出现痉挛，或有角弓反张症状。心包腔有少量淡黄色积液，心外膜及心内膜有小点出血。肝脏肿大，被膜下见有局限性密集小点出血，或有大量小的黄白色坏死灶。脾脏肿大、坏死。肺充血、出血、水肿。肠道黏膜出血。部分病例见有纤维素性心包炎、肝周炎和气囊炎。

成年鸭发病后，多见其跗关节和趾关节肿胀（图4-6-1），严重者双腿成“O”形站立。母鸭产蛋下降，卵巢出血。

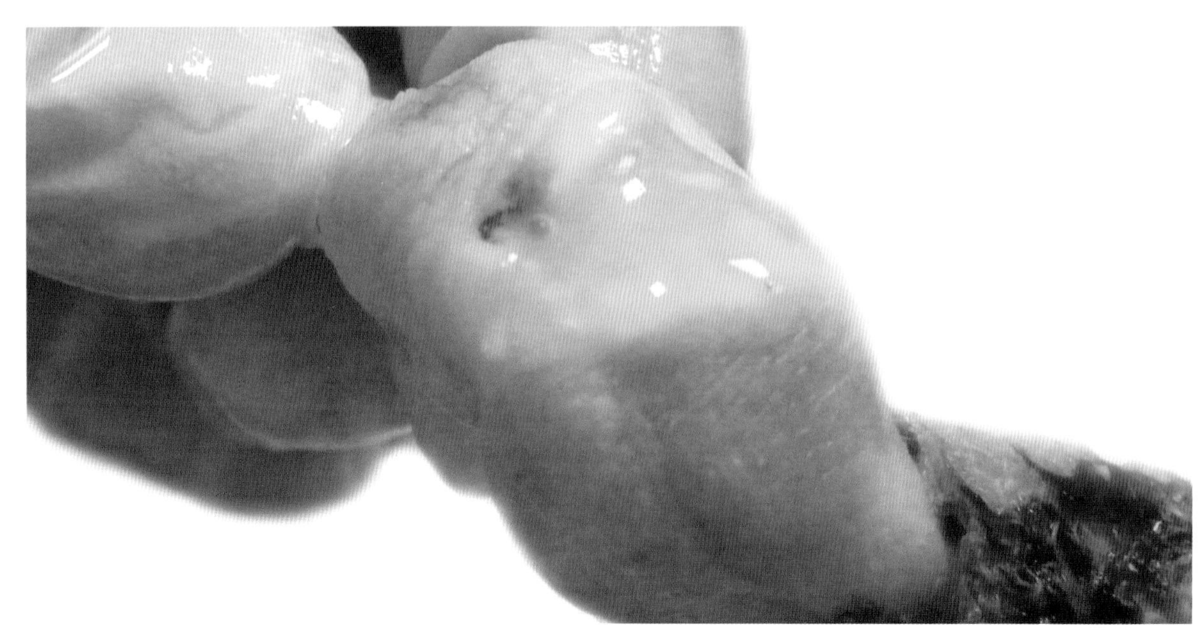

图4-6-1　鸭链球菌病：关节肿胀，关节内有积液（出版社图）

四、诊断

取病鸭血液涂片，或从心脏瓣膜或其他病变处制备抹片，若在显微镜下观察到与链球菌形态相似的细菌，可作出初步诊断。从肝脏、脾脏、心脏、蛋黄、胚液、或其他病变处分离细菌，并对细菌分离株进行鉴定，则可作出确诊。用血琼脂平板易分离到链球菌。如需对不同链球菌进行区分，可结合溶血类型、麦康凯琼脂和胆汁七叶皂甙琼脂培养基培养以及甘露醇、山梨醇、阿拉伯糖、蔗糖和棉子糖等糖类发酵结果（Swayne et al. 2013）。对细菌16S rRNA编码基因进行扩增、测序和序列分析，可进行进一步鉴定（刘文华等，2008；卢受昇等，2013）。

五、防治

在发病初期，及时投喂抗菌药物，可减少发病和死亡。疾病在鸭群蔓延后，药物疗效会降低（Swayne et al. 2013）。青霉素、红霉素、新霉素、土霉素、金霉素、庆大霉素、卡那霉素等药物可用于该病治疗，但必须通过药敏试验选择敏感药物。保持养殖环境干燥卫生，可减少该病发生的机会。对孵化器进行熏蒸消毒，可大幅度降低孵化箱中链球菌的污染程度。

第七节　鸭传染性窦炎

鸭传染性窦炎（Duck infectious sinusitis）又名鸭慢性呼吸道病（Chronic respiratory disease of ducks），是鸭的一种呼吸道传染病，特征症状为眶下窦肿胀，窦内充满浆液性、黏液性或脓性分泌物，最终变成干酪样物。

一、病原学

该病病原为鸭支原体（*Mycoplasma anatis*），或称之为鸭霉形体，分类上属支原体科支原体属。支原体是一类无细胞壁的原核生物，直径为0.2～0.5 μm，基本形态为大致球形至球杆状，有时呈细杆状、丝状或环状。可在固体培养基上生长，但对营养要求较高，通常用Frey等（1968）和Bradbury（1977）描述的培养基培养禽类支原体（Bradbury，1977；Frey et al.，1968）。在固体培养基上，支原体形成光滑、圆形、直径为0.1～1 mm的“油煎蛋”样菌落，菌落中心有一表面略平的致密隆起。对禽类有致病性的支原体生长缓慢，需在37℃培养3～10天，才能在琼脂上形成菌落（Swayne et al.，2013）。

支原体属含有120多种支原体，从病鸭中可分离到多种支原体，但以鸭支原体感染更为严重（Tiong，1990）。从我国的发病鸭群中分离的支原体主要是鸭支原体（毕丁仁，1989；毕丁仁等，1997；唐黎标，2003；田克恭和郭玉璞，1990、1991）。

二、流行病学

1955年Fahey在英国发现鸭慢性呼吸道病（Fahey，1955），1956年罗仲愚和郭玉璞在我国报道了类似疾病，当时称之为“鸭传染性鼻炎”（罗仲愚和郭玉璞，1956）。1964年，Roberts从英国的鸭窦炎病例中分离到鸭支原体（Roberts，1964）。该病呈世界范围分布，除英国外，德国、匈牙利、前苏联等国亦发生过该病（Stipkovits and Szathmary，2012），我国北京、江西、浙江、山东、安徽和广西等地曾有过报道（毕丁仁，1989；李永芳等，2012；唐黎标，2003；田克恭和郭玉璞，1990；姚昭鑫. 2002；曾育鲜等，2009；）。该病一年四季均可发生，以秋末冬初和春节易发（田克恭和郭玉璞，1990）。

各种品种和各种日龄的鸭均可发病，以1~2周龄雏鸭最易感，发病率可达40%~60%，但死亡率较低，仅为1%~2%（田克恭和郭玉璞，1990）。

感染鸭和病鸭是传染源，常经污浊空气传播，经呼吸道感染，也可经蛋垂直传播。鸭支原体与其他病原微生物并发感染时，或环境卫生差时，可加重病情（Stipkovits and Szathmary，2012；郭玉璞和蒋金书，1988）。

三、临床症状和病理变化

特征症状是一侧或两侧眶下窦肿胀，形成隆起的鼓包（图4-7-1和图4-7-2），触之有波动感，剖检可见浆液性分泌物。随着病程发展，逐渐形成黏液性和脓性分泌物，直至变成干酪样物（图4-7-3），肿胀部位变硬。鼻腔有浆液性分泌物，并逐渐变成黏液性和脓性，在鼻孔周围出现干痂，故病鸭常打喷嚏，时有甩头症状。严重病例有结膜炎，结膜潮红，流泪，将眼周围羽毛沾湿（图4-7-4），待分泌物变成黏性，可导致失明。

病鸭较少死亡，常能自愈，但生长发育缓慢，肉品质下降（郭玉璞和蒋金书，1988）。蛋鸭发病后，产蛋率可下降20%左右（唐黎标，2003；姚昭鑫，2002）。

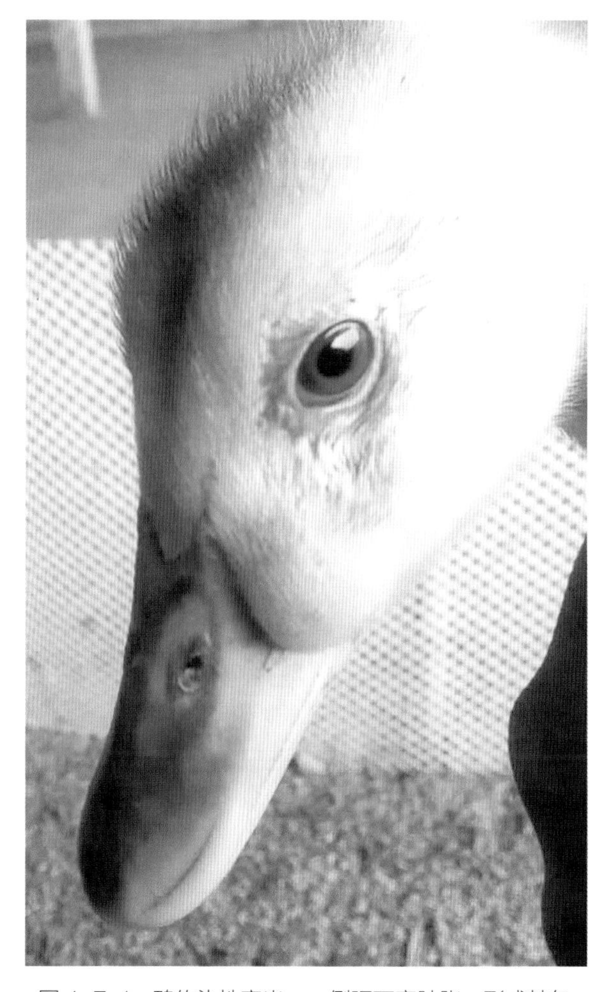

图4-7-1　鸭传染性窦炎：一侧眶下窦肿胀，形成鼓包

四、诊断

眶下窦肿胀具有特征性，据此可作出诊断。亦可对病原进行分离和鉴定。从眶下窦肿胀处抽取分泌物，接种于固体培养基（Bradbury，1977；Frey et al.，1968），在37℃培养3~6天，若形成

图 4-7-2 鸭传染性窦炎：两侧眶下窦肿胀，形成鼓包

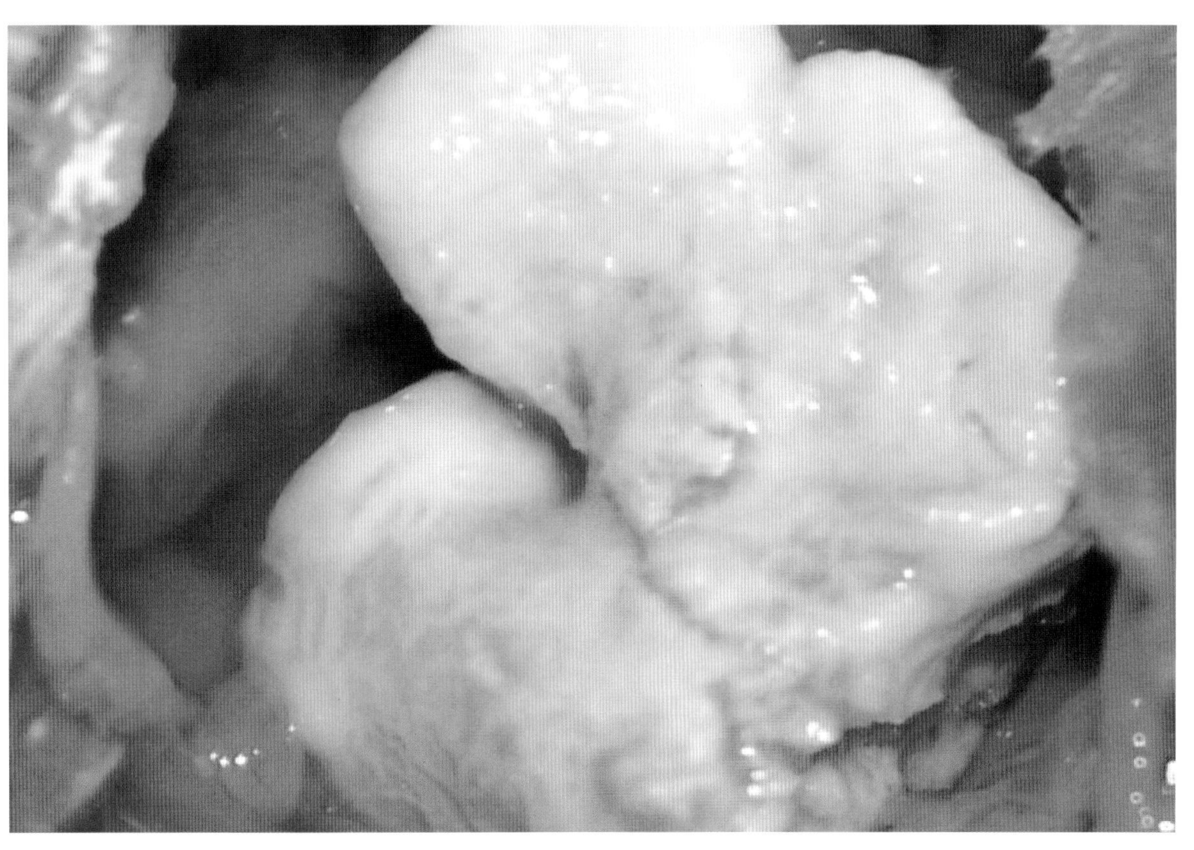

图 4-7-3 鸭传染性窦炎：眶下窦内蓄积干酪样物

图 4-7-4　鸭传染性窦炎：流泪，有结膜炎

"油煎蛋"样菌落，则可判断为支原体感染。若进行染色，则革兰氏染色呈弱阴性，姬姆萨染色呈紫红色，菌体呈球状、逗点状、短杆状（田克恭和郭玉璞，1990）。还可按有关材料进行生理生化和血清学鉴定。利用鸭支原体的基因组序列（Guo et al.，2011），可建立特异性PCR方法，对鸭支原体进行快速鉴定。

五、防治

用红霉素和泰乐菌素等药物进行治疗，可减少发病率。因该病与环境卫生密切相关，因此，需改善养殖环境，加强环境卫生管理。最好能做到"全进全出"，便于彻底消毒。用福尔马林对孵化箱进行熏蒸消毒，对于控制该病有一定效果。

第八节　鸭衣原体病

鸭衣原体病（Chlamydiosis in ducks）又称鹦鹉热衣原体感染（Chlamydia psittaci infection in ducks)、鹦鹉热(Psittacosis)和鸟疫(Ornithosis),是由鹦鹉衣原体引起的一种接触传染性疾病。该病具有重要的公共卫生意义。

一、病原学

该病病原为鹦鹉衣原体(*Chlamydia psittaci*),分类上属衣原体科衣原体属(Sachse et al., 2015a)。根据外膜蛋白A(Outer membrane protein A,ompA),禽类衣原体可分为13个基因型,即基因*A~F*、*E/B*、*1V*、*6N*、*Mat116*、*R54*、*YP84*和*CPX0308*型(Harkinezhad et al., 2009;Sachse et al., 2008)。

衣原体有独特的发育周期。在其发育过程中,可出现3种不同的形式,分别为原体(Elementary body,EB)、网状体(Reticulate body,RB)和中间体(Intermediate body,IB)。EB为衣原体的感染形式,电子致密度高,呈球形,直径为0.2~0.3 μm。当EB吸附并进入靶细胞后,体积变大,形成RB。RB为衣原体的细胞内形式和代谢活跃形式,直径为0.5~2.0 μm,经过二等分裂,RB再形成EB形式。在这种成熟过程中,还会出现中间体形式IB,其直径为0.3~1.0 μm,中心致密(Sachse et al., 2015b)。

衣原体具有专性细胞内寄生性,不能用人工培养基培养,需在活的细胞内方能繁殖。经卵黄囊途径接种鸡胚是培养衣原体的常用方法,用HeLa、BHK-21和McCoy等细胞也可繁殖衣原体。小鼠也是衣原体的敏感宿主,经脑内、鼻内和腹腔途径接种3~4周龄小鼠,可分离和繁殖衣原体(郭玉璞和蒋金书,1988)。

二、流行病学

至少467种鸟类可感染衣原体。根据感染宿主范围、日龄和菌株,禽衣原体感染可表现为亚临床感染和慢性感染,亦可呈急性发生,造成严重疾病(Andersen and Vanrompay, 2000;Vorimore et al., 2015)。例如,鸭发生该病时,发病率为10%~80%,死亡率为0%~30%(Swayne et al., 2013),有时死亡率还可能更高。品种与易感的基因型之间存在一定的相关性,在感染鸭中易检出基因C型和E/B型(Geens et al., 2005)。

在欧洲、澳大利亚和美国曾发生过鸭衣原体病(Arzey et al., 1990;Bracewell and Bevan, 1982;Chalmerset al., 1985;Hinton et al., 1993;Laroucau et al., 2009;Vorimore et al., 2015)。在我国,杨宜生等(1989)较早报道了该病在湖北某大型种鸭场的发生情况(杨宜生等,1989)。1986年,该场从国外引进樱桃谷鸭2240只,在一个月时间内死亡175只(7.8%),随后疫病蔓延至同场其他鸭群,持续数月。该场存栏各种品种鸭34 925只,在8个月时间内共死亡19 746只,死亡率高达56.54%。此后,在江苏(胡新岗和黄银云,2004;贾莉等,1990;李保华等,2013)、广西(梁伯先,1994)和北京(肖金东,2007;肖金东等,2008)见有零星发生。欧长灿和潘玲(2012)曾对安徽省不同地区183个鸭群326份鸭血清进行过检测,群体阳性率为57.38%,个体阳性率为45.4%,感染较为普遍(欧长灿和潘玲,2012)。

北京鸭、樱桃谷鸭、番鸭、康贝尔鸭、昆山鸭、高邮鸭和杂交鸭等品种均可感染鸭衣原体并发病。各种日龄鸭均可感染,但以5~7周龄鸭更易感(杨宜生等,1989)。

衣原体在粪便和垫料中可存活30天以上。携带者可间歇性排菌，是该病的传染源。如果干的粪便或眼鼻分离物含衣原体，易感鸭可通过吸入而感染。污染的饲料和设施设备亦可导致疫病传播。该病可经卵垂直传播（Andersen and Vanrompay，2000；Arzey et al.，1990；Vorimore et al.，2015）。

三、临床症状和病理变化

鸭发生衣原体感染时，通常表现为严重消耗性甚至致死性疾病。小鸭表现为头部轻微或剧烈震颤、步态不稳和恶病质。厌食，腹泻，粪便呈绿色水样。眼结膜潮红（图4-8-1），眼睑肿胀，眼结膜发生严重的炎性水肿（图4-8-2），眼部分泌物由水样转为黏稠状，甚至出现脓性分泌物，眼球被淡灰色分泌物覆盖（图4-8-3），眼周围羽毛被粘连结痂或脱落。鼻有浆液性至脓性分泌物（图4-8-4），随着病程发展，病鸭明显消瘦，病后期抽搐而死。

剖检可见纤维素性心包炎和肝周炎。有些病例的肝脏肿大，有灰色或黄色局灶性坏死（图4-8-5）。脾脏肿大、出血、有灰色或黄色小坏死灶（图4-8-6）（Arzey et al.，1990）。

四、诊断

该病的某些病变与鸭传染性浆膜炎、鸭大肠杆菌病和鸭沙门氏菌病类似，需通过微生物学检查进行诊断。可取感染组织制备抹片或触片，用姬姆萨氏法或改良的Giménez法染色（Vanrompay et

图4-8-1　鸭衣原体病：眼结膜潮红（出版社图）

图 4-8-2　鸭衣原体病：眼结膜发生严重的炎性水肿，眼球被淡灰色的分泌物所覆盖（出版社图）

图 4-8-3　鸭衣原体病：眼睑肿胀，眼部分泌物由水样转为黏稠状，甚至出现脓性分泌物，眼球被淡灰色的分泌物所覆盖（出版社图）

图 4-8-4　鸭衣原体病：鼻有脓性分泌物（出版社图）

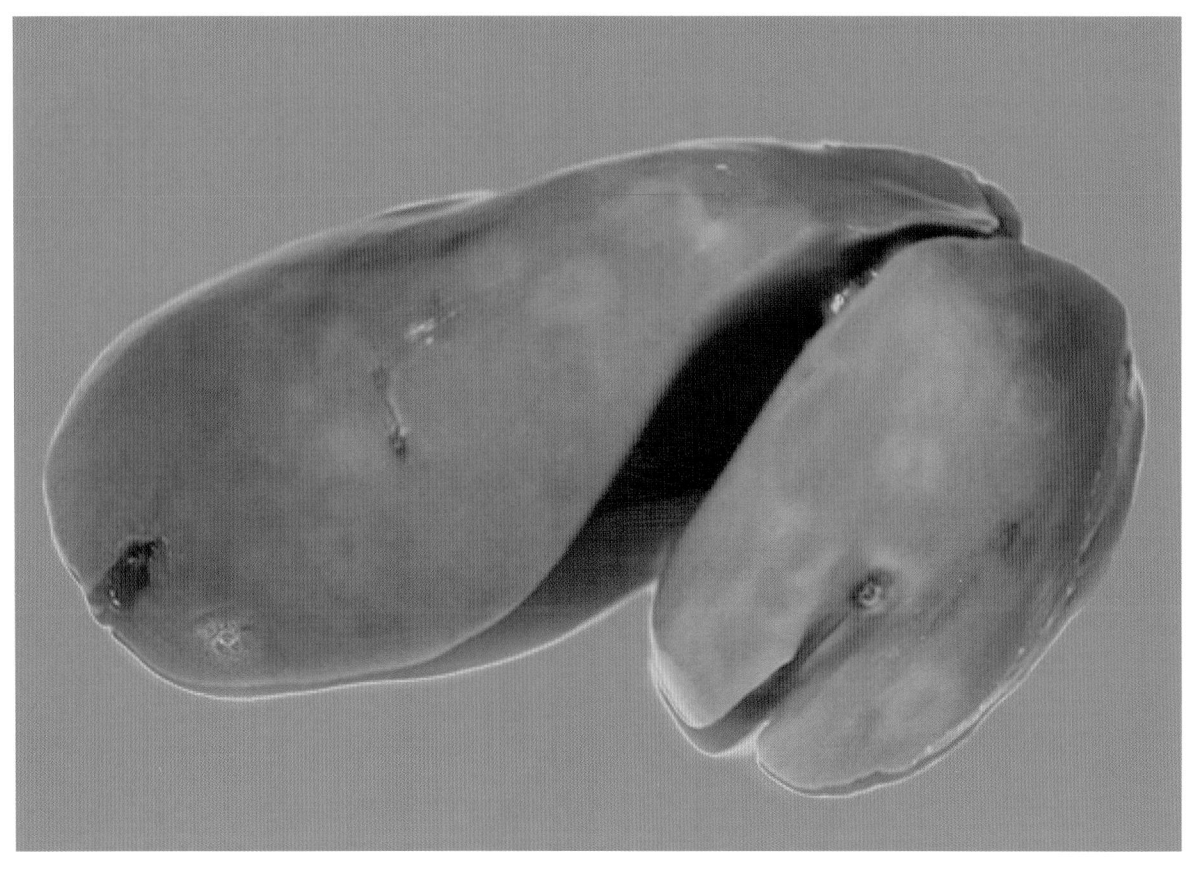

图 4-8-5　鸭衣原体病：肝肿大，有灰色或黄色小坏死灶（出版社图）

图 4-8-6　鸭衣原体病：脾脏肿大，有灰色或黄色小坏死灶（出版社图）

al.，1992），镜检可见衣原体呈深紫色球状颗粒。亦可用病料接种6~7日龄鸡胚卵黄囊或细胞分离衣原体。分离物需用补体结合试验或其他血清学方法进行鉴定，也可用PCR等分子生物学技术进行鉴定（Swayne et al.，2013）。

五、防治

搞好环境卫生和消毒工作是预防该病的重要措施，应防止鸟类侵入鸭舍，种蛋应来自无该病的种鸭群。若发生该病，应及时确诊，对病死鸭进行无害化处理。金霉素和强力霉素是国外最常用的药物，恩诺沙星亦可用于该病的治疗（Swayne et al.，2013）。

六、公共卫生

衣原体可感染人（Harkinezhad et al.，2009；Hulin et al.，2015；Laroucau et al.，2009）。对于接触疑似病例的畜牧兽医工作人员和屠宰加工人员，应做好个人防护。人可以通过呼吸道感染，若出现发烧、流鼻液和流泪等类似于流感的症状时，应及时就医确诊（郭玉璞和蒋金书，1988）。

第九节　种鸭坏死性肠炎

种鸭坏死性肠炎又称烂肠瘟，是危害种鸭的一种疾病，临床表现为衰弱、食欲降低、不能站立、常突然死亡，特征病理变化为坏死性肠炎。

一、病原学

曾从病死鸭小肠分离到大肠埃希氏菌、类似巴氏杆菌的微生物、魏氏梭菌，也曾从盲肠、回肠和直肠观察到有鞭毛的原虫、埃氏三鞭毛滴虫（*Tritrichomonas eberthi*）、鸭毛滴虫（*Trichomonas anatis*）（郭玉璞和蒋金书，1988）。目前多认为该病与产气荚膜梭菌（*Clostridium perfringens*）感染有关。

产气荚膜梭菌又名魏氏梭菌，属革兰氏阳性杆菌，形成芽胞，能依靠Ⅳ型纤毛运动（Varga et al.，2006）。该菌可产生不同毒素，结合4种毒素（α、β、ε和ι），可将该菌分为5种毒素型（Toxinotype）（A~E型），禽类坏死性肠炎多由产α毒素的A型引起，少数情况下，由产α和β毒素的C型引起（Petit et al.，1999；Van Immerseel et al.，2004）。

产气荚膜梭菌易于分离，用血琼脂平板在37℃厌氧条件下培养24小时，可形成灰白色圆形菌落，菌落周围有双层溶血环。在乳糖牛奶卵黄琼脂平板上培养时，形成灰黄色或黄色圆形菌落，菌落周围和底部有乳白色浑浊带，加入本菌的抗毒素后，浑浊带变弱或消失。

本菌能发酵葡萄糖、麦芽糖、乳糖和蔗糖，产酸产气。不发酵甘露糖醇，水杨苷发酵不稳定。可液化明胶，能还原硝酸盐为亚硝酸盐，不产生靛基质，产生硫化氢。

二、流行病学

在20世纪60–70年代，美国研究者Leibovitz在10年时间内诊断过3 279只北京鸭种鸭，将809只病例诊断为坏死性肠炎（Leibovitz，1973），可见坏死性肠炎可能是北京鸭种鸭的一种常见病。从90年代开始，我国部分地区见有零星发生，如天津（何更田，2002）、河北（李长梅，2006；付金香，2007）、浙江（李兆中，1996）、安徽（余斌，2004）、江苏（王海军等，2008）、福建（蔡盛，2008；赖贵红，2010）、湖南（戴届全，2012）、吉林（李殿富等，2012）。

该病可发生于北京鸭、樱桃谷鸭、番鸭、麻鸭，但多见于成年肉种鸭和蛋鸭（蔡盛，2008；付金香，2007；何更田，2002；李长梅，2006；李殿富等，2012；王海军等，2008；余斌，2004；诸明涛等，2011）。

该病一年四季均可发生，但在晚秋和冬季多发（郭玉璞和蒋金书，1988）。死亡率高低不等，低可为1%左右（余斌，2004），高可达20%（戴届全，2012），亦有报道称，死亡率可达40%（郭玉璞和蒋金书，1988）。

三、临床症状

病鸭精神萎靡，不愿走动，羽毛杂乱，常见头部及翅羽毛脱落。常突然死亡。该病多发生于成年鸭，可导致产蛋下降，降幅可达25%~45%（何更田，2002；李兆中，1996；王海军等，2008）。

四、病理变化

病理变化主要见于肠道，肠管褪色、肿胀（图4-9-1和图4-9-2）。十二指肠和空肠呈暗红色或淡黄色、灰色，有出血斑（图4-9-3）。空肠和回肠相邻处高度膨胀，呈苍白色，易破裂，内含多量液体。部分病例的肠道内容物为黄色颗粒样碎块。肠黏膜坏死、脱落，肠壁变薄，肠黏膜发生黄白色坏死（图4-9-4和图4-9-5）；有的病例肠道黏膜出血严重，坏死物血染（图4-9-6）。母鸭卵泡膜出血、褪色（图4-9-1），输卵管内常有干酪样物蓄积。

五、诊断

可结合临床症状和病理变化进行初步诊断，但通常要进行微生物检查。从坏死性肠炎病例的肠道分离到产气荚膜梭菌，方能作出确诊，从病变处采样对于获得准确结果至关重要（Smyth，2016）。将病料接种于血液琼脂平板后，在37℃和厌氧条件下培养24小时，产气荚膜梭菌形成双

图4-9-1　种鸭坏死性肠炎：肠管褪色（黄瑜供图）

图 4-9-2　种鸭坏死性肠炎：肠管褪色、肿胀（黄瑜供图）

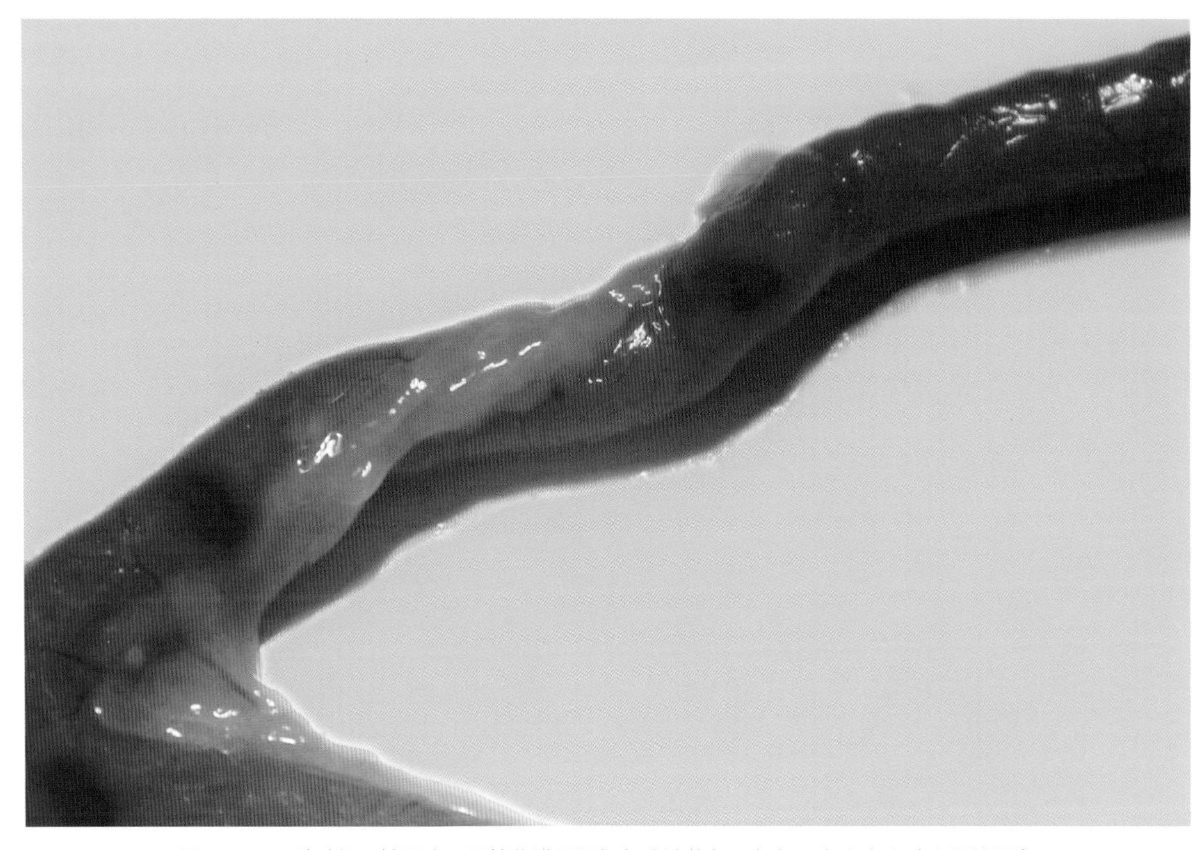

图 4-9-3　种鸭坏死性肠炎：肠管浆膜呈深红色或淡黄色、灰色，有出血斑（出版社图）

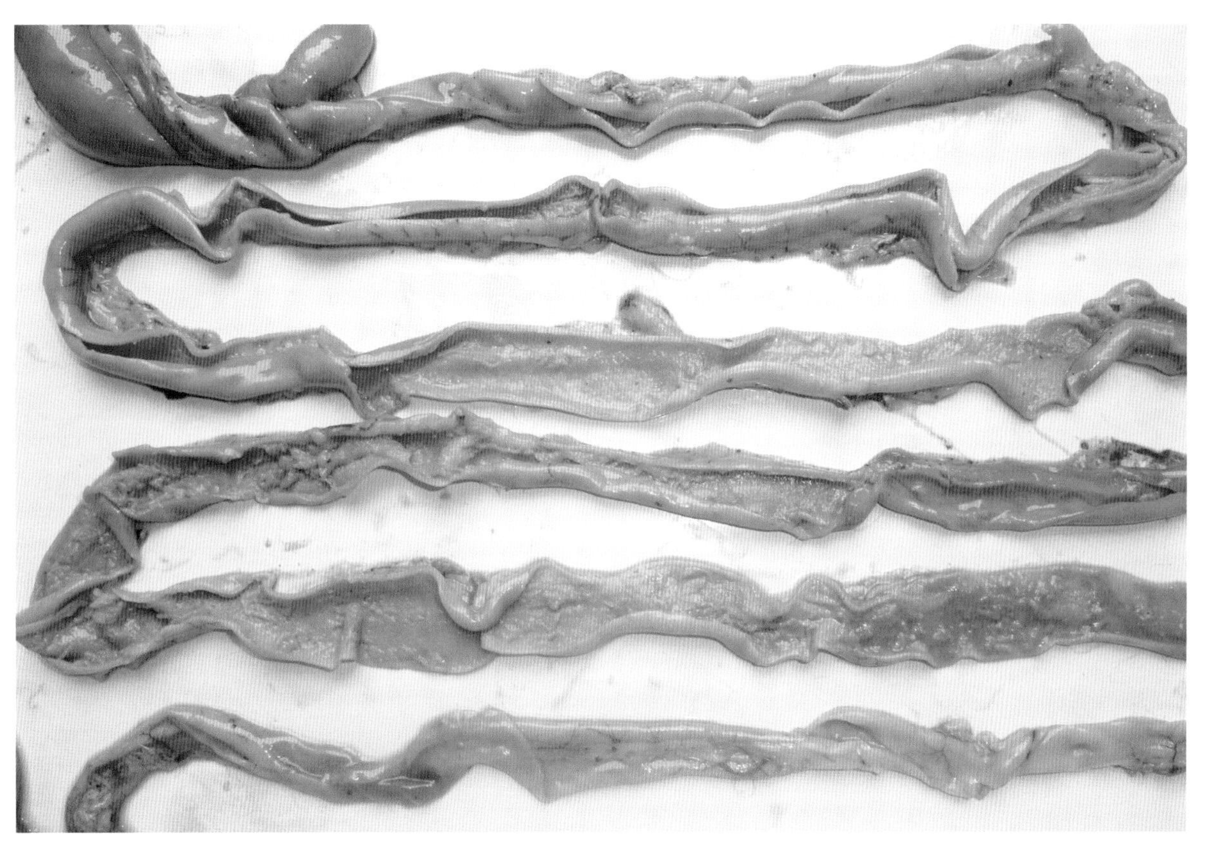

图 4-9-4　种鸭坏死性肠炎：肠黏膜表面发生黄色坏死

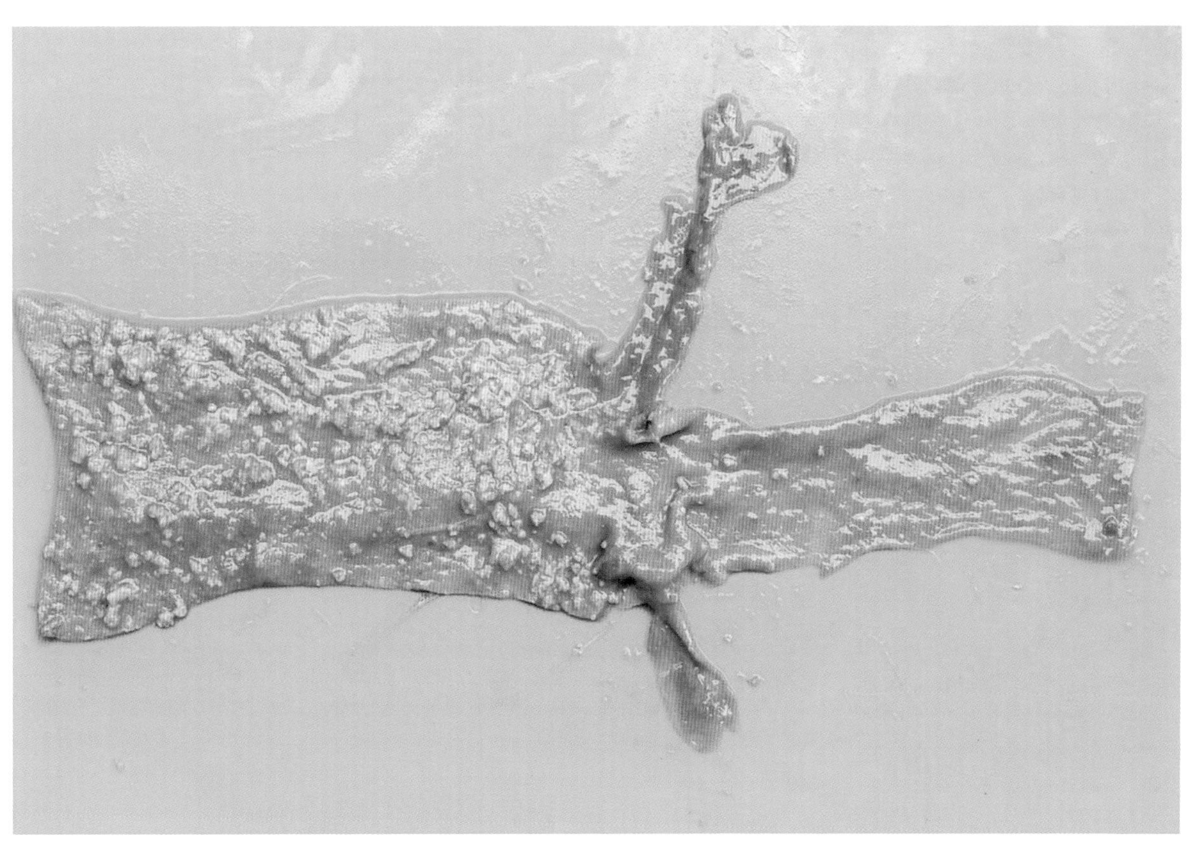

图 4-9-5　种鸭坏死性肠炎：肠黏膜脱落，肠壁变薄，肠黏膜表面有黄色坏死物（黄瑜供图）

图 4-9-6　种鸭坏死性肠炎：肠道出血严重，肠黏膜表面发生坏死，坏死物血染

溶血区，菌落周围内环溶血，外环不完全溶血。取菌落涂片镜检，可见中等长度或略短的革兰氏阳性杆菌。用PCR扩增出netB基因，是对该病进行确诊更确实的证据（Smyth and Martin，2010；Smyth，2016）。

六、防治

加强饲养管理，改善环境卫生，避免饲料和饮水被粪便污染，对预防该病是有益的。应避免在饲料中添加鱼粉，添加乳酸杆菌、粪链球菌等益生素可减少该病发生概率。若发生该病，可投喂弗吉尼亚霉素、泰乐菌素、青霉素、林可霉素、杆菌肽等，最好经药敏试验选择敏感药物（Watkins et al.，1997）。

第十节　鸭结核病

鸭结核病（Duck tuberculosis）是由禽结核分枝杆菌引起的一种慢性传染病，临床上表现为渐进性消瘦，主要病变为内脏器官出现坏死结节。在养鸭业，该病很少发生。

一、病原学

该病病原是禽结核分枝杆菌（*Mycobacterium avium*）。该菌具有抗酸性，呈杆状，有时亦呈球棒状、弧形或弯曲状，两端钝圆，长1~3 μm，无荚膜、芽胞和鞭毛，不能运动。用Ziehl-Neellsen氏染色法染色时，禽结核分枝杆菌呈红色（Swayne et al.，2013）。

初次分离禽结核分枝杆菌要用特殊的培养基（如Lowenstein-Jensen），若提供5%~10%的二氧化碳可促进其生长。若培养基含有全蛋或蛋黄，在37.5~40℃培养10天至3周，形成稍隆起、散在、灰白色的小菌落。若接种物含菌量高，则可形成大量菌落，聚集成团。菌落呈半球形，不穿透培养基。菌落逐渐从灰白色变成浅赭石色，随着培养时间延长，菌落颜色变暗。有时见亮黄色菌落（Swayne et al.，2013）。

禽结核分枝杆菌不产生烟酸，不水解吐温80，过氧化物酶阴性，产过氧化氢酶，尿素酶试验为阴性，不能还原硝酸盐。本菌对常用的抗结核药物具有较强的耐受性，将乙胺丁醇和利福平等药物连用有协同作用（Engbaek et al.，1971；Hoffner et al.，1987）。本菌对外界环境有较强的抵抗力，在土壤中可存活4年，在掩埋至0.9米深的病死禽尸体中可存活27个月，在20℃和37℃下在锯末中可存活168天和244天（Swayne et al.，2013）。

二、流行病学

鸭很少发生该病，但在上海（吴硕显，1958）、浙江（王云英，1990）、四川（Zhu et al.，2016；袁圣蓉等，1991）、江西（顾忠怀等，2000）和福建（叶玮，2001）等地曾见该病病例。各种品种和不同年龄的鸭均可感染，但成年鸭较小鸭易感。

感染禽从消化道和呼吸道病变处排出大量细菌，污染土壤和垫草等环境，这是该病最重要的传播途径。细菌可经鞋、设备、饲养管理用具散播。病死鸭亦可散播细菌。感染细菌的野鸟可能会将细菌传播至家禽。

三、临床症状

主要症状为病鸭消瘦，跛行（王云英，1990；吴硕显，1958）。常见羽毛蓬乱，两翅下垂，脚软，不愿活动，拱背。某些病例有呼吸道症状，表现为呼吸困难，头颈伸长，张嘴喘气（袁圣蓉等，1991）。后期食欲减退，衰竭而死。

四、病理变化

剖检可见病鸭极度消瘦，胸骨突出似刀，胸肌萎缩变薄，体脂肪几乎消失。大体病变多见于肝脏和脾脏（Swayne et al.，2013）。肝脏和脾脏肿大，表面有多少不等小结节（图4-10-1），心脏和肺脏以及其他器官也会出现类似结节病变。结节大小不等，呈灰黄色、灰白色或黄白色，剖开为无

图 4-10-1　鸭结核病：肝脏肿大，表面布满小米粒至绿豆大、灰白色、不突出表面的小结节（出版社图）

结构的干酪样坏死物（顾忠怀等，2000；王云英，1990；吴硕显，1958；叶玮，2001；袁圣蓉等，1991）。在某些严重病例，肋骨、胸肌及全身肌肉遍布坏死结节，肺脏几乎实变，呈灰白色、较硬（袁圣蓉等，1991）。

五、诊断

根据病理变化可作出初步诊断。在肝、脾或其他器官的涂片或组织切片中，观察到抗酸杆菌，一般可作出诊断。用适宜的培养基进行细菌分离，可对该病作出确诊。亦可用PCR对组织样品或细菌分离株进行分子检测。用结核菌素试验对该病进行确诊，是较满意的方法（Swayne et al., 2013）。

六、防治

因该病很少发生，平时注重鸭场生物安全措施即可。

第五章

鸭真菌性疾病

第一节　鸭曲霉菌病

鸭曲霉菌病（A. terreus）又称鸭霉菌性肺炎，是由烟曲霉引起的一种真菌性疾病。以雏鸭多发，常呈急性经过，主要临床表现为病鸭呼吸困难，肺脏有米粒大至绿豆大的霉菌结节。该病多因饲料或垫料发霉所致，一旦发生，常导致较高的死亡率。

一、病原学

曲霉菌属含180多个成员（Swayne et al.，2013），引起该病的主要病原是烟曲霉（*A. fumigatus*），其次是黄曲霉（*A. flavus*）。在临床病例中，偶尔可分离到土曲霉（*A. terreus*）、灰绿曲霉（*A.glaucus*）、黑曲霉（*A. niger*）和构巢曲霉（*A. nidulans*）等。

曲霉菌的菌丝直径为3~5μm，有横隔，呈二分叉分支结构。每个菌体包括分生孢子梗和分生孢子头（顶囊、小梗和分生孢子）。烟曲霉的分生孢子梗光滑，黄曲霉的孢子梗粗糙、壁厚。分生孢子顶囊泡呈烧瓶状，顶囊头部有分生小梗，呈单层辐射状，分生孢子呈球形或近球形，孢子团呈绿色（Swayne et al.，2013）。

烟曲霉菌在沙保罗氏葡萄糖、察氏酵母培养基或马铃薯葡萄糖培养基上均生长良好。将烟曲霉置25~37℃培养7天，可形成直径为3~4cm的菌落。最初曲霉菌的菌落呈白色，伴随分生孢子的成熟，中心逐渐变为蓝绿色，当菌落成熟时，菌落中心为灰绿色，边缘为白色（Chuet al.，2012；李丽等，2015）。菌落从天鹅绒到羊毛状不等，菌落的背面通常无色。黄曲霉在25℃培养10天，菌落直径可达6~7cm。在菌落成熟过程中，菌落中心可由黄色、黄绿色变为橄榄绿，边缘为白色，菌落有放射状皱褶或扁平。不同菌株的菌落颜色、形态和生长率略有差异（Swayneet al.，2013；郭玉璞和蒋金书，1988）。

二、流行病学

曲霉菌的孢子在自然界广泛存在，当温度和湿度适宜时，曲霉菌在环境中大量繁殖。受到污染的饲料、垫料、牧草、土壤、鸭舍、孵化设施等，都可成为该病的传染源。该病可通过鸭接触传染源经呼吸道感染，也可通过饲喂霉变饲料经消化道感染，如种蛋携带曲霉菌，孵化出的雏鸭亦可感染发病（Swayneet al.，2013；郭玉璞和蒋金书，1988；季拾金等，2006；张彬等，2006）。

各个品种的鸭如北京鸭、樱桃谷鸭、麻鸭、番鸭感染后均可发病（Adrian et al.，1978；Savage and Isa，1951；李丽等，2015；楼雪华和顾小根，1989；罗朝科等，1994；谢永平等，2002；易志华，2002）。该病主要侵害2周龄内雏鸭，多呈急性经过，以4~12日龄发病率最高，发病后死亡率可达50%以上（付元明等，2012）。成年鸭一般呈慢性和散发性，如鸭群在封闭环境中饲养，遇到饲料或垫料霉变，会加重该病的严重程度。

三、临床症状

该病急性发生后，在舍内各处均可见死亡鸭只（图5-1-1），部分死亡鸭角弓反张（图5-1-2），颇似鸭病毒性肝炎死亡病例的外观。驱赶鸭群，地面遗留下死亡鸭、濒死鸭（图5-1-3）以及卧地不起的病例（图5-1-4）；部分病例或站立或呈犬坐姿势，头颈伸直，张口呼吸（图5-1-5）；亦有

图5-1-1　鸭曲霉菌病：舍内各处均可见死亡病例

图5-1-2　鸭曲霉菌病：死亡鸭角弓反张

图 5-1-3 鸭曲霉菌病：濒死鸭，双腿伸直，泄殖腔粘有粪污

图 5-1-4 鸭曲霉菌病：精神沉郁，不愿走动，眼周围羽毛湿润

图 5-1-5 鸭曲霉菌病：病鸭头颈伸直，张口呼吸

部分病例站立不稳，易翻倒，翻倒后不易爬起（图 5-1-6）；或受惊后往前窜出，但随即倒地。群体整齐度差（图 5-1-7），部分病例体型瘦小、行动迟缓。其他症状包括食欲减退或废绝，渴欲增加，眼鼻有分泌物，翅膀下垂（图 5-1-4），下痢、泄殖腔粘有粪污（图 5-1-3）。有时可听到特殊的“沙哑”声（郭玉璞和蒋金书，1988；李丽等，2015；楼雪华和顾小根，1989；谢永平等，2002）。慢性病例症状不明显，主要表现为食欲不振，下痢，而后逐渐消瘦甚至死亡（郭玉璞和蒋金书，1988）。

图 5-1-6 鸭曲霉菌病：倒地后，张口呼吸

图 5-1-7　鸭曲霉菌病：病鸭生长受阻，群体整齐度差

四、病理变化

该病的特征性病变是肺脏有数量不等的米粒大至绿豆大的霉菌结节，颜色呈淡黄色、黄白色或白色，散布于肺脏表面或整个肺组织（图 5-1-8 至图 5-1-10），结节的切面呈同心圆结构，内容物呈干酪样，有时结节出现在胸部的气囊上（郭玉璞和蒋金书，1988）。具有神经症状的病鸭脑膜和脑实质也可见结节，呈干酪样坏死（齐新永等，2016）。在有些病例的气囊、腺胃和肌胃等器官表面见有霉菌斑（图 5-1-11），或在肺泡、支气管或气囊内充满黏液和纤维素性渗出物（图 5-1-12）。少数病例可见肝脏（图 5-1-13）、肾脏（图 5-1-14）、脾脏（图 5-1-15）和胰腺（图 5-1-16）肿大，胆囊肿大、充盈胆汁（季拾金等，2006；李丽等，2015；张彬等，2006）。慢性病例的霉菌结节常相互融合形成较大的硬性肉芽肿结节（Adrian et al.，1978）。最明显的组织学病理变化是肺脏呈出血、水肿和干酪样坏死灶，坏死灶中心可见菌体丝，周围有巨噬细胞、异嗜性粒细胞和淋巴细胞聚集（Adrian et al.，1978；Chu et al.，2012）。

五、诊断

在临床上，根据鸭发病日龄小、张口呼吸、角弓反张、肺脏结节等特点，一般可对该病作出诊断。雏鸭发生鸭病毒性肝炎、雏鸭副伤寒和黄曲霉毒素中毒等疾病后，亦可呈角弓反张样外观，但无呼吸道症状和肺脏结节病变，据此可进行鉴别。

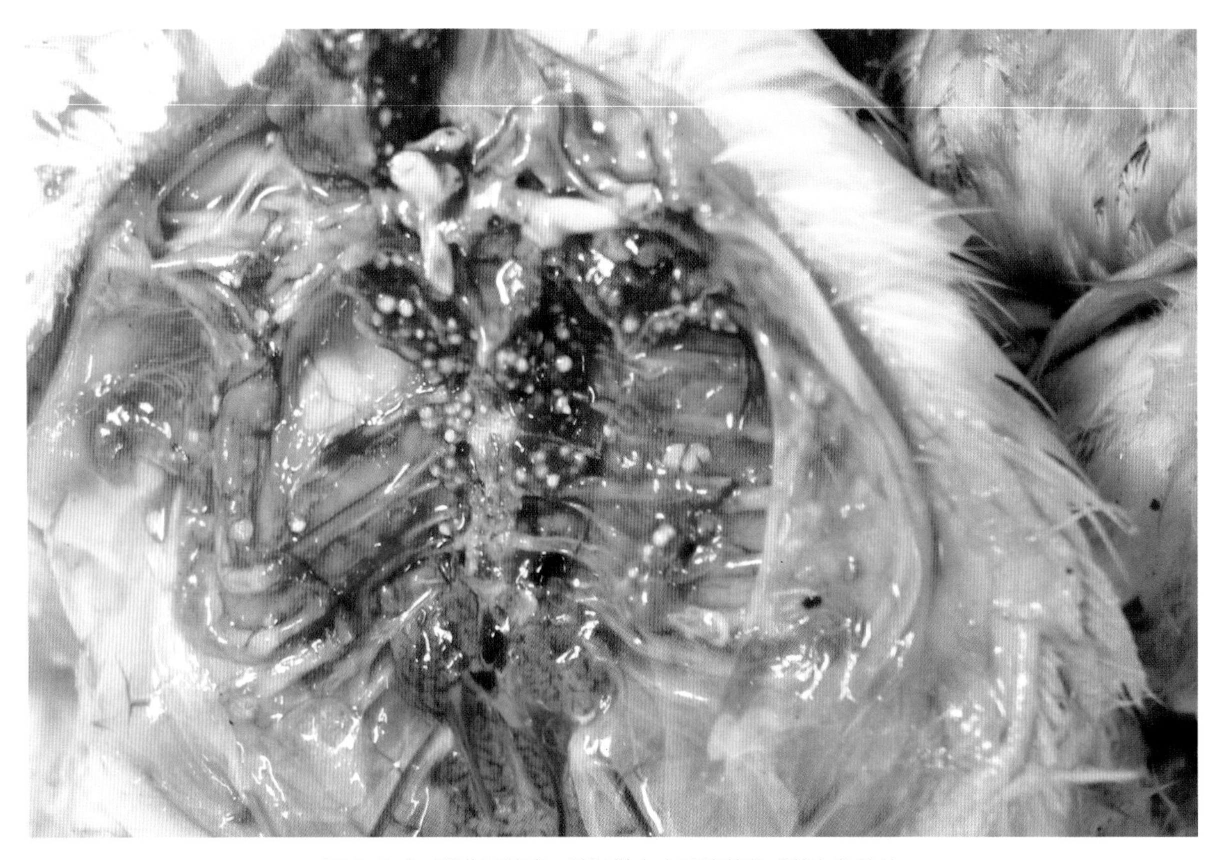

图 5-1-8　鸭曲霉菌病：肺脏散布大量淡黄色或黄白色结节

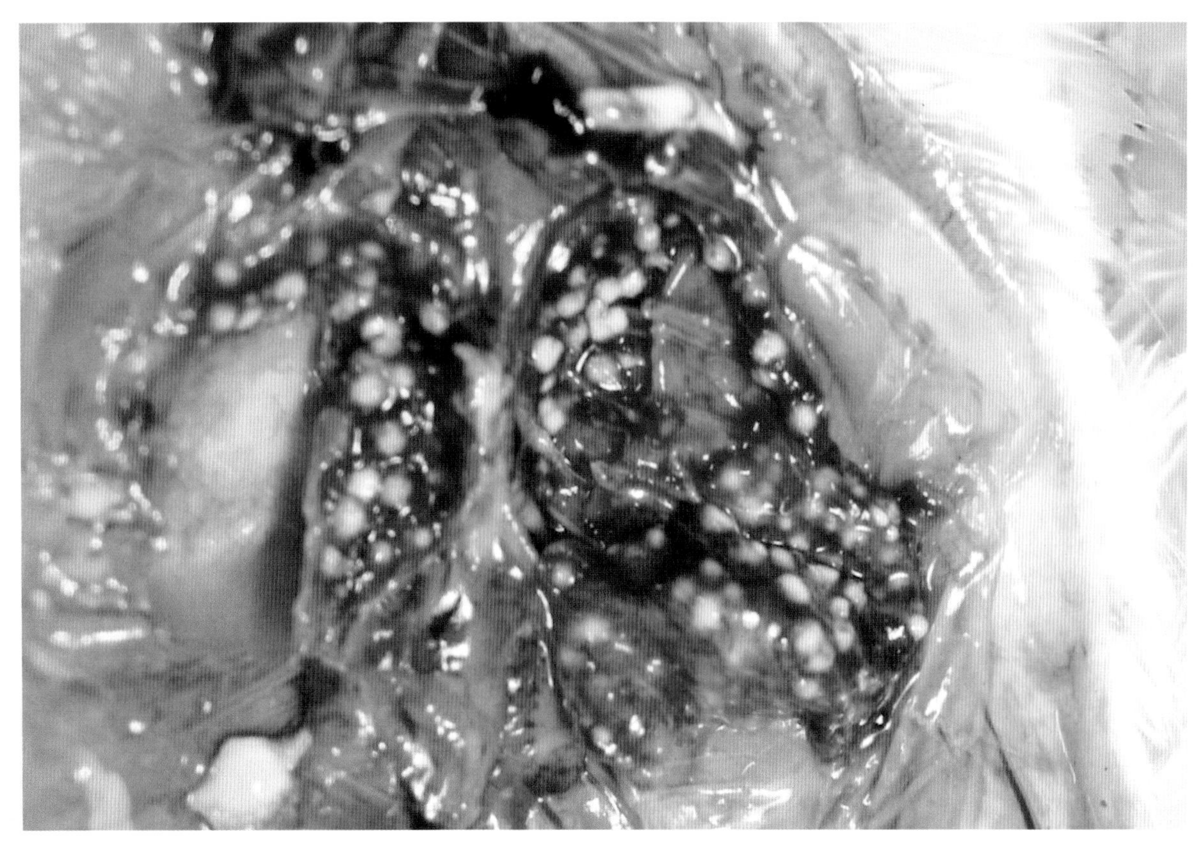

图 5-1-9　鸭曲霉菌病：肺脏散布大量淡黄色或黄白色结节

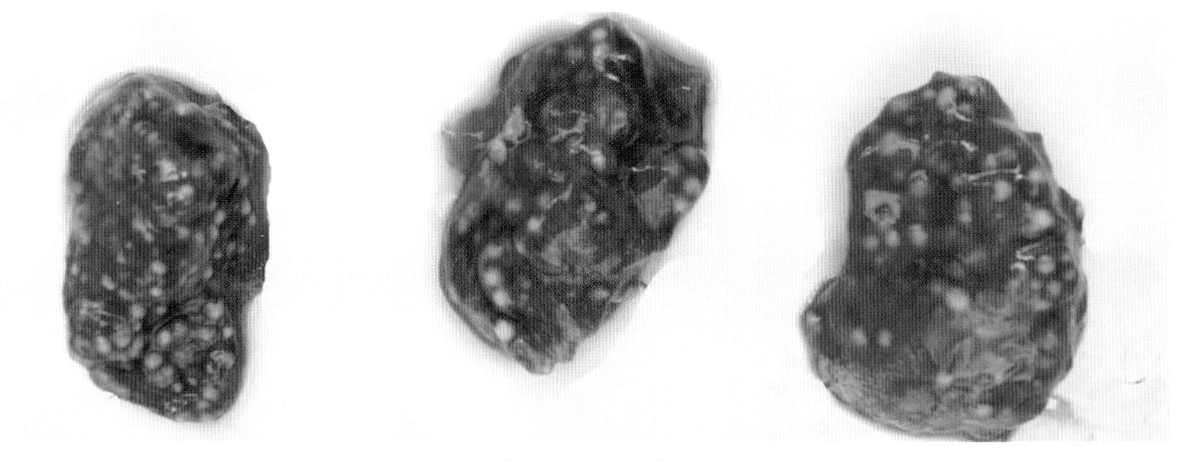

图 5-1-10　鸭曲霉菌病：肺脏散布大量霉菌结节

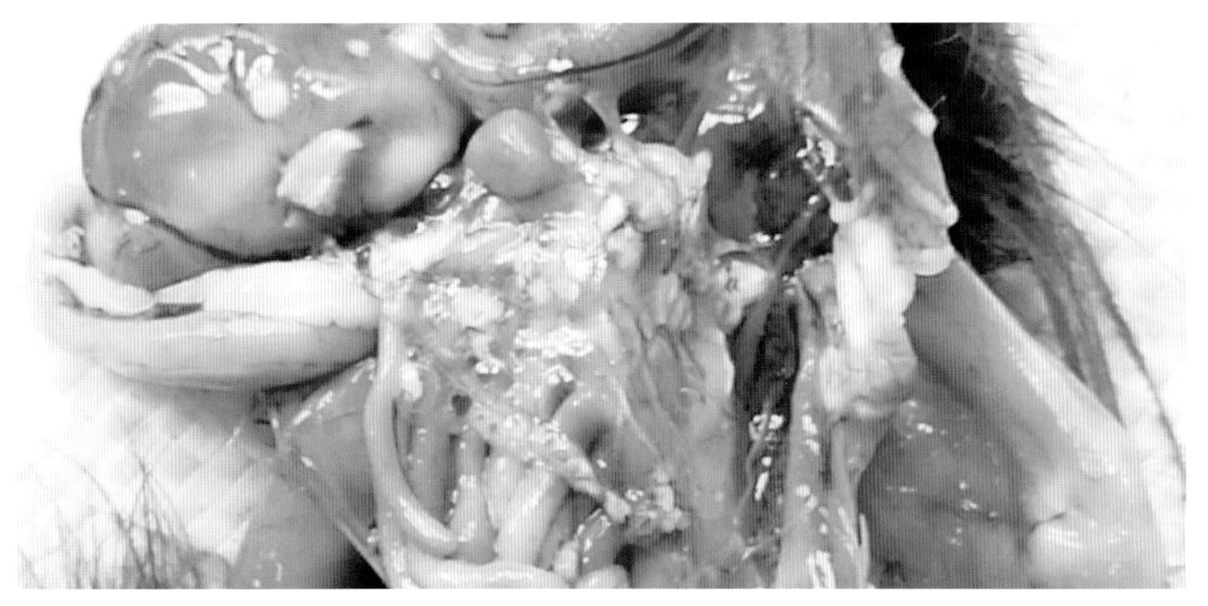

图 5-1-11　鸭曲霉菌病：气囊、腺胃、肌胃表面有霉菌斑

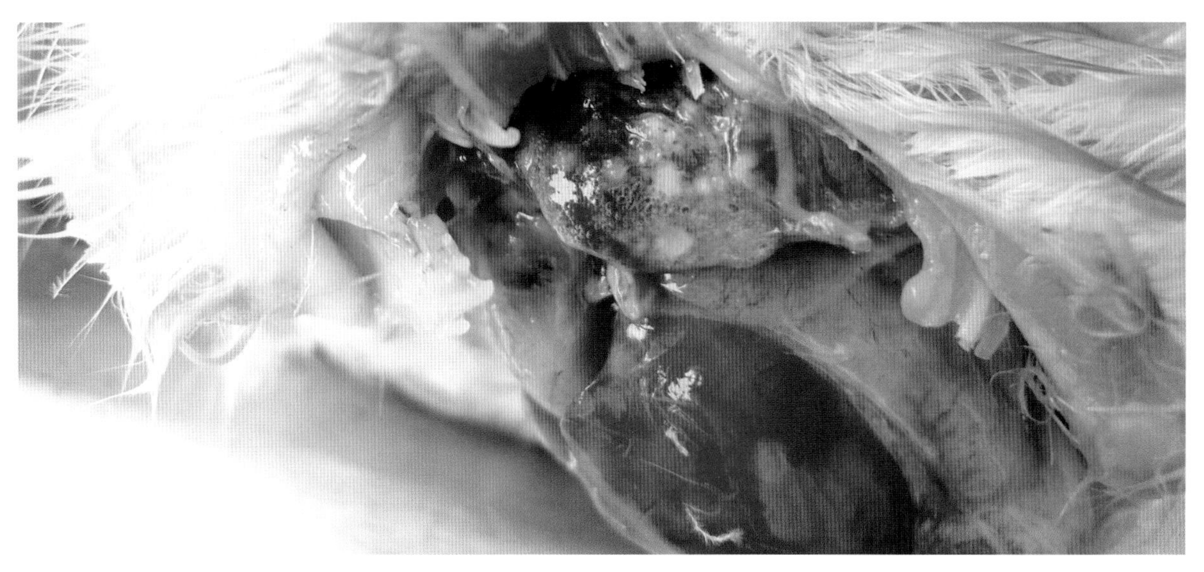

图 5-1-12　鸭曲霉菌病：肺泡充满黏液（张存供图）

图 5-1-13　鸭曲霉菌病：肝脏肿大（张存供图）

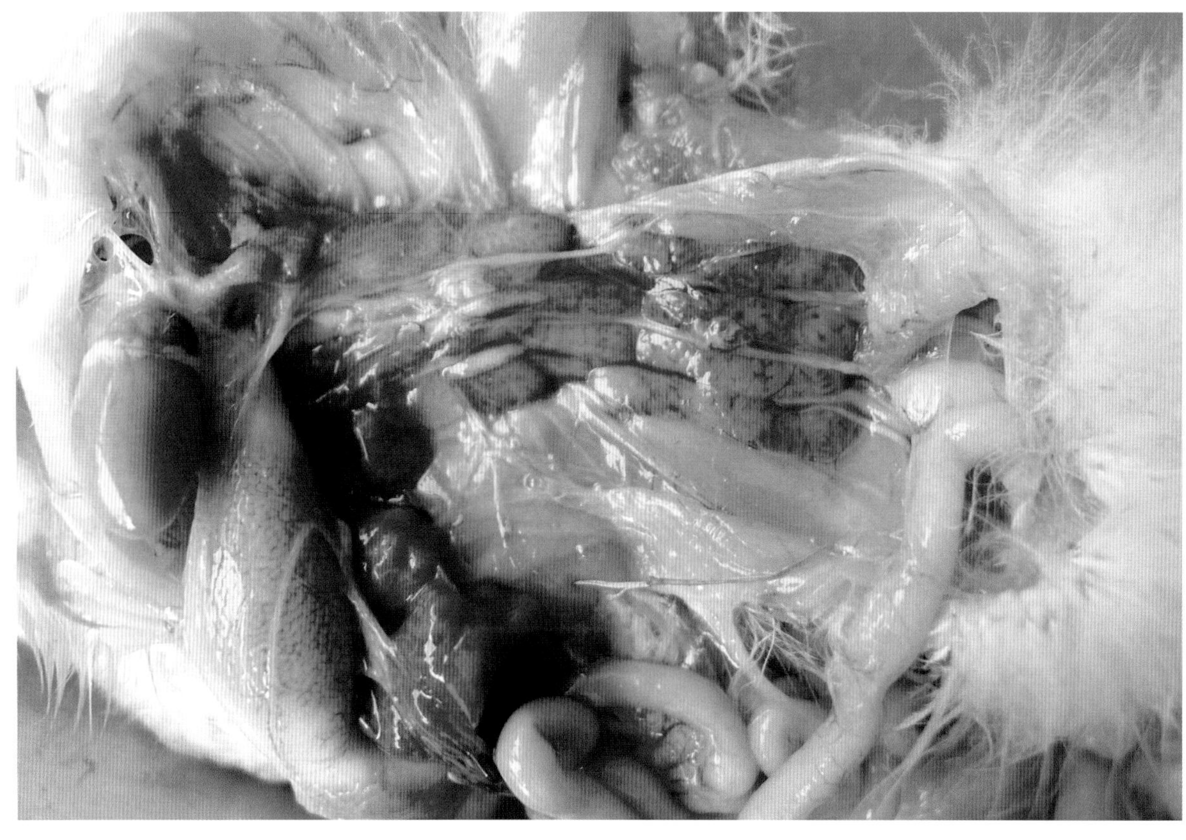

图 5-1-14　鸭曲霉菌病：肾脏肿胀（张存供图）

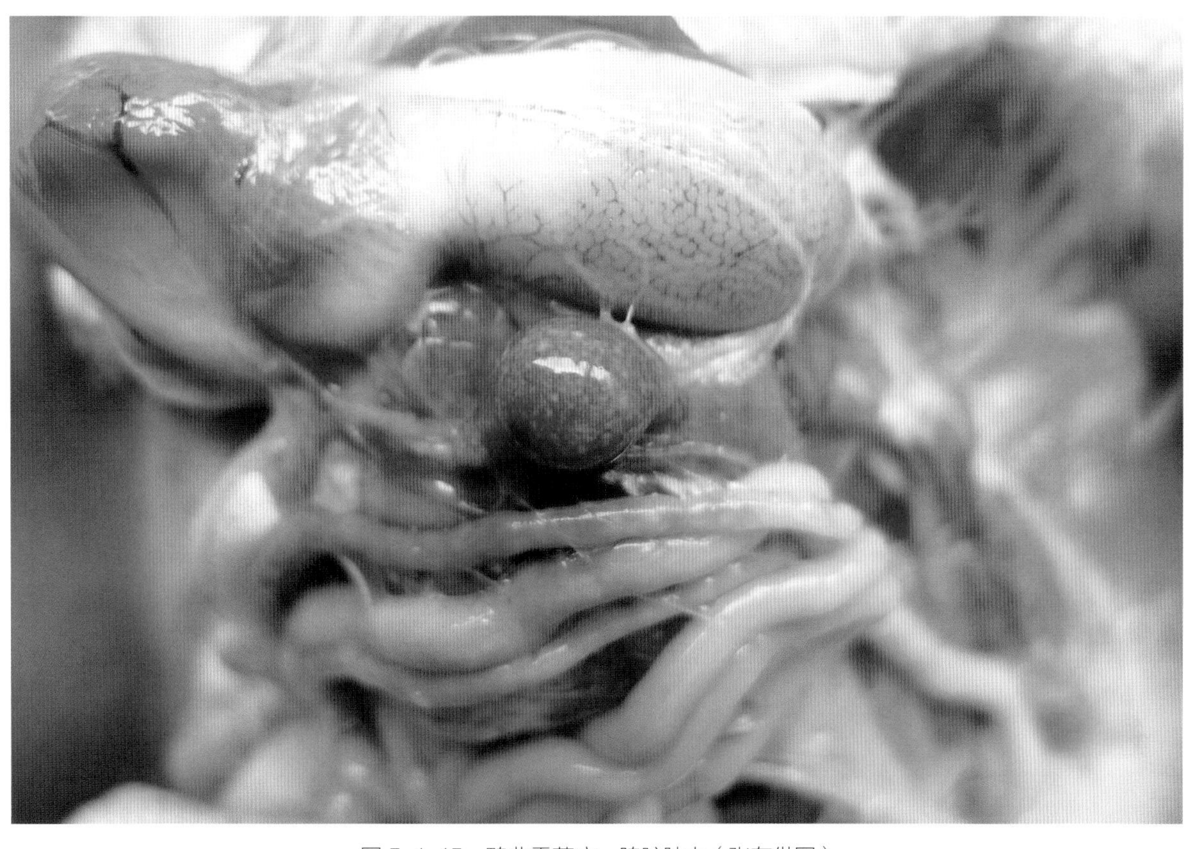

图 5-1-15　鸭曲霉菌病：脾脏肿大（张存供图）

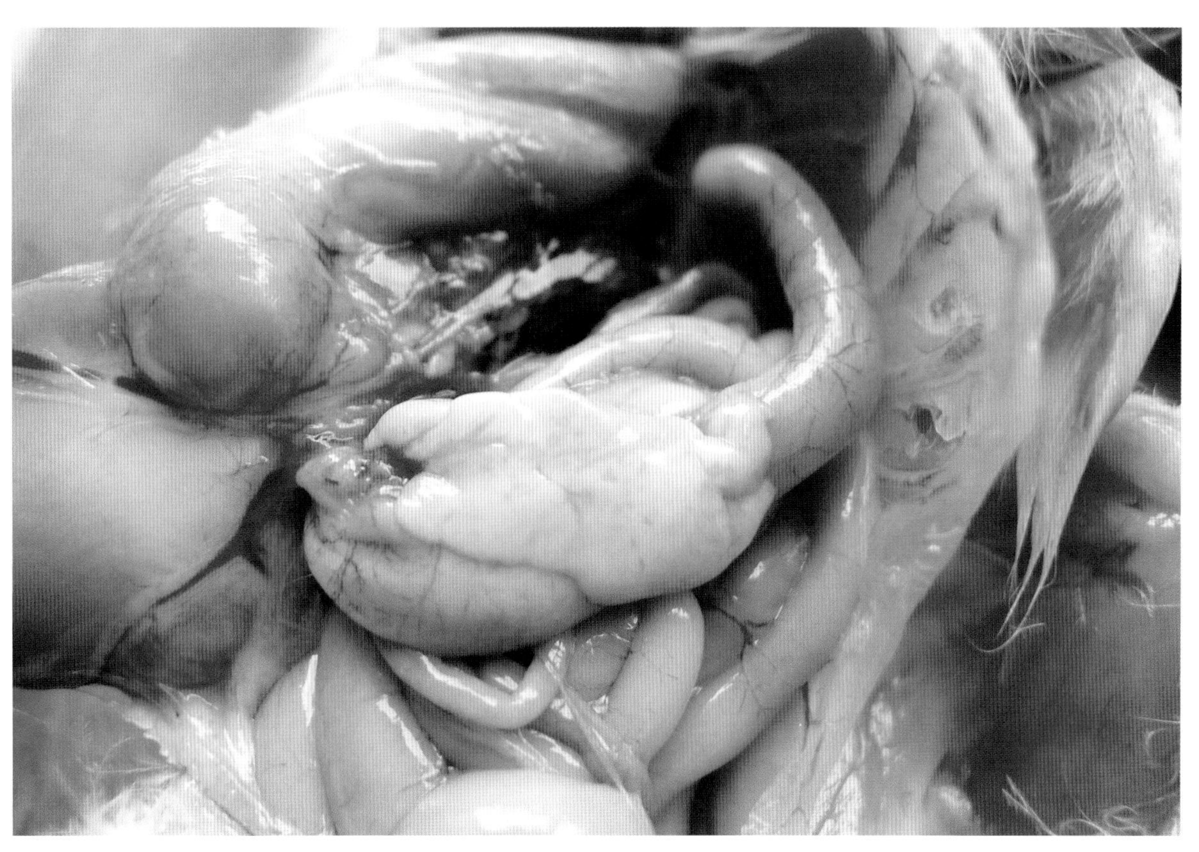

图 5-1-16　鸭曲霉菌病：胰腺肿大（张存供图）

可采集病变组织，观察菌丝。取小块组织，剪碎，置于载玻片上，加10%氢氧化钾1~2滴，加盖玻片，用高倍显微镜观察。

还可进行曲霉菌分离和鉴定。将病料接种于沙保罗氏葡萄糖、察氏酵母培养基或马铃薯葡萄糖培养基，在37℃培养2~3天，可见中心灰绿色或黄绿色、边缘为白色的菌落，菌落表面光滑，呈天鹅绒或羊毛状。取少量菌体置于光学显微镜下，可见散在分布的霉菌菌体（Chu et al., 2012；郭玉璞和蒋金书，1988；李丽等，2015）。

六、防治

避免使用发霉的饲料和垫料是预防该病的关键措施。在地面平养时，要勤换垫料，保持垫料干燥。平时要注意垫料的存放，若按图5-1-17所示方式堆放稻草，在雨季易潮湿发霉，极易导致该病的发生。定期对饲槽、饮水器和孵化设施进行清洗消毒，亦是控制该病的积极措施。

如果发生该病，应尽快分析原因，更换饲料或垫料。应及时淘汰无饲养价值的濒死鸭，用新洁尔灭或甲醛等消毒剂对鸭舍进行消毒（Swayne et al., 2013；郭玉璞和蒋金书，1988）。按每80只雏

图5-1-17　在鸭舍外堆放的垫料

鸭每次50万IU的剂量在饲料中拌入制霉菌素，每天两次，连用3天，或在每升饮水中加入碘化钾5~10g，或用0.04%~0.1%硫酸铜溶液饮水，连用3天，对于控制该病有一定的效果（郭玉璞和蒋金书，1988）。

第二节　鸭念珠菌病

鸭念珠菌病（Candidiasis in ducks）是由白色念珠菌所引起的一种真菌病，亦称嗉囊霉菌症（Crop mycosis）、消化道真菌病、念珠菌口炎、霉菌性口炎等。病鸭特征是上消化道黏膜出现白色假膜和溃疡，气囊浑浊，呼吸困难和气喘。鸭很少发生该病。

一、病原学

该病病原是白色念珠菌（Candida albicans），又称白色假丝酵母菌，属于半知菌亚门、芽生菌纲、隐球酵母目、隐球酵母科、念珠菌属的成员。该菌为革兰氏阳性菌，通常呈圆形或卵圆形，直径3~6 μm，主要以出芽方式繁殖，产生芽生孢子和假菌丝，是一种条件致病菌。

白色念珠菌在沙保罗氏琼脂培养基繁殖良好，置37℃培养24~48小时，形成白色奶油状凸起的菌落，直径1~2 mm，有酵母气味。在血琼脂平板上可形成灰白色、中等大小细菌样菌落。菌体小而椭圆，能够长芽，伸长而形成假菌丝。

白色念珠菌可发酵葡萄糖、麦芽糖、覃糖和山梨醇，发酵蔗糖和半乳糖后产酸，不发酵乳糖、菊糖、棉子糖、阿拉伯糖、鼠李糖、木糖、密二糖、纤维二糖、肌醇、山梨醇和木糖醇（何林等，2000；张碧霞等，2008）。

二、流行病学

念珠菌在自然界广泛存在，是消化系统正常菌群的一部分，从健康畜禽和人的肠道和皮肤黏膜很容易分离到。念珠菌病是一种条件性内源真菌病，多是因不良卫生条件以及使机体虚弱的因素（如并发其他疾病）诱发该病，过多使用抗菌药物导致菌群紊乱，很可能是诱发该病最主要的原因。

念珠菌病可发生于鸡、火鸡、鹅、鸽子、珍珠鸡、雉鸡和鹌鹑等家禽，但鸭很少发生（Swayne et al.，2013）。在英国，曾见长尾鸭（*Clangula hyemalis*）、巴氏鹊鸭（*Bucephala islandica*）、黑海番鸭（*Melanitta nigra*）和红胸秋沙鸭（*Mergus serrator*）等观赏鸭发生过念珠菌眼炎（Ocular candidiasis）（Crispin and Barnett，1978）。在我国，杨惠黎等（1987）于1983年在浙江丽水地区观察到雏鸭念珠菌病。此后，我国江苏（蒋世廷，1997；金彩莲等，2008）、河南（罗一发，2000）、黑龙江（贺业中等，2003；许英民，2010）、山东（提金凤等，2015）等地，有过几次病例报道。

发生过该病的鸭包括樱桃谷鸭商品肉鸭和种鸭以及江南二号麻鸭，以1~3周龄鸭为主，发病率为20%~60%，死亡率为3%~30%。

三、临床症状

据杨惠黎等（1987）描述，病鸭有呼吸道症状，初期偶见气喘，随着病程发展，呼吸变得急促，频频伸颈，张口呼吸，往往发出咕噜音，叫声嘶哑。病鸭精神不振，行动缓慢，食欲减少或废绝，消瘦、生长迟缓。部分病例流泪、流涕，粪便稀薄、带黄白色。濒死头后仰、抽搐。

四、病理变化

剖检可见机体消瘦，胸肌和肠壁甚薄（图5-2-1），口、鼻腔有黏液性渗出物，口、咽、食道黏膜增厚，形成白色或黄色伪膜斑块或溃疡状斑。胸、腹气囊浑浊，常有淡黄色或灰白色小结节。

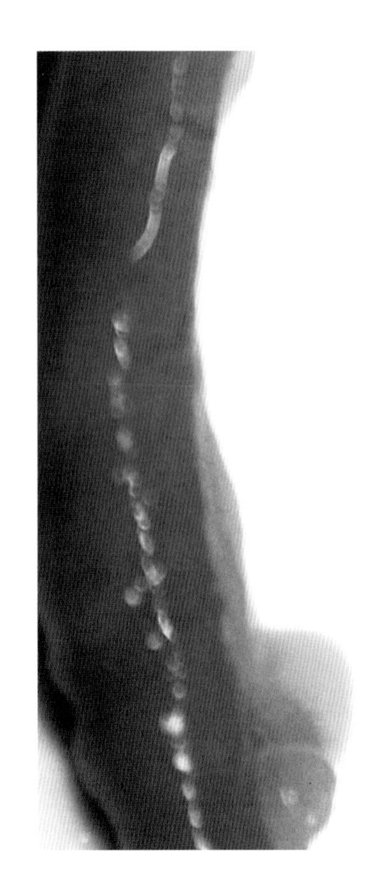

图5-2-1　鸭念珠菌病：肠壁变薄（出版社图）

五、诊断

该病无特征临床症状，如果环境卫生差，曾过多使用抗菌药物，要考虑该病。食道黏膜出现伪膜斑块和气囊炎性病变具有特征性。

从有病变的口腔、咽部、食道、气囊等处采集样品，接种于沙保罗氏琼脂培养基，可分离到念珠菌，在普通琼脂培养板上培养48小时，可见表面光滑有光泽的乳白色圆形或卵圆形菌落，直径1~2mm，培养72小时后，菌落直径增大，呈黄色（叶合敏等，2016）。由于从正常组织亦可分离到白色念珠菌，因此，培养基上需出现大量菌落，方有诊断意义（郭玉璞和蒋金书，1988）。亦可用PCR扩增对念珠菌分离株进行进一步鉴定（提金凤等，2015）。

六、防治

应避免过多使用抗菌药物，以防影响消化道正常菌群。对于发病群，可用制霉菌素进行治疗，按每千克饲料加0.2g药，连用2~3天即可。

第六章

鸭寄生虫病

第一节　鸭线虫病

鸭线虫病是由线形动物门、线虫纲、禽蛔科的线虫寄生于鸭肠道或胃内引起的疾病。其中危害较为严重的有鸭蛔虫病、鸭胃线虫病等。

一、鸭蛔虫病

鸭蛔虫病是鸭蛔虫寄生于鸭肠道引起的疾病。该病是鸭最常见的一种体内寄生虫病，各种年龄的鸭均易感，该病分布广，感染率高，严重感染时影响鸭的生长发育、产蛋，甚至引起大批死亡，可造成严重经济损失（江梅，2012）。

（一）病原学

虫体淡黄色，圆筒形，体表角质层具有横纹，口孔位于体前端，其周围有一个背唇和2个亚腹唇，在背唇上有一对乳突，而每个亚腹唇上各有1个乳突（陈伯伦等，2008）。雄虫长26~70mm，最大宽度为1.12~1.50mm，在泄殖孔的前方具有一个近似椭圆形的肛前吸盘，吸盘上有明显的角质环（陆新浩和任祖伊，2011）。尾部具有性乳突10对，分成4组排列，肛前3对，肛侧1对，肛后3对，尾端3对。具有等长的交合刺1对。雌虫长65~110mm，最大宽度为1.46~1.50mm，阴门位于虫体的中部，肛门位于虫体的亚末端。虫卵呈椭圆形，大小为（73~90）μm×（45~60）μm（陈伯伦等，2008）。

（二）流行病学

各种年龄的鸭均易感，3~4月龄以内的雏鸭最易感染和发病，成年鸭多为带虫者。饲养管理不当或营养不良的鸭群易感性较强。虫卵对消毒药具有较强的抵抗力，但对干燥和高温（50℃以上）以及直射阳光敏感。在阴凉潮湿的地方，虫卵可生存很长时间。

（三）临床症状

病鸭精神不振，食欲减退，产蛋量下降，体型消瘦，两翅下垂，羽毛松乱，结膜苍白，拉稀粪，粪便中带有血黏液，在部分病例的粪便中可见有淡黄色如牙签状虫体。少数病鸭卧地不起，出现左右摇晃和头颈歪斜等神经症状，贫血，机体逐渐衰弱。当虫体大量聚集肠管时，可引起鸭死亡。

（四）病理变化

剖检可见肠管肿胀（图6-1-1），胆囊膨胀，肝脏呈淡黄色，表面有坏死灶，散在分布白斑（图6-1-2），剖开肠管肉眼可见小肠黏膜充血、有出血点和溃疡，肠壁常可见到颗粒状的化脓灶或结节

图 6-1-1　鸭蛔虫病：肠管肿胀（出版社图）

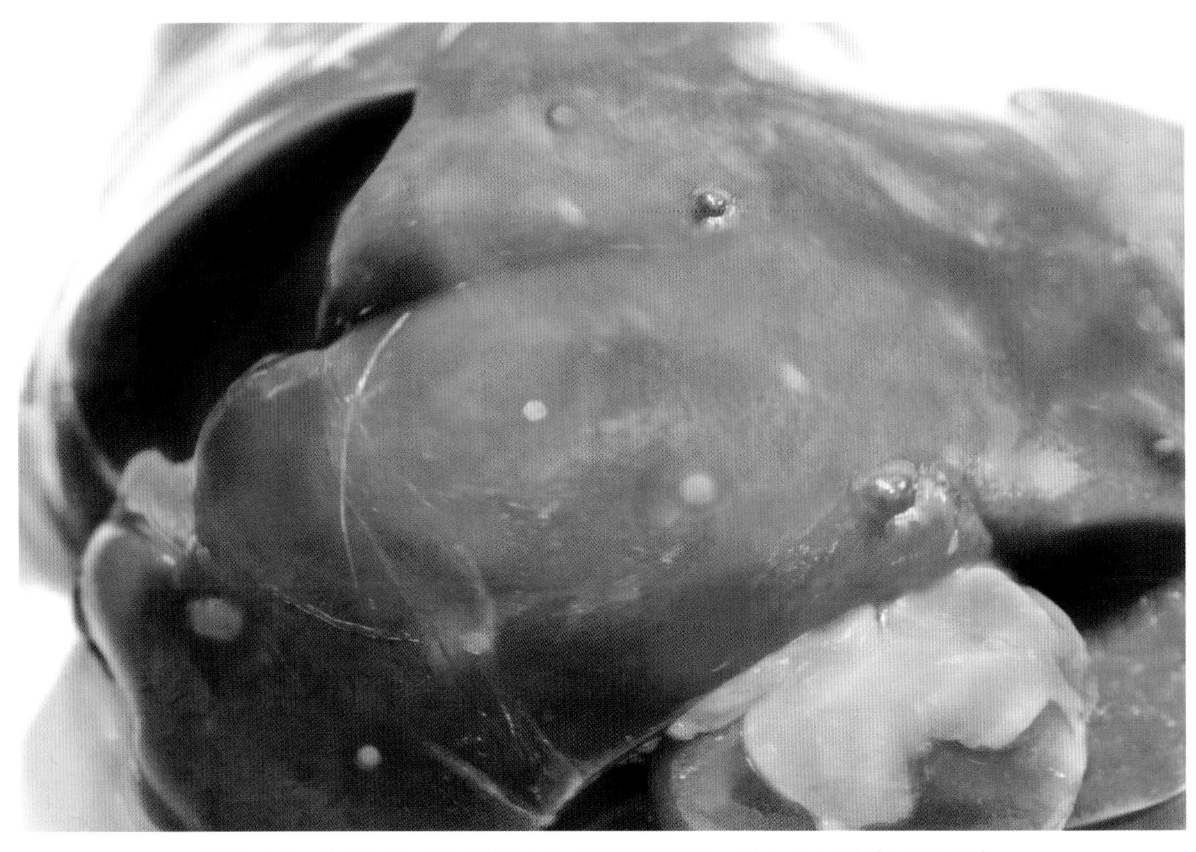

图 6-1-2　鸭蛔虫病：肝脏呈淡黄色，表面有坏死灶，散在分布白斑（出版社图）

（周新民和黄秀明，2007）。肠腔内充满多量黄白色，粗约1mm、长1.6~5.5cm的虫体，严重病例可见大量成虫聚集或互相绕结，往往会造成肠堵塞，甚至会引起肠破裂，形成腹膜炎（白亚民和张杰，2011）。

（五）诊断

粪便检查发现大量虫卵或剖检见病鸭小肠内的虫体即可确诊（江梅等，2012）。

（六）防治

雏鸭和成年鸭应分开饲养。在蛔虫病流行的鸭场，每年进行2次定期驱虫，驱虫后及时清除粪便，并对鸭舍进行消毒，以杀灭被驱出的虫体及虫卵（陈伯伦等，2008）。对于发病鸭群，按每kg体重25mg的剂量用丙硫咪唑进行治疗，亦可按每kg体重0.1mg的剂量用伊维菌素进行治疗。将药物与少许饲料混匀，空腹投喂，每天1次，连用2天。

二、鸭胃线虫病

鸭胃线虫病是由四棱科、华首科、裂口科、膨结科线虫寄生于鸭的腺胃和肌胃而引起的寄生虫病。

（一）病原学

鸭胃线虫病常见有两种：四棱线虫病和裂口线虫病。

（1）四棱线虫虫体无饰带，雄虫和雌虫形态各异。雄虫纤细，游离于腺胃腔中，四周有3片小唇，有口囊。有2行双列尖端向后的小刺，在亚中线上绵延于虫体的全长，尾细长。雌虫寄生于鸭的腺胃内，血红色，呈亚球形，并在纵线部位形成4条纵沟，前、后端自球体部伸出，形似圆锥状附属物。子宫和卵巢很长，盘曲成圈，充满于体腔中。

（2）裂口线虫虫体细长线状，灰白色或淡红色，体表具纤细横纹。口孔向前，口囊发达，角质杯状。口底部有3个三角形的尖齿，其中背侧1个为大齿，尖端接近口囊的上缘；近腹侧的2个为小齿，高度为口囊的一半。口囊前缘有1对乳突，1对头感器。食道棒状，向后逐渐膨大，内有3个角质板，由口囊基部向后延伸到食道后部（陈伯伦等，2008）。

（二）流行病学

鸭群放养于流速缓慢的江水中，而江河内常年有小鱼、虾、螺蛳和水蚤等水生生物，这些水生生物恰好是鸭胃线虫的中间宿主。虫卵通过宿主的粪便排出体外，孵化后被中间宿主吞食，在中间宿主体内发育为感染性幼虫，鸭吞食含感染性幼虫的中间宿主而感染胃线虫（吴景央等，2004）。

（三）临床症状

病鸭精神沉郁，食欲减退或废绝，缩颈，两腿无力，卧地不起；羽毛蓬松，翅膀下垂；消瘦，贫血；眼部有浑浊的渗出液，眼结膜苍白；排白色稀便，肛周羽毛污染严重（李玲和吴永福，2013）。雏禽生长发育缓慢，成年禽产蛋量下降，病情严重者出现胃溃疡或胃穿孔（孙仙槟等，2014）。

（四）病理变化

肝脏贫血呈棕黄色。腺胃出现瘤状物（图6-1-3），腺胃组织由于受到虫体强烈刺激而产生炎症反应，并伴有腺体组织变性水肿和广泛的白细胞浸润（罗薇等，2007）。剖开肌胃，可见角质层较薄的部位有大量粉红色，细长的虫体。有虫体存在的肌胃角质层易碎，坏死，呈棕色硬块，如除去

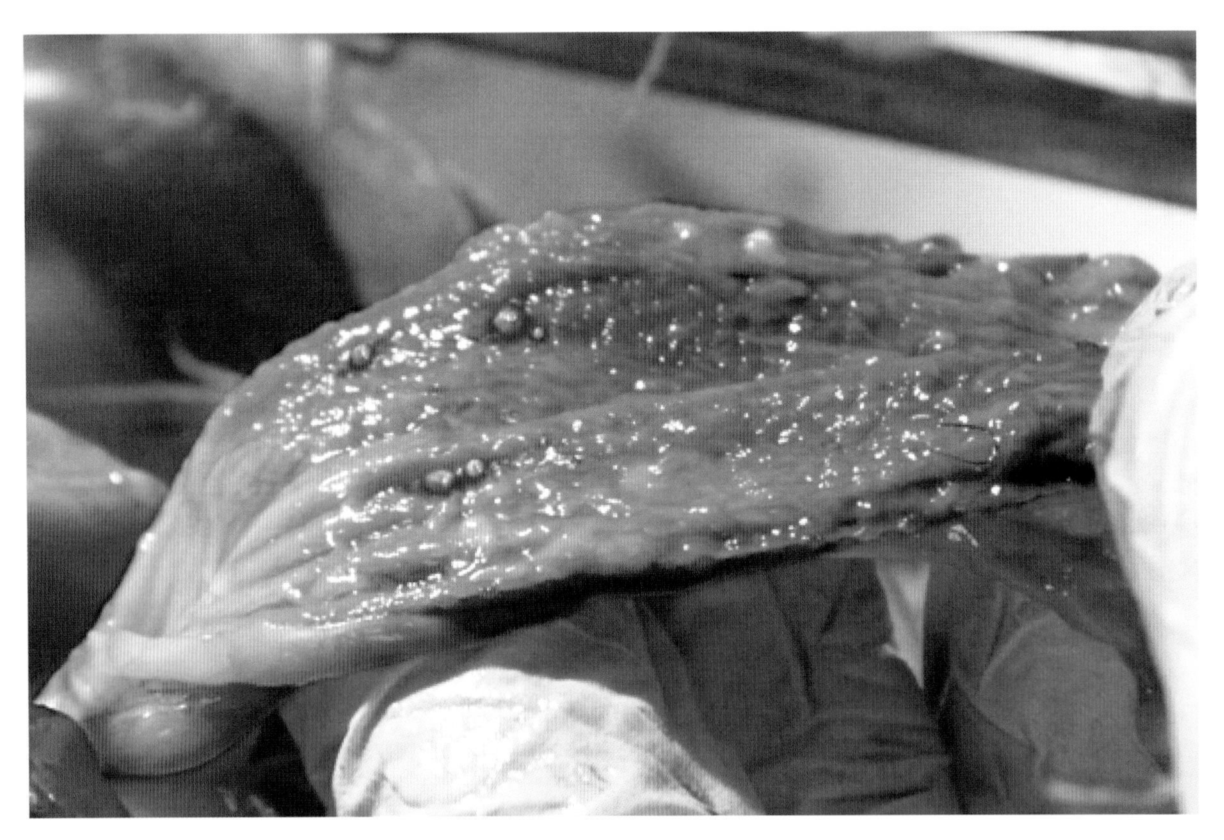

图 6-1-3　鸭胃线虫病：腺胃出现瘤状物（出版社图）

角质层，见有黑色溃疡病灶，肌胃黏膜松弛，脱落。

（五）诊断

用饱和盐水漂浮法检查粪中虫卵。虫卵呈淡黄色，椭圆形，卵壳厚，卵内含幼虫。结合临床症状和病理变化，即可确诊（罗薇等，2007）。

（六）防治

不同生长期的鸭应隔离饲养，鸭舍应定期消毒，及时清理粪便，并进行无害化处理。在该病流行地区，散养鸭应定期驱虫。发病时，可用伊维菌素、环丙沙星或左旋咪唑等药物进行治疗。

第二节　鸭膜壳绦虫病

膜壳绦虫病（*Hymenolepis*）主要是由膜壳科的多种绦虫（同物异名：矛形剑带绦虫）寄生于鸭小肠内所引起的疾病。该病对幼鸭危害尤其严重，可导致鸭生长缓慢，亦可造成产蛋鸭产蛋下降。

一、病原学

在我国，临床上较为常见且对鸭致病力较强的代表种为膜壳科的矛形剑带绦虫、冠状膜壳绦虫和片形皱褶绦虫（唐术发，2015）。虫体短小，为世界上最小的绦虫（Mirdha and Samantray，2002）。虫体均呈带状，头节上有圆形吸盘，顶突上有一圈呈冠状的小钩。雌雄生殖器官均位于成熟节片内，睾丸横列与节片中央，且卵巢分叶明显。虫卵为椭圆形，呈灰白色。

二、流行病学

矛形剑带绦虫的中间宿主是剑水蚤，冠状膜壳绦虫的中间宿主是小的甲壳动物、蚯蚓及昆虫，片形皱褶绦虫的中间宿主是镖水蚤，螺可作为补充宿主（李敬双和于洋，2008）。成虫寄生在终末宿主的小肠内，孕节或虫卵随宿主粪便排出体外，在水中被中间宿主吞食后，在其体内20~30天发育为似囊尾蚴，当鸭吞吃了这种带有似囊尾蚴的中间宿主后，经胃液消化，似囊尾蚴在小肠15~25天发育为成虫（李海云等，1996）。

虫卵在水池内大约只能生存15天，但被剑水蚤吞食之后，虫卵内的幼虫发育很慢，甚至可以完全停止发育，直至春季来临时，才重新开始发育为侵袭性幼虫（张乐祥，2015）。

幼鸭在放牧时，便有可能感染矛形剑带绦虫，在感染后15~20天发病。（陈伯伦等，2008）。该病有明显的季节性，多发生于4~10月的春末夏秋季节，而在冬季和早春较少发生。

三、临床症状

患鸭病情轻重，在很大程度上取决于饲养管理条件、机体抵抗力、肠内虫体数量，以及鸭的日龄等因素。轻度感染的鸭只一般不呈明显的临床症状，幼鸭受侵袭后症状较重（陈伯伦等，2008）。

病初可见病鸭精神沉郁，消化紊乱，食欲不振，渴欲增加，排淡绿色或灰白色稀粪，粪便内混有黏液和长短不一的白色米粒样绦虫节片。严重感染时病鸭消瘦、贫血，生长发育迟缓，体重严重下降，羽毛松乱，离群独处，不喜欢活动，翅膀下垂，行动迟缓。放牧时，常呆立在岸边打瞌睡，或下水后浮在水面（王永坤和高巍，2015）。有时还可出现神经症状，如两脚无力、行走不稳、歪颈仰头、麻痹痉挛、突然倒地。倘若由于受冷、热或突然更换饲料等不良因素的影响，常在短期内出现大批死亡。当鸭群存在并发症时，病程短且死亡率高（陈伯伦等，2008）。

四、病理变化

剖检可见肠黏膜发炎、充血、出血，或形成溃疡灶（图6-2-1）（陆新浩和任祖伊，2011）。肠腔内有大量虫体寄生，甚至阻塞肠腔，严重时可引起肠破裂（吕荣修和郭玉璞，2004）。此外，也可见到脾、肝和胆囊肿大，死亡鸭通常消瘦（王永坤和高巍，2015）。

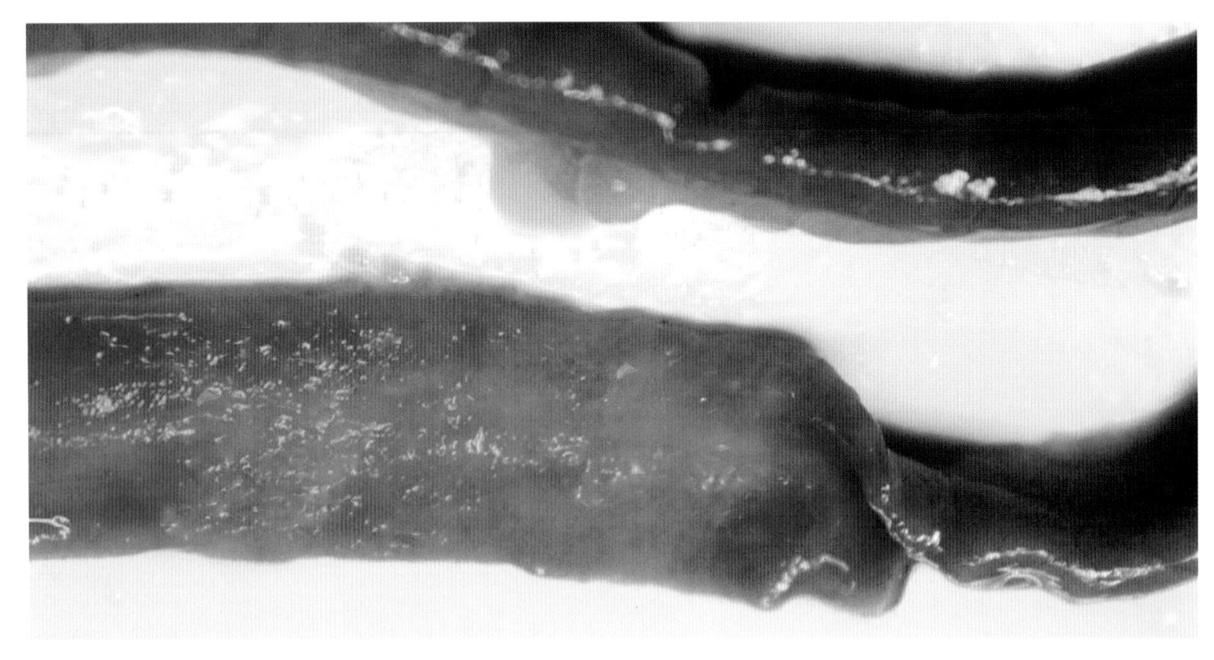

图 6-2-1 鸭膜壳绦虫病：肠黏膜形成溃疡灶（出版社图）

五、诊断

从患病鸭的粪便中观察是否有绦虫的节片，是最直观的诊断方法（Garcia，2007；张乐祥，2015）。

六、防治

（一）预防措施

采用全进全出的饲养模式，定期消毒和驱虫（许英民，2012；杨锡林等，1982）。应将育雏鸭和成年鸭隔离饲养，避免成年鸭将该病传播给雏鸭，3个月龄内雏鸭不应下水，尤其是水层较浅、难以流动的死水，易出现绦虫幼虫滋生。新购鸭只需隔离并进行粪便检查是否带有绦虫，必要时进行驱虫后才可合群饲养（Ю.Ф.Летров，1997）。

（二）治疗措施

通常采用口服吡喹酮、丙硫咪唑、硫双二氯酚和氯硝柳胺等药物治疗该病。

第三节　鸭原虫病

鸭原虫病主要有鸭球虫病、鸭隐孢子虫病和鸭住白细胞虫病，这3种病较为常见且危害较大。

一、鸭球虫病

鸭球虫病（Coccidiosis in duck）是由艾美耳科的球虫寄生于小肠内所引起的一类寄生虫病，对养鸭业有一定的危害。

（一）病原学

感染鸭的球虫有20多种，属孢子虫纲、真球虫目、艾美耳科的艾美尔属（*Eimeria*）、泰泽属（*Tyzzeria*）、温扬属（*Wenyonella*）和等孢属（*Isospora*）等属。对我国家鸭构成危害的球虫主要有两种：毁灭泰泽球虫（*T.perniciosa*）和菲莱氏温扬球虫（*W.philiplevinei*）。

毁灭泰泽球虫寄生于小肠黏膜上皮细胞内，致病力强。卵囊小，呈短椭圆形，浅绿色。卵囊壁分两层，外层薄而透明，内层较厚，无卵膜孔。初排出的卵囊内充满含粗颗粒的合子，无空隙。孢子化卵囊中不形成孢子囊，8个子孢子游离于卵囊中，子孢子呈香蕉形，一端宽钝，一端稍尖，有1个大的卵囊残体（陈伯伦等，2008）。

菲莱氏温扬球虫寄生于小肠黏膜上皮细胞内，主要在回肠段，盲肠和直肠也有虫体寄生。

（二）流行病学

鸭是鸭球虫的唯一天然宿主。各阶段的鸭均对球虫易感，但1月龄左右的鸭最为易感，感染后发病严重，死亡率高。不同品种对球虫的易感性有一定差异，番鸭和骡鸭更易感（李刚等，2007）。鸭球虫病的发生与气候有很大关系，在高温高湿天气或雨季，本病更易发生。因此在春末夏初，易发生鸭球虫病。

（三）临床症状

急性鸭球虫病多发生于2~3周龄的雏鸭，在感染后第4天，雏鸭精神不振，呆立，减食，随后喜卧，行走时摇晃不稳，容易跌倒。病情严重者缩颈，嗜睡，不能站立，翅下垂，食欲废绝，渴欲增加。患鸭常拉稀，粪便初为灰绿色，继而呈棕褐色，最后成桃红色（高杨，2013），严重者可见粪便有黄色黏液或混有血液（图6-3-1），后期衰弱，卧地，嘶声鸣叫。发病当日或两三天出现死亡，多数四五天前后死亡达到高峰（陈伯伦等，2008）。如果采取相应的防治措施，8~9天后病情可基本得到控制。最高死亡率可达80%以上，一般为20%~70%（高杨，2013）。耐过的病鸭会逐渐恢复食欲，但是生长发育受阻，增重缓慢（陈伯伦等，2008）。

（四）病理变化

肠壁肿胀，肠黏膜上有出血斑或密布针尖大小的出血点（图6-3-2），有红白相间的小点，或覆盖一层糠麸状奶酪状黏液或紫黑色血栓，或有淡红色或深红色胶冻状出血性黏液，但不形成肠芯。急性型病例出现严重的出血性，整个小肠呈泛发性出血性肠炎，十二指肠黏膜肿胀，有出血点或出血斑，尤以卵黄蒂前后范围的病变严重，卵黄囊柄两侧肠黏膜肿胀尤为明显。

（五）诊断

应结合实际临床诊断，并对其症状、流行病学资料和病理变化、病原检查进行综合判断（张进，2013）。刮取患病鸭肠道表面的黏膜，涂于载玻片上，滴加1~2滴生理盐水混匀，加盖玻片用高倍显微镜检查，或取少量黏膜做成涂片，用姬氏或瑞氏液染色，在高倍镜下检查，若见到大量球形的、像剥了皮的橘子似的裂殖体和香蕉形或月牙形的裂殖子或卵囊，即可确诊（任志，2014）。

（六）防治

平时鸭舍应保持干燥、清洁，鸭场应做好严格的消毒卫生工作。粪便应定期清除，用生物热

图 6-3-1　鸭球虫病：粪便稀薄，呈灰黄色血便，且含黏液（出版社图）

图 6-3-2　鸭球虫病：肠黏膜上有出血斑或密布针尖大小的出血点（出版社图）

的方法进行消毒，以杀灭粪中球虫卵囊（孙雨庆，2013）。将雏鸭与耐过鸭隔开饲养，栏圈、食槽、饮水器及用具等要经常清洗、消毒；定期更换垫草，铲除表土，换垫新土。

在生产中必须早期投药，以主动预防该病的发生，投喂前要求拌料均匀，以免中毒事故的发生（高杨，2013）。常用驱虫药有球痢灵、克球多、球虫净和复方新诺明等（李文海和武风英，2011）。

二、鸭隐孢子虫病

鸭隐孢子虫病（Cryptosporidium Tyzzer in ducks）是由隐孢子虫寄生于鸭的呼吸道和消化道黏膜上皮微绒毛而引起的疾病，是禽最普遍的原虫病之一。隐孢子虫病是多种动物的共患病，虫体具有广泛的寄生宿主（彭德旺和黄秀萍，1993）。我国许多地方都曾先后报道了鸭隐孢子虫感染病例。

（一）病原学

隐孢子虫病（*Cryptosporidiosis*）的病原为隐孢子虫，分类上属真球虫目隐孢科隐孢属。寄生于鸭的隐孢子虫主要是贝氏隐孢子虫（*Cryptosporidium baileyi*）。贝氏隐孢子虫的卵囊大多为椭圆形，部分为卵圆形和球形，大小为（4.5~7.0）μm×（4.0~6.5）μm。卵囊壁薄，单层，光滑，无色；无卵膜孔和极粒。孢子化卵囊内含4个裸露的子孢子和1个较大的残体，子孢子呈香蕉形，大小为（5.7~6.0）μm×（1.0~1.43）μm，子孢子沿着卵囊壁纵向排列在残体表面；残体球形或椭圆形，大小为（3.11~3.56）μm×（2.67~3.38）μm（陈伯伦等，2008）。

（二）流行病学

鸭隐孢子虫感染在我国鸭群中较为普遍（陈兆国等，1996）。粪便中卵囊污染食物和饮水，经消化道感染（朱静静等，2007）。贝氏隐孢子虫可感染多种禽类宿主，卵囊不需在外界环境中发育，一经排出便具有感染性，迄今也尚未发现有传播媒介（周继勇等，1993）。该病一年四季均可发生，在温暖多雨的季节（如3~6月）发病率较高，鸭场卫生条件较差易诱发该病。

（三）临床症状

1. 经呼吸道感染

患鸭鼻腔、气管分泌物增多，流出浆液性鼻液，咳嗽，发湿性啰音，叫声嘶哑。在感染后第7~11天，患鸭呼吸极度困难，伸颈张口呼吸，并发出喉鸣音，甚至失声。严重者死亡。

2. 经消化道感染

患鸭精神沉郁，闭目嗜睡，食欲减退或废绝，生长发育受阻。翅下垂，羽毛松乱，喜卧一隅，不愿活动，严重病例伏地不起。水样腹泻，粪便呈白色或淡黄色，有些病例粪便呈糊状。

3. 其他器官感染

当眼结膜感染时，见眼结膜水肿，流泪。

（四）病理变化

患病鸭气囊壁浑浊或增厚，肺脏有部分实变（图6-3-3），有浅红色斑点出现，肠黏膜充血，法氏囊内有黏液，肾苍白、水肿。

（五）诊断

根据临床症状和病理变化可作出初步诊断。但是，由于隐孢子虫感染多呈隐性，即使有明显的症状，也不能用以确诊。确诊需进行实验室检查。

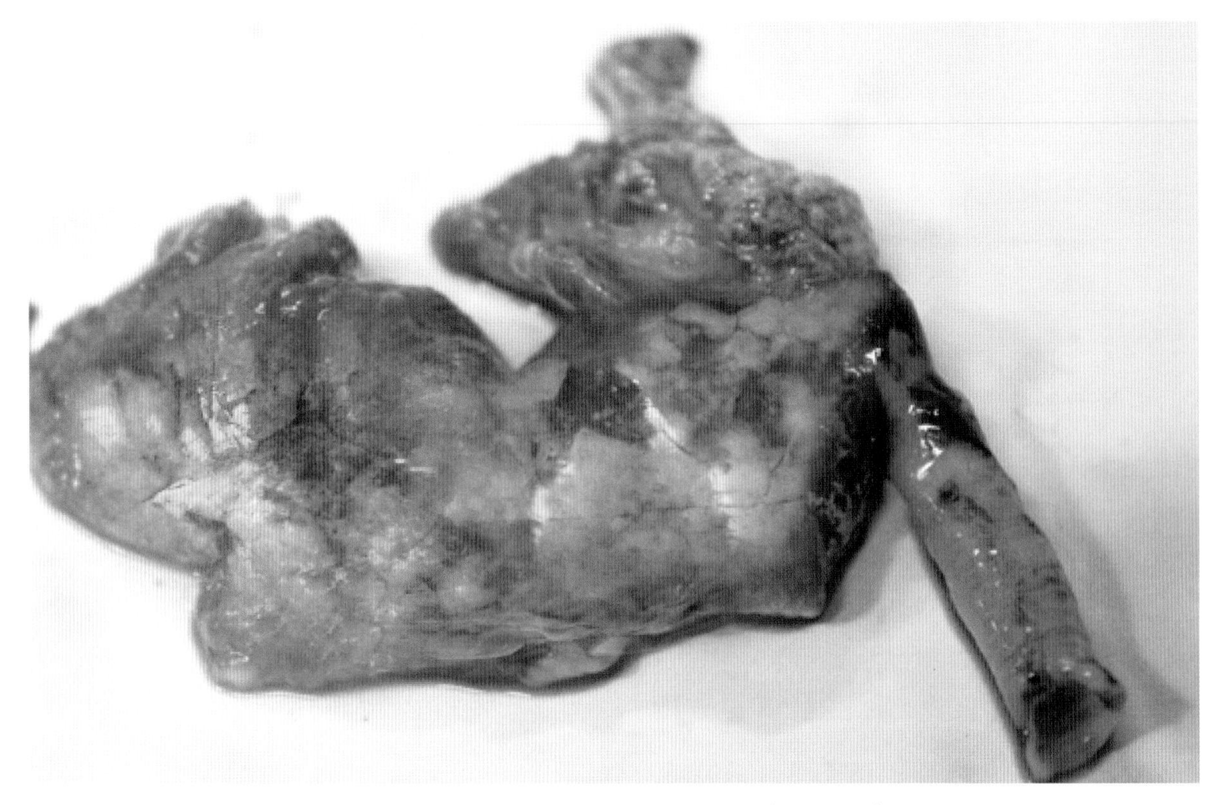

图6-3-3 鸭隐孢子虫病：肺脏有部分实变（出版社图）

1. 显微镜检察

采用饱和糖溶液漂浮法收集病鸭粪便中的卵囊，刮取喉头、气管、法氏囊和泄殖腔的黏膜制成涂片，染色，在显微镜下可见到大量淡红色的隐孢子虫虫体。另一种方法是把粪样涂片，用改良酸性染色法染色镜检，隐孢子虫卵囊被染成红色，此法较简单，检出率较高。

2. 免疫学诊断

荧光抗体染色法是目前国外诊断隐孢子虫病最常用的方法之一。该方法敏感性高，可达100%，能检测出卵囊极少的样本。

3. 分子生物学诊断

主要用于检测隐孢子虫卵囊，在每毫升粪样中能检出100个卵囊，如结合核酸探针杂交，在每毫升粪样中可检出5个卵囊。

（六）防治

1. 预防措施

目前对于人和牛的隐孢子虫病已进行了大量试验，证明现有的一些抗生素、磺胺类药物和抗球虫药物均无效，尚无可推荐的预防方案（张龙现等，1997）。改善管理条件，增强机体免疫力，可有效地控制隐孢子虫病的流行（饶春山和李雨来，2010）。

2. 杀灭卵囊

隐孢子虫卵囊对常用的消毒剂均有明显的抵抗力，悬浮在2.5%重铬酸钾溶液中的卵囊在4℃条件下贮存数月能保持活力（饶春山和李雨来，2010）。卵囊在25%次氯酸钠中10~15分钟仍有活力。在室温下分别用9种常用的消毒剂，按生产厂家推荐的浓度与卵囊作用30分钟后，均不能杀死大多数卵囊。蒸汽清洁可能是目前较为有效和安全的消毒方法，65℃以上的温度可杀灭隐孢子虫卵囊（饶春山和李雨来，2010）。

三、鸭住白细胞原虫病

鸭住白细胞原虫病是由西氏住白细胞原虫侵入鸭的血液和内脏器官而引起的一种原虫病，可造成较大经济损失。

（一）病原学

西氏住白细胞原虫（*Leucocytozoon simondi*）虫体在鸭的内脏器官（肝、脾、心等）内进行裂殖生殖，产生裂殖子和多核体。一些裂殖子进入肝的实质细胞，进行新的裂殖生殖；另一些则进入淋巴细胞和其他白细胞并发育成配子体，此时寄生细胞的形态呈纺锤形（殷中琼和汪开毓，2000）。当吸血昆虫（蚋）叮咬鸭只吸血时，同时也吸进配子体。西氏住白细胞虫的孢子生殖在蚋体内经3~4天内完成发育。大配子体受精后发育成合子，继而成动合子，在蚋的胃内形成卵囊，产生子孢子。子孢子从卵囊逸出后，进入蚋的唾液腺，当蚋再叮咬健康鸭时，传播子孢子，使鸭致病。大配子体大小为22 μm×6.5 μm，小配子体的大小为20 μm×6 μm（刘森权和郑玉晏，2010）。

（二）流行病学

该病由蚋类吸血昆虫传播，其发生和流行与蚋类吸血昆虫的活动密切相关。由于蚋类吸血昆虫的活动受气温的影响，故该病的发生有明显的季节性，主要发生在潮湿、多雨季节（员学记和黄金奎，2012）。雏鸭易感，多呈急性感染，24小时内死亡；成鸭呈慢性感染，症状轻，死亡率低（员学记和黄金奎，2012）。在该病流行地区，发病率可达25%以上，病死率为15%以上。产蛋鸭感染后，多数鸭只可出现虫血症。

（三）临床症状

病鸭精神沉郁，体温升高，呼吸困难，流涎，下痢、粪便呈黄绿色，贫血、鸭爪苍白，有的鸭两翅或两腿瘫痪，头颈伏地，活动困难。严重病例口流鲜血死亡。部分病例皮肤有散在、大小不一、突出于皮肤的出血泡。

（四）病理变化

患病鸭全身性皮下出血，肌肉苍白，在胸部肌肉、腿部肌肉、心肌有大小不一的出血点。肺脏淤血，气管、支气管内含有血液。肝脏、脾脏肿大，肝脏表面有灰色或稍带黄色针尖大小的小结节（图6-3-4）。腺胃出血、黏膜脱落，肠道有卡他性出血性炎症。

（五）诊断

1. 血液涂片

从病鸭翅膀下翼静脉采血，涂片，姬姆萨染色，置高倍显微镜下观察，在红细胞内外均有裂殖子存在（陆新浩和任祖伊，2011）。

2. 脏器涂片

取死亡鸭的心、肝、脾等内脏出血部位病料，置于载玻片上，滴上几滴甘油水，按压几次至液体浑浊，在显微镜下观察，可见灰色球形的裂殖体（陈伯伦等，2008）。采集脏器出血部，加生理盐水，调成浆状，取1滴置于载玻片上，盖上盖玻片镜检，可检到裂殖体和裂殖子的存在。

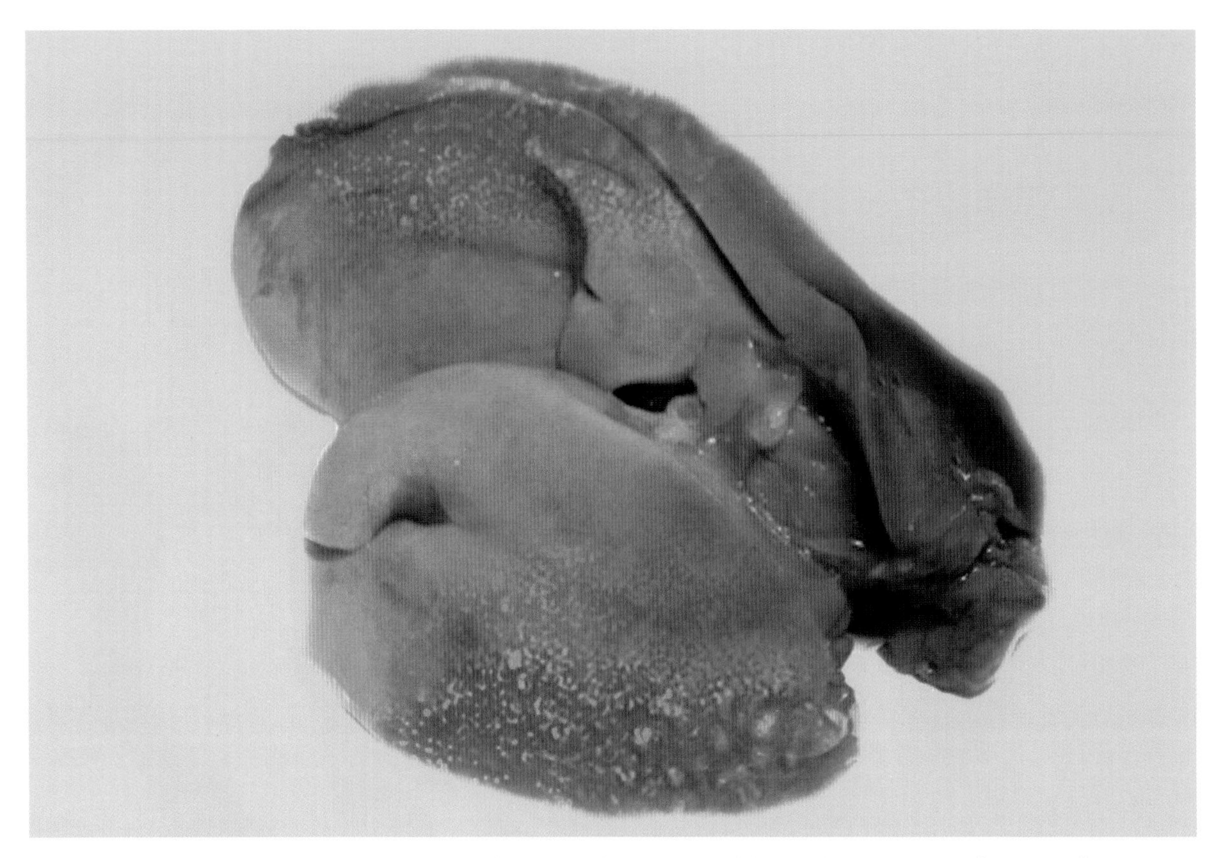

图 6-3-4　鸭住白细胞原虫病：肝脏肿大，肝脏表面有灰色或稍带黄色针尖状的小结节（出版社图）

（六）防治

消灭中间宿主蚋类吸血昆虫是预防该病的重要环节。在该病流行季节，用乙胺嘧啶或磺胺喹噁啉拌料，有良好的预防作用。

磺胺二甲氧嘧啶、复方新诺明可用于治疗该病，但需交替使用避免产生药物耐药性（陈伯伦等，2008）。

第七章
其他疾病

第一节　鸭营养缺乏症

鸭营养缺乏症（Duck nutritional deficiency disease）是因饲料中营养物质供给不足等原因导致营养摄入未能满足鸭生长所需而发生的营养代谢病，常导致鸭生长发育受阻，群体整齐度差，或造成鸭骨骼损伤，种鸭生殖机能紊乱，抗病力下降，亦可引起死亡。该病具有群发性。

一、病因

该病病因是营养元素摄入不足。我国鸭品种资源丰富，但与之配套的营养需要量研究滞后，迄今为止，许多鸭种缺乏饲养标准。鸭的生长发育需要水、蛋白质、维生素、矿物质、脂肪和碳水化合物等营养物质，饲料配方中营养元素的含量不够是导致营养供应不足的主要原因（侯水生，2007；刘欣，2016；王勇生和侯水生，2002）。某些营养元素之间存在协同作用或拮抗作用，在配制饲料时若未能充分考虑这种互作效应，可因不同营养元素的比例不合理，影响到营养元素的吸收。如钙、镁和磷的吸收，需要维生素D；过量的维生素A可显著影响维生素D和K等脂溶性维生素的吸收（Goncalves et al.，2015）；精氨酸与赖氨酸的比例不当，会互相抑制；钙磷比例失调，不仅会互相抑制，还会影响锌和锰等矿物质的吸收（陈祖鸿等，2014；郭志刚等，2013；刘俊栋等，2009；汪海平等，2015；谢明等，2012）。

在饲养过程中，若饲料管理不当造成营养元素损失，或者饲养环境较差导致鸭发生消化道疾病，也会影响鸭对营养元素的吸收和利用。如维生素A和维生素B_2等混合饲料存放时间过长或贮存不当，维生素结构遭到破坏，可导致饲料中维生素含量降低（俞安，2012；赵义，2016；郑兴福，2017）；肠道疾病与肝脏损伤会造成机体不能吸收维生素和微量元素等营养元素（胡新岗，2001；王燕，2014；谢明等，2012）。

二、发病特点

在20世纪70–80年代，该病发生较为频繁（王仍瑞等，2011）。近年来，养鸭业集约化程度不断提高，我国学者在鸭营养需要量等领域的研究不断增多，特别是在北京鸭饲料营养价值评定方面，研究较为系统（唐静，2017；王勇生和侯水生，2002；闻治国等，2014；谢明等，2012），因此，在北京鸭养殖业，很少发生营养缺乏症。其他鸭种营养缺乏症偶有发生（崔恒敏等，1999；李术行和王令福，1998；田继征，2016）。该病无偏好群体且多为群发性，病程较长，一般需要数周或数月才表现出临床症状。

三、临床症状和病理变化

临床症状常以营养不良和生产性能下降为主（彭长涛等，2012）。病鸭多表现为生长缓慢，发育受阻，羽毛生长停滞或蓬乱，严重时可造成死亡。种鸭则出现明显的生殖障碍（Cui and Luo，1995；赖文清，2003；沈慧乐，2005；张作华等，2013；郑兴福，2017）。一般情况下，病鸭肠道组织会出现病变。缺乏某些特定营养元素时，病鸭可表现出特征性临床症状和病理变化：

（1）维生素A缺乏症。病鸭流泪，眼周围羽毛湿润，眼角膜浑浊，出现干眼圈（图7-1-1）。剖检可见鼻腔、咽部、食道以至嗉囊的黏膜表面散布许多白色结节（图7-1-2和图7-1-3），肾脏呈灰白色，输尿管极度扩张，有白色尿酸盐沉积。

（2）维生素B_1缺乏症。主要症状为下痢，有神经症状，站立时呈观星姿势，生殖器官萎缩。主要病变为胃肠壁严重萎缩，十二指肠溃疡（图7-1-4），皮下胶样水肿，肾上腺肥大等（管守军，2008）。

（3）维生素B_2缺乏症。病鸭生长停滞（图7-1-5），种蛋孵化率降低，死胚出现节状绒毛。剖检见肝脏肿大，脂肪含量增多，坐骨神经和臂神经显著肿大、变软，有时比正常神经粗大4~5倍（胡新岗等，2001；叶道福，2010；郑兴福，2017）。

（4）钙、磷缺乏症。病鸭喙质地变软，腿无力，不能站立（图7-1-6）。剖检可见胸骨呈S状弯曲，骨质软；腿骨弯曲变形（图7-1-7），其长骨生长板之增生带增宽，干髓端海绵骨类骨组织和结

图7-1-1　维生素A缺乏症：眼睛流泪，喙部黄色变淡（侯水生供图）
（左）北京鸭对照组，（右）北京鸭试验组

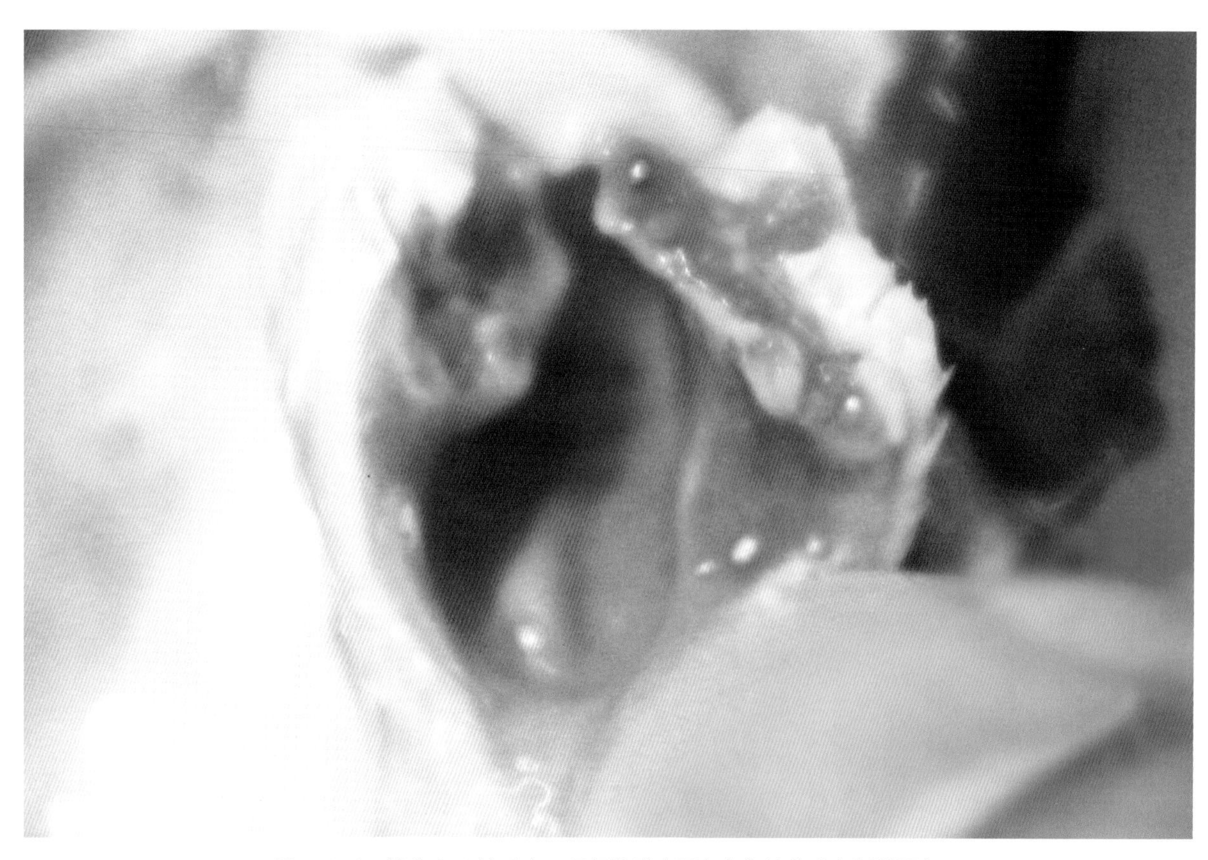

图 7-1-2　维生素 A 缺乏症：咽部黏膜表面有白色结节（出版社图）

图 7-1-3　维生素 A 缺乏症：食道黏膜表面有白色结节（出版社图）

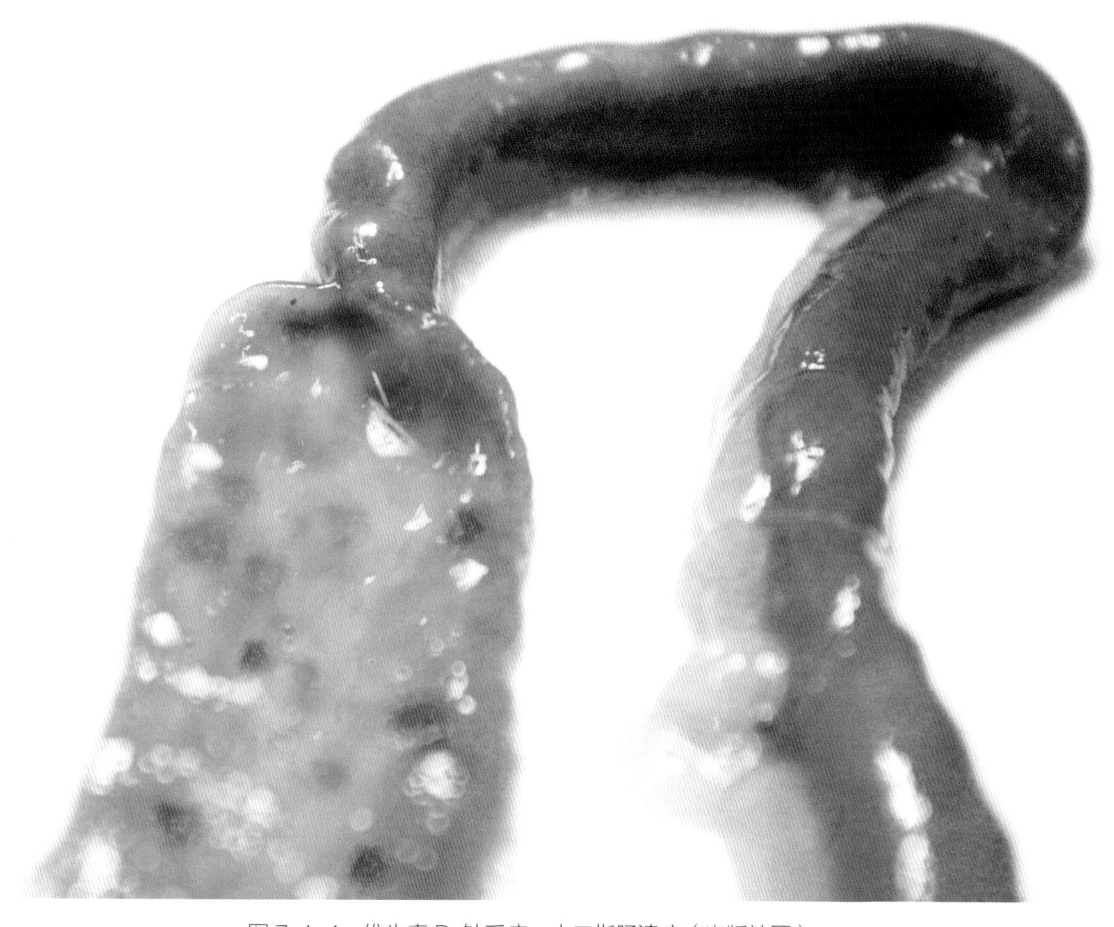

图 7-1-4　维生素 B_1 缺乏症：十二指肠溃疡（出版社图）

图 7-1-5　维生素 B_2 缺乏：生长发育受阻（侯水生供图）
（左）北京鸭对照组，（右）北京鸭试验组

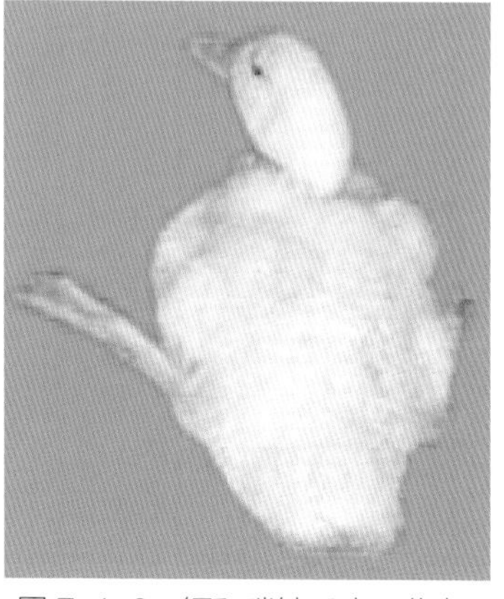

图 7-1-6　钙和磷缺乏症：北京鸭，腿软，不能站立（侯水生供图）

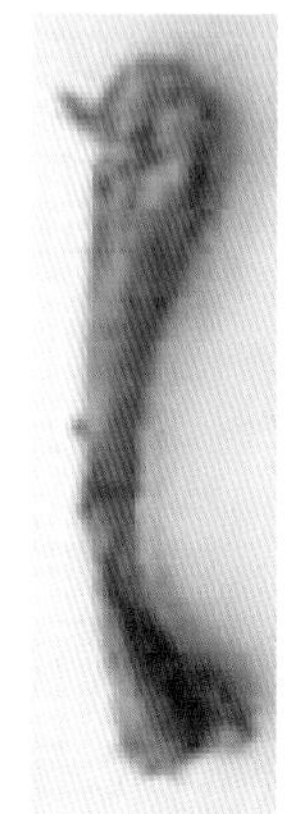

图 7-1-7　钙和磷缺乏症：北京鸭，腿骨变形（侯水生供图）

缔组织大量增生，前者包绕骨小梁甚至形成类骨小梁，后者填充取代骨小梁之间的原始骨髓腔，成骨细胞和破骨细胞增多（刘俊栋等，2009）。

（5）胆碱缺乏症。病鸭腿骨变形，两腿呈“O”形。行走时，两腿交叉，形似走“猫步”，站立呈“马步”姿势。胆碱严重缺乏时，两腿左右伸展，呈“一字马”姿势（图7-1-8）。剖检可见胫骨短粗、扭曲，关节肿大，有点状出血，跟腱滑落（闻治国等，2014）。

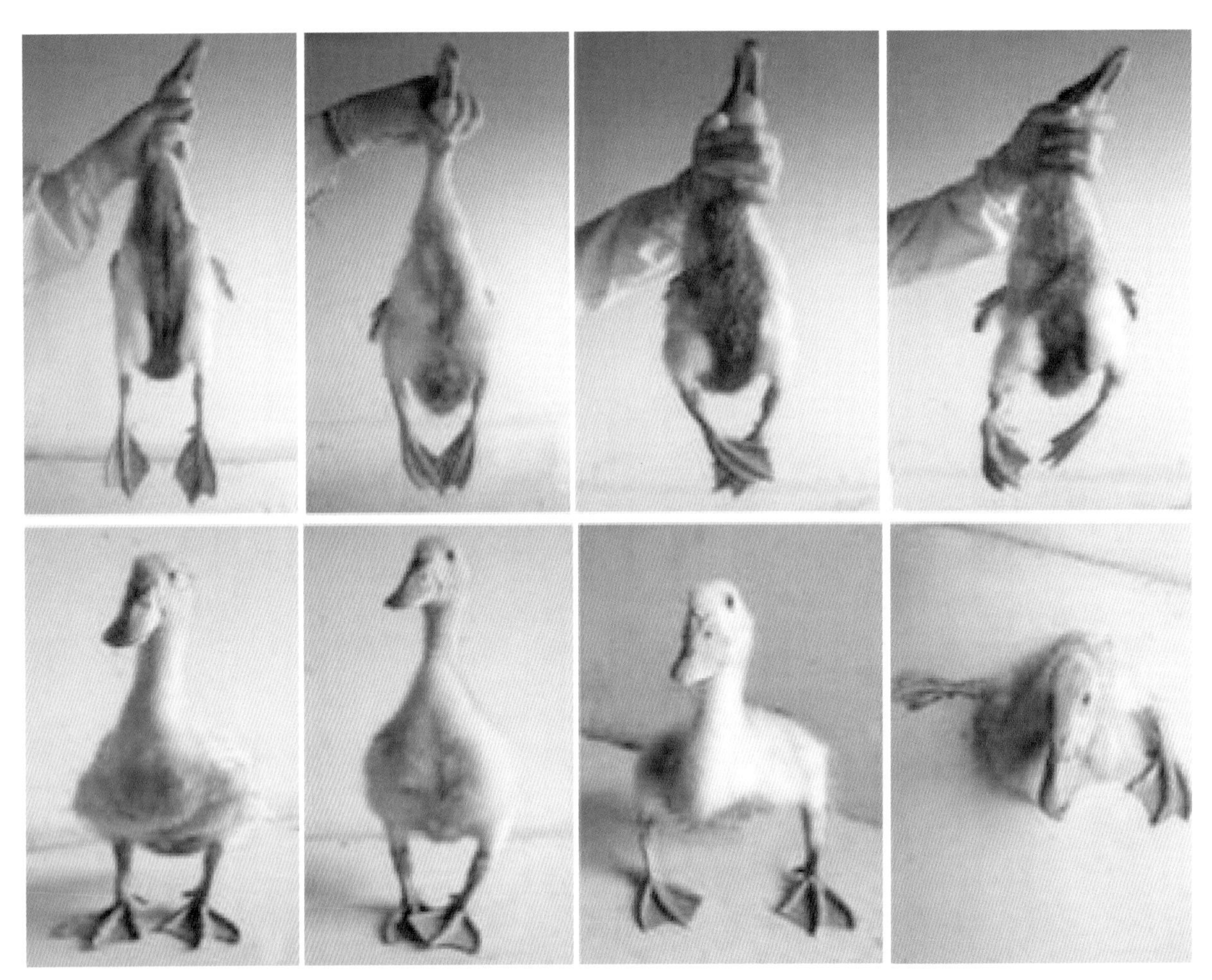

图7-1-8　胆碱缺乏症：两腿呈“O”形（侯水生供图）
最左侧为北京鸭对照组，其他为北京鸭试验组，饲粮中胆碱有不同程度缺乏

（6）锰缺乏症。发病时间主要集中于30日龄前后，且公鸭发病率高于母鸭。特征性病变为胰脏呈白色（图7-1-9），其余组织无肉眼可见病变（蔡红和冯泽光，1997）。

（7）锌缺乏症。病鸭生长缓慢，眼部分泌物多，蹼部皮肤溃疡，部分鸭的鼻内充满干燥碎屑，鼻窦内充有黄色干酪样脓液（图7-1-10），剖检可见鸭舌部皮肤小灶性溃疡（彭西，2002；Wight and Dewar，1976），趾间蹼先出现灶状溃疡，大量假嗜伊红白细胞浸润并见有纤维素性渗出物。

四、诊断

根据临床症状及大体病变，可作出初步诊断。若要确定病因，需采集血液、骨骼及组织等样品，检测营养物质或其产物的含量。如维生素B2缺乏症，病鸭血浆中生长激素、甲状腺激素等都有明显变化（唐静，2017）；锌缺乏症，病鸭血清中锌水平与碱性磷酸酶活性都会明显下降（彭西，2002）。

图 7-1-9　锰缺乏症：胰脏呈白色（出版社供图）

图 7-1-10　锌缺乏症：鼻窦内充有黄色干酪样脓液（出版社供图）

五、防治

我国鸭遗传资源非常丰富，迄今为止，在《中国畜禽遗传资源志——家禽志》收录的地方鸭品种多达32种。针对不同地方品种，开展营养需要量研究，可为合理配制日粮提供科学依据。加强饲料原料品控，合理保存饲料原料，可从源头控制饲料质量。

第二节　鸭光过敏性疾病

鸭光过敏性疾病（Photosensitivity disease in ducks）是鸭采食了光敏性物质并经阳光照射后所发生的一种中毒性疾病，其特征是上喙和脚蹼出现水泡，水泡破裂后结痂、脱皮，上喙变形、短缩，形成残次鸭。

一、病因

采食光敏性物质后经阳光照射是发生该病的原因。经饲喂试验确定，大阿米芹（*Ammi majus*）、春欧芹（*Cymopterus watsonii*）、长梗春欧芹（*Cymopterus longipes*）的种子以及欧芹（*Petroselinum sativum*）均可诱发鸭光过敏性疾病（Egyed et al.，1975a，1975b；Perelman and Kuttin，1988；Shlosberg and Egyed，1978）。大阿米芹、春欧芹、长梗春欧芹和欧芹属伞形科植物，均含呋喃香豆素（Furanocoumarin）（Bartnik and Mazurek，2016；Egyed and Williams，1977；Melough et al.，2017；Williams and James，1983）。用长梗春欧芹的呋喃香豆素提取物饲喂鸡，可导致鸡发生光过敏性疾病，证实呋喃香豆素是光敏性物质（Egyed and Williams，1977）。在医学领域也已证实，呋喃香豆素可引起植物光皮炎（Phytophotodermatitis），特别是容易造成口和手部皮肤出现红斑和水泡

（Khachemoune et al.，2006；Moreau et al.，2014）。由此推之，呋喃香豆素可能是导致鸭发生光敏性疾病的光敏物质。据报道，还有其他一些植物的种子（如贯叶连翘），也可导致家禽发生光敏性疾病（刘长江，1995）。

药物可诱发人的光过敏症（Dawe and Ibbotson，2014）。在防治鸭病时，如果投喂喹乙醇、喹诺酮类药物和磺胺类药物剂量过大，可造成鸭光敏性疾病（戴清文和戴益民，1999；郭玉璞和蒋金书，1988；何永杰，2004；黎羽兴等，2006）。

二、发病特点

该病并不常见。但自1977年北京地区发生该病以来（李建时，1979），我国多个地区报道过该病，包括广东（黄承锋和瞿良桂，1993）、江苏（王晴和代敏，1998）、四川（徐大为，2002）、湖南（刘振湘，2002）、山东（刘霞等，2005）、广西（陆必科，2002.）、江西（陈森和帅华平，2002）、云南（孔凡勇等，2003）、福建（丁美贤和蒋景红，2005）。

该病可发生于各种日龄各种品种的鸭（图7-2-1至图7-2-6）。在我国，北京鸭（李建时，1979）、樱桃谷鸭（秦士林等，2001）、番鸭（刘少球和廖育辉，2003）、半番鸭（丁美贤和蒋景红，2005）和麻鸭（王晴和代敏，1998）均曾发生过该病。发病比例与日粮中光敏物质含量有关。1977年10月下旬至1978年1月中旬北京市郊区7个鸭场将日粮中进口麦渣（含0.5%~1%大阿米芹种子）的配合比例由以往10%以内增加到20%~50%，5万多只北京鸭发生光过敏症，占存栏量的62.5%左右（李建时，1979）。在实验条件下，当欧芹添加量为50%时，发病率可达100%（Perelman and Kuttin，1988）。

因该病发生与日光照射有关，因此，该病多发生于有运动场或水面的养殖模式以及放牧模式。

三、临床症状和病理变化

Shlosberg and Egyed（1978）详细描述了鸭光敏性疾病的发生发展过程。按每千克体重2g的剂量，给2~3周龄鸭强饲长梗春欧芹的种子，每天在舍外照射阳光约5小时，在3天后，鸭只眼睑肿胀，出现严重的角膜结膜炎，喙和脚蹼背侧皮肤出现严重的炎症，部分病例的喙出现水泡。在第2天，可见病鸭眼半闭，怕光，喙上的水泡连成片，出现血肿，此时在脚蹼也出现小水泡。病情继续发展，病鸭精神沉郁时呆坐在笼子里。至第3天，喙和脚蹼开始结痂，水泡、血肿持续出现，组织碎片持续脱落。至第8天，病鸭发育明显受阻，眼眶周围和头部其他区域脱毛，单侧或双眼紧闭，喙和脚蹼变干，出现大面积结痂，并开始脱落。至第11天，喙开始变形，喙背侧远端向上扭转，此时病鸭瘦弱，精神极度沉郁。至第15天，腿部和脚蹼皮肤有部分区域覆盖结痂，轻轻一碰就脱落。3周后，鸭只体重很轻，个别鸭只死亡。在随后几周，病鸭状况有所改善，体重稳定增加。3个月后，喙和脚蹼严重变形，腿部皮肤跟纸一样，轻轻触碰就可以剥落，露出带血的肉芽组织，头部明显掉毛，在这些区域见有明显结痂，瘢痕性睑外翻也很明显，瞳孔部分散大的鸭只见有轻度色素性视网膜病变。

特征症状和病变是上喙和脚蹼背侧起水泡、水泡破溃后脱皮（图7-2-1）、结痂、留下斑痕或变形（图7-2-2至图7-2-10）。其他症状包括病鸭流泪（图7-2-11）、眼睑粘连（图7-2-12）、眼结膜黄

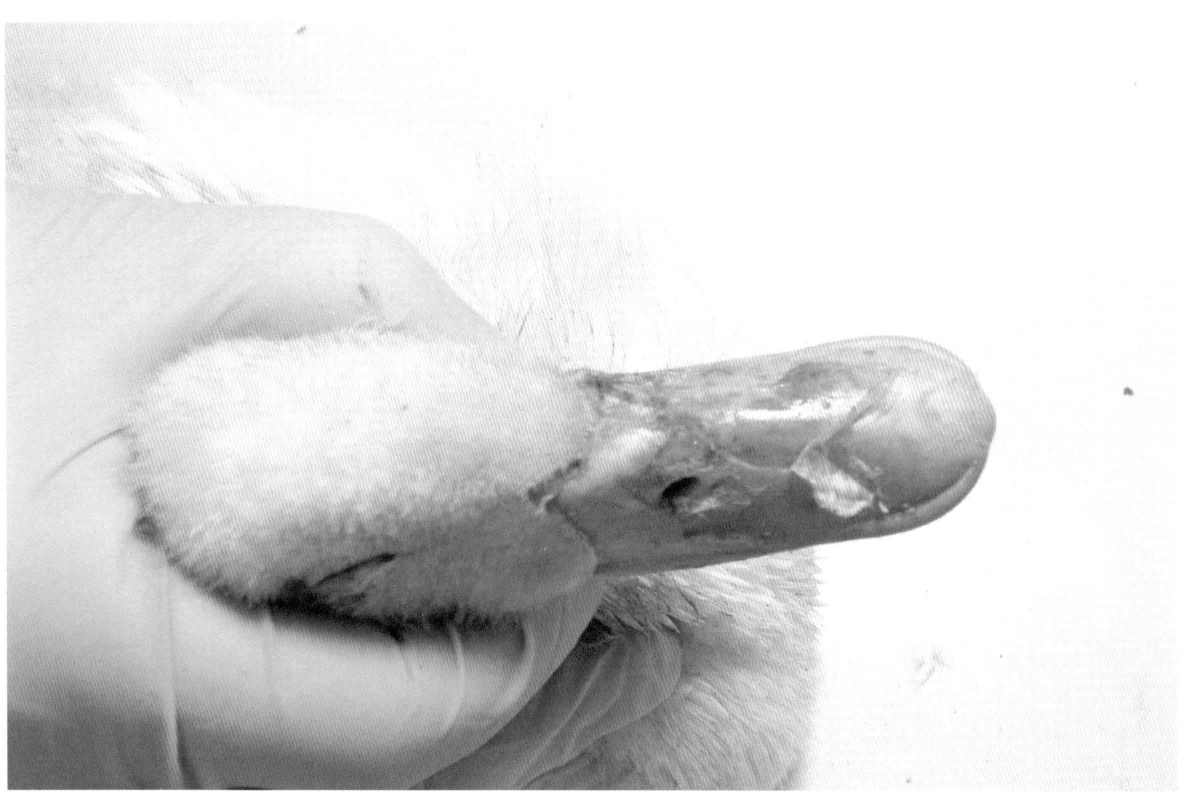

图 7-2-1　鸭光过敏性疾病：上喙脱皮

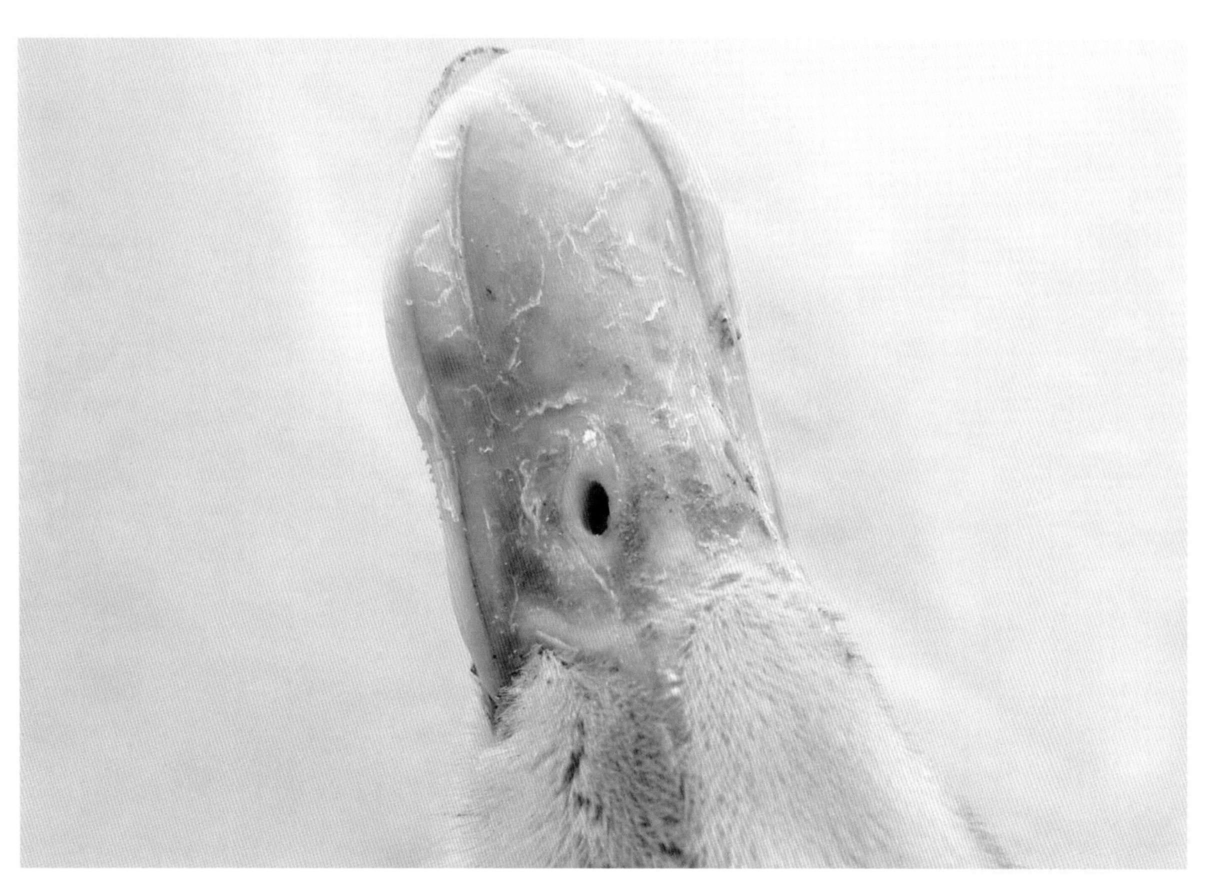

图 7-2-2　鸭光过敏性疾病：雏北京鸭病例，上喙脱皮后结痂

图 7-2-3　鸭光过敏性疾病：父母代北京鸭病例，上喙短缩、变形

图 7-2-4　鸭光过敏性疾病：2~3 周龄樱桃谷肉鸭，群体中多数鸭上喙短缩、变形

图 7-2-5　鸭光过敏性疾病：48 日龄樱桃谷鸭商品代肉鸭病例，上喙短缩、变形

图 7-2-6　鸭光过敏性疾病：父母代樱桃谷鸭病例，上喙短缩、变形

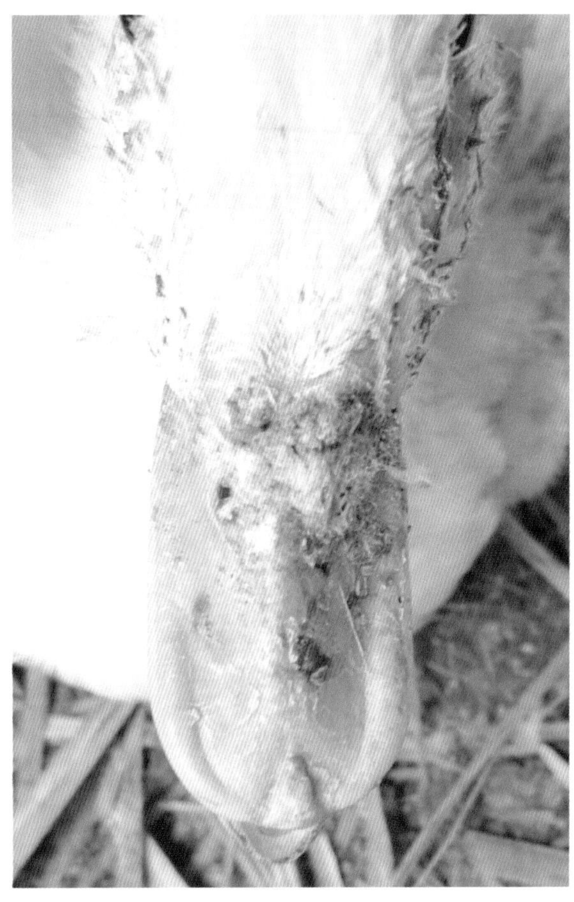

图 7-2-7　鸭光过敏性疾病：上喙结痂，留下斑痕

图 7-2-8　鸭光过敏性疾病：上喙结痂，留下斑痕，严重变形

图 7-2-9　鸭光过敏性疾病：上喙短缩、变形，仍可采食

图 7-2-10 鸭光过敏症：上喙短缩、变形，采食受影响

染（图 7-2-13）。病鸭上喙变形后，仍可采食（图 7-2-9），但受到影响（图 7-2-10）。疾病严重程度与摄入的植物类型和光敏物质摄入量有关。

图 7-2-11 鸭光过敏性疾病：流泪，眼周围羽毛湿润

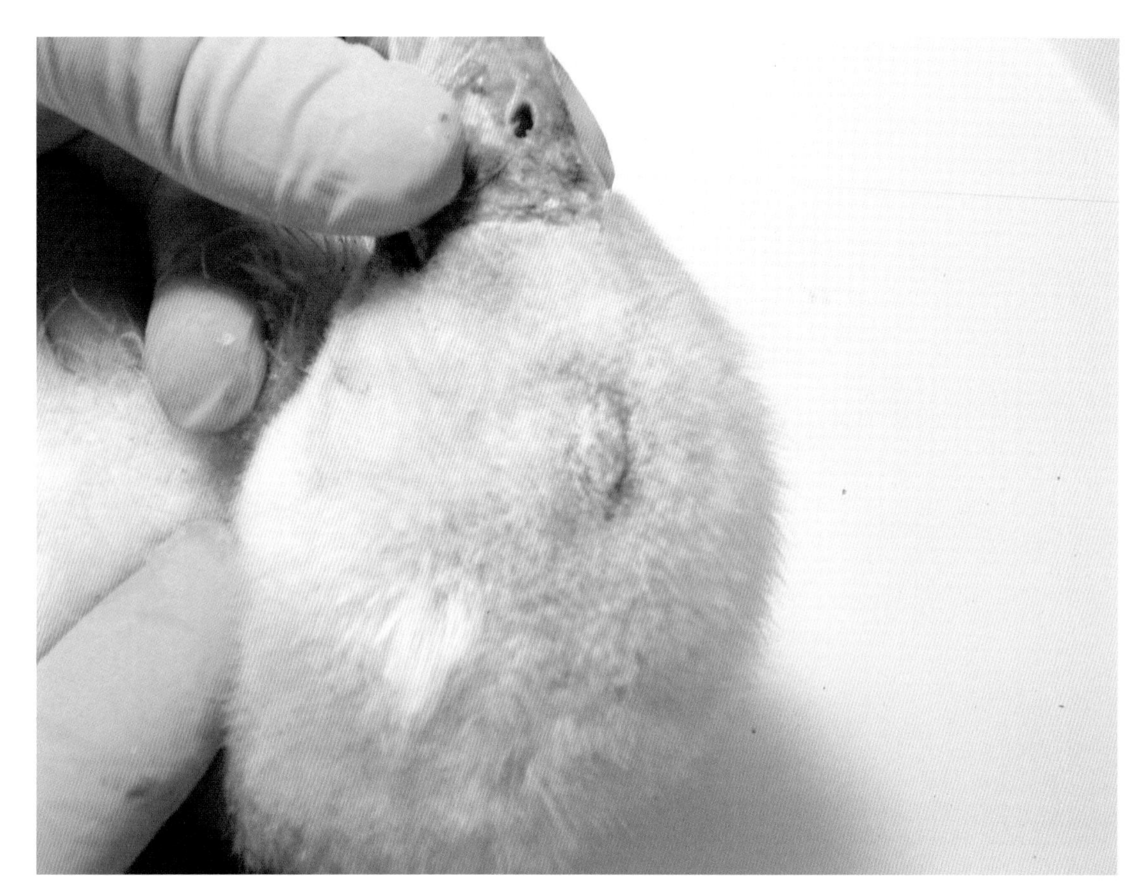

图 7-2-12　鸭光过敏性疾病：眼睑粘连

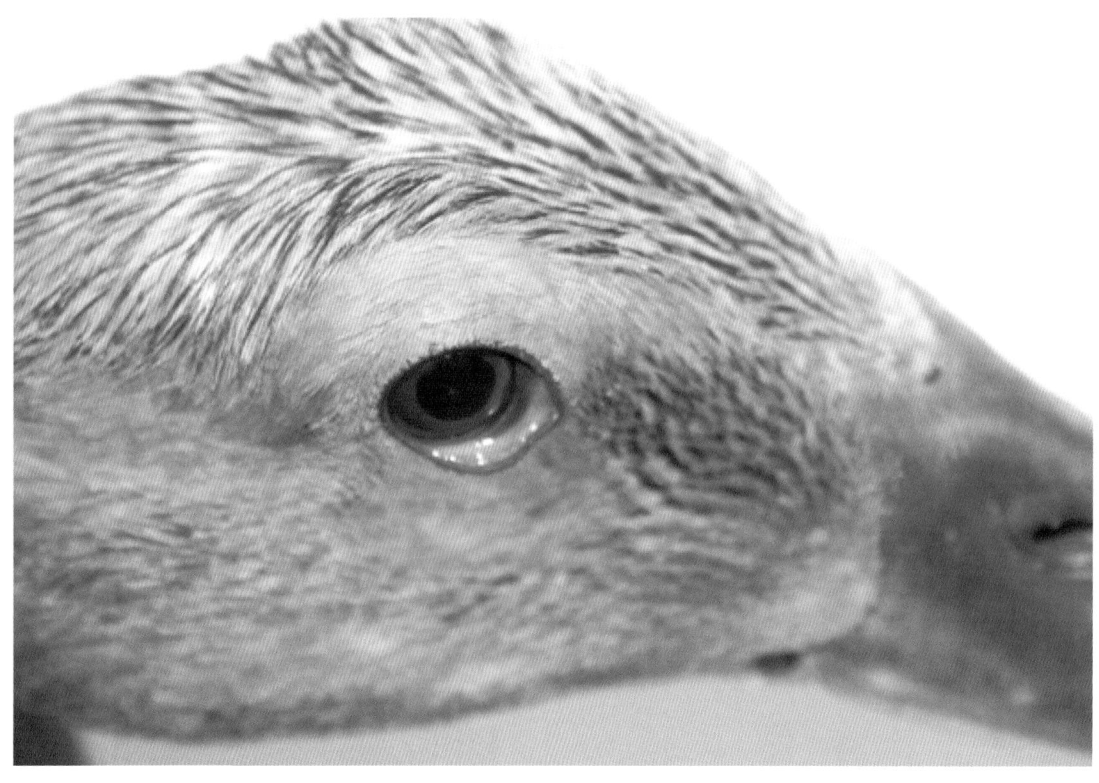

图 7-2-13　鸭光过敏性疾病：麻鸭病例，眼结膜黄染

四、诊断和防治

该病极具特征性，根据喙部病变即可作出诊断。控制该病的关键措施是除去致敏源，一旦发病，应立即更换饲料。若疾病发生与药物有关，应停药。为预防该病，配制饲料时，应加强对饲料原料的质量控制，避免使用混有光敏性物质的原料。用药程序应合理，应避免长时间大量使用药物。

第三节 鸭黄曲霉毒素中毒

鸭黄曲霉毒素中毒（Aflatoxicosis in ducks）是由黄曲霉毒素引起的一种霉菌中毒病，临床表现为食欲减退、生长缓慢、共济失调、抽搐、角弓反张，病理变化以肝脏损伤为主。

一、病因

鸭子采食含黄曲霉毒素（Aflatoxin）的饲料是发生该病的原因。黄曲霉毒素是由黄曲霉（*Aspergillus flavus*）和寄生曲霉菌（*Aspergillus parasiticus*）等真菌产生的次生代谢产物，对人和动物具有高毒性和高致癌性。已发现多种黄曲霉毒素，其中，黄曲霉毒素B_1的毒性最强（Swayne et al.，2013）。在热带和亚热带地区，黄曲霉等真菌在粮食作物中定殖，并在粮食作物保存、运输和加工过程中产生黄曲霉毒素（Wu and Guclu，2012）。从许多饲料原料中均可检测到黄曲霉毒素，尤其是玉米、花生粕、棉籽粕和高粱最易污染黄曲霉毒素（Rawal et al.，2010）。在炎热、潮湿和不卫生的条件下存放饲料，也易导致饲料发霉并产生黄曲霉毒素。

二、发病特点

家禽对黄曲霉毒素很敏感。在养禽业，黄曲霉毒素对各项生产指标均有影响，包括生长速度、孵化率、饲料转化效率，也可导致家禽免疫力下降（Rawal et al.，2010）。影响程度取决于饲料中黄曲霉毒素污染程度，若污染严重，会引起大批死亡（图7-3-1）。

不同家禽对黄曲霉毒素B_1的易感性有所不同，以鸭最为敏感，火鸡次之，鹌鹑和鸡的易感性相对较低。据报道，当日粮中黄曲霉毒素B_1含量为30 μg/kg时，即可引起鸭肝脏病变，而引起火鸡和鸡肝脏病变的黄曲霉毒素B_1含量分别为300和500 μg/kg（Coker，1979）。用气管环培养出现病变为指标进行比较，亦可见鸭最易感，黄曲霉毒素B1含量为6 μg/kg时，即可导致鸭的组织培养出现病变，而导致火鸡、鹌鹑和鸡的组织培养出现病变的黄曲霉毒素B_1含量分别为28 μg/kg、47 μg/kg和100 μg/kg（Colwell et al.，1973）。

不同品种鸭对黄曲霉毒素的易感性也有所不同。相对于其他品种，北京鸭对黄曲霉毒素的耐受

图 7-3-1　鸭黄曲霉毒素中毒病：雏鸭大量死亡

性更强。不同日龄鸭的易感性也不同，雏鸭比成年鸭更为敏感（郭玉璞和蒋金书，1988）。

三、临床症状

临床症状包括食欲不振，生长缓慢，叫声异常，啄羽，流泪，眼周围羽毛沾湿，常跛行，死前共济失调、抽搐，死后呈角弓反张样（图 7-3-2），腿和脚呈紫色或发青，脚掌、脚趾和脚蹼有出血点（图 7-3-2 和图 7-3-3）。

四、病理变化

急性病例肝脏肿大，韧性增加，整个肝脏出现网状结构，颜色变浅，呈淡黄色或呈苍白色（图 7-3-4 和图 7-3-5）。胆囊肿胀，充盈胆汁（图 7-3-6 和图 7-3-7）。在有些病例，可见胰腺出血（图 7-3-8 和图 7-3-9），肾脏肿胀、出血（图 7-3-10）。该病易诱发鸭脾坏死病（图 7-3-11）。慢性病例见有心包积水和腹水，肝脏萎缩、变硬、有结节。肝脏的组织病理学变化包括肝细胞脂肪变性，胆小管增生，纤维化，在胰腺和肾脏，见有血管病变和退行性病变（Swayne et al.，2013）。

图 7-3-2　鸭黄曲霉毒素中毒病：病鸭流泪，眼周围羽毛沾湿，死后角弓反张，脚掌和脚趾出血

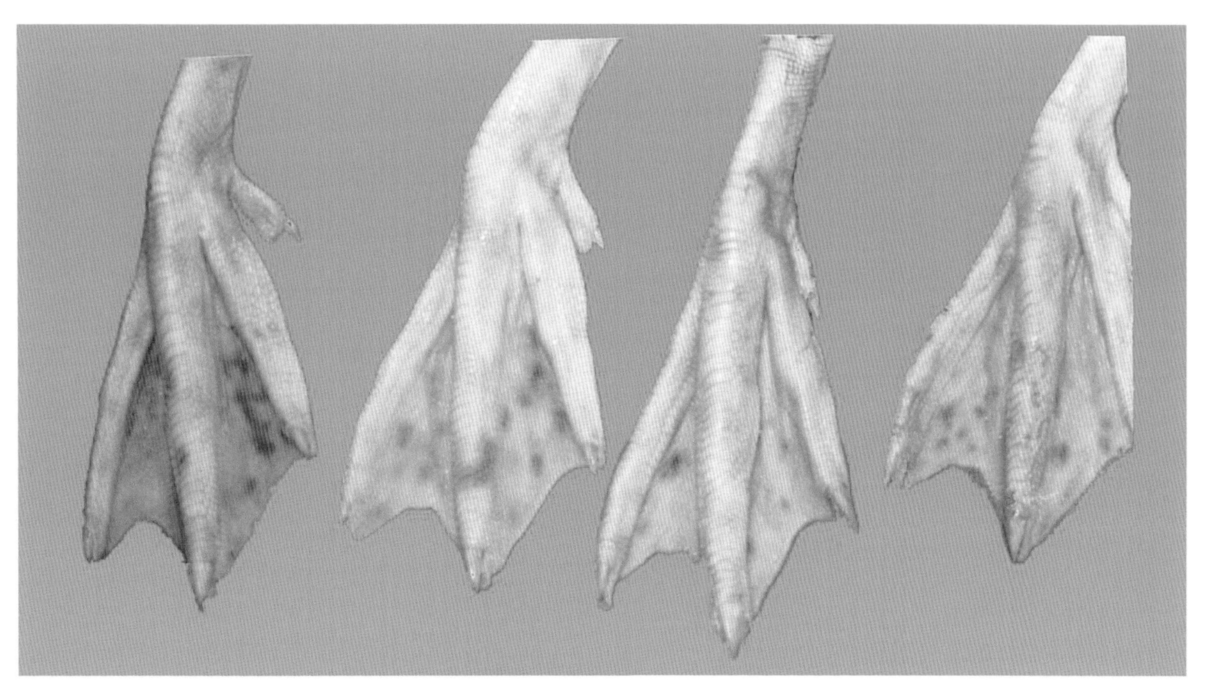

图 7-3-3　鸭黄曲霉毒素中毒病：腿和脚发青，脚蹼有出血点

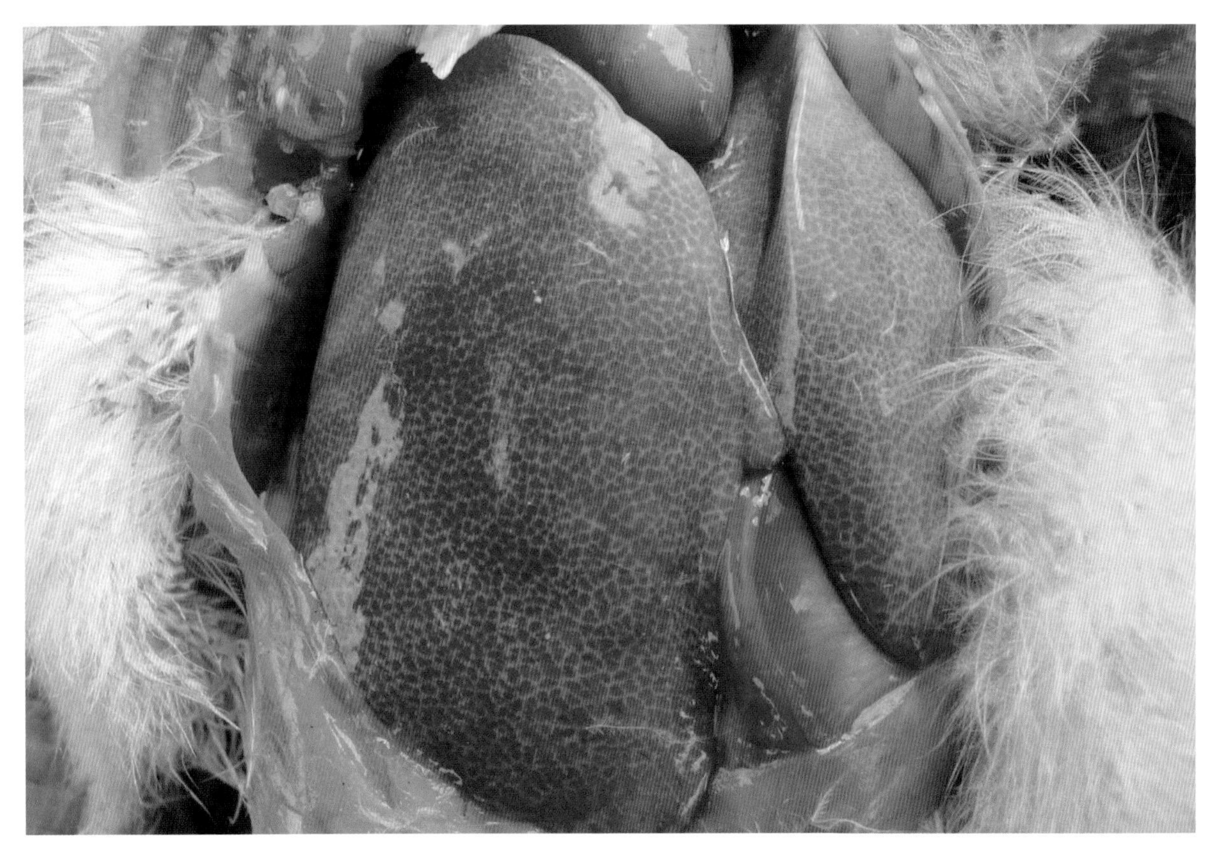

图 7-3-4　鸭黄曲霉毒素中毒病：肝脏肿大，韧性增加，出现网状结构

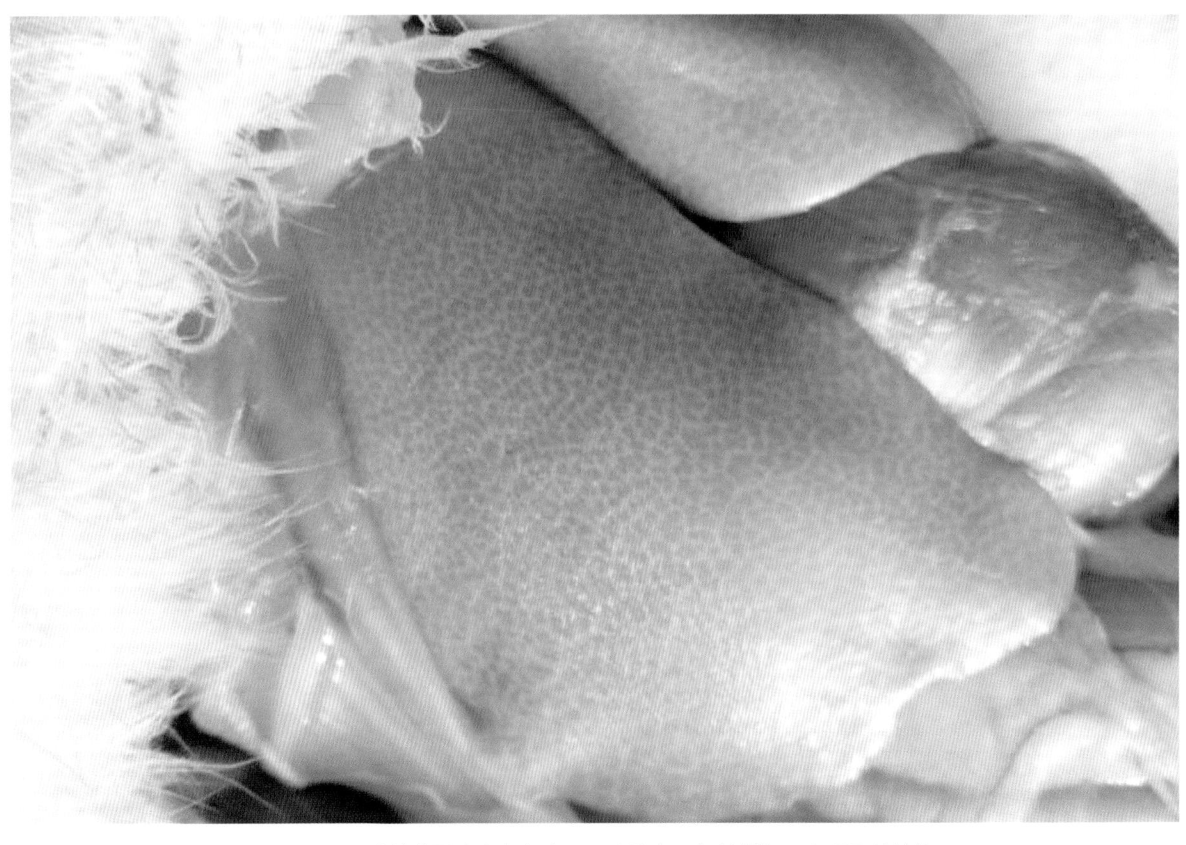

图 7-3-5　鸭黄曲霉毒素中毒病：肝脏肿大，韧性增加，出现网状结构

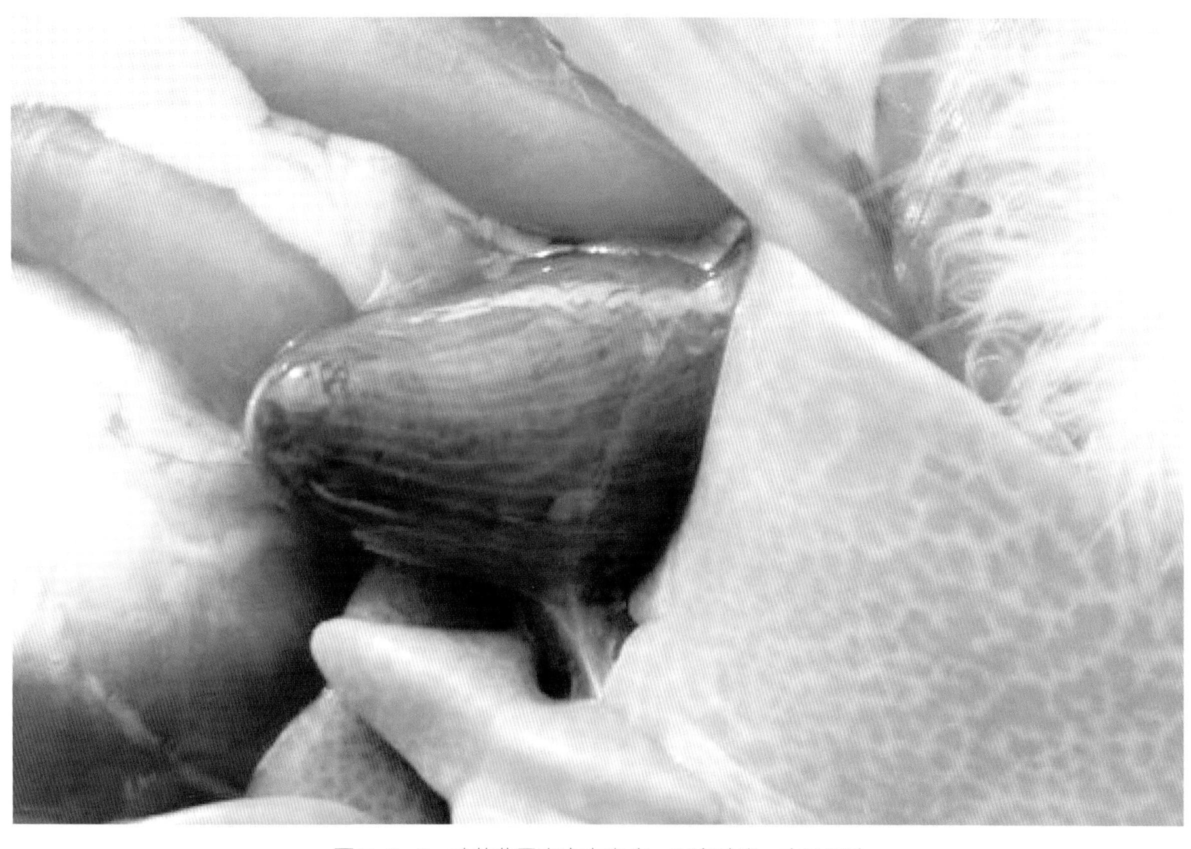

图 7-3-6　鸭黄曲霉毒素中毒病：胆囊肿胀，充盈胆汁

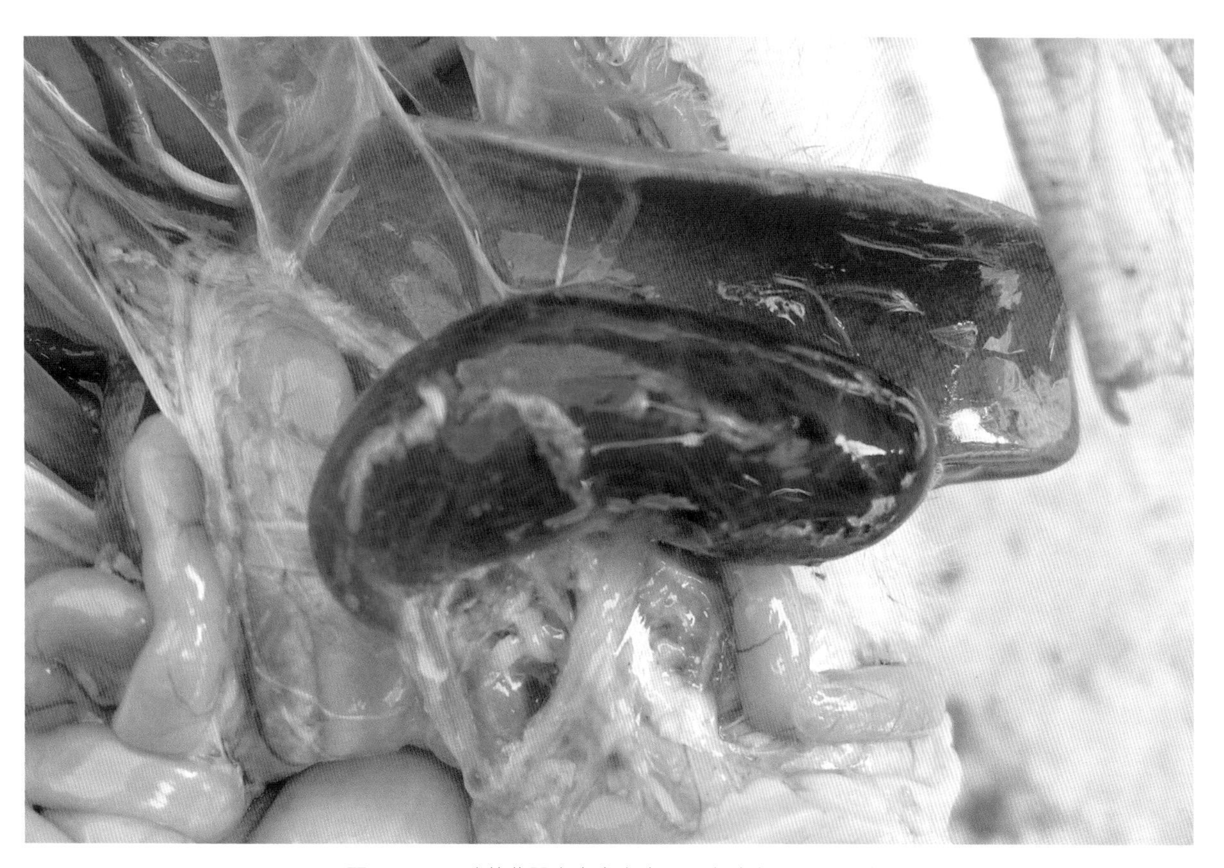

图 7-3-7　鸭黄曲霉毒素中毒病：胆囊肿胀，充盈胆汁

图 7-3-8　鸭黄曲霉毒素中毒病：胰腺有少量出血点

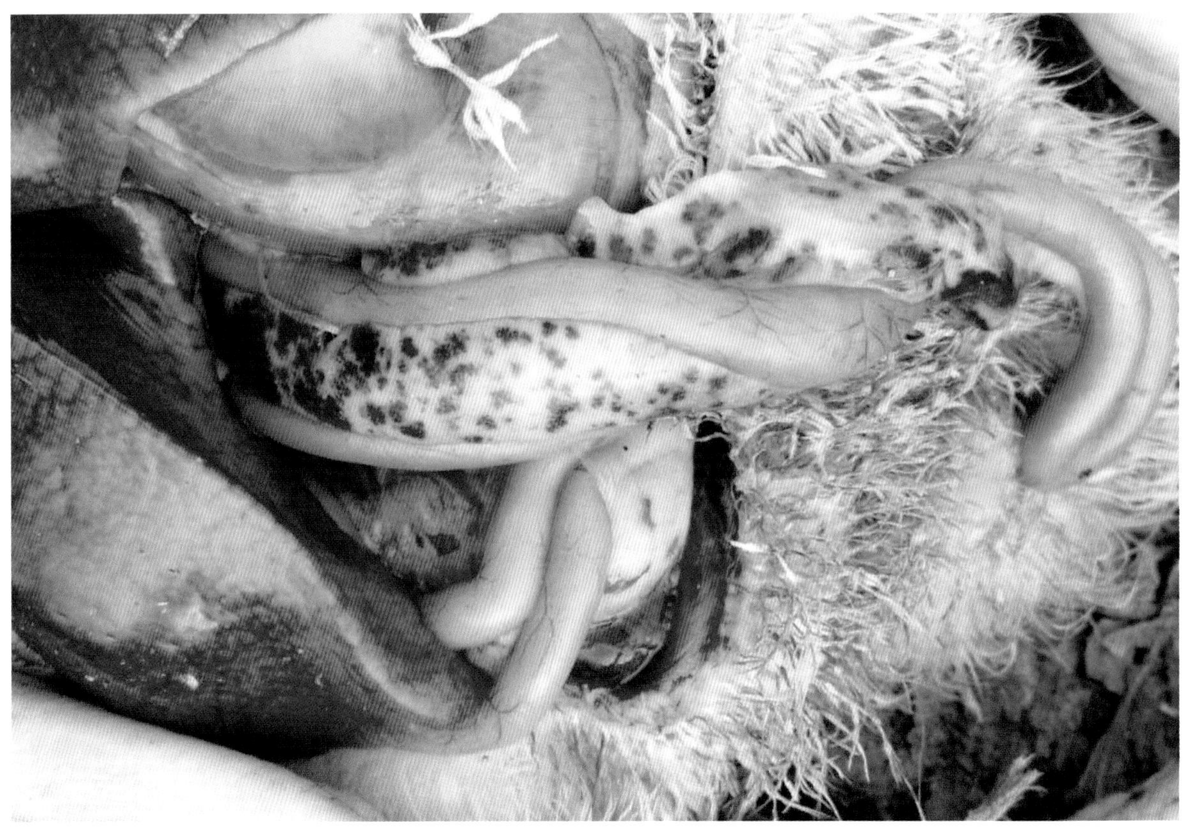

图 7-3-9　鸭黄曲霉毒素中毒病：胰腺出血严重

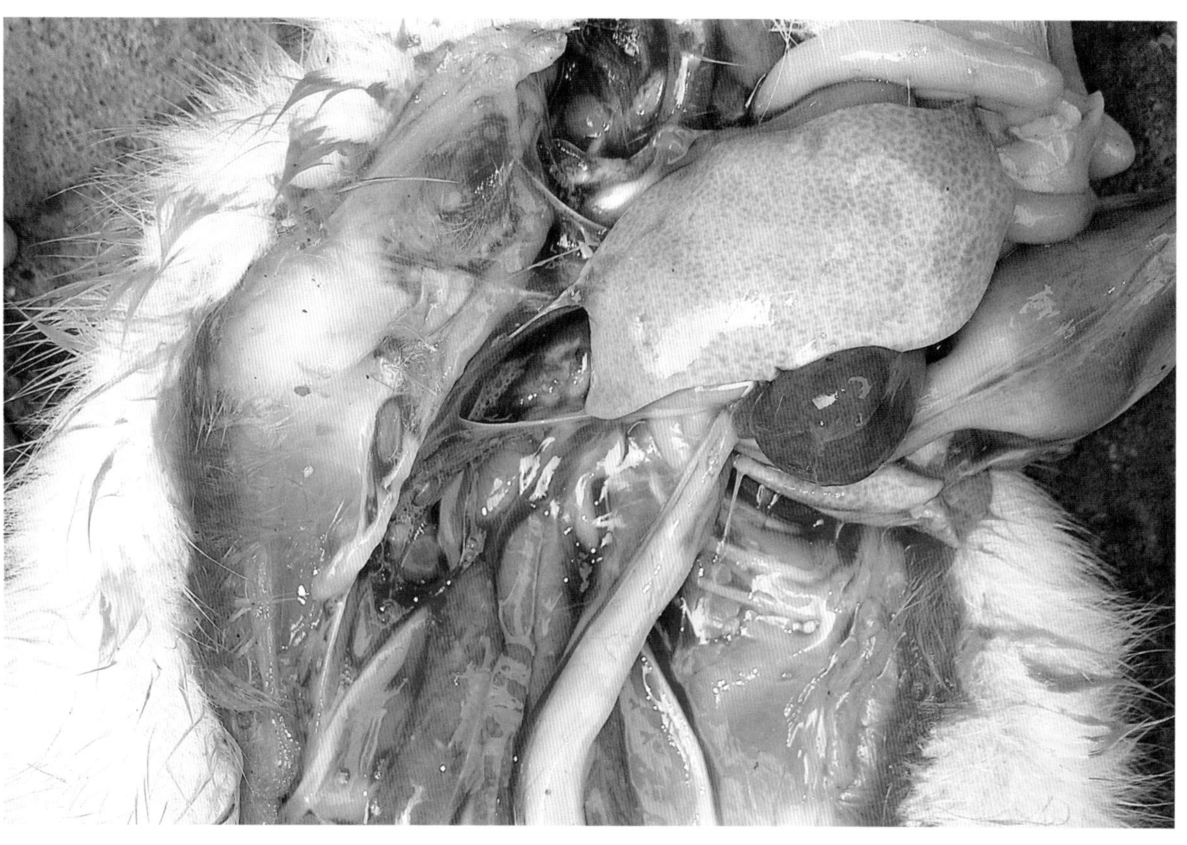

图 7-3-10　鸭黄曲霉毒素中毒病：肾脏肿胀、出血

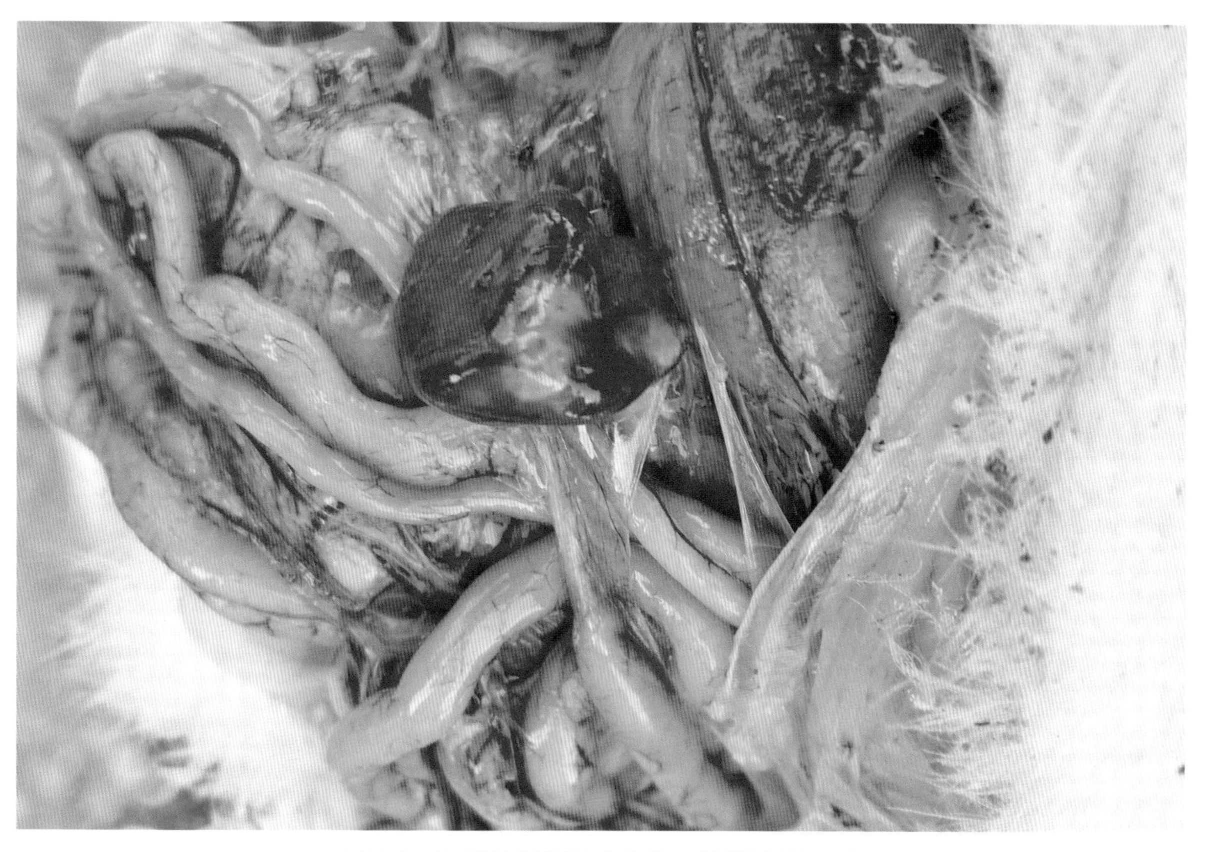

图 7-3-11　鸭黄曲霉毒素中毒病：易诱发鸭脾坏死病

五、诊断

通常结合发病情况、临床症状与病理变化（特别是肝脏病变）进行诊断。若需要进行确诊，可将饲料或原料碾碎，铺成薄层，在365nm波长的紫外线灯下观察，含黄曲霉B类毒素者，发蓝紫色荧光，含黄曲霉G类毒素者，发亮黄绿色荧光（吴节英，2017）。亦可用1日龄雏鸭进行饲喂试验，或进行黄曲霉毒素的生物学测定（郭玉璞和蒋金书，1988）

六、防治

该病无有效治疗措施，应以预防为主。采购饲料原料时，需检测黄曲霉毒素，要考虑到鸭子采食后黄曲霉毒素在体内的蓄积。存放饲料时，应保持环境干燥，切勿直接堆放于地上，以防饲料发霉，尤其在雨季更应注意防霉。一旦发病，应立即更换饲料。

第四节　鸭肉毒中毒病

鸭肉毒中毒病（Botulism in ducks）又名“软颈病”，是鸭摄入了肉毒梭菌毒素而引起的一种急性中毒性疾病，临床表现为头颈抽搐，肌肉麻痹，翅膀下垂。

一、病因

肉毒梭菌（*Clostridium botulinum*）是一种腐生菌，在自然界中分布广泛，常存在于土壤、污泥、腐败尸体、动物肠内容物。肉毒梭菌本身并不致病，但在厌氧条件和适宜温度下，可产生毒性极强的外毒素。鸭吞食含肉毒梭菌毒素的食物是发生该病的原因。依据毒素抗原性不同，可将肉毒梭菌分为8个血清型，即A、B、Cα、Cβ、D、E、F和G型，鸭肉毒中毒主要由C型肉毒梭菌产生的外毒素引起（Notermans et al.，1980；Smith，1996）。

二、发病特点

各种日龄和各种品种的鸭均可发生该病，发病率和死亡率与摄入的毒素量有关，鸭只越健壮、采食量越大，摄入的毒素越多，死亡率越高（邢思国，2007；童有银，2004）。

近年来，我国肉鸭和蛋鸭养殖方式发生了巨大变化，目前的饲养方式包括地面平养、网上平养和立体养殖，在这些模式下，一般不会发生鸭肉毒中毒病。但在南方一些地区，部分养殖户仍沿用传统方式，利用河流（图7-4-1）、鱼塘（图7-4-2）和水库养鸭，或在稻田放牧（图7-4-3），在这样的饲养方式下，则存在采食动物尸体（如死鱼）的可能，特别是在夏秋季节，动物尸体极易腐败而

图 7-4-1 利用河流饲养肉鸭（上）和蛋鸭（下）

图 7-4-2　利用鱼塘饲养肉鸭（上）和蛋鸭（下）

图 7-4-3 麻鸭养殖模式：稻鸭共作

产生肉毒梭菌毒素，从而引发肉毒中毒（郝金华等，2010；毛金明和程新志，2012）。

三、临床症状和病理变化

该病潜伏期长短不一，一般在摄入含毒素的食物数小时至1~2天发病。在发病初期，病鸭精神萎靡，反应迟钝，嗜睡，行动困难。随后出现神经麻痹，轻度中毒可造成鸭腿部和翅膀麻痹，表现为瘫痪，翅膀下垂，羽毛极易脱落，可能会恢复正常（郭玉璞和蒋金书，1988；燕强等，2008）；重度中毒时，病鸭表现为头颈下垂，置于地面，故称“软颈病”（图7-4-4）。在发病后期，因心脏和呼吸衰竭而死亡（郭玉璞和蒋金书，1988；毛金明和程新志，2012）。

图7-4-4　鸭肉毒中毒：头颈、翅膀下垂，行走困难

该病无特征性病理变化，急性死亡病例的鸭胃内可见大量未消化的食物，气味腥臭。剖检可见咽喉和肺部有出血点，胃黏膜轻度肿胀，肠道充血，内有淡红色粪便（郝金华等，2010；毛金明和程新志，2012；邢思国，2007）。

四、诊断和防治

可结合发病特点和临床症状作出初步诊断，确诊需进行实验室检查。采集病死鸭的胃内容物，研磨，过滤，收集滤液，接种于2只小鼠的腹腔，每只接种0.5mL，观察3天，若在3天内出现麻痹甚至死亡，则可确诊。亦可用病鸭血清作为接种物。

控制该病应以预防为主。在水面养殖模式下，应及时清除水塘中的死鱼、死虾。改变肉鸭和蛋鸭饲养方式，是控制该病的根本措施。一旦发生该病，可用C型肉毒梭菌的抗毒素进行治疗。

第五节 雏鸭一氧化碳中毒

雏鸭一氧化碳中毒（Carbon monoxide intoxication in ducklings）是雏鸭吸入过量一氧化碳所发生的一种中毒性疾病，主要发生于育雏期，其特点是急性死亡。

一、病因

吸入过量一氧化碳是发生该病的原因。在育雏期，需要给雏鸭保暖，若供暖方式是烧煤或木炭，燃烧不完全时，会产生大量一氧化碳。如果烟囱有裂缝或安装不合理，加之育雏室往往通风不良，易导致育雏舍空气中蓄积过量一氧化碳，进而引起雏鸭中毒。其机理是，一氧化碳与血红蛋白的亲和力远高于氧，若一氧化碳进入体内，与血红蛋白结合形成羧基血红蛋白（Carboxyhemoglobin），使其携氧能力下降，释放到组织的氧减少，导致组织缺氧（Bleecker，2015）。

二、发病特点

该病并不常见。在上海（陈励南，1985）、福建（谢桂元，1994）和江苏（陈梅等，2012；吴翠英，2012）等地曾报道过该病。一氧化碳中毒主要发生于育雏期，这是因育雏期需要供暖所致。在冬季育雏，为保暖，育雏舍常常密闭，雏鸭发生一氧化碳中毒的风险更高。该病呈急性经过，通常发生于夜间无人看管时，往往在第二天凌晨见到大批雏鸭死亡。雏鸭死亡率可达50%~100%（陈励南，1985；陈梅等，2012；吴翠英，2012），死亡率高低与中毒程度不同以及能否及时发现有关。

三、临床症状

若不能及时发现，在凌晨见到大量雏鸭已死亡，是发生该病的重要标志。若在夜间观察，可见中毒初期雏鸭烦躁不安，约1小时后，鸭群变得安静，多数鸭子呆立、打瞌睡。再经过1~2小时，雏鸭大批死亡，临死前痉挛，死后呈角弓反张样，喙端发绀（陈励南，1985；陈梅等，2012；吴翠英，2012）。

四、病理变化

主要病理变化是脏器血管怒张，肺和血液呈樱桃红色，血液不易凝固（陈励南，1985；陈梅等，2012；吴翠英，2012）。

五、诊断

该病多发生于育雏期，死亡多在夜间出现，死亡率往往很高，中毒鸭血液呈樱红色、且不易凝固，结合舍内空气味道以及供暖设施检查情况，可作出诊断。

六、防治

保持育雏室内空气流通、合理安装供暖设施是预防该病的有效措施。在冬春季育雏，应处理好保温和通风的关系，要适当打开窗户，保持空气流通。更安全的措施是采用电热、暖气等供暖方式。一旦发现雏鸭有中毒迹象，应立即打开门窗，使舍内空气流通。

第六节　鸭关节炎

鸭关节炎（Arthritis in ducks），又名鸭关节炎综合征，指鸭关节肿胀、行动不便和跛行。鸭关节炎是多种疾病的症状或病变而非一种疾病，可导致饲料利用率降低，鸭淘汰率升高，对养鸭业具有一定的危害。

一、病因

诱发鸭关节炎的因素很多，包括非传染性因素和传染性因素。在饲养管理过程中，鸭群饲养密度过大、运动少、光照时间不足以及鸭舍地面潮湿过硬等，易导致关节变形，引发关节炎（李若军等，2007）。饲料中营养配比不当，如饲料中蛋白含量过高易导致鸭痛风，病鸭的腿部关节沉积大量尿酸盐，引发关节肿胀变形（Guo et al.，2005；熊东艳等，2016；朱保林等，1993）。日粮中维生素A缺乏、钙磷缺乏、烟酸缺乏以及胆碱缺乏均可能诱发鸭的关节发生病变（鞠艳等，2016；闻治国等，2014）。

多种细菌感染可导致鸭关节炎。据Bisgaard（1981）报道，从鸭关节炎的临床病例中最易分离出鼠伤寒沙门氏菌、金黄色葡萄球菌和大肠杆菌。在实验室条件下，葡萄球菌、大肠杆菌、化脓隐秘杆菌和粪肠球菌分离株均可引起雏鸭的关节炎（千国胜等，2018）。此外，在鸭疫里默氏菌感染、鸭巴氏杆菌感染和鸭呼肠孤病毒感染病例中，亦可见关节炎（郭玉璞和蒋金书，1988）。

二、发病特点

鸭关节炎无明显季节性。不同品种的发病率有所不同，在相同的饲养环境下，北京鸭和番鸭较麻鸭更易发生关节炎（Bisgaard et al.，1981）。不同生长期的鸭易感性也不同，在北京填鸭的肥育期以及种鸭育成期和产蛋期，易发生该病（杨成太等，2015）。进入21世纪后，我国养鸭业发展迅速，肉种鸭养殖量大幅度增加，关节炎对肉种鸭的危害日益突出，在生产中，常将种鸭关节炎称为种鸭腿病。

在地面平养模式下，若地面有尖锐物，或运动场的砖不平整，或水泥地面过于粗糙，较易出现关节炎病例。在网养模式下，若网床材质过硬，亦较易出现关节炎病例。可能与脚蹼扎伤或磨伤后感染细菌有关。

三、临床症状和病理变化

特征症状为病鸭关节肿胀、变形，以跗关节（图7-6-1）和趾关节（图7-6-2）最易受到影响，剖检可见关节内有淡黄色或浑浊脓性渗出液，如病程较长，可见关节软骨上有干酪样渗出物（图7-6-3至图7-6-5）。其他症状包括由于关节病变导致的行动不便、跛行、采食量下降，逐渐消

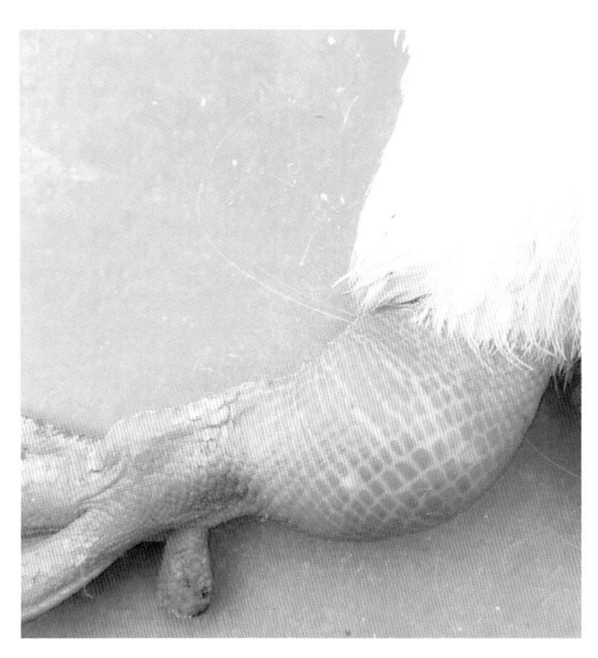

图7-6-1　鸭关节炎：跗关节肿胀

图7-6-2　鸭关节炎：趾关节肿胀

图 7-6-3　鸭关节炎：跗关节内有干酪样物蓄积

图 7-6-4　鸭关节炎：跗关节内有干酪样物蓄积

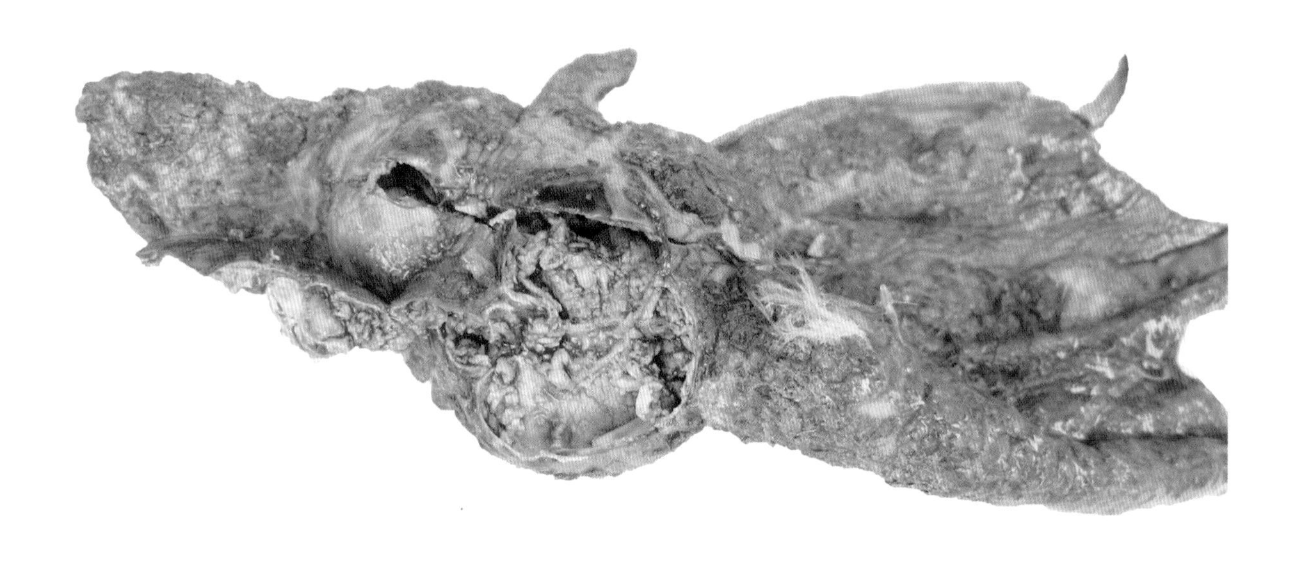

图 7-6-5　鸭关节炎：脚掌粘满粪污，关节内有干酪样物蓄积

瘦，甚至死亡。

四、诊断和防治

鸭关节炎具有特征性，较易诊断。但要确定其病因，还需进行全面分析。在排除营养因素后，可采集关节内渗出液进行细菌分离和鉴定，筛选敏感药物进行防治，有助于减少发病率。亦可进行病毒检测，以分析与病毒感染的相关性，并根据诊断结果进行针对性预防。

开展养殖技术研究，选择适宜的饲养方式，特别是保持地面平整、松软，选择适宜的材质制备网床，有助于减少关节炎病例的发生。

第七节　鸭腹水

鸭腹水（Ascites in ducks）指鸭腹腔内积聚了过量的游离液体，是一种症状或病变而非一种疾病。临床表现为腹部膨大甚至下垂，触之有波动感，剖检可见腹腔内蓄积大量液体。鸭腹水可导致鸭死淘率上升、屠宰率及产品品质下降，对养鸭业具有一定的危害。

一、病因

多种因素可诱发腹水，包括非传染病因素和传染病因素。黄曲霉毒素中毒（Asplin and Carnaghan，1961）、煤焦油（Coal tar）中毒（Carlton，1966）、吡咯里西啶生物碱（Pyrrolizidine alkaloids）中毒（Pass et al.，1979）、呋喃唑酮中毒（Webb and Van Vleet，1991），均可诱发腹水。在实验条件下，连续饲喂高水平普通菜籽油，可复制出腹水病例，说明某些饲料原料与腹水形成有关（Ratanasethkul et al.，1976）。发生鸭大肠杆菌病、鸭沙门氏菌病和鸭葡萄球菌病等细菌病时，亦可引起腹水，可能与细菌毒素有关（郭玉璞和蒋金书，1988）。腹水也是番鸭细小病毒感染（Woolcock et al.，2000）、鹅细小病毒感染（Shehata et al.，2016）等病毒病的病变之一，但在养鸭生产中，这种情况相对少见。

Julian（1988）曾从英国某加工厂收集24只6~7周龄商品肉鸭腹水病例进行分析，发现右心室衰竭是导致鸭腹水的主要原因，肝淀粉样变性和腹膜炎亦可导致腹水。

二、流行特点

腹水是肉鸭的常见问题，在我国广西（戴世杰和陆洪，1995；蒙自龙和韦云，2000）、河北（胡青海等，2011）、河南（朱凤霞等，2007）、浙江（沈柏根，1996）等地，都有鸭腹水的病例报道。各种品种不同日龄的鸭都可出现腹水，因诱因不同，群体内腹水病例的比例及死亡率高低不同。一般情况下，腹水所引起的死亡率较低，但也曾有鸭群出现50%的死亡率（戴世杰和陆洪，1995）。

三、临床症状和病理变化

特征症状是腹部膨大，触之松软有波动感（图7-7-1和图7-7-2），积液多时腹部皮肤变薄发亮，严重者腹部皮肤发红，穿刺或剖检时有液体流出（图7-7-3）。特征病变为腹腔内有大量清亮或浑浊的积液（图7-7-4），积液中或混有纤维素样凝块。

其他症状包括精神委顿，不愿走动或行动迟缓，发育受阻，羽毛杂乱，常拉水样粪便，捕捉时易抽搐而死，产蛋鸭产蛋受影响。其他病变包括肝脏肿大，质地变硬（图7-7-5）；心脏和肝脏表面有纤维素或胶冻样渗出物（图7-7-6）；卵泡萎缩，输卵管内有干酪样物堵塞（图7-7-7）。亦有部分病例肝脏萎缩，质地变脆，边缘钝圆；肠黏膜充血、出血，肠道粘连；卵泡破裂，形成卵黄性腹膜炎。

四、诊断和防治

腹水极具特征性，易进行判断。但腹水的诱因很多，确定病因存在一定的困难，需多方面查找原因。若怀疑与黄曲霉毒素中毒或某种饲料原料有关，可用饲喂试验加以确定。若养殖环境较差，特别是剖检见有腹膜炎，可考虑进行细菌分离和鉴定，分析腹水与鸭大肠杆菌病和鸭葡萄球菌病等细菌病之间的相关性。若怀疑腹水与病毒感染有关，则需做好疫苗的免疫接种。

图 7-7-1　鸭腹水：腹部膨大，呈“水裆”状（韩秀芬供图）

图 7-7-2　鸭腹水：腹部皮肤变薄，触之有波动感（韩秀芬供图）

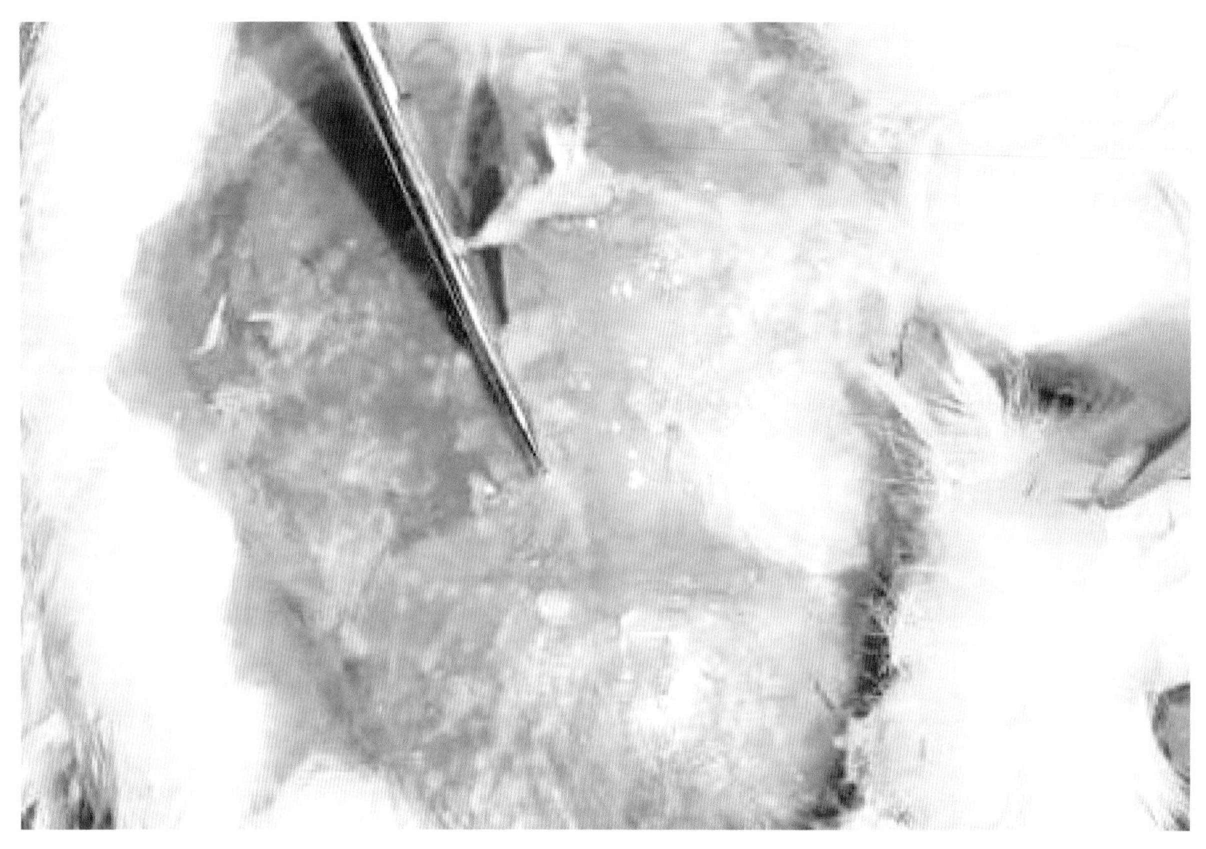

图 7-7-3　鸭腹水：剖检时有茶色液体流出（韩秀芬供图）

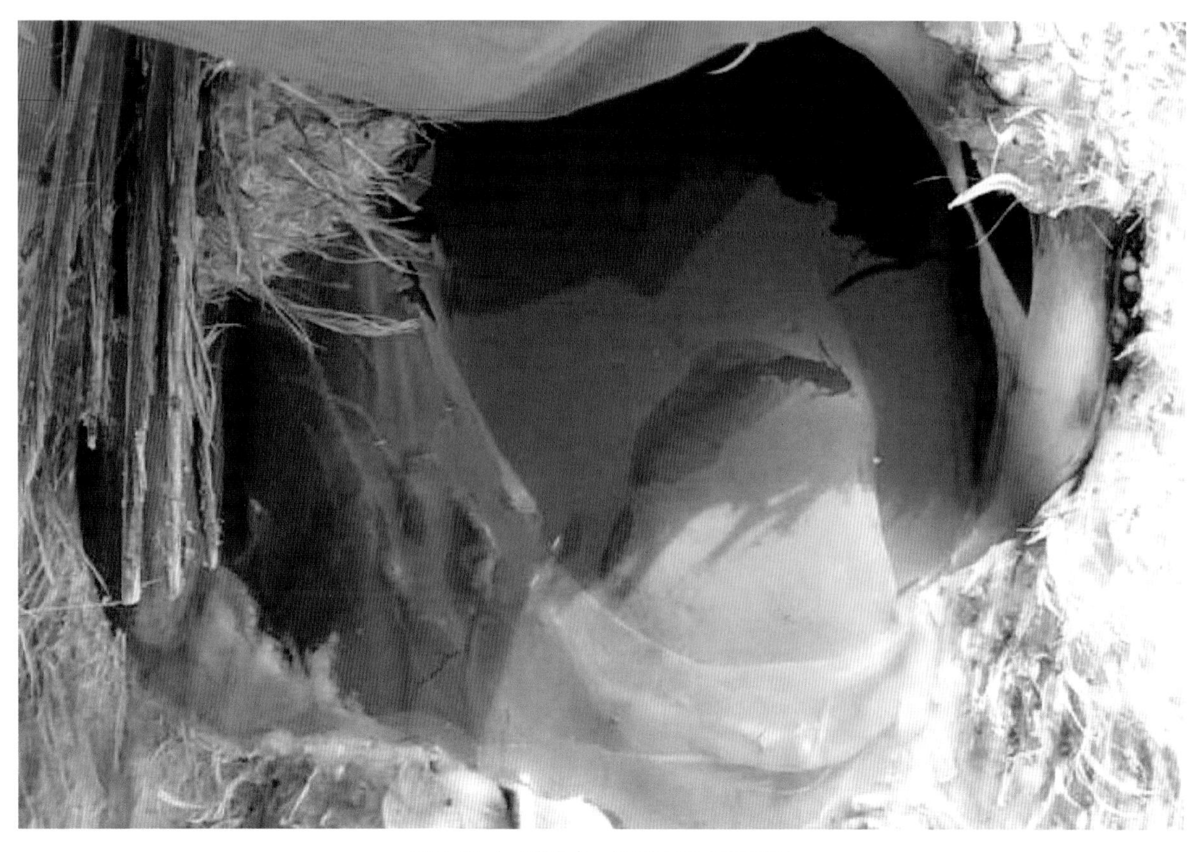

图 7-7-4　鸭腹水：腹腔内有大量积液

图 7-7-5　鸭腹水：肝脏肿大，质地变硬，呈黄色

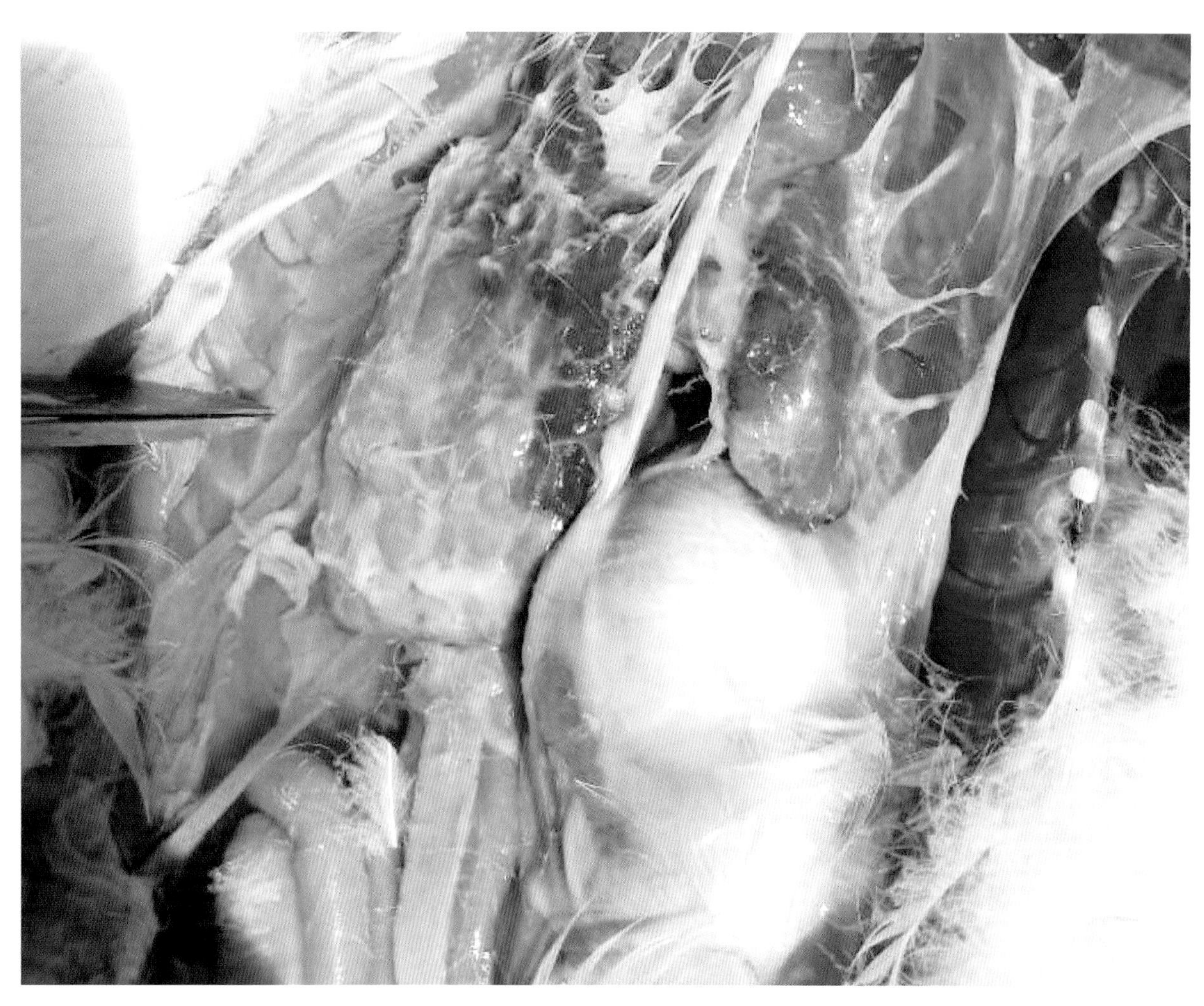

图 7-7-6　鸭腹水：心脏和肝脏表面有渗出物，腹腔内有茶色透明腹水

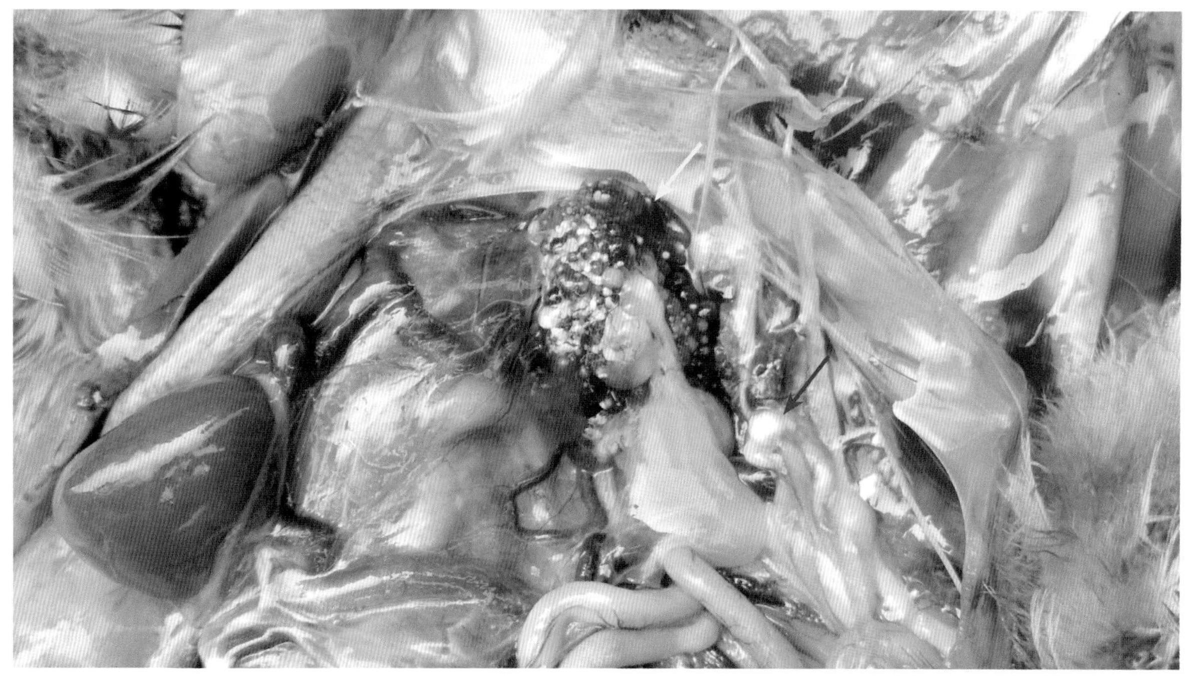

图 7-7-7　鸭腹水：卵泡萎缩（黄色箭头），输卵管内有干酪样物（红色箭头）

第八节 蛋鸭输卵管积液和产蛋下降综合征

蛋鸭输卵管积液和产蛋下降综合征（Oviduct effusion and egg drop syndrome of egg-laying ducks）是一种病因未明的蛋鸭疾病，以输卵管积液和产蛋下降为特征，在发病一周内可导致产蛋下降10%~40%，对蛋鸭养殖业有一定的危害。

一、病原学

该病病原尚未完全确定，但已采用细菌培养、血凝试验和PCR检测等方法排除了感染鸭的常见病原，并从典型病例中检测到禽偏肺病毒（Avian metapneumovirus，aMPV），因此，该病可能与aMPV感染有关。aMPV属于肺病毒科偏肺病毒属，目前划分为4个基因亚型（A、B、C和D）（Bäyon-Auboyer et al.，2000；Easton et al.，2004；Govindarajan et al.，2004）。从该病典型病例所检出的毒株属于aMPV的C亚型，但与C亚型存在一定的变异（钟雪峰，2018）。

二、流行病学

2010年，在我国广东，曾报道aMPV感染所引起的番鸭产蛋下降（Sun et al.，2014），该病与之略有不同。在辽宁蛋鸭养殖地区，该病最早于2010年出现，随后每年均可见其发生与流行。2016年在湖北蛋鸭养殖区亦曾见该病的发生的报道。多发生于100日龄以上的蛋鸭，无明显季节性，其传播较为迅速，但疾病流行往往局限于约2千米内的小区域。多呈散发状态。对蛋鸭养殖业有一定危害（钟雪峰，2018）。

三、临床症状

该病呈急性经过。早期症状出现于呼吸道，即个别鸭从喉部发出异常叫声是发生该病的指征。在发病后第2~3天，有呼吸道症状的病例迅速增加。从发病后第4天开始，呼吸道症状明显减少。大群精神状态良好（图7-8-1），采食量通常无明显变化，但在出现呼吸道症状后2~3天产蛋量减少。图7-8-2表示一个产蛋处于上升期的鸭群发病后的产蛋率变化曲线。在发病当日，即可见产蛋下降，在发病2天后，产蛋率降至低谷，降幅约为13%，随后产蛋量增加，经过约1周，产蛋率恢复到原有水平。不同鸭群产蛋率降幅有所不同，为10%~40%，产蛋率越高者降幅越大。从产蛋高峰降至低谷的时间也略有不同。在发病群体，可出现死亡病例（图7-8-3），其出现几乎与产蛋下降同步，最初见有个别鸭只死亡，在随后第3~4天死亡病例较病初为多，但死亡率通常较低，一般不超过1%（钟雪峰，2018）。

图 7-8-1 蛋鸭输卵管积液和产蛋下降综合征：发病鸭群精神状态良好，有呼吸道症状，产蛋量减少

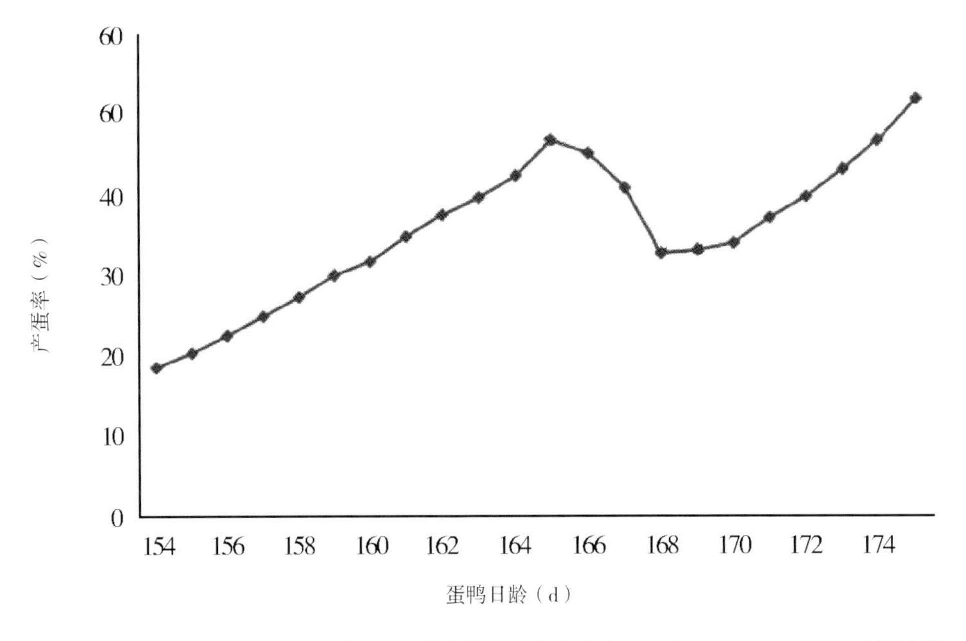

图 7-8-2 蛋鸭输卵管积液和产蛋下降综合征：一个金定麻鸭群在 154~174 日龄的产蛋曲线

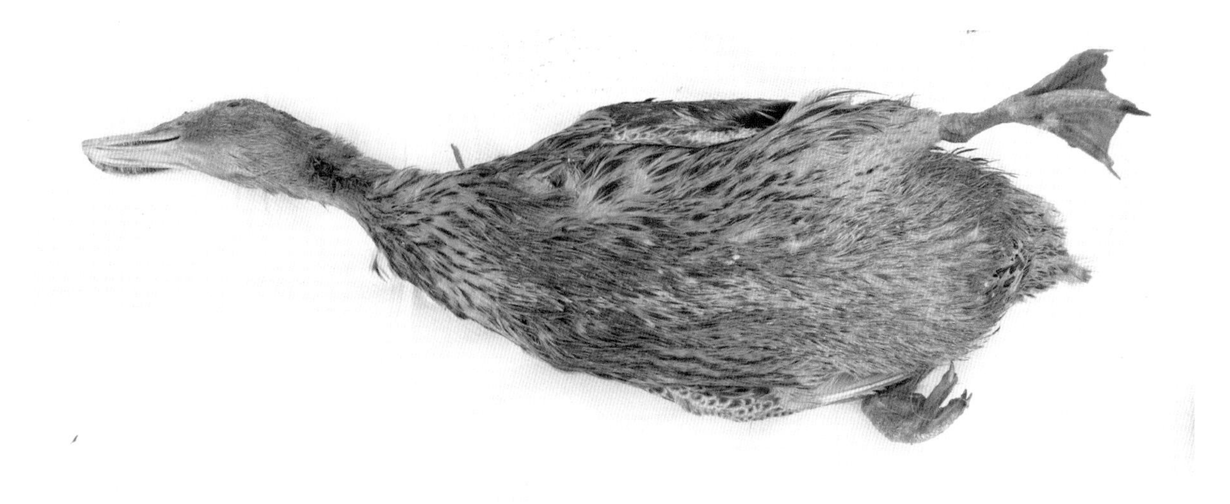

图 7-8-3 蛋鸭输卵管积液和产蛋下降综合征：麻鸭死亡病例

四、病理变化

特征病变见于输卵管（钟雪峰，2018）。输卵管明显膨大，内含透明或轻度浑浊的渗出液（图 7-8-4 和图 7-8-5），积液中见有白色凝固物或蛋白样白色絮状物（图 7-8-5 至图 7-8-7）。卵巢亦有病变，卵泡膜充血、出血（图 7-8-4 至图 7-8-6），卵泡变形（图 7-8-6）、破裂（图 7-8-5 至图 7-8-7）。部分病例的卵泡膜出血严重（图 7-8-8），偶见输卵管黏膜充血或出血（图 7-8-8 和图 7-8-9），子宫部有成形鸭蛋（图 7-8-9）。肝脏充血（图 7-8-10）。发病 4~5 日后，有些病例的输卵管内已无积液，可能由泄殖腔流出（图 7-8-11），但在输卵管和子宫部见有凝固的渗出物（图 7-8-12 至图 7-8-14），偶见子宫黏膜充血。

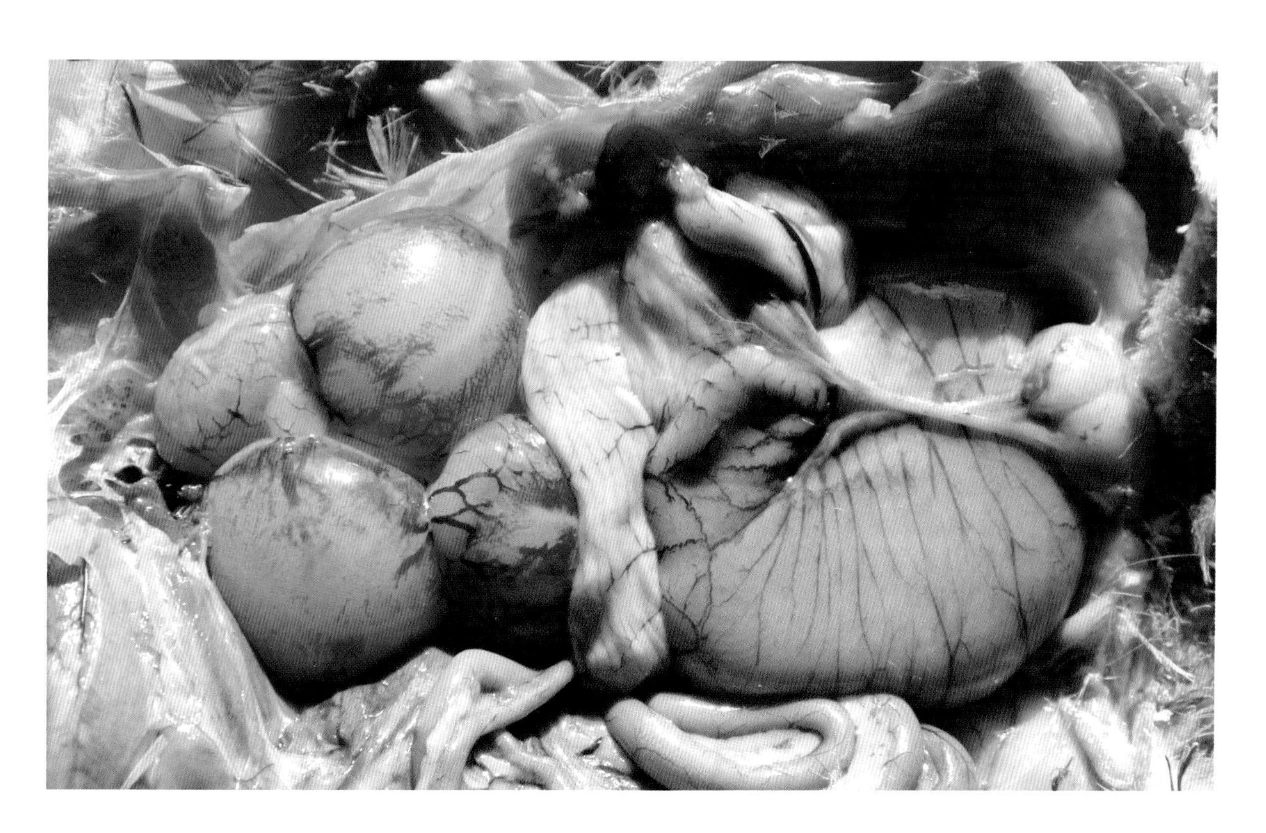

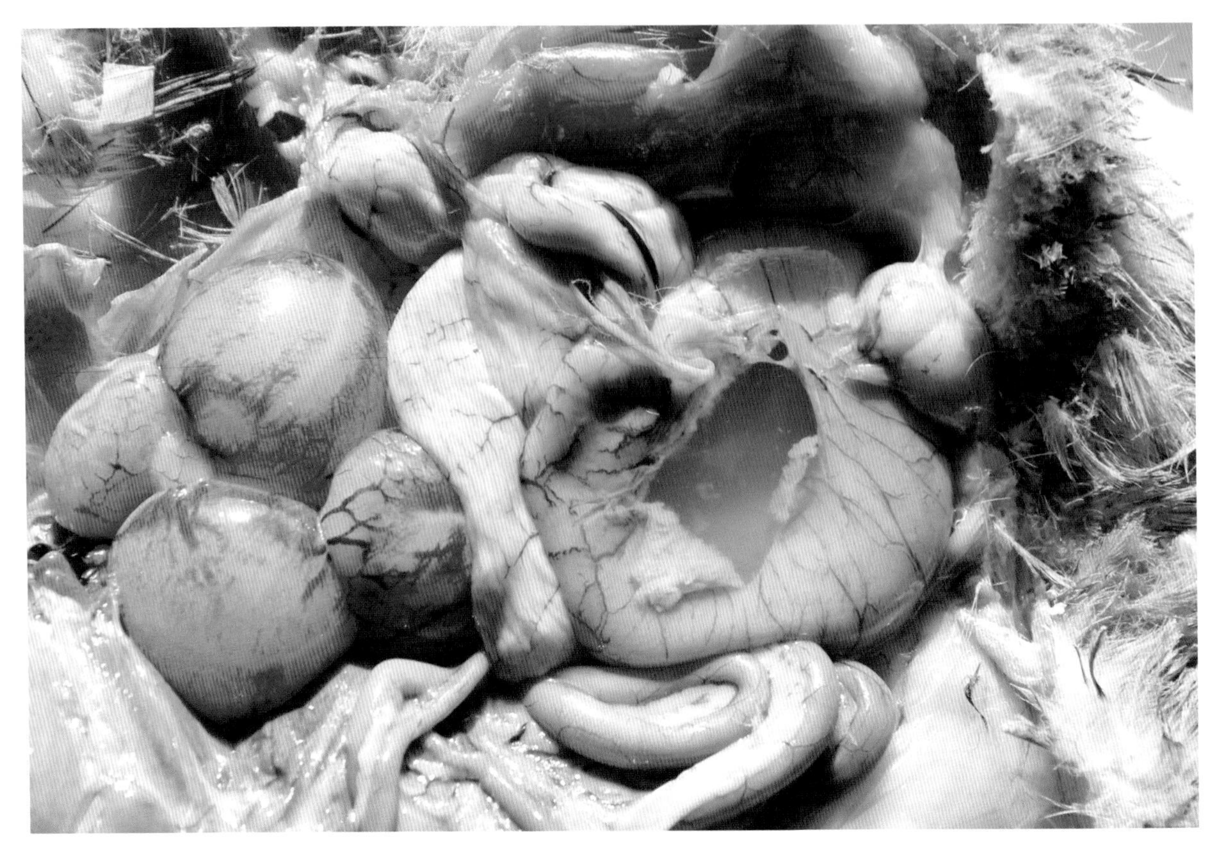

图 7-8-4　蛋鸭输卵管积液和产蛋下降综合征：输卵管膨大，内有大量积液，卵泡膜出血

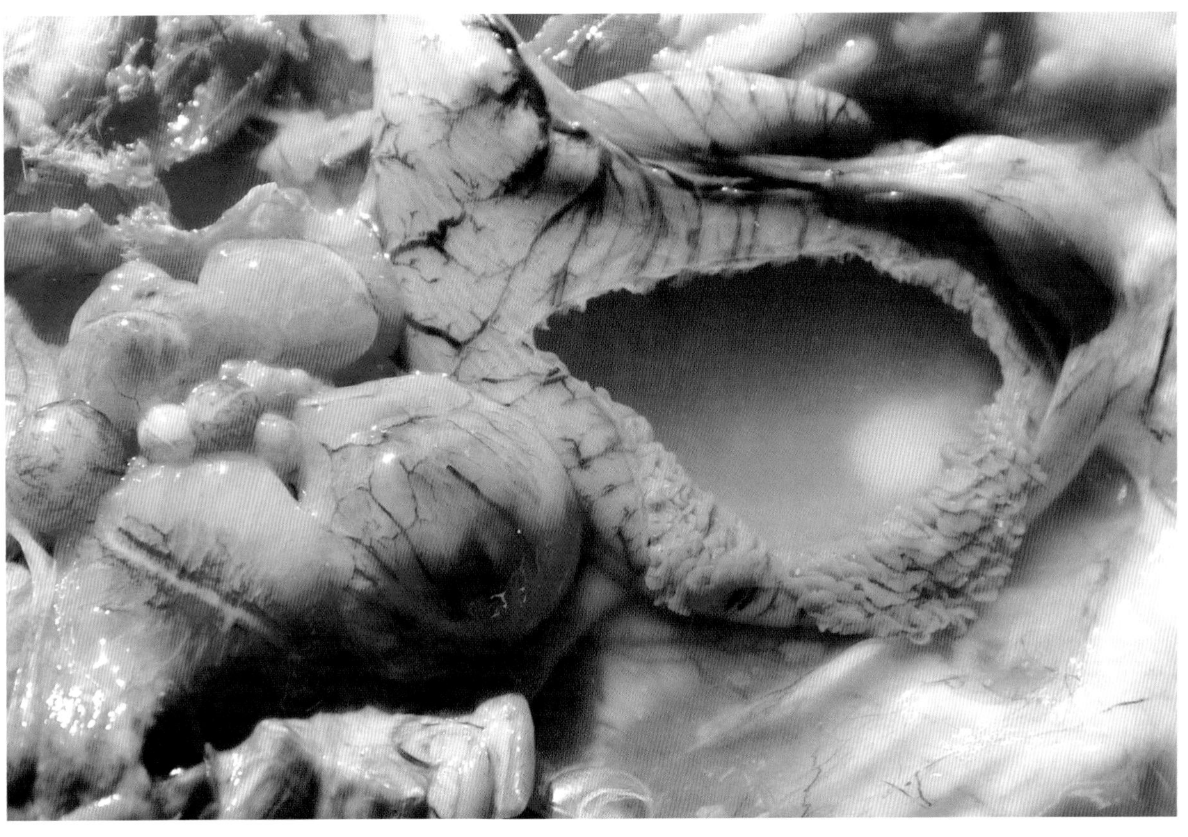

图 7-8-5　蛋鸭输卵管积液和产蛋下降综合征：输卵管膨大，内有积液和白色凝固物，卵泡破裂

图 7-8-6　蛋鸭输卵管积液和产蛋下降综合征：输卵管子宫部有积液和白色絮状物，卵泡变形、破裂，卵泡膜充血或出血

图 7-8-7　蛋鸭输卵管积液和产蛋下降综合征：输卵管内有白色凝固物，卵泡破裂

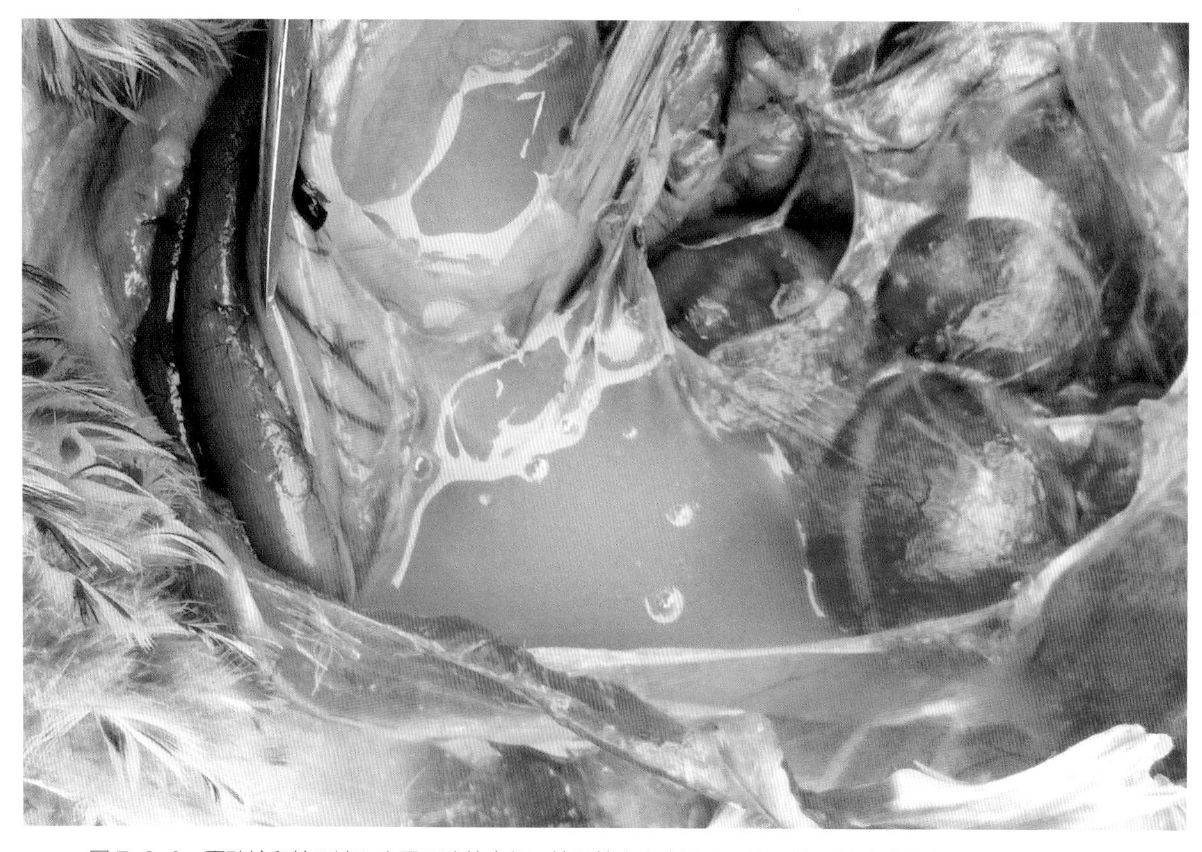

图 7-8-8　蛋鸭输卵管积液和产蛋下降综合征：输卵管内有半透明积液，输卵管黏膜充血，卵泡膜出血严重

图 7-8-9　蛋鸭输卵管积液和产蛋下降综合征：输卵管黏膜充血或出血，输卵管内有透明积液和渗出物，子宫部有成形鸭蛋

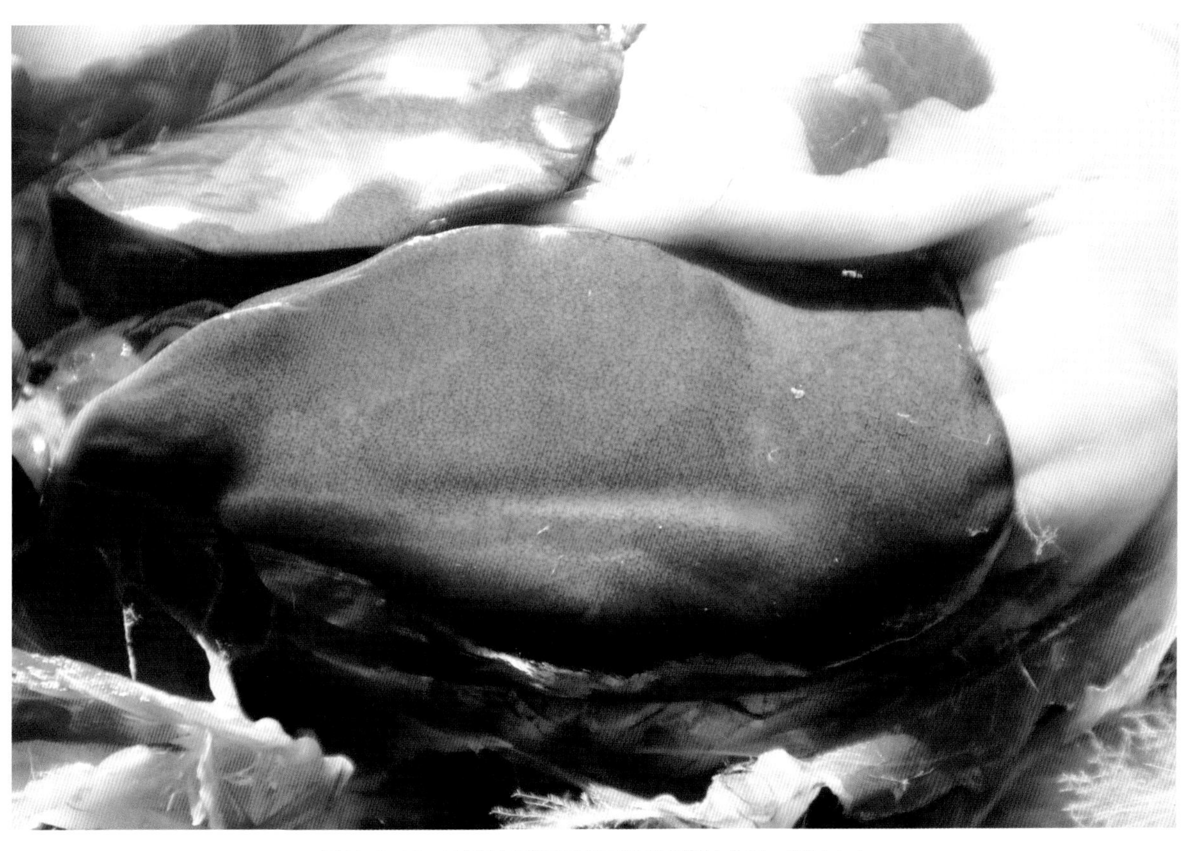

图 7-8-10　蛋鸭输卵管积液和产蛋下降综合征：肝脏充血

图 7-8-11　蛋鸭输卵管积液和产蛋下降综合征：泄殖腔红肿，积液从泄殖腔流出

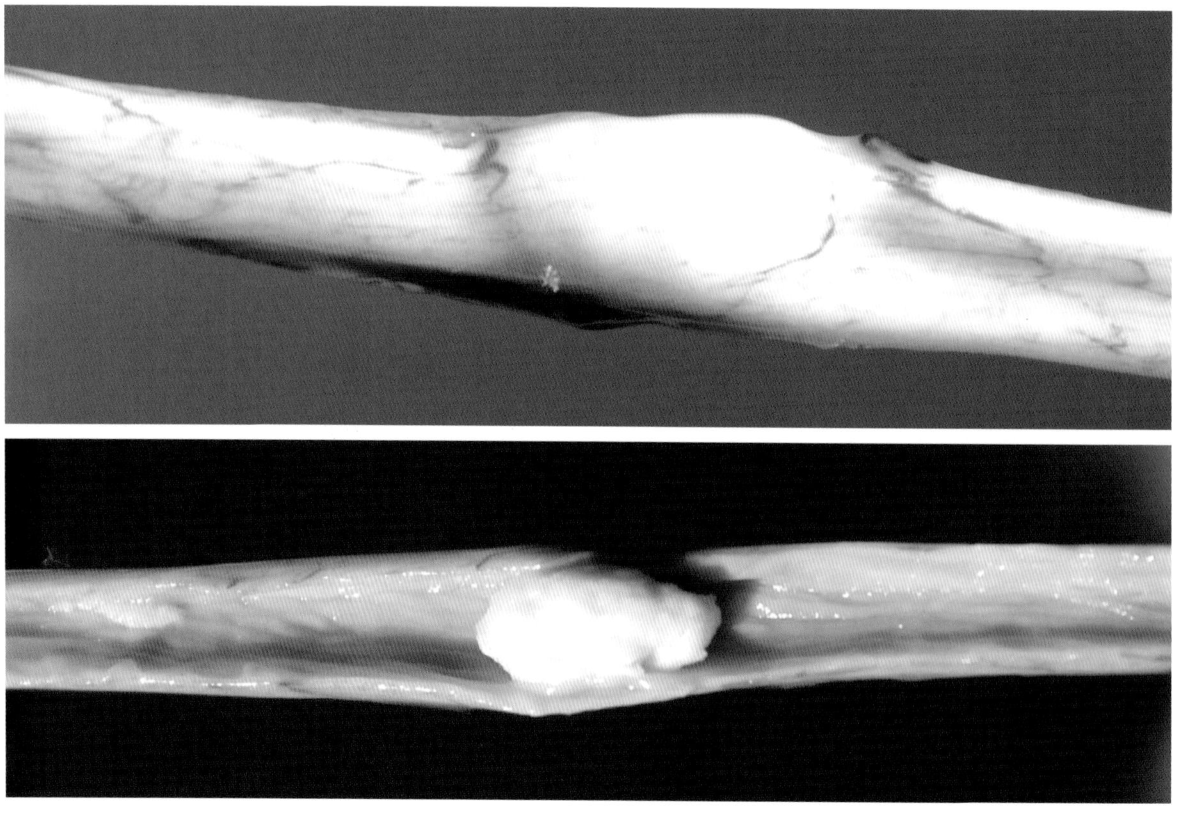

图 7-8-12　蛋鸭输卵管积液和产蛋下降综合征：输卵管有一处膨大，内有凝固的渗出物

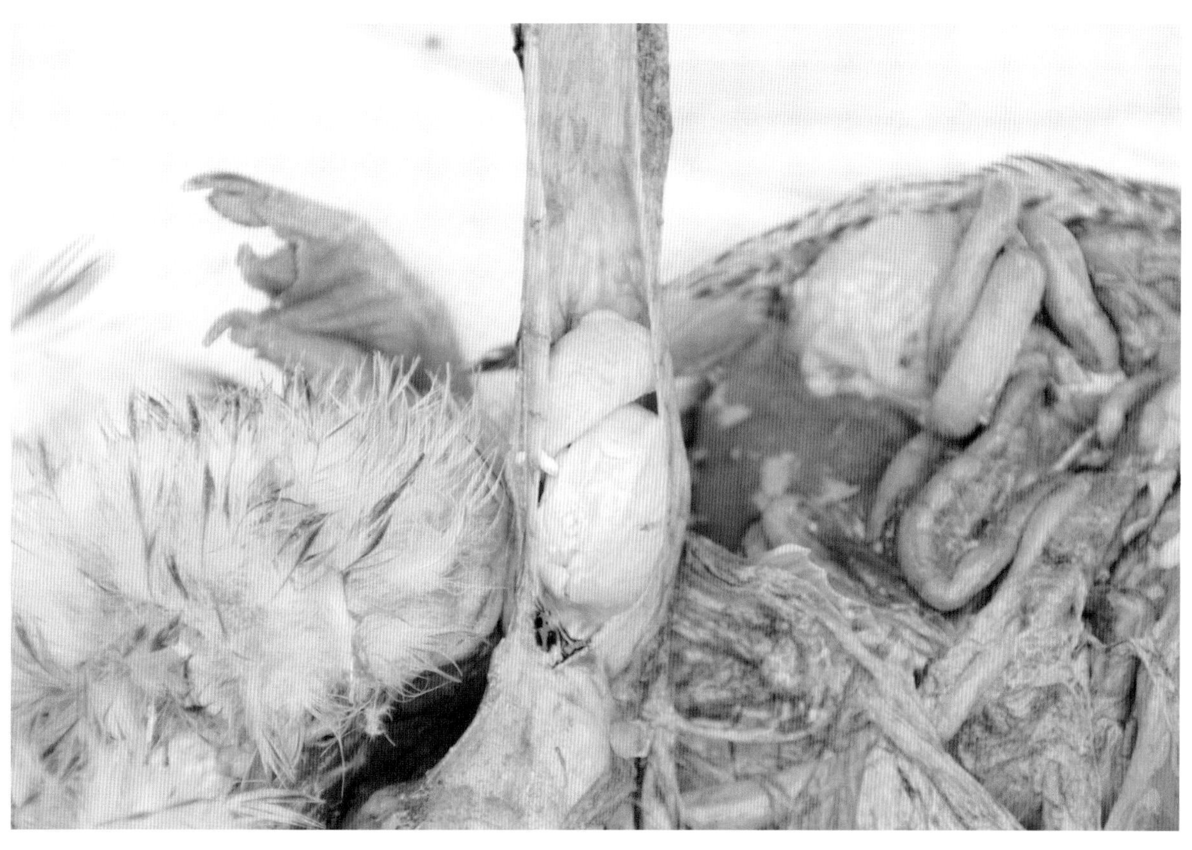

图 7-8-13　蛋鸭输卵管积液和产蛋下降综合征：输卵管内有凝固的渗出物

图 7-8-14　蛋鸭输卵管积液和产蛋下降综合征：子宫黏膜充血，表面有凝固的渗出物

五、诊断

病死鸭的输卵管积液具有特征性，结合感染鸭群产蛋下降规律和呼吸道症状，可对该病作出诊断。

六、防治措施

目前尚无有效治疗措施和特异性预防措施。

第九节 鸭恶癖

鸭恶癖（Vices of ducks），又称为啄癖，主要包括啄羽癖和啄肛癖，是集约化养殖模式下鸭的异常行为。啄癖可造成鸭及其羽毛损伤，甚至引起鸭的死亡，造成经济损失。

一、啄羽癖

啄羽（Feather pecking）包括啄自己（Self-picking）和啄其他鸭子（Conspecific pecking），通常啄翅部，导致翅部流血（图 7-9-1）。鸭对其他鸭外貌的细微变化非常好奇，如果鸭群中有的鸭羽毛

图 7-9-1　鸭恶癖：啄羽，通常啄翅部，被啄处流血（龚加根供图）

沾有血迹，会吸引周围的鸭子啄食（Colton and Fraley，2014）。啄羽会伤及羽毛和皮肤，被啄处羽毛稀疏残缺，皮肤裸露，留有伤痕（图7-9-2和图7-9-3），对白条品质造成影响。被啄处可长出新羽，但毛根粗硬，影响羽毛品质，且不利于屠宰加工。啄羽时互相追逐，影响鸭的正常生长发育，甚至造成鸭只死亡，进一步造成经济损失。不同鸭群啄羽比例高低不同，高者可达50%以上。

图7-9-2　鸭恶癖：啄羽，被啄处羽毛稀疏残缺，皮肤裸露（龚加根供图）

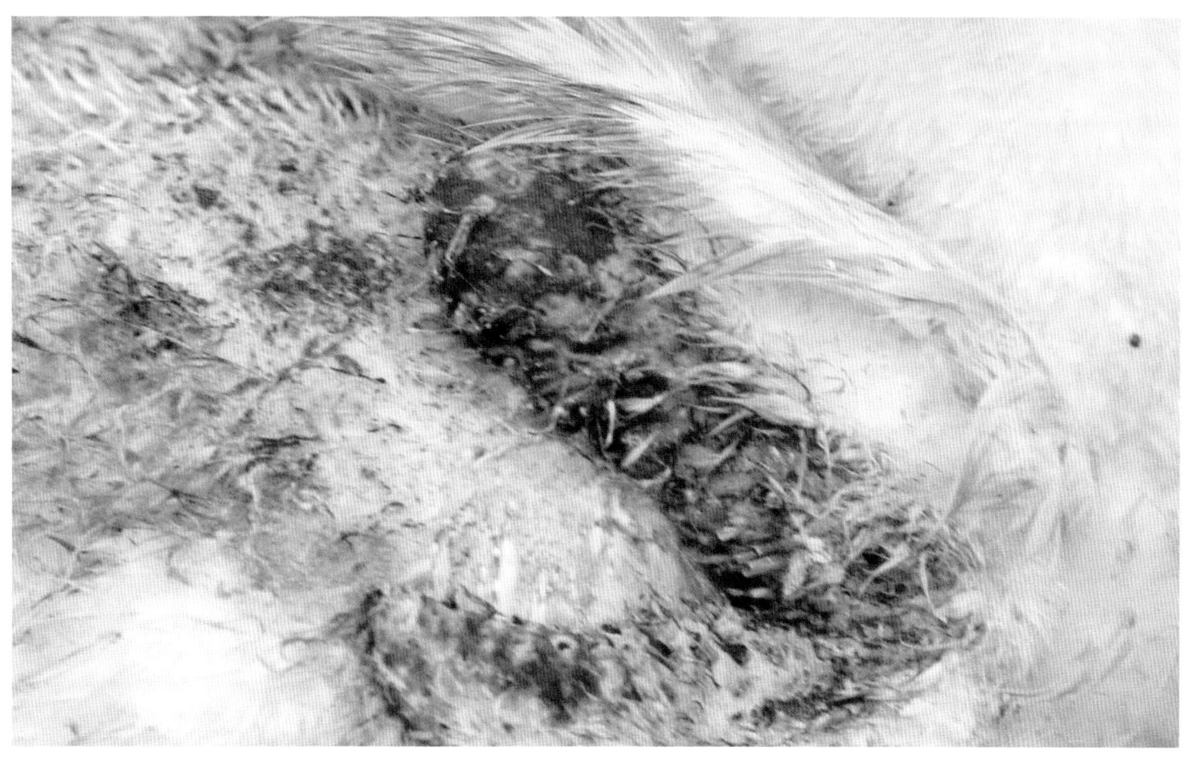

图7-9-3　鸭恶癖：啄羽，被啄处羽毛稀疏残缺，皮肤裸露，留有疤痕

啄羽可能与营养缺乏、饲养密度过大、光照强度不合适有关，也可能与遗传因素有关（Raud and Faure，1994）。但Colton and Fraley（2014）认为，鸭啄羽仅发生于特定阶段（小鸭长成熟羽毛时或种鸭换羽时）和特定季节（春季气候转暖和秋季气候变冷），因此，导致鸭啄羽的真正原因还有待阐明。

断喙可杜绝啄羽，但可造成喙部创伤，涉及动物福利问题（Gustafson et al.，2007；Raud and Faure，1994）。有研究表明，在舍内铺设稻草、降低舍内光照强度可减少啄羽。若在舍外设运动场、提供开放水域，以满足鸭觅食、梳理羽毛等本能需求，则可大幅度减少啄羽比例（Rodenburg et al.，2005）。在舍内安置塑料软球等环境富集举措是矫正啄羽行为的有效措施（Colton and Fraley，2014）。

二、啄肛癖

啄肛癖（Vent pecking）是另一种形式的啄癖，指啄食泄殖腔，多发生于产蛋期，特别是产蛋后期的母鸭，因腹部韧带和肛门括约肌松弛，产蛋后不能及时收缩回去而留露在外，造成啄肛。或因蛋形过大，产蛋时肛门破裂出血，导致追啄。有的公鸭体型过大，笨拙不能与母鸭交配，则追啄母鸭，啄破肛门括约肌，严重时有的公鸭将喙伸入母鸭泄殖腔，啄破黏膜，甚至将肠道或子宫啄出，造成死亡（郭玉璞和蒋金书，1988）。

有研究者认为，啄肛与饲养环境（如地面杂物的类型和饲养密度）之间存在相关性，因此，增加环境富集材料、降低饲养密度有助于减少啄肛癖的发生（Raud and Faure，1994）。

第十节　鸭淀粉样变病

鸭淀粉样变病（Amyloidosis in ducks）是淀粉样蛋白在鸭肝脏和其他腹部器官沉积所造成的一种慢性疾病，又称鸭大肝病和鸭水裆病。该病主要发生于成年鸭，特别是1年以上的鸭。临床表现为腹部肿胀，腿部无力、肿胀，呼吸困难，病变特征是肝脏高度肿大、质地坚硬，部分病例出现腹水。该病可影响鸭群繁殖性能，造成经济损失。

一、病因

该病发生的机制尚不十分清楚。可能是在某种因素的诱发下，肝脏持续合成血清淀粉样蛋白A（Serum amyloid A，SAA），血液中SAA浓度升高，且肝脏和脾脏等内脏器官毛细血管壁通透性增加，大量SAA蛋白溢出血管，在巨噬细胞作用下转化为淀粉样蛋白A（Amyloid A，AA），大量AA蛋白以特定的纤维状形式沉积在肝脏、脾脏和肠道等组织器官的细胞外，从而引起器官功能障碍（Ericsson et al.，1987；Landman et al.，1998；Tanaka et al.，2008）。

多认为慢性感染、炎症和持续性的免疫刺激是该病的诱因。我国研究者凌育燊用致病性大肠杆菌和鼠伤寒沙门氏杆菌的菌体粗提物反复接种试验鸭，复制出该病（凌育燊，1987a，1987b；凌育燊等，1992），表明细菌及其毒素在该病的发生中发挥重要作用。

二、发病特点

国外曾有北京鸭和其他品种鸭发生淀粉样变病的报道（Cowan，1968；Cowan and Johnson，1970；Dougherty et al.，1963；Gorevic et al.，1977；Malkinson et al. 1980；Rigdon，1962）。1982年，凌育燊描述了广州郊区及其附近各县发生该病的情况。该病多见于年龄较大的母鸭，发病率为5%~10%，高者可达30%以上（凌育燊，1982a）。北京鸭、番鸭、康贝尔鸭、麻鸭等品种均可发生该病，但以北京鸭最易感（Rigdon，1962）。

三、临床症状

该病的发生发展非常缓慢。在发病初期，常无任何临床症状，随着病情发展，可见病鸭腹围增大、腹部下垂，触诊有波动感，常可摸到肿大硬实的肝脏。病鸭步态蹒跚，有的鸭脚部肿胀，严重时跛行，行动常落于其他鸭之后，产蛋鸭产蛋减少或停止（郭玉璞和蒋金书，1988；凌育燊，1989；凌育燊和毛鸿甫，1983）。

四、病理变化

大体病变主要见于肝脏、脾脏和小肠。肝脏均匀肿大，比正常大1~3倍，故名“大肝病”；表面平滑，质地硬实，病变区呈黄绿、黄棕或橘红色。部分病例见有不同程度的纤维素性肝周炎和腹水。脾脏多肿大，严重者为正常的4~5倍，质地变实，表面及切面均见不规则灰白色点状病灶。肠管变色，呈橘黄或橘红色，肠壁增厚，质地较硬，肠淋巴环常较明显。

淀粉样物质广泛沉积在鸭内脏器官及关节中，但以肝脏、脾脏和肠道的淀粉样物质的沉积最为严重，部分组织细胞已完全被淀粉样蛋白所取代。在H.E.染色和刚果红染色切片中，可见整个机体血管壁细胞及其周围均有大量淀粉样物质沉积。淀粉样物质主要沉着于网状纤维、小血管壁及其周围（Moriguchiet al. 1974；曹洪志等，2015；黄青云等，1989；凌育燊等，1991）。

五、诊断

结合临床症状和大体病变可对该病作出初步诊断。确诊须通过病理组织学和组织化学的检查或透视电镜的观察。以肝脏为样品，用HE染色和Bennhold氏刚果红类淀粉染色，结合Van Gieson氏胶原纤维染色和Gordon和Swet氏网状纤维染色，若观察到淀粉样物质的存在，即可确诊（凌育燊，1982b）。

六、防治

对该病仍无有效的治疗方法。淀粉样变病鸭可死于肝功能不足。鉴于该病发生的原因可能是多种因素作用的结果，发病机理还未完全了解，治疗没有实际意义，因此建议加强饲养管理，适当调整饲养密度，搞好卫生防疫工作，提高鸭体健康水平，可能有助于降低其发病率。该病多发生于年龄较大的个体，因此适当控制种鸭群的利用年限，发挥其最大的经济效益在目前来说是可取的。

参考文献

艾地云，罗玲，邵华斌，等. 2010. 肉鸡养殖中兽药的合理使用[J]. 湖北畜牧兽医(10): 32–33.

白亚民，张杰. 2011. 现代养鹅疫病防治手册[M]. 北京: 科学技术文献出版社.

毕丁仁，沈青春，李自力. 1997. 鸭霉形体模式株与国内分离株细胞蛋白SDS-PAGE图谱比较[J]. 中国兽医杂志，23(12): 3–4.

毕丁仁. 1989. 鸭霉形体的分离和鉴定[J]. 中国兽医科技(4): 30–31.

蔡宝祥. 2003. 我国主要鸭传染病防制策略[J]. 中国家禽，25(1): 25–26.

蔡红，冯泽光. 1997. 肉鸭实验性锰缺乏症及高磷对缺锰影响的病理学研究[J]. 畜牧兽医学报，4: 55-61.

蔡盛. 2008. 一起番鸭坏死性肠炎的诊疗报告[J]. 福建畜牧兽医，30(2): 35.

蔡双双，杨旭，仲晓丽，等. 2014. 鸭源鼠伤寒沙门氏菌的分离鉴定及致病性观察[J]. 湖北农业科学，53(2): 378–381.

操继跃，刘雅红，译. 2012. 兽医药理学与治疗学. 第九版[M]. 北京: 中国农业出版社.

曹洪志，李成贤，韩晓英，等. 2015. 鸭淀粉样变的病理学诊断[J]. 中国兽医杂志，51(1): 22–24.

曹贞贞. 2012. 鸭出血性卵巢炎的病因分析[D]. 北京: 中国农业大学.

曾群辉，佘永新，查果. 1999. 雏鸭沙门氏菌病的诊断[J]. 中国预防兽医学报，21(1): 73.

曾育鲜，黄志永，覃玉忠. 2009. 一起肉鸭支原体病的诊治[J]. 水禽世界(5): 30.

常志顺，王传禹，谭红，等. 2014. 商品肉鸭沙门氏菌分离鉴定及药敏试验[J]. 云南畜牧兽医(4): 10–12.

陈伯伦. 2008. 鸭病[M]. 北京: 中国农业出版社.

陈红梅，程龙飞，傅光华，等. 2014. 雏番鸭沙门氏菌的分离与鉴定[J]. 福建畜牧兽医，36(6): 1–3.

陈励南. 1985. 雏鸭一氧化碳中毒[J]. 养禽与禽病防治(2):35.

陈琳琳. 2013. 快速鉴别诊断不同亚型鸭肝炎病毒的多重RT-PCR检测方法的建立和应用[D]. 泰安: 山东农业大学.

陈梅，徐颖，王建，等. 2012. 一例雏鸭一氧化碳中毒的诊断[J]. 畜禽业(10): 90–91.

陈溥言. 2006. 兽医传染病学. 第五版[M]. 北京: 中国农业出版社.

陈森，帅华平. 2002. 樱桃谷肉鸭光过敏症的诊治[J]. 养禽与禽病防治(8): 27–28.

陈少莺，陈仕龙，林锋强，等. 2009. 一种新的鸭病(暂名鸭出血性坏死性肝炎)病原学研究初报[J]. 中国农学通报，25(16): 28–31.

陈少莺，陈仕龙，林锋强，等. 2012. 新型鸭呼肠孤病毒的分离与鉴定[J]. 病毒学报，28(3): 224–230.

陈少莺，胡奇林，陈仕龙，等. 2004. 鸭副黏病毒的分离与初步鉴定[J]. 中国预防兽医学报，26(2):

118–120.
陈少莺，胡奇林，程晓霞，等. 2001. 雏番鸭细小病毒病显微和超微结构研究[J]. 中国预防兽医学报，23(2): 104–107.
陈少莺，胡奇林，程晓霞，等. 2003. 番鸭细小病毒和鹅细小病毒二联弱毒细胞苗的研究[J]. 中国兽医学报，23(3): 226–228
陈少莺，胡奇林，程晓霞，等. 2007. 番鸭呼肠孤病毒弱毒株选育研究[J]. 福建农业学报，22(4): 364–367.
陈少莺，胡奇林，程晓霞，等. 2016. 番鸭呼肠孤病毒病活疫苗创制及应用[J]. 中国科技成果，17(13): 73–74.
陈少莺，胡奇林，江斌，等. 2002. 番鸭肝白点病病理学研究[J]. 福建农业学报，17(4): 220–222.
陈仕龙，陈少莺，程晓霞，等. 2010. 新型鸭呼肠孤病毒分离株的致病性研究[J]. 西北农林科技大学学报(自然科学版)，38(4): 14–18.
陈仕龙，陈少莺，程晓霞，等. 2011. 3种禽类呼肠孤病毒血清学相关性及致细胞病变差异分析[J]. 畜牧兽医学报，42(4): 533–537.
陈一资，蒋文灿，胡滨. 2003. 对鸭场暴发罕见的粪链球菌病的研究[J]. 中国兽医学报，23(4): 324–325.
陈越英，吴晓松，徐燕，等. 2012. 几种常见微生物对酚类消毒剂抗力研究[J]. 现代预防医学，39(09): 2240–2241.
陈兆国，吴薛忠，史天卫，等. 1996. 上海地区鸡鸭隐孢子虫病调查及人工感染试验[J]. 中国兽医科技，26(10): 17–19.
陈哲通，袁远华，陈材昌，等. 2014. 一起蛋鸭鸭瘟的诊治[J]. 广东畜牧兽医科技，39(5):51–52.
陈志华，刘富来，缪小群，等. 2004. 鸭大肠杆菌的药物敏感性试验[J]. 中国兽药杂志，38(12): 23–25.
陈宗艳，朱英奇，王世传，等. 2012. 一株新型鸭源呼肠孤病毒(TH11株)的分离与鉴定[J]. 中国动物传染病学报，20(1): 10–15.
陈祖鸿，汪水平，彭祥伟，等. 2014. 肉鸭钙和磷营养研究进展[J]. 中国家禽(8): 43–47.
程龙飞，陈红梅，李宋钰，等. 2011. 鸭大肠杆菌强毒株的血清型及生物学特性分析[J]. 中国生物制品学杂志，24(12): 1437–1441.
程龙飞，张长弓，傅秋玲，等. 2017. 检测水禽源细小病毒的胶体金试纸条的研制[J]. 中国预防兽医学报，39(9): 722–726.
程晓霞，陈仕龙，陈少莺，等. 2013. 番鸭细小病毒和鹅细小病毒的抗原相关性研究[J]. 福建农业学报，28(9): 869–871.
程晓霞，林锋强，陈少莺，2015. 番鸭细小病毒病和小鹅瘟二联活疫苗对雏番鸭的免疫效力研究[J]. 中国预防兽医学报，37(6): 469–472.
程由铨. 1995. 雏番鸭细小病毒病[J]. 福建畜牧兽医(4): 1–3.
程由铨，胡奇林，陈少莺，等. 2001. 番鸭花肝病（暂定名）活疫苗的研究[J]. 福建畜牧兽医，

23(6): 4.
程由铨，林天龙，胡奇林，等. 1993. 雏番鸭细小病毒的病毒分离和鉴定[J]. 病毒学报，9(3): 228–235.
程由铨，胡奇林，李怡英，等. 1996. 番鸭细小病毒弱毒株的选育及其生物学特性[J]. 中国兽医学报，16(2): 118–121.
程由铨，胡奇林，李怡英，等. 1997. 雏番鸭细小病毒病诊断技术和试剂的研究[J]. 中国兽医学报，17(5): 434–436.
程由铨 胡奇林 李怡英，等. 1997. 番鸭细小病毒弱毒疫苗的研究[J]. 福建省农科院学报，12(2): 31–35.
崔恒敏，贯旭东，王淑贤. 1999. 雏鸭钙磷缺乏症的病理学研究[J]. 畜牧兽医学报(3): 53–57.
崔治中. 2015. 种鸡场禽白血病防控和净化技术方案[J]. 中国家禽，37(23): 1–7.
戴届全. 2012. 肉鸭坏死性肠炎的防治[J]. 农村养殖技术(3): 40.
戴清文，戴益民. 1999. 麻鸭“天霍灵”中毒及光敏症病例报告[J]. 江西畜牧兽医杂志(4): 30–31.
戴世杰，陆洪. 1995. 绍鸭腹水综合症的诊断与防治[J]. 广西畜牧兽医，11(2): 38–39.
戴晓懿. 2014. 坦布苏病毒对雏鸭的致病性研究及空斑减数中和试验的建立[D]. 北京: 中国农业大学.
邓平，刘仁根，董德信. 2003. 鸭沙门氏菌的分离鉴定及药敏试验[J]. 广东畜牧兽医科技，28(3): 40–39.
邓绍基. 1996. 鸭暴发链球菌病的诊疗[J]. 中国家禽(8): 30–31.
丁美贤，蒋景红. 2005. 半番鸭光过敏症病例[J]. 福建畜牧兽医，27(1): 25.
董雪松，马庆军，李红，等. 2014. 雏番鸭小鹅瘟的诊治[J]. 水禽世界(3): 30–31.
董蕴涵. 2017. 鸭星状病毒1型对北京鸭致病性分析及其单克隆抗体制备[D]. 北京: 中国农业大学士.
方定一. 1962. 小鹅瘟的介绍[J]. 中国兽医杂志(8): 19–20.
冯忠武. 2004. 兽药与动物性食品安全[J]. 中国兽药杂志(9): 1–5.
付金香. 2007. 樱桃谷种鸭坏死性肠炎的诊治[J]. 中国牧业通讯(20): 71.
付余. 2009. 鸭病毒性肝炎相关病原的分子检测与分型及基因组序列分析[D]. 北京: 中国农业大学.
付元明，秦刚，刘明瑛. 2012. 鸭曲霉菌病常见症状及防治措施[J]. 中国畜禽种业，8(4): 146.
傅光华，程龙飞，施少华，等. 2008. 鸭圆环病毒全基因组克隆与序列分析[J]. 病毒学报，24 (2): 138–143.
甘孟侯. 2002. 禽流感. 第2版[M]. 北京: 中国农业出版社.
高天宇，贲百灵，高睿. 2005. 动物养殖场生物安全体系的内容[J]. 畜牧兽医科技信息(11): 48–49.
高杨. 2013. 鸡鸭球虫病的诊治[J]. 现代畜牧科技(6): 123.
顾忠怀，邹凤祥，傅志群，等. 2000. 雏鸭结核病的诊断及防治[J]. 中兽医学杂志(2): 33–34.
管守军. 2008. 雏鸭维生素B_1缺乏症的原因及对策[J]. 畜牧兽医杂志(06): 119.
郭玉璞，陈德威，范国雄. 1982. 北京鸭小鸭传染性浆膜炎的调查研究[J]. 畜牧兽医学报，13(2): 107–114.
郭玉璞，甘孟侯，张中直. 1982. 应用荧光抗体法诊断小鸭传染性浆膜炎的试验[J]. 中国兽医杂志，

8(7): 15–17.
郭玉璞，高福，陈德威，等. 1988. 雏鸭沙门氏菌感染[J]. 中国兽医杂志，14(7): 17.
郭玉璞，高福，田克恭. 1987. 鸭链球菌感染[J]. 中国兽医杂志，13(7): 14–15.
郭玉璞，蒋金书. 1988. 鸭病[M]. 北京：北京农业大学出版社.
郭玉璞，潘文石. 1984. 北京鸭病毒性肝炎血清型的初步鉴定[J]. 中国兽医杂志，10(11): 2–3.
郭玉璞. 1997. 我国鸭病毒性肝炎研究概况[J]. 中国兽医杂志，23(6): 46–48.
郭元吉，徐西雁，万秀峰，等. 1999. 一株鹅H5N1亚型流感病毒基因特性的分析[J]. 中华实验和临床病毒学杂志，13(3): 205–208.
郭志刚，朱瑞武，李莲香. 2013. 家禽营养代谢病的病因特点及防控[J]. 湖北畜牧兽医(3): 86–87.
郝金华，曹立法，童来保. 2010. 稻鸭共生鸭肉毒梭菌中毒综合防治技术[J]. 畜牧与饲料科学，31(4): 85.
何更田. 2002. 产蛋鸭坏死性肠炎的诊治[N]. 中国畜牧报.
何海蓉，季明，朱国强，等. 2000. 番鸭细小病毒琼扩抗原研制及初步应用[J]. 中国预防兽医学报，22(1): 59–60.
何林，龚文波，卢月梅，等. 2000. 白色念珠菌26项生化性状的检测[J]. 中国人兽共患病学报，16(1): 106.
何平，刘增再，戴求仲，等. 2016. 网上平养密度对21–63日龄临武鸭生长性能的影响[J]. 家畜生态学报，37(4): 51–53.
何永杰. 2004. 氟喹诺酮类药物与鸭光敏症[J]. 养禽与禽病防治(10): 5.
胡奇林，陈少莺，江斌，等. 2000. 一种新的番鸭疫病（暂名番鸭肝白点病）病原的发现[J]. 福建畜牧兽医，22(6): 1–3.
胡奇林，陈少莺，林锋强，等. 2004. 番鸭呼肠孤病毒的鉴定[J]. 病毒学报，20(3): 242–248.
胡奇林，陈少莺，林天龙，等. 2001. 应用 PCR 快速鉴别番鸭和鹅细小病毒[J]. 中国预防兽医学报，23(6): 447–450.
胡奇林，林锋强，陈少莺，等. 2004. 应用RT-PCR 技术检测番鸭呼肠孤病毒[J]. 中国兽医学报，24(3): 231–232.
胡奇林，吴振宪，周文谟，等. 1993. 雏番鸭细小病毒病的流行病学调查[J]. 中国兽医杂志，19(6): 7–8.
胡青海，宋翠萍，于圣青，等. 2011. 从鸭腹水综合征病鸭体内分离鉴定到血清1型鸭肝炎病毒[J]. 中国动物传染病学报，19(5): 45–50.
胡新岗，方希修，黄银云，等. 2001. 蛋鸭维生素B_2缺乏症诊治报告[J]. 中国家禽，23(13): 29–29.
胡新岗，黄银云. 2004. 樱桃谷鸭衣原体病病例[J]. 中国兽医杂志，40(2): 50.
黄炳坤，谢德生，王辉正. 1994. 雏鸭沙门氏菌病的诊断与防治[J]. 中国兽医杂志，20(2): 9–11.
黄承锋，瞿良桂. 1993. 防患鸭光过敏症[J]. 广东畜牧兽医科技(3): 27.
黄青云，凌育燊，毛鸿甫，等. 1990. 鸭淀粉样变的病理学研究[J]. 中国兽医杂志，16(7): 3–5.
黄青云，毛鸿甫，凌育新，等. 1989. 鸭淀粉样变的病理学研究：[J]. 中国兽医杂志，15(10): 2–4.

黄显明，张小飞，尹秀凤，等. 2012. 鸭脾坏死症的病原学初步观察[J]. 中国兽医杂志，48(8): 39–41.
黄引贤，欧守抒，邝荣禄，等. 1980. 鸭瘟病毒的研究[J]. 华南农学院学报，1(1): 21–36.
黄引贤. 1962. 鸭瘟[J]. 中国畜牧兽医(8): 7–8.
黄瑜，程龙飞，李文杨，等. 2004. 雏半番鸭呼肠孤病毒的分离与鉴定[J]. 中国兽医学报，24(1): 14–15.
黄瑜，傅光华，施少华，等. 2009. 新致病型鸭呼肠孤病毒的分离鉴定[J]. 中国兽医杂志，45(12): 29–31.
黄瑜，李文扬，程龙飞，等. 2001. 鸭“白点病”研究[J]. 中国兽医杂志，37(12): 23.
黄瑜，李文扬，程龙飞，等. 2005. 番鸭副黏病毒I型的分离鉴定[J]. 中国预防兽医学报，27(2): 148–150.
黄瑜，李文杨，程龙飞，等. 2001. 鸭“白点病”病原学研究[J]. 中国兽医学报，21(5): 434–436.
黄瑜，施少华，江斌，等. 2008. 雏鸭坏死性肝炎研究初报[J]. 福建畜牧兽医，30(4): 41.
黄瑜，万春和，傅秋玲，等. 2015. 新型番鸭细小病毒的发现及其感染的临床表现[J]. 福建农业学报，30 (5): 442–445.
季芳，张毓金，杨增岐，等. 2003. 番鸭和鹅细小病毒 PCR鉴别方法的建立[J]. 动物医学进展，24(5): 99–101.
季拾金，夏鹰，王建华. 2006. 霉变饲料引发雏鸭曲霉菌病的诊治[J]. 中国家禽，28(9):49.
贾莉，许金亭，刘亚楚，等. 1990. 鸭衣原体病的诊疗报告[J]. 中国畜禽传染病，5: 7.
江梅. 2012. 一例山麻鸭蛔虫病的诊治[J]. 中国畜禽种业(6): 132.
姜平. 2002. 兽医生物制品学. 第2版[M]. 北京: 中国农业出版社.
姜甜甜，张大丙. 2012. 北京鸭源鹅出血性多瘤病毒的分子检测[J]. 中国兽医杂志，48(6): 3–6.
姜甜甜. 2012. 三种水禽疾病的病原检测和分析[D]. 北京: 中国农业大学.
鞠艳，刘涛，艾武，等. 2016. 营养缺乏引起肉鸭腿病的分析及防治措施[J]. 家禽科学(12): 37–39.
孔凡勇，杨文荣，曹林，等. 2003. 肉仔鸭光过敏症的病因探讨[J]. 养禽与禽病防治(10): 5.
赖贵红. 2010. 番鸭坏死性肠炎的诊治[J]. 中国畜禽种业，(7): 143.
赖文清. 2003. 泛酸[J]. 国外畜牧学(猪与禽)(3): 20–21.
蓝洪. 2004. 碘伏类消毒剂的研究现状[J]. 中国动物保健(9): 43–44.
黎羽兴，柒铁平，李家文. 2006. 恩诺沙星引起肉鸭光敏症的诊治[J]. 广西畜牧兽医，22(4): 174.
李保华，汪长道，胡建军，等. 2013. 一例麻鸭衣原体病的诊断与治疗[J]. 水禽世界(6): 29–30.
李保明. 2010. 我国蛋鸡生产与环境控制技术发展思考[J]. 中国家禽，32(20): 31–32.
李渤南，王吉舫. 2002. 鸭链球菌病的诊治[J]. 中国禽业导刊，19(3): 24.
李殿富，李传標，高振雄，等. 2012. 一例鸭坏死性肠炎诊治的报告[J]. 养殖技术顾问(12): 143.
李刚，杨长东，张跃安. 2007. 鸭球虫病的防治[J]. 中国动物检疫，24(8): 39.
李海云，林宇光，王忠. 1996. 鸭片形縫缘絛虫生活史的研究[J]. 保山师专学报，15(4): 4–13.
李建时. 1979. 北京鸭发生光过敏性病的研究报告[J]. 中国兽医杂志(12): 5–8.
李剑波，蔡文杰. 2005. 一例雏鸭链球菌病的诊治[J]. 云南畜牧兽医(2): 39.

李散双，于洋. 2008. 鸭剑带绦虫病的诊治[J]. 中国兽医杂志，44(1): 71–73.

李康然，韦平，吴保成，等. 1995. 番鸭细小病毒病的诊断[J]. 广西畜牧兽医，11(4) : 8–9.

李丽，于洋，孙培明. 2015. 肉鸭烟曲霉菌病的诊断及分析[J]. 黑龙江畜牧兽医(4):90–91.

李玲，吴永福. 2013. 一例鸭胃线虫病的诊治[J]. 科学种养(9): 50–51.

李陵军. 1993. 雏半番鸭爆发鸭膜壳绦虫病[J]. 中国家禽(4): 40.

李若军，韩燕，邹鹏. 2007. 种鸭腿病的发生原因及防治[J]. 水禽世界(1): 28.

李术行，王令福. 1998. 鸭维生素缺乏症的防治[J]. 饲料研究(8): 42.

李文海，武风英. 2011. 鸭球虫病的有效防治[J]. 中国畜禽种业，7(7): 134.

李秀银，王月兵，李明川. 2012. 抗生素的分类及治疗原则[J]. 临床合理用药杂志. 5(10A): 12.

李彦伯. 2015. 坦布苏病毒感染的流行病学研究[D]. 北京：中国农业大学.

李永芳，吕文杰，吕曰燕，等. 2012. 一例鸭霉形体病的诊治[J]. 水禽世界(5): 28.

李增光. 2011. 现代大型家禽养殖企业的生物安全管理[J]. 兽医导刊(5): 24–26.

李长梅. 2006. 种鸭坏死性肠炎的诊治[J]. 养禽与禽病防治(9): 35–36.

李兆中. 1996. 蛋鸭疑似坏死性肠炎病的治疗方法[J]. 浙江畜牧兽医(1):42.

李正峰，黄永军，江学仁. 2008. 鸭链球菌病的诊治[J]. 畜禽业，25(20): 83–84.

梁伯先. 1994. 鸭衣原体病的诊治[J]. 中国兽医杂志，20(3): 27.

梁建生. 2012. 季铵盐类消毒剂及其应用[J]. 中国消毒学杂志，29(2): 129–131.

梁特. 2017. 坦布苏病毒毒株间毒力差异的分子基础[D]. 北京：中国农业大学.

梁鲜便，韦平. 2011. 两起鸭"脾坏死症"的诊断[J]. 广西畜牧兽医，27(2): 89–90.

廖勤丰. 2014. 新发现的水禽星状病毒、微RNA病毒和嵌杯病毒的分子检测与鉴定[D]. 北京：中国农业大学.

林世棠，郁晓岚，陈炳钿，等. 1991. 一种新的雏番鸭病毒性传染病的诊断[J]. 中国畜禽传染病(2): 25–26.

林世棠，郁晓岚，陈炳钿，等. 1991. 一种新的雏番鸭病毒性传染病的诊断[J]. 中国畜禽传染病(2): 25–26.

凌育燊，毛鸿甫，钟安清，等. 1992. 大肠杆菌内毒素在鸭淀粉样变发生上的作用[J]. 养禽与禽病防治(3): 2–3.

凌育燊，毛鸿甫. 1983. 鸭淀粉样变病[J]. 中国兽医杂志(8): 2–5.

凌育燊. 1982. 鸭"大肝病"的研究[J]. 养禽与禽病防治(2): 39.

凌育燊. 1982. 鸭淀粉样变的病理学研究[J]. 华南农学院学报，3(3): 109–118.

凌育燊. 1983. 鸭沙门氏菌病[J]. 养禽与禽病防治(2): 27–28.

凌育燊. 1987. 鸭淀粉样变病的发病学研究[J]. 养禽与禽病防治(6): 31.

凌育燊. 1987. 鸭淀粉样变病的发病学研究初报[J]. 中国人兽共患病杂志，3(4): 17–19.

凌育燊. 1989. 鸭淀粉样变病的发病学研究[J]. 畜牧兽医学报，3(S1): 118–123.

刘春燕. 2004. 含氯消毒剂的研究进展[J]. 中国家禽，26(10): 51.

刘鸿，陆新浩，任祖伊，等. 2010. 番鸭"新肝病"在浙江的流行情况及防控措施[J]. 浙江畜牧兽医，

35(6): 26–28.

刘华雷，吴艳涛，王志亮，等. 2008. GB/T16550-2008. 新城疫诊断技术[S]. 北京：中国标准出版社.

刘华雷，郑东霞，孙承英，等. 2009. 1997-2005年中国水禽新城疫分子流行病学特点分析[J]. 畜牧兽医学报，40(1): 145–148.

刘慧，周辉，薛敏开. 2017. 一例高邮鸭沙门氏菌病的诊断与防治[J]. 家禽科学(3): 40–41.

刘家森，姜骞，司昌德，等. 2007. 番鸭细小病毒与鹅细小病毒PCR鉴别诊断方法的建立[J]. 中国兽医科学，37(6): 469–472.

刘俊栋，刘海霞，顾建红，等. 2009. 钙缺乏对蛋鸭骨组织OPG表达及骨形态计量学的影响[J]. 中国兽医学报，29(02): 217–219+223.

刘梅，程旭，戴亚斌，等. 2010. 不同禽源和不同毒力新城疫病毒对鸭的感染性[J]. 中国预防兽医学报，32(8): 586–590.

刘梅，韦玉勇，戴亚斌，等. 2010. 一株鸭源新城疫病毒强毒株的分离与初步鉴定[J]. 中国动物传染病学报，18(2): 67–71.

刘宁. 2017. 鸭星状病毒的遗传变异性和抗原性及感染鸭肝脏的转录组分析[D]. 北京：中国农业大学.

刘森权，郑玉晏. 2010. 鸡住白细胞原虫病的诊断与防治[J]. 畜牧与饲料科学，315(5): 185–186.

刘少宁，张兴晓，陈智，等. 2009. 我国自然发病鸭群中鸭圆环病毒的流行病学调查[J]. 中国兽医学报，29(11): 1402–1405.

刘少球，廖育辉. 2003. 一起番鸭光过敏症的诊治[J]. 广东畜牧兽医科技，28(6): 47.

刘栓江，李巧芬，刘侠英. 2005. 现代化种禽场生物安全体系的建立[J]. 中国家禽，27(14): 5–8.

刘思伽，凌育燊，郭予强. 2000. 番鸭“花肝病”的流行病学调查和病原的初步研究[J]. 养禽与禽病防治(12): 12.

刘涛，王瑞，陈宏智. 2010. 肉鸭链球菌病的诊治[J]. 河南畜牧兽医(综合版)，31(4): 44.

刘文华，邹玲，温建新，等. 2008. 16S rRNA基因序列分析法鉴定鸭链球菌分离株[J]. 青岛农业大学学报（自然科学版），25(2): 117–119.

刘霞，裴兰英，于申业，等. 2005. . 一起雏鸭光过敏症的诊治[J]. 动物医学进展，26(10): 118.

刘向明，闵祥平. 2009. 家禽抗菌药物使用的良好兽医规范[J]. 国外畜牧学(猪与禽). 163(4): 27–28.

刘晓晓. 2015. 坦布苏病毒强毒株的分离与鉴定及细胞适应株的培育[D]. 北京：中国农业大学.

刘欣. 2016. 家禽营养代谢疾病的原因及防治[J]. 农业与技术，36(21): 137–138.

刘秀梵，胡顺林. 2010. 新城疫病毒的进化及其新型疫苗的研制[J]. 中国兽药杂志，44(1): 12–18.

刘洋，王传彬，霍斯琪，等. 2016. 中国部分地区鸭、鹅携带四种病毒状况的调查与分析[J]. 畜牧兽医学报，47(8): 1610–1617.

刘长江. 1995. 能引起光敏性疾病的植物种子[J]. 饲料与畜牧(1): 24–26.

刘振湘. 2002. 鸭光过敏症的诊治[J]. 湖南畜牧兽医(6): 17.

刘子鑫. 2004. 消毒及消毒剂简介[J]. 中国兽医杂志，40(7): 37–38.

楼雪华，顾小根. 1989. 番鸭烟曲霉菌病诊疗报告[J]. 浙江畜牧兽医(1): 42-43.

卢受昇，孔令辰，罗晶璐，等. 2013. 鸭链球菌的分离鉴定及其16S rRNA基因序列分析[J]. 中国兽医杂志，49(2): 30–33.
陆必科. 2002. 北京鸭光过敏症的诊治[J]. 养禽与禽病防治(3): 34.
陆建华. 2013. 广西水禽感染禽白血病病毒及禽网状内皮增生症病毒的调查[D]. 南宁: 广西大学.
陆新浩，任祖伊. 2011. 禽病类症鉴别诊疗彩色图谱[M]. 北京: 中国农业出版社，
罗朝科，柯家发，李超美，等. 1994. 樱桃谷鸭爆发性烟曲霉菌病的诊治[J]. 中国兽医科学，24(7):37–38.
罗薇，刘内生，龙虎，等. 2007. 鸭胃线虫感染的临床诊治[J]. 养禽与禽病防治(11): 38.
罗仲愚，郭玉璞. 1956. 北京鸭的“传染性鼻炎”[J]. 中国兽医杂志(3): 124–125.
骆延波，李兰波，贾纪美，等. 2018. 山东省及周边地区肉鸭源大肠杆菌流行病学调查及耐药性分析[J]. 山东农业科学，50(2): 119–123.
吕峰，韩文礼，郝德新. 2002. 饲养密度对肉鸭生长的影响[J]. 动物科学与动物医学，19(6): 50.
吕荣修，郭玉璞. 2004. 禽病诊断彩色图谱[M]. 北京: 中国农业出版社.
马国明. 2012. 鸭呼肠孤病毒的分子鉴定及变异性分析[D]. 北京: 中国农业大学.
马仁良，毕研盛，刘宗柱. 2010. 肉鸭脾坏死综合征的诊疗[J]. 中国畜禽，32(2): 47–48.
马秀丽，宋敏训，李玉峰，等. 2005. PCR用于鸭瘟病毒诊断的研究[J]. 中国预防兽医学报，27(5): 408–411.
马圆月，王鸿儒. 2008. 消毒剂概述[J]. 广西轻工业. 5(114): 22–23，33.
毛金明，程新志. 2012. 稻鸭共生鸭肉毒梭菌毒素中毒病的发生与防治[J]. 农技服务，29(8): 971.
蒙自龙，韦云. 2000. 种鸭腹水征的病例报告[J]. 广西畜牧兽医，16(4): 26–27.
孟日增，石建平，肖成蕊，等. 2009. 鸭瘟病毒PCR检测方法的建立及验证[J]. 中国生物制品学杂志，22(7): 709–712.
倪楠，崔治中. 2008. 鸭群中REV感染的流行病学调查[J]. 微生物学报(48): 514–519.
宁康，王丹，王府民，等. 2015. 樱桃谷北京鸭短喙和侏儒综合征的初步研究[J]. 中国兽医杂志，51(10): 7–10.
宁宜宝. 2008. 兽用疫苗学[M]. 北京: 中国农业出版社.
欧长灿，潘玲. 2012. 安徽省部分地区鸭衣原体感染现状调查[J]. 中国家禽，34(2): 61–63.
潘春燕. 2008. 雏番鸭小鹅瘟的诊治[J]. 水禽世界(5): 30–31.
庞海涛. 2015. 发酵床养殖模式对樱桃谷肉鸭养殖环境和免疫功能的影响[D]. 泰安: 山东农业大学硕.
彭德旺，黄秀萍. 1993. 畜禽隐孢子虫病[J]. 中国兽医寄生虫病，1(3): 48–51.
彭西. 2002. 雏鸭锌缺乏及锌中毒的病理学研究[D]. 四川农业大学.
彭长涛，臧淑清，徐凯. 2012. 家禽营养代谢病的原因和诊治[J]. 养殖技术顾问(4): 100.
戚凤春，汪春义，张雪梅，等. 2006. 两种细胞培养流感病毒的滴度比较[J]. 中国生物制品学杂志，19(3): 291–292.
齐静，王守荣，李兰波，等. 2014. 山东省肉鸭沙门氏菌的分离鉴定及敏感抗菌药物的筛选[J]. 中国畜牧兽医，41(7): 216–220.
齐新永，赵兴绪，刘佩红. 2016. 番鸭曲霉菌病的病理学诊断[J]. 中国兽医杂志，52(12):44–45.

祁保民，黄瑜，李文杨，等. 2002. 鸭“白点病”的病理观察[J]. 中国兽医杂志，10(38): 17.
千国胜，余维根，舒鑫标，等. 2018. 种鸭化脓性关节炎病原分析[J]. 中国家禽，40(3): 66–69.
秦春雷，张大丙. 2006. 鸭疫里默氏菌不同血清型在直接和间接荧光抗体试验中的交叉反应[J]. 中国兽医杂志，42(8): 25–26.
秦士林，曹月菊，史之玉，等. 2001. 樱桃谷鸭光过敏症[J]. 中国家禽，23(18): 16.
秦绪伟，刁有祥. 2016. 一例肉鸭链球菌病的诊断与治疗[J]. 今日畜牧兽医(10): 45–46.
饶春山，李雨来. 2010. 隐孢子虫病的防控[J]. 畜牧与饲料科学，31(Z2): 201–202.
任志. 2014. 鸭球虫病的诊断及防治[J]. 养禽与禽病防治(5): 40.
邵坤，王佩良，孙鎏国，等. 2018. 发酵床网上养殖对肉鸭圈舍环境与生产性能的影响[J]. 湖北畜牧兽医，39(3): 5–8.
沈柏根. 1996. 禽用肾康盐治疗鸡鸭腹水症疗效观察[J]. 浙江畜牧兽医(2): 45.
沈慧乐. 2005. 烟酸缺乏可引起鸭的腿病[J]. 中国家禽，27(14): 30–31.
盛佩良，邹叔和，刘道泉，等. 1990. 雏番鸭小鹅瘟的诊断[J]. 畜牧与兽医(1): 4–6.
施佳健. 2014. 鸭源呼肠孤病毒的分子检测与分型、体外培养与致病性分析[D]. 北京: 中国农业大学.
施建明，俞永裕，张根祥，等. 1999. 雏番鸭细小病毒病和小鹅瘟双联抗体的研制和应用[J]. 上海畜牧兽医通讯(3): 24–25.
施少华，傅光华，程龙飞，等. 2010. 鸭圆环病毒PT07基因组序列测定与分析[J]. 中国预防兽医学报，32(3): 235–237.
施振旦，麦燕隆，赵伟. 2012. 我国鸭养殖模式及环境控制现状和展望[J]. 中国家禽，34(09): 1–6.
石远志. 1982. 大黄牡丹皮汤加减药味治疗雏鸭沙门氏菌病的疗效观察[J]. 家禽(3): 41.
斯琴图雅. 2012. 鸭场卫生消毒工作应注意的要点[J]. 畜牧与饲料科，33(9): 125，128.
宋森泉，蒋坎云，王鹤校. 1985. 绍兴麻鸭发生链球菌病的报告[J]. 浙江畜牧兽医(4): 23.
宋永峰，温纳相，宋廷华，等. 2009. 应用PCR快速诊断番鸭细小病毒病和小鹅瘟[J]. 动物医学进展，30(5): 49–52.
苏敬良，郭玉璞，田向荣. 1999. 北京鸭大肠杆菌病及灭活菌苗的初步研究[J]. 中国兽医科技，29(4): 8–10.
孙仙槟，王玉国，丁洪君，等. 2014. 散养鸭线虫病及其防治[J]. 农村科学实验(5): 32.
孙雨庆. 2013. 鸭球虫病的防治[J]. 水禽世界(2): 52–53.
谭伟成，卢景. 2011. 50株鸭源致病性沙门氏菌的分离鉴定及药物敏感性检测[J]. 上海畜牧兽医通讯(2): 43–45.
唐静. 2017. 核黄素对北京鸭生长发育和脂肪代谢的影响及其调控机制[D]. 北京: 中国农业大学.
唐黎标. 2003. 产蛋鸭慢性呼吸道病的诊治[J]. 中国家禽，25(5): 20.
唐术发. 2015. 一例鸭矛形剑带绦虫病诊治[J]. 湖南畜牧兽医(5): 36–38.
田继征. 2016. 畜禽脂溶性维生素缺乏症的治疗措施[J]. 畜牧兽医杂志(3): 149–151.
田克恭，郭玉璞. 1990. 北京鸭传染性窦炎的调查研究[J]. 畜牧兽医学报，21(4): 327–331.
田克恭，郭玉璞. 1991. 北京鸭传染性窦炎的调查研究[J]. 畜牧兽医学报，22(1): 49–56.

童有银. 2004. 鸭肉毒梭菌毒素中毒的诊治[J]. 中国禽业导刊(3): 39.
万春和，刘荣昌，程龙飞，等. 2017. 樱桃谷鸭源鹅出血性多瘤病毒VP3基因的克隆与序列分析[J]. 中国畜牧兽医，44(4): 980–985.
汪海平，褚玲娜，钦芳臣，等. 2015. 家禽营养代谢疾病的探索与研究[J]. 畜牧与饲料科学，36(8): 47–50.
王丹. 2016. 鸭源呼肠孤病毒的表型和分子特征分析及基因2型毒株编码的新蛋白的鉴定[D]. 北京: 中国农业大学.
王海军，芮艺，汪鹏旭. 2008. 北京鸭坏死性肠炎的诊断和防治[J]. 中国畜禽种业，4(14): 43–44.
王平. 1980. 北京小鸭病毒性肝炎的研究[J]. 北京大学自然科学学报(1): 56–74.
王晴，代敏. 1998. 绍鸭光过敏症[J]. 中国家禽，20(7): 43.
王仍瑞，谢侃，王小龙，等. 2011. 对我国家禽常见营养代谢病临床诊疗与防控研究的概述[J]. 畜牧与兽医，43(3): 97–103.
王劭，陈少莺，陈仕龙，等. 2011. 新型鸭呼肠孤病毒RT-PCR方法的建立与应用[J]. 农业生物技术学报，19(2): 388–392.
王思林，林庆添.2008. 养鸭场的生物安全体系[J]. 中国禽业导刊，25(13):34–35.
王希华. 2013 .云南广南麻鸭鸭瘟流行现状与防治措施[J]. 上海畜牧兽医通讯(04): 72–73.
王笑言. 2010. 鸭星状病毒RT-PCR及ORF2-ELISA的建立和初步应用[D]. 北京: 中国农业大学.
王笑言. 2015. 鸭产蛋下降相关新病毒的分子鉴定与生物学特性研究[D].北京: 中国农业大学.
王艳英，申秀丽，孙博. 2011. 甲醛熏蒸消毒详解[J]. 家禽科学(4): 25–26.
王燕. 2014. 家禽维生素A缺乏症[J]. 中国畜牧兽医文摘(6): 188.
王永坤，高巍. 2015. 禽病诊断彩色图谱[M]. 北京: 中国农业出版社.
王永坤，钱钟，秦淑美，等. 2004. 雏番鸭细小病毒和小鹅瘟病毒特性比较及二联活苗的应用[J]. 中国禽业导刊，21(9): 18–20.
王永坤，田慧芳，周继宏，等. 1998.鹅副粘病毒病的研究[J].江苏农学院学报，19(1): 59–62.
王永坤，田慧芳. 2007. 小鹅瘟的流行与有效防制措施[J]. 现代畜牧兽医(01): 32–35.
王永坤. 2003. 鸭流感防制研究进展[J]. 中国禽业导刊，20(17): 33–34.
王永坤. 2004. 雏番鸭细小病毒病诊断与防制[J]. 中国家禽，26(2): 35–38.
王勇生，侯水生. 2002. 鸭氨基酸需要量的研究[J]. 畜禽业(11): 22–24.
王云英. 1990. 麻鸭结核病诊断报告[J]. 浙江畜牧兽医(2): 25–26.
王政富. 1996. 番鸭细小病毒病的鉴别诊断与防制措施[J]. 中国家禽(1): 15–16.
王自然，朱文峰. 2003. 雏番鸭小鹅瘟的诊治[J]. 畜牧与兽医，35(7): 48.
魏泉德，谭爱军. 2007. 禽流感病毒实验室检测研究进展[J]. 微生物学通报，34(5): 986–990.
闻治国，唐静，谢明，等. 2014. 1–14日龄北京鸭胆碱需要量及缺乏症的初步探究[J]. 动物营养学报，26(9): 2523–2529.
吴宝成，陈家祥，姚金水，等. 2001. 番鸭呼肠孤病毒的分离与鉴定[J]. 福建农业大学学报，30(2): 227–230.

吴翠英. 2012. 一例雏鸭一氧化碳中毒的诊治[J]. 水禽世界(5): 25.

吴华，裴亚玲，刘建华，等. 2008. 鸭大肠杆菌超广谱 β- 内酰胺酶检测(ESBLs)及药物敏感性测定[J]. 安徽农业大学学报，35(3): 462–468.

吴节英. 2017. 两起鸭黄曲霉毒素中毒病例的诊治报告[J]. 福建畜牧兽医，39(2)，47.

吴景央. 2004. 一起因饲用鲜鳝鱼下脚料引发鸭胃瘤线虫病的报告[J]. 福建畜牧兽医，26(4): 27.

吴昆，沈浸. 2002. 常用消毒剂的研究进展[J]. 动物科学与动物医学，19(6): 38–39.

吴清民. 2002. 兽医传染病学[M]. 北京：中国农业大学出版社.

吴硕显. 1958. 上海所见的家鸭结核病[J]. 上海畜牧兽医通讯，1958(3):134-137.

吴信明，连洪梅，王艳，等. 2010. 38株鸭源大肠杆菌的分离鉴定与药敏试验[J]. 中国畜牧兽医，37(10): 178–180.

吴长德，方永辉，尹荣焕，等. 2004. 常用消毒剂与病原菌互作机制的研究现状[J]. 中国畜牧兽医，10(31): 31–33.

伍莉，陈鹏飞. 2015. 鸭致病性大肠杆菌的血清型鉴定及敏感药物的临床应用[J]. 中国兽医杂志，51(12): 41–43.

夏瑜，李邦佑，陈橙，等. 2005. 鸭沙门氏菌的分离与鉴定[J]. 上海畜牧兽医通讯(6): 20.

鲜思美，文心田，曹三杰，等. 2010. 鹅细小病毒和番鸭细小病毒双重PCR检测方法的建立[J]. 畜牧与兽医，42(4): 32–35.

肖金东，胡红宇，李毅，等. 2008. 北京鸭衣原体病的诊断与防治[J]. 中国畜禽种业，4(6): 47–49.

谢桂元. 1994. 雏禽一氧化碳中毒治验[J]. 中兽医学杂志(4): 33–34.

谢镜怀，廖德惠，何明清，等. 1988. 种鸭大肠杆菌性生殖器官病的研究[J]. 中国兽医杂志，14(8): 9–11.

谢敏康，ВолковаАМ. 1990. 鸭淀粉样肝病及其对肉质量的影响[J]. 国外畜牧学（猪与禽）(3): 44–45.

谢明，韩旭峰，侯水生，等. 2012. 1–14日龄北京鸭烟酸与色氨酸互作关系的研究[J]. 动物营养学报，24(12): 2341–2347.

谢小雨. 2011. 一株3型鸭甲肝病毒鸡胚化弱毒株的培育[D]. 北京：中国农业大学.

谢永平，杨威，徐光霞. 2002. 一起雏番鸭曲霉菌病的诊治[J]. 南方农业学报(1): 37.

辛朝安，任涛，罗开健，等. 1997. 疑似鹅副粘病毒感染诊断初报[J]. 养禽与禽病防治(1): 5.

邢思国. 2007. 鸭肉毒梭菌毒素中毒的报告[J]. 山东畜牧兽医，29(2): 48.

熊东艳，刘磊，秦承林，等. 2016. 一例蛋鸭痛风病的诊治体会[J]. 家禽科学(3): 37–39.

熊霞，杨朝武，杜华锐，等. 2017. 饲养密度对鸭生产性能、健康与福利影响的研究进展[J]. 中国家禽，39(16): 42–46.

徐大为. 2002. 鸭光过敏症的防治体会[J]. 养禽与禽病防治(1): 32.

徐海军.2004. 养殖场生物安全体系的构建[J]. 中国农学通报，20(4): 21–22，38.

徐卫东. 1986. 雏鸭链球菌病病例报告[J]. 吉林畜牧兽医(1): 26–27.

许丰. 2012. 番鸭呼肠孤病毒的分子鉴定及变异性分析[D]. 北京：北京农学院.

许英民. 2007. 雏番鸭小鹅瘟并发曲霉菌病的诊治[J]. 兽医导刊(10): 47–48.
许英民. 2012. 鸭常见寄生虫病的防控[J]. 中国动物保健，14(5): 39–41.
薛新宇. 2008. 畜禽养殖环境控制技术与发展展望[J]. 中华卫生杀虫药械，14(6) : 501–504.
颜丕熙，李国新，吴晓刚，等. 2011. 应用套式RT-PCR快速检测鸭坦布苏病毒[J]. 中国动物传染病学报，48 (03): 34–37.
燕强，杨传莹，董凤莲，等. 2008. 麻鸭慢性肉毒梭菌中毒[J]. 畜牧兽医科技信息(11): 69.
羊建平. 2003. 雏番鸭小鹅瘟的诊治[J]. 四川畜牧兽医，30(9): 53.
杨成太，滕海涛，王维娜. 2015. 鸭关节炎综合征的防治[J]. 中国畜牧兽医文摘(11): 209.
杨久仙，关文怡，郭秀山，等. 2017. 夏季发酵床鸭舍环境监测及蛋种鸭生产性能的试验研究[J]. 饲料研究(24): 19–22.
杨峻，罗青平，艾地云，等. 2011. 湖北省规模化养鸭主要疫病流行情况调查[J]. 湖北农业科学，50(23): 4896–4899.
杨宁. 2002. 家禽生产学[M]. 北京: 中国农业出版社.
杨琴，张兴晓，杨灵芝. 2009. 3种细胞培养流感病毒的比较[J]. 动物医学进展，30(11): 76–79.
杨少华，胡北侠，许传田，等. 2012. 三株新城疫病毒强毒株的生物学特性及全基因组序列分析[J]. 病毒学报，28(2): 143–150.
杨晓伟，张忠丽，谭雅文，等. 2009. 2007 —2008年川渝部分地区鸭圆环病毒病感染情况调查及其序列分析[J]. 安徽农业科学，37 (18): 8383–8388.
杨宜生，姜天童，方雨玲，等. 1989. 进口樱桃谷鸭暴发鸭衣原体病的调查[J]. 中国畜禽传染病(3): 103–108.
姚昭鑫. 2002. 产蛋鸭慢性呼吸道病的诊治[J]. 安徽农业(7): 26.
叶道福. 2010. 雏鸭维生素B2缺乏症的防治[J]. 福建畜牧兽医，32(3): 43.
叶玮. 2001. 禽结核病例[J]. 中国兽医杂志，37(4): 18.
伊惠，胡北侠，杨少华，等. 2013. 基因Ⅶ型新城疫病毒对鸭和SPF鸡致病性比较研究[J]. 畜牧兽医学报，44(12): 1982–1988.
易志华. 2002. 龙岩山麻鸭曲霉菌病的诊治[J]. 中国动物检疫，19(2): 38.
殷中琼，汪开毓. 2000. 鸡卡氏住白细胞原虫病的研究进展[J]. 四川畜牧兽医学院学报(1): 43–49.
银涛. 2005. 戊二醛消毒剂的研究进展[J]. 预防医学情报杂志. 21(3): 297–300.
应诗家，张甜，蓝赐华，等. 2016. 发酵床对舍内环境质量和肉番鸭生产性能的影响[J]. 畜牧兽医学报，47(6): 1180–1188.
于学辉，程安春，汪铭书，等. 2008. 鸭源致病性大肠杆菌的血清型鉴定及其相关毒力基因分析[J]. 畜牧兽医学报，39(1): 53–59.
余斌. 2004. 一例蛋鸭坏死性肠炎的诊治[J]. 中国禽业导刊，21(14): 27.
余旭平，何世成，朱军莉，等. 2005. 番鸭“新鸭疫”病原中呼肠孤病毒的初步确证[J]. 畜牧兽医学报，36 (8): 846–850.
俞安. 2012. 维生素A的稳定性研究[D]. 杭州: 浙江大学.

员学记，黄金奎. 2012. 鸭住白细胞原虫病的诊治[J]. 水禽世界(2): 39–40.
袁生，王政富，张浩吉. 2001. 番鸭“白点病”的病原分离与防制[J]. 中国家禽，23(1): 29–30.
袁圣蓉，岳华，刘内生，等. 1991. 鸭结核病的诊断[J]. 西南民族学院学报(自然科学版)，17(3): 124–125.
袁小远，王晓丽，亓丽红，等. 2017. 鸭大肠杆菌血清型分析和疫苗菌株的筛选[J]. 中国人兽共患病学报，33(7): 604–606.
张彬，徐长海，孙常伟. 2006. 一起垫料引发肉鸭曲霉菌病的诊治[J]. 水禽世界(6): 43.
张波. 2016. 畜禽养殖场消毒剂的选择[J]. 畜牧兽医科技信息(8): 47–48.
张存，叶伟成，刘蔓雯，等. 2002. 鹅与番鸭溃疡性胃肠炎病毒的分离鉴定[J]. 畜牧与兽医，34(2): 27–28.
张大丙，曲丰发，郑献进. 2006. 鸭疫里默氏菌血清型的研究概况[J]. 中国兽医杂志，42(11): 38–40.
张大丙，郑献进，曲丰发. 2005. 鸭传染性浆膜炎的诊断与防治技术[J]. 中国家禽，27(6) : 46–52.
张大丙. 2004. 不同参照菌和不同试验方法对鸭疫里默氏菌分型的影响[J]. 中国兽医杂志，40(10): 12–14.
张大丙. 2005. 用3种分型方法研究鸭疫里默氏菌的血清型[J]. 畜牧兽医学报，36(3): 258–263.
张东，周志明，郭建霖. 1989. 建昌鸭暴发链球菌病的诊疗报告[J]. 四川农业科技(2): 26.
张冬冬. 2012. 鸭病毒性肝炎的病原检测和鸭星状病毒的致病性分析[D]. 北京: 中国农业大学.
张国强，蒋建林. 2001. 消毒剂的选择与合理应用[J]. 国外畜牧学（猪与禽）(5): 32–36.
张慧. 2011. 一起樱桃谷鸭鸭瘟的诊断报告[J]. 畜牧兽医科技信息(12): 105–106.
张济培，梁发朝，卢玉葵，等. 2000. 雏番鸭“花肝病”的发生情况报告[C]. 中国畜牧兽医学会禽病学会分会第十次学术研讨会论文集.
张进. 2013. 鸭球虫病的诊断及防治[J]. 湖北畜牧兽医，34(7): 24–25.
张乐祥. 2015. 鸭鹅绦虫病的诊断与防治研究[J]. 中国动物保健(8): 50–51.
张龙现，宁长申，王学斌，等. 1997. 鸭隐孢子虫病调查及雏鸡感染试验[J]. 中国家禽(7): 8–9.
张文象. 2010. 规模养殖场兽药残留的控制措施[J]. 畜牧与饲料科学，31(3): 133，170.
张兴晓，沈志强，马景霞. 2001. 新城疫病毒(NDV)在免疫鸡胚中增殖条件的优化[J]. 中国兽医学报，21(02): 117–118.
张训海，王珏，李升和，等. 2010. 鸭副粘病毒人工感染鸭的病理组织学研究[J]. 中国预防兽医学报，32(1):27–31.
张毓金，吕殿红，黄庚明，等. 2000. 番鸭花肝病高免卵黄抗体的试验初报[J]. 广东畜牧兽医科技，25(1): 24–25.
张则斌，王芳，徐为中，等. 2007. 鸭沙门氏菌的分离与鉴定[J]. 中国家禽，29(23): 45–46.
张作华，杜民古，张晓霞. 2006. 种鸭维生素A缺乏的综合防治技术[J]. 吉林畜牧兽医，27(4): 53–54.
赵光远，谢芝勋，谢丽基，等. 2013. 鸭圆环病毒实时荧光定量PCR检测方法的建立[J]. 畜牧与兽医，45 (1): 60–63.
赵立新. 1992. 鸭沙门氏菌病的诊治[J]. 云南畜牧兽医(3): 40–42.

赵瑞宏，沈学怀，戴银，等. 2015. 抗番鸭细小病毒卵黄抗体的制备[J]. 安徽农业科学，43(29): 62–63.

赵瑞宏，张丹俊，潘孝成，等. 2010. 鸭链球菌的分离与耐药性监测[J]. 中国畜牧兽医，37(1): 169–171.

赵义. 2016. 家禽缺乏维生素引发的疾病及防治对策[J]. 吉林畜牧兽医，37(12): 39.

赵振玲. 2012. 雏番鸭小鹅瘟的防治技术措施[J]. 中国畜禽种业，8(10): 126.

郑利莎. 2014. 鸭病毒性肝炎的病原检测和鸭甲肝病毒3型强毒株的制备[D]. 北京: 中国农业大学.

郑世军，宋清明. 2013. 现代动物传染病学[M]. 北京: 中国农业出版社.

郑献进. 2016. 两株北京鸭源呼肠孤病毒生物学特性比较[D]. 北京: 中国农业大学.

郑兴福. 2017. 禽维生素 B2 缺乏症及诊治[J]. 畜牧兽医科技信息，5: 113.

中国兽药典委员会.2010. 中华人民共和国兽药典兽药使用指南[M]. 北京: 中国农业出版社.

钟安清. 1989. 胸腺在鸭淀粉样变性病中的作用探讨[J]. 中国兽医科技(11): 41–42.

钟雪峰. 2018. 输卵管积液和产蛋下降综合征的病因分析[D]. 北京: 中国农业大学.

周继勇，黎晓敏，聂奎，等. 1993. 实验性雏鸭隐孢子虫病病理学研究[J]. 畜牧兽医学报，24(1): 67–73.

周科，赵恩娣. 1999. 鸭链球菌病的诊治[J]. 养禽与禽病防治(8): 35.

周世良. 2014. 一例鸭脾坏死综合征的诊治[J]. 水禽世界(3): 35.

周述君，吴永林，张尔亮，等. 1990. 种鸭大肠杆菌性生殖器官病的研究[J]. 中国兽医杂志，16（4）: 2–4.

周新民，黄秀明. 2007. 鹅场兽医[M]. 北京: 中国农业出版社.

周娅琴，杨广岚. 2006. 碘伏消毒液杀菌效果及相关性能评价[J]. 安徽预防医学杂志. 12（3）: 154–157.

朱保林，马修身，韩大中，等. 1993. 青年鸭痛风病的诊断[J]. 中国家禽(5) :3.

朱凤霞，卢欣，陈奎，等. 2007. 樱桃谷鸭腹水症的诊疗报告[J]. 河南畜牧兽医（综合版），28(7): 40–41.

朱静静，王芳，胡群山，等. 2007. 河南地区鸭隐孢子虫病流行病学调查[J]. 中国家禽，29(24): 55–57.

朱小丽，陈少莺，林锋强，等. 2012. 应用胶乳凝集技术诊断番鸭小鹅瘟病[J]. 中国预防兽医学报，34 (9): 715–718.

诸明涛，陆新浩，任祖伊，等. 2011. 番鸭坏死性肠炎的诊断与防控[J]. 浙江畜牧兽医，36(1): 33–34.

Ю.Ф.Летров（杨钖林译）. 1982. 鸭螨虫病的化学预防[J]. 动物医学进展(6): 54–55.

Adrian WJ, Spraker TR, Davies RB. 1978. Epornitics of aspergillosis in mallards (Anas platyrhynchos) in north central Colorado[J]. Journal of Wildlife Diseases, 14(2):212–217.

Al-Muffarej SI, Savage CE, Jones RC. 1996. Egg transmission of avian reoviruses in chickens: comparison of a trypsin-sensitive and a trypsin-resistant strain[J]. Avian Pathology, 25(3): 469–480.

Andersen AA, Vanrompay D. 2000. Avian chlamydiosis[J]. Revue scientifique et technique, 19(2):

396–404.

Anjum AD, Sabri MA, Iqbal Z. 1989. Hydropericarditis syndrome in broiler chickens in Pakistan[J]. Veterinary Record, 124: 247–248.

Ansari WK, Parvej MS, El Zowalaty ME, et al. 2016. Surveillance, epidemiological, and virological detection of highly pathogenic H5N1 avian influenza viruses in duck and poultry from Bangladesh[J]. Veterinary Microbiology, 193: 49–59.

Arzey KE, Arzey GG, Reece RL. 1990. Chlamydiosis in commercial ducks[J]. Australian Veterinary Journal, 67(9): 333–334.

Asplin ED. 1961. The toxicity of certain groundnut meals for poultry with special reference to their effect on ducklings and chickens[J]. Veterinary Record, 73(46): 1215–1219.

Asplin FD. 1965. Duck hepatitis: vaccination against two serological types[J]. Veterinary Record, 77(50): 1529–1530.

Asthana M, Chandra R, Kumar R. 2013. Hydropericardium syndrome: current state and future developments[J]. Archives of Virology, 158(5): 921–931.

Banda A, Galloway-Haskins RI, Sandhu TS, et al. 2007. Genetic analysis of a duck circovirus detected in commercial Pekin ducks in New York[J]. Avian Diseases, 51(1): 90–95.

Barbosa T, Zavala G, Cheng S, et al. 2007. Full genome sequence and some biological properties of reticuloendotheliosis virus strain APC-566 isolated from endangered Attwater's prairie chickens[J]. Virus Research, 124(1-2): 68–77.

Bartha A. 1984. Dropped egg production in ducks associated with adenovirus infection[J]. Avian Pathology, 13(1): 119–126.

Bartnik M, Mazurek AK. 2016. Isolation of Methoxyfuranocoumarins from Ammi majus by centrifugal partition chromatography[J]. Journal of Chromatographic Science, 54(1): 10–16.

Baxendale W, Mebatsion T. 2004. The isolation and characterisation of astroviruses from chickens[J]. Avian Pathology, 33(3): 364–370.

Bäyon-Auboyer MH, Arnauld C, Toquin D, et al. 2000. Nucleotide sequences of the F, L and G protein genes of two non-A/non-B avian pneumoviruses (APV) reveal a novel APV subgroup[J]. Journal of General Virology, 81(11): 2723–2733.

Bernáth S, Szalai F. 1970. Investigations for clearing the etiology of the disease appeared among goslings in 1969[J]. Hungarian Veterinary Journal, 25: 531–536.

Bisgaard M, Folkersen JC, Høg C. 1981. Arthritis in ducks. II. Condemnation rate, economic significance and possible preventive measures[J]. Avian pathology, 10(3): 321–327.

Bisgaard M. 1981. Arthritis in ducks. I. Aetiology and public health aspects[J]. Avian pathology, 10(1): 11–21.

Bisgaard M. 1982. Antigenic studies on Pasteurella anatipestifer, species incertae sedis, using slide and tube agglutination[J]. Avian Pathology, 11(3): 341–350.

Bleecker ML. 2015. Carbon monoxide intoxication[J]. Handbook of Clinical Neurology. 131: 191–203.

Bohls RL, Linares JA, Gross SL, et al. 2006. Phylogenetic analyses indicate little variation among reticuloendotheliosis viruses infecting avian species, including the endangered Attwater's prairie chicken[J]. Virus Research, 119(2): 187–194.

Bouquet JF, Moreau Y, McFerran JB, et al. 1982. Isolation and characterisation of an adenovirus isolated from Muscovy ducks[J]. Avian Pathology, 11(2), 301–307.

Bracewell CD, Bevan BJ. 1982. Chlamydia infection in ducks: preliminary communication[J]. Journal of the Royal Society of Medicine, 75(4): 249–252.

Bradbury JM. 1977. Rapid biochemical tests for characterization of the Mycoplasmatales[J]. Journal of Clinical Microbiology, 5(5): 531–534.

Brash ML, Swinton JN, Weisz A, et al. 2009. Isolation and identification of duck adenovirus 1 in ducklings with proliferative tracheitis in Ontario[J]. Avian Diseases, 53(2): 317–320.

Brogden KA, Packer RA. 1979. Comparison of Pasteurella multocida serotyping systems[J]. American Journal of Veterinary Research, 40(9): 1332–1335.

Brogden KA, Rhoades KR, Heddleston KL. 1978. A new serotype of Pasteurella multocida associated with fowl cholera[J]. Avian Diseases, 22(1):185–190.

Brogden KA, Rhoades KR, Rimler RB. 1982. Serologic types and physiologic characteristics of 46 avian Pasteurella anatipestifer cultures[J]. Avian Diseases, 26(4): 891–896.

Burgess EC, Ossa J, Yuill TM. 1979. Duck plague: a carrier state in waterfowl[J]. Avian Diseases. 23(4): 940–949.

Calnek B. 1978. Hemagglutination-inhibition antibodies against an adenovirus (virus-127) in White Pekin ducks in the United States[J]. Avian Diseases, 22(4): 798–801.

Cao ZZ, Zhang C, Liu YH, et al. 2011. Tembusu virus in ducks, China[J]. Emerging Infectious Diseases, 17(10): 1873–1875.

Carlton WW. 1966. Experimental coal tar poisoning in the white Pekin duck[J]. Avian Diseases, 10(4): 484–502.

Carter GR. 1955. Studies on Pasteurella multocida. I. A hemagglutination test for the identification of serological types[J]. American Journal of Veterinary Research, 16(60): 481–484.

Castanon JI. 2007. History of the use of antibiotic as growth promoters in European Poultry feeds[J]. Poultry Science, 86(11):2466–2471.

Cha SY, Kang M, Cho JG, et al. 2013. Genetic analysis of duck circovirus in Pekin ducks from South Korea[J]. Poultry Science, 92(11): 2886–2891.

Cha SY, Kang M, Moon OK, et al. 2013a. Respiratory disease due to current egg drop syndrome virus in Pekin ducks[J]. Veterinary Microbiology, 165(3-4): 305–311.

Cha SY, Kang M, Park CK, et al. 2013b. Epidemiology of egg drop syndrome virus in ducks from South Korea[J]. Poultry Science, 92(7): 1783–1789.

Cha SY, Song ET, Kang M, 2014. Prevalence of duck circovirus infection of subclinical Pekin ducks in South Korea[J]. Journal of Veterinary Medical Science, 76(4): 597–599.

Chakritbudsabong W, Taowan J, Lertwatcharasarakul P, et al. 2015. Genomic characterization of a new Tembusu flavivirus from domestic ducks in Thailand[J]. The Thai Veterinary Medicine, 45(3): 419–425.

Chalmers WS, Farmer H, Woolcock PR. 1985. Duck hepatitis virus and Chlamydia psittaci outbreak[J]. Veterinary Record, 116(8): 223.

Chandrika P, Kumanan K, Jayakumar R, et al. 1999. Latex agglutination test for the detection of duck plague viral antigen[J]. Indian Veterinary Journal, 76:372–374.

Chang P, Shien J, Wang M, et al. 2000. Phylogenetic analysis of parvoviruses isolated in Taiwan from ducks and geese[J]. Avian Pathology, 29(1): 45–49.

Chen C, Wang P, Lee M, et al. 2006. Development of a polymerase chain reaction procedure for detection and differentiation of duck and goose circovirus[J]. Avian Diseases, 50(1): 92–95.

Chen H, Dou Y, Tang Y, et al. 2015. Isolation and genomic characterization of a duck-origin GPV-related parvovirus from cherry valley ducklings in China[J]. PLOS ONE, 10(10): e0140284.

Chen H, Dou Y, Tang Y, et al. 2016a. Experimental reproduction of beak atrophy and dwarfism syndrome by infection in cherry valley ducklings with a novel goose parvovirus-related parvovirus[J]. Veterinary Microbiology, 183: 16–20.

Chen H, Dou Y, Zheng X, et al. 2017. Hydropericardium Hepatitis Syndrome Emerged in Cherry Valley Ducks in China[J]. Transboundary and Emerging Diseases, 64(4): 1262–1267.

Chen IS, Mak TW, O'Rear JJ, et al. 1981. Characterization of reticuloendotheliosis virus strain T DNA and isolation of a novel variant of reticuloendotheliosis virus strain T by molecular cloning[J]. Journal of Virology, 40(3): 800–811.

Chen PY, CuiZ, Lee LF, et al. 1987. Serologic differences among nondefective reticuloendotheliosis viruses[J]. Archives of Virology, 93(3-4): 233–245.

Chen S, Wang S, Cheng X, et al. 2016b. Isolation and characterization of a distinct duck-origin goose parvovirus causing an outbreak of duckling short beak and dwarfism syndrome in China[J]. Archives of Virology, 161(9): 2407–2416.

Chen WS, Calvo PA, Malide D, et al. 2002. A novel influenza A virus mitochondrial protein that induces cell death[J]. Nature Medicine, 7(12): 1306–1312.

Chen Z, Zhu Y, Li C, et al. 2012. Outbreak-associated novel duck reovirus, China, 2011[J]. Emerging Infectious Diseases, 18(7): 1209–1211.

Chu C, Pan M, Cheng J. 2001. Genetic variation in the nucleocapsid genes of waterfowl parvovirus[J]. Journal of Veterinary Medical Science, 63 (11): 1165–1170.

Chu KS, Kang MS, Lee JW. 2012. A case of aspergillosis in commercial domestic ducks[J]. 35(2): 165.

Cohen RS, Wong TC, Lai MMC. 1981. Characterization of transformation- and replication-specific sequences of reticuloendotheliosis virus[J]. Virology, 113(2): 672–685.

Coker RD. 1979. Aflatoxin: past, present and future[J]. Tropical Science, 21(3): 143–162.

Colton S, Fraley GS. 2014. The effects of environmental enrichment devices on feather picking in commercially housed Pekin ducks[J]. Poultry Science, 93(9): 2143–2150.

Colwell WM, Ashley RC, Simmons DG, et al. 1973. The relative in vitro sensitivity to Aflatoxin B1 of tracheal organ culture prepared from day-old chickens, ducks, Japanese quail and turkeys[J]. Avian Diseases, 17(1): 166–172.

Cook JKA, Darbyshire JH. 1980. Epidemiological studies with egg drop syndrome-1976 (EDS-76) virus[J]. Avian Pathology, 9(3): 437–443.

Corrand L, Gelfi J, Albaric O, et al. 2011. Pathological and epidemiological significance of Goose haemorrhagic polyomavirus infection in ducks[J]. Avain Pathology, 40(4): 355–360.

Cowan DF, Johnson WC. 1970. Amyloidosis in the white Pekin duck. I. Relation to social environmental stress[J]. Laboratory investigation. 23(5): 551–555.

Cowan DF. 1968. Avian amyloidosis. I. General incidence in zoo birds[J]. Pathologia Veterinaria, 5(1):51–58.

Crispin SM, Barnett KC. 1978. Ocular candidiasis in ornamental ducks[J]. Avian Pathology, 7(1): 49–59.

Cui HM, Luo LP. 1995. Phosphorus deficiency in ducklings[J]. Journal of Northeast Agricultural University (English Edition), 2: 128–134.

Cui ZZ, Lee LF, Silva RF, et al. 1986. Monoclonal antibodies against avian reticuloendotheliosis virus: identification of strain-specific and strain-common epitopes[J]. Journal of Immunology, 136(11): 4237–4242.

Czeglédi A, Ujvári D, Somogyi E, et al. 2006. Third genome size category of avian paramyxovirus serotype 1 (Newcastle disease virus) and evolutionary implications[J]. Virus Research, 120(1-2): 36–48.

Dai Y, Cheng X, Liu M, et al. 2014. Experimental infection of duck origin virulent Newcastle disease virus strain in ducks[J]. BMC Veterinary Research, 10(1): 164.

Davison AJ, Eberle R, Ehlers B, et al. 2009. The order Herpesvirales[J]. Archives of Virology, 154(1), 171–177.

Dawe RS, Ibbotson SH. 2014. Drug-induced photosensitivity[J]. Dermatologic Clinics, 32(3): 363–368.

Devriese LA, Devos AH, Beumer J, et al. 1972. Characterization of staphylococci isolated from poultry[J]. Poultry Science, 51(2): 389–397.

Devriese LA, Haesebrouck F, de Herdt P, et al. 1994. Streptococcus suis infections in birds[J]. Avian Pathology, 23(4): 721–724.

Devriese LA. 1980. Sensitivity of staphylococci from farm animals to antibacterial agents used for growth promotion and therapy. A ten year study[J]. Annals De Recherches Vétérinaires Annals, 11(4): 399–408.

Diel DG, Silva LH, Liu H, et al. 2012. Genetic diversity of avian paramyxovirus type 1: Proposal for a unified nomenclature and classification system of Newcastle disease virus genotypes[J]. Infection,

Genetics and Evolution:Journal of molecular epidemiology and evolutionary genetics in infectious diseases, 12(8): 1770–1779.

Ding C, Zhang D. 2007. Molecular analysis of duck hepatitis virus type 1[J]. Virology, 361(1): 9–17.

Doan HT, Le XT, Do RT, et al. 2016. Molecular genotyping of duck hepatitis a viruses (DHAV) in Vietnam. Journal of Infection in Developing Countries[J]. 10(9): 988–995.

Dobos-Kovács M, Horváth E, Farsang A, et al. 2005. Haemorrhagic nephritis and enteritis of geese: pathomorphological investigations and proposed pathogenesis[J]. Acta veterinaria Hungarica, 53(2): 213–223.

Dougherty E III, Rickard CG, Scott ML. 1963. Subacute and chronic liver diseases of the white Pekin duck[J]. Avian Diseases, 7(2): 217–219, 221–223, 225–234.

Dougherty E. 1953. Disease problems confronting the duck industry[J]. Proc Annu Meet Am Vet Med Assoc, 90: 359–365.

Easton AJ, Domachowske JB, Rosenberg HF. 2004. Animal pneumoviruses: molecular genetics and pathogenesis[J]. Clinical Microbiology Reviews, 17(2): 390–412.

Egyed MN, Shlosberg A, Eilat A, et al. 1975a. Acute and chronic manifestations of Ammi majus induced photosensitisation in ducks[J]. Veterinary Record, 97(11): 193–199.

Egyed MN, Singer L, Eilat A, et al. 1975b. Eye lesions in ducklings fed Ammi majus seeds[J]. Zentralbl Veterinarmed A, 22(9): 764–768.

Egyed MN, Williams MC. 1977. Photosensitizing effects of Cymopterus watsonii and Cymopterus longipes in chickens and turkey poults[J]. Avian Diseases, 21(4): 566–575.

Ellis TM, Bousfield RB, Bissett LA, et al. 2004. Investigation of outbreaks of highly pathogenic H5N1 avian influenza in waterfowl and wild birds in Hong Kong in late 2002[J]. Avian Pathology, 33(5): 492–505.

Engbaek HC, Runyon EH, Karlson AG. 1971. Mycobacterium avium Chester: Designation of neotype strain[J]. International Journal of Systematic Bacteriology, 21(2): 192–196.

Ericsson LH, Eriksen N, Walsh KA, et al. 1987. Primary structure of duck amyloid protein A The form deposited in tissues may be identical to its serum precursor[J]. Federation of European Biochemical Societies letters, 218(1):11–16.

Esmaelizad M, Mayahi V, Pashaei M, et al. 2017. Identification of novel Newcastle disease virus sub-genotype VII-(j) based on the fusion protein[J]. Archives of virology, 162(4): 971–978.

Fahey JE, 1955. Chronic respiratory disease of ducks[J]. Poultry Science, 34(2): 397–399.

Fehér E, Lengyel G, Dán A, 2014. Whole genome sequence of a goose haemorrhagic polyomavirus detected in Hungary [J]. Acta microbiologica et immunologica Hungarica, 61(2): 221–227.

Fessler AT, Kadlec K, Hassel M, et al. 2011. Characterization of methicillin-resistant Staphylococcus aureus isolates from food and food products of poultry origin in Germany[J]. Applied and environmental microbiology, 77(20): 7151–7157.

Fouchier RA, Munster V, Wallensten A, et al. 2005. Characterization of a novel influenza A virus hemagglutinin subtype (H16) obtained from black-headed gulls[J]. Journal of Virology, 79(5): 2814–2822.

Fournier, D. 1991. Parvovirose du canard de Barbarie. Approche vaccinale et recherches en cours[J]. L’ Aviculteur. 521:55–58.

Frey ML, Hanson RP, Anderson DP. 1968. A medium for the isolation of avian Mycoplasmas[J]. American Journal of Veterinary Research, 29(11): 2163–2171.

Fringuelli E, Scott ANJ, Beckett A, et al. 2005. Diagnosis of duck circovirus infections by conventional and real time polymerase chain reaction tests[J]. Avian Pathology, 34(6): 495–500.

Fu Y, Pan M, Wang X, et al. 2008. Molecular detection and typing of duck hepatitis A virus directly from clinical specimens[J]. Veterinary Microbiology, 131(3-4): 247–257.

Fu Y, Pan M, Wang X, et al. 2009. Complete sequence of a duck astrovirus associated with fatal hepatitis in ducklings[J]. Journal of General Virology, 90(5): 1104–1108.

Garcia LS. 2007. Diagnostic Medical Parasitology, Fifth Edition[M]. LSG and Associates, Santa Monica, California.

Gaudry D, Charles JM, Tektoff J. 1972. A new disease expressing itself by a viral pericarditis in Barbary ducks[J]. Comptes rendus hebdomadaires des séances de I'Académie des sciences. Série D: Sciences naturelles, 274(21): 2916–2919.

Geens T, Desplanques A, Van Loock M, et al. 2005. Sequencing of the Chlamydophila psittaci ompA gene reveals a new genotype, E/B, and the need for a rapid discriminatory genotyping method[J]. Journal of Clinical Microbiology, 43(5): 2456–2461.

Gilbert M, Xiao X, Pfeiffer DU, et al. 2008. Mapping H5N1 highly pathogenic avian influenza risk in Southeast Asia[J]. Proceedings of the National Academy of Sciences , 105(12): 4769–4774.

Glávits R, Zolnai A, Szabó E, et al. 2005. Comparative pathological studies on domestic geese (Anser anser domestica) and Muscovy ducks (Cairina moschata) experimentally infected with parvovirus strains of goose and Muscovy duck origin[J]. Acta Veterinaria Hungarica, 53(1): 73–89.

Goncalves A, Roi S, Nowicki M, et al. 2015. Fat-soluble vitamin intestinal absorption: absorption sites in the intestine and interactions for absorption[J]. Food chemistry, 172: 155–160.

Gorevic PD, Greenwald M, Frangione B, et al. 1977. The amino acid sequence of duck amyloid A (AA) protein[J]. Journal of Immunology, 118(3):1113–1118.

Gosling RJ, Breslin M, Fenner J, et al. 2016. An in-vitro investigation into the efficacy of disinfectants used in the duck industry against Salmonella[J]. Avian Pathology, 45(5):576–581.

Gough R, Spackman D, Collins M, et al. 1981. Isolation and characterisation of a parvovirus from goslings[J]. Veterinary Record, 108(18): 399–400.

Gough RE, Spackman D. 1982. Studies with a duck embryo adapted goose parvovirus vaccine[J]. Avian Pathology, 11(3): 503–510.

Gough RE. 1984. Application of the agar gel precipitin and virus neutralisation tests to the serological study of goose parvovirus[J]. Avian Pathology, 13(3): 501–509.

Gough RE, Borland ED, Keymer IF, et al. 1985. An outbreak of duck hepatitis type II in commercial ducks[J]. Avian Pathology, 14(2): 227–236.

Gough RE, Collins MS, Borland E, et al. 1984. Astrovirus-like particles associated with hepatitis in ducklings[J]. Veterinary Record, 114(11): 279.

Govindarajan D, Yunus AS, Samal SK. 2004. Complete sequence of the G glycoprotein gene of avian metapneumovirus subgroup C and identification of a divergent domain in the predicted protein[J]. Journal of general virology, 85(12): 3671–3675.

Grimes TM, Purchase HG. 1973. Reticuloendotheliosis in duck[J]. Australian Veterimary Journal, 49(10): 466–471.

Guan Y, Smith GJ. 2013. The emergence and diversification of panzootic H5N1 influenza viruses[J]. Virus Research, 178(1): 35–43.

Guerin JL, Gelfi J, Dubois L, et al. 2000. A novel polyomavirus (Goose hemorrhagic polyomavirus) is the agent of hemorrhagic nephritis enteritis of geese[J]. Journal of Virology, 74(10): 4523–4529.

Guo X, Huang K, Tang J. 2005. Clinicopathology of gout in growing layers induced by high calcium and high protein diets[J]. British Poultry Science, 46(5): 641–646.

Guo Z, Chen P, Ren P, et al. 2011. Genome sequence of duck pathogen Mycoplasma anatis strain 1340[J]. Journal of Bacteriology, 193(20): 5883–5884.

Gustafson LA, Cheng HW, Garner JP, et al. 2007. The effects of different bill-trimming methods on the well-being of Pekin ducks[J]. Poultry Science, 86(9): 1831–1839.

Haider SA, Calnek BW. 1979. In vitro isolation, propagation and characterisation of duck hepatitis virus type III[J]. Avian Diseases, 23(3): 715–729.

Harder TC, Teuffert J, Starick E, et al. 2009. Highly pathogenic avian influenza virus (H5N1) in frozen duck carcasses, Germany, 2007[J]. Emerging Infectious Diseases, 15(2): 272–279.

Harkinezhad T, Geens T, Vanrompay D. 2009. Chlamydophila psittaci infections in birds: a review with emphasis on zoonotic consequences[J]. Veterinary Microbiology, 135(1-2): 68–77.

Harry EG. 1969. Pasteurella (Pfeifferella) anatipestifer serotypes isolated from cases of anatipestifer septicaemia in ducks[J]. Veterinary record, 84(26): 673.

Hattermann K, Schmitt C, Soike D, et al. 2003. Cloning and sequencing of duck circovirus (DuCV)[J]. Archives of Virology, 148(12): 2471–2480.

Heddleston KL, Gallagher JE, Rebers PA. 1972. Fowl cholera: gel diffusion precipitin test for serotyping Pasteurella multocida from avian species[J]. Avian Diseases, 16(4): 925–936.

Heffels-Redmann U, Müller H, Kaleta EF. 1992. Structural and biological characteristics of reoviruses isolated from Muscovy ducks (Cairina moschata)[J]. Avian Pathology, 21(3): 481–491.

Hess M, Blöcker H, Brandt P. 1997. The complete nucleotide sequence of the egg drop syndrome virus: an intermediate between mastadenoviruses and aviadenoviruses[J]. Virology, 238(1): 145–156.

Hess M. 2000. Detection and differentiation of avian adenoviruses: a review[J]. Avian Pathology, 29(3): 195–206.

Hinton DG, Shipley A, Galvin JW, et al. 1993. Chlamydiosis in workers at a duck farm and processing plant[J]. Australian Veterinary Journal, 70(5): 174–176.

Hoekstra J, Smit T, van Brakel C. 1973. Observations on host range and control of goose virus hepatitis[J]. Avian Pathology, 2(3): 169–178.

Hoelzer JD, Franklin RB, Bose HR. 1979. Transformation by reticuloendotheliosis virus: development of a focus assay and isolation of a nontransforming virus[J]. Virology, 93(1): 20–30.

Hoffner SE, Svenson SB, Kallenius G. 1987. Synergistic effects of antimycobacterial drugs on Mycobacterium avium complex determined radiometrically in liquid medium[J]. European Journal of Clinical Microbiology, 6(5): 530–535.

Hogg R, Pearson A. 2009. Streptococcus gallolyticus subspecies gallolyticus infection in ducklings[J]. Veterinary Record, 165(10): 297–298.

Homonnay ZG, Kovács EW, Bányai K, et al. 2014. Tembusu-like flavivirus (perak virus) as the cause of neurological disease outbreaks in young Pekin ducks[J]. Avian Pathology, 43(6): 552–560.

Huang X, Han K, Zhao D, et al. 2013. Identification and molecular characterization of a novel flavivirus isolated from geese in China[J]. Research in Veterinary Science, 94(3): 774–780.

Huang Z, Panda A, Elankumaran S, et al. 2004. The hemagglutinin-neuraminidase protein of Newcastle disease virus determines tropism and virulence[J]. Journal of Virology, 78(8): 4176–4184.

Hulin V, Bernard P, Vorimore F, et al. 2015. Assessment of Chlamydia psittaci shedding and environmental contamination as potential sources of worker exposure throughout the mule duck breeding process[J]. Applied and ánvironmental áicrobiology, 82(5): 1504–1518.

Hulse-Post DJ, Franks J, Boyd K, et al. 2007. Molecular changes in the polymerase genes (PA and PB1) associated with high pathogenicity of H5N1 influenza virus in mallard ducks[J]. Journal of Virology, 81(16): 8515–8524.

Hunter B, Wobeser G. 1980. Pathology of experimental avian cholera in mallard ducks[J]. Avian Diseases, 24(2): 403–414.

Ivanics E, Palya V, Glavits R, et al. 2001. The role of egg drop syndrome virus in acute respiratory disease of goslings[J]. Avian Pathology, 30(3): 201–208.

Jadhao SJ, Nguyen DC, Uyeki TM, et al. 2009. Genetic analysis of avian influenza A viruses isolated from domestic waterfowl in live-bird markets of Hanoi, Vietnam, preceding fatal H5N1 human infections in 2004[J]. Archives of Virology, 154(8): 1249–1261.

Jagger BW, Wise HM, Kash JC, et al. 2012. An overlapping protein-coding region in influenza A virus segment 3 modulates the host response[J]. Science, 337(6091): 199–204.

Jestin V, Le Bras MO, Cherbonnel M, et al. 1991. Demonstration of very pathogenic parvoviruses (Derzsy disease virus) in Muscovy duck farm[J]. Recueil De Medecine Veterinaire, 167(9): 849–857.

Jia R, Cheng A, Wang M, et al. 2009. Development and evaluation of an antigen-capture ELISA for detection of the UL24 antigen of the duck enteritis virus, based on a polyclonal antibody against the UL24 expression protein[J]. Journal of Virology Methods, 161(1): 38–43.

Jiang L, Deng X, Gao Y, et al. 2014. First isolation of reticuloendotheliosis virus from mallards in China[J]. Archives of Virology, 159(8): 2051–2057.

Jiang SJ, Zhang XX, Liu SN, et al. 2008. PCR detection and sequence analysis of duck circovirus in sick muscovy ducks[J]. Virologica Sinica, 23(4): 265–271.

Johne R, Müller H. 2003. The genome of goose hemorrhagic polyomavirus, a new member of the proposed subgenus Avipolyomavirus[J]. Virology, 308(2): 291–302.

Julian RJ. 1988. Ascites in meat-type ducklings[J]. Avian Pathology, 17(1): 11–21.

Kaleta EF. 1988. Duck viral hepatitis type 1 vaccination: monitoring of the immune response with a microneutralisation test in Pekin duck embryo kidney cell cultures[J]. Avian Pathology, 17(1): 325–332.

Kaschula VR. 1950. A new virus disease of the Muscovy duck (Cairina moschata Linn) present in Natal[J]. Journal of the South African Veterinary Medical Association, 21: 18–26.

Khachemoune A, Khechmoune K, Blanc D. 2006. Assessing phytophotodermatitis: boy with erythema and blisters on both hands[J]. Dermatology Nursing, 18(2): 153–154.

Kibenge FSB, Robertson MD, Wilcox GE, et al. 1982. Bacterial and viral agents associated with tenosynovitis in broiler breeders in Western Australia[J]. Avian Pathology, 11(3): 351–359.

Kim MC, Kwon YK, Joh SJ, et al. 2007. Recent Korean isolates of duck hepatitis virus revealed the presence of a new geno- and serotype when compared to duck hepatitis virus type 1 type strains[J]. Archives of virology, 152(11): 2059–2072.

Kim MC, Kwon YK, Joh SJ, et al., 2006. Molecular analysis of duck hepatitis virus type 1 reveals a novel lineage close to the genus Parechovirus in the family Picornaviridae[J]. Journal of General Virology, 87(11): 3307–3316.

Kim MC，Kwon YK，Joh SJ，et al. 2008. Differential diagnosis between type-specific duck hepatitis virus type 1 (DHV-1) and recent Korean DHV-1-like isolates using a multiplex polymerase chain reaction[J]. Avian Pathology, 37(2)：171–177.

King AMQ, Adams MJ, Carstens EB, et al. 2011. Virus Taxonomy：Classification and Nomenclature of Viruses. Ninth Report of the International Committee on the Taxonomy of Viruses[M]. London: Elsevier Academic Press.

Kono Y, Tsukamoto K, Abd HM, et al. 2000. Encephalitis and retarded growth of chicks caused by sitiawan virus, a new isolate belonging to the genus flavivirus[J]. The American Journal of Tropical Medicine and Hygiene, 63(1-2): 94–101.

Kraft V, Grund S, Monreal G. 1979. Ultrastructural characterisation of isolate 127 of egg drop syndrome 1976 virus as an adenovirus[J]. Avian Pathology, 8(4): 353–361.

Krumbholz A, Philipps A, Oehring H, et al. 2011. Current knowledge on PB1-F2 of influenza Aviruses[J]. Medical Microbiology Immunology, 200(2): 69–75.

Kuntz-Simon G, Le Gall-Reculé G, de Boisséson C, et al. 2002. Muscovy duck reovirus sigmaC protein is atypically encoded by the smallest genome segment[J]. Journal of General Virology, 83(5): 1189–1200.

Kwon YK, Joh SJ, Kim MC, et al. 2005. Highly pathogenic avian influenza (H5N1) in the commercial domestic ducks of South Korea[J]. Avian Pathology, 34(4): 367–370.

Lacroux C, Andreoletti O, Payre B. 2004. Pathology of spontaneous and experimental infections by Goose haemorrhagic polyomavirus[J]. Avian Pathology, 33(3): 351–358.

Lamb RA, Lai CJ. 1980. Sequence of interrupted and uninterrupted mRNAs and cloned DNA coding for the two overlapping nonstructural proteins of influenza virus[J]. Cell, 21(2): 475–485.

Landman WJM, Gruys E, Gielkens ALJ. Avian amyloidosis[J]. 1998. Avian Pathology, 27(5):437–449.

Laroucau K, Barbeyrac BD, Vorimore F, et al. 2009. Chlamydial infections in duck farms associated with human cases of psittacosis in France[J]. Veterinary Microbiology, 135(1-2): 82–89.

Le Gall-Reculé G, Cherbonnel M, Arnauld C, et al. 1999. Molecular characterization and expression of the S3 gene of Muscovy duck reovirus strain 89026[J]. Journal of General Virology, 80(1): 195–203.

Leake CJ, Ussery MA, Nisalak A, et al. 1986. Virus isolations from mosquitoes collected during the 1982 Japanese encephalitis epidemic in northern Thailand[J]. Transactions of the Royal Society of Tropical Medicine & Hygiene, 80(5): 831–837.

Lei W, Guo X, Fu S, et al. 2017. The genetic characteristics and evolution of Tembusu virus[J]. Veterinary Microbiology, 201: 32–41.

Leibovitz L. 1973. Necrotic enteritis of breeder ducks[J]. American Journal of Veterinary Research, 34(8): 1053–1061.

Levine PP, Fabricant J. 1950. A hitherto-undescribed virus disease of duck in North America[J]. Cornell Veterinarian, 40(4): 71–86.

Li C, Li H, Wang D. 2016a. Characterization of fowl adenoviruses isolated between 2007 and 2014 in China[J]. Veterinary Microbiology, 197: 62–67.

Li C, Li Q, Chen Z, et al. 2016. Novel duck parvovirus identified in Cherry Valley ducks (Anas platyrhynchos domesticus), China[J]. Infection, Genetics and Evolution, 44: 278–280.

Li H, Wang J, Qiu L, et al. 2016b. Fowl adenovirus species C serotype 4 is attributed to the emergence of hepatitis-hydropericardium syndrome in chickens in China[J]. Infection, Genetics and Evolution, 45: 230–241.

Li J, Calnek BW, Schat KA, et al. 1983. Pathogenesis of reticuloendotheliosis virus infection in ducks[J]. Avian Diseases, 27(4): 1090–1105.

Li KS, Guan Y, Wang J, et al. 2004. Genesis of a highly pathogenic and potentially pandemic H5N1 influenza virus in eastern Asia[J]. Nature, 430(6996): 209–213.

Li L, Luo L, Luo Q, et al. 2016c. Genome sequence of a fowl adenovirus serotype 4 strain lethal to chickens, isolated from China[J]. Genome Announcements, 4(2), pii: e00140-16.

Li M, Gu C, Zhang W, et al. 2013. Isolation and characterization of Streptococcus gallolyticus subsp. pasteurianus causing meningitis in ducklings[J]. Veterinary Microbiology, 162(2-4): 930–936.

Li R, Li G, Lin J, et al. 2018. Fowl adenovirus serotype 4 SD0828 infections causes high mortality rate and cytokine levels in specific pathogen-free chickens compared to ducks[J]. Frontiers in Immunology, 9: 49.

Li X, Shi Y, Liu Q, et al. 2015. Airborne transmission of a novel Tembusu virus in ducks[J]. Journal of Clinical Microbiology, 53(8): 2734–2736.

Li Y, Huang B, Ma X, et al. 2009. Molecular characterization of the genome of duck enteritis virus[J]. Virology, 391(2): 151–161.

Li Z, Wang X, Zhang R, et al. 2014. Evidence of possible vertical transmission of duck circovirus[J]. Veterinary Microbiology, 174(1-2): 229–232.

Liao Q, Liu N, Wang X, et al. 2015. Genetic characterization of a novel astrovirus in Pekin ducks[J]. Infection, Genetics and Evolution, 32: 60–67.

Lin CY, Chen CL, Wang CC, et al. 2009. Isolation, identification, and complete genome sequence of an avian reticuloendotheliosis virus isolated from geese[J]. Veterinary Microbiology, 136(3-4): 246–249.

Lin MY, Liu HJ, Ke GM. 2003. Genetic and antigenic analysis of Newcastle disease viruses from recent outbreaks in Taiwan[J]. Avian Pathology, 32(4): 345–350.

Liu HM, Wang H, Tian XJ, et al. 2014. Complete genome sequence of goose parvovirus Y strain isolated from Muscovy ducks in China[J]. Virus Genes, 48(1): 199–202.

Liu N, Jiang M, Wang M, et al. 2016. Isolation and detection of duck astrovirus CPH: implications for epidemiology and pathogenicity[J]. Avian Pathology, 45(2): 221–227.

Liu N, Wang F, Shi J, et al. 2014a. Molecular characterization of a duck hepatitis virus 3-like astrovirus[J]. Veterinary Microbiology, 170(1-2): 39–47.

Liu N, Wang F, Zhang D. 2014b. Complete sequence of a novel duck astrovirus[J]. Archievs of Virology, 159(10): 2823–2827.

Liu Q, Zhang G, Huang Y, et al. 2011. Isolation and characterization of a reovirus causing spleen necrosis in Pekin ducklings[J]. Veterinary Microbiology, 148(2-4): 200–206.

Liu Y, Wan W, Gao D. 2016. Genetic characterization of novel fowl aviadenovirus 4 isolates from outbreaks of hepatitis-hydropericardium syndrome in broiler chickens in China[J]. Emerging Microbes and Infections, 5(11): e117.

Loh H, Teo TP, Tan HC. 1992. Serotypes of 'Pasteurella' anatipestifer isolates from ducks in Singapore: a proposal of new serotypes[J]. Avian Pathology, 21(3): 453–459.

Lu Y, Dou Y, Ti J, et al. 2016. The effect of Tembusu virus infection in different week-old Cherry Valley breeding ducks[J]. Veterinary Microbiology, 192:167–174.

Lu YS, Lin DF, Lee YL, et al. 1993. Infectious bill atrophy syndrome caused by parvovirus in a co-outbreak with duck viral hepatitis in ducklings in Taiwan[J]. Avian Diseases, 37(2): 591–596.

Ludford CG, Purchase HG, Cox HW. 1972. Duck infectious anaemia virus associated with *Piasmodium lophurae*[J]. Experimental Parasitology, 31(1): 29–38.

Ma G, Wang D, Shi J, et al. 2012. Complete genomic sequence of a reovirus isolate from Pekin ducklings in China[J]. Journal of Virology, 86 (23): 13137.

Malkinso M, Weisman Y. 1980. Serological survey for the prevalence of antibodies to egg drop syndrome 1976 virus in domesticated and wild birds in Israel[J]. Avian Pathology, 9(3): 421–426.

Malkinson M, Perk K, Weisman Y. 1981. Reovirus infection of young Muscovy ducks (*Cairina Moschata)* [J]. Avian Pathology, 10(4): 433–440.

Malkinson M, Pitt MA, Dison M, et al. 1980. A biochemical investigation of amyloidosis in the duck[J]. Avian Pathology, 9(2): 201–205.

Marek A, Kaján GL, Kosiol C, et al. 2014. Complete genome sequences of pigeon adenovirus 1 and duck adenovirus 2 extend the number of species within the genus Aviadenovirus[J]. Virology, 462–463:107–114.

Marek A, Nolte V, Schachner A, et al. 2012. Two fiber genes of nearly equal lengths are a common and distinctive feature of Fowl adenovirus C members[J]. Veterinary Microbiology, 156(3-4): 411–417.

Martelli F, Birch C, Davies RH. 2016. Observations on the distribution and control of Salmonella in commercial duck hatcheries in the UK[J]. Avian Pathology, 45(2): 261–266.

Martelli F, Gosling RJ, Callaby R, et al. 2017. Observations on Salmonella contamination of commercial duck farms before and after cleaning and disinfection.[J] Avian Pathology, 46(2): 131–137.

Mbuthia PG, Njagi LW, Nyaga PN, et al., 2008. Pasteurella multocida in scavenging family chickens and ducks: carrier status, age susceptibility and transmission between species[J]. Avian Pathology, 37(1): 51–57.

McFerran JB, Connor TJ, Adair BM. 1978a. Studies on the antigenic relationship between an isolate (127) from the egg drop syndrome 1976 and a fowl adenovirus[J]. Avian Pathology, 7(4): 629–636.

McFerran JB, McCracken RM, McKillop ER, et al. 1978b. Studies on a depressed egg production syndrome in Northern Ireland[J]. Avian Pathology, 7(1): 35–47.

Melough MM, Lee SG, Cho E, et al. 2017. Identification and quantitation of furocoumarins in popularly consumed foods in the U.S. using QuEChERS extraction coupled with UPLC-MS/MS analysis[J]. Journal of Agricultural and Food Chemistry, 65(24): 5049–5055.

Mirdha BR, Samantray JC. 2002. Hymenolepis nana: a common cause of paediatric diarrhoea in urban slum dwellers in India[J]. Journal of Tropical Pediatrics, 48(6): 331–334.

Moreau JF, English JC 3rd, Gehris RP. 2014. Phytophotodermatitis[J]. Journal of Pediatric and Adolescent Gynecology, 27(2): 93–94.

Moriguchi R, Izawa H, Soekawa M. 1975. Histopathology of spontaneous amyloidosis in duck[J]. The Kitasato Archives of Experimental Medicine, 47(4): 77–91.

Motha MXJ. 1984. Distribution of virus and tumour formation in ducks experimentally infected with reticuloendotheliosis virus[J]. Avian Pathology, 13(2): 303–319.

Muramoto Y, Noda T, Kawakami E. et al. 2013. Identification of novel influenza A virus proteins translated from PA mRNA[J]. Journal of Virology, 87(5): 2455–2462.

Namioka S, Murata M. 1961. Serological studies on Pasteurella multocida. II. Characteristics of somatic (O) antigen of the organism[J]. Cornell Veterinarian, 51: 507–521.

Nguyen DC, Uyeki TM, Jadhao S, et al. 2005. Isolation and characterization of avian influenza viruses, including highly pathogenic H5N1, from poultry in live bird markets in Hanoi, Vietnam, in 2001[J]. Journal of Virology, 79(7): 4201–4212.

Ning K, Liang T, Wang M, et al. 2017a. Genetic detection and characterization of goose parvovirus: Implications for epidemiology and pathogenicity in Cherry Valley Pekin ducks[J]. Infection, Genetics and Evolution, 51: 101–103.

Ning K, Liang T, Wang M, et al. 2018. Pathogenicity of a variant goose parvovirus from short beak and dwarfism syndrome of Pekin ducks in goose embryos and goslings[J]. Avian Pathology, 47(4): 391–399.

Ning K, Wang M, Qu S, et al. 2017b. Pathogenicity of Pekin duck- and goose-origin parvoviruses in Pekin ducklings[J]. Veterinary Microbiology, 210: 17–23.

Ninvilai P, Nonthabenjawan N, Limcharoen B, et al. 2018. The presence of duck Tembusu virus in Thailand since 2007: A retrospective study[J]. Transboundary and emerging diseases, 65（5）: 1208–1216.

Nishizawa M; Paulillo AC; Nakaghi LSO, et al. 2007. Newcastle disease in white Pekin ducks: response to experimental vaccination and challenge[J]. Revista Brasileira De Ciência Avícola, 9(2): 123–125.

Niu YJ, Sun W, Zhang GH. et al. 2016. Hydropericardium syndrome outbreak caused by fowl adenovirus serotype 4 in China in 2015[J]. Journal of General Virology, 97(10): 2684–2690.

Notermans S, Dufrenne J, Kozaki S. 1980. Experimental botulism in Pekin ducks[J]. Avian Diseases, 24(3): 658–664.

O'Guinn ML, Turell MJ, Kengluecha A, et al. 2013. Field detection of Tembusu virus in western Thailand by RT–PCR and vector competence determination of select Culex mosquitoes for transmission of the virus[J]. American Journal of Tropical Medicine and Hygiene, 89(5): 1023–1028.

Pabs-Garnon LF, Soltys MA. 1971. Methods of transmission of fowl cholera in turkeys[J]. American Journal of Veterinary Research, 32(7): 1119–1120.

Palya V, Ivanics E, Glávits R, et al. 2004. Epizootic occurrence of haemorrhagic nephritis enteritis virus infection of geese[J]. Avain Pathology, 33(2): 244–250.

Palya V, Zolnai A, Benyeda Z, et al., 2009. Short beak and dwarfism syndrome of mule duck is caused by a distinct lineage of goose parvovirus[J]. Avian Pathology, 38(2): 175–180.

Pan Q, Liu L, Wang Y, et al. 2017a. The first whole genome sequence and pathogenicity characterization of a fowl adenovirus 4 isolated from ducks associated with inclusion body hepatitis and hydropericardium syndrome[J]. Avian Pathology, 46(5): 571–578.

Pan Q, Yang Y, Shi Z, et al. 2017b. Different Dynamic Distribution in Chickens and Ducks of the Hypervirulent, Novel Genotype Fowl Adenovirus Serotype 4 Recently Emerged in China[J]. Frontiers in Microbiology, 8: 1005.

Pandey BD, Karabatsos N, Cropp B, et al. 1999. Identification of a flavivirus isolated from mosquitos in Chiang Mai Thailand[J]. The Southeast Asian Journal of Tropical Medicine and Public Health, 30(1): 161–165.

Pantin-Jackwood MJ, Suarez DL, Spackman E. et al. 2007. Age at infection affects the pathogenicity of Asian highly pathogenic avian influenza H5NI viruses in ducks[J]. Virus Research, 130(1-2): 151–161.

Pascucci S, Gelmetti D, Giovannetti L. 1984. Reovirus infection of Muscovy ducks (Cairina moschata)[J]. La Clinica Veterinatia, 107: 148–151.

Pass DA, Hogg GG, Russell RG, et al. 1979. Poisoning of chickens and ducks by pyrrolizidine alkaloids of Heliotropium europaeum[J]. Australian Veterinary Journal, 55(12): 284–288.

Pathanasophon P, Phuektes P, Tanticharoenyos T, et al. 2002. A potential new serotype of Riemerella anatipestifer isolated from ducks in Thailand[J]. Avian Pathology, 31(3): 267–270.

Pathanasophon P, Sawada T, Tanticharoenyos T. 1995. New serotypes of Riemerella anatipestifer isolated from ducks in Thailand[J]. Avian Pathology, 24(1): 195–199.

Paul PS, Werdin RE, Pomeroy BS. 1978. Spontaneously occurring lymphoproliferative disease in ducks[J]. Avian Diseases, 22(1): 191–195.

Peeters BP, de Leeuw OS, Koch G, et al. 1999. Rescue of Newcastle disease virus from cloned cDNA: evidence that cleavability of the fusion protein is a major determinant for virulence[J]. Journal of Virology, 73(6): 5001–5009.

Pehlivanoglu F, Morishita TY, Aye PP, et al. 1999. The effect of route of inoculation on the virulence of raptorial Pasteurella multocida isolates in Pekin ducks (Anas platyrhyrchos)[J]. Avian Diseases, 43(1): 116–121.

Perelman B, Kuttin ES. 1988. Parsley-induced photosensitivity in ostriches and ducks[J]. Avian Pathology, 17(1): 183–192.

Petit L, Gilbert M, Popoff MR. 1999. Clostridium perfringens: toxinotype and genotype[J]. Trends in Microbiology, 7(3): 104–110.

Pingret JL, Boucraut C, Guérin JL. 2008. Goose haehorrhagic polyomavirus infection in ducks[J]. Veterinary Record, 162(5): 164.

Platt GS, Way HJ, Bowen ET, et al. 1975. Arbovirus infections in Sarawak, October 1968--February 1970 Tembusu and Sindbis virus isolations from mosquitoes[J]. Annals of Tropical Medicine and Parasitology, 69(1): 65–71.

Plummer PJ, Alefantis T, Kaplan S, et al. 1998. Detection of duck enteritis virus by polymerase chain reaction[J]. Avian Diseases, 42(3): 554–564.

Price JI, Dougherty 3rd D, Bruner DW. 1962. Salmonella Infections in White Pekin duck. A Short Summary of the Years 1950-60[J]. Avian Diseases, 6(2): 145-147.

Purchase HG, Ludford CG, Nazerian K, et al. 1973. A new group of oncogenic viruses: reticuloendotheliosis, chick syncytial, duck infectious anemia, and spleen necrosis viruses[J]. Journal of the National Cancer Institute, 51(2): 489–499.

Ranieri ML, Shi C, Moreno Switt AI, et al. 2013. Comparison of typing methods with a new procedure based on sequence characterization for Salmonella serovar prediction[J]. Journal of Clinical Microbiology, 51(6): 1786–1797.

Ratanasethkul C, Riddell C, Salmon RE, et al. 1976. Pathological changes in chickens, ducks and turkeys fed high levels of rapeseed oil[J]. Canadian Journal of Comparative Medicine, 40(4): 360–369.

Raud H, Faure JM. 1994. Welfare of ducks in intensive units[J]. Revue scientifique et technique, 13(1): 119–129.

Rawal S, Kim JE, Coulombe R. 2010. Aflatoxin B1 in poultry: Toxicology, metabolism and prevention[J]. Research in Veterinary Science, 89(3): 325–331.

Rigdon RH. 1962. Spontaneously occurring muscle necrosis and amyloidosis in the white Pekin duck[J]. American Journal of Veterinary Research, 23:1057–1064.

Rimler RB, Phillips M. 1986. Fowl cholera: Protection against Pasteurella multocida by ribosome-lipopolysaccharide vaccine[J]. Avian Diseases, 30(2): 409–415.

Rimler RB, Rhoades KR. 1987. Serogroup F, a new capsule serogroup of Pasteurella multocida[J]. Journal of Clinical Microbiology, 25(4): 615–618.

Rimler RB. 1984. Comparisons of serologic responses of white leghorn and New Hampshire red chickens to purified lipopolysaccharides of Pasteurella multocida[J]. Avian Diseases, 28(4): 984–989.

Roberts DH. 1964. The isolation of an influenza A virus and a Mycoplasma associated with duck sinusitis[J]. Veterinary Record, 76: 470–473.

Robinson FR, Twiehaus MJ. 1974. Isolation of the avian reticuloendotheliosis virus (strain T)[J]. Avain Diseases, 18(2): 278–288.

Rodenburg TB, Bracke MBM, Berk J, et al. 2005. Welfare of ducks in European duck husbandry systems[J]. World's Poultry Science Journal, 61(4): 633–646.

Sachse K, Bavoil PM, Kaltenboeck B, et al. 2015a. Emendation of the family Chlamydiaceae: proposal of a single genus, Chlamydia, to include all currently recognized species[J]. Systematic and Applied Microbiology, 38(2): 99–103.

Sachse K, Laroucau K, Hotzel H, et al. 2008. Genotyping of Chlamydophila psittaci using a new DNA microarray assay based on sequence analysis of ompA genes[J]. BMC Microbiology, 8: 63.

Sachse K, Laroucau K, Vanrompay D. 2015b. Avian chlamydiosis[J]. Current Clinical Microbiology Reports, 2(1): 10–21.

Samorek-Salamonowicz E, Budzyk J, Tomczyk G. 1995. Syndrom karlowatosci i skroconego dzioba u kaczek mulard[J]. Życie Weterynaryjne , 70(02): 56–57.

Sandhu TS, Harry EG. 1981. Serotypes of Pasteurella anatipestifer isolated from commercial White Pekin ducks in the United States[J]. Avian Diseases, 25(2): 497–502.

Sandhu TS, Layton HW. 1985. Laboratory and field trials with formalin-inactivated Escherichia coli (O78)-Pasteurella anatipestifer bacterin in white pekin ducks[J]. Avian Diseases, 29(1): 128–135.

Sandhu TS, Leister ML. 1991. Serotypes of 'Pasteurella' anatipestifer isolated from poultry in different countries[J]. Avian Pathology, 20(2): 233–239.

Sandhu TS. 1988. Fecal streptococcal infection of commercial white Pekin ducklings[J]. Avian Diseases, 32(3): 570–573.

Sandhu TS. 2004. Ducks: Health Management[M]. Encyclopedia of Animal Science, 1(1): 297–299.

Savage A; Isa JM. 1951. Aspergillosis in ducks[J]. Canadian journal of comparative medicine and veterinary science. 15(6): 146.

Schachner A, Matos M, Grafl B, et al. 2018. Fowl adenovirus-induced diseases and strategies for their control - a review on the current global situation[J]. Avian Pathology, 47(2): 111–126.

Schloer G. 1980. Frequency of antibody to adenovirus 127 in domestic ducks and wild waterfowl[J]. Avian Diseases, 24(1): 91–98.

Seger P, Mannheim W, Vancanneyt M, et al. 1993. Riemerella anatipestifer gen. nov., comb. nov., the causitive agent of septicemia anserum exsudativa, and its phylogenetic affiliation within the Flavobacterium-Cytophaga rRNA homology group[J]. International Journal of Systematic Bacteriology, 43(4): 768–776.

Selman M, Dankar SK, Forbes NE, et al. 2012. Adaptive mutation in influenza A virus non-structural gene is linked to host switching and induces a novel protein by alternative splicing[J]. Emerging Microbes Infections, 1(11): e42.

Serdyuk HG, Tsimokh PF. 1970. Role of free-living birds and rodents in the distribution of pasteurellosis[J]. Veterinariya, 6: 53–54.

Shehata AA, Gerry DM, Heenemann K, et al. 2016. Goose parvovirus and circovirus coinfections in ornamental ducks[J]. Avian Diseases, 60(2): 516–522.

Shen HQ, Lin WC, Wang ZX, et al. 2016. Pathogenicity and genetic characterization of a duck Tembusu virus associated with egg-dropping in Muscovy ducks[J]. Virus Research, 223: 52–56.

Shlosberg A, Egyed MN. 1978. Photosensitization in ducklings induced by seeds of Cymopterus watsonii and C. longipes[J]. Avian Diseases, 22(4): 576–582.

Sims LD, Domenech J, Benigno C, et al. 2005. Origin and evolution of highly pathogenic H5N1 avian influenza in Asia[J]. Veterinary Record, 157(6): 159–164.

Sirivan P, Obayashi M, Nakamura M, et al. 1998. Detection of goose and Muscovy duck Parvoviruses using polymerase chain reaction-restriction Enzyme fragment length polymorphism analysis[J]. Avian Diseases, 42(1): 133–139.

Bongers JH, Tetenburg GJ. 1996. Botulism in waterfowl[J]. The Veterinary Quarterly, 18(3):156–157.

Smyth JA, Martin TG. 2010. Disease producing capability of netB positive isolates of C. perfringens recovered from normal chickens and a cow, and netB positive and negative isolates from chickens with necrotic enteritis[J]. Veterinary Microbiology, 146(1-2): 76–84.

Smyth JA. 2016. Pathology and diagnosis of necrotic enteritis: is it clear-cut?[J]. Avian Pathology, 45(3):

282–287.

Snoeck CJ, Owoade AA, Couacy-Hymann E, et al. 2013. High Genetic Diversity of Newcastle disease virus in poultry in west and central Africa: Cocirculation of genotype XIV and newly defined genotypes XVII and XVIII[J]. Joural of Clinical Microbiology, 51(7): 2250–2260.

Soike D, Albrecht K, Hattermann K, et al. 2004. Novel circovirus in Mulard ducks with developmental and feathering disorders[J]. Veterinary Record, 154(25): 792–793.

Song J, Feng H, Xu J, et al. 2011. The PA protein directly contributes to the virulence of H5N1 avian influenza viruses in domestic ducks[J]. Journal of Virology, 85(5): 2180–2188.

Stenutz R, Weintraub A, Widmalm G. 2006. The structures of Escherichia coli O-polysaccharide antigens[J]. FEMS microbiology reviews, 30(3): 382–403.

Stipkovits L, Szathmary S. 2012. Mycoplasma infection of ducks and geese[J]. Poultry Science, 91(11): 2812–2819.

Sturmramirez KM., Ellis T, Bousfield B, et al. 2004. Reemerging H5N1 influenza viruses in Hong Kong in 2002 are highly pathogenic to ducks[J]. Journal of Virology, 78(9): 4892–4901.

Su J, Li S, Hu X, et al. 2011. Duck egg-drop syndrome caused by byd virus, a new tembusu-related flavivirus[J]. PLOS One, 6(3): 329.

Subramaniam S, chua KL, Tan H et al. 1997. Phylogenetic position of Riemerella anatipestifer based on 16S rRNA gene sequences[J]. International Journal of Systematic Evolutionary Micro-biology, 47(2): 562–565.

Sun H, Pu J, Hu J, et al. 2016. Characterization of clade 2.3.4.4 highly pathogenic H5 avian influenza viruses in ducks and chickens[J]. Veterinary Microbiology, 182: 116–122.

Sun S, Chen F, Cao S, et al. 2014. Isolation and characterization of a subtype C avian metapneumovirus circulating in Muscovy ducks in China[J]. Veterinary research, 45(1): 74.

Sun XY, Diao YX, Wang J, et al. 2014. Tembusu virus infection in Cherry Valley ducks: The effect of age at infection[J]. Veterinary Microbiology, 168(1): 16–24.

Swayne DE, Glisson JR, McDougald LR, et al. 2013. Diseases of Poultry[M]. 13th ed. Ames: Blackwell Publishing.

Takahashi I, Yokoyama T, Uehara T, et al. 1986. Susceptibility of S. aureus and Streptococcus isolates from diseased animals to commonly used antibacterial agents and nosiheptide. I. Susceptibility of S. aureus[J]. Bulletin of the Nippon Veterinary and Zootechnical College, 35: 43–49.

Takehara K, Nishio T, Hayashi Y, et al. 1995. An outbreak of goose parvovirus infection in Japan[J]. Journal of Veterinary Medical Science, 57(4): 777–779.

Tanaka S, Dan C, Kawano H, et al.2008. Pathological study on amyloidosis in Cygnus olor (mute swan) and other waterfowl[J]. Medical Molecular Morphology, 41(2):99–108.

Tang Y, Diao Y, Chen H, et al. 2015. Isolation and genetic characterization of a tembusu virus strain isolated from mosquitoes in Shandong, China[J]. Transbound Emerging Diseases, 62(2):209–216.

Tang Y, Diao Y, Yu C, et al. 2013. Characterization of a Tembusu virus isolated from naturally infected house sparrows (Passer domesticus) in Northern China[J]. Transbound and Emerging Diseases, 60(2):152–158.

Tatár-Kis T, Mató T, Markos B, et al. 2004. Phylogenetic analysis of Hungarian goose parvovirus isolates and vaccine strains[J]. Avian Pathology, 33(4): 438–444.

Thontiravong A, Ninvilai P, Tunterak W, et al. 2015. Tembusu-related flavivirus in ducks, Thailand[J]. Emerging Infectious Diseases, 21(12): 2164–2167.

Tiong SK. 1990. Mycoplasmas and acholeplasmas isolated from ducks and their possible association with pasteurellas[J]. Veterinary Record, 127(3): 64–66.

Todd D, Smyth VJ, Ball NW, et al. 2009. Identification of chicken enterovirus-like viruses, duck hepatitis virus type 2 and duck hepatitis virus type 3 as astroviruses[J]. Avian Pathology, 38(1): 21–29.

Toth TE. 1969. Studies of an agent causing mortality among ducklings immune to duck virus hepatitis[J]. Avian Diseases, 13(4): 834–846.

Trager W. 1959. A new virus of ducks interfering with development of malaria parasite (Plasmodium lophurae)[J]. Experimental Biology and Medicine, 101(3): 578–582.

Tseng CH, Knowles NJ, Tsai HJ. 2007. Molecular analysis of duck hepatitis virus type 1 indicates that it should be assigned to a new genus[J]. Virus Research, 123(2): 190–203.

Tseng CH, Tsai HJ. 2007. Molecular characterization of a new serotype of duck hepatitis virus[J]. Virus Research, 126(1): 19–31.

Tumpey TM, Suarez DL, Perkins LE, et al. 2002. Characterization of a highly pathogenic H5N1 avian influenza A virus isolated from duck meat[J]. Journal of Virology, 76(12): 6344–6355.

Valentine RC, Pereira HG. 1965. Antigens and structure of the adenovirus[J]. Journal of Molecular Biology, 13(1): 13–20.

van den Hurk JV. 1990. Propagation of group II avian adenoviruses in turkey and chicken leukocytes[J]. Avian Diseases, 34(1): 12–25.

van Eck J, Davelaar FG, van den Heuvel-Plesmant AM, et al. 1976. Dropped egg production, soft shelled and shell-less eggs associated with appearance of precipitins to adenovirus in flocks of laying fowls[J]. Avian Pathology, 5(4): 261–272.

van Immerseel F, De Buck J, Pasmans F, et al. 2004. Clostridium perfringens in poultry: an emerging threat for animal and public health[J]. Avian Pathology, 33(6): 537–549.

Vanrompay D, Ducatelle R, Haesebrouck F. 1992. Diagnosis of avian chlamydiosis: specificity of the modified Giménez staining on smears and comparison of the sensitivity of isolation in eggs and three different cell cultures[J]. Journal of Veterinary Medicine Series B-infections Diseases and Veterinary Public Health. 39(2): 105–112.

Varga JJ, Nguyen V, O’ Brien DK, et al. 2006. Type IV pili-dependent gliding motility in the Gram-positive pathogen *Clostridium perfringens* and other clostridia[J]. Molecular Microbiology, 62(3):

680–694.

Vorimore F, Thebault A, Poisson S, et al. 2015. Chlamydia psittaci in ducks: a hidden health risk for poultry workers[J]. Pathogens and Disease, 73(1): 1–9.

Wallace HG, Rudnick A, Rajagopal V. 1977. Activity of Tembusu and Umbre viruses in a Malaysian community: mosquito studies[J]. Mosquito News, 37: 35–42.

Wan CH, Fu GH, Shi SH, et al. 2011. Epidemiological investigation and genome analysis of duck circovirus in Southern China[J]. Virologica Sinica, 26(5):289–296.

Wang D, Shi J, Yuan Y, et al. 2013. Complete sequence of a reovirus associated with necrotic focus formation in the liver and spleen of Muscovy ducklings[J]. Veterinary Microbiology, 166(1-2): 109–122.

Wang D, Xie X, Zhang D, et al. 2011. Detection of duck circovirus in China: A proposal on genotype classification[J], Veterinary Microbiology, 147(3-4): 410–415.

Wang D, Xu F, Ma G, et al. 2012. Complete genomic sequence of a new Muscovy duck-origin reovirus from China[J]. Journal of Virology, 86(22): 12445.

Wang G, Qu Y, Wang F, et al. 2013. The comprehensive diagnosis and prevention of duck plague in northwest Shandong province of China[J]. Poultry Science, 92(11): 2892–2898.

Wang J, Höper D, Beer M, et al. 2011. Complete genome sequence of virulent duck enteritis virus (DEV) strain 2085 and comparison with genome sequences of virulent and attenuated DEV strains[J]. Virus Research, 160(1-2): 316–325.

Wang L, Pan M, Fu Y, et al. 2008. Classification of duck hepatitis virus into three genotypes based on molecular evolutionary analysis[J]. Virus Genes, 37(1): 52–59.

Wang X, Wang Y, Xie X, et al. 2011. Expression of the C-terminal ORF2 protein of duck astrovirus for application in a serological test[J]. Journal of Virological Methods, 171(1): 8–12.

Wang Y, Tang C, Yu X, et al. 2010. Distribution of serotypes and virulence-associated genes in pathogenic Escherichia coli isolated from ducks[J]. Avian Pathology, 39(4): 297–302.

Watkins KL, Shryock TR, Dearth RN, et al. 1997. In-vitro antimicrobial susceptibility of Clostridium perfringens from commercial turkey and broiler chicken origin[J]. Veterinary Microbiology, 54(2): 195–200.

Webb DM, Van Vleet JF. 1991. Early clinical and morphologic alterations in the pathogenesis of furazolidone-induced toxicosis in ducklings[J]. American Journal of Veterinary Research, 52(9): 1531–1536.

Wight P, Dewar WA. 1976. The histopathology of zinc deficiency in ducks[J]. The Journal of pathology. 120(3): 183–191.

Willett HP. 1992. Staphylococcus. In: Zinsser Microbiology[M]. 20th ed. Joklik WK, Willett HP, Amos DB, et al. Appleton and Lange, Norwalk, CT. 401–416.

Williams MC, James LF. 1983. Effects of herbicides on the concentration of poisonous compounds in plants: a review[J]. American Journal of Veterinary Research, 44(12): 2420.

Wise HM, Hutchinson EC, Jagger BW, et al. 2012. Identification of a novel splice variant form of the influenza A virus M2 ion channel with an antigenically distinct ectodomain[J]. PLOS Pathogen, 8(11): e1002998.

Witte W, Küh H. 1978. Macrolide (antibiotic) resistance of Staphylococcus aureus strains from outbreaks of synovitis and dermatitis among chickens in large production units[J]. Archiv fur Experimantelle Veterinarmedizin, 32: 105–114.

Wong TC, Lai MM. 1981. Avian reticuloendotheliosis virus contains a new class of oncogene of turkey origin[J]. Virology, 111(1): 289–293.

Woolcock PR, Chalmers WSK, Davis D. 1982. A plaque assay for duck hepatitis virus[J]. Avian Pathology, 11(4): 607–610.

Woolcock PR, Jestin V, Shivaprasad HL, et al. 2000. Evidence of Muscovy duck parvovirus in Muscovy ducklings in California[J]. Veterinary Record, 146(3): 68–72.

Woolcock PR, Tsai HJ. 2013. Duck hepatitis. In: Swayne DE, Glisson JR, McDougald LR, et al. (Eds.), Diseases of Poultry[M]. 13th ed. Ames: Blackwell Publishing.

Woolcock PR. 1986. An assay for duck hepatitis virus type I in duck embryo liver cells and a comparison with other assays[J]. Avian Pathology, 15(1): 75–82.

Woolcock PR. 2003. Duck hepatitis[M]. In: Saif YM, Barnes HJ, Glisson JR, et al. (Eds.), Diseases of Poultry, 11th ed. Iowa State Press, Ames, IA.

Wu F, Guclu H. 2012. Aflatoxin regulations in a network of global maize trade[J]. PLOS One, 7(9): e45151.

Xie L, Xie Z, Zhao G, et al. 2012. Complete genome sequence analysis of a duck circovirus from Guangxi pockmark ducks[J]. Journal of Virology, 86(23): 13136.

Xue C, Cong Y, Yin R. et al. 2017. Genetic diversity of the genotype VII Newcastle disease virus: identification of a novel VIIj sub-genotype[J]. Virus Genes, 53(1): 63–70.

Yan P, Zhao Y, Zhang X, et al. 2011. An infectious disease of ducks caused by a newly emerged Tembusu virus strain in mainland China[J]. Virology, 417(1): 1–8.

Yan Z, Shen H, Wang Z, et al. 2017. Isolation and characterization of a novel Tembusu virus circulating in Muscovy ducks in South China[J]. Transboundary and Emerging Diseases, 64(5): e15–e17.

Ye J, Liang G, Zhang J, et al. 2016. Outbreaks of serotype 4 fowl adenovirus with novel genotype, China[J]. Emerging Microbes and Infections, 5(5): 1–12.

Yu K, Ma X, Sheng Z, et al., 2016. Identification of goose-origin parvovirus as a cause of newly emerging beak atrophy and dwarfism syndrome in ducklings[J]. Journal of Clinicanl Microbiology, 54(8): 1999–2007.

Yun T, Ye W, Ni Z, et al. 2012. Identification and molecular characterization of a novel flavivirus isolated from pekin ducklings in China[J]. Veterinary Microbiology, 157(3-4): 311–319.

Yun T, Yu B, Ni Z, et al. 2013. Isolation and genomic characterization of a classical Muscovy duck reovirus isolated in Zhejiang, China[J]. Infection Genetics and Evolution, 20: 444–453.

Yun T, Yu B, Ni Z, et al. 2014. Genomic characteristics of a novel reovirus from Muscovy duckling in

China[J]. Veterinary Microbiology, 168(2): 261–271.

Zádori Z, Stefancsik R, Rauch T, et al. 1995. Analysis of the complete nucleotide sequences of goose and muscovy duck parvoviruses indicates common ancestral origin with adeno-associated virus 2[J]. Virology, 212(2): 562–573.

Zhang S, Wang X, Zhao C, et al. 2011a. Phylogenetic and Pathotypical Analysis of Two Virulent Newcastle Disease Viruses Isolated from Domestic Ducks in China[J]. PLOS One, 6(9): e25000.

Zhang S, Zhao L, Wang X, et al. 2011b. Serologic and virologic survey for evidence of infection with velogenic Newcastle disease virus in Chinese duck farms[J]. Avian Diseases, 55(3): 476–479.

Zhang T, Jin Q, Ding P, et al., 2016a. Molecular epidemiology of hydropericardium syndrome outbreak-associated serotype 4 fowl adenovirus isolates in central China[J]. Virology journal, 13(1): 188.

Zhang X, Jiang S, Wu J, et al. 2009. An investigation of duck circovirus and co-infection in Cherry Valley ducks in Shandong Province, China[J]. Veterinary Microbiology, 113(3): 252–256.

Zhang X, Zhong Y, Zhou Z, et al. 2016b. Molecular characterization, phylogeny analysis and pathogenicity of a Muscovy duck adenovirus strain isolated in China in 2014[J]. Virology, 493: 12–21.

Zhang Y, Li X, Chen H, et al. 2015. Evidence of possible vertical transmission of Tembusu virus in ducks[J]. Veterinary Microbiology, 179(3): 149–154.

Zhao G, Gu X, Lu X, et al. 2012. Novel reassortant highly pathogenic H5N2 avian influenza viruses in poultry in China[J]. PLOS One. 7(9): e46183.

Zhao J, Zhong Q, Zhao Y, et al. 2015. Pathogenicity and complete genome characterization of fowl adenoviruses isolated from chickens associated with inclusion body hepatitis and hydropericardium syndrome in China[J]. PLOS ONE, 10(7): e0133073.

Zhao K, Gu M, Zhong L, et al. 2013. Characterization of three H5N5 and one H5N8 highly pathogenic avian influenza viruses in China[J]. Veterinary Microbiology, 163(3-4): 351–357.

Zheng X, Wang D, Ning K, et al. 2016. A duck reovirus variant with a unique deletion in the sigma C gene exhibiting high pathogenicity in Pekin ducklings[J]. Virus Research, 215: 37–41.

Zhu DK, Song XH, Wang JB, et al. 2016. Outbreak of Avian Tuberculosis in Commercial Domestic Pekin Ducks (Anas platyrhynchos domestica)[J]. Avian Diseases, 60(3): 677–680.

Zhu X, Yang H, Guo Z, et al. 2012. Crystal structures of two subtype N10 neuraminidase-like proteins from bat influenza A viruses reveal a diverged putative active site[J]. Proceedings of the National Academy of Sciences of the United States of America, 109(46): 18903–18908.

Zhu Y, Li C, Bi Z, et al. 2015. Molecular characterization of a novel reovirus isolated from Pekin ducklings in China[J]. Archives of Virology, 160 (1): 365–369.

Zielonka A, Gedvilaite A, Ulrich R, et al. 2006. Generation of virus-like particles consisting of the major capsid protein VP1 of goose hemorrhagic polyomavirus and their application in serological tests[J]. Virus Research, 120(1): 128–137.